模具钢手册

（第2版）

陈再枝　蓝德年　马党参　编著

北　京
冶 金 工 业 出 版 社
2020

内 容 提 要

本手册共分4章,第1章是模具钢的基础理论,主要介绍模具钢发展概况、各种类型模具钢的特性、用途、主要质量问题和提高产品质量的途径。第2章、第3章和第4章是模具钢的性能数据,详细介绍各种牌号冷作模具钢、热作模具钢、塑料模具钢的化学成分、物理性能、力学性能、热加工工艺、热处理工艺及其组织等。该书内容丰富、数据可靠、实用性强,反映了近50年来国内外模具钢的科研成果、生产技术、应用经验和模具钢的发展方向。

本书可供从事模具钢生产,模具设计、制造、使用、维护和材料供销等方面的科技人员、技术工人参考;也可供大专院校有关专业的师生和科研单位有关人员参考。

图书在版编目(CIP)数据

模具钢手册/陈再枝,蓝德年,马党参编著.—2版.—北京:冶金工业出版社,2020.1(2020.11重印)
ISBN 978-7-5024-5496-8

Ⅰ.①模… Ⅱ.①陈… ②蓝… ③马… Ⅲ.①模具钢—手册 Ⅳ.①TG142.45-62

中国版本图书馆CIP数据核字(2012)第014235号

出 版 人 苏长永
地　　址 北京市东城区嵩祝院北巷39号 邮编 100009 电话 (010)64027926
网　　址 www.cnmip.com.cn 电子信箱 yjcbs@cnmip.com.cn
责任编辑 郭冬艳 美术编辑 李 新 版式设计 孙跃红
责任校对 卿文春 刘 倩 责任印制 李玉山
ISBN 978-7-5024-5496-8
冶金工业出版社出版发行;各地新华书店经销;北京虎彩文化传播有限公司印刷
2002年3月第1版,2020年1月第2版,2020年11月第2次印刷
787mm×1092mm 1/16;29.25印张;709千字;457页
128.00元

冶金工业出版社 投稿电话 (010)64027932 投稿信箱 tougao@cnmip.com.cn
冶金工业出版社营销中心 电话 (010)64044283 传真 (010)64027893
冶金工业出版社天猫旗舰店 yjgycbs.tmall.com
(本书如有印装质量问题,本社营销中心负责退换)

第2版前言

近三十年来，我国模具工业发展迅速，目前我国的模具产值已突破2000亿元，连续多年保持世界大国地位。国产模具已基本上满足国内制造业生产的需要，还有一部分进入国际市场。在20世纪90年代末期，每年模具出口额还不足1亿美元，而2018年年出口总额达60.8亿美元。由于我国模具工业的快速发展，拉动了模具钢的消费，推动了我国模具钢的发展，同时也对国产模具钢的品种、质量、性能和生产周期等提出更高的要求。根据近年来我国模具钢市场的变化和发展规律，对1版《模具钢手册》进行了如下修订。

(1)对于冷作、热作、塑料模具钢的性能数据部分，重新设计2层标题，将原来的2层标题改为3层标题，以使每个钢号的应用范围更加明确，查阅方便。

(2)结合我国工模具钢标准(GB/T 1299—2014)的实施和国内外模具钢的发展趋势，全书共增加23个钢号的性能数据，其中，冷作模具钢增加4个，热作模具钢增加3个，塑料模具钢增加16个；并把1Cr17Ni2钢由第4章调到第3章，该钢号既可以制造耐蚀塑料模具，也适宜制造玻璃制品成型模具。

(3)对某些钢号如7Mn15Cr2Al3VWMo、4Cr5MoSiV1、2Cr13、4Cr13等增加一些重要的性能数据。

(4)对模具钢的基础理论进行适当的修改。

(5)在附录部分，对"我国研制和仿制的模具钢钢号、代号及主要化学成分"进行修订，并增加了"度量衡和物理单位换算表"。

(6)根据读者的反馈意见，对1版中的个别问题进行了修正。

本书的修订工作由陈再枝、马党参和蓝德年共同策划和审查，陈再枝负责修订和编写工作，参加该书的资料查询和整理工作的还有刘建华、迟宏宵、周健等同志。

在本书修订过程中，钢铁研究总院田志凌、杜挽生、陈思联、杨志勇、刘正东、苏杰、杨才福、梁剑雄、张楠等同志，东北特殊钢集团股份有限公司董学东、张玉春、刘振天、秋立鹏、康爱军、王琳、刘宝石、冯淑玲、付博、于红等同志，江苏天工工具有限公司朱小坤、朱旺龙、廖俊、徐辉霞等同志给予热情的支持和帮助，在此表示衷心的感谢！

该书在修订过程中，引用不少单位提供的科研成果及数据资料，特此表示深切谢意。

由于编者水平所限，书中不当之处，殷切期望专家学者和广大读者批评指正。

编　者

2019年5月26日

第1版前言

随着全球经济一体化的深入,模具工业在国民经济中所发挥的作用越来越明显,机械、电子、汽车、轻工、建材和国防工业等的发展,均要求模具工业的发展与之相适应。可以说,模具工业已成为国家新技术产业化的重要组成部分;模具技术水平的高低与产品的质量、效益和新产品的开发能力具有密切关系,它是衡量一个国家工业水平高低的重要标志之一。

模具钢是模具工业的重要技术和物质基础,其品种、规格、性能、质量对模具的性能、寿命、制造周期以及工业产品向高级化、多样化、个性化、再附加值化方向发展具有重要意义。为此,全面了解模具钢的有关工艺、性能及质量要求;根据模具的工作条件,合理选用钢材,采用适当的热处理工艺,充分发挥模具钢的潜力,开发高性能模具钢;应用先进生产工艺,生产优质、成本低的模具钢材等,是模具钢使用厂和生产厂有关科技人员共同关心的问题,也是编著本书的主要目的。

本书第1章是模具钢基础理论,介绍了模具钢的一般特性、主要用途和提高产品质量的途径;第2章、第3章和第4章分别介绍各种牌号冷作模具钢、热作模具钢和塑料模具钢的化学成分、物理性能、力学性能、组织结构以及热加工工艺、热处理工艺等。希望本书的问世,能够对提高我国模具钢的开发、应用水平起到一定的作用。

本书在编写过程中曾得到王建英、王建志、邓旭初、陈红桔、陈跃南、周俊全、杨靖、胡楠、姜桂兰、郝士明、徐进、曹振平、戴建明(按姓氏笔画排序)等同志的热情支持和帮助,在此表示深切感谢!另外,书中引用了一些单位的有关资料、数据,在此也向他们表示感谢!

由于编者水平所限,书中不当之处,欢迎广大读者批评指正。

编　者

2001年6月

目　录

模具钢基础理论

1.1 概述

1.1.1 模具钢的重要性

随着工业技术的迅速发展,国内外的制造工业广泛采用无切削、少切削加工工艺,如用精密冲压、精密锻造、压力铸造、冷挤压、热挤压及等温超塑成形等新工艺,以代替传统的切削加工工艺。模具已成为其主要的成型工具,家用电器行业约80%的零部件,机电行业约70%的零部件均采用模具成形,塑料、橡胶、陶瓷、建材、耐火材料制品大部分也依靠模具成形;一种中型载重汽车的改型,需要模具4000多套,重达2000多吨;生产一种型号的照相机,需要模具500多套。在不少行业中,模具费用已经占产品成本的15%~30%[1]。因此,工业产品质量的改善、生产率的提高、成本的降低、产品更新换代的速度,在很大程度取决于模具的制造精度和质量、制造周期、生产成本、使用寿命等因素。所以国外有人宣称"模具是工业发展的基石","模具是促进社会繁荣的动力",充分说明工业发达国家对模具生产的重视,因此其模具工业发展迅速,并形成一新兴行业。20世纪80年代以来,日本、美国、德国等工业发达国家,模具工业的产值都超过机床工业的产值。从1976年到1985年的10年内,日本机械制造工业的产值增加2倍,而模具工业的产值增加3倍,到1991年,其模具工业的产值达到18330亿日元。

模具钢是模具工业最重要的技术和物质基础。近年来,随着模具工业的迅速发展,模具钢发展也极为迅速。世界各国都把模具钢产量统计到合金工具钢中,其产量约占合金工具钢产量的70%~80%。目前,各工业发达国家的合金工具钢产量约占该国钢总产量的0.1%,而日本,从1978年到1990年,钢的年产量一直在1亿吨左右,而合金工具钢热轧钢材的年产量却从6.79万吨上升到13.22万吨(占钢产量的0.13%)[2],增长了将近1倍。从1995年至2005年的10年间,我国主要模具钢生产厂的合金模具钢产量由7.8万吨上升至35.8万吨,即每年平均的增长速度为35%,其发展速度较日本更迅速。

1.1.2 发展简史

模具是从锤、斧、凿等手工工具逐步发展而来的。人类从铁器时代开始,就采用钢铁材料制造手工工具。人们在埃及大金字塔中发现了约5000年前可能是由陨铁制成的铁制工具残片。早在公元前900年,希腊诗人荷马(Homer)写的长诗奥德赛(Odyssey)中,就有关于钢铁工具淬火的记载。公元前350年,印度人制成了乌兹钢(Wootz. Steel),它是先将铁矿固态还原制成海绵铁,然后与木炭混合密封加热通过渗碳而制成的。但是,早期的工具钢是属于简单的普通碳素钢。自从蒸汽机问世后,工业产品由手工制造变成机器制造,切削加工的速度提高,成形负荷增大,对于工具材料的质量、使用性能、工艺性能的要求也越来越高,碳素工具钢已无法满足要求,为此,1868 年穆施特(Robert Mushet)提出一种合金工具钢,其化学成分为 2%C、2%Mn、7%W,可以空淬,被称为穆施特钢(Mushet Steel)。几年之后,这种钢在英国舍菲尔德(Sheffield)的工厂投入生产,主要用于制造刀具,由于它比当时用的碳素工具钢耐磨性好,使用寿命长,成为当时应用广泛的合金工具钢[3]。

19 世纪 90 年代,通过研究,将上述锰含量达 2%的穆施特钢中的锰,用铬代替,变成铬钨钢。1893 年布鲁斯林(H. A. Brustlein)向米德沃(Midvale)公司提出的两个铬钨工具钢样品的化学成分,如表 1-1 所示[3]。

表 1-1 铬钨工具钢样品的化学成分

试样号	化学成分(质量分数)/%			
	C	Mn	Cr	W
1	1.49	0.34	1.51	4.76
2	1.66	0.64	2.40	6.59

1895 年泰勒(F. W. Taylor)首先发现上述合金工具钢提高淬火温度可以得到红硬性,使工具能在较高的切削速度下使用,提出了“高速钢”的概念。1903 年泰勒又和怀特(M. White)等推荐一种含 0.70%C、14%W 的合金工具钢,1904~1906 年在上述钢中添加 0.3%钒。1910 年又将钒含量提高到 0.7%,成为当代 W18Cr4V 牌号高速钢的雏型[3]。

在此期间低合金工具钢也取得很多成就,1895 年卡本特(Carpenter)钢公司生产成分为 1.00%C、2.50%Cr 的工具钢。1897~1898 年生产了含 1.18%C、0.94%Cr、0.78%W 的低合金工具钢。

20 世纪 20 年代开发了一系列的合金模具钢,主要有:

(1) 高碳高铬型冷作模具钢;

(2) 1%C、5%Cr 并加入钼的中合金空淬冷作模具钢;

(3) 适用于制造压铸模具的热作模具钢;

(4) 研究了铬钨型高耐热性热作模具钢;

(5) 开始进行易切削模具钢的研究,到 30~40 年代发展成石墨化模具钢和各种易切削模具钢[3]。

为了进一步改善低合金冷作模具钢的淬透性,减少淬火变形,从 20 世纪 40 年代到 80 年代,各国陆续发展了一批低合金微变形冷作模具钢。从 70 年代以来,为了简化热处理工艺、节约能源,发展了一批火焰淬火模具钢;为了进一步改善冷作模具钢的综合性能,国外开发了一批含铬量为 8%左右,再加 Mo、V 等合金元素的高韧性、高耐磨性冷作模具钢[4]。

为了适应热作模具钢发展需要,在 20 世纪 20~30 年代发展的含钨量高的铬钨系热作模具钢的基础上发展了钼系、钨钼系及铬系热作模具钢,低碳高速钢和基体钢型的热作模具钢[4]。

20 世纪 50 年代以后,随着石化工业的迅速发展,塑料迅速成为一种重要的工业材料,为了满足塑料制品成形模具的需要,各国迅速发展了一批不同类型的专用塑料模具钢,目前在不少先进工业国家已经形成专用的钢种系列,如渗碳型、预硬型、易切削型、耐蚀型、时效硬化型等塑料模具用钢。

我国是世界上主要的文明古国之一,钢铁生产技术始于公元前 5 世纪的春秋战国时期,到西汉逐渐兴盛起来。至东汉时期,我国已创造了白口铸铁柔化处理,成为高韧性可锻铸铁的生产技术。我国生铁冶铸技术的建立要比欧洲早1900年,而可锻铸铁生产技术则比欧洲早2300年[5,6]。

我国在春秋晚期已经发明了块炼渗碳钢技术,如长沙杨家山出土的春秋晚期的钢剑,就是含碳量为0.50%的中碳钢。其生产工艺是先将铁矿石固态还原成海绵铁,然后进行渗碳再经反复折叠锻打,最后锻打成具有多层结构的钢制工具[6]。

在钢的热处理技术上,我国早在战国后期就已广泛采用淬火工艺,如河北易县燕下都44号墓出土的钢剑和钢戟,都经过淬火处理,呈现针状马氏体显微组织。

我国采用钢铁制造模具也是很早的,早在战国时期,就率先使用生铁制造铸造用的模具(铁范),用来浇铸铸铁的斧、凿、镰等工具。在河北兴隆县和河南新郑县,先后出土了大量战国时代的铁范。通过铸铁模具的使用,不仅可以改善铸造铁器的质量,而且由于模具可以多次使用,能够显著地提高生产效率,降低生产成本,对社会生产力的发展起到较大的推动作用[5,6]。

我国冷作模具发展也比较早,明代出版的《天工开物》一书中就载有将钢尺锥成线眼,将钢条抽过线眼冷拔成钢丝,然后将钢丝剪断制成针的工艺过程叙述。说明当时已经采用钢制的冷拉模具生产针用钢丝[5,6]。

近300年来,通过产业革命,欧洲的钢铁生产技术得到迅速发展。而我国从19世纪以来长期受封建主义、官僚资本主义和帝国主义的统治,沦为半封建、半殖民地社会,生产技术停滞不前,到1949年全国解放前年产钢仅15.8万吨。基本上不能生产模具钢,模具用钢几乎全部依靠进口。

新中国成立后,我国模具钢的生产技术取得了迅速发展,到2005年,我国合金模具钢产量达35.8万吨左右,居于世界前列,国产模具钢基本上能满足国内模具行业的需要,而且还有部分出口。

60年来,我国通过引进和自己研制开发,逐渐形成了我国的模具钢钢种系列。1952年引进苏联国家标准,制定了我国重工业部部颁合金工具钢标准;1959年,根据我国资源情况,制定了冶金工业部部颁合金工具钢标准YB 7—59。到1977年,在整顿原来的钢种系列的基础上,吸收我国历年来科研开发工作的经验,制定了我国第一个合金工具钢国家标准GB 1299—77。1985年对该标准进行修订,颁发了GB 1299—85,1999年进行再次修订,颁发了GB/T 1299—2000。从而建立了具有我国特色的、接近世界先进水平的,包括冷作模具钢、热作模具钢、塑料模具钢和无磁模具钢的模具钢种标准系列,以适应使用部门和生产部门的需要。

1.1.3 国外模具钢发展概况

随着工业生产技术的发展和不断出现的新材料,模具的工作条件日益苛刻,对模具钢的性能、质量、品种等方面也不断地提出更高更新的要求,为此,世界各国近年来都积极地开发了具有各种特性、适应不同要求的新型模具钢,并在品种、质量、生产工艺和生产装备上进行了大量的工作,取得了迅速的进步,分述如下。

1.1.3.1 塑料模具钢高速发展并系列化

近40多年来,随着石油化工工业的发展,塑料工业迅速兴起,产量急增。1960年世界塑料总量仅670万吨,而2001年则达16450万吨。如今,塑料已经和钢铁、木材、水泥一起构成现代社会的四大基础材料,是农业、工业、交通运输业、能源、信息产业、航天航空和海洋开发等国民经济各领域不可缺少的重要原材料之一。而塑料制品大部分采用模压成形,为此,不少工业发达国家塑料模具的产值已经居模具产值的第一位[7],塑料模具钢也迅速发展并成为一个专用钢种系列。在美国现行的ASTM A681标准中,塑料模具钢为P系列,包括7个钢号;日本大同特殊钢株式会社有13个塑料模具钢号。

塑料模具钢根据其性能和使用条件可分为:碳素塑料模具钢,预硬型塑料模具钢,易切削型塑料模具钢,耐蚀型塑料模具钢,时效硬化型塑料模具钢,非调质型塑料模具钢,高耐磨塑料模具钢,渗碳型塑料模具钢和无磁模具钢等。

1.1.3.2 研制先进的冷、热作模具钢

A 冷作模具钢

目前世界上通用的冷作模具钢可分三类:

(1) 低合金冷作模具钢,以美国ASTM A681标准中的O1(MnCrWV)为代表;

(2) 中合金冷作模具钢,以A2(Cr5Mo1V)钢为代表;

(3) 高合金冷作模具钢,以D2(Cr12Mo1V1)钢为代表[8]。除此之外,还研制了如下几种新型冷作模具钢。

1) 高强度、高韧性冷作模具钢。有些冷作模具如冷镦模具、厚板冲剪模具对模具材料既要求有良好的耐磨性,又要求较高的韧性,通用型冷作模具钢不能满足需要,为此,美国、日本等在20世纪70~80年代开发出一批高强度、高韧性冷作模具钢,如美国的Vasco Die(8Cr8Mo2V2Si)、Vasco Wear(Cr8Mo2VWSi)[9],日本的QCM-8(8Cr8Mo2SiV)[10]、DC53(Cr8Mo2SiV)[11]、TCD(Cr8V2MoTi)[12]等,该类钢碳化物细小、弥散,抗弯强度、断裂韧性、耐磨性、可切削性、可磨削性高,抗回火稳定性高,热处理变形小,将来有可能发展成为一种通用型冷作模具钢。

2) 火焰淬火冷作模具钢。为简化工艺、缩短模具制造周期,发展了一些适应火焰淬火要求的专用钢号,如日本的SX105(7CrMnSiMoV),SX5(Cr8MoV)等,其特点是淬火温度范围宽,淬透性较高,以适应火焰局部加热空冷淬火的要求,广泛用于汽车制造业。

3) 粉末冶金冷作模具钢。用粉末冶金方法生产,在制粉过程中由于钢水雾化后迅速凝固,形成非常细小、弥散的碳化物,可显著改善钢的韧性和可磨削性。粉末冶金方法可生产常规工艺难以生产的超高碳、高合金(尤其是高钒含量)、高耐磨性的模具钢和钢基碳化钛,如德国的X320CrVMo135,碳含量超过3%,含钒量超过5%,细小、弥散分布的碳化物面积达50%,制造特种陶瓷模具的寿命高于硬质合金模具。

B 热作模具钢

热作模具钢主要用于制造金属材料热成形用的模具材料,用量最大的为三类通用型热作模具钢,即低合金热作模具钢,代表性钢号为5CrNiMo和5CrMnMo;中合金热作模具钢,代表性钢号为H13(4Cr5MoSiV1)、H11(4Cr5MoSiV)、H12(4Cr5MoWSiV)、H10(4Cr3Mo3SiV);高合金热作模具钢,应用最广的钢号为H21(相当于3Cr3W9V)。为适应一些热作模具的特殊要求,研制了一些新型高性能热作模具钢,主要有以下几种:

(1) 基体钢。基体钢的化学成分相当于淬火后的高速钢基体组织的成分,所以淬火后

残留的共晶碳化物数量很少，回火后碳化物细小，弥散分布，钢的强韧性和热疲劳性能好，如美国的 Vasco MA。

(2) 低碳高速钢。低碳高速钢是将高速钢的碳含量降至 0.3%～0.6%得到的，这样可以减少其共晶碳化物的数量，既保持较高的红硬性，又改善钢的韧性和热疲劳性能，如美国的 H25、H26、H42。

(3) 高温热作模具钢。对于马氏体为基体的热作模具钢，当工作温度超过 700℃时，其高温强度急剧下降，使模具磨损、变形而早期失效。为此，近 30 年来，国内外相继开发了以奥氏体为基体组织的 CrMn 系和 CrMnNi 系热作模具钢，加入钒、钨、钼等合金元素，通过时效硬化提高钢的强度、硬度和耐磨性，以适应工作温度为 700～800℃热作模具的要求；但是这类钢的导热性差、线[膨]胀系数大、热疲劳性差，不宜制作激冷激热条件下工作的高温模具，如日本的 5Mn15Cr10V2、5Mn15Ni5Cr8Mo2V 等。

(4) 高温耐蚀模具钢。为了改善模具在高温下抗液态金属及其他介质的冲蚀和抗高温氧化能力，针对压铸模具和压制玻璃制品的模具，发展了高温耐蚀模具钢，如苏联用于制造铜合金压铸模具的 18X12BMБФP 钢[11]，日本三菱制钢公司开发的用于制造玻璃成形模具的 3Cr13MoV 钢等。

(5) 高淬透性热作模具钢。为了适应特大型锻模模块用钢的需要，在 5CrNiMoV 钢的基础上增加 Ni、Cr、Mo 等合金元素的含量，改善钢的淬透性，热强性和韧性，如 ISO 4975 标准中的 40NiCrMoV4(4Ni4Cr2MoV)，法国 NF-35-590 标准中的 40NCD16(4Ni4Cr2Mo)等。

(6) 中合金高强韧性热作模具钢。这类钢能够比较合理地使用合金元素，降低了产品的生产成本，因此近几年发展较快。如在 H13 钢的基础上降低铬含量、提高钒含量，发展以 MC 型碳化物为主要强化相的钢种，代表性的钢号如瑞典的 QRO80，QRO90M。

1.1.3.3 模具钢品种规格多样化，产品精料化、制品化

为了提高模具制造业的生产效率和材料利用率，缩短模具制造周期，配合模具工业的标准化、系列化、设计和制造过程中 CAD/CAE/CAM 技术的应用，模具钢的品种规格迅速向多样化、精料化、制品化发展。

(1) 品种规格多样化：相当部分的模具，如塑料模具、冷冲模、下料模、剪切模、压铸模等大部分是由几块扁平形部件组装而成的，所以国外合金工具钢钢材产量中扁钢和厚板占较大的份额。如日本，1990 年以来，合金工具钢热轧钢的扁钢和板带产量占总产量的 40%以上。美国 ASTM A681 合金工具钢标准中对锻造扁钢、热轧扁钢、热轧板材、冷拉扁钢的技术条件都分别做了详细的规定[8]。

(2) 精料化：国外模具钢已日趋精料化，由钢厂直接提供不同要求的经过机械加工的高尺寸精度、无脱碳层的精料。国外有些主要的模具钢生产厂的模具钢精料的比例已占 60%左右。如美国，ASTM A681 合金工具钢标准中对合金工具钢精料分别就粗车棒材，冷拉棒材，无心磨削棒材，冷拉方钢、扁钢，精密磨削的方钢、扁钢等品种的技术条件做了详细的规定[8]。1984 年已专门颁布经过机械加工的合金工具钢扁钢及方钢的专用标准 ASTM A685—1984[13]。

(3) 制品化：由冶金厂供应经过淬回火和精加工的模板、模块等制品，模具厂可以直接采购标准模块，只对模具的型腔或刃部进行精加工后即可与标准模架配套组装后交货。由

于模具成形后不需要再进行最终热处理就可以直接使用，这样既保证模具的使用性能，又可以避免由于热处理而引起的模具变形、氧化、脱碳、开裂等质量问题。该类制品适宜制造形状复杂、大型、精密、长寿命的塑料模具，深受模具制造行业的欢迎。

1.1.3.4 模具材料性能高级化

近一二十年来，为提高模具的质量和使用寿命，工业发达国家把提高模具材料的质量和性能放在重要的位置。在此，重点介绍三方面：

高纯净度模具钢——钢的纯净度提高到一定水平，不但可以改进钢的原有性能，而且可以赋予钢新的性能，日本大同特殊钢公司把 SKD61 钢中硫、磷含量从 0.03%降到 0.01%以下，冲击韧性提高一倍以上。日立金属公司把 SKD61 钢中磷含量从 0.03%降到 0.001%，钢的冲击韧性从 40 J/cm^2 提高到 130 J/cm^2。德国蒂森把 2344 EFS 钢中磷含量降低到不大于 0.003%且细晶化，钢的疲劳性能明显提高。提高模具钢的纯净度，将降低钢中夹杂物的含量，从而有效地提高钢的抛光性能和表面光洁度，这对塑料模具钢尤为重要。因此，日本山阳特殊钢公司规定高纯度模具钢中的$[O] \leqslant 10\times10^{-6}$、$[S] \leqslant 50\times10^{-6}$。

等向性模具钢——模具大部分是多向受力，因此提高模具钢的等向性，改善钢的横向韧性和塑性，使其与纵向性能接近，就可以大幅度提高模具的使用寿命。近 20 年来，国外不少特殊钢厂都采用不同的工艺措施致力于开发高等向性模具钢，并且各自命名了一些商业牌号，如奥地利百乐钢厂首先命名的“ISODISC”；日本日立金属公司安来工厂命名的“ISOTROPY”；日本高周波钢业公司命名的“Microfined”等。这种高等向性模具钢横向的韧性和塑性值，可以相当纵向性能的 80%~95%[14]。

生产高性能模具钢必须采用新工艺、新技术和新装备。生产低合金模具钢时采用精炼、大断面无缺陷连铸、高刚度连轧机及高精度轧制、可控气氛热处理炉、不同类型的精整和精加工以及无损探伤技术。生产高合金模具钢或性能要求很高的模具钢还需要采用精料、双真空冶炼、电渣重熔、钢锭高温均匀化处理、大压下量多向锻造或多向轧制或大型水压机开坯和精锻机组合锻造以及真空退火等来进一步提高钢的纯度、细化组织和提高钢的等向性能。

1.1.4 我国模具钢生产技术现状及展望

建国以来，我国模具钢生产发展较快，从无到有，从仿制到自行开发，在短短的50年内，我国模具钢产量已跃居世界前列。绝大部分国外的标准钢号和在科研试制中的模具钢号，我国基本上均开展生产和研制工作。通过几次钢种的整顿和标准修订，已经初步形成比较完整的具有中国特色的模具钢系列，在模具钢的生产技术、品种质量、科技开发以及应用工作等方面，都取得了较多的新成就。当然，由于发展时间较晚，与工业发达国家相比，在某些方面还存在一些问题和差距，分述如下。

1.1.4.1 钢种系列与产品结构

在我国 1999 年制定的国家标准 GB/T 1299—2000 中，总的来看，钢种系列比较完整，既包括了国内外通用的性能较好的模具钢，也纳入了一些国内研制的在生产应用中取得良好使用效果的新钢种，基本上可以满足模具制造业的需要。但是在钢种系列、产品结构和应用方面还存在着一些问题，主要有：

（1）钢种系列有待进一步完善，如用量很大的塑料模具钢，在 GB/T 1299—2000 中只纳入了 3Cr2Mo（相当于美国钢号 P20）和 3Cr2NiMnMo（相当于瑞典 ASSAB 718）两个钢号，显然不能满足各种不同类型的塑料模具的要求。此外，陶瓷、玻璃、耐火砖等非金属制品成形模具也有待于发展先进的模具钢。

（2）钢种产品结构的选择不合理，如塑料模具产量很大，但目前 80%左右的塑料模具均采用碳素结构钢制造，模具的使用寿命短，质量差，因此压制的塑料制品质量不高。

冷作模具钢的钢号系列比较完整，但目前占产量 70%左右的是 Cr12、Cr12MoV、Cr12Mo1V1、CrWMn 四个钢号。世界上用量较大、综合性能较好的 A2（Cr5Mo1V）钢，虽然已纳入国家标准，但产量很少，Cr8 型的高强度、高韧性冷作模具钢需要发展。

热作模具钢的产品结构要好一些，通过 10 余年的大力推广，世界上应用最广、综合性能较好的中合金铬钼系热作模具钢 4Cr5MoSiV1（H13）的产量已居国产模具钢的首位。

1.1.4.2 钢材品种

在我国模具钢生产中，有相当一部分中大型锻造模块已经采用快锻水压机多向锻造，用大型带锯锯切成型，冶炼采用炉外精炼和真空脱气工艺，产品质量可以与国外进口模块相媲美。大型棒材也已部分采用精锻机或大型轧机生产，尺寸精度较好。但是钢材的品种单一，90%左右是黑皮圆棒材，精料和制品的比例很低。国内中小型模块，都是由模具制造厂将圆钢锯切改锻成扁钢或模块，由于采用自由锻锤改锻，加工余量大，材料利用率低，严重地影响模具的制造周期。

1.1.4.3 生产工艺和设备

为了提高模具钢的质量，从 20 世纪 70 年代以来，国内陆续推广了炉外精炼、电渣重熔、快锻、精锻、可控气氛热处理等新工艺技术，采用新技术生产的模具钢产品质量可以与国外实物质量水平相当。在一些钢厂相应地建成了一批先进的工艺装备，特别是“八五”期间建成和在建的模具钢扁钢和厚板生产线，投产以后对改善我国模具钢的品种、规格起到了比较大的作用。

但由于发展历史短，很多方面处于初创阶段，还需要一定的时间进行配套、掌握、适应和完善。特别是后面工序和质量检验手段落后，缺乏深度加工设备和在线质量检测设备，在不少工厂中仍然采用 20 世纪 70~80 年代水平的工艺装备进行生产。所以总体而言，在生产效率，产品的内在质量，特别是尺寸精度和表面质量方面，与国外产品比较尚存在一定的差距。

1.1.4.4 专业化生产

我国模具钢分散在 10 多个特殊钢厂生产，生产分散，先进的生产设备不配套，影响国产模具钢质量的提高和产品的开发。为此，应建设几个具有世界先进水平的模具钢专业生产厂（线）。首先，充分发挥抚钢新建采用计算机控制 5 机架平立式可逆精轧机生产高精度扁、方钢生产线的作用；完善模具钢精料产品和制品生产线，提供冷拉材、剥皮材、磨削和抛光钢材以及经机加工并淬、回火的模块和模板等制品；通过技改，提高普钢厂模具钢特厚板产品质量；采用精料、真空冶金、电渣重熔、多向锻造和多向轧制、高温均质化热处理、真空热处理等生产工艺生产高级模具钢，从而增加品种、提高质量、降低成本，使我国模具钢产品迅速达到世界先进水平[16]。

1.2 模具钢的分类、性能及主要用途

1.2.1 分类

由于各种模具的工作条件差别很大，所以从化学成分看，模具钢的范围很广，从一般的碳素结构钢、碳素工具钢、合金工具钢、合金结构钢、高速工具钢，直到满足特殊模具要求的奥氏体无磁模具钢、耐蚀模具钢、马氏体时效钢、高温合金、难熔合金、硬质合金及一些专用的采用粉末冶金工艺生产的高合金模具材料等。本书仅讨论常用的模具钢。

常用的模具钢，根据其用途和工作条件分为三大类，即冷作模具钢、热作模具钢和塑料模具钢。

(1) 冷作模具钢：主要用于制造在冷状态(室温)条件下进行压制成形的模具，如冷冲压模具、冷拉伸模具、冷镦模具、冷挤压模具、压印模具、辊压模具等。冷作模具品种多、应用范围广，其产值占模具总产值的30%~40%。采用的钢号很多，一般采用高碳过共析钢和莱氏体钢，如碳素工具钢、低合金油淬冷作模具钢、空淬冷作模具钢、高碳高铬型冷作模具钢、高速钢、低碳高速钢和基体钢及用粉末冶金工艺生产的高合金模具材料等。常用钢号及化学成分见表1-2。

表1-2 常用冷作模具钢钢号及化学成分

钢号		化学成分(质量分数)/%							
		C	Si	Mn	Cr	W	Mo	V	其他
油淬冷作模具钢	9Mn2V	0.85~0.95	≤0.40	1.70~2.00				0.10~0.25	
	CrWMn	0.90~1.05	≤0.40	0.80~1.10	0.90~1.20	1.20~1.60			
	9CrWMn	0.85~0.95	≤0.40	0.90~1.20	0.50~0.80	0.50~0.80			
	9SiCr	0.85~0.95	1.20~1.60	0.30~0.60	0.95~1.25				
	Cr2	0.95~1.10	≤0.40	≤0.40	1.30~1.70				
空淬冷作模具钢	Cr5Mo1V	0.95~1.05	≤0.50	≤1.00	4.75~5.50		0.90~1.40	0.15~0.50	
	Cr6WV	1.00~1.15	≤0.40	≤0.40	5.50~7.00	1.10~1.50		0.50~0.70	
	Cr4W2MoV	1.12~1.25	0.40~0.70	≤0.40	3.50~4.00	1.90~2.60	0.80~1.20	0.80~1.10	
	8Cr2MnWMoVS	0.75~0.85	≤0.40	1.30~1.70	2.30~2.60	0.70~1.00	0.50~0.80	0.10~0.25	S0.10
高碳高铬冷作模具钢	Cr12	2.00~2.30	≤0.40	≤0.40	11.50~13.00				
	Cr12MoV	1.45~1.70	≤0.40	≤0.40	11.00~12.50		0.40~0.60	0.15~0.30	
	Cr12Mo1V1	1.40~1.60	≤0.60	≤0.60	11.00~13.00		0.70~1.20	≤1.10	Co≤1.00

续表 1-2

钢 号		化学成分(质量分数)/%							
		C	Si	Mn	Cr	W	Mo	V	其他
基体钢和低碳高速钢	6W6Mo5Cr4V	0.55~0.65	≤0.40	≤0.60	3.70~4.30	6.00~7.00	4.50~5.50	0.70~1.10	
	6Cr4W3Mo2VNb	0.60~0.70	≤0.40	≤0.40	3.80~4.40	2.50~3.50	1.80~2.50	0.80~1.20	Nb 0.20~0.35
	7W7Cr4MoV	0.60~0.70	≤0.40	≤0.40	4.50~5.00	6.50~7.50	0.20~0.50	0.40~0.70	
高强度高韧性冷作模具钢	7Cr7Mo2V2Si	0.70~0.80	0.70~1.20	≤0.40	6.50~7.50		2.00~3.00	1.70~2.20	
	Cr8Mo2SiV	0.95~1.05	0.85~1.10	0.20~0.50	7.50~8.50		1.80~2.10	0.15~0.35	
火焰淬火冷作模具钢	7CrSiMnMoV	0.65~0.75	0.85~1.15	0.65~1.05	0.90~1.20		0.20~0.5	0.15~0.30	

(2) 热作模具钢：主要用于制造对高温状态的金属进行热成形的模具。如热锻模具、热挤压模具、压铸模具、热剪切模具等。这类钢含碳量一般为 0.3%~0.6%，添加提高高温性能的钨、钼、铬、钒等合金元素，又可以分为锻造模块用钢、铬钼系热作模具钢、铬钨系热作模具钢、奥氏体型高温热作模具钢等。特殊要求的热作模具有时采用高温合金和难熔合金制造。常用热作模具钢化学成分见表 1-3。

表 1-3 常用热作模具钢化学成分

钢 号		化学成分(质量分数)/%							
		C	Si	Mn	Cr	Mo	W	V	其他
锻压模块用钢	5CrNiMo	0.50~0.60	≤0.40	0.50~0.80	0.50~0.80	0.15~0.30			Ni 1.40~1.80
	5CrMnMo	0.50~0.60	0.25~0.60	1.20~1.60	0.60~0.90	0.15~0.30			
	5NiCrMoV	0.50~0.60	0.10~0.40	0.65~0.95	1.00~1.20	0.45~0.55		0.07~0.12	Ni 1.50~1.80
	5Cr2NiMoV	0.46~0.53	0.60~0.90	0.40~0.60	1.50~2.00	0.80~1.20		0.30~0.50	Ni 0.80~1.20
铬钼系热作模具钢	4Cr5MoSiV	0.33~0.43	0.80~1.20	0.20~0.50	4.75~5.50	1.10~1.60		0.30~0.60	
	4Cr5MoSiV1	0.32~0.45	0.80~1.20	0.20~0.50	4.75~5.50	1.10~1.75		0.80~1.20	
	4Cr5W2VSi	0.32~0.42	0.80~1.20	≤0.40	4.50~5.50		1.60~2.40	0.60~1.00	
	4Cr5MoWSiV	0.30~0.40	0.80~1.20	0.20~0.50	4.75~5.50	1.25~1.75	1.00~1.70	≤0.50	

续表 1-3

钢号		化学成分(质量分数)/%							
		C	Si	Mn	Cr	Mo	W	V	其他
铬钨系热作模具钢	3Cr2W8V	0.30~0.40	≤0.40	≤0.40	2.20~2.70		7.50~9.00	0.20~0.50	
	4Cr3Mo3SiV	0.35~0.45	0.80~1.20	0.25~0.70	3.00~3.75	2.00~3.00		0.25~0.75	
	5Cr4W5Mo2V	0.40~0.50	≤0.40	≤0.40	3.40~4.40	1.50~2.10	4.50~5.30	0.70~1.10	
	5Cr4W2Mo2SiV	0.45~0.55	0.80~1.10	≤0.50	3.70~4.30	1.80~2.20	1.80~2.20	1.20~1.30	
	5Cr4Mo3SiMnVAl	0.47~0.57	0.80~1.10	0.80~1.10	3.80~4.30	2.80~3.40		0.80~1.20	Al 0.30~0.70
	3Cr3Mo3W2V	0.32~0.42	0.60~0.90	≤0.65	2.80~3.30	2.50~3.00	1.20~1.80	0.80~1.20	
奥氏体型高温热作模具钢	5Mn15Cr8Ni5Mo3V2	0.45~0.55	≤1.00	14.50~16.00	7.50~8.50	2.50~3.00		1.50~2.00	Ni 4.50~5.50

(3) 塑料模具用钢:近 40 多年来,随着石油化工工业的迅速发展,塑料已成为重要的工业原材料;因此,塑料制品成形用的模具需要量迅速增长,不少工业发达国家塑料模具的产值已经超过冷作模具的产值,在模具制造业中居首位。由于不同类型的塑料制品对模具钢的性能要求有差异,因此在不少工业发达国家已经形成包括范围很广的专用塑料模具用钢系列,包括碳素结构钢,渗碳型塑料模具钢,预硬型塑料模具钢,时效硬化型、耐蚀型、易切削型、马氏体时效型塑料模具钢以及适应低表面粗糙度塑料制品模具用的镜面抛光型塑料模具用钢。常用塑料模具钢的化学成分见表 1-4。

表 1-4 常用塑料成型模具用钢化学成分

钢号		化学成分(质量分数)/%							
		C	Si	Mn	Cr	W	Mo	V	其他
非合金塑料成型模具钢	45	0.42~0.50	0.17~0.37	0.50~0.80					
	50	0.47~0.55	0.17~0.37	0.50~0.80					
	55	0.52~0.60	0.17~0.30	0.50~0.80					
	T8	0.75~0.84	≤0.35	≤0.40					
	T10	0.95~1.04	≤0.35	≤0.40					
	T12	1.15~1.24	≤0.35	≤0.40					

续表 1-4

钢号		化学成分(质量分数)/%							
		C	Si	Mn	Cr	W	Mo	V	其他
渗碳型塑料模具钢	20Cr	0.17~0.24	0.17~0.37	0.50~0.80	0.80~1.10				
	12CrNi2	0.10~0.17	0.17~0.37	0.30~0.60	0.60~0.90				Ni 1.50~2.00
	12CrNi3	0.10~0.17	0.17~0.37	0.30~0.60	0.60~0.90				Ni 2.75~3.25
	20Cr2Ni4	0.17~0.23	0.17~0.37	0.30~0.60	1.20~1.75				Ni 3.25~3.75
	20CrMnTi	0.17~0.23	0.17~0.37	0.80~1.10	1.00~1.30				Ti 0.04~0.10
预硬型塑料模具钢	3Cr2Mo	0.28~0.40	0.20~0.80	0.60~1.00	1.40~2.00		0.30~0.55		
	3Cr2MnNiMo	0.28~0.40	0.20~0.40	1.20~1.50	1.40~2.00		0.30~0.55		Ni 0.85~1.15
	5CrNiMnMoVSCa	0.50~0.60	0.20~0.80	0.85~1.15	1.00~1.30		0.30~0.60	0.10~0.30	Ni 0.85~1.15 Ca、S
	8Cr2MnWMoVS	0.75~0.85	≤0.40	1.30~1.70	2.30~2.60	0.70~1.10	0.50~0.80	0.10~0.25	S 0.08~0.15
时效硬化型塑料模具钢	25CrNi3MoAl	0.20~0.30	0.20~0.50	0.50~0.80	1.20~1.80		0.20~0.40	Ni 3.0~4.0	Al 1.00~1.60
	06Ni6CrMoVTiAl	≤0.06	≤0.50	≤0.60	1.30~1.60	Mo 0.90~1.20	V 0.08~0.16	Ni 5.50~6.50	Ti 0.90~1.30 Al 0.50~0.90
	18Ni(250)	≤0.03	0.12	0.12			Mo 4.25~5.25	Ni 17.5/18.5 Co 7.00/9.00	Ti 0.30/0.50 Al 0.05/0.15

续表 1-4

钢号		化学成分(质量分数)/%							
		C	Si	Mn	Cr	W	Mo	V	其他
耐蚀型塑料模具钢	4Cr13	0.36~0.45	≤0.60	≤0.80	12.00~14.00				
	9Cr18	0.90~1.00	≤0.80	≤0.80	17.00~19.00				
	Cr14Mo	0.90~1.05	0.30~0.60	≤0.80	12.00~14.00		1.40~1.80		
	Cr18MoV	1.17~1.25	0.50~0.90	≤0.80	17.50~19.00		0.50~0.80	0.10~0.20	
	1Cr17Ni2	0.11~0.17	≤0.80	≤0.80	16.00~18.00				Ni 1.50~2.50
整体淬硬型塑料模具钢	9Mn2V	0.85~0.95	≤0.40	1.70~2.00				0.15~0.25	
	CrWMn	0.90~1.05	≤0.40	0.80~1.10	0.90~1.20	1.20~1.60			
	9CrWMn	0.85~0.95	≤0.40	0.90~1.20	0.50~0.80	0.50~0.80			
	Cr12MoV	1.45~1.70	≤0.40	≤0.40	11.00~12.50		0.40~0.60	0.15~0.30	
	4Cr5MoSiV1	0.32~0.45	0.80~1.20	0.20~0.50	4.75~5.50		1.10~1.75	0.80~1.20	
易切削型塑料模具钢	5CrNiMnMoVSCa	0.50~0.60		0.80~1.20	0.80~1.20		0.30~0.60	0.15~0.30	Ni0.80~1.20 S0.06~0.15 Ca0.002~0.008
	8Cr2MnWMoVS	0.75~0.85	≤0.40	1.30~1.70	2.30~2.60	0.70~1.10	0.50~0.80	0.10~0.25	S0.08~0.15
非调质型塑料模具钢	F45V	0.42~0.49	0.20~0.40	0.60~1.00				0.06~0.13	
	YF45V	0.42~0.49	0.20~0.40	0.60~1.00				0.06~0.13	S0.035~0.075
	YF45MnV	0.42~0.49	0.30~0.60	1.00~1.50				0.06~0.13	S0.035~0.075
	GF40MnSiVS	0.37~0.42	0.40~0.70	1.00~1.50				0.08~0.15	S0.04~0.07 N0.01~0.02
	B20	0.30~0.40	0.20~0.60	≥1.20	≥0.30			≥0.05	
	B30	0.20~0.30	0.20	≥1.50	≥0.50		≥0.20	≥0.05	
无磁模具钢	7Mn15Cr2Al3VWMo	0.65~0.75	≤0.80	14.50~16.00	2.00~2.50	0.50~0.80	0.50~0.80	1.50~2.00	Al2.70~3.30

1.2.2 性能要求

在选择模具钢时，首先必须考虑材料的使用性能和工艺性能，具体如下。

1.2.2.1 使用性能

A 强度性能

（1）硬度。硬度是模具钢的主要技术指标，模具在高应力的作用下欲保持其形状尺寸不变，必须具有足够高的硬度。冷作模具钢在室温条件下一般硬度保持在60HRC左右，热作模具钢根据其工作条件，一般要求保持在40～55HRC范围。对于同一钢种而言，在一定的硬度值范围内，硬度与变形抗力成正比；但具有同一硬度值而成分及组织不同的钢种之间，其塑性变形抗力可能有明显的差别，如图1-1所示[17]。因此，单纯用硬度指标不能充分反应模具钢的变形抗力。

（2）红硬性。在高温状态下工作的热作模具，要求保持其组织和性能的稳定，从而保持足够高的硬度，这种性能称为红硬性。碳素工具钢、低合金工具钢通常能在180～250℃的温度范围内保持这种性能，铬钼热作模具钢一般在550～600℃的温度范围内保持这种性能。钢的红硬性主要取决于钢的化学成分和热处理工艺。

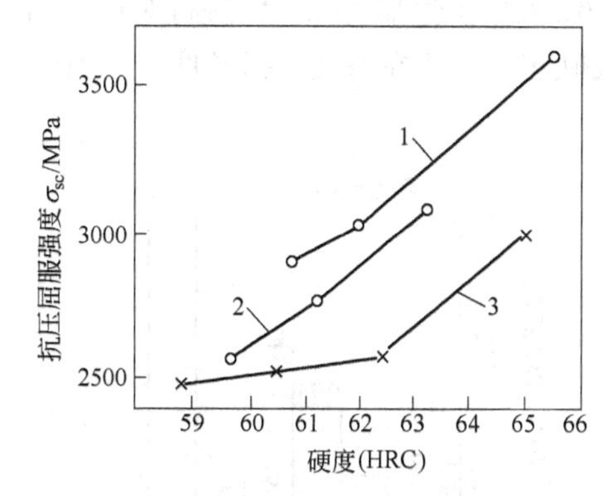

图1-1 硬度对三种冷作模具钢抗压屈服强度的影响

1—W6Mo5Cr4V2；2—Cr12MoV；3—Cr5Mo1V

（3）抗压屈服强度和抗压弯曲强度。模具在使用过程中经常受到强度较高的压力和弯曲的作用，因此要求模具材料应具有一定的抗压强度和抗弯强度。在很多情况下，进行抗压试验和抗弯试验的条件接近于模具的实际工作条件（例如，所测得的模具钢的抗压屈服强度与冲头工作时所表现出来的变形抗力较为吻合）。抗弯实验的另一个优点是应变量的绝对值大，能较灵敏地反映出不同钢种之间以及在不同热处理和组织状态下材料变形抗力的差别。

B 韧性

在工作过程中，模具承受着冲击载荷，为了减少在使用过程中的折断、崩刃等形式的损坏，要求模具钢具有一定的韧性。

模具钢的化学成分，晶粒度，纯净度，碳化物和夹杂物等的数量、形貌、尺寸大小及分布情况，以及模具钢的热处理制度和热处理后得到的金相组织等因素都对钢的韧性带来很大的影响。特别是钢的纯净度和热加工变形情况对于其横向韧性的影响更为明显。钢的韧性、强度和耐磨性往往是相互矛盾的。因此，要合理地选择钢的化学成分并且采用合理的精炼、热加工和热处理工艺，以使模具材料的耐磨性、强度和韧性达到最佳的配合。

冲击韧性系表征材料在一次冲击过程中试样在整个断裂过程中吸收的总能量。但是很多工具是在不同工作条件下疲劳断裂的，因此，常规的冲击韧性不能全面地反映模具钢的断裂性能。小能量多次冲击断裂功或多次断裂寿命和疲劳寿命等试验技术正在被采用。

C 耐磨性

决定模具使用寿命最重要的因素往往是模具材料的耐磨性。模具在工作中承受相当大的压应力和摩擦力，要求模具能够在强烈摩擦下仍保持其尺寸精度。模具的磨损主要是机械磨损、氧化磨损和熔融磨损三种类型。为了改善模具钢的耐磨性，就要既保持模具钢具有高的硬度，又要保证钢中碳化物或其他硬化相的组成、形貌和分布比较合理。对于重载、高速磨损条件下服役的模具，要求模具钢表面能形成薄而致密黏附性好的氧化膜，保持润滑作用，减少模具和工件之间产生粘咬、焊合等熔融磨损，又能减少模具表面进一步氧化造成氧化磨损。所以模具的工作条件对钢的磨损有较大的影响[18~20]。

耐磨性可用模拟的试验方法，测出相对的耐磨指数 ε，作为表征不同化学成分及组织状态下的耐磨性水平的参数。图 1-2[21] 为用不同钢种制作的标准冲孔模对冷轧硅钢片进行冲孔的试验结果，以呈现规定毛刺高度前的寿命，反映各种钢种的耐磨水平；试验是以 Cr12MoV 钢为基准（$\varepsilon=1$）进行对比。图 1-3 是用标准磨具进行耐磨性试验的结果，较好地反映工模具钢在磨粒磨损条件下的耐磨性水平。

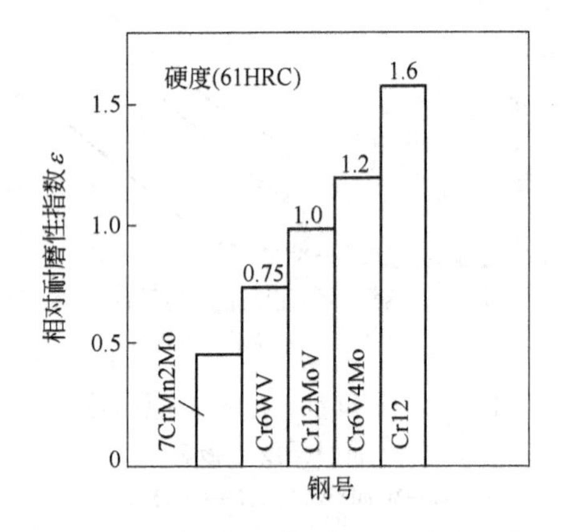

图 1-2 5 种模具钢模拟冲裁试验其耐磨性

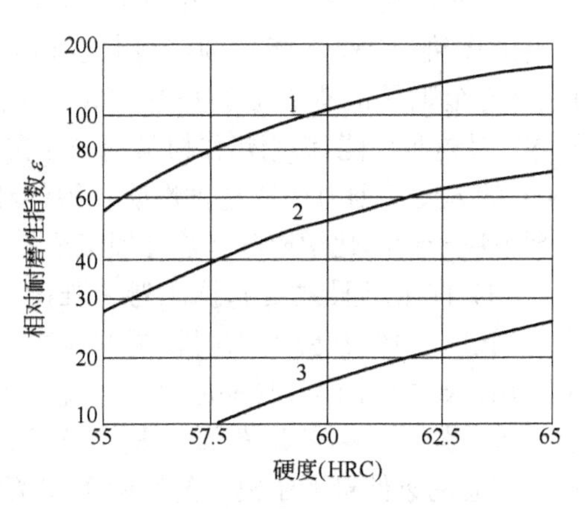

图 1-3 工模具钢的磨粒磨损抗力
1—高碳高钒高速钢；2—高碳高铬钢；
3—低合金模具钢及碳素工具钢

D 抗热疲劳能力

热作模具钢在服役条件下除了承受载荷的周期性变化之外，还受到高温及周期性的急冷、急热的作用，因此，评价热作模具钢的断裂抗力应重视材料的热机械疲劳断裂性能。热机械疲劳是一种综合性能的指标，它包括热疲劳性能、机械疲劳裂纹扩展速率和断裂韧性三个方面。

热疲劳性能反映材料在热疲劳裂纹萌生之前的工作寿命，抗热疲劳性能高的材料，萌生热疲劳裂纹的热循环次数较多；机械疲劳裂纹扩展速率反映材料在热疲劳裂纹萌生之后，在锻压力的作用下裂纹向内部扩展时，每一应力循环的扩展量；断裂韧性反映材料对已存在的裂纹发生失稳扩展的抗力。断裂韧性高的材料，其中的裂纹如要发生失稳扩展，必须在裂纹尖端具有足够高的应力强度因子，也就是必须有较大的应力或较大的裂纹长度。在应力恒定的前提下，在一种模具中已经存在一条疲劳裂纹，如果模具材料的断裂韧性值较高，则裂纹必须扩展得更深，才能发生失稳扩展。

也就是说，抗热疲劳性能决定了疲劳裂纹萌生前的那部分寿命；而裂纹扩展速率和断裂韧性,可以决定当裂纹萌生后发生亚临界扩展的那部分寿命。因此,热作模具如要获得高的寿命,模具材料应具备高的抗热疲劳性能、低的裂纹扩展速率和高的断裂韧性值。

抗热疲劳性能的指标可以用萌生热疲劳裂纹的热循环数,也可以用经过一定的热循环后所出现的疲劳裂纹的条数及平均的深度或长度来衡量[22]。

E 咬合抗力

咬合抗力实际就是发生"冷焊"时的抵抗力。该性能对于模具材料较为重要。试验时通常在干摩擦条件下,把被试验的工具钢试样与具有咬合倾向的材料(如奥氏体钢)进行恒速对偶摩擦运动,以一定的速度逐渐增大载荷,此时,转矩也相应增大,当载荷加大到某一临界数值时,转矩突然急剧增大,该载荷称为"咬合临界载荷",临界载荷愈高,标志着咬合抗力愈强。表 1-5 列出了几种工模具材料及其表面强化工艺的咬合临界载荷[23]。

表 1-5 几种工模具钢及其表面强化工艺的咬合临界载荷[23]

试验材料	W6Mo5Cr4V2	Cr12MoV	渗硫	离子渗氮	VC 渗层	TiC 渗层	硬质合金
咬合临界载荷/N	16	23	24	42	73	75	77

1.2.2.2 工艺性能

在模具生产成本中,材料费用一般占 10%~20%,而机械加工、热处理、装配和管理费用占 80%以上。所以模具的工艺性能是影响模具的生产成本和制造难易的主要因素之一,模具钢的工艺性能主要有以下四项。

A 可加工性

可加工性如下:

(1) 热加工性能,指热塑性、加工温度范围等;

(2) 冷加工性能,指切削、磨削、抛光、冷拔等加工性能。

冷作模具钢大多属于过共析钢和莱氏体钢,热加工和冷加工性能都不太好,因此必须严格控制热加工和冷加工的工艺参数,以避免产生缺陷和废品。另一方面,通过提高钢的纯净度,减少有害杂质的含量,改善钢的组织状态,以改善钢的热加工和冷加工性能,从而降低模具的生产成本。

为改善模具钢的冷加工性能,自 20 世纪 30 年代开始,研究向模具钢中加入 S、Pb、Ca、Te 等易切削加工元素或导致模具钢中碳的石墨化的元素,发展了各种易切削模具钢,以进一步改善其切削性能和磨削性能,减少刀具磨料消耗、降低成本。

B 淬透性和淬硬性

淬透性主要取决于钢的化学成分和淬火前的原始组织状态;淬硬性则主要取决于钢中的碳含量。对于大部分的冷作模具钢,淬硬性往往是主要的考虑因素之一。对于热作模具钢和塑料模具钢,一般模具尺寸较大,尤其是制造大型模具,其淬透性更为重要。另外,对于形状复杂容易产生热处理变形的各种模具,为了减少淬火变形,往往尽可能采用冷却能力较弱的淬火介质,如空冷、油冷或盐浴冷却,为了得到要求的硬度和淬硬层深度,就需要采用淬透性较好的模具钢。

C 淬火温度和热处理变形

为了便于生产,要求模具钢淬火温度范围尽可能放宽一些,特别是当模具采用火焰加热局部淬火时，由于难于准确地测量和控制温度，就要求模具钢有更宽的淬火温度范围。

模具在热处理时，尤其是在淬火过程中，要产生体积变化、形状翘曲、畸变等，为保证模具质量，要求模具钢的热处理变形小，特别是对于形状复杂的精密模具，淬火后难以修整，对于热处理变形程度的要求更为苛刻，应该选用微变形模具钢制造。

D 氧化、脱碳敏感性

模具在加热过程中，如果发生氧化、脱碳现象，就会使其硬度、耐磨性、使用性能和使用寿命降低；因此，要求模具钢的氧化、脱碳敏感性好。对于含钼量较高的模具钢，由于氧化、脱碳敏感性强，需采用特种热处理，如真空热处理、可控气氛热处理、盐浴热处理等。

1.2.2.3 其他应考虑的因素

在选择模具钢时，除了必须考虑使用性能和工艺性能之外，还必须考虑模具钢的通用性和钢材价格。模具钢一般用量不大，为了便于备料，应尽可能地考虑钢的通用性，尽量利用大量生产的通用型模具钢，以便于采购、备料和材料管理。另外还必须从经济上进行综合分析，考虑模具的制造费用、工件的生产批量和分摊到每一个工件上的模具费用。从技术、经济方面进行全面分析，以最终选定合理的模具材料。

坎德乐（H. E. Chandler）对几种通用型模具钢的 6 项主要性能指标进行了评分和对比（见表 1-6）[24]，可供选材时参考。

表 1-6 几种常用模具钢主要性能对比①

钢 号②	耐磨性	韧 性	红硬性	尺寸稳定性	可切削性	可磨削性
O1(9MnCrWV)	42	50	10	55	75	93
A2(Cr5Mo1V)	53	50	20	80	50	55
D2(Cr12Mo1V1)	70	32	23	90	35	25
D3(Cr12)	85	20	20	65	30	15
H11(4Cr5MoSiV)	38	90	37	85	75	85
H13(4Cr5MoSiV1)	40	88	40	85	70	85
H19(4Cr4W4Co4V2Mo)	45	65	60	55	60	60
M2(W6Mo5Cr4V2)	70	40	75	40	35	35
M42(Mo9W1Cr4VCo8)	88	37	90	40	30	38
M3(W6Mo5Cr4V3)	95	30	85	40	25	10

① 以 100 为最佳；
② 括号中为我国钢号，括号外为 ASTM 钢号。

1.2.3 模具钢的主要用途

本节将分别就冷作模具（包括下料模具、冲孔模具、冲压成形模具、拉伸模具、冷镦模具、压印模具、冷挤压模具、滚丝模具等）、热作模具（包括热锻模具、热挤压模具、压铸模具、热镦锻模具等）及塑料模具三类进行叙述。

1.2.3.1 冷作模具用钢

A 下料冲孔模具用钢

主要用于制造对金属或非金属板材进行下料、冲孔用的凸模和凹模。当薄板放在凸模、凹模之间进行冲裁时,薄板在最初阶段产生变形,随着变形量的增加,薄板的下侧表面因受到大的拉应力而产生开裂。在使用过程中,随着凹模和凸模磨损量的增加,其刃部的尖角逐渐变为圆角,导致薄板下侧产生的拉应力降低,薄板厚度方向受到压缩,增加了被冲裁板料的加工硬化和变形、延迟了板料产生裂纹的时间,坯料切断后,其断口周围产生毛刺,随着模具磨损量的增加,工件的毛刺高度增加,当毛刺高度超过规定要求时,模具就需要更换或返修[19]。

下料冲孔模具用钢,一般根据被加工工件的材料种类、厚度、生产工件的批量和模具的尺寸精度、形状复杂程度等因素选择钢材。

当冲压低硬度的纸板,塑料板,铝、镁合金板,铜合金板时,如果冲裁产品批量不大,可选用碳素工具钢;批量较多时,可选用 MnCrWV、CrWMn、9CrWMn、7CrSiMnMoV 等低合金钢,淬回火硬度为 HRC62~64;生产批量达到 100 万件,可选用 Cr12、Cr12MoV、Cr8Mo2VSi、Cr5Mo1V、7Cr7Mo2V2Si 等钢号,淬回火硬度为 HRC61~63;当生产批量超过 100 万件时,可选用高速钢、超硬高速钢或硬质合金制造模具。

当冲压强度高、变形抗力大的碳素钢板、硅钢钢板、不锈钢板时,要根据材料的强度、厚度、变形抗力,选择合金含量更高、耐磨性更好的高一档模具钢。

对截面尺寸较大的模具,要选用合金元素含量较高、淬透性好的模具钢。

当被加工材料厚度增加时,也需要考虑选择高一档的模具钢。推荐的冲孔模具用钢见表 1-7[18,19,25,26]。

表 1-7 薄板下料冲孔模具用钢的选择

被加工材料	生产批量/件				
	10^3	10^4	10^5	10^6	10^7
铝、镁及铜合金	CrWMn,MnCrWV	CrWMn,Cr5Mo1V,MnCrWV	CrWMn,Cr5Mo1V,Cr12MoV	Cr12MoV,Cr12Mo1V1,高速钢	硬质合金
碳钢、合金结构钢	CrWMn,MnCrWV	CrWMn,MnCrWV	CrWMn,MnCrWV	Cr12MoV1	硬质合金
铁素体不锈钢		Cr5Mo1V,Cr8Mo2VSi	Cr5Mo1V,Cr12,Cr12MoV	Cr12Mo1V1,高速钢	硬质合金
奥氏体不锈钢	CrWMn,Cr5Mo1V,Cr8Mo2VSi	CrWMn,Cr5Mo1V,Cr12,Cr8Mo2VSi	Cr12,Cr12MoV,Cr12Mo1V1,Cr8Mo2VSi	Cr12Mo1V1,高速钢	硬质合金
淬回火弹簧钢(不大于 52HRC)	Cr5Mo1V,Cr8Mo2VSi	Cr5Mo1V,Cr12,Cr12MoV,Cr8Mo2VSi	Cr12Mo1V1,Cr12MoV,高速钢,Cr8Mo2VSi	Cr12Mo1V1,高速钢,粉末高速钢	硬质合金
变压器硅钢	Cr5Mo1V,Cr8Mo2VSi	Cr5Mo1V,Cr12,Cr12MoV,Cr8Mo2VSi	Cr12,Cr12Mo1V1,高速钢,Cr8Mo2VSi	Cr12Mo1V1,高速钢,粉末高速钢	硬质合金

续表 1-7

被加工材料	生产批量/件				
	10^3	10^4	10^5	10^6	10^7
纸张等软材料	T8,T10	T8,T10	T8,T10,Cr5Mo1V,CrWMn	CrWMn,Cr5Mo1V,Cr12,Cr12MoV	Cr12,Cr12MoV,高速钢
一般塑料板	T10,CrWMn	CrWMn	Cr5Mo1V	高速钢	硬质合金
增强塑料板	CrWMn,Cr5Mo1V	Cr5Mo1V,Cr5Mo1V（氮化）	Cr5Mo1V,Cr12Mo1V（氮化）	Cr12,Cr12Mo1V1,高速钢	硬质合金

B 冷镦模具用钢

很多紧固件是采用冷镦模具成形的。冷镦模具承受剧烈的冲压载荷，其凹模表面承受很高的压应力。要求模具材料具有较高的强度、韧性和耐磨性。

冷镦模具在热处理后，表面必须具有高的硬度而心部必须具有良好的韧性，这样，表面有一定的压应力可以抵消在冷镦过程中承受的应力。

用于生产工件批量不大的冷镦模具，一般选择碳素工具钢或低合金冷作模具钢，对模具型腔表面进行局部淬火，使型腔表面硬度达到60HRC左右，而模具心部硬度为35~45HRC左右。应根据模具的截面尺寸，选择具有一定淬透性的模具钢，以得到比较理想的淬硬层深度。淬硬层过浅，可能造成使用中型腔塌陷；硬化层过深，可能使模具在使用过程中出现开裂现象。

对于要求使用寿命长的冷镦模具，则采用高合金模具钢（如Cr5Mo1V,Cr12,Cr12MoV,7Cr7Mo2V2Si等）、高速钢（如W6Mo5Cr4V2,W18Cr4V,粉末高速钢等）、钢结硬质合金或钴含量较高韧性好的硬质合金制造。为了使模具能承受较高的冲击载荷，一般采用镶块式模具结构。模具外套采用高韧性的合金结构钢或4Cr5MoSiV1等热作模具钢制造，热处理后的硬度为45HRC左右。高硬度冷镦模具镶块采用高合金模具材料制造，用冷压或热压法镶入外套，使之紧密接触，外套对内套造成一定的压应力，以改善模具的服役条件，延长模具的使用寿命。

推荐的冷镦模具用钢见表1-8[1,18,19,26]。

表 1-8 冷镦模具用钢的选择

生产批量/件	1×10^4		5×10^4		25×10^4		1×10^5	
	整体模	镶块模	整体模	镶块模	整体模	镶块模	整体模	镶块模
冷镦模具用钢	T8	Cr5Mo1V	T8	Cr12MoV	T8	Cr12MoV	T8	Cr12Mo1V1,高速钢
	T10	Cr12MoV	T10	Cr12Mo1V1	T10	Cr12Mo1V1	T10	CPM10V
	Cr2	Cr12Mo1V1	Cr2	7Cr7Mo2V2Si	Cr2	高速钢	Cr2	钢结硬质合金
	T10+V	W6Mo5Cr4V2	T10+V	高速钢	T10+V	7Cr7Mo2V2Si	7Cr7Mo2V2Si	硬质合金
	7CrSiMnMoV	7Cr7Mo2V2Si	7CrSiMnMoV		7CrSiMnMoV	钢结硬质合金,CPM10V		
		Cr8Mo2VSi		Cr8Mo2VSi			Cr8Mo2VSi	

注：镶块模具外套可采用中碳合金结构钢或4Cr5MoSiV,4Cr5MoSiV1钢制造。

C 冷挤压模具用钢

在冷挤压过程中凹模经常承受外套的预压应力和挤压过程中的拉伸应力,凸模则承受巨大的压应力。工件在变形过程中所产生的热量也有一部分被模具吸收,所以模具材料还需要具有一定的高温硬度和热稳定性。另外,模具表面往往会产生磨损和挤伤,从而造成工件的尺寸、形状变化,表面粗糙度上升,使得模具失效。

冷挤压模具所承受的载荷取决于被挤压工件的材料强度和加工硬化程序以及工件挤压过程中的变形度。

挤压较软的铝合金工件用的小型模具,其凹模可以采用碳素工具钢制造;挤压高强度铝合金、碳素钢和低合金钢工件的冷挤压凹模,一般采用中合金模具钢制造(如 Cr5Mo1V 等,硬度为 56~58HRC)。生产批量不大的冷挤压凸模和顶杆材料,一般采用中合金冷作模具钢制造;对于生产大批量工件的冷挤压凸模,为了提高其抗压强度和耐磨性,一般选用高合金模具钢(如 Cr12MoV,Cr12Mo1V1,7Cr7Mo2V2Si 等)或高速钢、低碳高速钢、基体钢(如 W6Mo5Cr4V2、6W6Mo5Cr4V 等)制造。

良好的润滑条件是减少冷挤压模具磨损的主要措施。对于黑色金属冷挤压产品,常采用磷化加皂化处理来改善润滑条件。在实际生产中,润滑条件不当将造成冷挤压模具早期失效。

当挤压工件批量很大时,如挤压钢件超过 10 万件,挤压轻合金工件超过 50 万件时,有时采用硬质合金制造模具镶块。当挤压变形抗力很高的合金钢工件或反挤压大型环形的工件时,也可以采用硬质合金制造冷挤压凸模的镶块,凸模的外套一般选用高强度结构钢制造(热处理硬度为 55~58HRC)[1,18,19,26~28]。

推荐的冷挤压模具用钢见表 1-9,冷挤压拉伸模具用钢见表 1-10。

表 1-9 冷挤压模具用钢的选择

被挤压工件材料		生产批量/件	
		5×10^3	5×10^4
		推荐用钢	
凸模用钢	铝合金 低碳钢(w(C)≤0.10%) 渗碳合金钢	Cr5Mo1V	Cr5Mo1V,Cr12Mo1V1,高速钢 Cr5Mo1V,Cr12Mo1V1,高速钢 高速钢,7Cr7Mo2V2Si,Cr8Mo2VSi
凹模用钢	铝合金 低碳钢(w(C)≤0.10%) 渗碳合金钢	T10 CrWMn,Cr5Mo1V, CrWMn,Cr5Mo1V, Cr8Mo2VSi	T10,CrWMn Cr5Mo1V(氮化),Cr12MoV Cr5Mo1V(氮化),Cr12MoV
顶杆用钢	铝合金	Cr5Mo1V	Cr12MoV,Cr12Mo1V1,高速钢
	低碳钢及渗碳合金钢	Cr5Mo1V, Cr8Mo2VSi	Cr12Mo1V1,高速钢,7Cr7Mo2V2Si, Cr8Mo2VSi

表 1-10 冷挤压拉伸模具用钢的选择

被加工工件材料		生产批量/件	
		5×10^3	5×10^4
		推荐用钢	
凸模用钢	铝合金	Cr5Mo1V	Cr12,Cr12MoV,Cr12Mo1V1, 高速钢
	低碳钢(w(C)<0.10%)	高速钢, 6W6Mo5Cr4V	高速钢, 6W6Mo5Cr4V
	碳钢 (w(C)=0.20%~0.40%)	高速钢(氮化)	高速钢(氮化),高钒高速钢
	渗碳合金钢	高速钢(氮化)	高速钢(氮化),高钒高速钢
凹模用钢	铝合金	Cr5Mo1V	Cr5Mo1V,Cr12MoV,高速钢
	碳钢及合金钢	Cr5Mo1V, 6Cr4W3Mo2VNb, 7Cr7Mo2V2Si	Cr12MoV,Cr12Mo1V1, 6W6Mo5Cr4V, 高速钢(氮化)

D 冲压成形模具用钢

冲压成形是通过弯曲或少量的延伸,将金属薄板压制成与模具轮廓相近的工件。冲压成形模具钢的选用要根据成形工件的生产批量、工件的材料和厚度、形状、尺寸、要求的精度等情况来决定。冲压模具的正常失效,主要是由于磨损。软的、薄的和强度低的工件所需的成形压力低、磨损少。反之,模具磨损就会加速。

对于小型冲压成形模具,一般多采用高合金模具钢 Cr12MoV 或 Cr12Mo1V1 制造(硬度为 58~62HRC)。对于易产生表面擦伤的模具可以进行氮化处理。

对于大型工件冲压用的大型模具,凸模往往采用 Cr12MoV、Cr12Mo1V1、6W6Mo5Cr4V 钢制造(硬度为 58~62HRC),凹模本体用铸铁制造,仅在容易磨损处采用淬硬的 Cr5Mo1V,Cr12MoV,Cr12Mo1V1、6W6Mo5Cr4V 钢的镶块。为了简化工艺,也可以采用经局部淬硬的 7CrSiMnMoV 钢镶块。

生产形状复杂的、较厚工件的模具可采用高一档的模具钢;而形状简单、较薄的工件的成形模具,可选择低一档的模具材料。

硬质合金具有很高的耐磨性和抗擦伤性能,但是成本高、脆、不易加工,一般仅用于制造重要模具的镶块。

近几年来发展的钢结硬质合金、粉末高合金耐磨钢,如空冷高耐磨粉末模具钢 CPM10V (2.45%C,5.0%Cr,9.75%V,1.25%Mo)具有高耐磨性和高韧性,是很有发展前途的冷作模具材料,用以制造模具镶块。

推荐选用的冲压成形模具材料见表 1-11[1,18,19,27,28]。

表 1-11 薄板冷冲压成形用模具材料的选择

被加工工件材料	质量要求		生产批量/件				
	表面粗糙度	尺寸偏差/mm	10^2	10^3	10^4	10^5	10^6
			推荐模具材料				
铝、铜、黄铜	无	无	环氧树脂，金属聚酯，锌合金	环氧树脂，金属聚酯，锌合金	环氧树脂，金属聚酯，锌合金	合金铸铁 7CrSiMnMoV 镶块	铸铁 Cr5Mo1V 镶块
铝、铜、黄铜	无	±0.1	环氧树脂，金属聚酯，锌合金	环氧树脂，金属聚酯，锌合金	合金铸铁	合金铸铁 7CrSiMnMoV 镶块	铸铁 Cr5Mo1V，6W6Mo5Cr4V 镶块
铝、铜、黄铜	低	±0.1	环氧树脂，金属聚酯，锌合金	环氧树脂，金属聚酯，锌合金	合金铸铁	合金铸铁 7CrSiMnMoV 镶块	铸铁 Cr5Mo1V，6W6Mo5Cr4V 镶块
低碳钢	无	无	环氧树脂，金属聚酯，锌合金	环氧树脂，金属聚酯，锌合金	合金铸铁	合金铸铁 7CrSiMnMoV 镶块	合金铸铁 Cr5Mo1V，6W6Mo5Cr4V 镶块
低碳钢	低	±0.1	锌合金	锌合金	合金铸铁	合金铸铁 Cr5Mo1V，Cr12MoV 镶块	合金铸铁 Cr12MoV 镶块
NiCr 不锈钢	无	无	环氧树脂，锌合金	锌合金	合金铸铁	合金铸铁 Cr5Mo1V 镶块	合金铸铁 Cr12MoV，Cr12Mo1V1 镶块
NiCr 不锈钢，耐热钢	低	±0.1	锌合金	锌合金	合金铸铁	合金铸铁 Cr12MoV（氮化）镶块	合金铸铁 Cr12Mo1V1（氮化）镶块
低碳钢（无润滑）	低	±0.1	锌合金	锌合金	合金铸铁	合金铸铁 Cr12Mo1V1（氮化）镶块	合金铸铁 Cr12Mo1V1（氮化）镶块

E 拉伸模具用钢

拉伸模具是使金属薄板在凸模和凹模之间被拉伸变形，形成与凸模形状近似的杯状工件。拉伸模具主要要求抗磨损和抗咬合性能。模具的使用寿命与被拉伸薄板的材质、厚度，模具的尺寸、形状、材质、硬度、表面状态、制造工艺、拉伸变形程度、润滑方式等有关。

当拉伸有色金属、碳素钢薄板时，根据工件的生产批量，可分别选用碳素工具钢、低合金冷作模具钢和中合金模具钢。并根据需要，对部分模具表面进行镀铬或氮化处理，以防止咬合。

当拉伸奥氏体不锈钢或高镍合金钢时，为了防止咬合，除对模具进行氮化处理外，有时采用铝青铜制造凹模或采用硬质合金制造凹模镶块。

推荐的拉伸模具钢见表 1-12[1,18,19,26]。

表 1-12 软钢薄板减薄拉伸模具用钢选择

工件拉伸减薄率/%		生产批量/件			
		10^3	10^4	10^5	10^6
		推荐模具用钢			
拉伸凸模[①]	<25	T8,T10	CrWMn	Cr5Mo1V,Cr8Mo2SiV	Cr5Mo1V,Cr12MoV,7Cr7Mo2V2Si,Cr8Mo2SiV
	25~35	T8,T10	Cr5Mo1V,Cr8Mo2SiV	Cr5Mo1V,Cr8Mo2SiV	Cr12,Cr12MoV
	35~50	CrWMn,Cr5Mo1V	Cr5Mo1V	Cr12,Cr12Mo1V1,7Cr7Mo2V2Si	Cr12,Cr12Mo1V1
	>50	Cr12MoV,Cr12Mo1V1	Cr12,Cr12MoV,Cr12Mo1V1	Cr12,Cr12Mo1V1,7Cr7Mo2V2Si	Cr12,Cr12Mo1V1,6W6Mo5Cr4V,高速钢
拉伸凹模	<25	T8,T10	CrWMn,MnCrWV	CrWMn,MnCrWV	Cr5Mo1V,6W6Mo5Cr4V,Cr12MoV
	25~35	T8,T10	CrWMn,Cr5Mo1V	Cr5Mo1V,Cr12MoV	Cr12,Cr12MoV
	35~50	CrWMn	Cr5Mo1V,Cr12MoV	Cr12,Cr12MoV	Cr12,Cr12MoV
	>50	Cr5Mo1V,Cr12,Cr12MoV	Cr12,Cr12Mo1V1	Cr12,Cr12Mo1V1	Cr12,Cr12Mo1V1

① 为便于脱模,凸模可进行镀铬或氮化处理。

F 压印模具用钢

在压印加工过程中,工件坯料和模具间的相对滑动量较小,模具的失效主要是由于磨损和型面凹陷、龟裂等原因。

当压印模具尺寸不大,生产工件批量较小时,可采用碳素工具钢作为模具材料;当模具尺寸较大、形状复杂或生产工件批量大,或进行不锈钢等难变形材料的压印时,则可分别选用低合金冷作模具钢、空淬微变形钢和 Cr5Mo1V、Cr12MoV、Cr12Mo1V1、6W6Mo5Cr4V、7Cr7Mo2V2Si 等中高合金冷作模具钢或高速钢制造,热处理硬度为 59~61HRC。当采用高合金冷作模具钢或高速钢制造压印模具时,可根据需要对模具进行镀铬处理或采用镶块模具。

对于使用过程中易于产生裂纹的压印模具,也可以采用 4Cr5MoSiV1 热作模具钢制造,以提高其韧性,硬度为 50~54HRC。

粉末高速钢和高合金粉末冶金模具钢也可以用作长寿命压印模具镶块材料。

推荐的压印模具用钢见表 1-13[1,18,19,26,28]。

表 1-13 压印模具用钢的选择

被加工工件材料	生产批量/件		
	10^3	10^4	10^5
	推荐模具用钢		
铝合金	T8	T8,CrWMn	Cr12,Cr12MoV
铜合金	T10	T10,CrWMn	Cr12,Cr12Mo1V1
低碳钢	T8,T10	T10,CrWMn,Cr5Mo1V	Cr12,Cr12Mo1V1,7Cr7Mo2V2Si,6W6Mo5Cr4V
合金结构钢	CrWMn	Cr5Mo1V	Cr12,Cr12Mo1V1
不锈钢			7Cr7Mo2V2Si,6W6Mo5Cr4V
耐热钢			高速钢

1.2.3.2 热作模具用钢

A 锻压模具用钢

用于热模锻压力机和模锻锤上的热锻模具,包括模块,镶块及切边工具。锤锻模受强烈的冲击载荷;模锻压力机速率缓慢,冲击载荷较轻,但由于模具与热坯接触时间长,工作温度较高,热疲劳也较严重。模具失效的主要原因是受力过大、过热、磨损和热疲劳。

对于大多数模锻锤和锻造压力机用的锻模模块,其工作硬度一般不大于 50HRC;而在机械压力机上进行高温合金锻造用的模具,由于被锻造材料热强性高,则往往采用铬钼系合金模具钢。锻造模具一般截面较大,应选用淬透性较高的钢种,以提高模块心部的性能。

锻造压力机承受的冲击载荷较低,但往往承受更高的工作温度,所以锻造压力机用模具一般采用热强性较高、合金含量较高的热作模具钢,其工作硬度也较高;而模锻锤用的锻模,承受冲击载荷较高,工作温度较低,所以多选用合金含量较低、冲击韧性高的钢种,相应地多采用较低的工作硬度。

与模锻关联的修整工序,当进行热修整时,往往采用 4Cr5MoSiV 或 8Cr3 制造修整用的模具,当进行冷修整时则采用 Cr5Mo1V,Cr12Mo1V1 或 6Cr3VSi 钢制造修整模具。

大型热锻模具要消耗很多的模具材料,其材料费用在模具成本中占较高的比例,因此钢种选择时,应慎重考虑模具材料的费用。

为了提高热作模具的使用寿命,往往选择纯净度高、等向性好、经过炉外精炼、电渣重熔和多向锻造的高质量模具钢[1,18,25,26,28]。

锻模模块及镶块用钢的选择见表 1-14,切边模具用钢见表 1-15。

表 1-14 锻模模块及镶块用钢的选择

被锻造材料	生产批量/件			
	锻锤模块用钢		锻造压力机模块用钢	
	$1\times10^2\sim1\times10^4$ 件	$>1\times10^4$ 件	$1\times10^2\sim1\times10^4$ 件	$>1\times10^4$ 件
碳钢和低合金钢	5CrMnMo,5CrNiMo,4Cr2NiMoV,5CrNiMoV(341~375HB)	5CrNiMo,5CrNiMoV,4Cr2NiMoV 整体(369~388HB)或 4Cr5MoSiV1 镶块(405~433HB)	5CrNiMo,5CrNiMoV,4Cr2NiMoV 整体(388~429HB)或 4Cr5MoSiV1 镶块(405~433HB)	5CrNiMo,5CrNiMoV,4Cr2NiMoV 整体(388~429HB)或 4Cr5MoSiV1 镶块(405~433HB)

续表 1-14

被锻造材料	生产批量/件			
	锻锤模块用钢		锻造压力机模块用钢	
	$1\times10^2\sim1\times10^4$ 件	$>1\times10^4$ 件	$1\times10^2\sim1\times10^4$ 件	$>1\times10^4$ 件
不锈钢和耐热钢	5CrNiMo, 5CrNiMoV 整体 (341~375HB) 或 4Cr5MoSiV1 镶块 (429~448HB)	5CrNiMo, 5CrNiMoV 整体 (369~388HB) 或 4Cr5MoSiV1 镶块 (429~448HB)	5CrNiMo, 5CrNiMoV 整体 (388~429HB) 或 4Cr5MoSiV1, 4Cr3Mo3SiV 镶块 (429~448HB)	5CrNiMo, 5CrNiMoV 整体 (388~429HB) 或 4Cr5MoSiV, 4Cr3Mo3SiV 镶块 (429~543HB)
铝合金、镁合金	5CrNiMo, 5CrMnMo, 5CrNiMoV, 4Cr2NiMoV (341~375HB) 或 4Cr5MoSiV1 (405~433HB)	5CrNiMo, 5CrMnMo, 5CrNiMoV, 4Cr2NiMoV (341~375HB) 或 4Cr5MoSiV1 (405~433HB)	5CrNiMo, 5CrMnMo, 5CrNiMoV, 4Cr2NiMoV (341~375HB) 或 4Cr5MoSiV1 (405~433HB)	5CrNiMo, 5CrNiMoV, 4Cr2NiMoV (341~375HB) 或 4Cr5MoSiV, 4Cr3Mo3SiV (429~448HB)
铜合金	4Cr5MoSiV, 4Cr5MoSiV1, 4Cr3Mo3SiV (405~433HB)	4Cr5MoSiV, 4Cr5MoSiV1, 4Cr3Mo3SiV (405~433HB)	4Cr5MoSiV, 4Cr5MoSiV1, 4Cr3Mo3SiV (405~433HB)	4Cr5MoSiV1, 4Cr3Mo3SiV (429~448HB)

表 1-15 切边模具用钢选择

被切边工件材料	冷切边模具				热切边模具	
	一般用		精密切边用		凸 模	刃 口
	凸 模	刃 口	凸 模	刃 口		
碳素钢及合金钢	5CrNiMo, 5CrMnMo, 5CrNiMoV (341~375HB)	Cr12MoV, Cr12Mo1V1 (54~56HRC)			5CrNiMo, 5CrMnMo, 4Cr2NiMoV 8Cr3 (341~375HB)	Cr12MoV, Cr12Mo1V1 (58~60HRC)
不锈钢及耐热钢					5CrNiMo, 5CrMnMo, 8Cr3, 5CrNiMoV 4Cr2NiMoV (388~429HB)	Cr12MoV, Cr12Mo1V1 (58~60HRC)
轻合金和铜合金	5CrNiMo, 5CrMnMo (461~477HB)	CrWMn, Cr12MoV (58~60HRC)	Cr12MoV, Cr12Mo1V1 (58~60HRC)	Cr12MoV, Cr12Mo1V1 (58~60HRC)	5CrNiMo, 5CrMnMo, 8Cr3 (388~429HB)	Cr12MoV, Cr12Mo1V1 (58~60HRC)

B 热挤压模具钢

很多有色金属和钢的型材、管材和异型材是采用热挤压工艺成形的。热挤压模具是在高温、高压、磨损和热疲劳等恶劣条件下服役的。热挤压是塑性的金属坯料在压力的作用下通过挤压模具型腔形成所要求形状的型材或管材的过程。常用金属热挤压坯料的温度见表 1-16。

表 1-16　常用金属的热挤压坯料加热温度范围

金属种类	坯料加热温度范围/℃
铅合金	90~260
镁合金	340~430
铝合金	340~510
铜合金	650~1100
钛合金	870~1040
镍合金	1100~1260
钢	1100~1260

热挤压模具主要由挤压筒、压头、挤压顶头、垫块、凹模和心棒(用于挤压管材)等主要部件组成。热挤压模具的失效,主要是由破裂、磨损、冲刷腐蚀、过热和热疲劳裂纹等原因造成的。

当进行轻合金挤压时,凹模垫块和心轴材料主要采用铬钼系中合金热作模具钢4Cr5MoSiV、4Cr5MoSiV1 钢等,热处理硬度为 45~50HRC。心棒头及镶块则采用通用高速钢W18Cr4V 和 W6Mo5Cr4V2 等,热处理硬度为 55~60HRC。压力筒一般采用中碳合金结构钢,硬度为 35~40HRC;压力筒内衬材料则采用 4Cr5MoSiV,4Cr5MoSiV1 等,热处理硬度为42~47HRC。

铜和铜合金热挤压模具,凹模和垫块材料则采用 4Cr5MoSiV,4Cr5MoSiV1,3Cr2W8V 等钢种,心棒材料仍采用 4Cr5MoSiV、4Cr5MoSiV1 钢种。当挤压含镍量较高的铜镍合金时,心棒头及镶块垫块有时采用镍基高温合金制造,挤压筒内衬有时采用铁基高温合金制造。

热挤压钢的模具材料,凹模选用 4Cr5MoSiV1 加 3Cr2W8V 镶块,垫块则选用4Cr5MoSiV1,4Cr5MoSiV 和 3Cr2W8V 或镍基高温合金。心棒仍用 4Cr5MoSiV 和4Cr5MoSiV1 等钢种,挤压筒和内衬材料则选用 4Cr5MoSiV 和 4Cr5MoSiV1 钢种。

挤压模具的寿命与所挤压的材料、挤压比密切相关,当加工变形拉力大的金属材料或在高挤压比的情况下,凹模和心棒的寿命大为缩短。模具的润滑条件和冷却条件对模具寿命有很大的影响。

另外,对在高温条件下磨损情况严重的热挤压模具,特别是挤压复杂形状工件的模具,有时采用高热强性的奥氏体型热强模具钢以及特种材料的镶块模具,特种镶块材料包括特种硬质合金、氧化铝及氧化锆陶瓷材料等[1,18,25,28]。

热挤压模具用钢的选择见表 1-17。

表 1-17　热挤压模具用钢选择

被热挤压工件的材料	铝、镁合金		铜和铜合金		钢	
模具名称	模具材料	硬度(HRC)	模具材料	硬度(HRC)	模具材料	硬度(HRC)
凹　模	4Cr5MoSiV1, 4Cr5MoSiV	47~51	4Cr5MoSiV, 4Cr5MoSiV1, 5Cr4W2Mo2SiV, 3Cr2W8V	42~44	4Cr5MoSiV, 4Cr5MoSiV1, 5Cr4W2Mo2SiV, 3Cr2W8V	44~48

续表 1-17

被热挤压工件的材料	铝、镁合金		铜和铜合金		钢	
模具名称	模具材料	硬度(HRC)	模具材料	硬度(HRC)	模具材料	硬度(HRC)
凹模垫块及凹模环	4Cr5MoSiV1, 4Cr5MoSiV	46~50	4Cr5MoSiV1, 4Cr5MoSiV	40~44	4Cr5MoSiV1, 4Cr5MoSiV	40~44
心　棒	4Cr5MoSiV1, 4Cr3Mo3SiV	46~50	4Cr5MoSiV1, 4Cr3Mo3SiV 4Cr5W2VSi	46~50	4Cr5MoSiV1, 4Cr3Mo3SiV, 4Cr5MoSiV	46~50
心棒头及镶块	W6Mo5Cr4V2, 6W6Mo5Cr4V	55~60	6W6Mo5Cr4V, 镍基高温合金		4Cr5MoSiV1, 3Cr2W8V	44~50
挤压缸内套	4Cr5MoSiV1, 4Cr5MoSiV	42~47	4Cr5MoSiV1, 4Cr3Mo3SiV	42~47	4Cr5MoSiV1, 4Cr5MoSiV, 4Cr3Mo3SiV	42~47
垫　块	4Cr5MoSiV1, 4Cr5MoSiV	40~44	4Cr5MoSiV1, 4Cr3Mo3SiV	40~44	4Cr5MoSiV1, 4Cr3Mo3SiV	40~44

C　压铸模具用钢

压铸模具在服役条件下不断承受高速、高压喷射、金属的冲刷腐蚀和加热作用,因此要求模具材料应具有良好的抗热疲劳性、红硬性和抗高温液态金属的冲刷、腐蚀性能,而且应具有较好的工艺性能。

压铸模具材料,主要是根据压铸工件材料、压铸模的工作温度和浸蚀程度进行选择。

当压铸锌合金时,由于模具的工作温度较低,一般采用预硬态(约 300HB)的塑料成形用模具钢 3Cr2Mo。当生产批量较大时,则采用 4Cr5MoSiV1,其使用硬度为 45HRC 左右。

铝镁等轻合金压铸模具,一般采用 4Cr5MoSiV1 钢,热处理硬度为 45~50HRC。

铜合金压铸模具,由于工作温度较高,则采用高合金热作模具钢 3Cr2W8V, 3Cr3Mo3W2V,热处理硬度为 45HRC 左右。

为了提高模具的抗腐蚀性能,模具可采用氮化处理,或采用耐蚀模具钢,如苏联推荐的铜合金压铸模具用钢 2X9B6,18X12BMБФP 等。

为了减少模具的磨损和避免模具在使用过程中的过热,适当的润滑和通水冷却也是提高模具使用寿命的有效措施。

为了减少模具的热疲劳损坏,有时采用马氏体时效钢制造压铸模的型芯。

压铸模具用钢的选择可参考表 1-18[1,18,25,28]。

表 1-18　压铸模具用钢选择

压铸工件的材料	模具用钢	使用硬度(HRC)
锌合金(中、小批量生产)	3Cr2Mo	30~32
锌合金(大批量生产)	4Cr5MoSiV1	44~46
铝合金、镁合金	4Cr5MoSiV1, 3Cr3Mo3W2V	45~48
铜 合 金	3Cr3Mo3W2V, 3Cr2W8V, 4Cr4W4Co4V2(H19), 3Cr12W12V(H23)	44~48

D 超塑成形用模具材料

当利用金属的超塑性进行压力成形时,特别是用于热强性高的难成形材料如钛合金、镍基高温合金的超塑成形时,就需要将模具在加工过程中加热并精确保持在与锻件相同的超塑性温度范围内,进行等温锻造。此时模具承受的变形抗力较小,并且可以得到尺寸精度很高的工件。

等温锻造钛合金的超塑性温度为 900~980℃左右,镍基合金的超塑性温度为 950~1100℃左右。由于模具的工作温度很高,要求模具材料具有很高的热强性、抗氧化性能和抗热疲劳性能。钛合金超塑成形模具,一般采用镍基高温合金制造,如 IN-100 高温合金等。

镍基高温合金的超塑成形温度往往在 1000℃以上,开始多采用难熔合金并含少量钛、锆的钼基合金 TZM 制造,但是钼基合金在高温下极易氧化,要求在真空下进行锻造,这就使得锻造工艺和装备极为复杂,需要大量投资,而且生产率很低。近几年来日本日立金属株式会社成功地研究了用于镍基合金等温锻造的镍基铸造模具材料 Nimowal,其在 1050℃的高温强度与钼基难熔合金 TZM 相近,而且抗氧化性良好,可以在大气下对 IN-100 镍基高温合金进行等温锻造[18,19,28]。

1.2.3.3 塑料模具用钢

在塑料零件成形模具中,被压制的塑料种类、生产的批量、工件的复杂程度、尺寸精度和表面粗糙度等质量要求是决定塑料模具用钢选择的主要因素。

塑料大致分为热固性塑料和热塑性塑料两大类,每类又分为不同的品种。由于压制塑料的品种不同,以及对塑料制品的尺寸、形状、精度、表面粗糙度等的不同要求,对塑料模具用钢的耐磨性、抗腐蚀性、耐热性、耐压性、磁学性能、微变形和镜面抛光性能等有不同的要求。根据其用途的差异,大致分为如下几种类型[29]。

(1) 碳素塑料模具钢。通用型塑料(如聚乙烯、聚丙烯)制品的模具,当制品批量较小、尺寸精度和表面粗糙度无特殊要求而且模具截面不大时,可以采用中碳的碳素塑料模具钢如 SM45、SM50、SM55 钢或低碳钢 10 号、20 号钢制造,前者采用调质或正火处理,后者采用渗碳加淬、回火处理;低碳钢由于变形抗力低、塑性好,主要适用于采用冷挤压成形法压制模具型腔制造模具;对于热固性塑料模具,一般采用含碳量为 0.7%~1.3%的高碳碳素塑料模具钢(即碳素工具钢)制造。碳素塑料模具钢的优点是加工性能好,价格便宜,原材料来源方便等。

(2) 预硬型塑料模具钢。当塑料制品生产批量较大,模具尺寸较大或形状复杂、精度要求高的模具,可采用预硬型塑料模具钢,这种钢材是冶金企业在供货时就预先进行调质处理,以获得模具所需要的硬度和使用性能,用户得到材料后可直接加工成模具,不需要再进行淬、回火处理就可以直接使用,从而可避免在模具加工以后再进行淬、回火处理所造成的变形、开裂、脱碳等缺陷。常用预硬型塑料模具钢可分为两类,即一类是结合塑料模具要求单独开发的钢种,如 3Cr2Mo(美国 P20)、3Cr2MnNiMo(瑞典 718)等;另一类是借用合金结构钢和一些热作模具钢的成熟钢号,如 40Cr、42CrMo、3CrMnSiNi2A、5CrNiMo、5CrMnMo、4Cr5MoSiV1、4Cr5MoSiV 钢等。

(3) 易切削塑料模具钢。塑料模具的形状复杂,价格较高,在成本的构成中,切削加工、抛光工序所占的比例最大。而预硬型塑料模具钢和时效硬化型塑料模具钢等在加工时硬度较高,尤其在高硬度区间(36~42HRC),可切削性能差。为了节省制模的切削加工工时,延长刀具使用寿命,降低模具成本,国内外发展了易切削型塑料模具钢,如日本大同特殊钢公司介绍的易切削时效硬化型塑料模具钢 NAK55，在硬度高达 40HRC 时，其切削加工性能与 S53C（相当中国 SM55 钢）在硬度为 18HRC 时的切削加工性能相当；德国 THYROPLAST 2312（相当中国 3Cr2MoS 钢），以及中国研制的 5CrNiMnMoVSCa、8Cr2MnWMoVS、4Cr5MoSiV1S 钢等。

（4）耐蚀型塑料模具钢。在生产具有化学腐蚀性塑料（如聚氯乙烯或聚苯乙烯添加阻燃剂等）为原料的塑料制品时，模具必须具有防腐蚀性能，而且还要求有一定的硬度、强度和耐磨性能等，应选用耐蚀性能好的塑料模具钢，常用钢号有 2Cr13、4Cr13、4Cr17Mo、9Cr8、9Cr18Mo、Cr14Mo4V 等。在塑料模具钢产品中，这类钢属于档次较高的品种，为保证钢材冶金质量，其冶炼工艺一般选用如下两种方式：1）电炉冶炼加真空炉外精炼；2）电炉冶炼加真空炉外精炼加电渣重熔。

（5）渗碳型塑料模具钢。渗碳型塑料模具钢的碳含量一般在 0.1%~0.25%范围内，退火后的硬度较低，具有良好的切削加工性能。切削加工成形的模具，渗碳后经淬火、低温回火后不仅具有较高的强度，而且心部韧性好，模具表面的硬度高，耐磨性好，亦可以保证良好的抛光性能，从而提高模具的质量和使用寿命，缺点是模具的热处理工艺较复杂，变形量较大。渗碳型塑料模具钢的另一个优点是塑性好，可以采用冷挤压成形法制造模具，而无须进行切削加工，对于大批生产同一形状的模具是很有利的，它的生产效率高，制造周期短，模具的互换性好，精度高，表面质量好。冷挤压成形后的模具，一般也要进行渗碳、淬火和回火，以保证模具的使用性能和使用寿命。常用的钢号：10 钢、20 钢、20Cr、12Cr2Ni2、12CrNi3、20CrMnTi、20Cr2Ni4 等。

（6）高耐磨塑料模具钢。用于压制热固性塑料、复合强化塑料（如尼龙强化或玻璃纤维强化塑料）产品的模具，以及生产批量很大、要求模具使用寿命很长的塑料模具，一般选用冷作模具钢或热作模具钢制造。这些材料通过最终热处理，可以保证模具在使用状态下具有高硬度、高耐磨性和长的使用寿命。常用的钢号：Cr12Mo1V1、Cr12MoV、CrWMn、Cr2、7CrMnSiMoV、4Cr5MoSiV1、4Cr5MoSiV 等。

（7）时效硬化型塑料模具钢。高档次的塑料模具，要保证高的使用寿命，模具材料必须具有高的综合力学性能，为此，在模具制作成形之后，应该采用最终热处理。但是，常规的最终热处理操作（淬火加回火），往往会导致模具的热处理变形，使模具的精度很难达到要求。而对时效硬化型塑料模具钢经固溶处理后变软（一般为 28~35HRC），可以进行切削加工，待模具制造成形之后再进行时效处理，可获得很高的综合力学性能，而且时效处理的变形很小。这类钢具有很好的焊接性能，又可以进行表面氮化处理等，适宜制造复杂、精密、高寿命的塑料模具和透明塑料制品模具等。

时效硬化型塑料模具钢包括马氏体时效钢和低镍时效硬化钢两个类型。

1）马氏体时效钢碳含量很低，属超低碳钢，代表钢号：00Ni18Co8Mo3TiAl，其固溶处理后形成的低碳马氏体组织比较软，约 30~35HRC，可进行切削加工，而随后的时效处理过程中，在马氏体基体析出细小、分布均匀的金属间化合物（如 Ni3Ti 等）使得钢显著的强化，这类钢具有很高的综合力学性能。

2）低镍时效硬化钢，合金元素含量较前者低，属中合金钢，代表钢号：10Ni3Mn2CuAlMo，其热处理工艺一般包括三个步骤，即固溶处理，目的是得到细小板条马氏体，以提高钢的强韧性；高温回火，使马氏体充分分解，降低钢的硬度，以利于加工；时效处理，在时效过程中脱溶

NiAl 相,使得钢材硬化,以保证模具的使用性能。

(8) 非调质型塑料模具钢。20 世纪 70 年代以来,为了节约能源、降低制造成本,各国相继开发出一系列不需要调质处理的机械结构用钢,该类钢的共同特点就是在碳素结构钢或低合金钢中加入微合金化元素(主要是 V、Ti、Nb、N 等),通过控制轧制(控锻)和控制冷却等强、韧化手段,使之在锻造或轧制状态就具有良好的综合力学性能。这样就节减了热处理工序和热处理设备,避免了在热处理过程中产生变形或淬火裂纹所造成的废品,改善了劳动条件,并减少了热处理造成的环境污染,具有良好的经济效益和社会效益。

非调质钢属于经济型钢种,这类新型的钢种不断发展,应用范围也不断扩大。近年来,以其良好的综合力学性能和技术经济特性,已拓展到模具行业,成为制造塑料模具、橡胶模具材料的组成部分,常用钢号:B20、B30、F45V、YF45V、YF45MV、GF40MnSiVS 等。

(9) 无磁模具钢。无磁模具钢主要用于制造生产磁性塑料制品和其他磁性材料制品用的压制成型模具。这类钢在强磁场中不会被磁化,保证了磁性塑料制品在生产过程中即使被磁化,但仍然容易脱模,从而有效保证生产顺利进行和制品的质量与性能。

无磁模具钢应该在各种状态下均保持稳定的奥氏体组织,具有很低的磁导率,较高的硬度、强度和耐磨性,常用钢号如下:高锰型——7Mn15Cr2Al3V2WMo,5Cr21Mn9Ni4N;奥氏体不锈钢型——1Cr18Ni9Ti,为保证其耐磨性,一般还进行氮化处理。

塑料模具用钢的选择可参考表 1-19[30]。

表 1-19 塑料成形模具用钢的选择

塑料类别	塑料名称	生产批量/件			
		$<10^5$	$10^5\sim5\times10^5$	$5\times10^5\sim1\times10^6$	$>1\times10^6$
		推荐模具用钢			
热固性塑料	通用型(酚醛,密胺,聚酯等)	SM45 钢,SM50 钢,SM55 钢;渗碳钢(渗碳淬火)	4Cr5MoSiV1S;渗碳合金钢(渗碳淬火)	Cr12,Cr12MoV,Cr12Mo1V1,7Cr7Mo2V2Si	Cr12,Cr12Mo1V1
热固性塑料	强化型(上述塑料加入纤维或金属粉强化)	合金钢(渗碳淬火)	合金钢(渗碳淬火);4Cr5MoSiV1S	Cr12,Cr12MoV,Cr12Mo1V1	Cr12,Cr12Mo1V1
热塑性塑料	工程塑料(尼龙、聚碳酸酯等)	SM45 钢,SM55 钢;3Cr2Mo;合金钢(渗碳淬火)	3Cr2MnNiMo,3Cr2Mo;时效硬化钢;合金钢(渗碳淬火)	4Cr5MoSiV1S;5CrNiMnMoVSCa;合金钢(渗碳淬火)	Cr12,Cr12Mo1V1
热塑性塑料	通用塑料(聚乙烯,聚丙烯,ABS 等)	SM45 钢,SM55 钢;合金钢(渗碳淬火)	3Cr2MnNiMo,3Cr2Mo;合金钢(渗碳淬火)	4Cr5MoSiV1S;5CrNiMnMoVSCa;时效硬化钢	4Cr5MoSiV1S;5CrNiMnMoVSCa;时效硬化钢
热塑性塑料	强化工程塑料(工程塑料中加入纤维、金属粉等强化剂)	3Cr2MnNiMo,3Cr2Mo;合金钢(渗碳淬火)	4Cr5MoSiV1S;合金钢(渗碳淬火)	4Cr5MoSiV1S,Cr12MoV	Cr12,Cr12MoV,Cr12Mo1V1
热塑性塑料	阻燃塑料(添加阻燃剂)	3Cr2Mo+镀层	Cr14Mo,Cr18Mo	Cr18Mo	Cr18Mo+镀层
热塑性塑料	聚氯乙烯	3Cr2Mo+镀层	Cr14Mo,9Cr18Mo	9Cr18Mo	9Cr18Mo+镀层
热塑性塑料	氟化塑料	Cr14Mo,9Cr18Mo	Cr14Mo,9Cr18Mo	9Cr18Mo	9Cr18Mo+镀层

1.3 碳素模具钢

由于碳素模具钢具有加工性能好、价格便宜、原料来源方便等优点，广泛地用于制造形状简单的小型模具或精度要求不高、使用寿命不需要很长的模具。对于冷作模具钢，一般采用含碳量在0.7%~1.3%的高碳碳素模具钢（即碳素工具钢）制造；对于塑料模具，一般采用含碳量为0.4%~0.6%的碳素塑料模具钢制造，下面分别叙述。

1.3.1 碳素工具钢

1.3.1.1 碳素工具钢的一般特性

碳素工具钢的含碳量在0.7%~1.3%范围内。其主要的特点是热处理后可得到高硬度和高耐磨性；退火硬度低、加工性能良好；生产成本低、原材料来源方便，因此被广泛采用制造模具。但是，这类钢的红硬性差，当工作温度高于250℃时，钢的硬度和耐磨性急剧下降。而使模具失去工作能力。另外，其淬透性低，较大的模具不能淬透，如有效厚度大于15mm的模具，水淬只能使表面层得到高硬度，而且由于表面与中心部分之间的硬度相差很大（淬硬层60~65HRC，中心部分40~45HRC），模具淬火时容易形成裂纹。工具钢的淬火温度范围窄，淬火变形大，因此在热处理操作中要严格控制温度，以防止过热、脱碳和变形。因此，较大的模具采用碳素工具钢来制造是不适宜的。

当钢中碳含量在0.6%以上时，随着含碳量的增加，淬火硬度较缓慢地增加。对于有效厚度为1~5mm的模具，水淬后，当含碳量为0.6%~0.7%时，硬度可达到62~63HRC。但对于尺寸较大的模具，要获得同样高的表面硬度，必须使碳含量增加到0.8%~0.9%，这是由于截面大的模具冷速较低，冷却时奥氏体中有少量的渗碳体析出，从而减少马氏体中的碳含量所致，当钢中碳含量增加到0.9%~1.0%以上时，硬度可提高到65HRC。

碳素工具钢大多在低温回火后使用，回火时硬度有所降低，下降趋势亦与碳含量有关，碳含量较高的钢，回火时硬度降低较少，这是由于钢中析出的碳化物颗粒较多而阻止硬度的下降。硬度与耐磨性有很大的关系，实践表明，工具钢的硬度在60~62HRC以下时，耐磨性急剧降低。除了硬度之外，工具钢的耐磨性还与显微组织中的残余碳化物数量的多少、大小、形状和分布有关，例如，在硬度基本相同的情况下，碳含量为1.1%的过共析碳素工具钢的耐磨性就比碳含量为0.8%的共析碳素工具钢来得好，T12钢也应该比T10钢的耐磨性稍高。但是，碳含量过高时，由于渗碳体量增多，渗碳体颗粒可能变得粗大和分布不均匀，当受摩擦时，易使这些渗碳体从金属基体中剥落。

碳含量对于经淬火及低温回火后钢的强度和塑性也有影响，对于亚共析钢而言，随着碳含量的增加，淬火后钢的强度增加，到碳含量为0.6%~0.7%时，达到最大值；随后则降低，接近共析成分时为最低。当碳含量超过1.15%时，由于渗碳体分布不均匀，强度又下降。总的说来，随着碳含量的增加，钢的韧性逐渐下降。

碳素工具钢通常用电弧炉或平炉进行冶炼。由于钢中的碳含量较高，导热性较差，在热加工时，钢锭或大型钢坯加热时的装炉温度不宜过高，升温速度（尤其是在低温下）不宜过快，以免产生过大的热应力而造成裂纹。加热时必须保证钢材烧透；但是，在高温停留时间不宜过长，以免造成严重脱碳。热加工（锻、轧）时，要保证热加工后钢中网状碳化物能够大部分被破碎。因为钢中存在不均匀或粗大碳化物，会使钢材质量变坏，切削加工变得困难、模具在热处理时容易开裂、热处理后的硬度不均匀、使用时易崩刃。因此，锻、轧热加工碳素工具钢时，必须要有适当的压缩比（一般大于4）；对于碳含量高的T12及T13钢，有时还须采用镦粗拔长的方法来进行锻造，以使钢中的碳化物均匀细化。碳素工具钢的终锻、终轧温度一般以800℃左右为宜，锻、轧加工后应迅速冷至650℃，然后进行缓冷，以免析出粗大或网状的碳化物。

热加工后的碳素工具钢具有珠光体组织，硬度较高，而且其组织也不符合最终热处理的要求。为了改善钢材的切削加工性能和为最终热处理作组织准备，需要进行球化退火，退火后的组织和硬度应符合GB 1298—2008的要求；在钢中不允许有连续网状的碳化物存在，破碎的网状碳化物按GB 1298—2008标准所附的第二级别图评定。

淬火后得到马氏体组织，使模具钢具有高硬度和耐磨性。淬火后不可避免地存在一定数量的残余奥氏体和粗大的马氏体，降低钢材的机械强度并增加脆性，故对于用高碳钢制造的模具淬火马氏体级别有一定的限制。否则模具使用时易发生脆性损坏。碳素工具钢的淬火加热温度一般根据钢的临界点来选择，取A_{c1}以上30~50℃，但A_{cm}点高的钢，淬火温度也可以高一些。为了提高尺寸较大模具的表面硬度，可考虑采用较高的淬火温度。小尺寸的模具，可以选择较低的淬火温度以得到良好的力学性能。为了减少模具的淬火变形及开裂，在尺寸大小或使用条件允许的情况下，应选用冷却能力较缓慢的冷却介质，此时，可采用较高的淬火温度。例如，在油或硝盐中淬火的模具，加热温度比水淬的提高20℃左右，以便仍能得到较深的淬硬层和较高的硬度。由于提高淬火温度而引起力学性能的降低，可由冷却缓慢使淬火内应力的减少得到一定程度的抵消。若原始组织中为细片状和点状珠光体组织，加热时渗碳体易溶解，应选择较低的加热温度；具有粗球化珠光体组织的钢，可选择较高的淬火加热温度。淬火保温所需要的时间，必须保证模具内部达到淬火温度并形成碳浓度均匀的奥氏体，否则淬火后将不能得到良好的性能。当然，过长的保温时间，也会使模具过热、表面脱碳、浪费能源和降低生产率。在淬火加热时，为了防止模具表面的氧化和脱碳，一般在盐浴中进行加热。因为碳素工具钢淬透性低，对于有效厚度为5 mm的模具一般用油淬；有效厚度为5~10 mm的模具，可在150~160℃的硝盐浴中分级淬火；有效厚度为10~15 mm的模具，可在140~160℃的碱浴中分级淬火；有效厚度为15~18 mm的模具，在水中可以淬透，但容易产生很大的内应力和变形，因此，碳素工具钢仅适宜制造小截面的模具。

碳素工具钢在淬火后具有高硬度，但存在淬火内应力，塑性低、强度也不高，必须经过回火，以改善其力学性能。低温回火时，在钢中ε-碳化物（$Fe_{2.4}C$）从马氏体中析出，具有很高的弥散度，马氏体中碳含量下降，钢的硬度有点降低，但是强度和塑性提高，从而减少了模具的崩刃现象。随着回火温度的提高，钢中的残余奥氏体量减少，至250℃基本上分解完毕。高于200℃回火、钢的硬度、强度性能迅速下降。因此，使用碳素工具钢制造的模具，一般采用低温回火（≤200℃），对于制造锻模用的模具钢，为了得到高的韧性，回火温度可提高至350~450℃。

亚共析成分的碳素工具钢，如T7钢具有较好的塑性和强度，适于制作承受冲击负荷的工、模具（如锻模、凿子、锤子等）和切削软材料的刀具（如木工工具）。T8、T9钢淬火加热时容易过热，但硬度和耐磨性较高，一般用于制造形状简单的模具和切削软金属的刀具和木工工具。过共析成分的碳素工具钢，如碳含量在0.95%~1.15%之间的T10、T11钢，在780~800℃加热，仍保持细晶粒组织，而且淬火后钢中有未溶的过剩碳化物，有利于耐磨，所以，这种钢应用较广，适宜制造耐磨性要求较高的模具，如冷冲模、拉丝模、切边模等。碳含量在1.15%~1.35%之间的T12、T13钢，淬火后有较多的过剩碳化物，因此耐磨性和硬度高，韧性低，不宜制造承受冲击载荷的工、模具，而适于制造拉丝模、丝锥、板牙等。

1.3.1.2 碳素工具钢的主要质量问题及影响因素

A 碳素工具钢的珠光体球化问题

碳素工具钢珠光体实现球化具有较重要的意义。按照我国碳素工具钢 GB 1298—2008标准，对直径不大于60mm的退火钢材应检验其珠光体组织，以退火状态交货的碳素工具钢的组织应为球状珠光体。

a 珠光体球化对钢材力学性能的影响

钢材的力学性能与在其珠光体组织中渗碳体球化的程度关系很大，例如T8钢退火组织中珠光体分别为片状和球状时它们的力学性能就大不相同（见表1-20）。球状珠光体比片状珠光体表现出较好的力学性能。渗碳体的球化可使钢的退火硬度降低，从而改善钢的切削性能，并提高钢的塑性和韧性，减少最终热处理时的淬火变形和开裂倾向。图1-4给出了T10钢在相同的应力强度因子下，球状珠光体与片状珠光体相比对于淬火后的工件也赋予了良好的性能（表1-21）。因此，球化组织是碳素工具钢制作各种工、模具的最佳原始组织。

表1-20 T8钢的组织对性能的影响

退火组织	σ_b/MPa	σ_s/MPa	ψ/%	δ/%	硬度(HB)
珠光体(片状)	855	420	36	18	207
珠光体(球状)	540	295	55	23	160

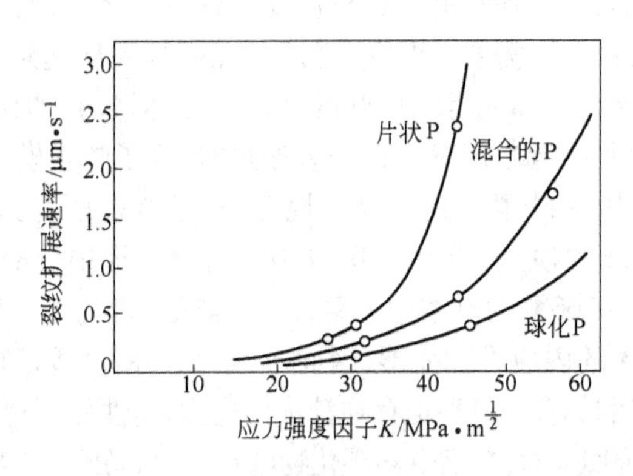

图1-4 渗碳体形态对T10钢疲劳裂纹扩展速率的影响

表1-21 T8钢原始组织对淬火后静弯强度的影响

原始组织	热处理工艺		σ_{bb}/MPa
	淬火温度/℃	回火温度/℃	
点状碳化物	800	200	2130
	770		2160
片状碳化物	800		2420
	770		2450
细球状碳化物	800		2740
	770		2990

b 碳素工具钢球化退火工艺

碳素工具钢有如下几种球化退火工艺：

(1) 在稍低于 A_{c3} 的温度下长时间加热保温球化退火；

(2) 缓慢冷却球化退火；

(3) 等温球化退火；

(4) 反复循环球化退火；

(5) 变形球化退火；

(6) 快速球化和往复热处理多次球化法等。

第 1 种方法是在接近 A_{c1} 下某一温度长时间保温，若其原始组织为马氏体和贝氏体，球化过程是从这些非平衡组织的基体上析出碳化物并长大为球状；若原始组织为片状珠光体，球化则是通过溶解和沉积的碳扩散过程使片状渗碳体首先断开然后逐渐变成球状。第 2、3、4 种方法是将钢加热到略高于 A_{c1} 并短时保温形成不均匀的奥氏体及部分未溶碳化物；然后通过缓冷或在低于 A_{c1} 某一温度下等温分解，或在 A_1 点周期循环加热冷却使碳化物球化。第 5 种方法是在施以变形后再球化退火。第 6 种方法是通过淬火加高温回火获得碳化物球化。其中第 2 种和第 3 种方法是冶金企业碳素工具钢球化退火生产中经常使用的方法。第 1 种方法因生产周期长而不采用，第 4 种方法曾尝试采用过，因其不好控温而没有作为大的生产工艺使用。第 5、6 种方法是正在试验和推广的方法，北京机械厂用快速球化法对 T8 钢进行试验，取得了良好效果。多次球化法的往复热处理在大连钢厂已进入工业性试生产。

c 影响珠光体球化的因素

影响珠光体球化的因素有：

(1) 化学成分的影响。碳素工具钢中随着碳含量的增加，碳化物的数量也越多，可获得球状碳化物的奥氏体化的加热范围也越宽，这也是 T10 和 T12 等碳含量比较高的碳素工具钢相对比碳含量较低的 T7、T8 等钢易于获得球状珠光体的原因之一。合金元素更有利于获得球化珠光体。

(2) 原始组织的影响。原始组织越细，在奥氏体化时所得到的残留碳化物颗粒也越多，在冷却时球化核心也越多，球化效果便越好；反之球化效果就差。

(3) 加热温度和加热时间对球化组织有较大的影响，当加热温度比较低（如稍高于 A_{c1}）并且加热时间较短时，原片状珠光体中的碳化物溶解得不够充分，在退火后得到的以这些未溶的尺寸不等的残留碳化物为核心所生成的珠光体将是细粒状并伴有细片状的珠光体组织。这些球化组织是我们通常所说的“欠热组织”。如果加热温度稍低于 A_{c1} 且加热时间也不够，那么组织中将保留有轧制后冷却状态下的细片状珠光体。球化退火加热温度过高时，碳化物将大量溶入奥氏体，残留碳化物数量减少，获得球化珠光体的自发核心也越少，在缓慢冷却的条件下将是在较小的过冷度下进行，结果将得到粗片状的珠光体，这就是“过热组织”。欠热组织和过热组织相比较：欠热组织片间距小，片的尺寸短小，当珠光体片间距稍大时，片的尺寸仍然短小且弯曲；过热组织的片间距大，片长且直，即使片间距小时，片的形态仍然是长而直的。

(4) 冷却速度的影响。太快的冷却速度易产生片状珠光体，而太慢的冷却速度又易使球状珠光体颗粒粗大。冷却速度还与残留碳化物数量有关，当把奥氏体化温度升得太高时，即便是采用缓慢的冷却速度也难以得到完全球化的退火组织。

d 珠光体的球化机理

虽然,近年来国内外对珠光体的球化机理进行了广泛的研究,并在不断地完善之中,但迄今人们对珠光体微观机制的了解和研究还不够透彻。20 世纪 80 年代初人们曾在综合了国内外资料的基础上对珠光体的球化机制进行探讨,得到了在缓冷或等温球化时,奥氏体未熔的临界残留碳化物数量与形成碳化物形态的关系。并指出当生成珠光体片间距为 L,球状析出时的扩散距离为 S 时,若 $S<L$,则球状碳化物析出的快,得到球状珠光体;若 $L<S$,则片状珠光体生成的速度比粒状的快,得到片状珠光体;若 $S=L$,则是生成球状珠光体的临界扩散距离,此临界扩散距离尚未定量化。

e 国内碳素工具钢球化退火质量水平

国内生产的碳素工具钢中以 T8A 和 T10A 占较大的比例,还生产部分 T12,其余各钢号产量很少,T13 和 T11 几乎不生产。近几年球化珠光体组织的合格率 T8 为 94%~97%,T10 为 97%~99%,T12 为 99%~100%。碳含量越高的碳素工具钢球化珠光体的合格率也越高,各个级别的出现率见图 1-5。T8 钢所有的级别都出现,其分散度比较大,T10 钢则比较集中,1 级和 6 级几乎不出现,大部分集中在 3~4 级,较好的球化组织 3~4 级的出现概率可达 90%以上,而 T8 钢 3~4 级所占比例只有 50%。T8 钢的合格率相对较低和它本身的化学成分有很大的关系,T8 钢属共析钢,可供获得球化的加热温度范围狭窄(为 720~760℃),仅在 720~735℃退火后才能得到较好的球化组织。T10 钢经 715~790℃退火就可以得到球化组织,经 715~760℃退火大部分能得到较好的球化组织。

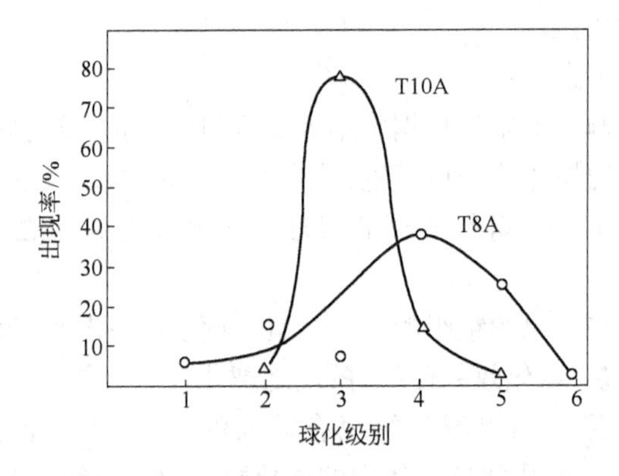

图 1-5 T8A、T10A 球化级别分布图

为获得良好的球化组织,最好采用具有保护气氛、控温准、加热温度均匀的连续式退火炉处理钢材。国内冶金企业拥有这种设备的厂家不多,此外还因生产成本高和产量少,炉子不易调温和计划安排困难等原因,目前还难于安排在连续退火炉上处理碳素工具钢。大部分厂家仍以燃烧煤气和重油的车底式炉或罩式退火炉处理碳素工具钢,这类退火炉加热钢材时上、下温差大(一般为 20~30℃),在处理 T8 钢时要得到较好的球化组织有一定的困难。对于碳素工具钢的退火,由于供退火用的原料是轧后空冷的轧材,其组织为粗片状珠光体,不利于 T8 钢的球化退火,因此难于控制其原始组织。

有些厂家在 T8 钢球化退火时,采用先加热到 780℃正火后再进行球化退火的方法,取得了良好的效果。球化退火也可考虑控制轧制、快速球化和多次球化处理的往复式热处理。大连钢厂等用可控气氛连续式退火炉和往复式热处理炉进行碳素工具钢退火,取得了良好的效果。此外,在碳素工具钢中添加少量(0.15%~0.30%)的钒,可提高球化效果。美国标准中就有含钒的碳素工具钢[31]。

B 碳素工具钢的网状碳化物

过共析工具钢从奥氏体状态下缓慢冷却时,碳化物沿奥氏体晶界呈网络状析出,这种过剩碳化物被称为网状碳化物。钢材一旦产生网状碳化物其组织和性能将变坏,在网状附近富集大量碳和合金元素,而离网远处碳和合金元素变得贫乏。产生严重网状碳化物的钢在淬火时易发生变形和开裂,强度和塑性下降,所制作的模具在使用时易在网络处崩刃(见表1-22)。

表1-22 碳化物形态对淬火T12钢力学性能的影响

试样组织	硬度(HRC)	抗弯强度 σ_{bb}/MPa	断裂挠度 f/mm
马氏体和均匀分布碳化物	62~63	3700	2.02
马氏体和断续网状碳化物		2750	0.90
马氏体和连续网状碳化物		1280	2.69

产生网状碳化物的影响因素主要有:

(1) 钢在热加工后的终止加工温度过高,冷却速度过慢,易产生网状碳化物;

(2) 高碳和含铬的工模具钢易产生网状碳化物。

国内碳素工具钢,T7和T8钢分别是亚共析和共析钢,没有过剩碳化物,基本上不产生较严重的网状碳化物,在GB 1298—2008中列入免检。T10钢虽然产生网状碳化物,但据近年检验结果看,合格率较高,按照GB 1298—2008标准评级,$\phi \leqslant 60$ mm的钢材所产生的网状碳化物并不严重,大都(约95%)处于小于等于1级的范围内,3级几乎不产生,合格率可达99%以上。T12钢网状碳化物比较严重,合格率仅为90%左右。冶金企业在生产中已采取一定的措施防止T12钢产生严重的网状碳化物。如在现有生产条件下尽可能降低热轧钢材的终轧温度;轧后在冷床上采取吹风、喷水等措施以加快冷却速度的办法;先进行正火后进行退火,退火时在保证可以得到合格的球化级别的条件下,尽量使用较低的退火温度等。由于国内有些冶金厂轧机刚度不够高,采用低温轧制难以保证顺利咬入和轧制,致使终轧温度没有达到工艺所要求的应低于820℃,过低的终轧温度还会影响生产率并产生石墨化,因此国内多采用适当地降低终轧温度、轧后进行快速冷却的办法,比较有效的工艺是在轧后进行控制穿水冷却,目前国内生产的碳素工具钢,应用此工艺的不多。目前国内生产的碳素工具钢大部分是采取在冷床上进行吹风、喷水,加快冷却速度的工艺。球化退火前的正火处理一般是在车底式炉内完成,常规装入量为10~20t,正火加热后的冷却速度不可能很快,尤其是摆在中间部位的钢材其冷却速度更要慢,因而对整炉钢来说,并非全部都能将严重的网状碳化物消除掉,具有一定的不均匀性,导致T12钢材网状碳化物合格率不够高。

C 碳素工具钢的脱碳

钢材在加热时,其表面与周围介质发生化学作用,造成钢材表面层碳含量比内层碳含量减少的现象叫脱碳。脱碳的反应一般可表示为:

$$C_{\gamma\text{-Fe}} + CO_2 \rightleftharpoons 2CO$$

$$C_{\gamma\text{-Fe}} + H_2O \rightleftharpoons CO + H_2$$

$$C_{\gamma\text{-}Fe}+2H_2 \rightleftharpoons CH_4$$

$$C_{\gamma\text{-}Fe}+O_2 \rightleftharpoons CO_2$$

$$Fe_3C+O_2 = 3Fe+CO_2$$

产生脱碳的钢,淬火后会出现表面硬度降低、耐磨性降低的现象,从而使工具的使用寿命降低。

影响钢脱碳的因素主要有:

(1) 钢的化学成分:含碳量越高,钢越易产生脱碳,合金元素硅和钼增加钢的脱碳敏感性;

(2) 加热温度与加热时间;加热温度越高,时间越长,越易使钢产生脱碳;

(3) 加热气氛:在含有 CO_2、H_2O、H_2、O_2 等的气氛下易产生脱碳。

国内碳素工具钢脱碳后的质量水平,在一般情况下的合格率为 95%~97%。T10 钢的脱碳要比 T8 钢严重。产生脱碳的原因是由钢本身的化学成分决定的,据一些冶金厂的测定,碳素工具钢加热时的初始脱碳温度要比高速工具钢、合金工具钢和轴承钢等约低 50℃,这意味着碳素工具钢脱碳反应的时间加长了。目前国内轧制碳素工具钢材时,加热基本上是在连续式加热炉内进行,当钢锭(坯)一进入到加热段时就已经达到了脱碳的起始温度,钢坯此后在加热段内停留时间的长短必然影响钢材的脱碳程度。国内的加热主要是使用煤气和重油等,燃烧生成物由 CO_2、雾化蒸气和重油分解产物氢以及炉膛负压吸入的空气中的 O_2 等构成,这些均易使钢材产生脱碳。生产钢材的轧机大部分为横列式轧机,其轧制速度慢且加热炉的加热和轧机的调整少部分为人工,再加上轧机刚度差等原因所造成的轧制不够顺利等,使钢锭(坯)在炉中的加热时间过长,易造成钢材脱碳。采用原始脱碳层薄的大尺寸坯料经过连轧,一火成材,即通过大的伸长率来获得脱碳少的钢材是减少钢材脱碳的有效措施。对于一些冶金企业,由于受轧制能力的限制,除大尺寸钢材外,中、小尺寸的钢材需要经过多次地开坯、重复加热才能得到,在此过程中钢坯虽然要进行中间酸洗,但仍补偿不了由于加热所造成的脱碳,并且中间酸洗和多次加热所造成的氧化等也使钢的耗损增加,成材率降低。钢材的最终热处理(即退火)大部分是在没有保护气氛的车底式炉或罩式炉中进行,又加重了钢材的脱碳。

表 1-23 和图 1-6 是国内一些冶金厂在生产碳素工具钢脱碳比较严重时测得的一批数据,随着变形比的增加脱碳随之减少,当变形比达到一定值($\varepsilon=86\%$)后,钢的脱碳反而增加。这是由于随着轧制钢材成品尺寸的变小,轧制道次增加,特别是当轧制速度又不够快时,钢坯在加热炉内的加热时间延长从而造成脱碳的增加。

表 1-23 变形比与脱碳

成品规格/mm	变形比/%	脱碳集中范围/mm	脱碳层深度平均值/mm
40	80	0.66~0.44	0.55
38	82	0.48~0.35	0.42
36	84	0.53~0.34	0.44
34	86	0.43~0.33	0.38
28	90	0.49~0.34	0.42
25	92	0.58~0.39	0.48
22	94	0.51~0.31	0.41

D 碳素工具钢材的硬度

冶金企业碳素工具钢钢材的试样淬火硬度按标准的要求,合格率高,不存在什么大问题。但以退火状态交货的钢材硬度值存在一定的问题,其中T8钢存在的问题超过T10、T12钢(T8钢材退火硬度合格率为94%~97%,T10为98%~100%,T12为99%~100%)。T8钢退火硬度合格率比较低的原因是与它在退火时难以获得球状珠光体为主相的组织联系在一起的。T8钢球化退火的合格级别范围为1~5级。T8钢本身是最不易获得球状珠光体的钢,其退火可获得较好组织(3~4级)的温度仅为720~735℃,现有的罩式或车底式退火炉,钢材在炉内上部与下部的温差达20~30℃,炉子温差大不易控制温度,容易造成球化组织的不合格,硬度也不合格。若出现球化级别低,退火硬度比较高,可能是由于实际退火温度比较低,冷却速度比较快所造成的;若出现高级别球化组织,硬度也较高,主要是由于温度过高而冷却速度较慢所造成的。表1-24和图1-7是一些冶金厂的生产统计结果,其中球化较好的组织(3~4级)的平均退火硬度最低,合格率最高;球化组织级别偏低的和偏高的,如1级和6级,其硬度均高,合格率则低。其中有些波动,主要是由于炉温不够均匀所造成的。在国内,一些冶金厂曾用滚底式可控气氛连续炉对碳素工具钢进行退火,可获得满意的球化组织和硬度。

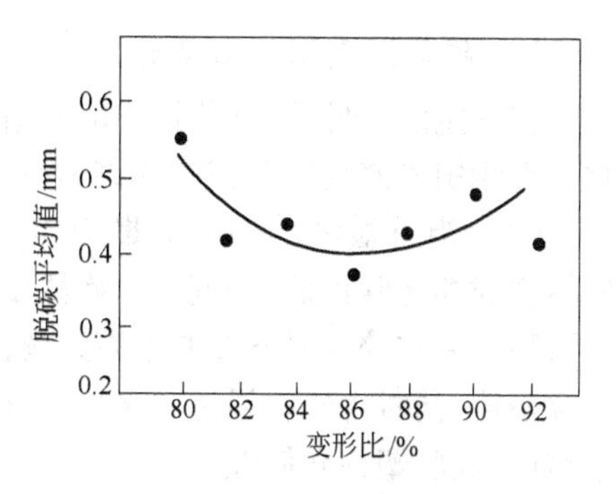

图1-6 变形比和脱碳平均值的关系

表1-24 T8钢珠光体球化级别与退火硬度

成品钢材尺寸/mm	珠光体球化组织		退火硬度(HB)		
	球化级别	出现的批数	出现的硬度范围	硬度集中的范围	平均硬度值
26~60	1	6	179~197	187~197	189
	2	20	170~187	170~187	180
	3	10	170~187	179~187	180
	4	43	170~207	170~187	179
	5	30	170~197	170~187	181
	6	4	179~187	179~187	183

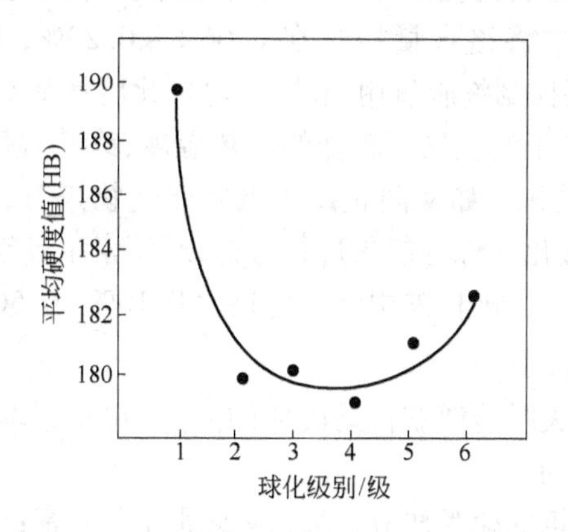

图1-7 球化级别和平均硬度值的关系

E 碳素工具钢的石墨化

在一定的条件下，某些钢中的固溶碳和化合碳以游离状态析出，这一析出过程称为石墨化。在钢中呈游离态存在的碳称为石墨碳，碳素工具钢的石墨化可表示为：$Fe_3C \rightarrow 3Fe + [C]$（石墨）。当石墨化严重时，在断口检查时可发现断口呈黑色，即所谓“黑色断口”。石墨化使钢变脆即通常说的“黑脆”。碳素工具钢有时会产生石墨化，这会给钢带来危害，因为发生石墨化后在淬火时石墨并不溶入奥氏体，从而显著降低了奥氏体的碳含量，使淬火后得不到高硬度，同时由于石墨呈夹杂形式存在破坏了金属的连续性，增加了钢的脆性，显著降低了钢的强度、塑性和韧性。

发生石墨化的原因有：

（1）炼钢脱氧时，硅、铝加入量过多，会促使石墨化。T12 钢炼钢加入铝脱氧时，若铝的加入量过高会出现黑色断口；

（2）硅含量和钼含量高的某些钢易产生石墨化；

（3）变形量大时，产生大量显微裂纹加速石墨化；

（4）变形温度低易发生石墨化；

（5）长时间退火、冷却速度慢易发生石墨化；

（6）淬火对石墨有显著影响，可加强石墨化；

（7）钢中加入少量铬或其他碳化物形成元素，可阻止石墨化。

国内冶金企业碳素工具钢在生产中发生石墨化的情况可简要归结如下：

（1）碳含量高的钢出现石墨化的概率大于碳含量低的钢，T12 钢比 T8 钢出现石墨化的概率要大；

（2）经多次冷、热加工的板、丝出现石墨化的概率大于棒材；

（3）小尺寸的钢材出现石墨化的概率大于大尺寸的钢材。有些厂曾对发生石墨化的 T12 钢材进行分析研究后得出结论——低温轧制是促进石墨化的基本原因。终轧温度低于 800℃石墨化倾向严重，石墨化倾向急剧增大，这是因为在 820℃以下变形，由于渗碳体的出现使钢的塑性降低，显微裂纹增加，导致石墨化倾向加速。760℃是钢材合理的退火温度，在此温度下退火石墨化最轻；在 700℃退火石墨化程度严重；在 800℃退火也有利于石墨化的析出。图 1-8 示出了这些试验的结果，清楚地表明了终轧温度和退火温度对产生石墨化的影响。有些厂在分析了产生石墨化的原因后，采取控制残余合金元素铬的含量的办法来减少石墨化的产生，在生产中将铬含量控制在 0.06%～0.20%，大生产统计平均铬含量为 0.12%，同时在生产中还要控制终脱氧用铝的加入量，此后就基本上不再发生石墨化。碳素工具钢为易脱碳钢，在热加工时应采用较低的加热温度，终轧温度也必须低，这有利于防止脱碳，但却不利于防止石墨化。如从防止产生网状碳化物来看，也希望终轧温度低一些为好，这同样不利于防止石墨化。综合起来进行考虑，对碳素工具钢，适当地补加少量的铬，可以收到多方面的良好效果。美国标准中就有含铬为 0.10%～0.50%的碳素工具钢。

F 碳素工具钢的淬透性

钢的淬透性是指在淬火时能够获得马氏体的能力，它是钢本身固有的一个属性。碳素工具钢的淬透性是比较低的。

影响淬透性的因素有钢的化学成分，尤其是少量合金元素；淬火前奥氏体晶粒的大小；奥氏体中存在的剩余碳化物；淬火加热前的原始组织等。碳素工具钢中亚共析钢的淬透性

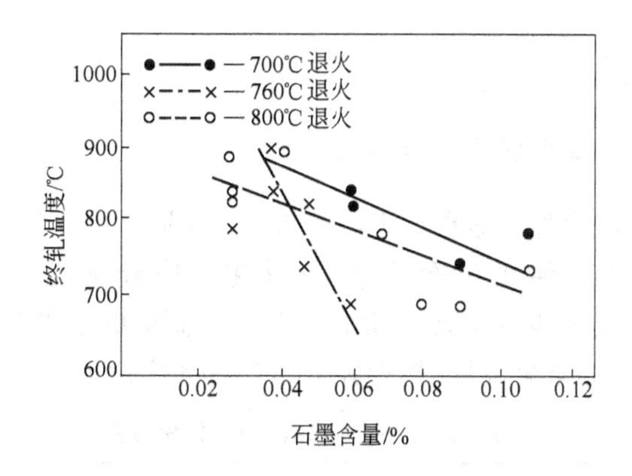

图 1-8 终轧温度对石墨化的影响(退火保温 4h)

随其碳含量的增加和淬火临界冷却速度的降低而提高。这是因为钢在加热时所有碳化物都溶入奥氏体中,奥氏体的稳定性随碳含量的增加而提高。过共析钢中因存在过剩的碳化物而降低了奥氏体的稳定性,在淬火时将提高钢的临界冷却速度,因此,钢的淬透性降低,并且随着碳含量的增加而降低的越多。合金元素锰、铬等可显著提高钢的淬透性。冶炼时终脱氧使用的脱氧剂铝,如果生成的脱氧产物 Al_2O_3 以高度弥散的质点布满于钢中,将阻止奥氏体晶粒的长大,引起过冷奥氏体稳定性降低,钢的淬透性就将降低。如果 Al_2O_3 上浮进入渣中,晶粒将长大,奥氏体稳定性增高,淬透性将提高。过共析碳素工具钢原始组织为球状珠光体时将比为其他组织时有较高的淬透性。此外,使用较慢的加热速度会导致加热时间延长,使碳化物充分溶解,使钢的淬透性提高。

我国碳素工具钢标准一直都把淬透性作为协议项目,在工具制造部门使用 T12 钢制造丝锥时才制订了特殊技术条件,对 T12 钢开始检查其淬透性。当时 T12 钢材的淬透深度仅为 2~3mm,不能满足特殊技术条件的要求。为此,各冶金厂进行了改善 T12 钢淬透性的试验工作,将钢的淬透深度提高到 5~6mm。改善 T12 钢淬透性的方法主要是添加和控制微量残余元素如铬、镍、铜、锰和硅等,但由于当时技术条件规定的这些元素的控制范围过于狭窄(见表 1-25),给生产和管理带来了诸多不便。

表 1-25 T12 钢的化学成分

技术条件	化学成分(质量分数)/%							
	C	Mn	Si	S	P	Cr	Ni	Cu
特殊技术条件	1.15~1.24	0.15~0.30	0.15~0.30	≤0.020	≤0.030	≤0.20	≤0.15	≤0.25
实际控制成分	1.15~1.24	0.26~0.30	0.26~0.30	≤0.020	≤0.030	0.17~0.20	0.12~0.15	0.22~0.25

目前国内大的工具厂已不使用 T12 钢制作丝锥,只有标准件工具厂使用 T12 钢制作丝锥,因其淬透性可满足要求,而不需要检验其淬透性。当前美国和英国等仍把淬透性列为检验项目,并根据淬火温度、淬火的作用和要求以及碳含量的不同,而有不同的要求,这既反映了材料的特性,又反映了在使用上的不同要求。淬透性的检验是一个不容忽视的问题,它对提高我国碳素工具钢的质量和向国际标准靠拢以及参加国际出口创汇等具有积极意义。

1.3.2 碳素塑料模具钢

1.3.2.1 碳素塑料模具钢的一般特性

碳素塑料模具钢的碳含量一般在0.4%~0.6%。目前国际上较广泛使用的钢号是日本JIS G4051(1979)标准中的S45C~S58C系列,其化学成分见表1-26;国内则普遍采用SM45、SM50、SM55钢。碳素塑料模具钢除了制造形状简单的小型塑料模具或精度要求不高、使用寿命不需要很长的塑料模具(指型腔板)之外,还广泛地用于制造塑料模架。

表1-26 S45C~S58C钢号化学成分

钢号	化学成分(质量分数)/%				
	C	Si	Mn	P	S
S45C	0.42~0.48	0.15~0.35	0.60~0.90	小于0.030	小于0.035
S48C	0.45~0.51	0.15~0.35	0.60~0.90	小于0.030	小于0.035
S50C	0.47~0.53	0.15~0.35	0.60~0.90	小于0.030	小于0.035
S53C	0.50~0.56	0.15~0.35	0.60~0.90	小于0.030	小于0.035
S55C	0.52~0.58	0.15~0.35	0.60~0.90	小于0.030	小于0.035
S58C	0.55~0.61	0.15~0.35	0.60~0.90	小于0.030	小于0.035

这类钢一般采用转炉或电炉冶炼。为保证模具的表面粗糙度、抛光性能和使用性能等,碳素塑料模具钢的冶金质量应比碳素结构钢要求高,应尽量降低钢中的硫、磷等有害元素含量和气体(氮、氢、氧)含量;不得有气孔、裂缝、夹杂等宏观缺陷;这类钢的热加工性能良好,热加工时应增大钢材的锻压比,以保证钢材的组织致密、均匀。为了进一步提高在制造模具过程中所使用刀具的使用寿命、缩短加工工时、降低模具加工成本,近年来发展了S55C系列的易切削钢[32]。

用碳含量为0.4%~0.6%的碳素塑料模具钢制造模具,可以直接采用锻、轧态的坯料进行粗加工,但要改善钢材的切削加工性能,需要进行退火处理,S45C的退火加热温度为820~840℃,保温时间2~4h后炉冷,退火组织为珠光体+铁素体。对于尺寸较大的模具,可以经正火并回火后使用。若模具性能要求较高,最好进行调质处理,即先经淬火处理得到马氏体组织,然后再经高温回火得到索氏体组织。索氏体组织比正火或退火处理得到的珠光体和铁素体的混合组织具有更好的综合力学性能,具有较高的强度和屈强比,较高的冲击韧性,较低的脆性转变温度和较高的疲劳强度等。

1.3.2.2 碳素塑料模具钢的主要质量问题及影响因素分析

A 主要组织缺陷及影响因素分析

a 魏氏组织

钢中魏氏组织的形成条件是钢中碳含量较低、晶粒度大和冷却速度慢。虽然魏氏组织对钢材抗拉强度影响不大,但因其针状形态能引起应力集中,从而明显地降低钢的塑性和韧性,尤其是冲击韧性。

b 带状组织

在热轧的碳素塑料模具钢中,时常发现沿轧制方向成层状分布的铁素体和珠光体组织,这种组织被称为带状组织。该组织使钢材的力学性能呈各向异性,特别是降低钢的横向冲击韧性和断面收缩率,严重时能使钢结构的工件变形。

c 脱碳

中高碳含量的碳素塑料模具钢中,钢材表层脱碳较为突出。钢材表层原有碳含量的降低,不仅降低了钢材的硬度,而且降低了钢材的耐磨性和耐疲劳性。

d 断口

钢材的断口检验是重要的宏观检验方法之一,可以发现钢材本身的缺陷以及在生产制造工艺方面和使用方面等所存在的问题。根据断口形状断口缺陷一般分为萘状断口和黑色断口。

一般认为,中高碳含量的碳素塑料模具钢中较容易发生萘状断口。萘状断口的出现就意味着钢在热加工或热处理过程中存在着过热问题,致使钢的奥氏体晶粒粗化,使钢的脆性转变温度升高,降低了碳素塑料模具钢的冲击韧性。

在钢液凝固过程中,夹杂物及有害元素在晶界上沉淀,在热加工时又被沿加工方向拉长,使晶界变得更加脆弱。因此,层状断口在碳素塑料模具钢中出现的概率也比较高,尤其是在未经炉外精炼处理的优质碳素钢中。层状断口的危害是降低钢材的力学性能,其伸长率和断面收缩率降低最为显著。

黑色断口是由于钢中的碳以石墨状析出而造成的。这种缺陷常发现于碳含量较高的碳素塑料模具钢中,其在断口断面上的分布又经常是不均匀的,这可能与石墨本身分布的不均匀性有关。

碳素塑料模具钢出现上述组织缺陷,主要是热加工不当造成的。加热温度偏高,加热时间又过长,不仅会造成钢的过热,而且还会造成杂质元素在晶界的析出和原始奥氏体晶粒的粗大。终轧、终锻温度偏高和热加工后冷却速度较慢等也是不利条件。此外,压下量的分配、压缩比、均热炉气氛和钢液纯净度也会影响钢的微观组织。

针对碳素塑料模具钢的主要组织缺陷,通过严格控制加热条件和均热炉炉内气氛,采用偏低的终轧温度和轧后快速冷却等工艺措施,提高连铸比和推广连铸坯一火成材技术,可以消除和防止钢中的这些组织缺陷。

B 脆性特征及其原因

当碳素塑料模具钢中的硫、磷等杂质元素含量较高时,在晶界上偏聚的可能性就增大,晶界附近的脆性就提高,就会出现在钢材无明显塑性变形的情况下,沿晶界的脆性断裂。根据偏聚元素性质的不同,其脆性可分为冷脆和热脆。不管是冷脆还是热脆,它们都使钢材的塑性和韧性下降。一般通用的优质碳素塑料模具钢标准规定,其硫、磷元素含量不得大于0.035%(或0.030%),但也不能完全保证无脆性发生。目前世界上流行的措施是,通过铁水预处理和钢液炉外精炼,将钢中的硫、磷含量控制在0.01%以下。不仅锰的硫化物熔点比铁的硫化物高,而且在相同的硫含量情况下,随着 $m(\mathrm{Mn})/m(\mathrm{S})$ 比的提高,钢的高温塑性有显著改善。

此外,钢中微量低熔点金属元素,如锡、砷、锑及铜等,在晶界偏析也能产生热脆现象。因此,对于碳素塑料模具钢而言,不仅要注意硫、磷含量的控制,而且还要充分认识到低熔点金属元素在钢中存在的危害性。

C 裂纹特点及原因

裂纹是钢坯和钢材常见的缺陷之一。钢中的裂纹大都是钢在冷、热加工过程中的热应力和组织应力引起的，经压力加工后一小部分裂纹可能得到改善甚至消除，而大部分裂纹不仅不能消除，相反扩展更为严重，甚至使产品成为次品或废品。

目前，国内外已开始应用连铸技术生产碳素塑料模具钢，在连铸过程中，由于结晶器角部区域是二维传热，坯壳凝固最快，最早收缩，气隙首先形成，传热减慢，推迟了凝固。因此角部坯壳最薄，常常是产生裂纹和拉漏的根源；因此，适宜的冷却强度不仅能保证连铸机的生产率，而且可避免和减轻铸坯的裂纹、缩孔和偏析等缺陷。

碳素塑料模具钢的硅、锰含量的控制对连铸尤为重要，这两种元素不仅是该类钢的主要元素，而且连铸钢水中的硅、锰含量既影响钢的力学性能，又影响钢水的可浇性。因此，首先要求把钢中的硅、锰含量控制在较窄的范围内，以保证连铸炉次中硅、锰含量的相对稳定；其次要求尽量提高 $m(\mathrm{Mn})/m(\mathrm{Si})$ 比，以改善钢水的流动性。

为了改善连铸钢水的流动性，应在成分允许的范围内适当提高 $m(\mathrm{Mn})/m(\mathrm{Si})$ 比，以便把脱氧产物控制为液态。钢水流动性因固态二氧化硅的析出而恶化，如将硅含量按中下限控制，锰含量按中上限控制，$m(\mathrm{Mn})/m(\mathrm{Si})$ 比可调整到大于 3.0，这时钢水冷却到中间包温度时继续脱氧的产物已经是液态的硅酸锰。这样不但避开了碳的热裂纹敏感区，而且 $m(\mathrm{Mn})/m(\mathrm{Si})$ 比可保证在 4.0 左右，从而得到完全液态的脱氧产物，既改善钢水的可浇性，又能保证钢中氧含量仍在 0.01%以下，不至于在铸坯中产生气泡缺陷[31]。

1.4 合金模具钢

由于碳素模具钢的淬透性差、淬火变形大、回火稳定性差等缺点，制造形状比较复杂、精度比较高、截面比较大的模具，一般采用合金模具钢。

1.4.1 一般特性

1.4.1.1 合金冷作模具钢

冷作模具钢是应用广泛的模具钢类，有时还用于制造工具。它主要用于制造下料、冲孔、冲压成形、拉伸、冷镦、压印、冷挤压、滚压等模具。合金冷作模具钢主要应具有下述性能，即良好的耐磨性，工作时保持锋利的刃口；淬火态有较高的硬度和一定的淬透深度；有较好的淬火安全性，热处理变形小，在复杂断面上不易淬裂；适当高的强度和韧性，工作时刃部不易崩裂或塌陷；较好的加工工艺性和成形性等。这类钢属于高碳合金钢，碳含量一般在 0.8%以上，此外含有铬、钨、钼、锰、钒等合金元素，根据合金元素含量范围，可以划分为如下几类钢种。

A 高碳低合金冷作模具钢

高碳低合金冷作模具钢是在碳素工具钢基础上适当加入铬、钨、钼、锰、硅、钒等合金元素（总含量一般在 5%以下），以提高过冷奥氏体的稳定性，常用的钢号有 CrWMn、9CrWMn、MnCrWV、Cr2、9Mn2V、9SiCr 等。

这类钢具有一定的裂纹敏感性，锻造加热不宜快，在箱式炉加热时最好在 650～700℃进行预热。钢锭开坯时允许最高加热温度为 1150℃，由坯成材时加热温度一般不超过 1130℃,终锻温度在开坯时应大于 850℃,而成材时则应大于 800℃,锻后只有形状简单的小型锻件可以空冷,其余都应立即埋在热砂中缓冷。

经锻造缓冷后的坯料、钢材和锻件都必须在高于 A_{c1} 以上的温度下进行退火处理以获得满意的组织和硬度。例如,为消除钢中的网状碳化物,除采用高温正火外,当网状碳化物轻微时也可以采用稍稍提高(10~20℃)退火温度的办法,并以适当的冷却速度进行缓冷。过高的退火温度和不当的冷却速度,有可能导致形成少量片状或网状碳化物。退火保温时间一般都在钢材表面与心部的温度一致后计算,生产中常采用 2~4 h。退火的冷却条件对退火钢的硬度、组织和性能有一定的影响。如果冷却太快,钢中合金渗碳体来不及长大聚集,冷却下来的颗粒细小,而且还会出现部分的片状珠光体组织,致使球化不完全,且退火硬度较高,不易进行切削加工。若冷却过慢,合金渗碳体聚集长大、颗粒粗大或形成粗片状的珠光体,使退火硬度偏低,也不利于切削加工,且不利于以后的淬火和回火效果。在工业生产中,冷却速度常控制在不大于 30℃/h。

在淬火加热过程中,必须在保证钢的表面不被氧化和脱碳的环境下进行缓慢升温加热,并在 600~650℃保温一定的时间,以减少模具的变形或开裂。通常采用油冷,而对于形状复杂的模具可采用分级淬火或等温淬火的方法以减少淬火变形;钢在 M_s 点附近停留后,残余奥氏体增多。

高硬度条件下使用的冷作模具,一般都要经过低温(150~200℃)回火处理,目的是为了在保持高硬度的情况下,消除部分淬火内应力,提高钢的强度和韧性。只有在要求较高的弹性或较大的动载荷下使用时,才提高回火温度(可到 300~350℃),但此时的硬度降低了。

B 高碳高铬冷作模具钢

高碳高铬冷作模具钢包括 Cr12、Cr12MoV、Cr12Mo1V1,具有高硬度、高强度、高耐磨性和淬火变形小等优点,属于莱氏体钢,铸态时存在鱼骨状共晶碳化物,这种状态随着钢锭凝固速度缓慢和锭型尺寸的增大而加剧,虽然在锻轧生产中鱼骨状共晶碳化物被破碎,但钢中还存在其分布的不均匀性或呈纤维方向性,导致钢材的各向异性。改善钢中碳化物分布是提高模具质量的一个重要途径。

这类钢的共晶温度较低,在 1150℃有时会发生局部熔化,而且导热性差,因而在锻造加热时一定要缓慢,若用冷料,加热时应在 700℃附近保持一定的时间以使其内外均热,并严格控制锻造加热温度、开锻温度和终锻温度。按 GB/T 1299—2000,这类钢的不同规格钢材都有其允许的碳化物不均匀性合格级别标准,但它仍不一定能够满足某些模具对碳化物不均匀性的特殊要求,因而有时仍需再次用锻造来进行改善,此时最好采用镦粗→拔长且反复多次三向锻造变形工艺,镦粗压缩比最好大于 50%。

对 Cr12Mo1V1 钢进行低温塑性研究的结果认为,其在 850~870℃有明显的塑性区,但低温区的变形抗力要大于高温区的变形抗力。经锻造过的钢材,同样有一个低温塑性区,但其温度范围更低(780~800℃),且其变形抗力也大于高温塑性区(见图 1-9)。尽管低温塑性区的范围较窄、变形抗力较大,但仍是可以进行塑性变形的,给某一特定条件下的锻造加工提供了实施的可能。

高碳高铬钢经锻造后的毛坯硬度较高(大约在 550HB 左右),内应力较大,在室温下长期停留会发生开裂报废,为消除内应力、降低硬度、改善切削加工性能,必须进行退火处理。进行退火处理可以采用普通退火，若是为了以后淬、回火做组织准备，最好采用等温退火。退火冷却速度应小于或等于 30℃/h，冷却到 550℃以下可以出炉空冷。经退火后钢的组织为粒状珠光体+合金碳化物，这类钢中碳化物主要是 M_7C_3 型碳化物，而 Cr12 钢的碳化物数量比 Cr12MoV 和 Cr12Mo1V1 钢略多一些。对于钢锭开坯后的中间工序退火，建议采用低温去应力退火。对于要求热处理变形量很小的模具或经电火花加工的模具，在精加工之前应进行消除应力的低温退火。

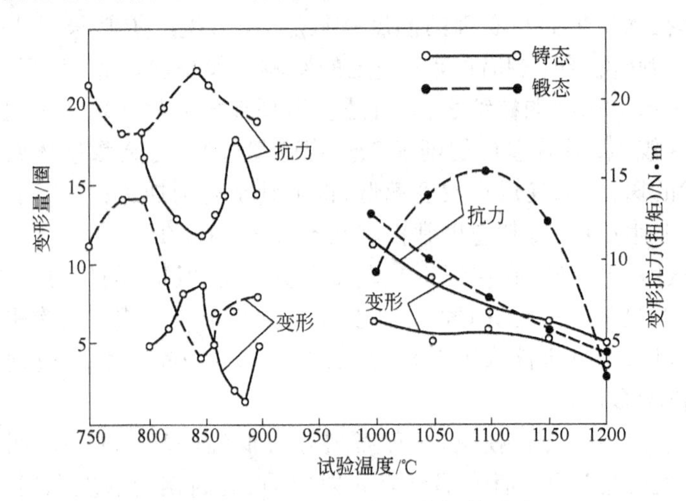

图 1-9 Cr12Mo1V1 钢的热扭转试验

这类钢的奥氏体无论是在珠光体转变区或是在贝氏体转变区均具有很高的稳定性。这类钢一般采用油冷，在模具尺寸不很大的情况下即使空冷也可淬硬，Cr12 钢的淬透性和淬硬性较 Cr12MoV 钢差一些。该钢淬火态的组织是马氏体+残余奥氏体+粒状碳化物。钢材的主要性能（硬度、强度、塑性、韧性、红硬性及淬、回火的体积变形）与淬火温度有很大的关系，即淬火温度决定于所制作模具的使用条件，如：

较低温度淬火和随后低温回火，能得到较高的力学性能和较小的变形。它适用于负荷较高的或形状复杂的模具和冷辊模等。

较高温度淬火和随后高温回火，由于钢在淬火后有大量的残余奥氏体，硬度较低，在回火时借助于二次硬化提高钢的硬度，达到使用要求。通过这种处理可以获得高的红硬性和耐磨性，但是力学性能较低、变形量较大。所以它适用于制造承受负荷不大，但耐磨性要求高，而且在 400~500℃温度下工作的模具。

对于某些要求高韧性的冲压模具或挤压模具，可以采用贝氏体等温淬火处理。此时的组织为下贝氏体+马氏体+粒状碳化物+少量残余奥氏体。获得部分贝氏体组织后，硬度略有降低，但韧性会明显增加，同时模具变形减小。减少模具变形的另一种工艺方法是采用真空淬火，曾对 Cr12Mo1V1 钢在充氩气真空度为 1 Pa 的炉中加热淬油并在 200℃回火，发现试样的变形量为盐浴处理的 42%，且表面层未出现脱碳和元素的挥发，其耐磨性也优于盐浴处理试样[33]。

Cr12 型钢还可以在淬火后继续进行超低温处理，使钢中残余奥氏体量接近于零，回火硬度相对提高，经超低温处理后的耐磨性也得到提高（图 1-10）[34]。

高碳高铬钢在回火过程中会出现马氏体的分解、碳化物的聚集和残余奥氏体的转变。其高温回火产生二次硬化效应的原因是由于残余奥氏体转变为马氏体以及马氏体分解析出 VC 和 M_2C 等碳化物所致[35]。在工业生产中常采用2~3次回火，以改善前次回火残余奥氏体转变为初生马氏体的韧性，或认为减少残余奥氏体第二阶段转变形成的粗大碳化物对韧性的影响，总之，多次回火是用来改善钢的韧性。

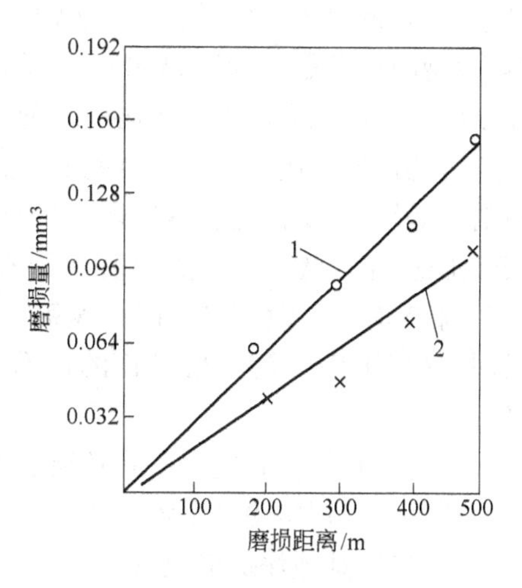

图 1-10 Cr12Mo1V1 钢经超低温处理后的耐磨性

1—普通淬火处理；2—-196℃低温处理

C 空淬冷作模具钢

在这类钢中，有含中等铬量的 Cr5Mo1V、Cr6WV 和 Cr4W2MoV 钢，还有含铬锰的 Cr2Mn2SiWMoV 钢，这些钢都具有很好的空冷淬硬性和淬透深度，其耐磨性好，又具备一定的韧性，热处理变形小，适宜制造重负荷、高精度的冷作模具。8Cr2MnMoWVS 钢含有易切削元素，切削加工性能好，热处理变形小，适用于制造精密模具。

该类钢属于过共析钢，钢液凝固时会产生合金元素的偏析区，构成枝晶间包有碳化物的粗晶结构。锻造加工过程中，碳化物的粗晶结构被破碎和改善，使钢的性能得到改善。因为钢的导热性差，钢锭在加热时应缓慢升温，最好在 700℃左右保温预热，在合理的锻造温度范围内可安全锻造。因为空冷淬透性好，锻后必须改善缓冷条件，尤其是 8Cr2MnMoWVS 钢应在热砂或炭箱中缓冷，以避免发生冷却裂纹。

经锻造的空淬冷作模具钢必须进行退火。含铬高的空淬钢退火时的冷却速度允许小于 30℃/h 冷至 550℃，然后可以用较快的速度冷却；铬锰空淬钢由于钢中含有锰，降低其临界点，这些钢的退火温度相对地要低一些，退火的冷却速度也应该更缓慢一些，最好小于 20℃/h，其退火后的硬度往往高于含铬高的空淬钢；Cr2Mn2SiWMoV 钢最好采用等温退火，即在等温保持后再继续经 700~720℃加热保持 6h 后缓冷，以获得较低的退火硬度。空淬冷作模具钢退火后的组织都是球状珠光体和细小碳化物。

空淬冷作模具钢有很好的淬透性，在给定的淬火温度下，冷却的速度越低，钢中残余奥氏体量越多，硬度也会越低一些。这类钢淬火后硬度可达 62~65HRC。淬火后通常采用低温回火，以消除内应力，提高钢的韧性；但有时根据模具的工作条件，也有采用高温淬火、高温回火的。在低温淬火时，只有用低温回火才能获得较高的强度和韧性，对于要求以耐磨性为主的模具最好采用前一种热处理工艺。而对于工作动载荷较高，要求韧性较高的模具，则采用高温淬火和高温回火工艺。

D 基体钢和低碳高速钢

对耐磨性要求高的模具，也有的采用高速钢制造，但往往由于其韧性较差而早期失效。为了提高高速钢的韧性，可采用降低其淬火温度的方法，但更多的是采用基体钢和低碳高速钢。基体钢，其化学成分相当于高速钢淬火后的基体组织成分，因基体钢中共晶碳化物数量少且细小均匀，韧性也相对提高了。近年来我国研制的基体钢是以 W6Mo5Cr4V2 和 W18Cr4V 钢的基体成分为基础发展改性的，如 6Cr4W3Mo2VNb、7W7Cr4VMo、6W8Cr4VTi 等。有的还可用于热作模具，如 5Cr4W5Mo2V、5Cr4W2Mo2VSi 和 5Cr4Mo3SiMoAl 等。低碳高速钢，其钢中的合金元素与高速钢相近，但碳含量较低，常用于高冲击载荷下耐磨损的模具，典型的钢号是 6W6Mo5Cr4V[36]，它和基体钢都具有接近高速钢的强度，且韧性好，同时在某些工艺性能方面也有明显的改善。

这些钢还是属于高速钢类型的莱氏体钢种，在钢水凝固时仍会产生偏析或形成比较少量的共晶组织，是使这些钢呈现脆性的根源，热加工时仍需注意。因为钢的导热性差，应该缓慢加热，采用连续式炉加热时，最好在下加热区（900～1000℃）内保温均热，以保证钢锭（坯）加热均匀。锻打操作同高速钢一样，锻后应改善缓冷条件。采用大规格钢材制造模具时，最好采用反复镦粗拔长的锻造工艺，以改善碳化物的纤维方向，提高钢的强度和韧性。

基体钢和低碳高速钢锻后必须退火，同时对返修的模具（需进行重新淬火）也应进行退火。这些钢特别是钼含量较多的钢，其脱碳敏感性较强，当不采用真空炉或保护气氛炉退火时，必须采取其他保护措施以防止严重脱碳。在加热到给定的退火温度下，并按规定的保温时间保持后，才允许以不超过 30℃/h 的冷却速度冷却至 550℃ 以下方可快冷。退火后的组织一般为珠光体+细小碳化物。

在淬火时，由于这些钢容易脱碳且又必须在高温下进行加热以保证碳和合金元素充分地溶入奥氏体中，因此，应尽可能地采用真空炉、可控气氛加热炉或盐浴炉加热，以防止工件的脱碳，并采取预热措施（常在 500℃ 及 800℃ 进行二次预热），以减少工件在高温区的停留时间。淬火加热温度提高，淬火组织中孪晶型马氏体的比例增加，基体中溶入的碳和合金元素更多，马氏体的开始转变点 M_s 降低，残余奥氏体的数量增多等，将使钢的强韧性发生变化。因此，在工业生产中应根据模具的工作条件和使用要求来选择淬火温度，对承受高抗力（一般 2500MPa 左右）和适当韧性的模具，如反挤压模具，可选用较高的淬火温度，对形状复杂或承受压强较小和要求韧性的模具，宜采用较低的淬火温度。至于淬火冷却，可视模具工作要求选用油冷、空冷或分级淬火等方式。

基体钢在回火过程的转变与高速钢相类似，在 250～400℃ 范围回火时，渗碳体 M_3C 不断地析出并聚集长大，钢的硬度下降。随着回火温度的提高，渗碳体型碳化物向 M_6C 转化，形成高铬碳化物，钢的硬度回升，在 500～600℃ 间残余奥氏体迅速分解转变并伴有弥散相的析出，使硬度提高，即出现二次硬化现象，而随着回火温度的进一步升高，由于碳化物的集聚，钢的硬度又迅速下降。工业生产中一般采用 3 次回火，每次回火应冷却至室温，以保证残余奥氏体转变为马氏体。每次回火都可以改善前一次回火残余奥氏体转变为初生马氏体的韧性，从而提高钢的韧性。

E 高强度高韧性冷作模具钢

基体钢和低碳高速钢虽然在韧性方面有明显改善，但其耐磨性仍低于 Cr12 型钢和高速钢。近十几年来国内外发展了一系列的约含 8%铬、钼、钒的高强度高韧性冷作模具钢，如美国 Vasco Wear（8Cr8Mo2V2WSi）、日本 QCM-8（8Cr8Mo2SiV）、DC53（Cr8Mo2SiV）、TCD（Cr8V2MoTi），以及我国的 7Cr7Mo3V2Si 钢，其合金总量为 12%左右，由于形成了钒的碳化物且其均匀细小分布在基体中而使钢材具有高强度高耐磨性，还具有较好的韧性。

这类钢的热塑性比高碳高铬冷作模具钢好，热加工工艺性能与基体钢类似，但是其合金总含量较高，高温变形抗力较大，因此在开坯开始变形时应该“轻打”，钢锭应缓慢加热至锻造温度，并力求均匀透烧。锻后必须缓冷，并应及时退火。

该类钢的脱碳敏感性比高碳高铬冷作模具钢大，退火加热时应防止氧化脱碳。若采用普通退火工艺，按要求的时间（一般 2～3 h）保温后，以不超过 30℃/h 的冷却速度冷却至550℃，随后可以快速冷却。也可以采用等温退火工艺，以获得较好的退火组织。对钢锭开坯后的中间坯料的退火，可采用在 760～780℃ 加热保温后，以不大于 30℃/h 的冷却速度冷却至 500℃ 出炉空冷。退火后钢的组织通常是粒状珠光体+细小分布的碳化物，退火态的碳化物相仍以 MC 为主，还有少量的 $M_{23}C_6$ 和 M_6C 存在。

这类钢淬透性较高。随着淬火温度的提高，奥氏体中的合金碳化物溶解度增加，钢的硬度和强度提高，但过高的淬火温度，由于晶粒长大，钢的强度和韧性又将降低。淬火后钢中的一次碳化物量较 Cr12 型钢少，且以 MC 为主，这有利于提高钢的韧性。在淬火加热时，必须采取防止工件的氧化和脱碳的措施。

钢经淬火后形成较多的马氏体组织及部分残余奥氏体+少量碳化物。在 500～550℃ 温度范围内回火，由于马氏体的分解、碳化物的析出和残余奥氏体转变为马氏体，使钢产生二次硬化现象。淬火温度的高低，对该类钢二次硬化效应以及钢材的强韧性有直接影响，淬火温度较低时，其韧性较好，但硬度较低。因此，在工业生产中，要根据模具的工作条件来选择适当的淬火和回火温度。以 7Cr7Mo3V2Si 钢制模具为例，对要求以强韧性为主的模具，宜选择低淬火温度（如 1100℃ 左右）和 550℃ 左右的回火温度；对要求高耐磨性且在冲击负荷下工作的模具，则宜选用较高的淬火温度（如 1150℃ 左右）和 560℃ 左右的回火温度。为了避免一次回火后残余奥氏体不能全部转变为马氏体，和上一次转变形成的马氏体转变为回火马氏体，通常采用 2～3 次回火，以最大限度地消除内应力，防止模具在使用过程中因早期开裂而失效。但经多次回火后钢的硬度会稍稍降低。

F 火焰淬火模具钢

由于工业产品的迅速更新换代，要求缩短模具的生产周期和简化热处理工艺。20 世纪 70 年代国外研究开发了一系列适合火焰淬火工艺的专用冷作模具钢，如日本爱知制钢公司的 SX5（Cr8MoV）、SX105（7CrMnSiMoV），日立金属公司的 HMD-1（Cr4MnSiMoV）和我国开发的 7CrMnSiMoV 等，这些钢的特点如下：

（1）允许的淬火温度范围宽，甚至于在 100～250℃ 的变化范围内淬火，都能得到满意的效果；

（2）淬透性好，空冷淬火能获得高的表面硬度和心部硬度；

（3）淬火后工件变形小；

（4）具有良好的强度、韧性和耐磨性；

（5）具有好的可焊性能，并能采用堆焊修复工艺；

（6）具有较好的机械加工性能。

这类钢的可塑性好，可在 1150～1180℃ 下加热锻造，采用灶式炉加热时，最好能在 700℃ 附近预热，以缩短工件在高温的保持时间，使钢材表面烧损量减少到最小。停锻温度应大于 850℃，若用坯料改锻，则不应低于 800℃。由于钢的淬透性好，锻（轧）态钢材表面硬度可超过 HRC50，锻（轧）后应特别注意缓冷，随后及时退火。

该类钢采用完全退火或不完全退火都能获得所要求的退火硬度，退火时应在有保护气氛的设备中进行，防止脱碳。其退火组织为粒状珠光体+碳化物。

火焰淬火模具钢淬透性好,淬火温度宽,淬火后能得到较好的综合性能和表面硬度(高于60HRC)。由于其淬火温度范围宽,便于使用火焰喷嘴对模具施以局部加热淬火作业。在人工操作时,加热温度偏差较大,淬硬深度和表面硬度均与加热时喷嘴的移动速度有关,其移动速度愈快硬度的波动幅度就愈大,且表面硬度值偏低。操作时在保证工件表面不过热的情况下,喷嘴的移动速度以慢一些较为有利。淬硬层深度还取决于加热所用的喷嘴形式,使用双头喷嘴淬硬层较深,使用单头喷嘴则较浅。若使用单头喷嘴,火焰方向应与模具的冲压方向相互垂直。

这类钢经火焰喷嘴局部加热空冷后,其表面淬火层一般形成残余压应力,这种残余压应力对延长模具使用寿命是有益的。同时,由于钢具有较高的强度和韧性,因此某些小型模具可以不经回火而被直接使用,但对于大型镶块式模具和大动载荷的冲裁模具,仍需施以回火处理。对于冷冲压模具,通常是在150~200℃进行回火,经过回火的钢材具有高的硬度、强度、韧性以及较好的耐磨性。此外,该类钢的热处理变形小。

1.4.1.2 合金热作模具钢

热作模具钢是用于制造将加热到再结晶温度以上的金属或液态金属压制成工件的模具。根据被加工金属的成分和加工工艺条件的不同,选用不同成分的热作模具钢。

A 锻压模块用低合金热作模具钢

锻压模具特别是模锻锤用模块,要承受较大的冲击载荷和工作应力,模具的型腔与工作表面除了产生剧烈的摩擦以外,由于与被加热到高温的工件接触,型腔表面的温度迅速升高,有时达到400℃以上,局部甚至达到600℃以上。工件脱模以后,型腔表面又受到压缩空气和润滑剂的迅速冷却作用。正是由于上述原因(热锻模具在服役过程中频繁地周期性地加热和冷却),容易使其型腔表面生成热疲劳裂纹。因此,要求热锻模具必须具有一定的高温强度、高温硬度、较高的冲击韧性、耐磨性和抗热疲劳裂纹的性能,并要具有良好的导热性和抗氧化性能。锻压模块尺寸一般较大,为了使大截面模块热处理后沿截面性能均匀,要求模具钢具有较高的淬透性。常用的低合金热作模具钢种有5CrNiMo、5CrMnMo、5CrNiMoV、5Cr2NiMoV等。锻压模块按截面尺寸大致可分为4类:厚度小于或等于250 mm的小型模块;厚度为250~350 mm的中型模块;厚度为350~500 mm的为大型模块;厚度大于或等于500 mm的为特大型模块。对于小型模具,常用5CrMnMo钢制造;大、中型模具,大多采用苏联的5CrNiMo钢制造,这种钢合金元素含量较低、淬透性较差,钢中不含钒,在较高的淬火温度下,晶粒易于粗化。80年代,我国研制的5CrNiMoV钢,是在5CrNiMo钢成分的基础上,适当提高钢中的铬、锰、钼的含量,并加入适量的钒,明显地改善了钢的淬透性、淬硬性(图1-11)、高温强度、抗回火稳定性和冲击韧性(图1-12),能够更好地适应大型锻模的要求,有效地提高了其使用寿命[37]。

这类低合金热作模具钢的白点敏感性较强,在冶炼过程中应采取相应措施,最好是采用真空精炼以降低钢中的氢含量。对于大型钢材或模块,锻后应采用去氢退火或缓慢冷却以防止白点的产生。退火后呈粒状或片状珠光体组织,并有少量的铁素体和碳化物相。

这类低合金热作模具钢淬火后的组织为马氏体,但是大型模具淬火冷却时,心部冷却较慢,如果钢种选择不当,往往会生成部分中温转变产物——上贝氏体组织,对钢的性能产生不利影响。为了改善该类钢热处理后的性能,要求淬火后钢的晶粒度保持细小均匀,最好能

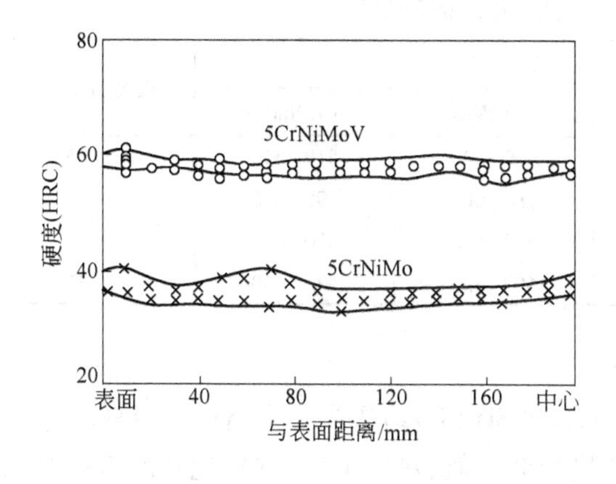

图 1-11 5CrNiMo 和 5CrNiMoV 钢模块的沿截面淬火硬度分布曲线

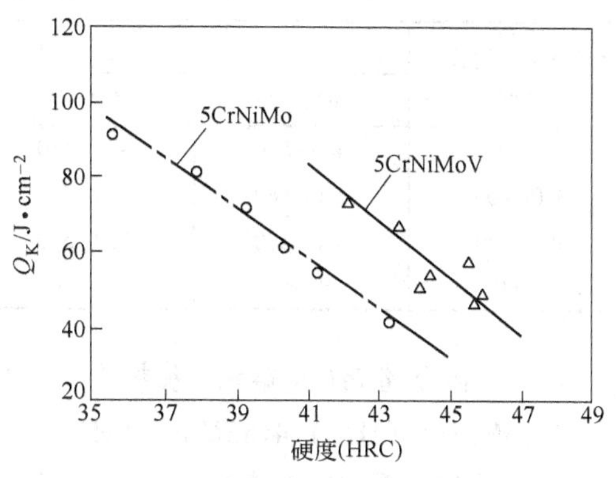

图 1-12 5CrNiMo 和 5CrNiMoV 钢的冲击韧性与回火硬度的关系

在 10 级以上。淬火组织应为板条状马氏体,以得到良好韧性、较高强度和热稳定性的最佳配合。尽量避免由于冷却速度不够快,导致在模具心部产生过多的中温转变产物,降低钢材性能。对于大型复杂模具,为了减小淬火应力,避免淬火缺陷的产生,可以采用淬油前预冷和分级淬火的措施,即模具从加热炉中取出后,先在空气中预冷到 750~800℃,然后再淬入 30~80℃油中,直至模具温度降至稍低于 M_s 点温度时,出油空冷,然后再进行回火。模块的预冷和在油中保持时间可参照表 1-27。

表 1-27 模具淬火冷却时间表

冷却方式	模具最小边长/mm					
	300	350	400	500	600	700
空气中预冷/min	5	6	7	9	12	24
油冷/min	40	50	60	80	100	120

对于特大型模具,采用油淬很不方便,往往不能保证心部淬透,影响心部性能,且污染环境,因此往往选用冷却能力介于水和油之间的水溶性淬火介质或者选择冷却能力较强的高速淬火油。有时也采用喷水雾冷却,通过合理地调节水和压缩空气的比值、空气的压力、喷嘴与淬火模具表面之间的距离等参数,控制模具的淬火冷却速度,当模具温度降至 M_s 点左右时,即可入炉回火。

在模具淬火加热过程中,为防止型腔及工作表面的脱碳和氧化,最好采用可控气氛炉或真空热处理炉加热;如果采用空气炉加热,应对型腔和工作表面进行保护,保护剂一般为铸铁屑、木炭或用过的固体渗碳剂。

淬火后的模具应立即进行回火。由于在模具淬火组织中可能保留一定数量的残留奥氏体,为了使一次回火冷却过程中转变的马氏体得到回火,对于质量要求很高的模具,一般采用二次回火,第二次回火温度比第一次低 20℃左右,保温时间可缩短 30%。不同尺寸模具的回火制度与回火后的硬度值见表 1-28。模具的燕尾部分由于集中承受冲击载荷,要求比模具本体部分有更高的冲击韧性,一般在整体回火后,再单独对燕尾部分进行局部回火。

表 1-28 不同尺寸模具的回火制度与硬度

模具最小边长/mm	回火温度/℃				硬度(HRC)
	5CrNiMo	5CrMnMo	5NiCrMoV	5Cr2NiMoV	
≤300	480~520	490~530	500~540	510~550	40~45
300~400	530~560	520~560	580~600	590~610	38~42
400~500	540~580	530~580	590~620	620~640	35~40
>500	550~600	540~600	600~630	630~650	32~37

B 中合金铬钼(或铬钨)系热作模具钢

4Cr5MoSiV1(H13)、4Cr5MoSiV(H11)、4Cr5MoWSiV(H12)等中合金铬钼(或铬钨)系热作模具钢具有优秀的综合力学性能,良好的抗热疲劳性能、热稳定性、抗氧化和耐液态金属冲蚀性能,以及良好的淬透性,广泛地用于铝合金压铸模具、精密锻造模具、热锻压冲头、热挤压模具、热剪切模具、热轧辊以及各种在冲击和急冷条件下工作的热作模具[38,39]。其中应用最广的钢号是4Cr5MoSiV1和4Cr5MoSiV。苏联开发的4Cr5W2VSi,由于脱碳敏感性较低,便于热处理,也深受欢迎。

这类钢碳含量不高、热塑性较好,易于锻造和轧制,当锻制大型锻件时,最好先缓慢加热到750℃,然后再迅速加热到锻造温度,以减少氧化和脱碳现象。含钼量较高的钢脱碳敏感性强,应尽可能地缩短高温下的停留时间,由于这类钢淬透性好,锻后应采用炉冷或在缓冷坑中冷却,并及时进行退火处理。

为了减少脱碳,退火最好在可控气氛退火炉中进行。退火温度下保温时间为1h/25mm,退火后以小于或等于25℃/h的冷却速度冷却至500℃然后空冷。退火组织为珠光体和6%~12%(质量分数)的合金碳化物。为了减少模具的淬火变形,经粗加工的模具,推荐在650~750℃下进行消除应力退火。

这类钢淬透性好,其大型模具空淬后即可得到较高的硬度。据资料介绍,ϕ760mm,质量为1300kg的大型工件,在1040℃空淬、570℃回火后,其表面硬度可以达到44HRC。为了防止淬火加热时模具表面的氧化、脱碳,最好采用可控气氛炉、真空热处理炉或盐浴炉进行淬火加热。如果采用空气炉加热,为防止模具表面脱碳,最好装箱,箱中填充铸铁屑、木炭或用过的固体渗碳剂等。在进行盐浴加热时,为减少变形,推荐在850℃的盐浴中进行一次或在550℃、850℃的盐浴中进行两次预热。由于钢的退火组织中有一定数量的合金碳化物,要求在淬火温度下的保温时间较长,以使合金碳化物溶入奥氏体。该类钢一般采用空冷或油冷淬火。对于较大截面的锻件,若停锻温度过高,锻后的冷却速度又很慢,则可能沿奥氏体晶界析出大量链状合金碳化物,为消除这种缺陷,应在最终热处理之前,把工件加热到高于正常淬火温度50℃左右并进行快速冷却,然后再进行淬火处理。由于钢中含有一定数量的钒,具有良好的抗过热敏感性,淬火后可得到细晶组织(主要是马氏体),并保留少量的过剩M_6C、MC型合金碳化物和一定数量的残余奥氏体。

该类钢种淬、回火的尺寸变形较小,尤其是采用空冷淬火其变形更小;但是对于尺寸较大的模具,采用空冷淬火会出现中温转变产物贝氏体组织,并有可能产生一些沿晶析出的先共析碳化物,导致韧性的下降。因此,对于尺寸较大(如最小截面尺寸大于100mm)的模具,当要求韧性高时,最好采用油淬,以避免以上现象的发生。

这类钢一般的使用硬度为40～50HRC。当制造冲击载荷较高的模具时，为了提高其冲击韧性和断裂韧性，往往采用下限（如40～42HRC）的硬度值。制造磨损较严重的重载模具，则采用上限（如48～52HRC）硬度值。为了得到较好的综合性能和稳定的组织，一般采用2次或者3次回火，这类钢随着回火温度的升高，会出现二次硬化现象，二次硬化峰一般出现在520℃左右。当采用较高的淬火温度时，钢中合金碳化物更多地溶入基体组织中，回火时析出的合金碳化物数量增多，二次硬化现象更为显著。

C 高合金热作模具钢

高合金热作模具钢合金含量一般高于10%，由于钨钼含量高，与低合金和中合金热作模具钢比较，具有更高的高温强度、硬度和抗回火稳定性；但其韧性和热疲劳性能则较低。3Cr2W8V是最早采用的钨系热作模具钢，近20多年来，发展了一系列的新型热作模具钢，如4Cr3Mo3SiV、3Cr3Mo3W2V、5Cr4W5Mo2V、5Cr4Mo3SiMnVAl、5Cr4W2Mo2SiV，其中，3Cr3Mo3W2V、5Cr4W5Mo2V、5Cr4W2Mo2SiV属基体钢。对耐热性要求更高的模具，则采用低碳高速钢制造，如5W18Cr4V（H26）、3Cr13W13V（H23）。为了改善钢的高温强度、硬度和抗回火稳定性，还发展了含钴的热作模具钢，如4Cr4W4Co4V2（H19）钢，用于工作温度较高、条件较苛刻的热挤压模具、压铸模具和精锻模具。

高合金热作模具钢含碳量较低，而合金含量较高，退火组织一般为细粒状珠光体和一定数量（一般为10%～15%）的合金碳化物，碳化物的主要类型为M_6C、$M_{23}C_6$和MC，含钒量较高的钢种存在较多数量的MC型碳化物。由于退火后钢中有一定数量的高硬度合金碳化物，可切削性稍差。另外，钼含量较高的钢种，脱碳敏感性较强，最好采用可控气氛热处理炉退火或装箱退火，以减少氧化脱碳现象。

3Cr2W8V钢属莱氏体钢，淬透性不高，当淬火冷却速度不足时，在冷却过程中会析出较多的碳化物，使钢的淬火硬度下降，大尺寸（如最小截面尺寸大于100mm）模具，若采用空气淬火，模具心部会出现贝氏体组织，影响模具性能，因此，应采用油冷更为妥当。至于4Cr3Mo3SiV、3Cr3Mo3W2V、5Cr4W5Mo2V、5Cr4W2Mo2SiV、5Cr4Mo3SiMnVAl钢，其过冷奥氏体较稳定，淬透性较高，一般尺寸（小于或等于150mm）的模具，可以采用空冷淬火。由于钢中钼含量较高，脱碳敏感性强，模具淬火加热最好在盐浴炉、可控气氛热处理炉或真空热处理炉中进行；若采用一般电炉加热，最好采用装箱并填以适宜的保护剂（如铸铁屑、木炭粉等），以防止脱碳氧化现象的发生。几种钒含量较高的钢种，由于存在大量弥散的MC型碳化物，为抑制加热时的晶粒长大，可以采用较高的淬火温度。淬火组织一般由马氏体、残余奥氏体和合金碳化物组成。为了减少淬火应力和淬火变形，淬火加热时，可先在800～850℃预热一段时间，再加热到淬火温度保温；淬火冷却可先在空气中预冷至900～950℃，然后进行分级淬火。

高合金热作模具钢含有较高的钨、钼、钒等强烈的碳化物形成元素，在500～550℃温度范围回火时，由于大量合金碳化物的析出，出现强烈的二次硬化效应，所以这类钢较中合金热作模具钢具有更高的高温强度、硬度和抗回火稳定性。为提高钢的韧性，一般采用两次或三次回火，以使在第一次或第二次回火冷却过程中由残余奥氏体转变而来的马氏体得到充分回火，获得稳定的回火组织。

D 奥氏体型热作模具钢

前述的三类热作模具钢（即低、中、高合金热作模具钢）都是马氏体型钢，淬回火组织为

α-Fe 基体上分布着弥散的碳化物强化相，当工作温度高于或等于 650℃时，由于过回火现象，碳化物聚集长大，硬度、强度急剧下降。而有些热作模具，如铜合金压铸模具，耐热合金、高温合金、铜镍合金等热强性材料的热挤压成形用模具，钛合金蠕变成形用模具，特别是利用金属的超塑性发展的等温锻造成形用模具，工作温度往往达到 700℃或更高，个别品种的模具工作温度甚至高达 800℃以上，这就要求模具在高温下不仅要有高的强度、硬度和耐磨性，而且要有较高的抗氧化和抗腐蚀性能，从而发展了一系列的奥氏体型热作模具钢。特别是含镍量较低的 Cr-Mn-Ni 系奥氏体型热作模具钢，含有一定数量的锰、镍、碳等奥氏体形成元素，使钢形成稳定的奥氏体组织；加入适当数量的钒，在一定温度回火时，可以析出大量的高度弥散的 MC 型高硬度合金碳化物，显著地提高了钢的强度和硬度，改善了钢的耐磨性和高温强度；加入适量的铬可以改善钢的抗氧化和抗腐蚀能力；加入钨钼等强化元素可以进一步改善钢的热强性。

Cr-Mn-Ni 系奥氏体型热作模具钢主要有 5Mn15Cr8Ni5Mo3V2 和 7Mn10Cr8Ni10Mo3V2 等，当温度高于 650℃时，奥氏体型热作模具钢比马氏体型热作模具钢具有更高的强度和硬度。当模具工作温度为 700~800℃时，采用该类钢种，可以充分发挥其热强性的特点。但其线[膨]胀系数大、导热率低，热疲劳性能较差，当模具承受急冷急热负荷时，易产生热疲劳裂纹，也限制了这类钢的应用范围。

由于铬锰镍系奥氏体型热作模具钢中的锰和碳含量都比较高，切削加工时的加工硬化现象十分严重，为改善切削加工性能，采用高温退火处理（过时效处理），通过在 860~880℃保温 4~8 h 而后进行炉冷，使钢的硬度保持在 30HRC 左右，可以显著改善其切削加工性能。随着保温时间的延长，基体中固溶的碳大量析出并形成合金碳化物（主要为 $M_{23}C_6$、M_6C 和 MC 3 种类型）。随着高温退火温度的升高和保温时间的延长，析出的碳化物不断地聚集长大，从而减弱了钢的加工硬化和弥散硬化的作用，降低了钢的硬度，改善了钢的切削性能。但此时钢的强度、韧性也下降。所以切削成形后的模具，必须再进行固溶处理和时效处理，以得到所要求的力学性能。

奥氏体型热作模具钢一般采用高温固溶处理，固溶处理温度通常在 1050~1200℃范围内，保温 30~60 min，然后进行快速冷却。通过固溶处理，可以把大部分合金碳化物固溶到奥氏体基体中，固溶温度高，保温时间长，合金碳化物溶解得越多，固溶处理后的硬度就越低，而随后时效处理的硬化效应也就越强烈。固溶处理后钢的强度下降，塑性、韧性上升，硬度一般为 20HRC 左右。

固溶处理温度过低，由于合金碳化物的溶解不够充分，会降低钢材时效处理后的硬度。固溶处理温度过高，奥氏体晶粒粗大，对钢的力学性能影响不利，而且更容易产生氧化和脱碳现象。因此，铬锰镍系奥氏体型热作模具钢的固溶温度以 1050~1100℃为宜。为了避免在固溶处理过程中模具表面产生氧化和脱碳现象，应选用可控气氛热处理炉、真空热处理炉或脱氧良好的盐浴炉进行处理。固溶处理后的组织为奥氏体和残余的合金碳化物（主要为 M_7C_3 和 MC 型碳化物）。

铬锰镍系奥氏体型热作模具钢经高温固溶处理后，在 700℃左右进行时效处理，此时，在奥氏体基体中析出大量弥散度很高的合金碳化物（主要为 MC、M_7C_3、$M_{23}C_6$ 3 种类型），从而急剧提高钢的强度和硬度，由于以 VC 为主的 MC 型碳化物硬度很高（约 3000HV），也提高了钢的耐磨性。这类钢也具有很高的抗回火稳定性，例如，经 800℃ 时效处理，

5Mn15Cr8Ni5Mo3V2 钢的硬度仍然可以保持在 42HRC 左右，远远超过了 3Cr2W8V 钢的抗回火稳定性。

1.4.1.3 塑料成形用的合金模具钢

塑料制品生产中大量使用模压成形，由于使用条件不同，对塑料模具钢的使用性能要求也不尽相同，总的来说，要求钢材具有一定的强度、硬度、耐磨性、耐蚀性和耐热性能；同时也要求塑料模具钢具备良好的工艺性能（包括切削加工性能、抛光性能、冷挤压成形性能，热处理变形，焊接性能、花纹图案光蚀性能以及尺寸稳定性）。根据塑料品种及制品的形状、尺寸、精度、产量、成形方法的不同，选用塑料模具钢有较大的差别，从品种角度，塑料模具钢大致可以分为如下几类。

A 渗碳型塑料模具钢

渗碳型塑料模具钢的碳含量一般在 0.1%~0.25% 范围内，我国常用的钢号有 20Cr、12Cr2Ni2、12CrNi3、20CrMnTi、20Cr2Ni4 等[40,41]；美国常用钢号有 P2~P6。这些钢的退火硬度较低，具有良好的切削加工性能；塑性好，可以采用冷挤压成形法制造模具。经切削加工或冷挤压成形的模具，渗碳后淬火、低温回火后不仅具有较高的强度，而且心部具有较好的韧性，模具表面高硬度、高耐磨性，亦可以保证良好的抛光性能，从而提高了模具的质量和使用寿命，缺点是模具的热处理工艺较复杂，变形较大。

因为钢的碳含量低，为改善其冷加工性能和为渗碳时准备较合理的原始组织，保证渗碳层的质量和心部的性能，对不同的加工工艺，不同的材料进行不同的预先热处理，如采用正火、调质、正火加回火、正火加不完全淬火等[41,42]。

对于渗碳型的塑料模具，在压制含有矿物填料的塑料时，其渗碳层厚度为 1.3~1.5mm，压制软性塑料取 0.8~1.2mm，有些模具有尖齿、薄边，则取 0.2~0.6mm。渗碳层的碳含量以 0.7%~1.0% 为佳；若碳含量过高，则残余奥氏体量增加，易产生网状的过剩碳化物，使抛光性能变差。为此，多采用分级渗碳，即第一阶段为高温渗碳，温度为 900~920℃，以快速渗入为主，第二阶段为中温渗碳，温度为 820~840℃，以减少表面层的碳含量，增加渗碳层的厚度为主。渗碳介质，若用固体渗碳，可选用商品化的低温性渗碳剂（5%碳酸钡）。气体渗碳可选用"灯用煤油"，专用滴注式渗碳剂或可控制碳势的吸热式可控气氛，含硫量不应超过 0.1%。

渗碳钢在渗碳条件下由于长期加热，有的钢种心部晶粒显著长大，故不宜采用直接淬火。一般是渗碳后缓冷，再进行淬火。对于组织和性能要求较高的合金渗碳钢制造的模具，其淬火温度略高于该钢号的 A_{c3}，以便细化心部的晶粒，获得低碳马氏体，提高心部强度。合金元素含量较高的钢材，淬透性较高，淬火时可采用较缓和的冷却介质冷却，从而减少模具的热处理变形。

为提高模具的韧性，经渗碳、淬火的塑料模具应进行回火，通常采用 200℃ 左右的回火温度。

随着生产技术的不断发展，许多模具凹模型腔的轮廓也日趋复杂，很难在一般机床上用切削加工方法制造，有时甚至必须用手工来雕刻。这样不仅不能保证必需的精度，而且劳动生产率很低。采用冷挤压方法制造模具的型腔，可以大大提高生产模具的效率，特别是改用冷挤压可以使模具的组织更为致密，提高了模具的强度、耐磨性和使用寿命。此外，采用冷挤压方法制造的模具型腔,其精度可以达到 2~3 级,表面粗糙度达到 $Ra=0.2 \sim 0.1\ \mu m$,模具的互换性高,热处理前一般不再需要任何辅助的磨削加工[41]。

模具型腔冷挤压是将模具与坯料放置在特制的模架上,使淬硬的凸模在压力机的作用下压入毛坯,印出形状、周界和尺寸大小与凸模工作部分正确配合的凹痕,从而制成模具的型腔。模具型腔冷挤压要求钢材在退火软化状态时的塑性要高、变形抗力要低,而淬火后的变形抗力要高;所以渗碳型的塑料模具钢也广泛地用于制造冷挤压成形塑料模具。用冷挤压方法制成塑料模具型腔之后,再采用上面所述的渗碳、淬火和回火等热处理工艺,以保证模具的使用性能和寿命。

B 预硬型塑料模具钢

预硬型塑料模具钢是指将热加工的钢材,预先进行调质处理,以获得所要求的使用性能,再进行刻模加工,待模具成形后,不需要再进行最终热处理就可以直接使用。从而可以避免由于热处理而引起模具的变形和裂纹问题。这种钢被称为预硬化钢。预硬化钢最适宜制造形状复杂、大型、精密、生产塑料制品批量较大的塑料模具,国内常用的钢种有 40Cr、3Cr2Mo、3Cr2MnNiMo、4Cr5MoSiV1、5CrNiMo、5CrMnMo、5CrNiMnMoVSCa、8Cr2MnWMoVS 等,美国常用的钢号有 P20、6F5、H13 等。

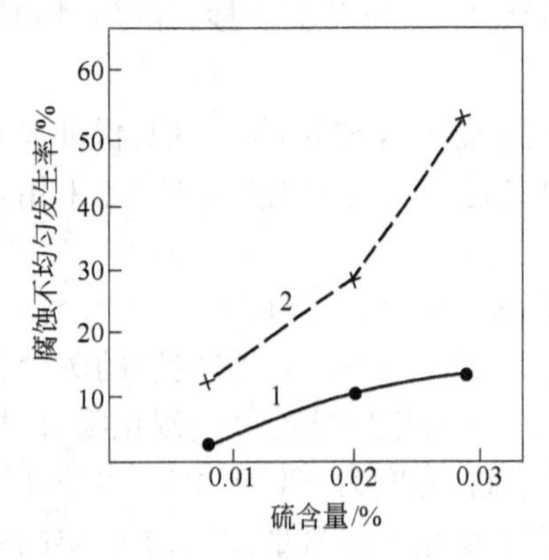

图 1-13 50 号钢的硫含量与腐蚀不均匀性发生率的关系
1—5 min 腐蚀;2—30 min 腐蚀

研究[43,44]表明,钢中的非金属夹杂物,尤其是硬而脆的非金属夹杂物的存在,严重地降低钢材的抛光性能;随着钢中含硫量的增加,其腐蚀不均匀性增大(图 1-13),而钢材的腐蚀,不均匀性对塑料模具表面的花纹图案刻蚀性能有着直接的影响,因此,对于花纹图案刻蚀性能要求较高的塑料模具,钢中的硫含量应控制在 0.01%以下。为保证钢材具有更高的冶金质量,可以采用电渣重熔或真空自耗等特种冶炼工艺来生产高质量的塑料模具钢,在特殊的情况下甚至可以采用双联熔炼,但费用较高。当前,采用真空脱气或真空炉外精炼是降低塑料模具钢中的硫含量、气体含量,提高钢材纯度的一项有效和便宜的措施,在国内外获得广泛应用。同时,增加钢材的锻压比,并进行多次反复锻造,也将促进材质的致密并提高钢材的等向性能,从而提高塑料模具钢的冶金质量。

预硬化处理通常是采用淬火后进行高温回火。预硬钢进行高温(高于 450℃)回火虽然能得到优良的综合力学性能,但对于某些预硬钢来讲,当其自高温回火温度进行缓慢冷却时,往往会出现回火脆性现象。发生回火脆性的钢,不仅室温下冲击韧性较正常钢为低,而且使钢的脆性转变温度大大提高。回火脆性可能是由于 P、Mn 等元素在晶界偏聚的结果。自回火温度进行快速冷却可以防止上述偏聚过程,但对于大型模块进行快速冷却存在着困难,所以通常采取加入合金元素的办法来延缓上述偏聚过程。比较有效的元素是 Mo 或 W,Mo 的适宜含量约在 0.3%~0.5%,钨的适宜含量约在 1%左右。

预硬化钢的使用硬度一般在 30~42HRC 范围内,尤其在高硬度区间(36~42HRC),可切削性能较差,为了减少机加工工时、延长模具使用寿命、降低模具成本,国内外均发展了一些易切削模具钢,即通过加入 S、Pb、Se、Ca 等合金元素来改善钢的切削加工性能,如我国的 5CrNiMnMoVSCa、8Cr2MnWMoVS 等钢号。但是,这些易切削元素的加入,在钢中以夹杂物的形式存在,会降低钢的力学性能,例如,硫会降低钢材的横向性能,特别是塑性和韧性,故易切削模具钢的应用有一定的局限性。二十年来国内外的研究结果表明,Ca、Zr、Te、Ti、稀土等合金元素的加入,可以改变含硫的易切削塑料模具钢的硫化物形态,减少钢的力学性能的各向异性,提高其冷加工性能[45~47]。

C 时效硬化型塑料模具钢

对于复杂、精密、高寿命的塑料模具,要保持其高寿命,模具材料在使用条件下必须具有高的综合力学性能,为此,应该采用最终热处理。但采用常规的最终热处理工艺(淬火、回火),往往会导致模具的热处理变形,使模具的精度很难达到要求。时效硬化型塑料模具钢在固溶硬化后会变软(一般为 28~35HRC),可以进行切削加工,待冷加工成形后再进行时效处理,可以获得很高的综合力学性能,且时效处理变形很小。而且这类钢具有很好的焊接性能,又可以进行表面氮化等,适于制造复杂、精密、高寿命的塑料模具。

时效硬化型塑料模具钢主要包括马氏体时效钢和析出硬化钢两个类型。

a 马氏体时效钢

自 1959 年马氏体时效钢的出现以来,由于这类钢具有很高的强度/密度比,良好的可加工性、可焊性和热处理制度简单等优点,立即受到宇航工业的极大重视,而且得到迅速的发展,其中最典型的钢号是 18Ni 马氏体时效钢,它们的屈服强度级别为 1400~3500 MPa。而二十几年来,马氏体时效钢愈来愈广泛地用于制造模具,尽管其成本比一般模具钢高得多,但由于马氏体时效钢具有许多良好的性能和比较长的使用寿命,因此采用它的最终成本可能会比采用一般模具钢低。另外,对于模具而言,对于钢材性能的要求要比宇航工业低,对其冶金质量及性能要求可以适当降低。同时,发展了一些无钴、低镍的马氏体时效钢(如国产的 06Ni6CrMoVTiAl 钢),从而使钢材的成本大幅度下降,扩大了马氏体时效钢在模具行业的应用[48~51],典型的马氏体时效钢号有 18Ni(200),18Ni(250),18Ni(300)和 18Ni(350)。

马氏体时效钢不同于常规的高强度钢种,它不是依靠碳含量而硬化的。这类钢的碳含量很低,属超低碳钢,在时效硬化时,由马氏体基体发生金属间化合物沉淀来完成强化,为此形成马氏体时效钢与常规钢种的一些不同的特殊性能,固溶处理后形成的低碳马氏体比较软,约 30~35HRC,时效处理后很硬,而且尺寸变形很小。这样,就可以将该材料在固溶处理状态下加工成形状很复杂的模具,然后通过时效处理,保证模具的使用性能和精度。

18Ni 马氏体时效钢固溶处理温度一般为 820℃左右,保温时间按最小截面尺寸每25 mm 为 1 h 计算。时效硬化处理温度通常为 455~540℃,保温 3~12 h。在典型的时效温度 480℃处理时,对于 18Ni(200)、18Ni(250)、18Ni(300)钢,保温 3~6 h;18Ni(350)钢,保温6~12 h。18Ni(350)钢也有的在 495~510℃保温 3~6 h。用于压铸模时,采用 530℃时效。时效处理后,18Ni(200)的长度收缩率为 0.04%,18Ni(250)为 0.06%,18Ni(300)和 18Ni(350)为 0.08%。由于时效硬化时尺寸变化很小,使得许多马氏体时效钢件可以在固溶处理条件下完成精加工;另外,由于时效硬化工件的尺寸变化(收缩)有一定的规律,对于尺寸精度要求更高的模具,可以在时效前留出时效硬化的收缩余量。马氏体时效钢的时效强化效应很大,且比较迅速。其时效强化机理是:在时效过程中,由于析出相为细小的沉淀微粒 Ni3Ti 和条状的沉淀物 Ni3M,在 Ni3M 中有 Mo、Ni、Fe、Co 等元素复合存在。正是由于这些析出相都是以细小的微粒均匀分布在基体中，所以才使钢得到显著强化。

b 析出硬化钢

析出硬化钢也是比较新型的钢种之一。它所含的合金元素比马氏体时效钢少，特别是镍含量少得多。该材料固溶处理后硬度也低（30HRC 左右），可以施行切削加工，制成模具之后再进行时效处理，使硬度达到 40HRC 左右。而且时效变形量很小（0.01%左右），适宜制造高强韧性的精密塑料模具。代表性的钢号有 25CrNi3MoAl（中国）、P21（美国）、N3M、N5M、NAK55、NAK80、HPM1（日本）。

析出硬化钢基本上属于低碳中合金钢，钢中含有相当数量的镍、铬元素，故其奥氏体稳定性好；在时效过程中，由于从基体中弥散析出 NiAl 相和富铜相而得到强化。其热处理工艺一般包括三部分：奥氏体化固溶处理（淬火）；高温回火（亦称二次固溶处理）和时效处理。

（1）固溶处理：其目的在于得到细小的板条状马氏体，以提高钢的强韧性。

（2）高温回火处理：固溶处理得到的马氏体硬度较高，为降低钢的硬度，以利于机加工，需进行高温回火。高温回火工艺的选择，既要使马氏体充分分解，又要避免 NiAl 相的脱溶析出。如 25CrNi3MoAl 钢的马氏体组织稳定性很好，在 650℃ 以上回火才可以较完全的分解成回火马氏体。而从另一角度看，由于钢中强化相 NiAl 在 400～630℃ 温度范围内脱溶，故高温回火处理温度宜定在该钢的临界点以下和 NiAl 相脱溶温度以上这一范围内，一般选用 650～680℃。这样，既使得钢中碳化物形成元素的原子有较强的扩散能力，与碳作用形成合金碳化物和合金渗碳体析出和迅速长大，马氏体发生多边形化，又避开了 NiAl 相脱溶温度范围，从而使钢材得到较好的软化效果，而且待冷加工成形的模具通过随后的时效硬化处理，又能获得所期待的性能。

（3）时效处理：钢材的最终性能是通过时效处理得到的。为了使析出硬化钢材在时效过程中脱溶 NiAl 相而强化，必须在 NiAl 相脱溶温度范围内进行时效处理。

此外，由于析出硬化钢的时效温度范围与氮化温度相当，故时效处理可在氮化炉中与氮化处理同时进行。

D 高耐磨塑料模具钢

高耐磨塑料模具钢用于压制热固性塑料、复合强化塑料（如尼龙型强化或玻璃纤维强化塑料）产品的模具，以及生产批量很大、要求模具使用寿命很长的塑料模具，一般选用高淬透性的冷作模具钢和热作模具钢材制造。这些材料通过最终热处理，可以保证模具在使用状态具有高硬度、高耐磨性和长的使用寿命。各国制造塑料模具常用的冷作模具钢牌号见表 1-29。

表 1-29 各国制造塑料模具常用的冷作模具钢牌号

国 家	钢 号
中 国	9Mn2V、CrWMn、9CrWMn、Cr12、Cr12MoV
美 国	O_1、A_2、D_1、D_2
日 本	SKS31、SKD11、SKD12、SKD1
德 国	9MnCrV8、X155CrVMo121、X210Cr12

这类钢属于过共析或共晶的合金钢，具有淬硬层深、抗压及热强性较高、耐热性较好、淬火工艺简便等优点；但它的韧性较低、大截面钢材的碳化物偏析较严重。为发挥这类钢材的

优点,克服韧性偏低等不足之处,其热处理工艺应掌握如下要点:

(1) 选用钢材应严格控制碳化物偏析;

(2) 采用中、低温加热,等温淬火的热处理工艺,从而获得较高的强韧性,并且减少热应力和组织应力,减少体积变化效应,获得微变形的效果。等温淬火工艺特别适合形状不对称、复杂型腔的塑料模具。

(3) 注意充分回火,以提高产品的韧性和组织的稳定性。

关于制造塑料模具常用的冷作模具钢的有关论述见 1.4.1.1 小节。

与冷作模具钢比较,热作模具钢的韧性好、淬透性高,回火稳定性高,因此可以进行渗氮,从而大大提高模具表面的耐磨性,更适合制造要求高温的热固性塑料成形模具。制造塑料模具常用的热作模具钢牌号见表 1-30。这类材料(如 4Cr5MoSiV、4Cr5MoSiV1 钢)由于淬透性高,当钢材最小截面尺寸小于 150mm 时,用空冷淬火就可以获得较高的硬度,从而有效地减少模具的热处理变形量,因此适宜制造复杂、精密的塑料模具。

表 1-30 各国制造塑料模具常用的热作模具钢牌号

国 家	钢 号
中 国	5CrNiMo、5CrMnMo、4Cr5MoSiV、4Cr5MoSiV1、5CrW2Si
美 国	6F6、S1、H11、H13
日 本	SKT4、SKD61、SKD6
德 国	X45NiCrMo4、X38CrMoV51

热作模具钢的最终热处理一般采用淬火加高温回火,以使其基体获得回火屈氏体或回火索氏体组织,保证钢材具有较高的韧性。

关于制造塑料模具常用热作模具钢的有关论述见 1.4.1.2 小节。

E 耐腐蚀型塑料模具钢

在生产以化学性腐蚀塑料(如聚氯乙烯或聚苯乙烯添加阻燃剂等)为原料的塑料制品时,模具必须具有防腐蚀性能,而且还要求具有一定的硬度、强度和耐磨性能等,我国常选用的钢种有 2Cr13、4Cr13、4Cr17Mo、9Cr18、Cr18MoV、Cr14Mo、Cr14Mo4V、1Cr17Ni2 等。

a 中碳高铬型耐蚀钢

典型钢号为 4Cr13,该钢为马氏体型不锈钢,抗大气和水蒸气腐蚀,属过共析钢,热处理后能获得较高的硬度和耐磨性,可用于制造要求具有一定耐蚀性能的塑料模具。

该钢的软化处理可以采用在 750~800℃ 温度范围内进行高温回火;也可以采用在 875~900℃ 温度范围内保温 1~2h,以 15~20℃/h 的冷却速度冷至 600℃ 以下再出炉空冷,硬度可降至 170~200HB,退火组织由富铬铁素体加$(Cr、Fe)_{23}C_6$类型的碳化物组成。

该钢的淬火温度一般选择在 1050℃ 左右,由于钢中的铬含量高,淬透性好,对于小型塑料模具,淬火时可用空气冷却,以减少模具的热处理变形;而尺寸较大的塑料模具,多采用油淬。

4Cr13 钢通常在两种回火状态下使用,当要求高硬度和高耐蚀性能时,可在 200~350℃ 温度范围内进行回火;要求强度、塑性和冲击韧性有最佳的配合,且耐蚀性又较高时,则采用 650~750℃ 回火,一般不在 400~600℃ 温度范围内进行回火。

淬火后的 4Cr13 钢在回火条件下由于时间的延续或温度的变化,析出碳化物的类型也发生变化[52]，即$(Fe、Cr)_3C \rightarrow (Cr\ Fe)_7C_3 \rightarrow (Cr、Fe)_{23}C_6$。淬火钢在200～350℃进行回火，马氏体中只有少量的碳化物析出，由于点阵的正方度因碳化物的析出而减小，消除了部分内应力，钢的组织由淬火马氏体转变为回火马氏体，此时，不仅仍然保持高的硬度，并且因为仅析出少量的碳化物，大量的铬仍然保持在固溶体中，因此钢的耐蚀性能也高。

在400～600℃进行回火，由于析出弥散度很高的碳化物，不仅降低了钢的耐蚀性能，并且由于回火脆性的影响，钢的冲击韧性降低。

在650～750℃进行高温回火后，钢的基体组织转变为回火索氏体，其强度、塑性和冲击韧性值配合最佳，而且耐蚀性也较高。4Cr13钢具有一定的回火脆性倾向[53]，因此，当采用高温回火时，回火后多采用油冷。

b 高碳高铬型耐蚀钢

9Cr18、Cr18MoV、Cr14Mo和Cr14Mo4V等牌号是属于高碳高铬型耐蚀钢。为了保持钢的耐蚀性能，其马氏体组织必须含有11%～12%左右的铬，但为了保持钢的高硬度和高的耐磨性，钢中的含碳量又要高，其化学成分见表1-31。一般通过添加14%～18%铬的办法来提高马氏体中的铬含量。

表1-31 高碳马氏体型耐蚀钢的化学成分

钢 号	化学成分（质量分数）/%				
	C	Si	Cr	V	Mo
9Cr18	0.90～1.00	0.5～0.9	17.0～19.0		
Cr18MoV	1.17～1.25	0.5～0.9	17.5～19.0	0.1～0.2	0.5～0.8
Cr14Mo	0.90～1.05	0.3～0.6	12.0～14.0		1.4～1.8
Cr14Mo4	1.1	0.7	14		3.5

高碳高铬耐蚀钢属于莱氏体钢，在铸态组织中有一次和二次复合合金碳化物，如$(Fe、Cr)_7C_3$。因此，必须通过锻造使粗大碳化物均匀分布。钢坯的锻造加热温度为1100～1130℃，开锻温度为1050～1080℃，终锻温度为850～900℃。锻后砂冷或灰冷。停锻温度不能过高，否则会在组织中出现链状分布的碳化物，将严重影响钢的韧性。因此，对于出现链状碳化物的坯件，应予以返修。锻造后钢的硬度较高，为降低其硬度、改善其切削加工性能，并为淬火作组织准备，锻后应进行退火，退火组织为粒状珠光体和均匀分布的粒状碳化物。

含14%～18%铬的高碳耐蚀钢具有较好的淬透性，以9Cr18为例，为了得到高的淬火硬度、较少的残余奥氏体量和良好的耐蚀性能，淬火温度应采用1050～1100℃。淬火冷却一般采用油冷，亦可用空冷或在100～150℃的热油中冷却。用后两种方法冷却可有效地防止模具的变形和开裂，但它只适用于薄壁模具的淬火冷却。对于大型或形状较复杂的模具，为了减少模具的变形和开裂，可以采用分级淬火或等温淬火。淬火组织为隐晶马氏体、残余奥氏体和细粒状的碳化物。在淬火后的钢中，残余奥氏体含量较高，如9Cr18钢，自1050℃和1100℃淬火，钢中残余奥氏体含量分别为22%和70%，为了提高模具的硬度和使用过程中的尺寸稳定性，模具淬火后应在-80～-75℃的条件下再进行冷处理，从而使钢中的残余奥氏体减少至10%～15%，其硬度和抗弯强度有所提高，尤其是接触疲劳强度，将显著提高，但钢的冲击韧性则明显下降，因此，对于制造承受高冲击负荷的模具，在选用冷处理时必须慎重地考虑。

为了提高淬火和淬火并经冷处理后模具的组织稳定性,消除内应力,并提高综合力学性能,必须进行回火。这类钢采用冷处理后可获得的回火硬度较油淬钢的回火硬度高 1~3HRC。在 150~400℃温度范围内回火后,马氏体中的铬含量几乎不变,在沸水、蒸汽、湿空气、干燥空气和冷态的有机酸中,均很稳定;但相对比较,在 200℃以下回火,其耐蚀性能更高。而经 500~550℃高温回火后,由于形成了含铬的碳化物,降低了固溶体中的铬含量,因此,钢的耐蚀性能降低。根据回火温度对钢的力学性能和耐蚀性影响的试验结果,9Cr18 钢一般采用在 160~200℃温度范围内进行回火。当模具进行最后的磨削成形后,为了消除其磨削应力,还应该在 130~140℃进行附加回火。

c 低碳铬镍型耐蚀钢——1Cr17Ni2

1Cr17Ni2 钢属于马氏体—铁素体型不锈耐酸钢,对于氧化酸类(一定温度、浓度的硝酸,大部分的有机酸),以及盐类的水溶液有良好的耐蚀性;缺点是有脆性倾向,热加工工艺比较复杂,化学成分的波动对钢的组织、性能有较大的影响,焊接性能差等[54]。该钢具有较高的强度和硬度,而且耐蚀性能较 4Cr13 钢好;因此,要求耐蚀性能高的塑料模具和透明塑料制品模具,仍然有一部分采用该型号钢材制造[55,56],并获得较好的使用效果;另外,由于该钢有好的抗氧化性能,可用于制造玻璃制品的高温模具。

该钢淬火温度范围为 950~1050℃,油冷。淬火后低温回火或高温回火具有最好的耐腐蚀性能。淬火后经 275~350℃回火,基体组织为回火马氏体,钢的强度、硬度较高,耐磨性好,而且具有高的耐蚀性能。回火温度在 600~700℃,钢的基体组织为回火索氏体,具有较好的强度和韧性的配合,而且也有较高的耐蚀性能。但是,该钢在中温区(450~500℃)长期加热后,不仅引起脆性,也使钢的耐腐蚀性显著恶化,因此,一般不予选用。

1.4.2 提高合金模具钢质量的途径

1.4.2.1 高碳高铬冷作模具钢共晶碳化物的破碎

高碳高铬冷作模具钢属于莱氏体钢,在铸态组织中存在“鱼骨”状的共晶碳化物。莱氏体钢在较高的温度区间内凝固,各种相的成分和比容差异较大,共晶体(奥氏体+碳化物)沿着已形成晶粒的晶界呈网状凝固。即使在高速冷却条件下共晶体的析出也很难避免。在钢锭凝固以后进一步冷却过程中,二次碳化物从过饱和的奥氏体中析出,并沉淀在共晶碳化物上,从而使“网”上的碳化物数量增加,网状加厚。

在铸态下由于网状共晶碳化物的存在,铸钢变得很脆,而且强度很低。钢在热加工过程中,共晶碳化物被破碎,呈网状分布的碳化物变成颗粒状的碳化物并沿着变形方向延长产生了带状碳化物。钢在铸态下的原始组织对使用性能影响很大,其中碳化物分布不均匀性起着重要作用。Cr12 型钢的碳化物不均匀性包括网状共晶碳化物和带状碳化物。它给使用性能带来以下不利影响:

(1) 网状共晶碳化物的存在使钢的强度和韧性明显降低,对韧性的影响比对强度的影响更为严重;

(2) 带状组织使钢材的力学性能和物理性能出现明显的各向异性;

(3) 碳化物分布不均匀的钢材,淬火裂纹形成的倾向性大;

(4) 碳化物分布不均匀使钢的磨削性和研磨性都很差。为此,对该类型钢共晶碳化物不均匀度的检验制定了相应的技术标准。根据国家标准 GB1299—2000 规定,共晶碳化物不均匀度分为 8 个级别,其合格级别应符合表 1-32 规定。

表 1-32 共晶碳化物的不均匀度

钢材截面尺寸/mm	共晶碳化物不均匀度合格级别(不大于)	
	Ⅰ组	Ⅱ组
≤50	3 级	4 级
50~70	4 级	5 级
70~120	5 级	6 级
>120	6 级	双方协议

为提高高碳高铬钢冶金质量,尤其是改善钢中共晶碳化物分布的均匀性,在冶金生产过程中,需要抓浇注工艺参数的优化和热加工工艺参数的优化两个环节。

A 浇注工艺参数的优化

a 出钢温度

Cr12 型模具钢熔点低,液相线温度约 1360℃,应严格控制各冶炼期的温度,要严防还原期钢液温度过热。该类钢导热性差,裂纹敏感性强,容易形成碳化物偏析,因此要严格控制出钢温度,一般出钢温度为 1470~1510℃。冶炼工艺保证了优质的钢液,而浇注工艺对改善共晶碳化物有着很重要的影响。

b 锭型的选择

在满足钢材锻造比的条件下,选用小锭型有利于改善共晶碳化物级别。对于小规格(小于 ϕ150 mm)的 Cr12MoV 钢材,钢锭质量在 1 t 以下;大型材(ϕ200~ϕ300 mm)可采用 1.25~3.25 t 的锭型。这是由于钢液凝固时的冷却条件大锭不如小锭好,大型钢锭在浇注时易产生较多的铸造缺陷,偏析、疏松等也较严重,宏观组织往往达不到要求。一般采用的锭型为上大、下小,带保温帽,高宽比较小(H/D=2.8~3.0),锥度较大(4%左右)。为了保证钢锭表面质量光滑,必须使用内表面光滑平整的前期钢锭模。浇注时模具温度控制在 80~100℃ 为宜。

c 保温帽

采用绝热效果好的发泡纤维绝热帽口。其配方见表 1-33。浇注快结束时再加入高发热值的热帽粉。这样使锭身得到充分的补缩,使钢锭在凝固过程中最后产生的缩孔或疏松以及碳化物偏析最严重的部分均产生于钢锭的帽口中,待钢锭开坯时切除。

表 1-33 绝热帽口配方

石英砂	配方(质量分数)/%			
	纸 渣	水玻璃	白渣粉	发泡剂(外加)
71~75	6~7	16~18	3~4	0.15~0.16

d 保护渣

既要达到提高钢锭表面质量,又要防止增碳,一般采用低碳含量的"721"石墨渣,MB2-5 保护渣和较理想的绝热渣,具体配方见表 1-34~表 1-36。这类保护渣熔点低,成渣速率快,铺展性好,能起到绝热保温,钢液不被氧化的作用。对保护渣必须烘烤,使用前水分不大于0.40%,发现结块就不准使用。

表 1-34 "721"石墨渣配方

固体水玻璃	配方(质量分数)/%	
	萤石粉	石墨粉
10	20	70

表 1-35 MB2-5 保护渣配方

序 号	配方(质量分数)/%							
	高硅铁粉	铝粉	硝酸钠	固体水玻璃	萤石粉	石墨粉	白渣粉	Ca-Si 粉
1号	15		30				40	15
2号		10	10	20	60			
3号		15	25	10	10	30	Al_2O_3 10	

表 1-36 绝热渣配方

石墨粉	配方(质量分数)/%			
	火硅粉	电厂灰	高炉渣	碳酸氢钠
2	15	75	20	4

e 铸温、铸速

出钢温度是保证浇注温度的先决条件,出钢温度过高,钢水在钢包内镇静时间长一些,对钢包内衬侵蚀严重,会增加钢液中的氧化物夹杂。在出钢温度正常的情况下,钢水倒入钢包内需4~7min的镇静时间。在镇静过程中,使钢液中的夹杂物上浮,部分气体排出,使钢液的成分、温度达到均匀。要求中低温浇注。如果在铸温偏高或铸温正常的情况下注速偏快,会造成钢液在钢锭模内温度梯度偏大,结晶时柱状晶发达,碳化物偏析严重。这是因为树枝状晶轴之间的残余钢液过分富集了碳和合金元素,以致最后凝固时钢液共晶转变成莱氏体时,常得到呈网络状不均匀分布的大块鱼骨状共晶碳化物。采用这种碳化物不均匀度较严重的模具钢制造模具,不仅降低其耐磨性,而且容易发生掉块等严重事故,从而降低模具的使用寿命。因此钢水在高温下宜慢浇,在低温下宜快浇。锭身必须保持平稳上升,才能获得光滑平整的钢锭表面。以600kg方锭为例,锭身浇铸时间为80~120s,帽口补注时间接近锭身浇注时间。

f 退火

Cr12型钢钢锭如果冷却不当易产生纵裂或炸裂。因此钢锭凝固后应及时退火,以消除钢锭中的应力,可红送退火或冷送退火。

(1) 红送退火:当钢锭冷却到750~1000℃之间时进行脱模,随即将红钢锭转入炉温约700℃的退火炉内退火。

(2) 冷送退火:钢锭经模冷或坑冷后,在较短时间进行退火。入炉温度不超过300℃,加热升温速度不高于100℃/h。

为避免钢锭裂纹,在钢锭脱模及退火过程中必须注意如下几点:

(1) 避免铸锭脱模温度过高,并且脱模后钢锭不要单面受风吹;

（2）钢锭退火时，入炉温度不得过高，升温速度或降温速度不宜过快，以避免钢锭内外温差过大；

（3）出炉温度不宜过高等。

g 钢锭精整

Cr12 型钢锭退火以后一方面消除了内应力，另一方面使钢软化便于精整修磨。钢锭最好冷却至常温或略高于常温下进行精整。试验表明，Cr12 型钢锭表面不超过内控标准的小缺陷最好不研磨；如果缺陷确定很严重而必须研磨时，只能采用软质砂轮轻轻荡磨，不能集中一点研磨。钢锭研磨时如果钢锭表面有发蓝，则钢锭在锻造或轧制开坯时发蓝处会出现不规则的三角裂口。原因是钢锭研磨发蓝时，研磨处出现裂纹（在放大 3~10 倍下观察），在钢锭加热时裂纹扩展，导致锻造或轧制开坯时出现裂口。因此在浇注过程中要严格保证钢锭表面质量，要做到不进行研磨，这是保证钢锭开坯质量的关键之一。

B 热加工工艺参数的优化

a 锻造比

Cr12 型钢的铸态组织中含有大量的 M_7C_3、$M_{23}C_6$ 等复合碳化物，它们以树枝状、板条状、颗粒状聚集在晶界处形成网状共晶碳化物，为了使这些碳化物破碎和使细小碳化物均匀分布，在热加工过程中必须采用大的锻造比。锻造比对 Cr12Mo1V1 钢共晶碳化物的影响试验结果表明[58]，当锻造比小于 15 时（2.1 t 钢锭），共晶碳化物随锻造比的增加有较大改善。锻造比大于 15 时，碳化物颗粒及分布均匀性随锻造比的增大变化不明显（图 1-14）。在实际生产中，锻造比按不小于 5 控制可使粗大的碳化物得到较充分的破碎，钢材的共晶碳化物不均匀度小于 5 级。

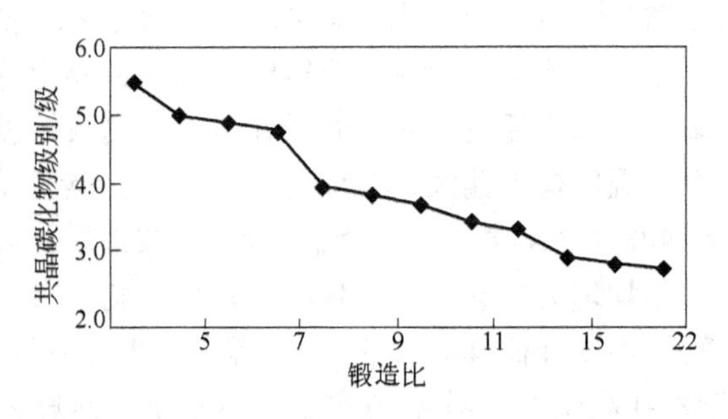

图 1-14 锻造比对共晶碳化物的影响

（试验锭型及数量：2.1 t 锭，78 炉）

b 锻造工艺

Cr12 型钢共晶温度较低，加热时稍不注意就会过热过烧，因此，要严格控制锻造加热温度上限。锻造加热时，在低温（不高于 900℃）的升温速度要缓慢一些，避免产生内部裂纹。通常总加热时间的分配为：

预热时间∶加热时间∶保温时间 = 6∶3∶1。

该钢的塑性低，变形抗力大，易产生裂纹，锻轧温度范围窄，易过热过烧，因此在锻轧时严格控制整个工艺过程。锻造时必须遵守“两轻一重”的锻造方法，即初锻和终锻时应该轻，温度在 900~1050℃ 时应予以重击。这时钢具有较好的塑性，使变形涉及钢锭中心，对击碎碳化物作用比较显著。另外，要注意“两均匀”，即变形均匀和温度均匀。拔长时翻转毛坯要均匀，不要在同一地方多次锤击，要经常保持温度均匀，当发现对角线方向有升温现象时，尤其当金属表面出现鱼鳞状裂纹（此时已处于过热状态）时，应立即减轻锤击力量，或者稍停一会儿使坯料温度逐渐降低至正常温度再进行锻造，防止在锻造过程中出现过热与过烧现象。锻造时如果发现坯料上出现裂口，应及时除掉，避免裂口继续扩大造成报废。当由方坯锻成圆钢时，应以较小的压下量打击棱角使之成为荒圆，并以螺旋或分段送料滚圆。在同一位置滚圆必须防止由于坯料没有充分再结晶而在轴心部分产生纵向大裂纹。在平砧上锻造时，若进料量太小（$l/h<0.5$）中心部分锻不透，会使中心部分原有的缺陷扩大，且易产生内部横向裂纹。若进料量太大（$l/h>1$），毛坯内部容易产生对角线裂纹，外表面容易产生横向裂纹和角裂。所以，Cr12 型钢在锻造时的进料量应控制在 $l/h=0.6\sim0.8$ 较为适宜，而且前后各遍压缩时的进料位置应当相互交错开。锻造圆形材时，若圆钢锭（坯）采用上下平砧，将会使轴心产生放射性纵向裂纹；若采用上平下 V 形砧而进料量和压下量不当，也可能产生圆弧形裂纹，所以用圆锭（坯）或方坯锻造圆形材时，比较理想的是采用弧形砧或上下 V 形砧。对于较大尺寸的 Cr12 型坯料，为了进一步改善碳化物的分布，使用以前还必须进行改锻，一般改锻方法有以下几种：

（1）轴向镦粗—拔长工艺：研究[57]表明，对于 Cr12Mo1V1 钢采用轴向镦粗—拔长工艺（镦粗比为 2），可明显改善共晶碳化物的分布（图 1-15）。这种变形方法的优点是坯料中心部分（一般是碳化物的高偏析区）的金属不会流到外层来，保证金属表面层的碳化物比较细小均匀，操作比较容易。缺点是轴心部分碳化物偏析仍然较严重，另外，坯料两端面长时间与上下砧接触冷却较快，在随后拔长时两端容易产生裂纹。

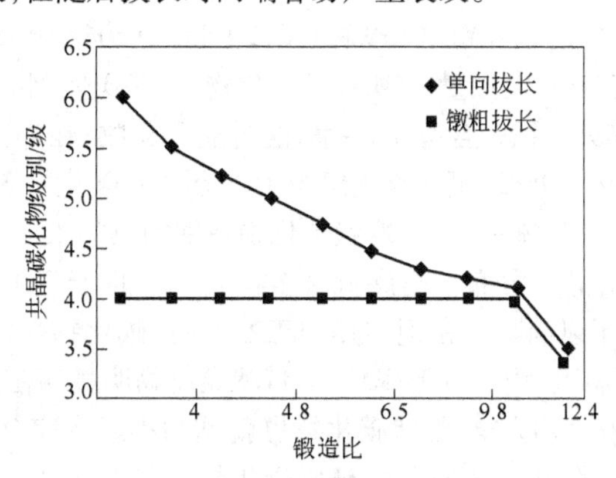

图 1-15　变形工艺对共晶碳化物的影响

（2）径向十字镦拔：径向十字镦拔是将原坯料镦粗后沿横截面中两个互相垂直方向反复镦拔，最后再沿轴向或横向锻成锻件。这种方法的优点是坯料与砧子的接触面经常改变，表面温度下降较慢，端面不易产生裂纹，有利于破碎心部的碳化物。其缺点是变形时的中心金属外流，如果外流金属不能受到均匀的大变形，则在靠近 1/4 直径处的碳化物级别可能降低不大，而且在圆周表面上还可能出现碳化物级别不均匀的现象，该锻造工艺要求有熟练的操作技术。

（3）三向镦拔：三向镦拔综合了轴向镦拔和横向镦拔的优点，能更充分地破碎钢中的碳化物和消除其方向性。但这种方法操作复杂，成本较高。

当坯料尺寸较大或其内部质量较差时，拔长应“走扁方”，镦粗时长径比应加大（$L:d=$

3.0~3.5)。

c 轧制工艺

Cr12 钢锭经锻造开坯,共晶碳化物被破碎,塑性得到改善,所以轧制比锻造容易。但钢坯在加热时同样要控制加热温度,防止过热过烧,钢坯加热温度比钢锭要低一些,以防止奥氏体晶粒过分长大和减轻脱碳,同时要控制炉内气氛为弱氧化性气氛,防止脱碳。轧制过程一方面要确定合适的道次平均延伸系数,如:

一般横列式轧机 $\bar{\mu}=1.300\sim1.320$

横列式粗轧机组 $\bar{\mu}=1.350\sim1.400$

横列式中轧机组 $\bar{\mu}=1.290\sim1.310$

横列式精轧机组 $\bar{\mu}=1.150\sim1.210$

另一方面要控制终轧温度,终轧温度高易形成网状碳化物;终轧温度太低钢的热塑性下降,变形抗力增加,难变形且易产生裂纹。故终轧温度应控制在 900~920℃ 为宜。

消除 Cr12 型莱氏体钢网状共晶碳化物不均匀性,除了上述措施之外,还可采用如下办法:即对生产大规格钢材,采用电弧炉冶炼加电渣重熔,可使共晶碳化物细化和分布均匀;另外,在钢液浇注前进行变质处理,使铸态组织得到细化,有利于网状共晶碳化物的消除并使碳化物颗粒尺寸减小;还有,采用特殊成形方法,如热挤压成形以及采用快锻机锻造成材或锻制成模块,均有利于降低碳化物的不均匀分布。

1.4.2.2 高碳低合金冷作模具钢带状组织的改善

高碳低合金冷作模具钢 CrWMn、9CrWMn、Cr2、9SiCr、Cr06、9Mn2V 等钢种,是属于过共析钢,在铸态组织中存在着一定数量的 M_3C 型碳化物,与莱氏体钢的共晶碳化物相比,颗粒较小。例如,Cr2 钢在淬火组织中含有 4%~5% 的过剩碳化物;在淬火加回火后的组织中这种碳化物约占 10%~12%。9SiCr 钢在淬火组织中含有这种碳化物 3%~4%;淬火加回火后的组织中这种碳化物约占 10%~11%。网状碳化物在钢的热加工变形过程中还可能由于碳化物的二次析出,再次沿晶界分布。高碳低合金模具钢一旦产生了网状碳化物,可以采用 870~900℃ 的正火处理予以消除。在钢的热加工变形时,碳化物颗粒沿变形方向被拉长而呈带状。在大规格的锻材上,由于变形率较小,带状碳化物明显存在。在钢的热加工过程中变形率越大,碳化物的破碎越完全,带状碳化物也就越细小或者完全消失。直径小于20mm 的钢材,由于在热加工过程中变形率较大,通常碳化物分布均匀。

碳化物分布不均匀性与钢的成分有关。当钢的碳含量高(1.0%~1.1%)和存在钨(大于 1.0%~1.5%)时,如 CrWMn 钢碳化物的不均匀性较高,即使使用大变形率后还可能保留带状碳化物和网状碳化物。

碳化物不均匀性对模具性能的影响是显著的:

(1) 降低钢的强度和韧性,特别是横向强度和韧性。带状碳化物若从 1 级或 2 级升至 3 级,可能使钢的强度降低 15%~20%;韧性降低 30%~50%。

(2) 对疲劳强度和接触疲劳强度有较大的影响,因此制造关键产品零件材料的碳化物分布应尽可能均匀(1 级)。

(3) 对抛光性能也有显著的影响,需要低粗糙度值的工具如块规材料的带状碳化物必须不大于 2 级。

改善带状碳化物的有效途径：

（1）在满足一定锻造比的情况下尽量选用小锭型，以提高钢液在 A_{cm} ~ A_1 结晶温度区域内的冷却速度，减少碳化物的偏析和网状碳化物的形成，同时可细化碳化物的颗粒度；

（2）采用电炉冶炼加电渣重熔工艺，有利于减小碳化物分布的不均匀性；

（3）钢液尽量采用炉外精炼或变质处理以细化铸态组织，减小碳化物的不均匀性以及细化碳化物颗粒；

（4）选用大的锻造比和大的变形率有利于消除带状碳化物和网状碳化物；

（5）对要求高精度的工模具可采用热挤压成形或在专用滚齿机上成形齿形，有利于减小碳化物分布的不均匀性；

（6）对存在碳化物不均匀分布的钢坯或钢材采用高温均匀化处理（1180~1200℃保温5~8h），使碳化物在高温下进行充分扩散，经过高温均匀化处理的钢材，碳化物分布可得到明显改善。

A 冶炼和浇铸工艺参数优化

高碳低合金冷作模具钢一般用电弧炉冶炼，为了去除夹杂物和降低气体含量，普遍采用氧化法冶炼。生产实践证明，精料是保证该类钢纯洁度的重要条件。氧化法冶炼时，炉料应由碳素钢切头和低硫、磷生铁（小于30%）组成。对炉体要求是：新炉体第5炉以后才能冶炼，炉体大补后不准冶炼。在冶炼过程中被浸蚀的耐火材料（MgO），虽然大部分转为炉渣，但总有少量留在钢中而成为夹杂物。另外，渣中的MgO含量过高，使炉渣变黏，影响冶金反应的顺利进行，从而增加在氧化期去除气体和夹杂物，在还原期脱氧、脱硫和脱氧产物上浮的阻力。因此要求在炉况最好的情况下进行冶炼。

氧化期要求高温氧化和均匀而激烈沸腾，静沸腾时间不小于10min，保证脱碳量大于0.30%，脱碳速度为（0.08%~0.10%）/min，这样有利于去除气体和夹杂物。还原期采用电石、炭粉、硅粉白渣法扩散脱氧还原，脱氧反应在钢渣界面进行，有利于脱氧产物排除，不玷污钢液。白渣保持时间不少于30min，终脱氧吨钢插铝1~1.5kg，这样可保证渣中氧化铁含量不大于0.40%。

由于铝是一种很强的脱氧元素，其脱氧产物为 Al_2O_3，熔点高，在炼钢温度下不容易聚集融合为大颗粒夹杂。同时它与钢液间张力较大，从钢液中排除并不很困难。另外，Al_2O_3 能细小而均匀地分布于钢液中，也有益于钢的质量改善。

渣中FeO含量不高于0.4%时，可转入下一步冶炼。出钢前终脱氧插铝还会进一步降低钢中氧含量。

综上所述，温度的高低直接影响冶金反应的程度和速度，高温精炼以利脱氧和脱硫。中下限温度出钢以利降低钢中溶解的氧含量。偏低温度浇注以利于改善碳化物的不均匀性。出钢时采用大口深坑和钢渣混出的出钢方法。在出钢前必须调整好炉渣流动性。出钢时，禁用新钢包，新锭模，所用钢包必须清洁，不许有残钢残渣，而且必须烤红，对锭型、保温帽、保护渣的要求与Cr12型钢相似。出钢后在钢包内镇静3~7min，有条件的钢厂在镇静过程中可采取钢包吹氩。由于氩气吹入钢包，使钢液产生物理搅拌作用，既可脱气，又可降低夹杂物含量。

冶炼与浇注前的全过程保证了含夹杂物和气体较低的纯洁钢液。而在较低的开浇温度的条件下，只要浇注过程中保持平稳上升，既能获得光滑平整的钢锭表面，又能获得较理想的铸态结晶钢锭。由于铸温较低,钢锭冷却速度较快,就能得到较厚的激冷层,减少了枝晶偏析,改善了带状组织,降低了钢中夹杂。这样有利于提高模具的使用寿命。

B 热加工工艺参数优化

在热加工过程中,采用合理的工艺将会有效地降低高碳低合金模具钢带状碳化物偏析,以 Cr2 钢为例,就改善钢中碳化物带状组织加以说明。

Cr2 钢属于高碳的珠光体钢,钢锭浇注冷却时容易产生碳和铬的偏析,因此钢锭开坯前应采用高温保温或高温扩散退火,而扩散退火需要时间较长,且产量低,故采用高温保温为宜。保温时间视钢锭形状、尺寸而定,保温时间短达不到降低偏析的目的,保温时间长又容易造成脱碳甚至造成轴心过热过烧(过烧温度约为 1240~1260℃),所以加热温度不宜过高。小型钢锭加热温度不应高于 1100~1140℃。

为改善钢材表面质量,采用冷钢锭装炉较为合适,这样在装炉之前可以进行细致的表面清理。冷锭装炉时加热炉温应低于 800℃,以防升温太快而炸裂。小断面的钢坯装入连续式加热炉时,炉尾温度不作限制,加热温度为 1150~1200℃,加热时间,对于冷锭一般按 1 min/mm 左右计算。

这种钢热塑性较好,锻造或轧制都不困难,关键是要控制终锻(轧)温度和锻(轧)后的冷却速度。锻、轧终了温度越高,钢中析出网状渗碳体便越粗大。因此,终锻、终轧温度应尽可能低一些。如果开锻、开轧温度比较高,又要保证其终锻、终轧温度,可在终锻、终轧之前稍作停留,以降低温度。但终锻、终轧温度不宜过低(低于 800℃),因为终锻、终轧温度过低,碳化物会开始析出,且随钢件的加工而被拉长为带状组织。终锻、终轧温度最好控制在 830~870℃的温度范围内。

终锻、终轧后,钢材的冷却速度对钢中碳化物网的级别影响很大,冷却速度越快,网状碳化物越少。但冷却速度过快,Cr2 钢易产生白点,所以,锻、轧后的钢材应该在很快冷却到 650℃以后进行缓冷。缓冷之后要进行退火,以降低钢材硬度,便于以后的加工。

退火处理:退火处理的目的在于获得硬度低的粒状珠光体组织,以利于材料切削加工和冷变形加工,并为下一步热处理做好组织准备。退火加热温度应略高于 A_{c1},以保留大部分残余碳化物,并使奥氏体晶粒细化。按 GB/T 1299—2000 标准规定,9SiCr、Cr2、CrWMn、9CrWMn、Cr06、W 和 9Cr2 钢退火状态的珠光体组织合格级别为 1~5 级;制造螺纹刃具用的 9SiCr 退火材,其珠光体组织的合格级别为 2~4 级。

1.4.2.3 提高模具钢的等向性能

A 钢的高纯化冶炼工艺及降低钢中硫含量

钢的纯净对钢材的等向性能有很大的影响。为此,国际上各工业发达国家在模具钢生产中广泛采用二次精炼工艺,其中,主要有真空炉外精炼(VHD),电渣重熔和钢包喷粉、喂丝等。

a 电渣重熔

电渣重熔可以大量去除钢中的非金属夹杂物,有效地提高钢的纯洁度,钢中的枝晶间距小,结晶结构好,组织均匀、致密,碳化物细小、均匀、质量好。表 1-37 列出了电弧炉冶炼和电渣重熔对 4Cr5MoSiV1 热作模具钢非金属夹杂物级别的影响。显然,通过电渣重熔,钢材的氧化物和硫化物的平均级别比电弧炉钢材低;而且夹杂物的颗粒较细小,分布较均匀。经过电渣重熔,可以改善钢的横向塑性和冲击韧性,从而提高钢的等向性能,表 1-38 是

4Cr5MoSiV1 电渣重熔钢与电弧炉钢纵向和横向室温拉伸与冲击韧性的对比结果。

表 1-37 4Cr5MoSiV1 电渣重熔钢与电弧炉钢非金属夹杂物的检验结果

冶炼工艺	规格(ϕ)/mm	检验炉数	氧化物/级				硫化物/级			
			锭上部		锭下部		锭上部		锭下部	
			最大	平均	最大	平均	最大	平均	最大	平均
电弧炉+电渣重熔	85~200	11	1.5	1.04	1.5	0.91	1.0	0.68	1.5	0.73
电弧炉	40~220	9	2.9			1.44	1.0			0.78

表 1-38 4Cr5MoSiV1 电渣重熔钢与电弧炉钢纵、横向室温拉伸与冲击韧性值

冶炼工艺	锻造比	检测方向	σ_b/MPa	σ_s/MPa	δ/%	ψ/%	a_K/J
电弧炉+电渣重熔	8.50	横向	1682	1583	10.4	42.3	38.6
		纵向	1677	1567	12.9	53.4	59.2
		$K=\frac{横向}{纵向}$	1.00	1.01	0.806	0.792	0.652
电弧炉	8.50	横向	1713	1601	6.2	23.10	16.5
		纵向	1750	1603	12.5	49.0	52.5
		$K=\frac{横向}{纵向}$	0.979	0.999	0.496	0.471	0.314

b 真空炉外精炼

电渣重熔、VHD 和钢包喷粉 3 种工艺均能降低钢中氧化物夹杂含量，而其中以真空炉外精炼最为有效。表 1-39 是利用电解萃取法对 4Cr5MoSiV1 钢经 VHD 精炼和仅用电弧炉冶炼的氧化物分析结果，显然，经 VHD 处理后的 4Cr5MoSiV1 钢中氧化物总量显著下降。另外，统计检测夹杂物尺寸结果表明，经 VHD 处理的钢夹杂物的平均尺寸明显减小，而且还使钢中的氧化物夹杂转变为氧硫复合型夹杂物，该种复合型夹杂物的形状趋于球形，从而提高了钢材的等向性能。

表 1-39 电解法测定用不同冶炼工艺生产的 4Cr5MoSiV1 钢氧化物的含量

氧化物种类	氧化物含量(质量分数)/%	
	电弧炉	电弧炉+VHD 精炼
氧化物总量	0.0084	0.0046
SiO_2	0.0010	0.0010
MnO	痕	痕
FeO	0.0001	痕
Cr_2O	痕	痕
CaO	无	无
Al_2O_3	0.0050	0.0028
MgO	0.0012	0.0003

c 钢包喷粉

钢包喷粉是炉外精炼的方法之一，其特点是将粉状精炼剂通过浸入式喷枪，穿过渣层由载气(Ar 气)直接喷入钢包的熔池纵深处，对钢水进行气-粉混合吹炼、洗涤、净化。

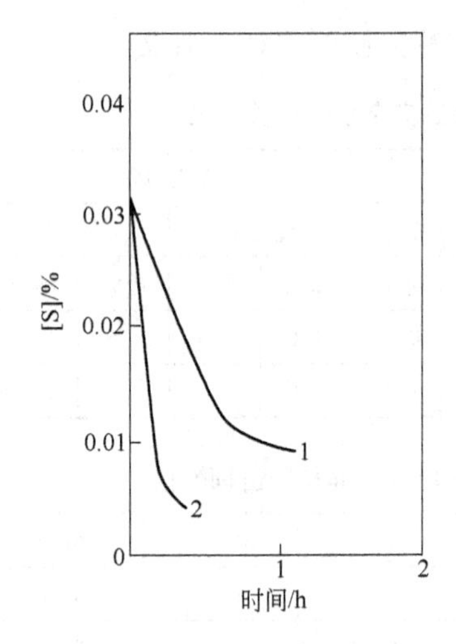

图 1-16 [S]%达平衡的时间
1—未喷粉工艺;2—喷粉工艺

喷粉工艺能在较短时间内获得较高的脱硫效果。由图 1-16 看出,硫从熔池中转移到炉渣中,常规的电弧炉冶炼需要 40~60 min,而采用钢包喷粉技术只用几分钟就可以将钢中硫降低到 0.005%以下。4Cr5MoSiV1 钢经钢包喷粉后,其硫化物类型夹杂仅是电弧炉钢的 1/8。由电弧炉冶炼和电弧炉冶炼加钢包喷粉的 4Cr5MoSiV1 钢的夹杂物含量列于表 1-40。由表 1-40 可见,用电弧炉冶炼钢的夹杂物总含量比喷粉钢高 7.5 倍,从氧化物夹杂物类型看,电弧炉钢以 Al_2O_3 为主(占 70%),SiO_2 其次;而喷粉钢以 SiO_2 夹杂为主,含量与电弧炉钢相当,但氧化铝夹杂比电弧炉钢呈数量级下降,其他氧化物类型夹杂也比电弧炉钢低。总之,4Cr5MoSiV1 钢经钢包喷粉处理后,钢中夹杂物总量显著降低,从而提高了钢的纯洁度。

表 1-40 冶炼工艺对钢中夹杂物含量的影响

冶炼工艺	夹杂物总量/%	夹杂物含量(质量分数)/%					
		Al_2O_3	SiO_2	TiO_2	FeO	Cr_2O_3	MnO
电弧炉	0.0127	0.0089	0.0012	0.0001	0.0003	0.0004	痕
电弧炉加喷粉	0.0015	0.0001	0.0012	0.0001	0.0001	0.0002	痕

图 1-17 是 4Cr5MoSiV1 钢经电弧炉冶炼和钢包喷粉的夹杂物颗粒累积分布图,显然,钢包喷粉工艺可以有效地细化钢中夹杂物,这对改善钢材的性能是有利的。

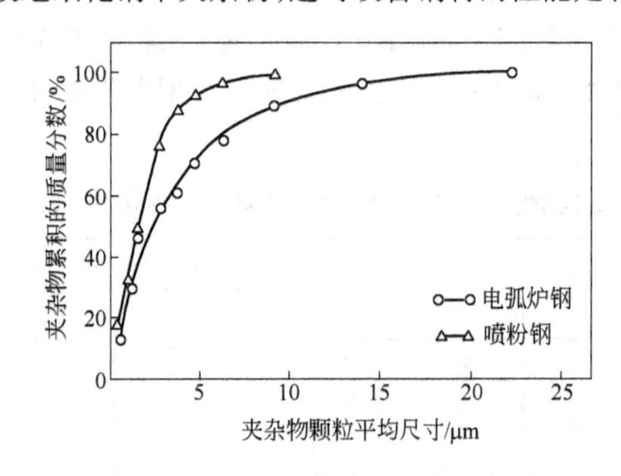

图 1-17 4Cr5MoSiV1 钢夹杂物颗粒累积分布图

钢包喷粉工艺对钢中的夹杂物形貌和成分也是有影响的。例如,5CrNiMo 钢液经过喷吹 Ca-Si 粉处理后,棒状的硫化锰(铁)夹杂物转化成球状钙的硫化物夹杂,从而改善了钢的横向性能,因而提高了钢的等向性能。

B 微量稀土元素对夹杂物的变质作用

钢中的硫化物夹杂,随钢的热加工变形而变形。伸长的 MnS 形成了在钢材中的夹层,给钢材的性能带来不利影响,易引起轧板在厚度方向的层状撕裂。

当钢只经过一个方向热变形时，硫化物沿着变形方向伸长，从而造成纵横向力学性能差异，对于钢的韧性和塑性不利，尤其是厚度方向的韧性和塑性更不利。

钢中加入稀土后，视钢中含氧的情况，首先形成稀土氧化物。由于稀土与硫的亲和力大于锰与硫的亲和力，因而钢中还会形成稀土氧硫化物或稀土硫化物，使 MnS 夹杂物逐渐减少，以至于消失。这些稀土氧化物、氧硫化物和硫化物均有很高的熔点（见表1-41），它们在轧制（或锻造）温度范围内与 Al_2O_3 类似，均不变形。钢中稀土量的增加，先是 MnS 中溶有部分稀土，然后是 MnS 逐步被稀土氧硫化物或硫化物取代。这就是所谓稀土对钢中硫化物夹杂的变质作用。

表 1-41　常见稀土化合物的熔点与密度

化 合 物	熔点/℃	密度/g · cm^{-3}
CeO_2	>2600	
Ce_2O_3	1690	6.70
La_2O_3	2320	6.57
LaS	2200	5.57
CeS	2450	5.88
La_2O_2S	1940	5.77
Ce_2O_2S	1950	5.99

由于稀土的变质作用，给钢的性能带来一系列的影响。例如，经稀土处理后的 3Cr2Mo 模具钢中片状 MnS 为小球状的稀土夹杂物所取代，从而使钢的各向异性显著减小；而且，随着钢中稀土/硫（RE/S）值的增加，钢的纵横向性能（尤其是韧性和塑性）的差异逐渐减小，当 $m(RE)/m(S)=3.9$ 时，在 3Cr2Mo 塑料模具钢中仅存在球状稀土硫化物，钢材性能的方向性基本上消失[58]，即提高了钢的等向性能。

稀土对夹杂物的变质作用，不仅可以改善模具钢的韧性和等向性能，而且还可以改善钢的热疲劳性能，提高钢的耐磨性，改善其可焊性，提高其热塑性和提高其高温强度等。

C　热加工、热处理工艺及其参数的最佳化

改善钢中碳化物的不均匀性是进一步提高合金模具钢使用性能和寿命的一个重要途径，钢锭和钢坯的高温保温、扩散均匀化是改善钢的成分和组织不均匀性的一种有效方法。这种方法，在国外生产高档合金模具钢已经较普遍且获得良好效果，而国内只有少数冶金企业开展这方面的工作。

对于 4Cr5MoSiV1、35Cr3Mo3W2V 等热作模具钢，在锻造后的冷却过程中会沿奥氏体晶界析出链状的碳化物，这种碳化物在以后的热处理过程（如球化退火、淬火、回火等）中并不能完全消除。这种链状碳化物保留在模具成品中，成为模具的疲劳源，使模具过早地产生低频疲劳裂纹，降低模具的使用寿命。通过对 35Cr3Mo3W2V 钢的研究得出，在热加工后冷却过程中析出的链状碳化物相为 M_6C。为了消除或改善这种链状碳化物的分布，除改善钢锭原始成分偏析，控制奥氏体晶粒大小和均匀度外，适当地控制锻轧后的冷却速度（大于链状碳化物形成的临界冷却速度）是一种简便有效的方法。但冷却速度大易引起模具开裂，为此，可采用高温正火或高温淬火加高温回火的预先热处理，再进行球化退火，这样可以有效地改善钢中链状碳化物的分布甚至将其完全消除，从而提高钢材的韧性，延长模具的使用寿命。

1.4.2.4 提高模具钢镜面加工性能的途径

镜面加工性能(也称抛光性能)是塑料模具钢的重要技术指标。生产透明塑料制品,尤其是光学仪器(如透镜等),对于模具的镜面加工性能要求很高。但严格地讲,没有专用牌号的镜面加工用的塑料模具钢。提高模具钢镜面加工性能的途径一般有如下几种。

A 钢材的冶金质量

钢中非金属夹杂物、气泡、氧化物、硫化物等是影响模具钢镜面抛光质量和研磨时形成针眼和孔洞的主要原因。因此,凡是表面粗糙度要求很严的塑料模具,一般不得采用加硫的易切钢;即使不是易切削钢,若钢中氧化物、硫化物夹杂含量较高,在研磨过程中也容易脱落形成针孔。所以,采用真空冶炼、电渣重熔、炉外精炼等工艺,可以有效地提高钢的纯净度,从而提高钢材的镜面加工性能。

B 钢材组织的不均匀度

钢材组织的不均匀度是影响其镜面加工性能的另一个重要因素。显微区域组织不均匀,例如带状偏析等可能使得钢材在镜面加工时出现很细的发纹和研磨斑、坑等缺陷,为了防止偏析,必须掌握好出钢后的浇注技术和钢锭的结晶质量,另外要进行充分的锻造,以保证钢材的致密度,如果能进行均匀化热处理或电渣重熔冶炼,也可以有效地减少这种偏析,从而提高钢的镜面加工性能。

钢的硬度高,对镜面抛光性能有好的影响。

C 抛光技术

抛光技术对于表面粗糙度的影响很大。例如,在预研磨和最后研磨时应避免钢材表面可能引起组织变化的温度的影响。因此,除了足够的冷却外,选择合适的砂轮也很重要。另外,研磨压力必须控制,当砂轮涂脏时压力会意外地升高,从而引起温度升高,导致模具表面粗糙度变差。在研磨表面时较好的办法是经常改变研磨方向;采用金刚石抛光膏进行抛光能得到最好的抛光效果。

抛光时要避免表面接触压力过高,否则较软的基体会被冲蚀,使碳化物游离出来,随后开裂,并留下缺陷。在换成较细粒度的抛光膏进行抛光时,首先必须将手和工件清洗干净。当然,对每种粒度的抛光操作,应采用专用的抛光工具。

1.4.2.5 改善模具钢的表面质量

A 降低表面脱碳深度

大部分合金模具钢碳含量高,尤其是冷作模具钢,均属于过共析钢或莱氏体钢。再加上钢中含有易脱碳元素 Si、Mo 等,使得钢锭、钢坯在加热过程中容易产生氧化和脱碳。为了降低其表面脱碳和氧化,国外在热加工过程中,对于钢坯加热这一环节,多采用高温段强化加热和控制炉内气氛的措施,也有在高温段采用电感应快速加热工艺,可基本上避免钢坯在热加工过程中的脱碳和氧化现象。

在钢材的热处理方面,为了避免氧化和脱碳,广泛采用连续式可控气氛退火炉,采用吸热式可控气氛控制碳势。对于小型轧材和线材的热处理,近年来有的工厂已采用大型真空热处理炉进行真空退火,由于真空热处理钢材的质量好、损失小和易于控制等,使得真空热处理装备得到迅速的推广应用。

我国多数合金模具钢的钢锭、钢坯在热加工过程中，以及钢材的退火都是在无保护气氛条件下进行加热，因此，钢材的脱碳层较深，为保证产品质量，脱碳层是国产合金模具钢的必检项目。

B 减少表面裂纹

国产合金模具钢表面质量差的另一种表现是，在钢坯或钢材表面经常出现横向裂纹、角裂和纵向裂纹等表面缺陷。为了提高钢材的表面质量，在冶炼时应尽量降低钢中夹杂物的含量，其主要措施是：

(1) 在备料中应选用优质原材料和优质耐火材料；

(2) 在冶炼过程中，可采用吹氩搅拌，以加速夹杂物的上浮；采用合成渣和复合脱氧剂等，强化有害杂质向渣子的转变过程。实践表明，采用炉外精炼（如真空冶炼、电渣重熔或喷粉冶炼等）是降低钢中非金属夹杂物最有效的方法。

(3) 在浇注过程中，采用保护气体浇注或真空浇注，并在钢锭模内选用适当的保护渣等，以防止钢水的二次氧化。

(4) 为了减少或避免出现皮下气泡，冶炼时采用的原材料应干燥，且在浇注时钢液脱氧良好，改善浇注条件[59]。其次是在锻造时制定正确的锻造工艺，采用先进的锻造设备，熟练地掌握操作技术是减少角裂、表面裂纹、表面结疤的关键。例如锻造 Cr12 型模具钢，必须采用多火次小变形的锻造方法。砧子圆角半径不能太小，进料量要控制在 $l/h=0.6\sim0.8$，若进料量太大（$l/h>1$）则易产生内部对角线裂纹及表面横向裂纹和角部裂纹。操作要按照“两轻一重、两均匀”的要领进行，要勤倒棱，以防棱角处温降快导致金属塑性下降而在锻造时产生开裂。锻造时一旦出现角裂应及时清除，否则裂口将逐渐扩大。若在成品坯上仍有角裂存在，应将其清理干净，且清理处要平坦圆滑，否则在下次热加工时容易产生折叠甚至开裂。表面裂纹的种类很多，在 Cr12 型钢的锻造中时常发现三角形或人字形裂口，和控制角裂一样，适当控制进料量与压下量，掌握好锤击力度及钢料温度的变化，如钢料有升温现象时要适当减轻打击力和放慢打击速度，甚至稍停片刻再进行锻造，有利于减少这种裂纹的产生。

C 提高钢材尺寸精度

我国模具钢材的尺寸公差与国外先进水平有比较大的差距，钢材的外观质量差，尺寸精度低，锻材两端多呈马蹄形或馒头形，热轧材的弯曲度有的达 6 mm/m，冷拔材有的也达 3 mm/m，模块有的切斜，垂直度差。

为保证钢材的尺寸精度、生产率和成材率，国外广泛采用精锻机和快锻机生产合金模具钢锻材和模块。精锻机在工作时 4 个锤头同时锤击钢材，使得钢材在锻造过程中不受拉应力的作用，锻造的速度快，一般可一火成材。表面质量好，尺寸精度高，其生产的锻材直径公差可达 1 mm/m。利用快锻水压机生产的模块，可有效地提高产品的尺寸精度、表面质量，尤其是模块每个面的垂直度和棱角的圆角半径将显著地改善。近年来，我国部分冶金厂已完成相应技术装备的改造，获得良好的效果。

对于要求高精度的合金模具扁钢，目前国外采用可逆式精轧机组进行轧制，如果再增设精密定径机组，可使热轧材的尺寸精度与冷拔钢材相近。20 世纪 90 年代中期，抚顺钢厂引进奥地利 GFM 公司的 WF5-40 扁钢连轧机组，与该厂原有的冶炼加工工艺相配合，已经具备了生产高精度、高质量的模具扁钢的能力，其产品实物质量已达到国际先进水平[60]。

1.4.2.6 使用粉末冶金技术生产模具材料

A 粉末冶金模具钢

近20多年来，由于粉末冶金技术的迅速发展，采用粉末冶金方法生产高性能模具钢和新型模具材料已成为提高模具使用性能的重要发展方向之一。

粉末冶金模具钢的生产工艺，一般是将要求成分的钢液，用惰性气体进行气体雾化，冷却后得到细小颗粒的钢粉，经过筛分后，将要求粒度范围的钢粉封入抽真空的钢桶内，采用冷等静压和热等静压方法（或采用热挤压、粉末锻造法）将粉末压实烧结成接近理论密度的坯料，然后将坯料加工成模具或再经锻造、轧制成钢材或锻件。

采用粉末冶金方法生产的模具钢，由于钢液雾化形成细微颗粒钢粉时凝固很快，可以完全避免一般模具钢铸锭时缓慢凝固产生的宏观偏析和粗大的碳化物，得到常用的铸锭工艺不可能得到的均匀细小的组织。特别是对于莱氏体型的高碳高合金冷作模具钢和高速钢，采用新的粉末冶金工艺生产后可以使钢中的碳化物粒度减小到1 μm左右，可以完全消除一般生产工艺生产的莱氏体型工模具钢中的达几十微米的大颗粒碳化物和网状、带状碳化物。

与用一般冶金工艺生产的模具钢相比，粉末冶金工模具钢特性如下：

（1）可磨削性好，特别是对于可磨削性能差的高钒工模具钢，由于碳化物的细化，可磨削性显著改善。

（2）韧性好，由于粉末冶金工模具钢组织细小均匀，显著地改善了钢的韧性、抗弯强度等性能指标。

（3）等向性好，由于粉末冶金工模具钢组织均匀，基本上不会出现各向异性，与一般冶金工艺生产的工模具钢比较，横向性能得到显著改善。

（4）热处理工艺性能好，由于碳化物颗粒细小，淬火时保温时间可大为缩短（比一般冶金工艺生产的工模具钢缩短1/2~1/3）。由于组织均匀，淬火变形量减小，也降低了出现淬火裂纹的可能性。

粉末冶金工模具钢的性能与一般冶金工艺生产的工模具钢质量的对比见表1-42。

表1-42 不同工艺方法生产的工模具钢质量对比

质量、性能		一般方法生产		粉末冶金法生产
		铸 态	锻轧态	
显微组织	碳化物偏析	E	C	A
	碳化物尺寸	E	C	A
	奥氏体晶粒度	E	C	A
热处理工艺性	热处理变形	A	C	A
	热处理缺陷	A	C	A
韧 性	轴 向	E	C	A
	横 向	E	C	B
疲劳强度		E	C	A
腐蚀疲劳		E	C	A
可磨削性		E	C	A

注：A—优秀；B—良好；C—中等；D—较差；E—差。

由于粉末冶金工艺的突出优点，近十几年来粉末冶金工模具钢的产量、品种都发展很快，不仅用于生产一些标准钢号的工模具钢，而且发展了一些用一般工艺方法难以生产的专用高碳、高合金粉末冶金工模具钢钢号。表1-43列出国外粉末冶金模具钢的代表性钢号。其中一些高碳高钒模具钢，如CPM10V，CPM9V，ASP60等，由于钢中有大量弥散的高硬度的MC型碳化物，其耐磨性能介于一般高合金冷作模具钢和耐磨的硬质合金之间，由于粉末冶金模具钢的韧性好，制成的模具使用寿命可以与一些硬质合金模具相近。粉末冶金高合金模具钢具有较好的切削加工性和耐磨削性能，多用于制造一些要求耐磨性高、形状比较复杂的、工作条件苛刻的长寿命模具。

表1-43 国外粉末冶金模具用钢化学成分

钢号		化学成分(质量分数)/%							
		C	Cr	W	Mo	V	Co	其他	HRC
冷作模具钢	CPM9V	1.78	5.25		1.30	9.00		S 0.03	53~55
	CPM10V	2.45	5.25		1.30	9.75		S 0.07	60~62
	CPM440V	2.15	17.50		0.50	5.75			57~59
	Vanadis4	1.50	8.00		1.50	4.00			59~63
热作模具钢	CPMH13	0.40	5.00		1.30	1.05			42~48
	CPMH19	0.40	4.25	4.25	0.40	2.10	4.25		44~52
	CPMH19V	0.80	4.25	4.25	0.40	4.00	4.25		44~56
高速工具钢	ASP23	1.28	4.20	6.40	5.00	3.10			65~67
	ASP30	1.28	4.20	6.40	5.00	3.10	8.50		66~68
	ASP60	2.30	4.00	6.50	7.00	6.50	10.50		67~69
	CPMRexM3HCHS	1.30	4.00	6.25	5.00	3.00		S 0.27	65~67
	CPMRexT15HS	1.55	4.00	12.25		5.00	5.00	S 0.06	65~67

当然由于粉末冶金模具钢的生产工艺和装备比较复杂，生产成本往往要比采用一般冶金工艺生产的模具钢成倍提高，在选用时要综合考虑。

B 钢结硬质合金

钢结硬质合金是20世纪50年代国际上开始发展的一种新型模具材料，60年代中期，我国试制成功，随即得到比较迅速的发展。

钢结硬质合金是以钢为黏结相，以碳化物(主要是碳化钛、碳化钨)做硬质相，用粉末冶金方法生产的复合材料。其微观组织是细小的硬质相，弥散均匀分布于钢的基体中。

作为黏结相的钢基体，可以分为碳素钢、工模具钢、不锈钢、高锰钢、高温合金和特种合金等。由于黏结相的钢种不同，赋予钢结硬质合金一系列不同的性能，如高强度、抗冲击、耐磨损、耐高温、耐腐蚀、抗热震、磁性和非磁性等。

钢结硬质合金是介于钢和硬质合金之间的边缘材料，具有以下优异的特性。

(1) 工艺性能好：具有可加工性和可热处理性，是一种可加工、可热处理的特种硬质合金。在退火状态下可以采用普通切削加工设备和刀具进行车、铣、刨、钻等机械加工，可以锻造，可以焊接。与硬质合金比较，可以显著地降低生产成本，且具有更大的适用范围。

(2) 良好的物理、力学性能：钢结硬质合金在淬硬状态具有很高的硬度。由于含有大量弥散分布的高硬度硬质相，其耐磨性可以与模具常用的高钴硬质合金相近。与高合金模具钢比较，具有较高的弹性模量、耐磨性、抗压强度和抗弯强度。与硬质合金比较，则有较好的韧性和良好的综合力学性能。

钢结硬质合金还具有较高的比强度，较低的密度（TiC 系），良好的自润滑性，较低的摩擦系数，优良的化学稳定性，与钢相近的热膨胀系数等一系列优良的特性，适用于制造模具。

由于具有以上特性，钢结硬质合金首先大面积地应用于制造各种冷作模具，与一般模具钢相比，它可以使模具的使用寿命成 10 倍的大幅度提高；与硬质合金比较，又具有韧性好、加工工艺性能好、生产成本低等一系列的特点，经济效益极为显著，逐渐成为一种重要的模具材料。

用于模具的钢结硬质合金，硬质相主要采用碳化钛或碳化钨，钢的基体主要采用含铬、铝、钒的中高碳合金工具钢或高速钢。我国生产的模具用的钢结硬质合金典型的化学成分见表 1-44。

表 1-44 模具用钢结硬质合金化学成分

牌 号	化学成分（质量分数）/%							
	TiC	WC	C	Cr	Mo	V	W	Fe
GT35	35		0.5	2.0	2.0			余量
R5	35~40		0.6/0.8	6.0/13.0	0.3/0.5	0.1/0.5		余量
TLMW50		50	0.5	1.25	1.25			余量
GW50		50	0.6	0.55	0.15			余量
GJW50		50	0.25	0.50	0.25			余量
D1	25~40		0.4/0.8	2/4		0.5/1.0	10/15	余量
T1	25~40		0.6/0.9	2/5	2/5	1.0/2.0	3/6	余量

几种模具用的钢结硬质合金在不同热处理状态下的金相组织见表 1-45。

常用于制造模具的几种钢结硬质合金物理性能见表 1-46；线［膨］胀系数对比见表 1-47，其淬火状态硬度见表 1-48。

表 1-45 模具用钢结硬质合金不同热处理状态下的金相组织

牌 号	烧结状态	退火态	淬火态	回火态	
				低温回火	高温回火
GT35	TiC+贝氏体	TiC+珠光体	TiC+马氏体	TiC+回火马氏体+碳化物	TiC+索氏体（或屈氏体）+碳化物
GR5	TiC+马氏体+M_7C_3	TiC+珠光体+M_7C_3+$M_{23}C_6$	TiC+马氏体+M_7C_3	TiC+回火马氏体+M_7C_3	TiC+索氏体+M_7C_3+$M_{23}C_6$
TLMW50	WC+珠光体+复合碳化物	WC+珠光体+复合碳化物	WC+索氏体	WC+回火马氏体+复合碳化物	WC+索氏体+复合碳化物
GW50	WC+珠光体+复合碳化物	WC+珠光体+复合碳化物	WC+索氏体	WC+回火马氏体+复合碳化物	WC+索氏体+复合碳化物
GJW50	WC+马氏体+复合碳化物	WC+马氏体+复合碳化物	WC+马氏体+残留奥氏体	WC+回火索氏体	WC+索氏体
D1	TiC+屈氏体	TiC+珠光体+复合碳化物	TiC+马氏体+残留奥氏体	500℃回火态 TiC+回火马氏体+复合碳化物	
T1	TiC+屈氏体	TiC+珠光体+复合碳化物	TiC+马氏体+残留奥氏体	500℃回火态 TiC+回火马氏体+复合碳化物	

表 1-46 TiC+珠光体+复合碳化物合金物理力学性能

牌 号	密度/g · cm^{-3}	硬度(HRC)		抗弯强度①/MPa	冲击值①/J · cm^{-2}	临界温度(A_{c1}、A_{c3})/℃
		退火态	淬回火态			
GT35	6.40/6.60	39~46	68~72	1400/1800	6	740,770
R5	6.35/6.45	44~48	70~73	1200/1400	3	780
TLMW50	10.21/10.37	35~40	66~68	2000	8	761,788
GW50	10.20/10.40	38~43	69~70	1700/2300	12	745,790
GJW50	10.20/10.30	35~38	65~66	1520/2200	7.1	760,810
D1	6.90/7.10	40~48	69~73	1400/1600		780
T1	6.60/6.80	44~48	68~72	1300/1500	3~5	780

① 淬火状态的性能。

表 1-47 常用钢结硬质合金的线[膨]胀系数 α ($\times10^{-6}$℃$^{-1}$)

温度范围/℃	GT35	R5	TLMW50	GW50	T1
20~100	6.09	8.34	6.72	8.90	8.37
20~200	8.43	9.16	8.06	9.10	8.54
20~300	10.04	9.95	8.65	9.34	9.68
20~400	10.37	10.53	9.07	9.40	10.38
20~500	11.22	10.71	9.62	9.52	10.86
20~600	11.51	10.82	10.15	9.70	11.25
20~700	11.83	11.13	10.65	9.86	11.48

表 1-48 模具常用钢结硬质合金的热处理制度

牌 号	退火温度/℃	淬火温度/℃	保温时间/min · mm^{-1}	冷却介质	淬火硬度(HRC)
GT35	790±10	960~980	0.5	油	69~72
R5	830±10	1000~1050	0.6	油或空气	70~73
T1	830±10	1220~1240	0.3~0.4	560℃盐浴油冷	72~74
D1	830±10	1220~1240	0.6~0.7	560℃盐浴油冷	72~74
TLMW50	810±10	1030~1050	0.5~0.7	油	68
GW50	800±10	1050~1100	2~3	油	68~72
GJW50	810±10	1020~1040	0.5~1.0	油	68~72

钢结硬质合金的回火温度,应根据牌号和用途确定。T1、D1 的钢结硬质合金,可按照一般高速钢回火工艺,即在 550~600℃三次回火。对 CT35 合金,当要求高耐磨性时,可采用低温回火,当在受冲击载荷下工作时,可采用高温回火,以提高其韧性。

钢结硬质合金由于兼有钢和硬质合金的特性,首先作为新型模具材料应用于各种冷作模具,如冷镦模具、冷挤压模具、拉伸模具、剪裁模具、压印模具、滚压模具等。也用于部分热作模具,如热挤压模具、热冲模具、压铸模具等。当选用适当时,其使用寿命一般可比模具钢提高几倍到几十倍,有时甚至可以接近普通硬质合金制造的模具,已经正式用于制造高寿命的模具。

虽然钢结硬质合金具有良好的耐磨性,但在承受较大的冲击载荷时,韧性尚嫌不足,因此在模具结构上应根据合金的特性采用相应的措施。一般多采用镶套的结构,采用高强度钢制造外套，甚至采用双套或多套结构，过盈装配，比较复杂的模具有时采用拼块结构，以承受或抵消冲击载荷的作用，从而充分发挥钢结硬质合金优异的耐磨性，达到稳定和提高模具使用寿命的目的[25~27,61,62]。

1.4.2.7 表面强化处理

按模具工作条件的要求，可对其工作表面或局部进行强化处理，以改善其表面性能，使模具表面具有更高的硬度、良好的耐磨性、抗热疲劳性、抗高温氧化性和抗腐蚀性等。模具表面强化处理分两大类，一类是表面组织转化技术，包括表面（或局部）淬火，激光、电子束热处理等；另一类是通过表面合金化技术或表面层覆层技术改变模具表面的化学成分或形成新的组织结构，只有所形成的表面层能牢固地黏结在基体金属上，并具有高的硬度和良好的耐磨性、抗腐蚀性、抗高温氧化性和抗热疲劳性能，才能显著地提高模具的使用性能和使用寿命。

A 表面淬火

常规表面淬火和普通淬火原理一样，只是加热手段和装置不同，常采用感应加热和火焰加热。目前已相继研制出适合制造这种工艺特点的模具钢。铅浴和盐浴炉控制浸浴加热方式，由于操作困难，在实际生产中已较少使用。

20 世纪 70 年代，由于制造大功率激光器的需要，开始采用激光加热进行表面淬火，采用激光和电子束加热，由于能量集中，加热层薄和靠自激冷却，因而淬火变形小，而且不用淬火介质，有利于环境保护，便于实现自动化。激光、电子束应用于表面加热，使表面强化技术超出了热处理范畴，可以通过熔化—结晶过程，熔融合金化—结晶过程，熔化—非晶态过程，大大改变硬化层的结构并大幅度提高其性能[63]。激光热处理目前在我国已经得到较广泛的应用。

B 表面覆层技术

表面覆层技术，目前工业生产中已应用的有渗入金属或非金属元素（如渗碳、渗氮、碳氮共渗、渗硼、渗硫、硫氮共渗、渗铝和渗铬等）、气相沉积、堆焊和热喷涂等。另外，近年来，国外模具行业已开始应用离子注入技术进行模具表面合金化[63,64]。通过表面强化处理工艺，使模具表面硬度提高到一定数值（图 1-18），这对于提高模具的耐磨性具有明显效果。

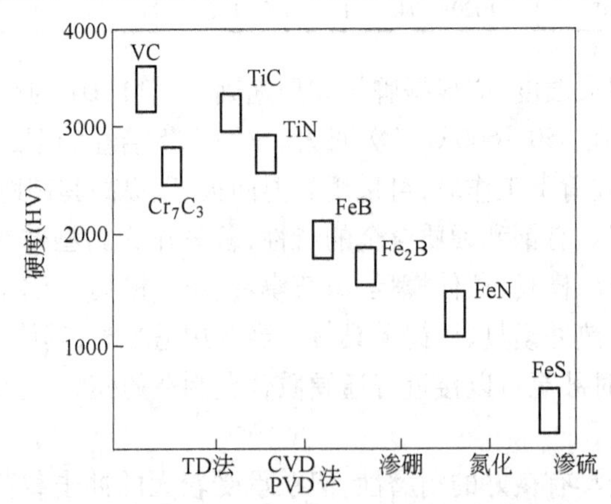

图 1-18 几种模具表面处理后能达到的表面硬度

表面化学强化处理通常是模具加工的最终工序(或稍留精磨余量),其渗层深度取决于渗入元素在钢中的溶解度和扩散速度(在外界能充分供给活性元素的条件下),以及钢的化学成分所选择的温度和保持时间是影响渗层深度的主要因素。

(1) 渗入元素产生活性原子的影响。在生产过程中应该及时调整渗碳气氛的碳势和渗碳时通入氮气的分解率等,使之恰好能够提供工件表面所能吸收的新生活性原子,且使所吸收的原子数目不大于扩散的原子数目,即应控制它的平衡[65]。

(2) 钢的化学成分的影响。钢中的碳和合金元素的含量对渗氮层深度是有影响的,尤其是在钢中的合金元素形成较稳定的碳化物或氮化物以后被固定下来,抑制了它继续向内部的扩散,因而影响了渗氮层深度和增加了浓度梯度(图 1-19)。

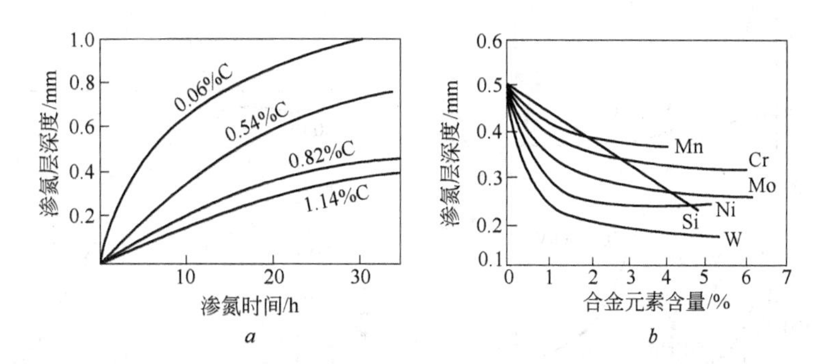

图 1-19　钢中碳(*a*)和合金元素含量(*b*)对渗氮层深度的影响

(3) 处理温度的影响。温度高低直接影响原子的扩散速度,但温度的选择还必须考虑到几个因素:在用液体进行表面处理时,要选择熔盐配比后的熔化温度,若该工序是预处理工序时可选择较高的温度,如渗碳可选用 900~950℃、液体碳氮共渗则可选用 770~950℃、渗硼可选用 800~1000℃;若该工序作为最终处理工序则应选择在回火温度附近,一般在 500~550℃左右。

(4) 保持时间的影响。在一定温度下,渗层的深度随保持时间的增加而增加,但两者并不成正比关系。图 1-20 示出 Cr12MoV 钢在 520℃和 560℃时氮化时间与氮化层深度的关系。

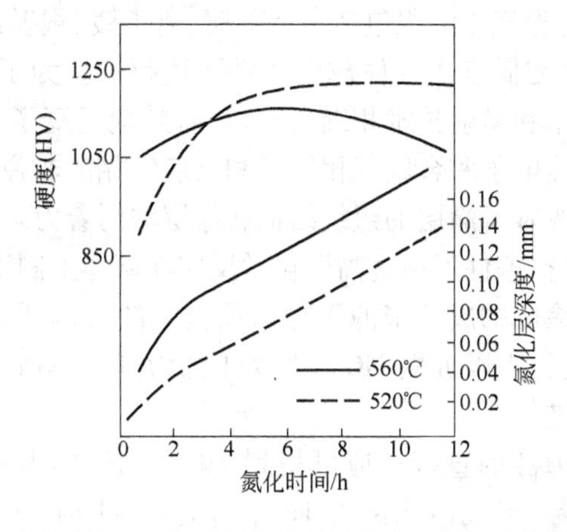

图 1-20　Cr12MoV 钢在 520℃和 560℃时渗氮时间对渗氮层的硬度和深度的影响

模具钢也可用辉光离子氮化处理，它是通过气源中的氮势，在气压为 267～1333 Pa、辉光电压为 500～700 V，电流密度为 0.5～3 mA/cm^2 的情况下处理，可获得高韧性的氮化层。图 1-21 示出几种钢经辉光离子氮化后渗层与硬度的关系。氮化处理常用于渗层深度要求较浅的锤锻模、挤压模、冷镦模、滚丝模和拔丝模等。

3Cr2W8V 钢经硫碳氮三元共渗后，钢的热稳定性提高。虽然在 600℃ 回火后共渗层的硬度开始下降，但在 700℃ 回火后仍高于基体硬度（图 1-22）。

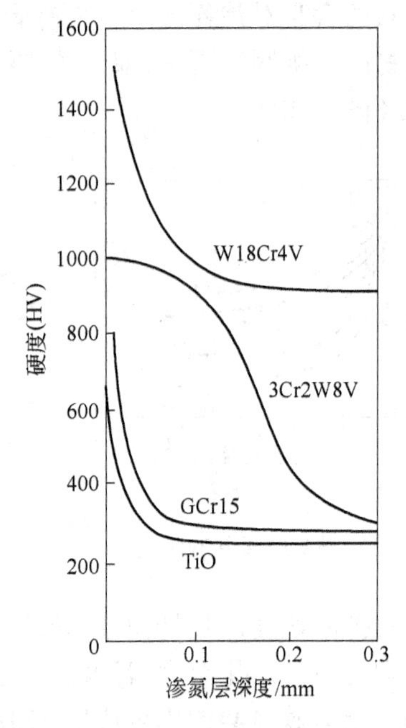

图 1-21 几种钢用辉光离子氮化后其渗氮层硬度梯度[11]

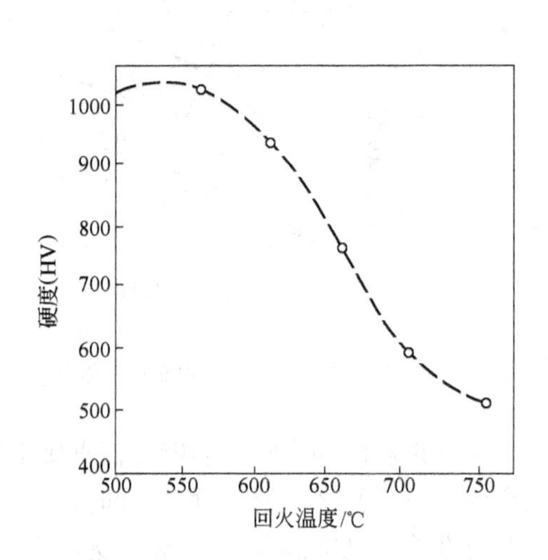

图 1-22 3Cr2W8V 钢三元共渗后的回火硬度

C 表面气相沉积技术

近十几年来，表面气相沉积技术发展很快，在工模具表面沉积氮化钛、碳化钛等超硬涂层，可有效地提高模具的使用寿命[64,66]。气相沉积技术可分为物理气相沉积（PVD）和化学气相沉积（CVD）两类。物理气相沉积包括真空蒸镀、离子镀、溅射镀，后两种属于离子气相沉积。涂层的沉积过程是在低气压气体放电条件下进行的。为了增加等离子体的强化作用，近年来各种离子镀技术和溅射技术相继出现，均有效地提高了等离子密度，增加了高能电子密度，从而提高了高能电子和金属气相原子和反应气相的非弹性碰撞概率，提高了到达基板的涂层粒子的能量，改善了涂层的组织结构和涂层的附着力。

化学气相沉积是在真空条件下通过高温化学反应在基体上制得金属或化合物薄膜的方法。该法的主要特点是：涂层的成分来源于导入反应室的气体，CVD 反应必须通过基体和气体界面的触媒作用来进行。以沉积 TiC 和 TiN 工艺为例，介绍如下。

a CVD 沉积 TiC 工艺

通过 $TiCl_4$ 和甲烷（CH_4）的直接反应可得到 TiC，而 H_2 作为载气和稀释气，能够阻止 CH_4 过早地分解为自由碳。当气体比例为 $TiCl_4:CH_4=1:1$ 时，可获得化学计算上真正的 TiC 层，也只有在这种比例下，涂层才有最高硬度。工程上可用的 TiC 层的反应温度应高于

900℃,一般为950~1050℃。

钢沉积TiC时,初期$TiCl_4$会和基体中的铁原子及碳原子进行反应:

$$TiCl_4(g)+2Fe(s)+C(s)\longrightarrow TiC(s)+2FeCl_2(g)$$

$$TiCl_4(g)+2H_2(g)+C(s)\longrightarrow TiC(s)+4HCl(g)$$

沉积初期,基体中的碳含量起着重要作用,它加速膜层的形成。为使开始TiC的形成良好,基体中的碳含量应在1%左右,至少也要0.5%,一旦达到几微米层厚,碳就需通过扩散穿过TiC层,从而使沉积速度减慢,这时,碳由甲烷的分解提供。一般来说,莱氏体型Cr12钢的沉积层生长速度可达1~3 μm/h,碳钢为6~10 μm/h。

b CVD沉积TiN工艺

TiN的反应过程和TiC相似,仅仅是在反应气中以氮代替甲烷。其反应式为:

$$TiCl_4(g)+2H_2(g)+\frac{1}{2}N_2(g)\xrightarrow[T,p]{H_2}TiN(s)+4HCl(g)$$

此反应几乎可在普通气压下进行。温度要高于700℃,一般为850~950℃。沉积TiN时,基体中的碳在开始阶段也起重要作用,因为TiN要在碳化物及氮化物组成的薄层上才能按上式沉淀。开始阶段所需的碳仍由基体扩散到表面,基体产生约0.5 μm的脱碳区。

CVD反应一般温度较高,反应时间按涂层的厚度要求决定。由于反应温度较高,在基体和涂层之间容易形成扩散层,因此结合力高,而且容易实现设备的大型化,可以大量处理。但在高温下进行处理易引起模具变形、晶粒长大、强度降低等问题,所以CVD处理后一般必须重新进行热处理,为此,目前国内外开始发展等离子体化学气相沉积法(PCVD),等离子增强CVD法是在10^{-4} Pa的低压气氛中通过光放电产生非平衡等离子,使反应温度降低在500℃左右,从而扩大该工艺的使用范围[63,67]。

参 考 文 献

[1] 中国模具工业协会. 模具工业,1989,95(1):13.

[2] 工藤武司. 特殊钢,1990,39(4):11.

[3] Roberts G A,et al. Tool Steels(4th Edition),ASM,Ohio. 1~9.

[4] 徐进,等. 模具钢[M]. 北京:冶金工业出版社,1998:2~5.

[5] 华觉明. 世界冶金发展史[M]. 北京:科学技术文献出版社. 1985:514~555.

[6] 杨宽. 中国古代冶铁技术发展史[M]. 上海:上海人民出版社,1982:55~78.

[7] 田部博辅. 金型技术,1990,5(1):25.

[8] 美国材料及试验协会标准 ASTM A681—1984,合金工具钢技术条件[S]. 首钢特殊钢通讯,1987,(1):21~43.

[9] Teledyne VASCO,Tool & Special Steel Guide,VASCO,1980.

[10] 中村秀树. 日本金属学会会报,1986,25(5):36.

[11] 清水欣吾. 日本の特殊钢业,1988,16(2):12.

[12] 滨小路正博. 日本の特殊钢业,1985,13(2):12.

[13] 美国材料及试验协会标准,ASTM A685—1984,机加工扁形及方形工具钢棒材技术条件[S]. 首钢特殊钢通讯,1987,(1):61~63.

[14] 绀谷良成. 特殊钢,1986,35(3):60.

[15] 中华人民共和国国家标准,GB/T 1299—2000,合金工具钢[S]. 北京:国家质量技术监督局发

布,2000.
[16] 陈再枝. 模具钢发展概况及中国的对策[J]. 钢铁,1999 增刊,34:1037~1040.
[17] 藤咲芳弘. 冷间锻造の实际. 工学图书株式会社,1971.
[18] ASM,Metals Handbook (9th Edition),Vol. 3,1980,ASM,Ohio,452~531.
[19] 伊藤忠雄. 模具材料及其热处理[M]. 北京:机械工业出版社,1982:143~164.
[20] Roberts G A,et al. Tool Steels(4th Edition),ASM,Ohio,1980:249~296.
[21] Геллер Ю А. МиТОМ. 1973,(11):30.
[22] 冯晓曾,等. 模具用钢和热处理[M]. 北京:机械工业出版社,1984:362~369.
[23] 白彰五译. 热处理. 1975,(3):64.
[24] Herry E Chandler. Metal Progress,1984,95(1):21.
[25] 姜祖赓,陈再枝,等. 模具钢[M]. 北京:冶金工业出版社,1988:5~11.
[26] 北京电机工程学会. 工模具材料应用手册[M]. 北京:中国轻工业出版社,1985:170~210.
[27] 株洲硬质合金厂. 钢结硬质合金[M]. 北京:冶金工业出版社,1982:221~270.
[28] 徐进. 首钢特殊钢通讯,1991(2):2.
[29] 陈再枝,马党参. 塑料模具钢应用手册[M]. 北京:化学工业出版社,材料科学与工程出版中心,2005.
[30] 田村重幸. 特殊钢,1991,40(8):7.
[31] 殷瑞钰. 钢的质量现代进展[M]. 北京:冶金工业出版社,1995:12~13,33~39.
[32] 高野正义,等. 自动车技术,1983,37(8):890~893.
[33] 孙荣耀,郝士明,吴春胜. D2 冷作模具钢的真空热处理[J]. 东北工学院学报,1991,12(4):361~365.
[34] 孙荣耀,郝士明. D2 冷作模具钢的超低温处理[J]. 东北工学院学报,1992,13(2):174~177.
[35] 孙荣耀,郝士明. D2 冷作模具钢的回火转变研究[J]. 东北工学院学报,1993,14(2):158~161.
[36] 大冶钢厂,冶金部钢铁研究院,江陵机器厂,等. 黑色金属冷挤压模具用钢的研究[J]. 新金属材料,1975,34(4):1~10.
[37] 陈再枝,姜桂兰,提高 5CrNiMo 锻模钢性能的研究[J]. 钢铁研究学报,1993,5(2):39~45.
[38] ASM,Metals Handbook(10th Edition) Vol. 1,ASM,Ohio,765~777.
[39] ASM,Metals Handbook(9th Edition) Vol. 3,ASM,Ohio,556~585.
[40] 王万智,唐弄娣. 钢的渗碳[M]. 北京:机械工业出版社,1985:55.
[41] 冶金工业部《合金钢钢种手册》编写组. 合金钢钢种手册,第一分册,合金结构钢[M]. 北京:冶金工业出版社,1983:155~162.
[42] 上海交通大学《冷挤压技术》编写组. 冷挤压技术[M]. 上海:上海人民出版社,1976:418~420.
[43] A. Dittrich,Thyssen Edelst,Techn,Ber,1981,7(2):190~198.
[44] Kortman W. ,Thyssen Edelst,Techn,Ber,1983,9,No. 2:71.
[45] Cui Kun. Progress of Study on Free-Cutting Mould Steel for Plastics. Proceedings of an International Conference on Tool Steel for Dies and Molds,Shanghai,China,14~16 April 1998:14~21.
[46] 吴培英. 金属材料学[M]. 北京:国防工业出版社,1981:151.
[47] 成田贵一,等. 铁と钢,1976,62(7):885.
[48] Brandis H. Thyssen Edelst. Techn,Ber,1987,3(2):82~89.
[49] 公开特许公报(日),昭 60~857,347~349.
[50] Becker H J. Thyssen Edelst. Techn,Ber,1989,15(2):82~89.
[51] 钢铁研究总院六室. 新金属材料,1972,7(1):24~27.
[52] 肖纪美. 金属材料的腐蚀问题[M]. 北京:中国工业出版社,1962.
[53] Sakari Heiskanen,国际不锈钢会议论文集[M]. 北京:中国工业出版社,1965:180~216.

[54] 冶金工业部《合金钢钢种手册》编写组．合金钢钢种手册,第五分册,不锈耐酸钢[M]．北京:冶金工业出版社,1983:27~36.
[55] 内田䇾男．特殊钢,1983,32(2):22.
[56] 陆世英,等．不锈钢[M]．北京:原子能出版社,1995:51~53.
[57] 戴建明,顾容,肖瑞勇,等．改善 D2 钢大截面棒材共晶碳化物工艺质量研究,钢铁,1999 增刊,34:1071~1073.
[58] 陈红桔,刘清友．稀土元素对 P20 钢性能的影响[J]．钢铁研究学报,1975,7(5):49~54.
[59] 冶金工业部钢铁研究院编．钢的金相图谱—钢的宏观组织与缺陷．36~40.
[60] 徐辉,冯淑玲,马党参,等．高精度模具扁钢的生产工艺及质量概述[J]．钢铁,1999 增刊,34:1051~1054.
[61] 冶金工业部《合金钢钢种手册》编写组．合金钢钢种手册,第 3 分册[M]．北京:冶金工业出版社,1983:174~177.
[62] 美国材料及试验协会标准,ASTM-A597—1979,铸造工具钢技术条件[S]．首钢特殊钢通讯,1987,(1):21.
[63] 赵文轸．金属材料表面新技术[M]．西安:西安交通大学出版社,1991:209~230.
[64] 王德文．新编模具实用技术 300 例[M]．北京:科学出版社,龙门书局,1996:265~344.
[65] 中国机械工程学会热处理学会主编．化学热处理[M]．北京:机械工业出版社,1988:126.
[66] 中国机械工程学会热处理学会．表面沉积技术[M]．北京:机械工业出版社,1989.
[67] 陈大凯,周孝重．等离子体热处理技术[M]．北京:机械工业出版社,1990.

2 冷作模具钢的性能数据

2.1 高碳高铬冷作模具钢

2.1.1 Cr12 钢

Cr12 钢是一种应用广泛的冷作模具钢，属高碳高铬类型的莱氏体钢。该钢具有较好的淬透性和良好的耐磨性。

由于 Cr12 钢含碳量高达 2.30%，所以冲击韧性较差、易脆裂，而且容易形成不均匀的共晶碳化物。

Cr12 钢由于具有良好的耐磨性，多用于制造受冲击负荷较小的要求高耐磨的冷冲模及冲头、冷剪切刀（剪切硬而薄的金属，如硅钢片）、钻套、量规、拉丝模、压印模、搓丝板、拉延模以及螺纹滚模等模具[1]。

2.1.1.1 化学成分

Cr12 钢的化学成分示于表 2-1。

表 2-1 Cr12 钢的化学成分（GB/T 1299—2000）

化学成分（质量分数）/%					
C	Si	Mn	Cr	P	S
2.00~2.30	≤0.40	≤0.40	11.50~13.00	≤0.030	≤0.030

2.1.1.2 物理性能

Cr12 钢的临界温度示于表 2-2。

表 2-2 Cr12 钢的临界温度

临界点	A_{c1s}	A_{c1f}	A_{r1}	A_{rcm}	M_s
温度（近似值）/℃	810	835	755	770	180

2.1.1.3 热加工

Cr12 钢的热加工工艺示于表 2-3。

表 2-3 Cr12 钢的热加工工艺

项目	加热温度/℃	开锻温度/℃	终锻温度/℃	冷却方式
钢锭	1140~1160	1100~1120	900~920	缓冷
钢坯	1120~1140	1080~1100	880~920	缓冷

2.1.1.4 热处理

A 预先热处理

Cr12 钢锻压后一般退火工艺示于图 2-1,锻压后等温退火工艺示于图 2-2。

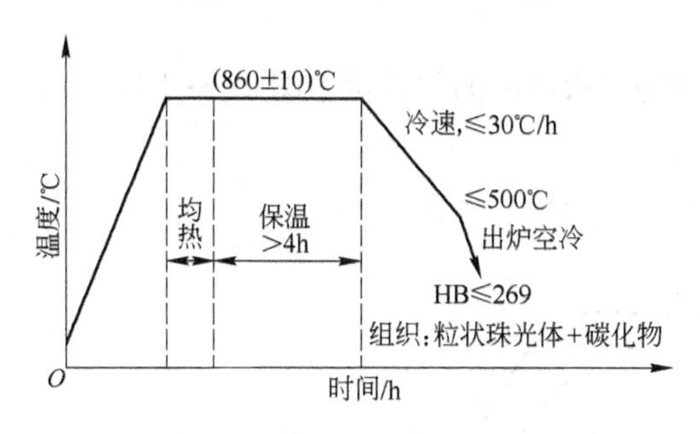

图 2-1 锻压后一般退火工艺

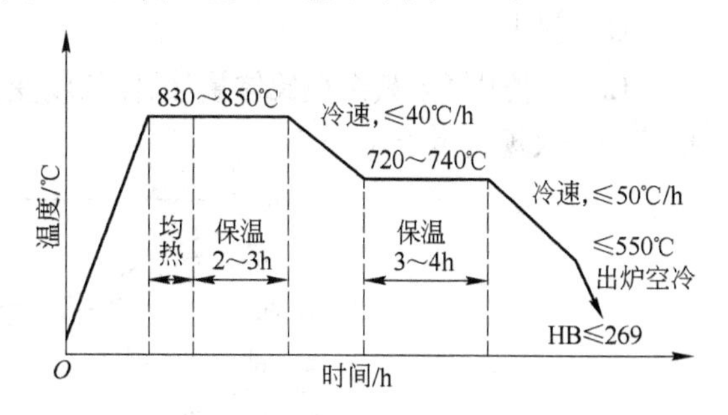

图 2-2 锻压后等温退火工艺

(组织:粒状珠光体+碳化物)

B 淬火

Cr12 钢的等温转变曲线示于图 2-3,淬火硬度与淬火温度的关系示于图 2-4,硬度、奥氏体晶粒度与淬火温度的关系示于图 2-5,推荐的淬火规范示于表 2-4。

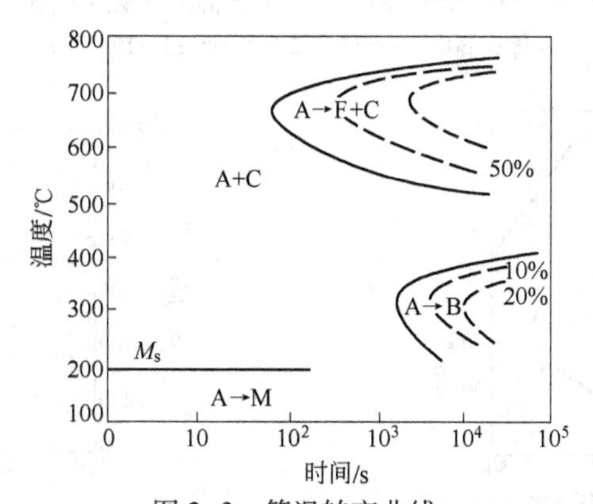

图 2-3 等温转变曲线

(用钢成分(%):2.0C,12.4Cr,0.50Si,0.40Mn;奥氏体化温度:970℃)

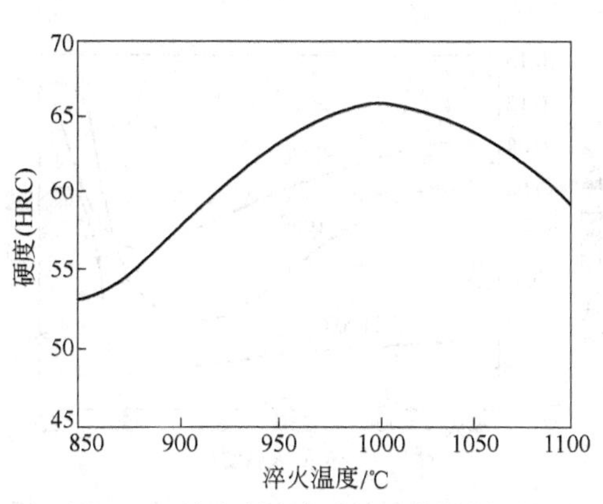

图 2-4 淬火硬度与淬火温度的关系

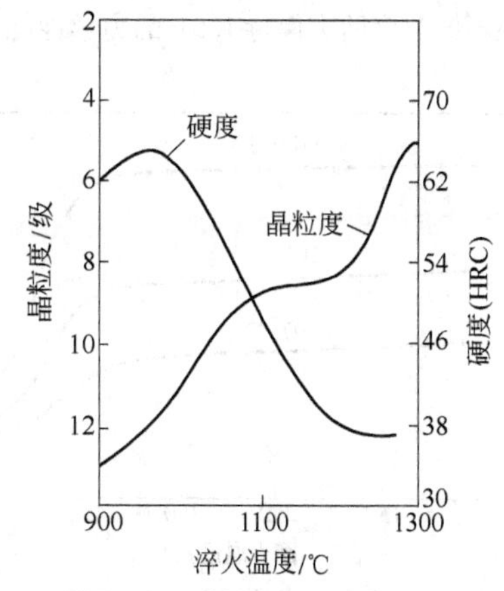

图 2-5 硬度、奥氏体晶粒度与淬火温度的关系

表 2-4 Cr12 钢推荐的淬火规范

淬火温度/℃	冷却介质	硬度(HRC)
950~980	油	59~63

C 回火

Cr12 钢的性能、残余奥氏体量、试样长度变化率与回火温度的关系示于图 2-6~图 2-10，推荐的回火规范示于表 2-5。

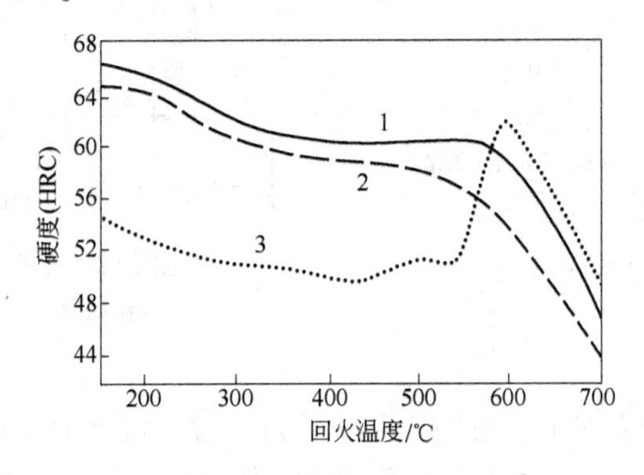

图 2-6 Cr12 钢硬度与回火温度的关系曲线

（淬火温度：1—955℃；2—1010℃；3—1090℃）

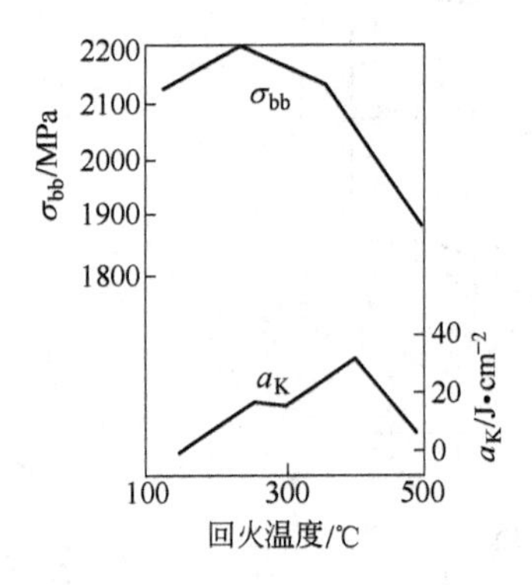

图 2-7 Cr12 钢经 960~980℃加热淬油后并在不同温度回火保持 1.5h 的力学性能

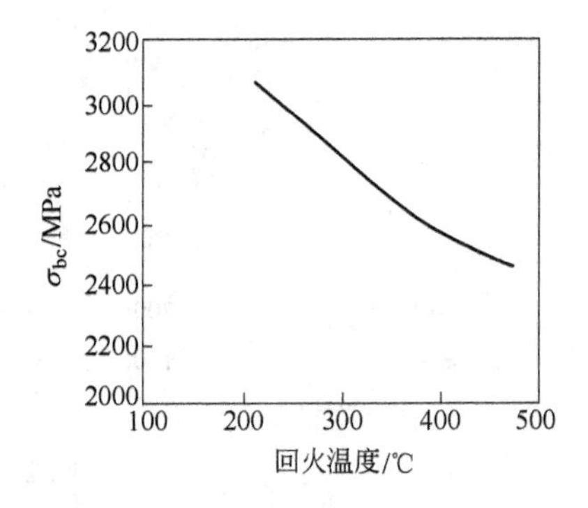

图 2-8 Cr12 钢抗压强度与回火温度的关系

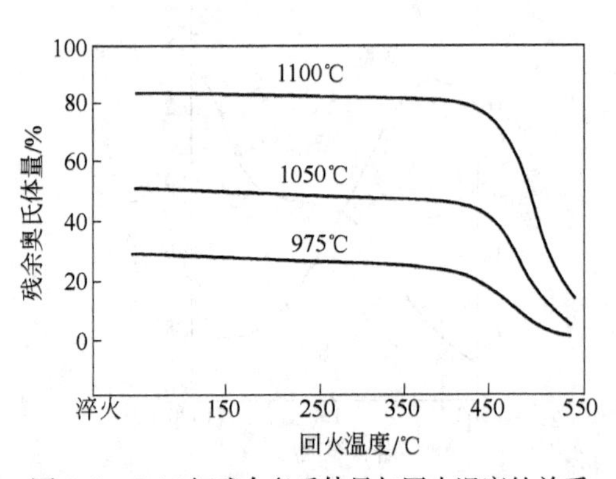

图 2-9 Cr12 钢残余奥氏体量与回火温度的关系

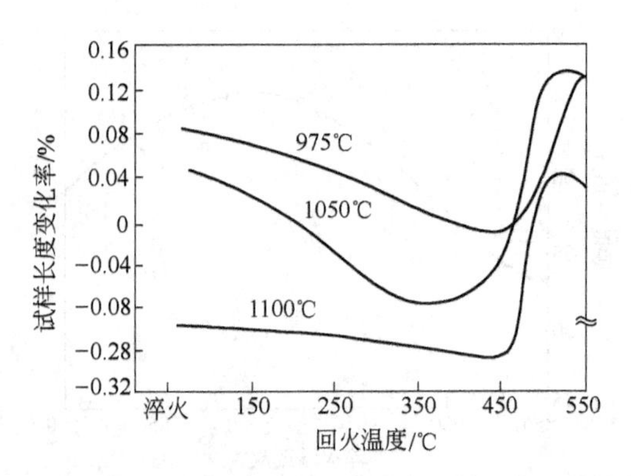

图 2-10 Cr12 钢试样长度变化率与回火温度的关系

表 2-5 Cr12 钢推荐的回火规范

用　途	加热温度/℃	回火时间/h	回火次数	硬度(HRC)
消除应力和稳定组织	180~200	2	1	60~62
消除应力和降低硬度	320~350	2	1	57~58

2.1.2 Cr12Mo1V1 钢

Cr12Mo1V1 是国际上较广泛采用的高碳高铬冷作模具钢,属莱氏体钢,具有高的淬透性、淬硬性和高的耐磨性;高温抗氧化性能好,淬火和抛光后抗锈蚀能力好,热处理变形小;宜制造各种高精度、长寿命的冷作模具、刃具和量具,例如形状复杂的冲孔凹模、冷挤压模、滚丝轮、搓丝板、冷剪切刀和精密量具等[2,3]。

2.1.2.1 化学成分

Cr12Mo1V1 钢的化学成分见表 2-6。

表 2-6 Cr12Mo1V1 钢的化学成分(GB/T 1299—2000)

化学成分(质量分数)/%								
C	Si	Mn	P	S	Cr	Mo	V	其他
1.40~1.60	≤0.60	≤0.60	≤0.030	≤0.030	11.00~13.00	0.70~1.20	≤1.10	Co≤1.00

2.1.2.2 物理性能

Cr12Mo1V1 钢的物理性能列于表 2-7 和表 2-8,弹性模量为 207 GPa,质量定压热容 c_p 为 461 J/(kg · K)。

表 2-7 Cr12Mo1V1 钢的临界温度

临界点	A_{c1s}	A_{c1f}	A_{rcm}	A_{r1}	M_s
温度(近似值)/℃	820	880	750	695	150

表 2-8 Cr12Mo1V1 钢的线[膨]胀系数

温度/℃	20~100	20~200	20~300	20~400
线[膨]胀系数/$\times10^{-6}$℃$^{-1}$	10.5	11.5	11.9	12.2

2.1.2.3 热加工

Cr12Mo1V1 钢的热加工工艺列于表 2-9。

表 2-9 Cr12Mo1V1 钢的热加工工艺

项　目	加热温度/℃	开锻温度/℃	终锻温度/℃	冷却方式
钢锭	1120~1160	1050~1090	≥850℃	红送退火
钢坯	1120~1140	1050~1070	≥850℃	红送退火或坑冷或砂冷

2.1.2.4 热处理

A　预先热处理

Cr12Mo1V1 钢的钢锭、钢坯退火工艺示于图 2-11,等温退火工艺示于图 2-12。

B　淬火

Cr12Mo1V1 钢的淬火曲线示于图 2-13~图 2-20,显微组织组成与奥氏体化温度的关系示于表 2-10,推荐的淬火规范示于表 2-11。

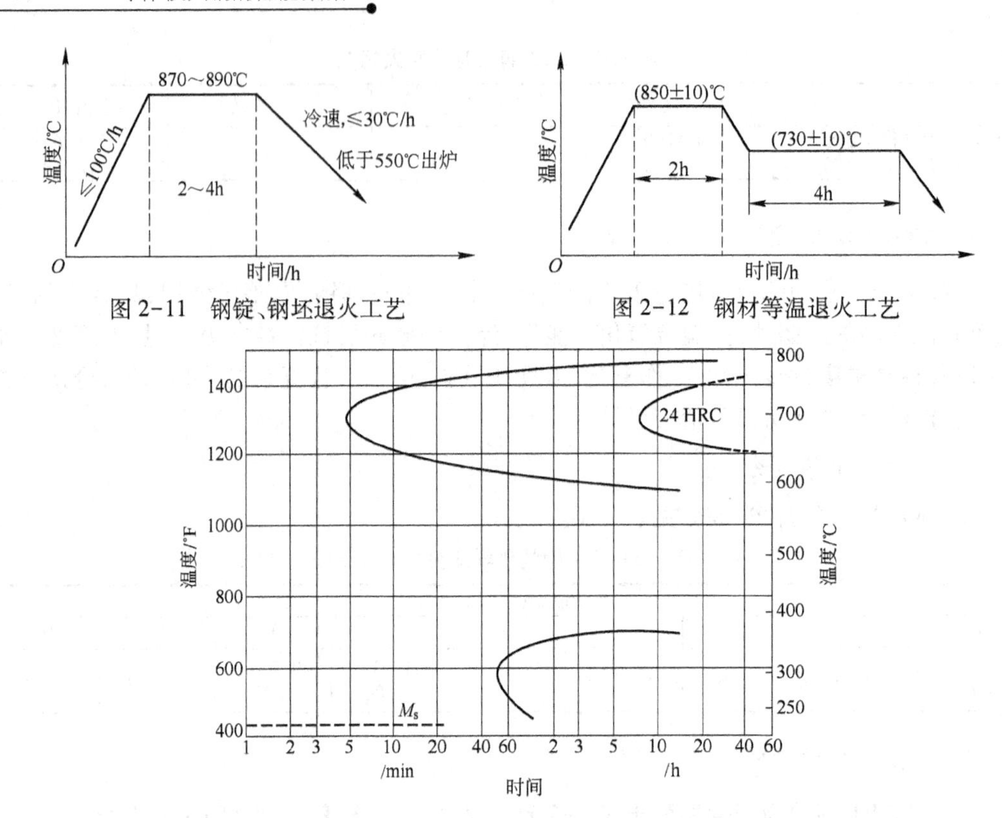

图 2-11 钢锭、钢坯退火工艺

图 2-12 钢材等温退火工艺

图 2-13 Cr12Mo1V1 空淬高碳高铬钢奥氏体等温转变曲线[4]

（Cr12Mo1V1 钢奥氏体化:982℃;成分(%):1.55C,0.27Mn,0.45Si,11.34Cr,0.53Mo,0.24V）

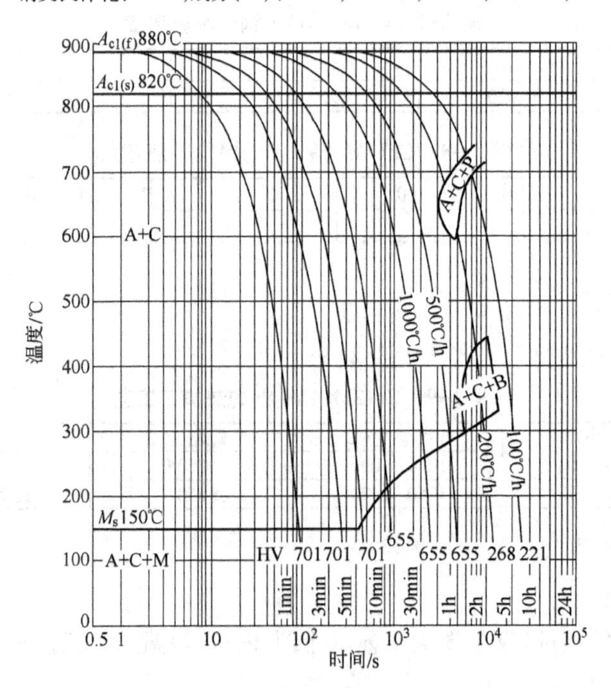

图 2-14 Cr12Mo1V1 钢的奥氏体连续冷却转变曲线

（试验钢成分(%):1.58C,12.04Cr,1.08Mo,1.06V,0.40Mn,0.56Si,0.007P,0.009S,0.077Al;
原始状态:退火;奥氏体化温度:1000℃,5 min）

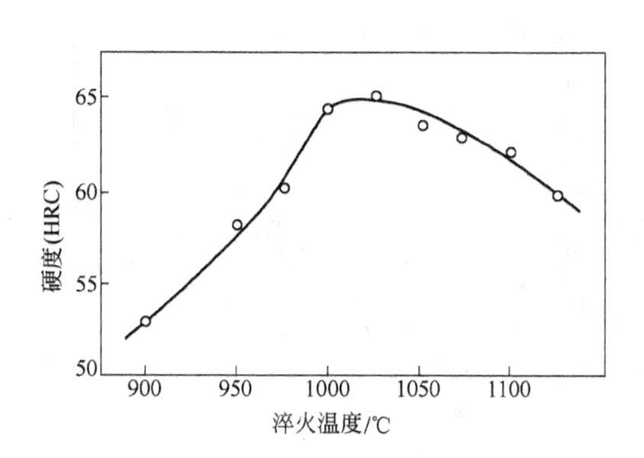

图 2-15 Cr12Mo1V1 钢淬火温度与材料硬度关系曲线

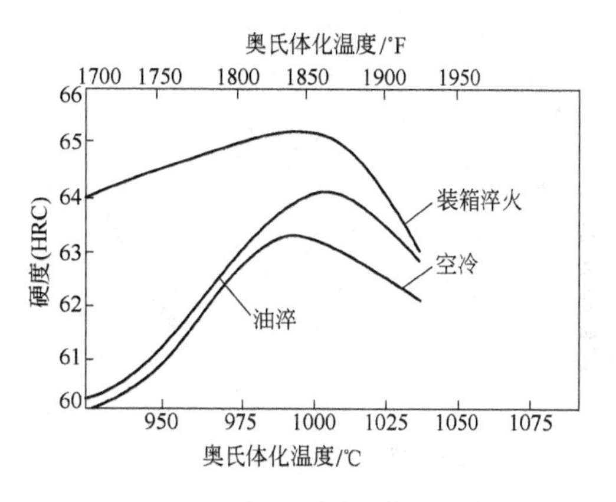

图 2-16 Cr12Mo1V1 钢淬火介质、渗碳介质中装箱淬火和奥氏体化温度对含 1.50%C 的 Cr12Mo1V1 高碳高铬钢硬度的影响[4]

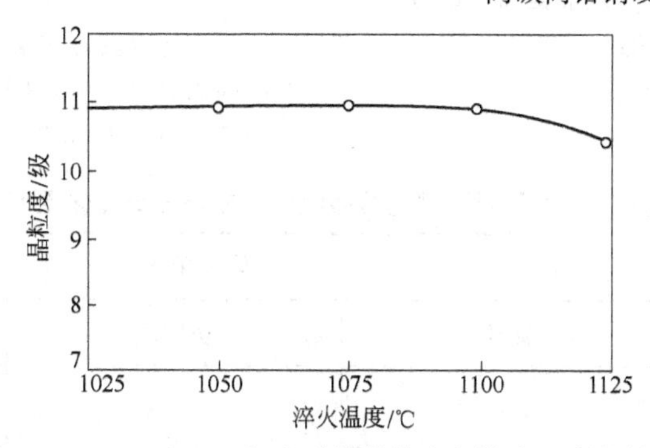

图 2-17 Cr12Mo1V1 钢奥氏体晶粒度与淬火温度的关系

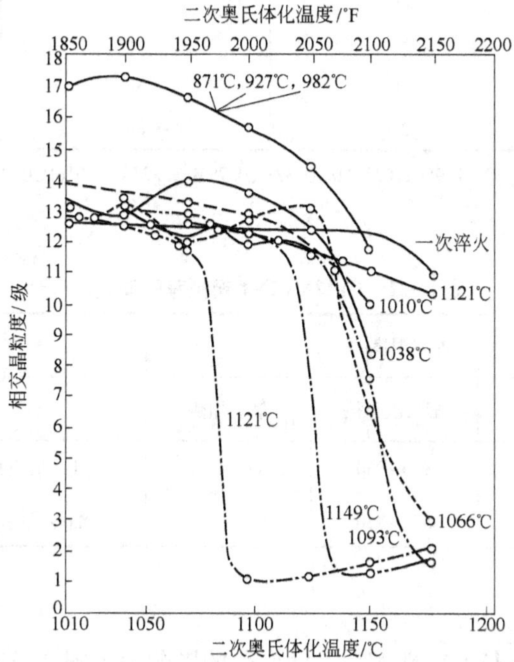

图 2-18 Cr12Mo1V1 钢从图示温度预先淬火后，再次奥氏体化的温度对晶粒度的影响

（从 982℃ 及其以下温度预先淬火将导致以后淬火时晶粒的显著细化[4]）

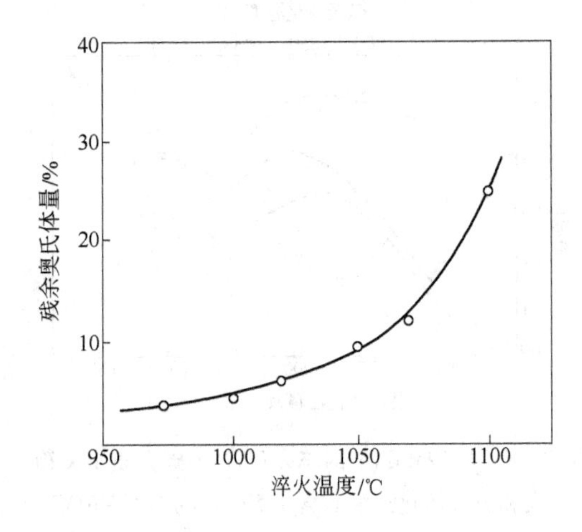

图 2-19 Cr12Mo1V1 钢残余奥氏体量与淬火温度的关系

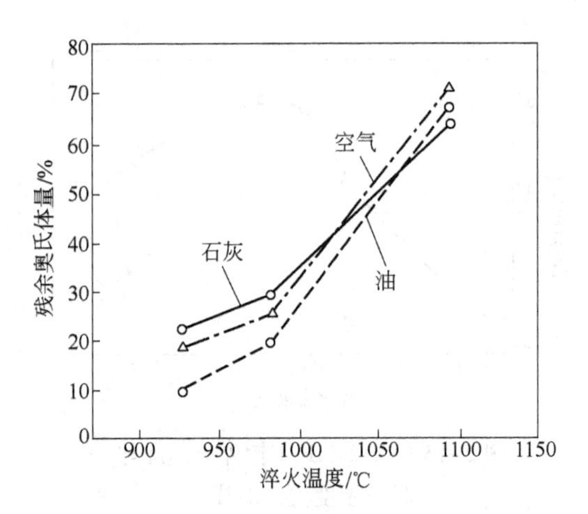

图 2-20 Cr12Mo1V1 高碳高铬钢的奥氏体化温度与残余奥氏体量的关系

（钢的成分(%)：1.60C，0.33Mn，0.32Si，11.95Cr，0.25V，0.79Mo，0.010S 和 0.018P；冷却方式见图示）[4]

表 2-10 Cr12Mo1V1 钢的显微组织组成与奥氏体化温度的关系

奥氏体化温度/℃	体积百分比/%		
	马氏体	奥氏体	碳化物
1038	79	7	14
1066	65	22	13
1093	33	55	12
1121	5	85	10
1135	2	88	10
1149	2	88	10

注：试验钢成分为(%)：1.60C，11.95Cr，0.33Mn，0.32Si，0.79Mo，0.25V，0.018P，0.010S；试样在奥氏体化温度保温 30min，然后淬火。

表 2-11 Cr12Mo1V1 钢推荐的淬火规范

方 案	加热温度/℃			冷却方式	硬度(HRC)
	第一次预热	第二次预热	最后加热		
Ⅰ	500～600	820～860	980～1040	油冷或空冷	60～65
Ⅱ	500～600	820～860	1060～1100	油冷或空冷	60～65

C 回火

回火温度对 Cr12Mo1V1 钢性能和尺寸变化的影响示于图 2-21～图 2-25，推荐的回火规范列于表 2-12。

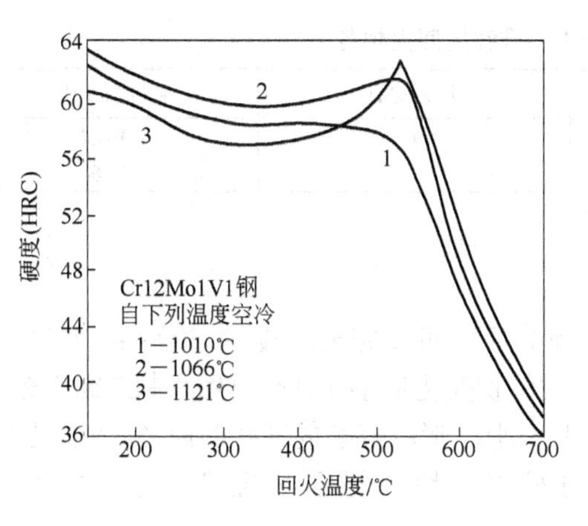

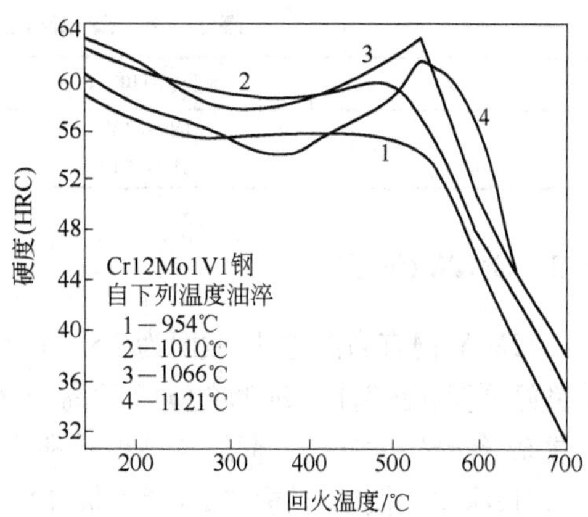

图 2-21 回火温度对油淬和空冷的 Cr12Mo1V1 钢硬度的影响[4]

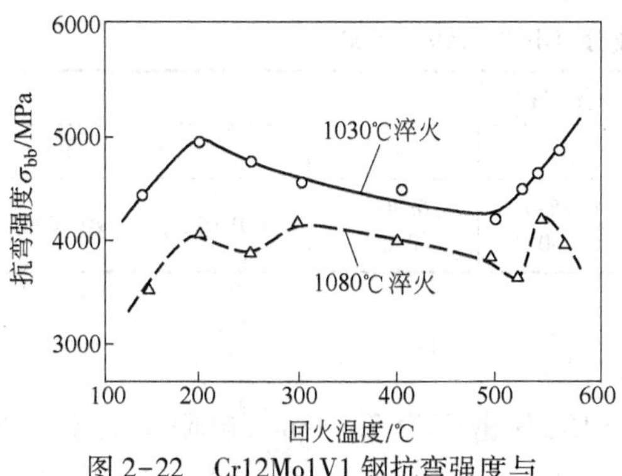

图 2-22 Cr12Mo1V1 钢抗弯强度与回火温度的关系

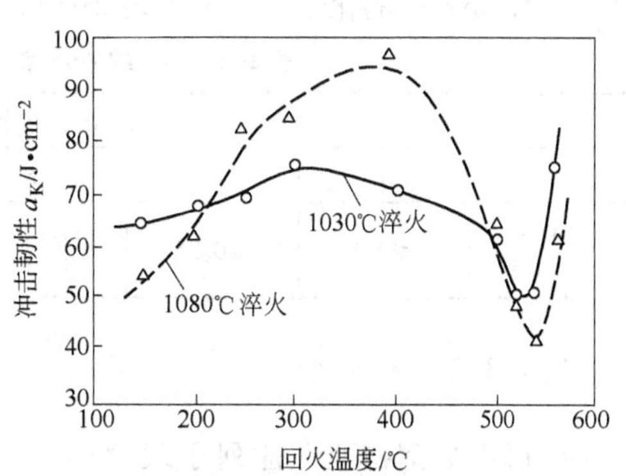

图 2-23 Cr12Mo1V1 钢冲击韧性与回火温度的关系

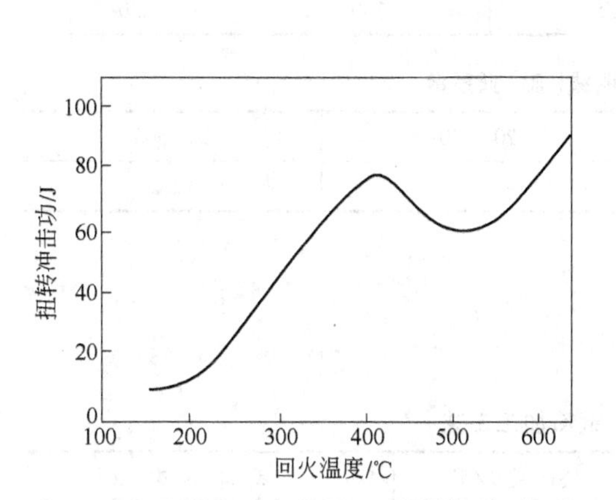

图 2-24 回火温度对 Cr12Mo1V1 钢扭转冲击功的影响

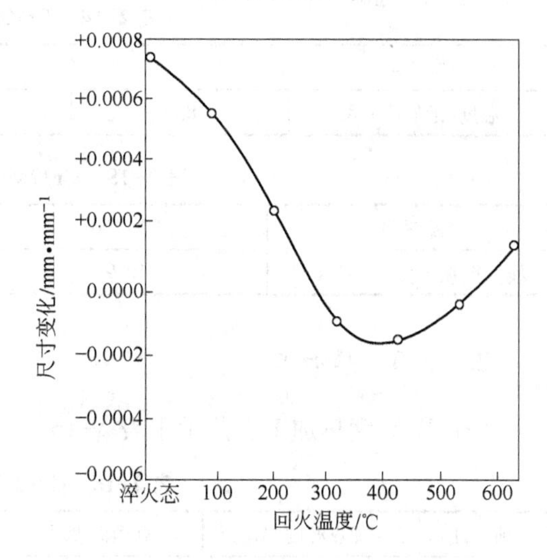

图 2-25 回火温度对 Cr12Mo1V1 钢尺寸变化的影响

（试样尺寸为 25.4mm×50.8mm×152.4mm，图中尺寸变化是指三个方向尺寸变化的平均值）[4]

表 2-12 Cr12Mo1V1 钢推荐的回火规范

方　案	回火温度/℃	回火次数	硬度(HRC)
Ⅰ	180~230	1	60~64
Ⅱ	510~540	2	60~64

2.1.3 Cr12MoV 钢

Cr12MoV 钢有高淬透性，截面为 300~400mm 以下者可以完全淬透，在 300~400℃时仍可保持良好硬度和耐磨性，韧性较 Cr12 钢高，淬火时体积变化最小，因此，可用来制造断面较大、形状复杂、经受较大冲击负荷的各种模具和工具。例如，形状复杂的冲孔凹模、复杂模具上的镶块、钢板深拉伸模、拉丝模、螺纹搓丝板、冷挤压模、冷剪切刀、圆锯、标准工具、量具等[1]。

2.1.3.1 化学成分

Cr12MoV 钢的化学成分列于表 2-13。

表 2-13 Cr12MoV 钢化学成分(GB/T 1299—2000)

化学成分(质量分数)/%							
C	Si	Mn	Cr	V	Mo	S	P
1.45~1.70	≤0.4	≤0.35	11.00~12.50	0.15~0.30	0.40~0.60	≤0.030	≤0.030

2.1.3.2 物理性能

Cr12MoV 钢物理性能列于表 2-14 和表 2-15，其密度为 7.7t/m^3，电阻率为 0.31×10^{-6} Ω · m。

表 2-14 Cr12MoV 钢临界温度

临界点	A_{c1s}	A_{c1f}	A_{r1}	M_s
温度(近似值)/℃	830	855	750	230

表 2-15 Cr12MoV 钢线[膨]胀系数

温度/℃	20~100	20~400	20~600
线[膨]胀系数/×10^{-6}℃$^{-1}$	10.9	11.4	12.2

2.1.3.3 热加工

Cr12MoV 钢热加工工艺示于表 2-16。

表 2-16 Cr12MoV 钢热加工工艺

项　目	加热温度/℃	开锻温度/℃	终锻温度/℃	冷却方式
钢　锭	1100~1150	1050~1100	850~900	缓冷(坑或砂冷)
钢　坯	1050~1100	1000~1050	850~900	缓冷(砂或炉冷)

注：钢的熔点较低，故加热温度不得太高；同时因钢的导热性差，应注意缓慢加热。锻后必须缓冷，以免产生裂纹；可置于预热过的坑中，冷至 400~500℃。冷后可进行退火。

2.1.3.4 热处理

A 预先热处理

Cr12MoV 钢的有关预先热处理曲线示于图 2-26～图 2-28(说明:1)退火保温时间,在全部炉料加热到退火温度后为 1～2h;冷却时的等温保温为 3～4h;2)在需要获得比较低的退火钢硬度时,可补充一次高温回火;其保温时间在全部炉料加热后 2～3h)。退火前后的相成分、硬度和显微组织示于表 2-17。

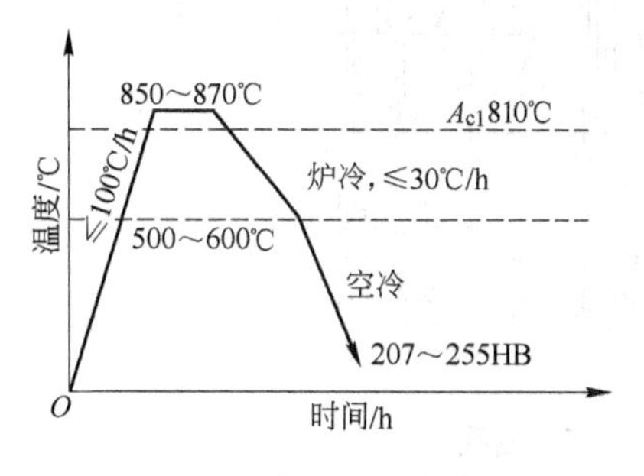

图 2-26 锻压后一般退火

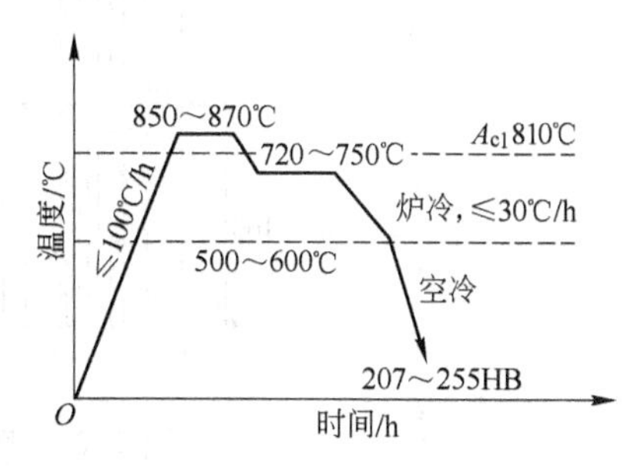

图 2-27 锻压后等温退火

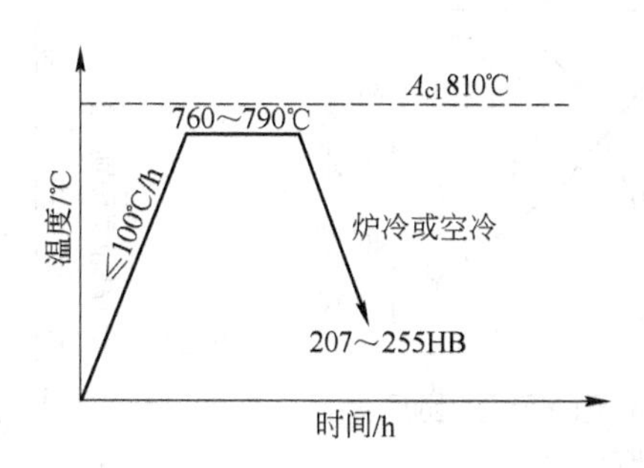

图 2-28 高温回火

表 2-17 Cr12MoV 钢退火前后的相成分、硬度和显微组织

硬度				相成分(质量分数)/%								显微组织	
未退火		退火后		铁素体	碳化物	碳化物类型	合金元素含量					未退火	退火后
							碳化物中			铁素体中			
压痕直径/mm	硬度(HB)	压痕直径/mm	硬度(HB)				C	Cr	V	Cr	V		
2.4～2.8	477～653	3.8～4.2	207～255	83～85	15～17	Cr_7C_3	9.2	48	2.5	33	0.1	马氏体+碳化物	细球化体+碳化物

B 淬火

Cr12MoV 钢的有关淬火曲线示于图 2-29～图 2-35,推荐的淬火规范示于表 2-18,淬火状态的组织比例示于表 2-19。

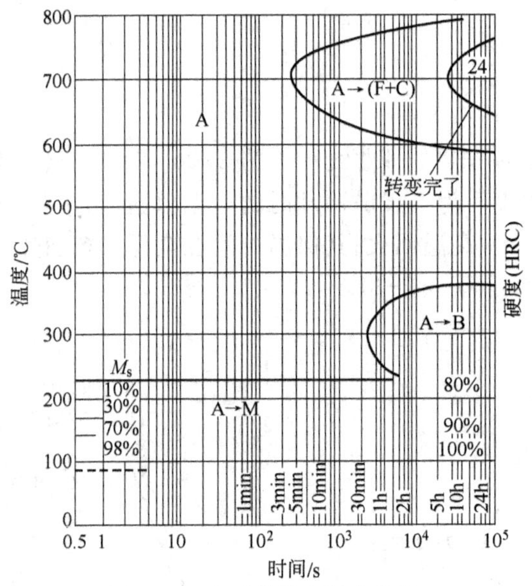

图 2-29　奥氏体等温转变曲线

（奥氏体化温度 980℃）

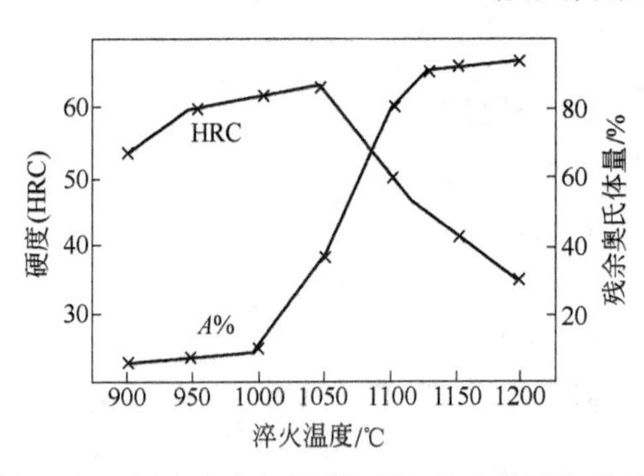

图 2-30　硬度及残余奥氏体量与淬火温度的关系

晶粒度级别/级

淬火温度/℃

图 2-31　不同淬火温度对晶粒度的影响

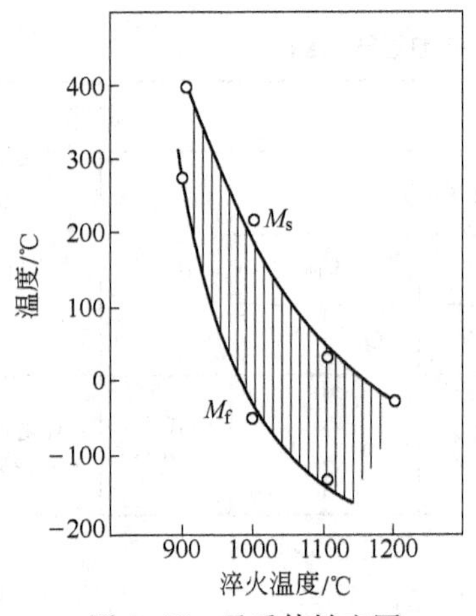

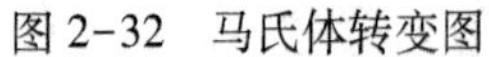

图 2-32　马氏体转变图

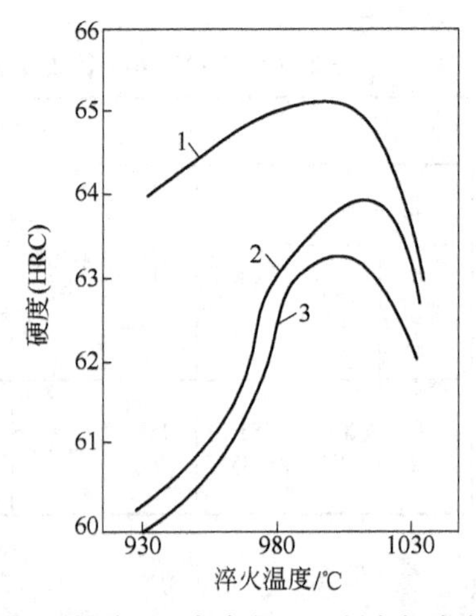

图 2-33　在不同加热和冷却条件下的硬度与淬火温度的关系

1—在增碳剂中加热，油中冷却；2—在空气中加热，油中冷却；3—在空气中加热，空气中冷却

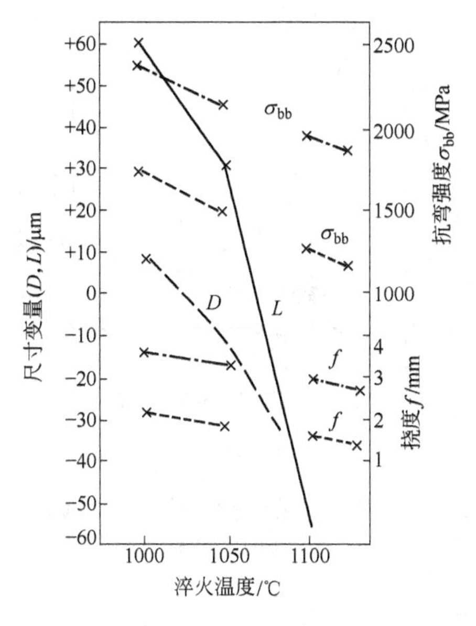

图 2-34 力学性能及长度 L、直径 D 的变量与淬火温度的关系

×—·—×—淬火;×----×—淬火加回火(1000~1050℃淬火 150℃回火;1125~1150℃淬火 510℃回火 4 次)

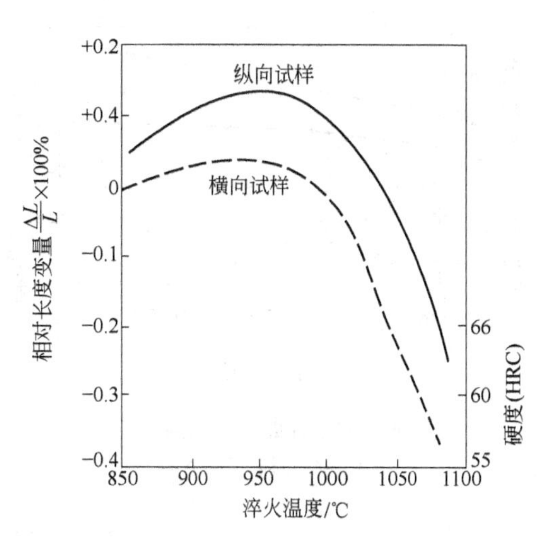

图 2-35 试样长度的相对变量与碳化物条纹方向及淬火温度的关系

表 2-18 Cr12MoV 钢推荐的淬火规范

方案	第一次预热/℃	第二次预热/℃	淬火温度/℃	冷 却				硬度(HRC)
				介 质	介质温度/℃	在介质中冷却程度	随后的冷却方式	
Ⅰ			950~1000	油	20~60	至油温	空冷	58~62
Ⅱ			1020~1040	油	20~60	至油温	空冷	62~63
Ⅲ	550~600	840~860	1020~1040	熔融硝盐	400~550	5~10 min	空冷	62~63
Ⅳ			1115~1130	油	20~60	至油温	空冷	42~50
Ⅴ			1115~1130	熔融硝盐	400~450	5~10 min	空冷	42~50

注:1. 方案Ⅱ、Ⅲ用于要求获得高的力学性能及变形较小的工件,如螺纹滚子、搓丝板、形状复杂受冲击负荷的模具等;

2. 方案Ⅳ和Ⅴ用于要求获得红硬性及高耐磨性的工件,但其力学性能较差,尺寸变形较大,如 450℃以下工作的热冲模等;

3. 这种钢对脱碳很敏感,预热和加热用的盐浴必须经过充分的脱氧后再使用;若在普通电炉中加热,可将工件装入箱内,填充以渗碳剂或生铁粉(这时工件可能有少许增碳现象,硬度 HRC 可能提高 1~2)。

表 2-19 Cr12MoV 钢淬火状态的组织比例

淬 火 方 案	冷 却 介 质	碳化物/%	马氏体/%	奥氏体/%
Ⅰ,Ⅱ	油,硝盐	12	68~73	20~25

C 回火

Cr12MoV 钢的有关回火温度曲线示于图 2-36~图 2-40,推荐的回火规范示于表 2-20。

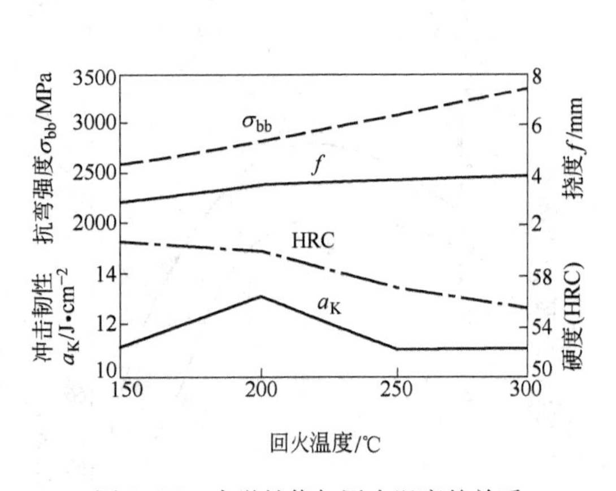

图 2-36　力学性能与回火温度的关系

（1000℃油淬后回火）

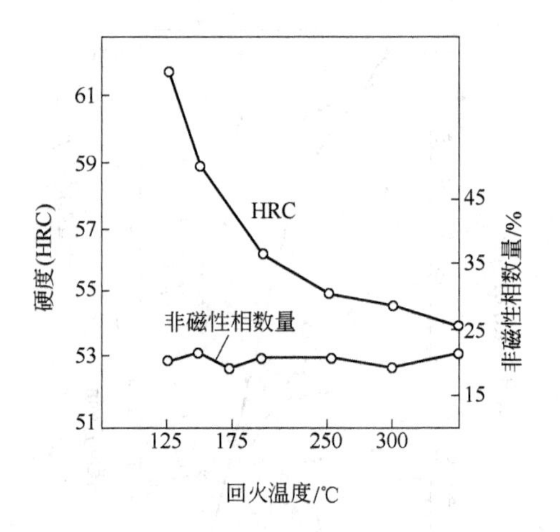

图 2-37　硬度及非磁性相数量与回火温度的关系

（1050℃淬火）

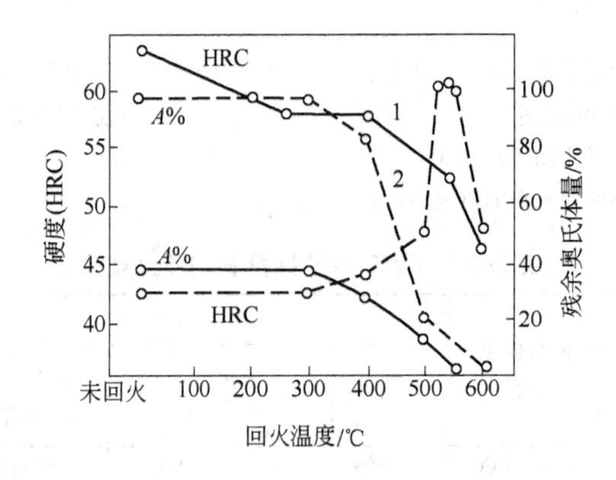

图 2-38　硬度及残余奥氏体量与回火温度的关系

1—950℃淬火；2—1130℃淬火

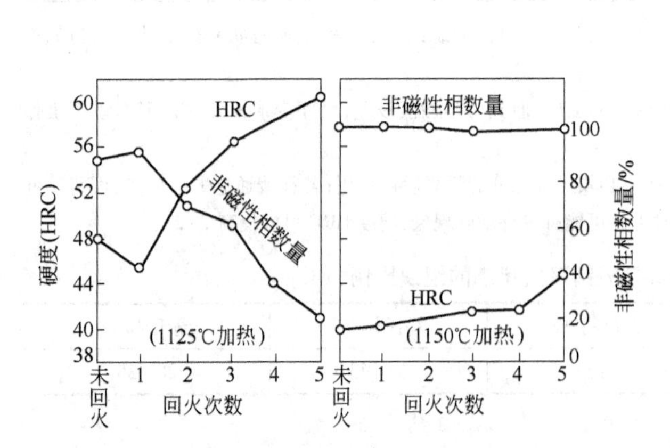

图 2-39　硬度及残余奥氏体量与

520℃下回火次数的关系

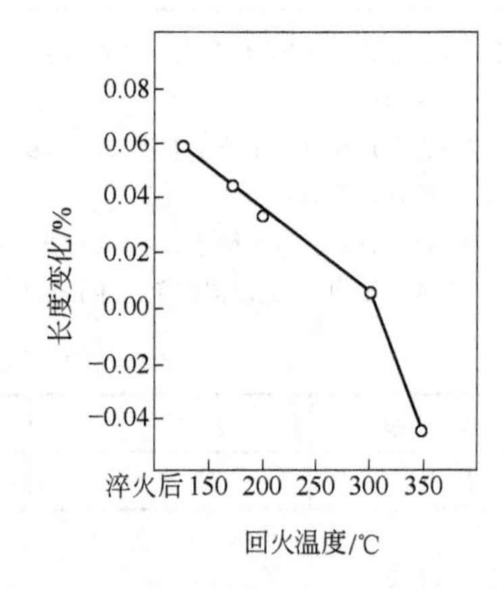

图 2-40　试样长度变化与回火温度的关系

（淬火温度 1050℃）

表 2-20 Cr12MoV 钢推荐的回火规范

方案	淬火温度/℃	回火			
		用途	加热温度/℃	介质	硬度(HRC)
Ⅰ	1020~1040	消除应力	150~170	油或硝盐	61~63
Ⅱ		去除应力,降低硬度	200~275	—	57~59
Ⅲ		去除应力,降低硬度	400~425	—	55~57
Ⅳ	1115~1130	去除应力及形成二次硬化	510~520℃多次回火	—	60~61
Ⅴ		去除应力及形成二次硬化	-78℃冷处理加510~520℃一次回火	—	60~61
Ⅵ		去除应力及形成二次硬化	-78℃冷处理加一次510~520℃回火,再-78℃冷处理	—	61~62

注:1. 用方案Ⅰ回火的工件,需要保持高硬度及高耐磨性,而其尺寸变化与淬火状态几乎无差别;
2. 方案Ⅱ用于获得良好韧性的工件。

2.2 中合金冷作模具钢(空淬冷作模具钢)

2.2.1 Cr5Mo1V 钢

Cr5Mo1V 属空淬模具钢,具有深的空淬硬化性能,这对于要求淬火和回火之后必须保持其形状的复杂模具是极为有益的。该钢由于空淬引起的变形大约只有含锰系油淬工具钢的 1/4,耐磨性介于锰型和高碳高铬型工具钢之间,但其韧性比任何一种都好,特别适合用于要求具备好的耐磨性同时又具有特殊好的韧性的工具,广泛用于下料模和成形模、轧辊、冲头、压延模和滚丝模,也用于某些类型的剪刀片。

2.2.1.1 化学成分

Cr5Mo1V 钢的化学成分示于表 2-21。

表 2-21 Cr5Mo1V 钢的化学成分(GB/T 1299—2000)

化学成分(质量分数)/%							
C	Si	Mn	P	S	Cr	Mo	V
0.95~1.05	≤0.50	≤1.00	≤0.030	≤0.030	4.75~5.50	0.90~1.40	0.15~0.50

2.2.1.2 物理性能

Cr5Mo1V 钢的临界温度示于表 2-22,密度为 7.84 t/m^3;质量定压热容 c_p 为 460.55 J/(kg · K);弹性模量为 203 GPa。

表 2-22 Cr5Mo1V 钢的临界温度

临界点	A_{c1}	A_{cm}	M_s
温度(近似值)/℃	795	—	168

2.2.1.3　热加工

Cr5Mo1V 钢的热加工工艺示于表 2-23。

表 2-23　Cr5Mo1V 钢的热加工工艺

项　目	加热温度/℃	开锻温度/℃	终锻温度/℃	冷却方式
钢　锭	1100~1150	1050~1100	850~900	红送退火或坑冷或砂冷
钢　坯	1050~1100	1000~1050	850~900	坑冷或砂冷

2.2.1.4　热处理

A　预先热处理

Cr5Mo1V 钢的有关预先热处理曲线示于图 2-41 和图 2-42。

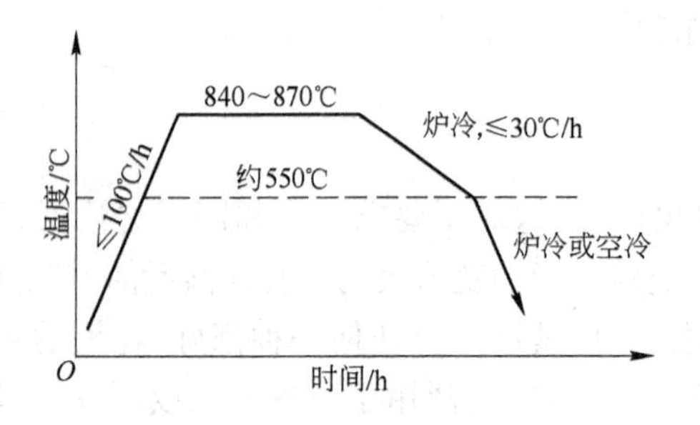

图 2-41　Cr5Mo1V 钢锭或钢坯退火工艺

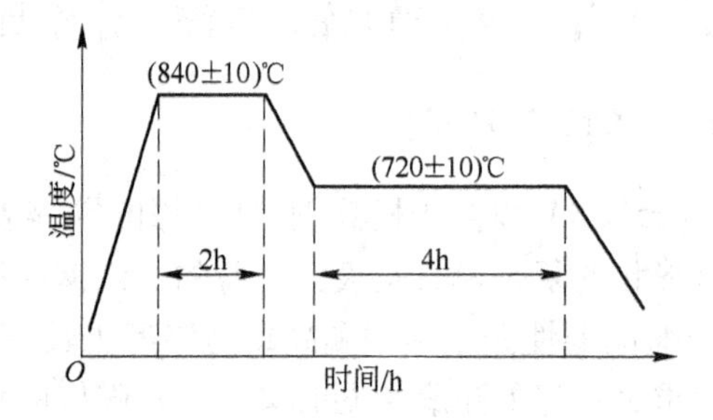

图 2-42　Cr5Mo1V 钢材等温退火工艺

B　淬火

Cr5Mo1V 钢的有关淬火曲线示于图 2-43~图 2-45,推荐的淬火规范示于表 2-24。

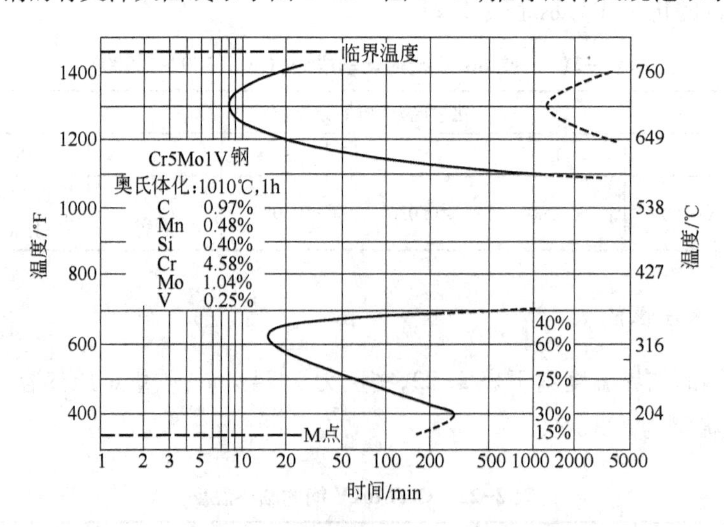

图 2-43　Cr5Mo1V 空淬钢的奥氏体等温转变曲线

（奥氏体化温度 1010℃,1h）[4]

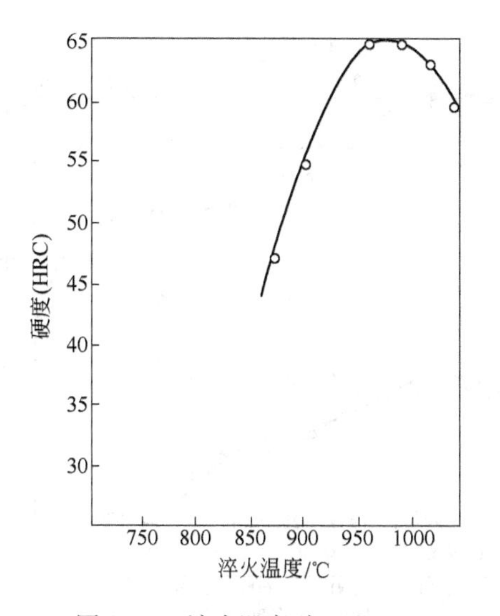

图 2-44 淬火温度对 Cr5Mo1V 钢硬度的影响

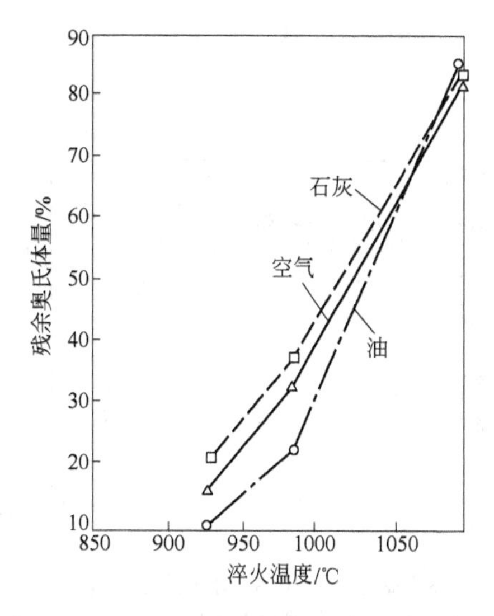

图 2-45 Cr5Mo1V 钢以不同冷却速度冷却时奥氏体化温度与残余奥氏体量的关系
（试验钢成分(%)：1.00C，0.60Mn，0.17Si，5.31Cr，1.13Mo，0.27V）

表 2-24 Cr5Mo1V 钢推荐的淬火规范

方 案	加热温度/℃			冷却方式	硬度(HRC)
	一次预热	二次预热	最后加热		
Ⅰ	300~400	800~850	940~960	空冷或油冷	62~65
Ⅱ	300~400	800~850	980~1010	空冷或油冷	62~65

C 回火

Cr5Mo1V 钢的有关回火曲线示于图 2-46~图 2-50，回火后的力学性能示于表 2-25，推荐的回火规范示于表 2-26。

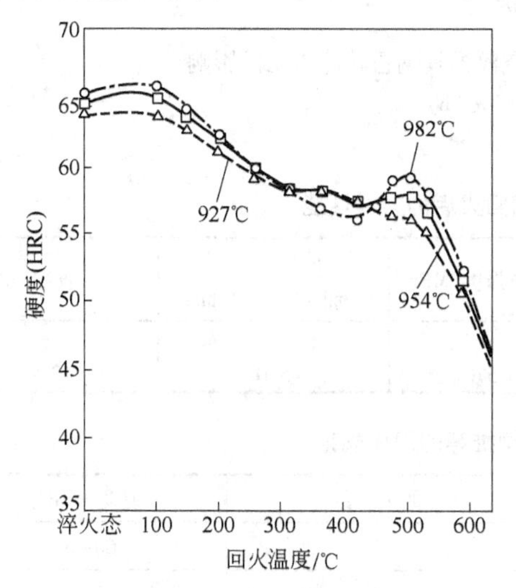

图 2-46 Cr5Mo1V 钢在 927℃、954℃和 982℃奥氏体化并空冷后，回火温度对硬度的影响
（试验钢成分(%)：1.00C，0.60Mn，5.25Cr，1.10Mo，0.25V）

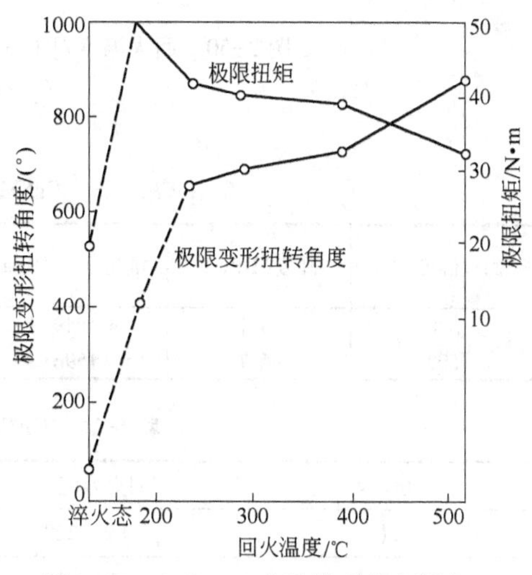

图 2-47 Cr5Mo1V 钢油淬到最大硬度且在指定温度回火后的静扭转性能

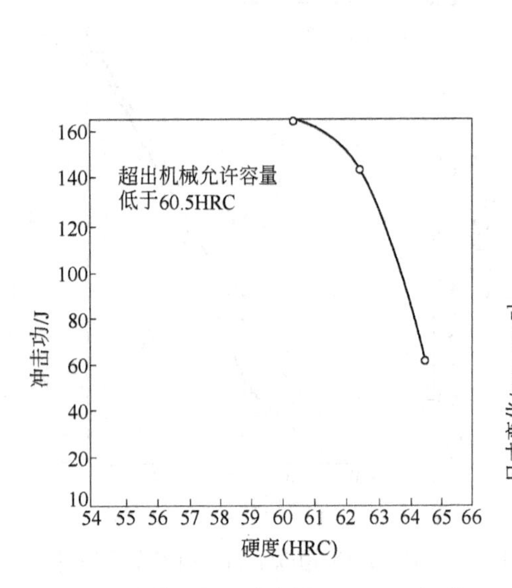

图 2-48 从 954℃淬火的 Cr5Mo1V 钢的回火硬度与艾氏冲击韧性的关系

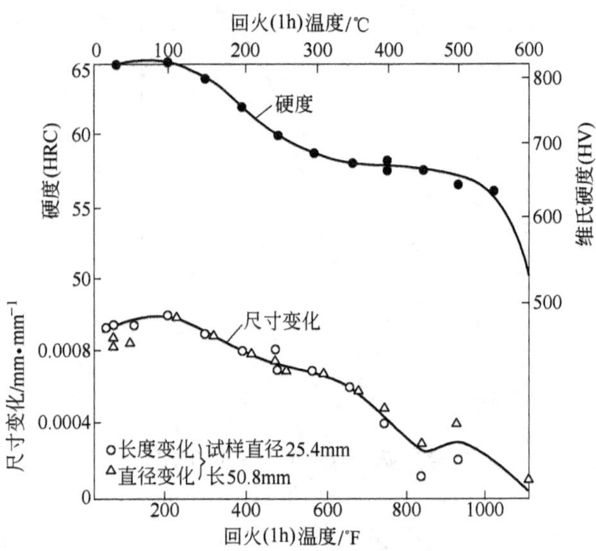

图 2-49 含 1.00%C、0.65%Mn、0.30%Si、5.20%Cr、1.00%Mo、0.20%V 的 Cr5Mo1V 空淬模具钢自 943℃加热，在 75%氢气和 25%氮气中冷却后，回火温度对硬度和尺寸变化的影响[4]

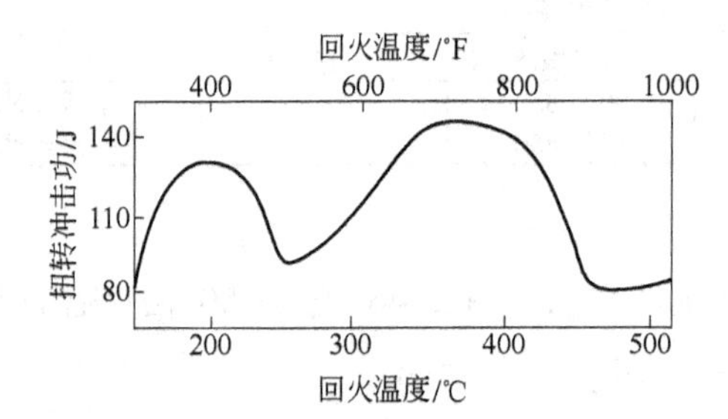

图 2-50 回火温度对 Cr5Mo1V 空淬模具钢扭转冲击功的影响

（968℃空冷，回火 1h）

表 2-25 Cr5Mo1V 钢回火后的力学性能

回火温度/℃	硬度(HRC)	抗拉强度/MPa	屈服强度/MPa	伸长率/%（标距为 50.8mm）	断面收缩率/%
530	54.1	1849	—	—	—
593	46.7	1596	576	5.0	13.9

表 2-26 Cr5Mo1V 钢推荐的回火规范

方 案	回火温度/℃	回火次数	硬度(HRC)
Ⅰ	180~220	1	60~64
Ⅱ	510~520	2	57~60

注：1. 方案Ⅰ在 940~960℃淬火后采用；

2. 方案Ⅱ在 980~1010℃淬火后采用。

2.2.2 Cr6WV 钢

Cr6WV 钢是一个具有较好综合性能的中合金冷作模具钢。该钢变形小，淬透性良好，具有较好的耐磨性和一定的冲击韧性。该钢由于合金元素和碳含量较低，所以比 Cr12 钢和 Cr12MoV 钢碳化物分布均匀。

Cr6WV 钢具有广泛的用途，制造具有高机械强度，要求一定耐磨性和经受一定冲击负荷的模具，如钻套、冷冲模及冲头、切边模、压印模、螺丝滚模、搓丝板以及块规量规等。[5,6]

2.2.2.1 化学成分

Cr6WV 钢的化学成分示于表 2-27。

表 2-27 Cr6WV 钢的化学成分（GB/T 1299—77）

化学成分（质量分数）/%							
C	Si	Mn	Cr	W	V	P	S
1.00~1.15	≤0.40	≤0.40	5.50~7.00	1.10~1.50	0.50~0.70	≤0.030	≤0.030

2.2.2.2 物理性能

Cr6WV 钢的临界温度示于表 2-28，线[膨]胀系数示于表 2-29。

表 2-28 Cr6WV 钢的临界温度

临界点	A_{c1}	A_{cm}	A_{r1}	A_{rm}	M_s	M_f
温度（近似值）/℃	815	845	625	775	150	-100

表 2-29 Cr6WV 钢的线[膨]胀系数

温度/℃	100~250	250~350	350~600
线[膨]胀系数/$\times10^{-6}$℃$^{-1}$	10.3	11.0	12.8

2.2.2.3 热加工

Cr6WV 钢的热加工工艺示于表 2-30。

表 2-30 Cr6WV 钢的热加工工艺

项目	加热温度/℃	开锻温度/℃	终锻温度/℃	冷却方式
钢锭	1100~1160	1050~1120	850~900	缓冷
钢坯	1060~1120	1000~1080	850~900	缓冷

注：加热温度不宜太高，因钢的导热性差，必须进行缓慢加热和保证烧透时间。锻后必须注意缓冷，以免发生裂纹。

2.2.2.4 热处理

A 预先热处理

Cr6WV 钢锻后一般退火工艺示于图 2-51，锻后等温退火工艺示于图 2-52，退火前后相组成、硬度和显微组织示于表 2-31。

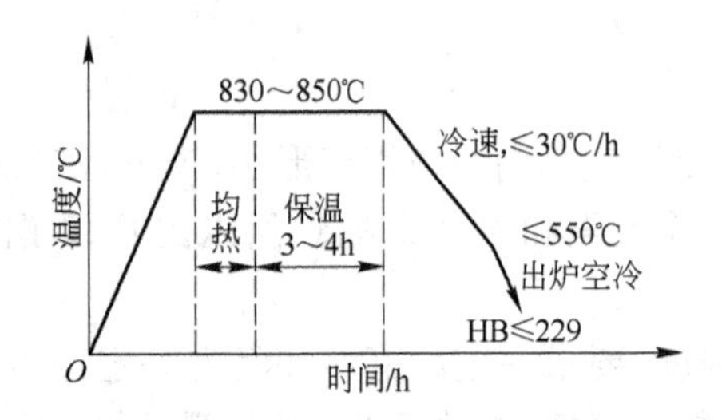

图 2-51 锻压后一般退火工艺

（组织:细粒状珠光体+碳化物）

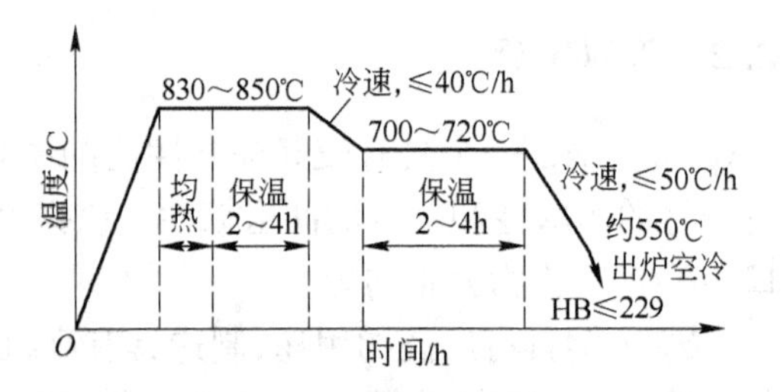

图 2-52 锻压后等温退火工艺

（组织:细粒状珠光体+碳化物）

表 2-31 Cr6WV 钢退火前后的相组成、硬度和显微组织

硬度				相组成									显微组织	
未退火		退火后		相成分（质量分数）/%		碳化物	合金元素含量/%						未退火	退火后
压痕直径/mm	硬度(HB)	压痕直径/mm	硬度(HB)	铁素体	碳化物	类型	碳化物中				铁素体中			
							C	Cr	W	V	Cr	W		
2.55～2.6	555～578	≥4.0	≤229	86～88	12～14	Cr_7C_3	8	46	8	1.5	0.2	0.02	马氏体+碳化物	细球化体+碳化物

B 淬火

Cr6WV 钢的有关淬火曲线示于图 2-53～图 2-59，推荐的淬火规范示于表 2-32，淬火状态组织比例示于表 2-33。

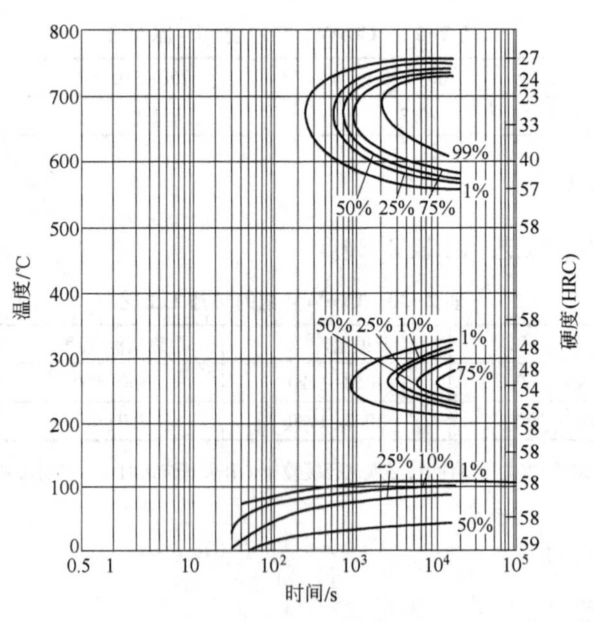

图 2-53 奥氏体等温转变曲线[5]

（奥氏体化温度:1025℃）

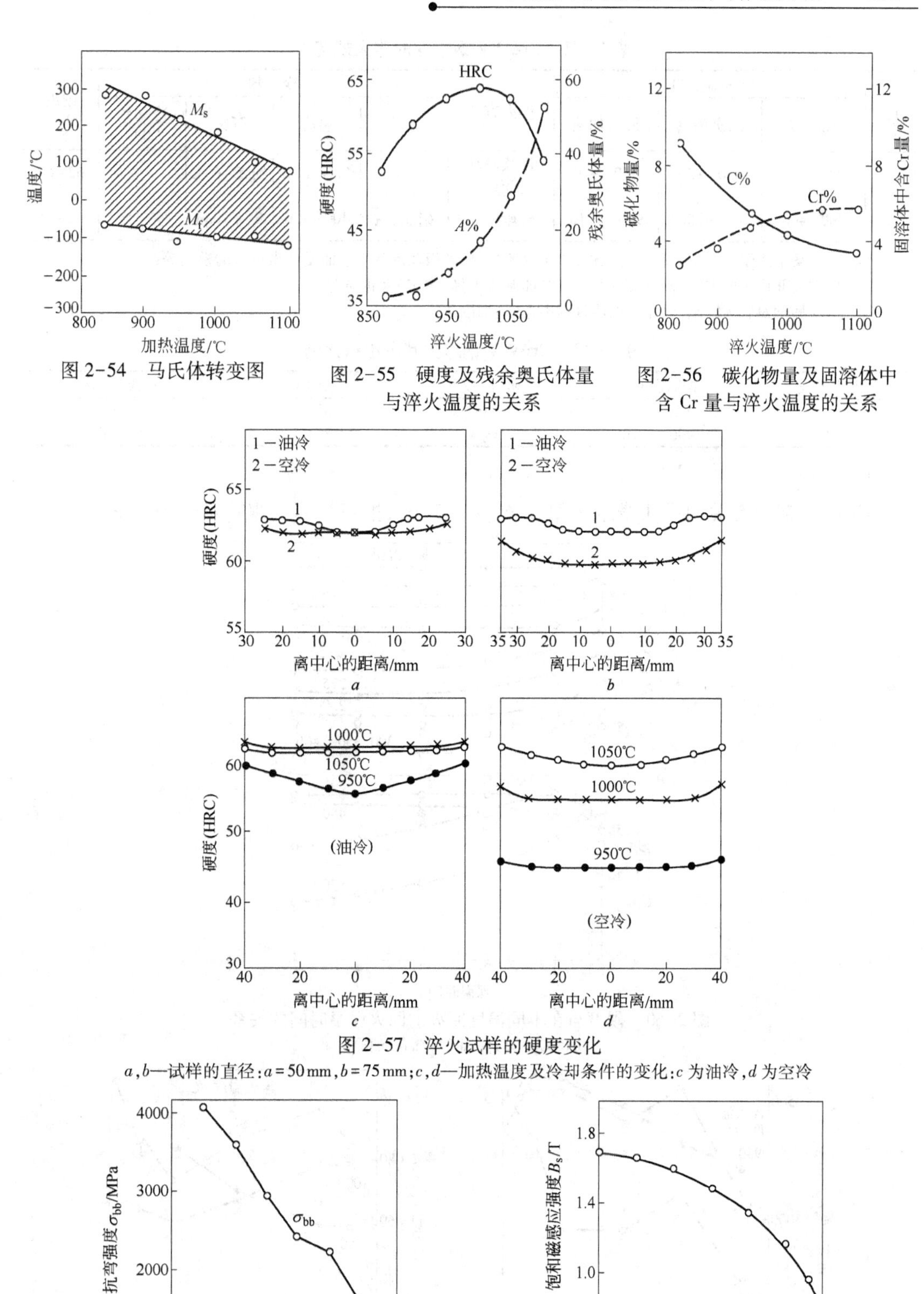

图 2-54　马氏体转变图

图 2-55　硬度及残余奥氏体量与淬火温度的关系

图 2-56　碳化物量及固溶体中含 Cr 量与淬火温度的关系

图 2-57　淬火试样的硬度变化

a，*b*—试样的直径：*a* = 50 mm，*b* = 75 mm；*c*，*d*—加热温度及冷却条件的变化：*c* 为油冷，*d* 为空冷

图 2-58　力学性质与淬火温度的关系

图 2-59　物理性质与淬火温度的关系

表 2-32 Cr6WV 钢推荐的淬火规范

方案	加热温度/℃			淬火方法	冷却				硬度(HRC)
	一次预热	二次预热	最后加热		介质	温度	延续	冷却到20℃	
Ⅰ	300~400	800~850	950~970	连续冷却淬火	油	20~60℃	到20~60℃		62~64
Ⅱ	300~400	800~850	990~1010	分段淬火	硝盐、碱	400~450	5~10 min	空 冷	62~64

注:1. 方案Ⅰ用于制造变形较小的工件,如螺纹滚模、搓丝板及形状复杂而受冲击负荷的模具等;
2. 方案Ⅱ用于要求获得高耐磨性的工件,如制造刃具(木工)及锯条等;
3. 这种钢对脱碳敏感,因此在加热过程中,必须加以防止。

表 2-33 Cr6WV 钢淬火状态组织比例

淬火方案	淬火温度/℃	碳化物/%	马氏体/%	奥氏体/%
Ⅰ	950~970	6	83~85	9~11
Ⅱ	990~1010	约 4	76~78	18~20

C 回火

Cr6WV 钢的有关回火曲线示于图 2-60~图 2-62,推荐的回火规范示于表 2-34。

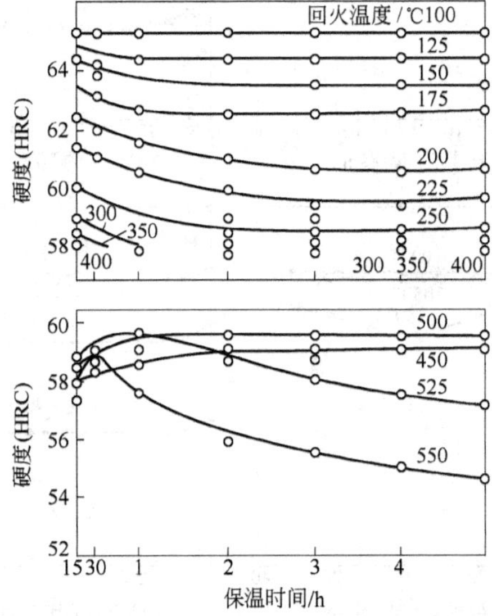

图 2-60 硬度与在不同温度回火的回火保温时间的关系
(1010℃淬火,保温 24 s/mm,油冷)

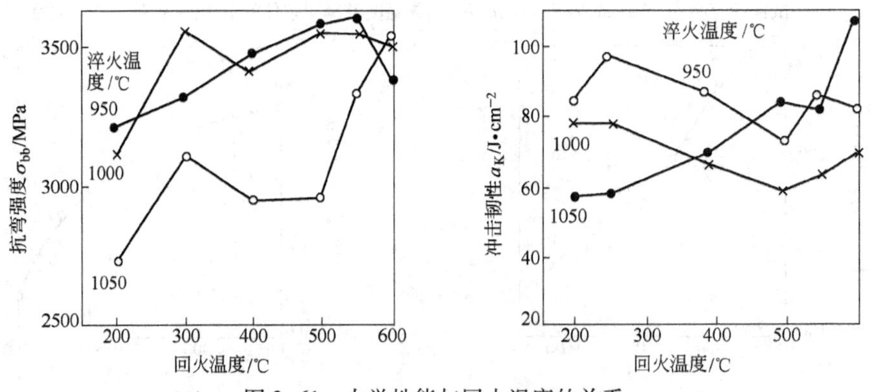

图 2-61 力学性能与回火温度的关系

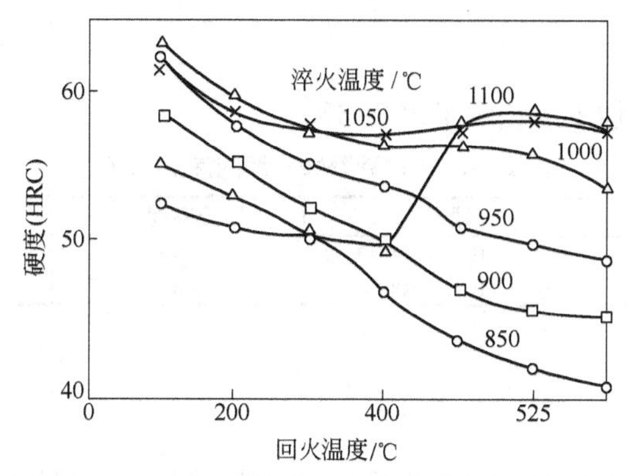

图 2-62 硬度与不同淬火温度下回火温度的关系

表 2-34 Cr6WV 钢推荐的回火规范

方案	加热介质	加热温度/℃	一次回火加热保温时间/h	回火次数	硬度(HRC)
Ⅰ Ⅱ	油、硝盐或碱	150~170 190~210	2~3	1	62~63 58~60
Ⅲ	硝盐、碱或空气炉	第一次回火 500 第二次回火 190~210	2 2	1	57~58 57~58

注:1. 方案Ⅰ和Ⅱ在950~970℃淬火后采用;
2. 方案Ⅲ在990~1010℃淬火后采用;硬度57~58HRC相应于淬火温度990~1010℃。

2.2.3 Cr4W2MoV 钢

Cr4W2MoV 钢是一种新型中合金冷作模具钢,性能比较稳定,其模具的使用寿命较Cr12、Cr12MoV 钢有较大的提高。

Cr4W2MoV 钢的主要特点是共晶碳化物颗粒细小,分布均匀,具有较高的淬透性和淬硬性,并具有较好的耐磨性和尺寸稳定性。经实际使用证明该钢是性能良好的冷作模具用钢,可用于制造各种冲模、冷镦模、落料模、冷挤凹模及搓丝板等工模具。该钢热加工温度范围较窄,变形抗力较大。[7]

2.2.3.1 化学成分

Cr4W2MoV 钢的化学成分示于表 2-35。

表 2-35 Cr4W2MoV 钢的化学成分(GB/T 1299—2000)

化学成分(质量分数)/%								
C	Si	Mn	Cr	W	Mo	V	P	S
1.12~1.25	0.40~0.70	≤0.40	3.50~4.00	1.90~2.00	0.80~1.20	0.80~1.10	≤0.030	≤0.030

2.2.3.2 物理性能

Cr4W2MoV 钢的临界温度示于表 2-36。

表 2-36 Cr4W2MoV 钢的临界温度

临 界 点	A_{c1}	A_{cm}	A_{r1}	M_s
温度(近似值)/℃	~795	~900	~760	142

2.2.3.3 热加工

Cr4W2MoV 钢的热加工工艺示于表 2-37。

表 2-37 Cr4W2MoV 钢的热加工工艺

项 目	加热温度/℃	开锻温度/℃	终锻温度/℃	冷 却 方 式
钢 锭	1150~1180	1060~1100	≥900	坑冷、热砂缓冷或
钢 坯	1130~1150	1040~1060	≥850	炉冷坑冷或热砂缓冷

2.2.3.4 热处理

A 预先热处理

Cr4W2MoV 钢锻压后一般退火工艺示于图 2-63，锻压后等温退火工艺示于图 2-64。

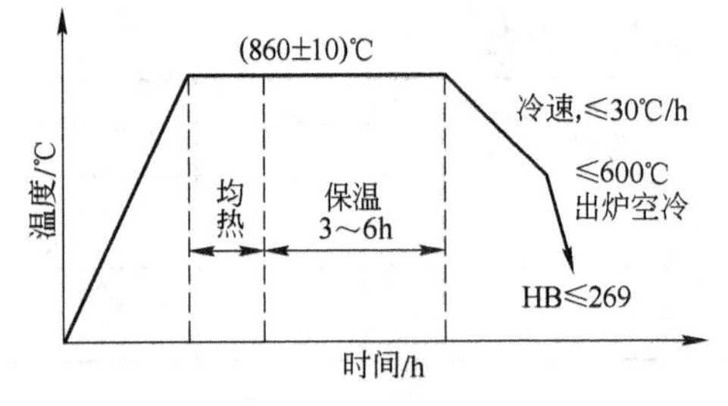

图 2-63 锻压后一般退火工艺

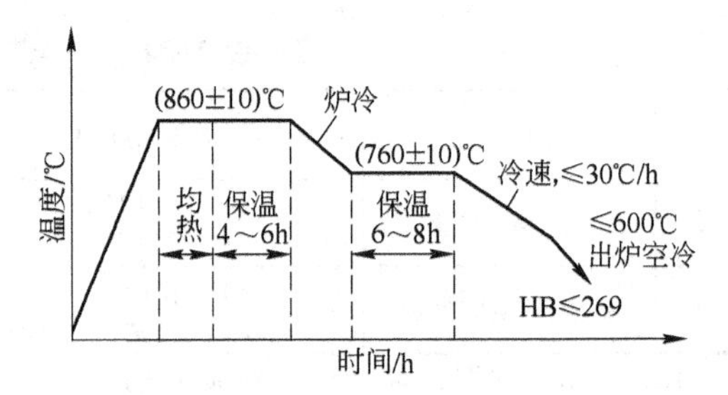

图 2-64 锻压后等温退火工艺

B 淬火

Cr4W2MoV 钢的有关淬火工艺曲线示于图 2-65~图 2-68，推荐的淬火规范示于表 2-38。

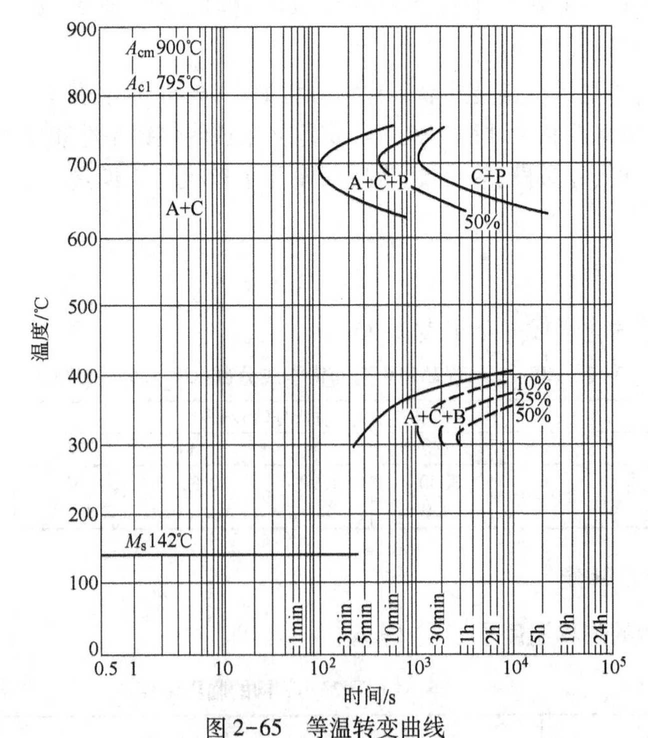

图 2-65 等温转变曲线

（用钢成分(%)：1.18C，0.60Si，0.28Mn，3.87Cr，2.32W，1.10Mo，0.94V，0.07Ni，0.019P，0.009S；原始状态为退火后；奥氏体化温度 960℃）

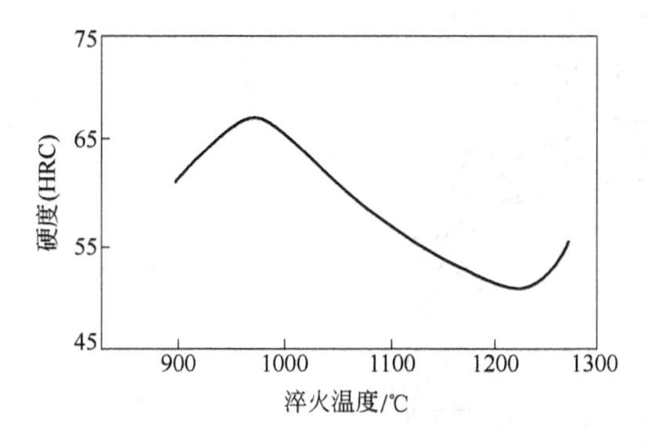

图 2-66 淬火硬度与淬火温度的关系

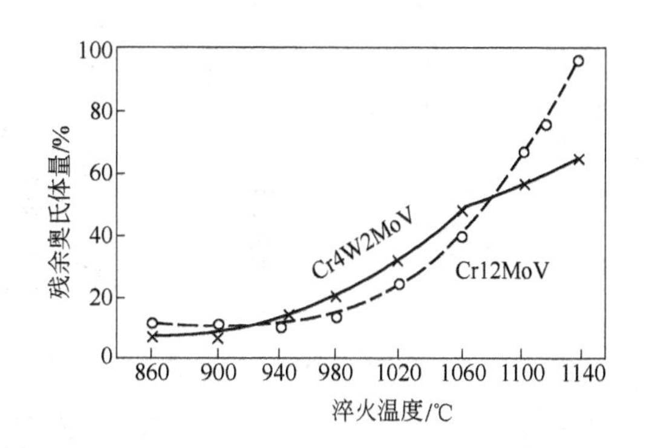

图 2-67 淬火温度对残余奥氏体量的影响

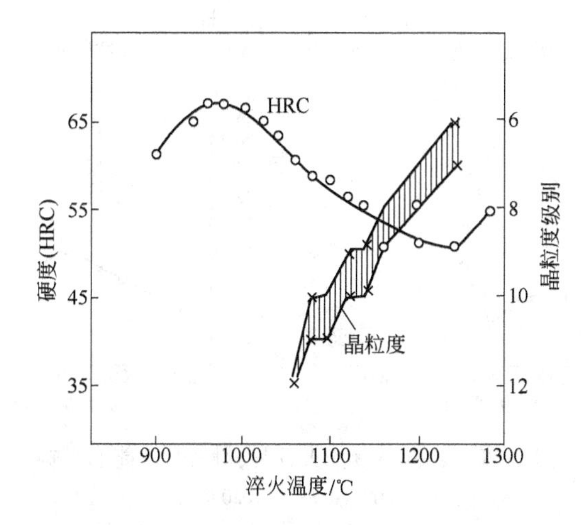

图 2-68 淬火温度对晶粒度级别和硬度的影响

表 2-38 Cr4W2MoV 钢推荐的淬火规范

方 案	加热温度/℃	冷 却		淬火硬度(HRC)
		介 质	介质温度/℃	
Ⅰ	960~980	油或空气	油温 20~60	≥62
Ⅱ	1020~1040	油或空气	油温 20~60	≥62

C 回火

Cr4W2MoV 钢的有关回火曲线示于图 2-69、图 2-70，淬火、回火温度对变形量的影响示于图 2-71，测定变形量用的试样示于图 2-72，推荐的回火规范示于表 2-39。

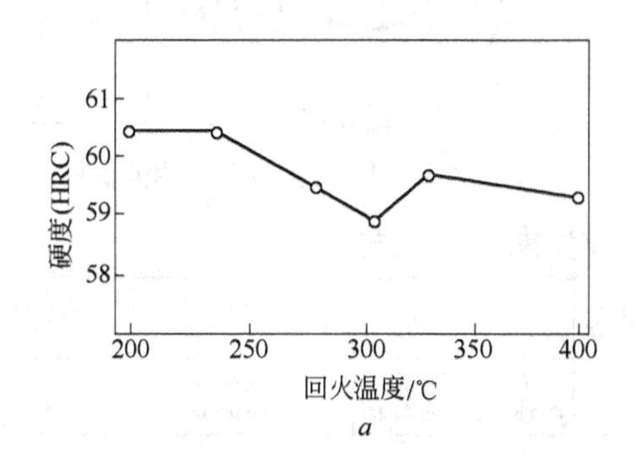

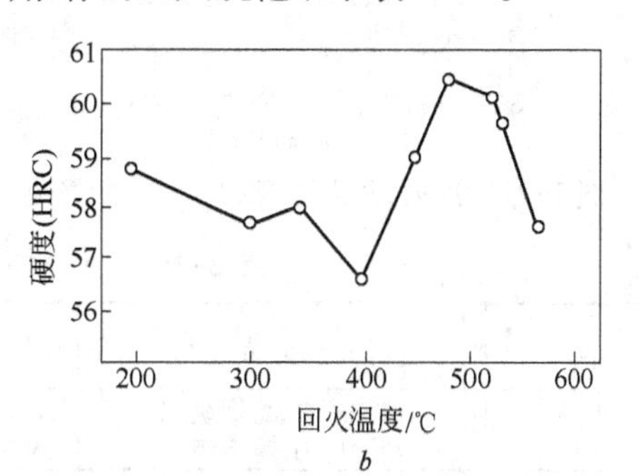

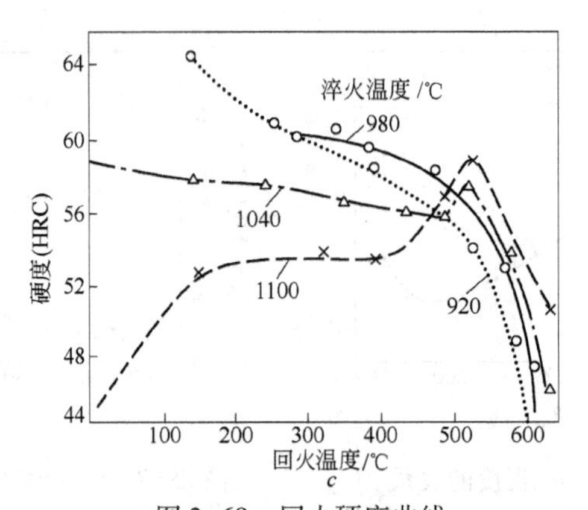

图 2-69 回火硬度曲线

a—960℃加热油淬；*b*—1020℃加热油淬；*c*—920～1100℃加热油淬

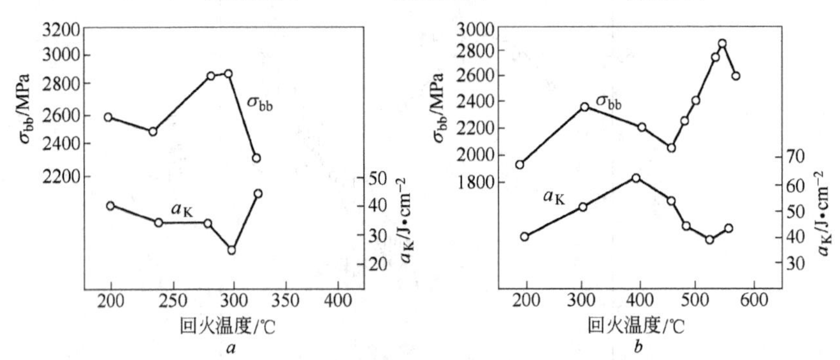

图 2-70 不同温度淬火、回火对力学性能的影响

a—960℃油淬；*b*—1020℃油淬

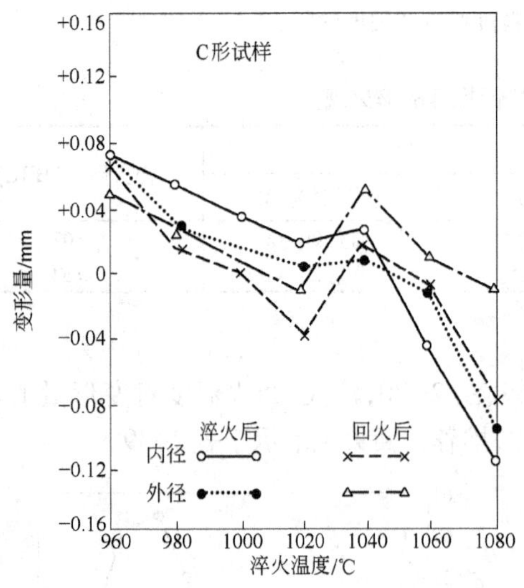

图 2-71 淬火、回火温度对变形量的影响

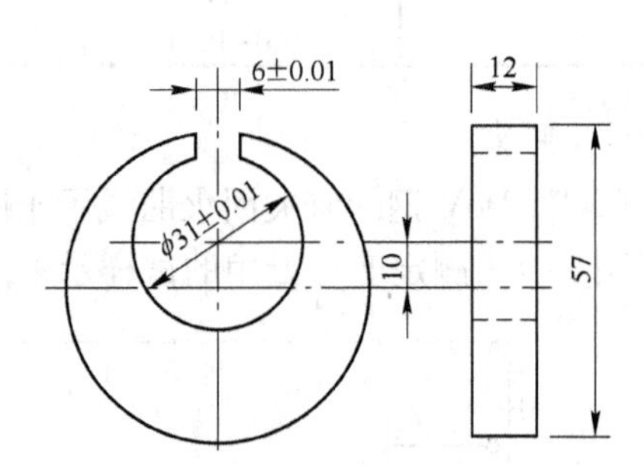

图 2-72 测定变形量用的试样

表 2-39 Cr4W2MoV 钢推荐的回火规范

淬火方案	用　途	回火温度/℃	加热介质	回火次数×保温时间	回火硬度(HRC)
Ⅰ	消除应力,稳定组织	280～300	油或熔融碱	3 次×1 h	60～62
Ⅱ	消除应力,稳定组织	500～540	硝盐、碱或空气炉	3 次×1 h	60～62

2.2.4　Cr2Mn2SiWMoV 钢

Cr2Mn2SiWMoV 钢是一种空冷微变形冷作模具钢。该钢的特点是淬透性高，热处理变形小，其碳化物颗粒小且分布均匀，而且具有较高的力学性能和耐磨性。该钢的缺点是退火工艺较复杂，退火后硬度偏高，脱碳敏感性较大。

Cr2Mn2SiWMoV 钢主要用于制造精密冷冲模具，其使用寿命可超过 Cr12 模具钢。此钢由于其尺寸稳定性好，还可以制造要求热处理变形小的精密量具，以及要求高精度、高耐磨的细长杆状零件和机床导轨等，此外还用于制造冲铆钉孔的凹模，落料冲孔的复式模，硅钢片的单槽冲模等模具。[8]

2.2.4.1　化学成分

Cr2Mn2SiWMoV 钢的化学成分示于表 2-40。

表 2-40　Cr2Mn2SiWMoV 钢化学成分（GB 1299—77）

化学成分（质量分数）/%								
C	Si	Mn	Cr	W	Mo	V	P	S
0.95～1.05	0.60～0.90	1.80～2.30	2.30～2.60	0.70～1.10	0.50～0.80	0.10～0.25	≤0.030	≤0.030

2.2.4.2　物理性能

Cr2Mn2SiWMoV 钢的临界温度示于表 2-41。

表 2-41　Cr2Mn2SiWMoV 钢的临界温度

临界点	A_{c1}	A_{r1}	M_s
温度（近似值）/℃	770	640	190

2.2.4.3　热加工

Cr2Mn2SiWMoV 钢的热加工工艺示于表 2-42。

表 2-42　Cr2Mn2SiWMoV 钢热加工工艺

项　目	加热温度/℃	开锻温度/℃	终锻温度/℃	冷却方式
钢　锭	1140～1160	1040～1060	≥900	缓　冷
钢　坯	1120～1140	1020～1040	≥850	缓　冷

2.2.4.4　热处理

A　预先热处理

Cr2Mn2SiWMoV 钢有关的预先热处理曲线示于图 2-73 和图 2-74。

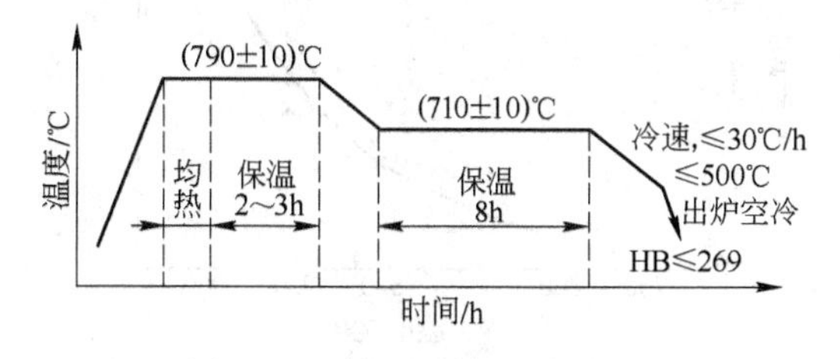

图 2-73　锻压后等温退火工艺

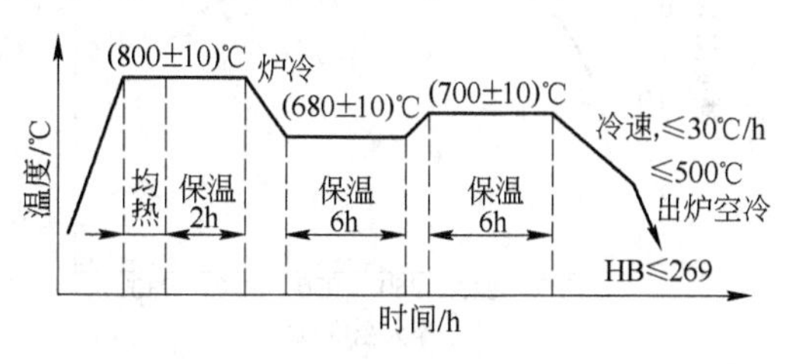

图 2-74　锻压后周期退火工艺

B 淬火

Cr2Mn2SiWMoV 钢不同温度淬火后的变形量示于表 2-43 推荐的淬火规范示于表 2-44，淬火有关的曲线示于图 2-75~图 2~80，测定变形量的"C 形"试样尺寸示于图 2-72。

表 2-43 Cr2Mn2SiWMoV 钢不同温度淬火后的变形量

热处理制度	试样淬火后的变形量/mm		淬火+200℃回火后的变形量/mm	
	槽 口	内 孔	槽 口	内 孔
820℃加热，空冷	+0.073	+0.070	+0.070	+0.071
840℃加热，空冷	+0.070	+0.067	+0.069	+0.071
860℃加热，空冷	+0.032	+0.054	+0.036	+0.053
880℃加热，空冷	+0.069	+0.055	+0.055	+0.048

表 2-44 Cr2Mn2SiWMoV 钢推荐的淬火工艺

淬火方案	淬火加热温度/℃	冷 却		硬度(HRC)
		介 质	介质温度/℃	
Ⅰ	850~870	空 气		60~63
Ⅱ	830~850	油	20~60	60~63

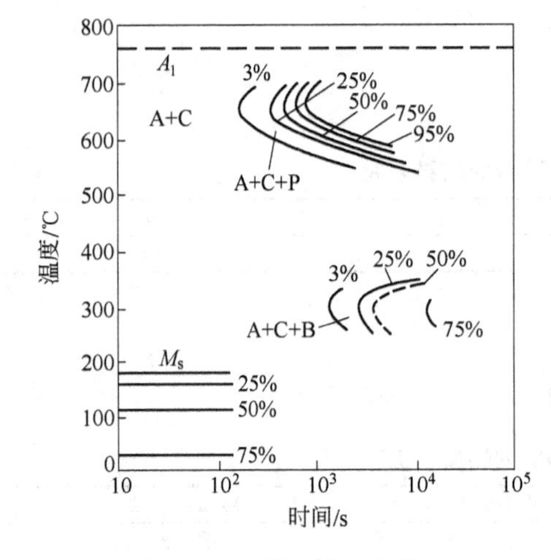

图 2-75 等温转变曲线

（奥氏体化温度 860℃）

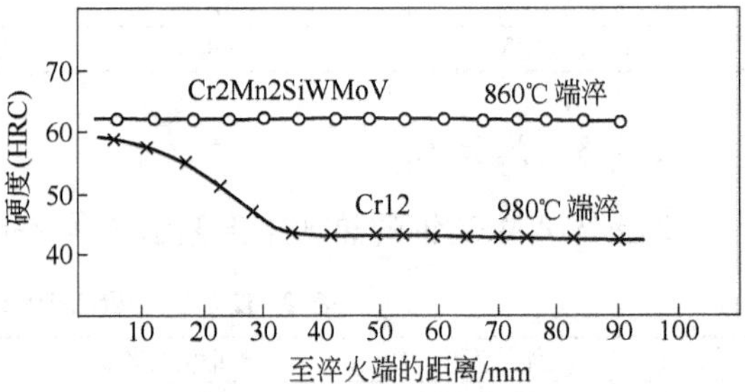

图 2-76 淬透性曲线

（空冷法）

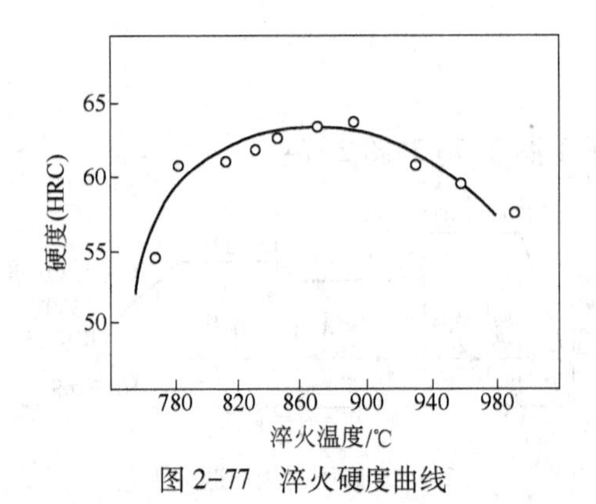

图 2-77 淬火硬度曲线

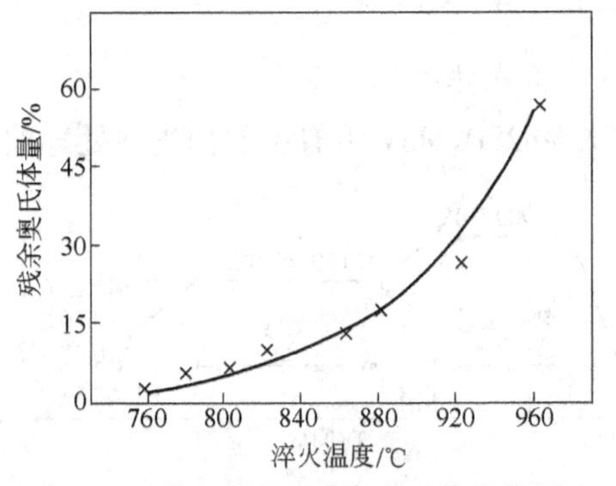

图 2-78 淬火温度对残余奥氏体量的影响

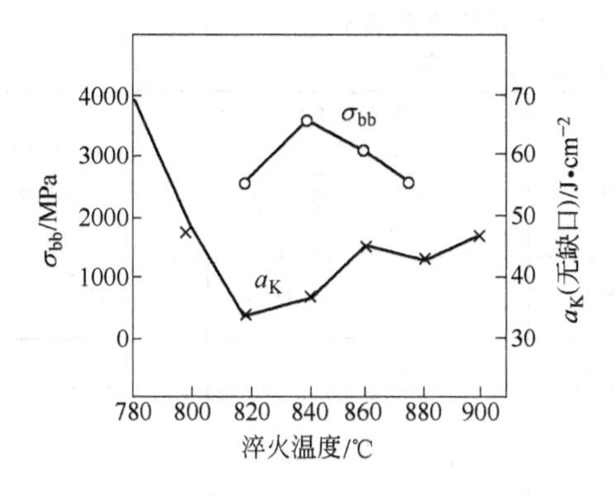

图 2-79 淬火温度对力学性能的影响

（200℃回火 2h）

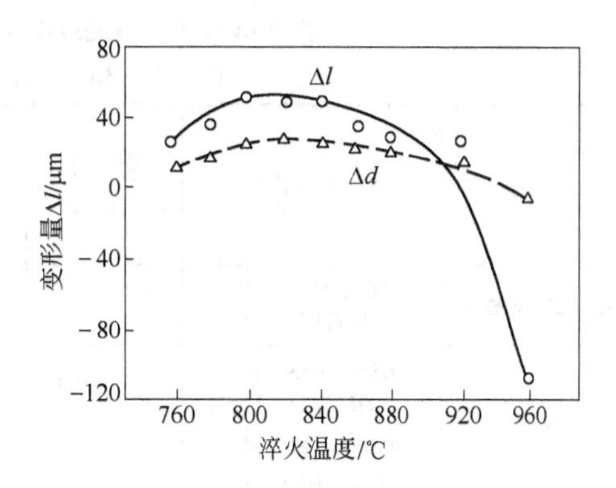

图 2-80 试样尺寸变化与淬火温度的关系

（试样直径 $d=12$ mm，长度 $L=50$ mm）

C 回火

Cr2Mn2SiWMoV 钢有关的回火曲线示于图 2-81～图 2-83，与 Cr12 钢的耐磨性对比示于表 2-45，推荐的回火规范示于表 2-46。

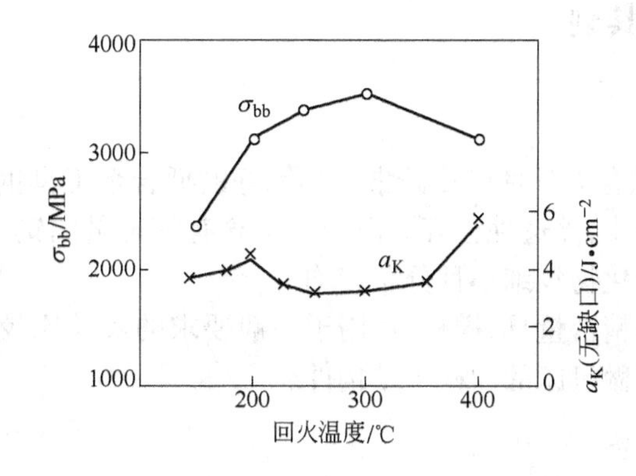

图 2-81 抗弯强度、冲击韧性与回火温度的关系

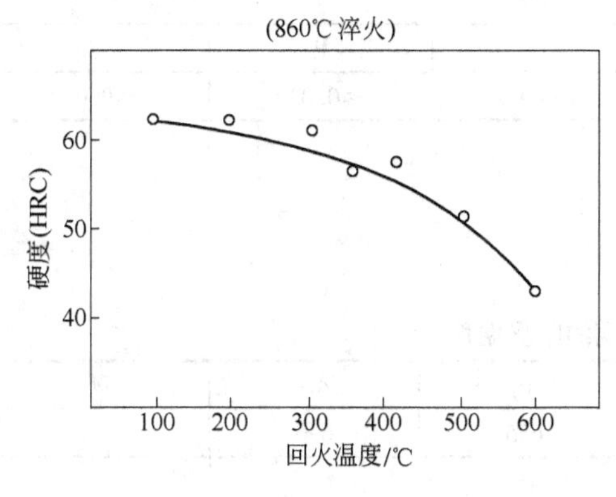

图 2-82 回火硬度曲线

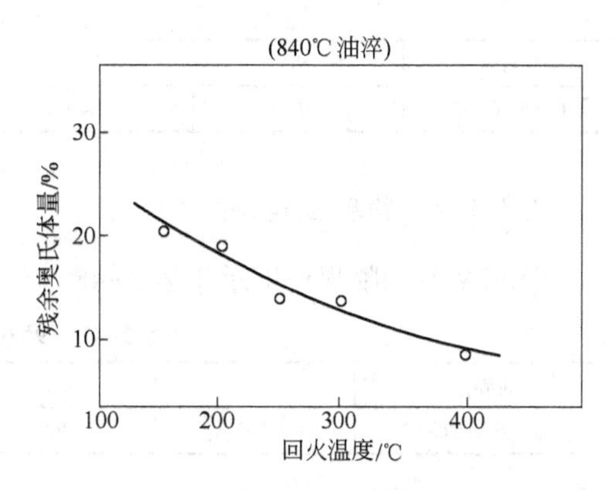

图 2-83 经 860℃加热淬火并在不同温度回火 1h 后的残余奥氏体含量

表 2-45 Cr2Mn2SiWMoV 和 Cr12 钢的耐磨性对比
（在 A-135 型磨损试验机上进行试验）

钢 号	热处理工艺	硬 度（HRC）	磨损量/g	被磨轴 T10A 钢试样		T10A 钢试样与各钢试样的磨损比值
				硬 度（HRC）	磨损量/g	
Cr2Mn2SiWMoV	860℃加热空冷，180℃回火 1h	61.5~62	0.0065	61.5~62	0.0216	1/3.32
Cr12	920℃加热空冷，180℃回火 1h	61.5~62	0.0047	61.5~62	0.0102	1/2.2
	960℃加热空冷，180℃回火 1h	65	0.0008	65	0.0012	1/1.5

表 2-46 Cr2Mn2SiWMoV 钢推荐的回火工艺

淬火方案	回火温度/℃	回火加热介质	回火次数	回火时间/h	回火后的硬度(HRC)
Ⅰ	180~200	油	1	1~1.5	62~64
Ⅱ	180~200	油	1	1~1.5	62~64

2.3 低合金冷作模具钢

2.3.1 9Mn2V 钢

9Mn2V 钢是一种综合力学性能比碳素工具钢好的低合金工具钢，它具有较高的硬度和耐磨性。淬火时变形较小，淬透性很好。由于钢中含有一定量的钒，细化了晶粒，减小了钢的过热敏感性。同时碳化物较细小且分布较均匀。[9]

该钢适于制造各种精密量具、样板，也用于一般要求的尺寸比较小的冲模及冷压模、雕刻模、落料模等，还可以做机床的丝杆等结构件。

2.3.1.1 化学成分

9Mn2V 钢的化学成分示于表 2-47。

表 2-47 9Mn2V 钢化学成分（GB/T 1299—2000）

化学成分（质量分数）/%					
C	Si	Mn	V	P	S
0.85~0.95	≤0.40	1.70~2.00	0.10~0.25	≤0.030	≤0.030

2.3.1.2 物理性能

9Mn2V 钢的临界温度示于表 2-48。

表 2-48 9Mn2V 钢的临界温度

临界点	A_{c1}	A_{cm}	A_{r1}	A_{r3}	M_s
温度（近似值）/℃	730	760	655	690	125

2.3.1.3 热加工

9Mn2V 钢的热加工工艺示于表 2-49。

表 2-49 9Mn2V 钢的热加工工艺

项 目	加热温度/℃	开锻温度/℃	终锻温度/℃	冷却方式
钢 锭	1140~1180	1100~1150	800~850	坑冷或热砂缓冷
钢 坯	1080~1120	1050~1100	800~850	坑冷或热砂缓冷

2.3.1.4 热处理

A 预先热处理

9Mn2V 钢的锻后一般退火工艺示于图 2-84,锻后等温退火工艺示于图 2-85。

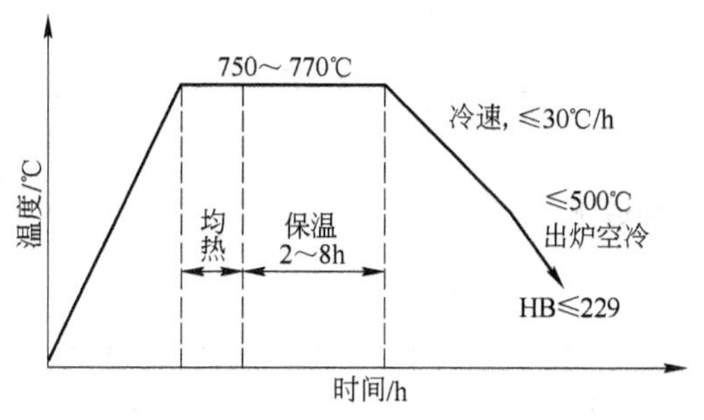

图 2-84 锻压后一般退火工艺

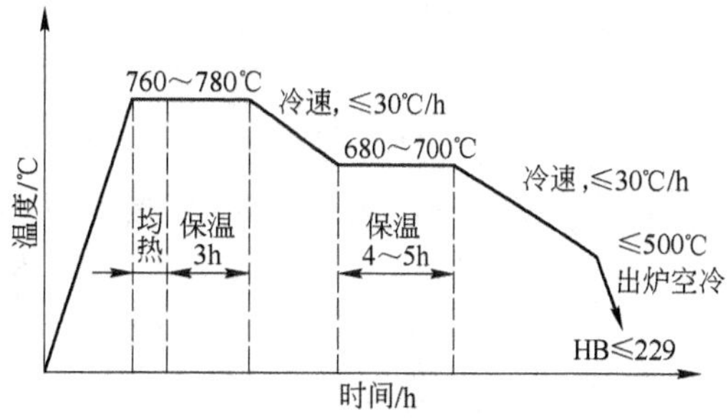

图 2-85 锻压后等温退火工艺

B 淬火

9Mn2V 钢推荐的淬火规范示于表 2-50,有关淬火曲线示于图 2-86~图 2-92。

表 2-50 推荐的淬火规范

淬火温度/℃	冷却介质	硬度(HRC)
780~820	油	≥62

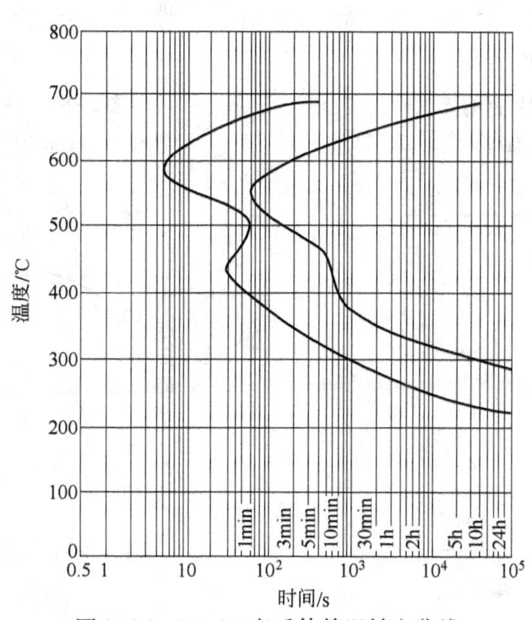

图 2-86 9Mn2V 奥氏体等温转变曲线

(试验钢成分(%):0.98 C,1.68 Mn,0.26 Si,0.19V)

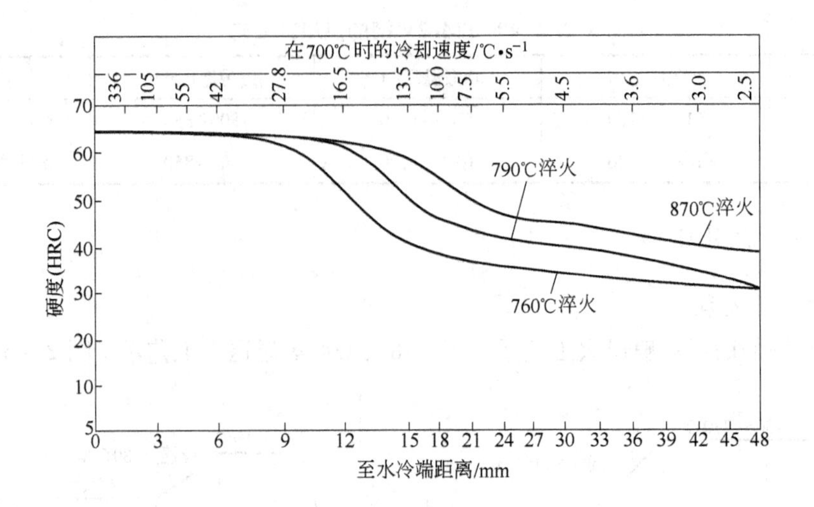

图 2-87 9Mn2V 淬透性
（末端淬火）

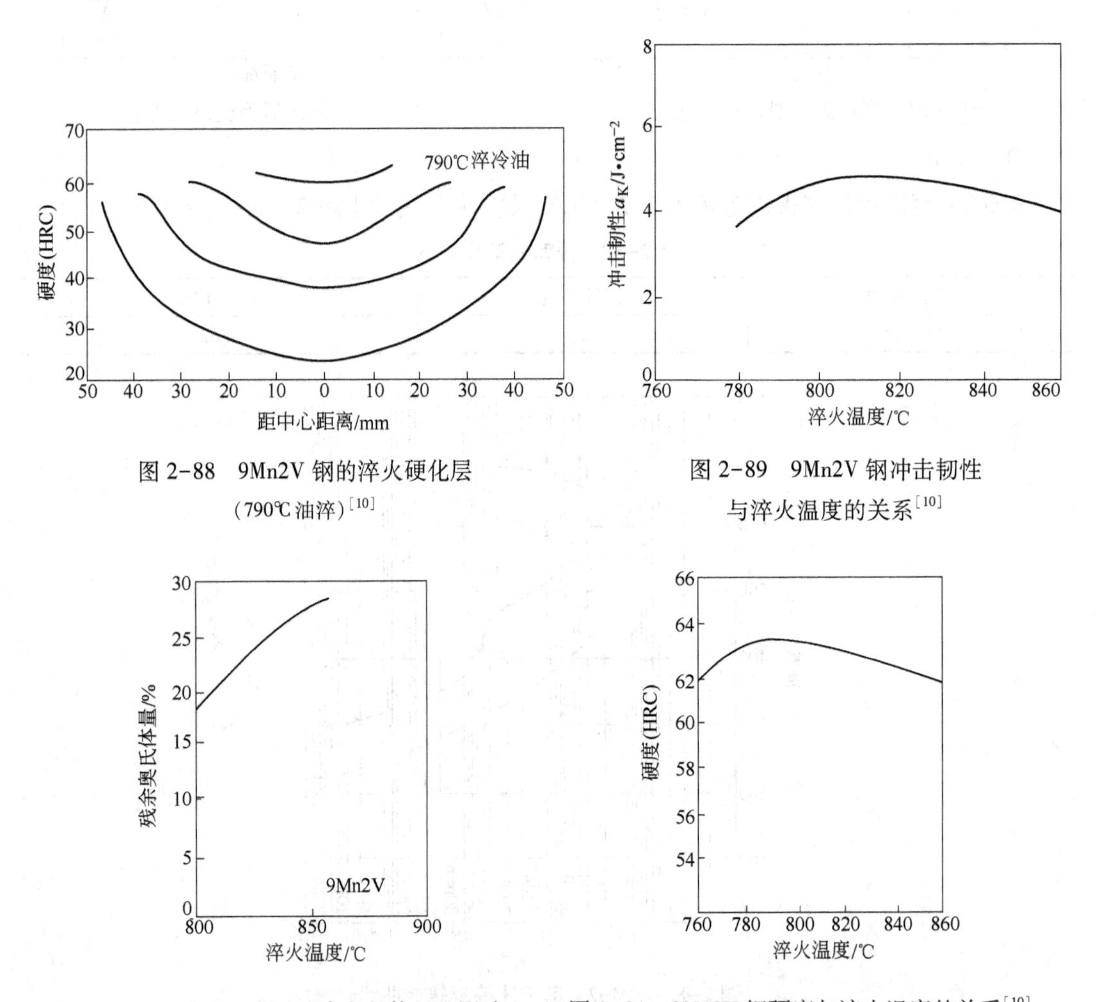

图 2-88 9Mn2V 钢的淬火硬化层
（790℃油淬）[10]

图 2-89 9Mn2V 钢冲击韧性
与淬火温度的关系[10]

图 2-90 淬火温度对残余奥氏体量的影响

图 2-91 9Mn2V 钢硬度与淬火温度的关系[10]

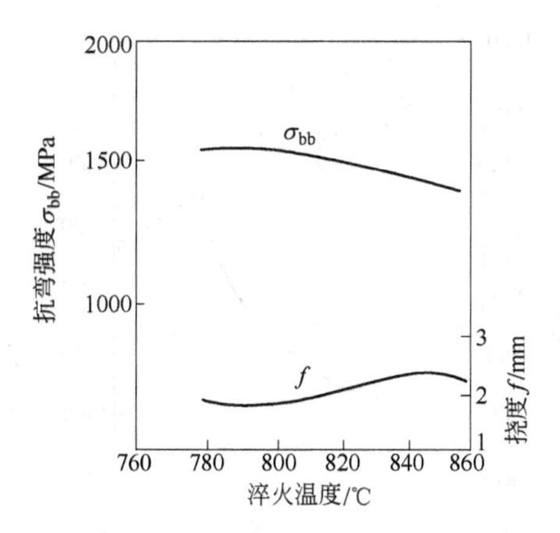

图 2-92 9Mn2V 钢抗弯强度和挠度与淬火温度的关系[10]

C 回火

9Mn2V 钢的回火有关曲线示于图 2-93～图 2-97，推荐的回火规范示于表 2-51。

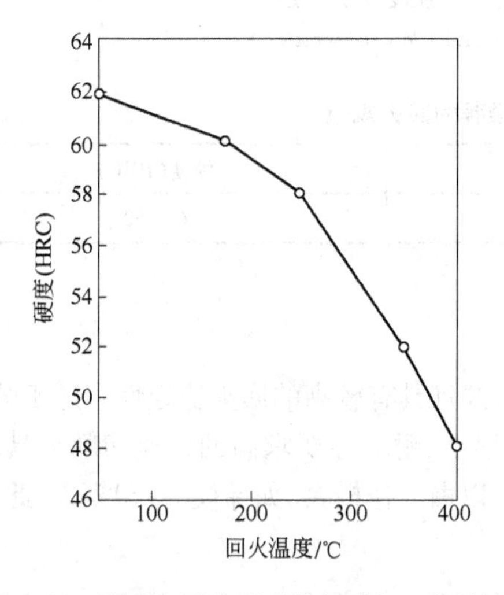

图 2-93 硬度与回火温度的关系(790℃油淬)

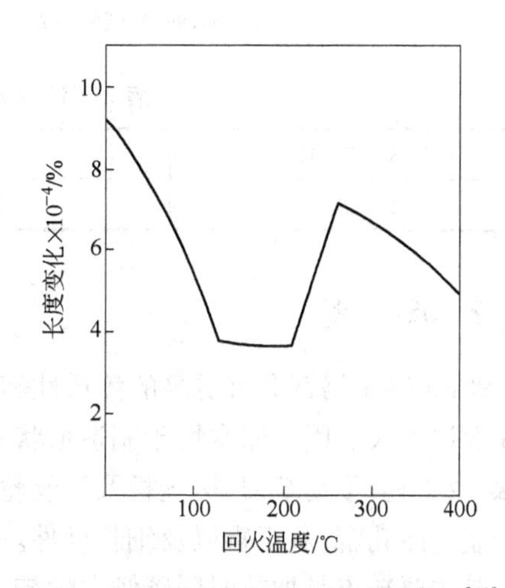

图 2-94 长度变化与回火温度的关系[10]

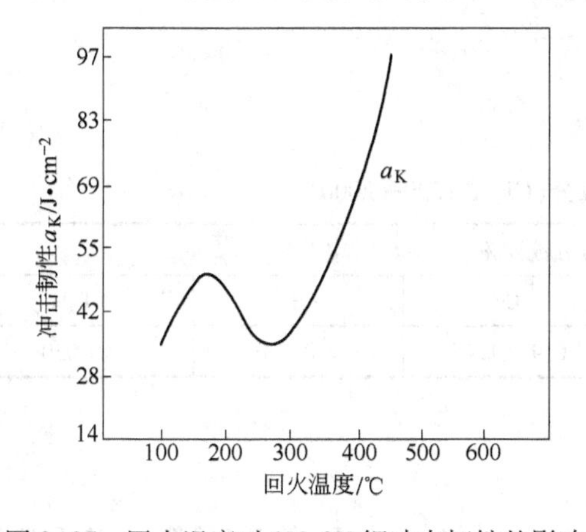

图 2-95 回火温度对 9Mn2V 钢冲击韧性的影响(770℃淬火)[10]

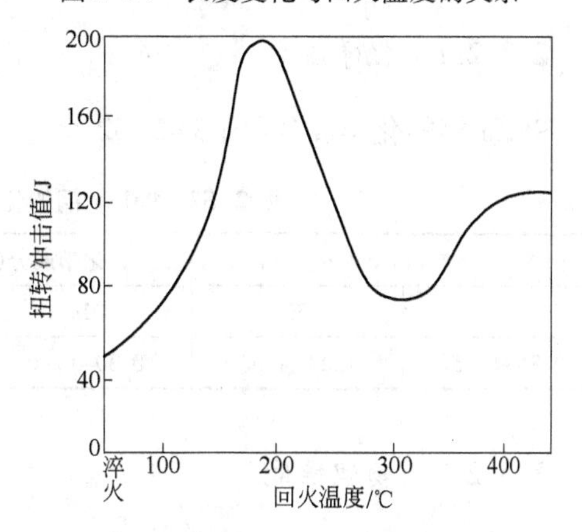

图 2-96 9Mn2V 扭转冲击值与回火温度的关系

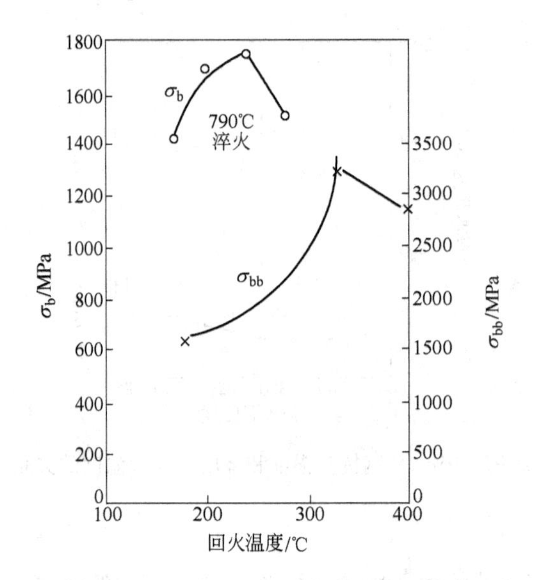

图 2-97 不同温度回火后的拉伸强度和抗弯强度

（790℃油淬；试验钢成分（%）：0.91C，1.87 Mn，0.34 Si，0.18V）

表 2-51 9Mn2V 钢推荐的回火规范

回火温度/℃	冷却介质	硬度（HRC）
150~200	空 气	60~62

2.3.2 9SiCr 钢

9SiCr 钢比铬钢具有更高的淬透性和淬硬性，并且具有较高的回火稳定性。适于分级淬火或等温淬火。因此通常用于制造形状复杂、变形小、耐磨性要求高的低速切削刃具，如钻头、螺纹工具、手动绞刀、搓丝板及滚丝轮等；也可以做冷作模具，如冲模、打印模等，此外，还用于制造冷轧辊，矫正辊以及细长杆件。

其主要缺点是加热时脱碳倾向性较大[1]。

2.3.2.1 化学成分

9SiCr 钢的化学成分示于表 2-52。

表 2-52 9SiCr 钢的化学成分（GB/T 1299—2000）

化学成分（质量分数）/%					
C	Si	Mn	Cr	S	P
0.85~0.95	1.20~1.60	0.30~0.60	0.95~1.25	≤0.030	≤0.030

2.3.2.2 物理性能

9SiCr 钢的临界温度示于表 2-53，密度为 7.80 t/m³；矫顽力 H_c 为 795.8 A/m；饱和磁感 B_s 为 1.78~1.82T。

表 2-53 9SiCr 钢的临界温度

临界点	A_{c1}	A_{cm}	A_{r1}
温度(近似值)/℃	770	870	730

2.3.2.3 热加工

9SiCr 钢的热加工工艺示于表 2-54。

表 2-54 9SiCr 钢的热加工工艺

项目	加热温度/℃	开锻温度/℃	终锻温度/℃	冷却
钢锭	1150~1200	1100~1150	880~800	缓冷(砂冷或坑冷)
钢坯	1100~1150	1050~1100	850~800	缓冷(砂冷或坑冷)

2.3.2.4 热处理

A 预先热处理

9SiCr 钢的有关预先热处理曲线示于图 2-98~图 2-102,需要说明的是:

(1) 退火加热保温时间,在全部炉料加热到温后为 1~2 h;等温保温为 3~4 h;

(2) 高温回火用于消除冷变形加工硬化;保温时间在全部炉料加热到温后为 2~4 h;

(3) 正火用于细化过热钢的晶粒和消除碳化物网;

(4) 当钢材退火硬度低于 183HB 时,可用调质处理来提高切削表面光洁度。

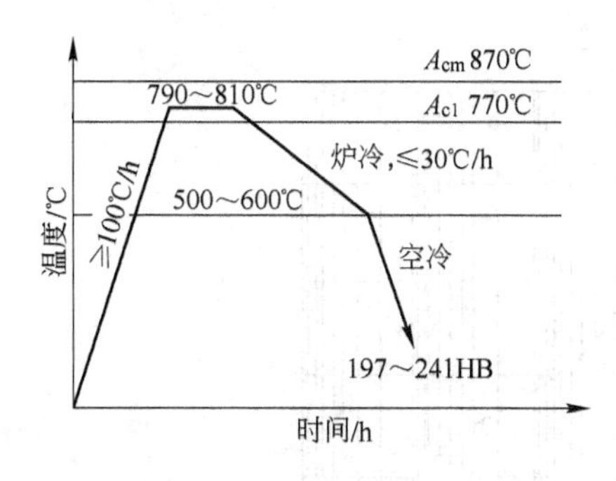

图 2-98 锻压后退火

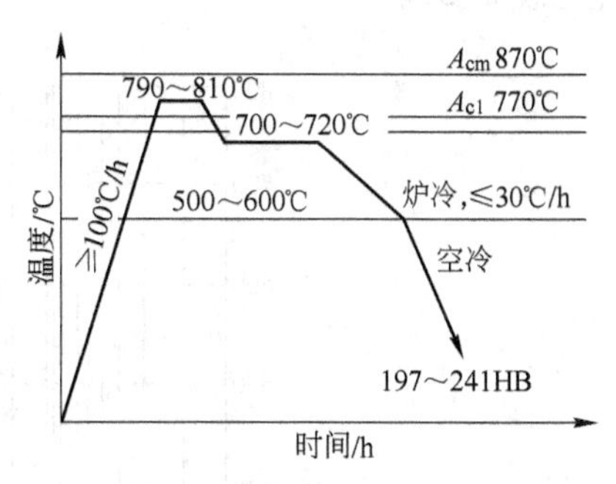

图 2-99 锻压后等温退火

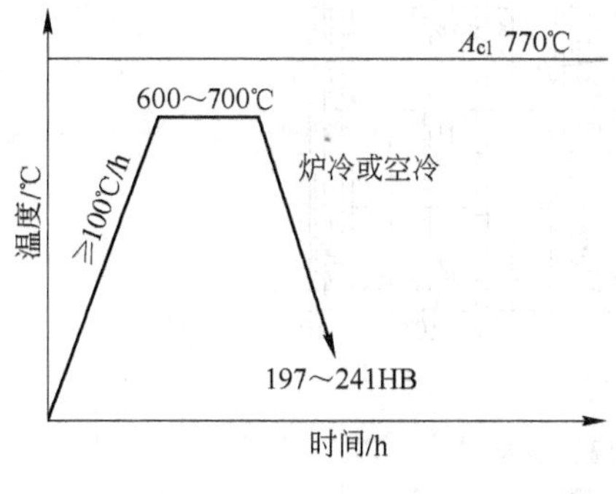

图 2-100 高温回火

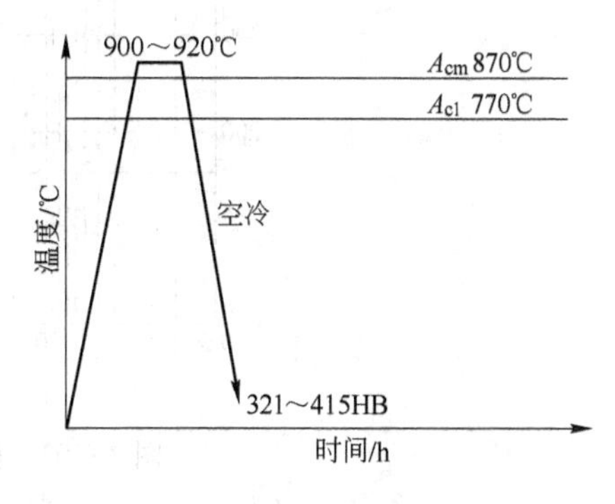

图 2-101 正火

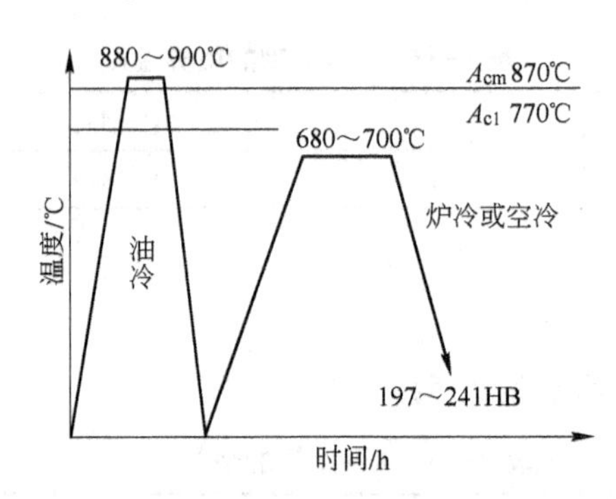

图 2-102 调质处理

9SiCr 钢退火前后的相成分、硬度和组织示于表 2-55。

表 2-55 9SiCr 钢退火前后的相成分、硬度和组织

硬度				相成分(质量分数)/%			组织	
未退火		退火后		铁素体	碳化物	碳化物形式	未退火	退火后
压痕直径/mm	HB	压痕直径/mm	HB					
3.4~3.0	321~415	4.3~3.9	197~241	87.3~85.8	12.7~14.2	Fe_3C	屈氏体+索氏体	球化体

B 淬火

9SiCr 钢淬火的有关曲线示于图 2-103~图 2-113,推荐的淬火规范示于表 2-56,冷处理情况见表 2-57。

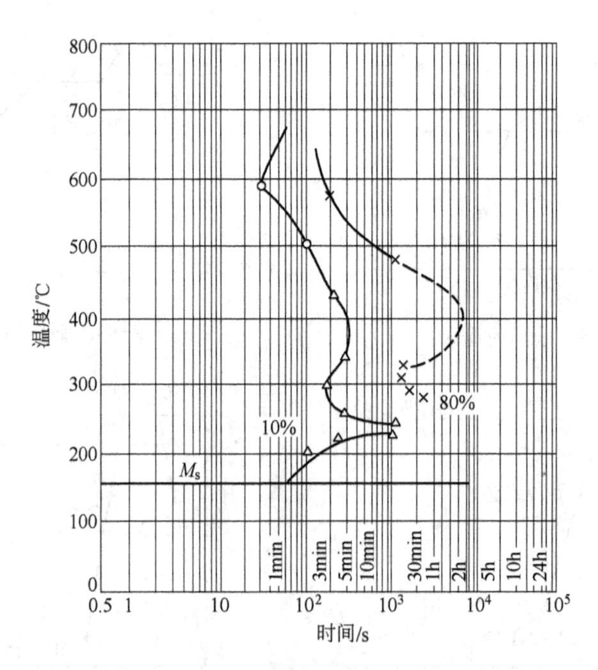

图 2-103 奥氏体等温转变曲线

(奥氏体化温度 875℃)

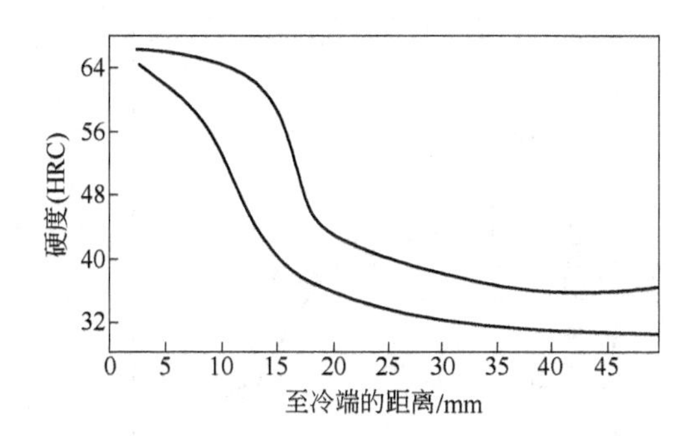

图 2-104 淬透性曲线

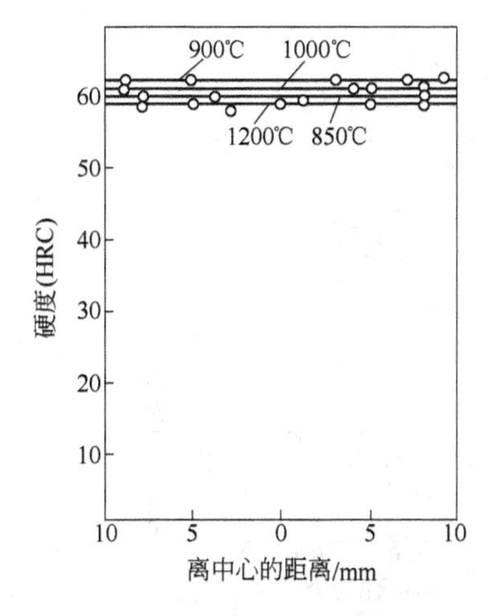

图 2-105 经不同温度淬火的试样沿直径上的硬度变化

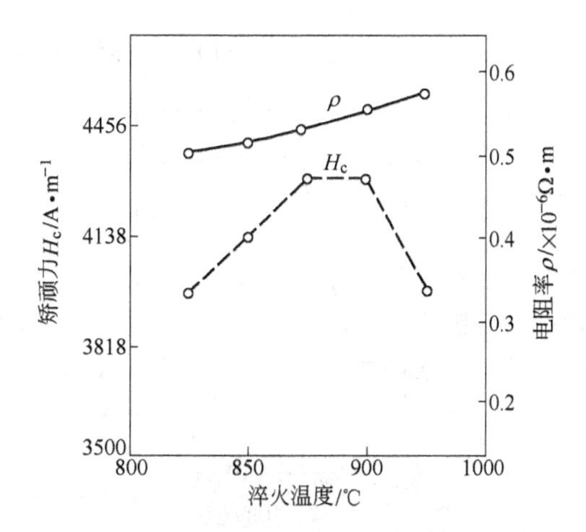

图 2-106 物理性质与淬火温度的关系

表 2-56 9SiCr 钢推荐的淬火规范

方 案	淬火温度/℃	冷 却				硬度(HRC)
		介 质	介质温度/℃	延续时间(或温度)	冷却至室温	
Ⅰ	860~880	油	20~40	至油温	在空气中	62~65
Ⅱ	860~880	油	80~140	至 150~200℃		62~65
Ⅲ	860~880	熔融的硝盐或碱中	150~200	3~5 min		61~63
Ⅳ	860~880	熔融的硝盐或碱中	150~200	30~60 min		59~62

注:形状复杂以及要求变形最小的工件,采用方案Ⅲ和Ⅳ。

表 2-57 9SiCr 钢的冷处理

淬火方案	冷却温度/℃	用 途	硬度增量(ΔHRC)
Ⅰ~Ⅲ	-70	高精度工具尺寸稳定化	0~1

注:冷处理不迟于淬火后 1 h 进行。

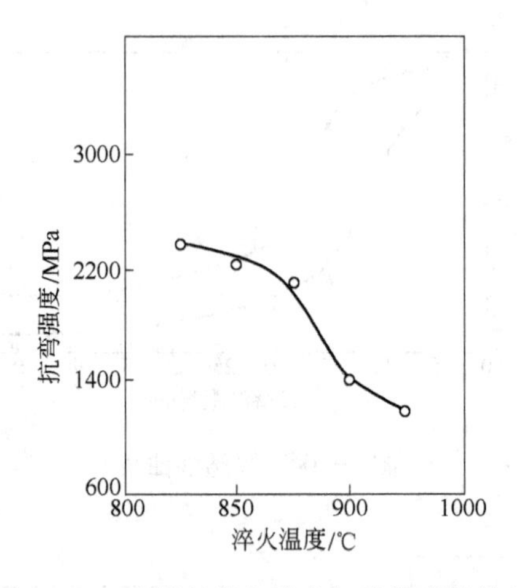

图 2-107 力学性能与淬火加热温度的关系

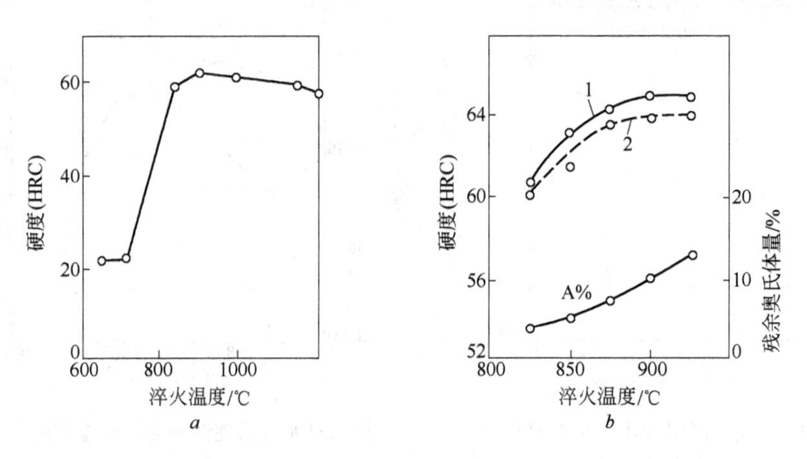

图 2-108 硬度及残余奥氏体量与淬火温度的关系

1—油冷;2—硝盐冷却

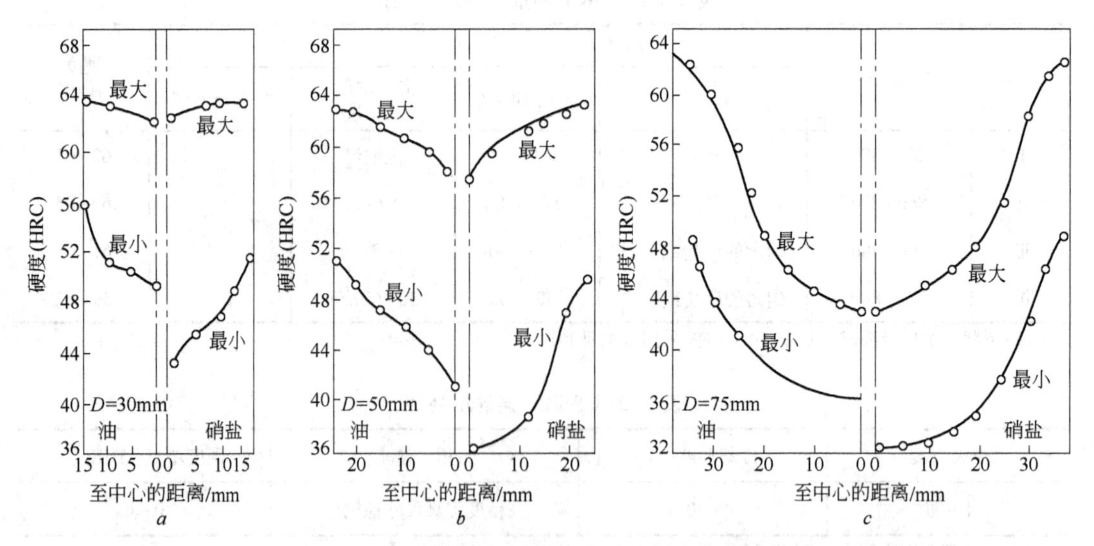

图 2-109 不同直径试样淬火后的硬度分布曲线

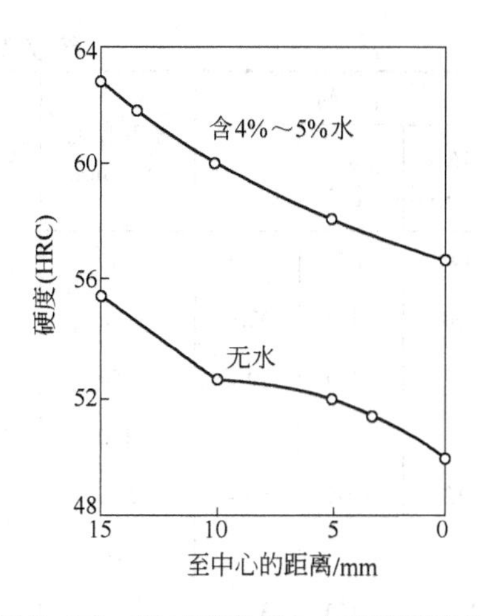

图 2-110 沿试样直径方向的硬度变化
（冷却介质为 50%$NaNO_3$+50%$NaNO_2$，
温度为 160~180℃）

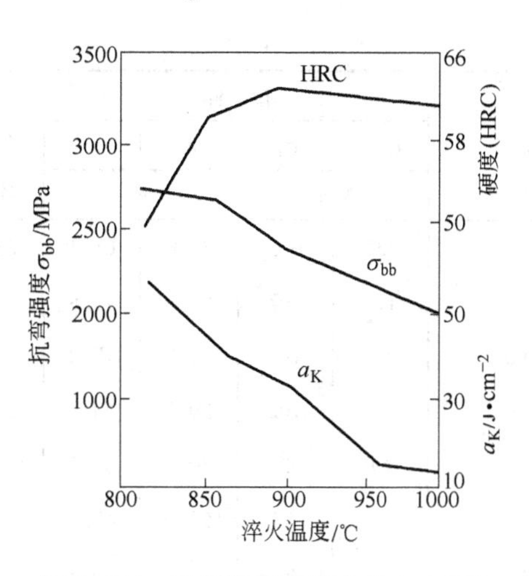

图 2-111 经不同温度淬火并在 160℃
回火后的力学性能

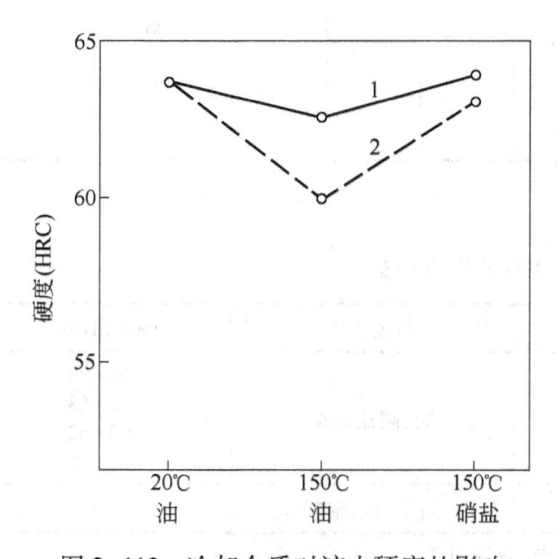

图 2-112 冷却介质对淬火硬度的影响
（860~880℃加热，在不同温度介质中冷却；
150℃介质中停留 3 min 后空冷）
1—直径 15 mm；2—直径 20 mm

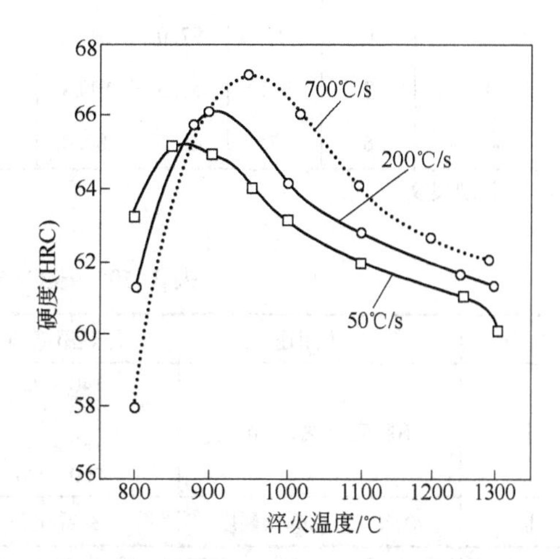

图 2-113 高频加热淬火时不同温度淬火的
（表面层）硬度变化曲线

C 回火

9SiCr 钢的回火有关曲线示于图 2-114~图 2-119，在不同温度下的力学性能示于表 2-58，推荐的回火规范示于表 2-59。

表 2-58 9SiCr 钢在不同温度条件下的力学性能

试验温度/℃	拉伸				压缩	扭转			冲击值 a_K /J·cm^{-2}	硬度(HB)
	$\sigma_{0.2}$	σ_b	δ	ψ	σ_{bc}	M_K /N·m	φ /(°)	l		
	MPa		%		MPa					
20	456	805	26.2	54.2	3610	155	435	7.7	40	243
200	330	722	21.9	47.7	2660	141	396	6.9	90	218

续表 2-58

试验温度/℃	拉伸				压缩	扭转			冲击值 a_K /J·cm^{-2}	硬度(HB)
	$\sigma_{0.2}$	σ_b	δ	ψ	σ_{bc}	M_K /N·m	φ /(°)	l		
	MPa		%		MPa					
400	335	635	32.0	63.4	1830①	144	332	6.6	100	213
600	176	207	51.5	76.8	1900	64	1990	32.9	90	172
700	85	100	58.0	77.2		27	2270	39.5	150	53
750	73	102	59.3	68.4	223①				370	44.6
800	67	87	70.6	62.5	265①	12	3300	57.4	360	29.3
850	46	67	51.0	48.3	230①				320	33.6
900	42	52	39.7	30.2	265①	11.5	2250	39.2	280	22.7
1000	24	30	22.0	26.7		7.5	935	16.3	222	19.0
1100	15	20	41.5	53.0		4	1390	24.2	158	7.4
1200	6	11	87.0	100.0					106	4.2
1250	7	9.7	56.5	100.0					77	
1300	6	7	46.5	87.0						

① 未发现裂纹。

表 2-59 9SiCr 钢推荐的回火规范

方案	回火用途	加热温度/℃	加热介质	硬度(HRC)
Ⅰ	消除应力,稳定组织	140~160 160~180 180~200 200~220	油、硝盐或碱	62~65 61~63 60~62 58~62
Ⅱ	消除应力和降低硬度	参看注 2	硝盐、碱、空气	—

注:1. 高精度(1~2μm)工件,在粗磨加工后,应当再次回火(时效);
2. 回火硬度低于 58HRC 的规范按图 2-118 选择;
3. 高于 200~250℃回火时,不用冷处理即可同时保证产品尺寸的稳定性。

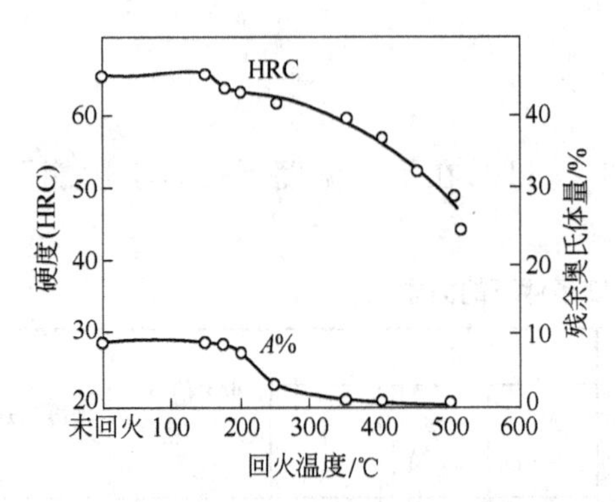

图 2-114 硬度及残余奥氏体与回火温度的关系
(870℃淬火,油冷,回火 1h)

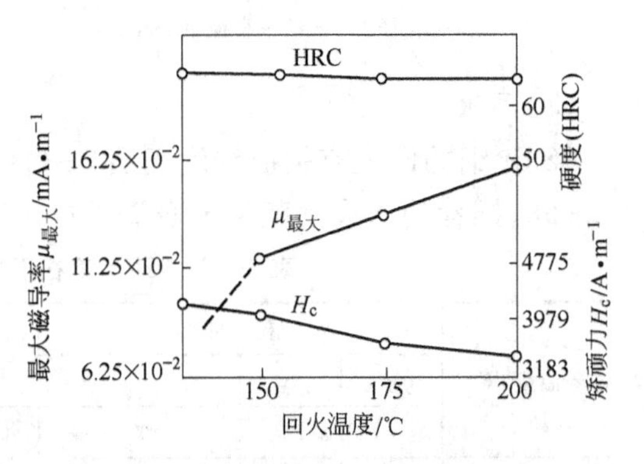

图 2-115 物理性质与回火温度的关系
(淬火温度:860℃;原始组织:球化体)

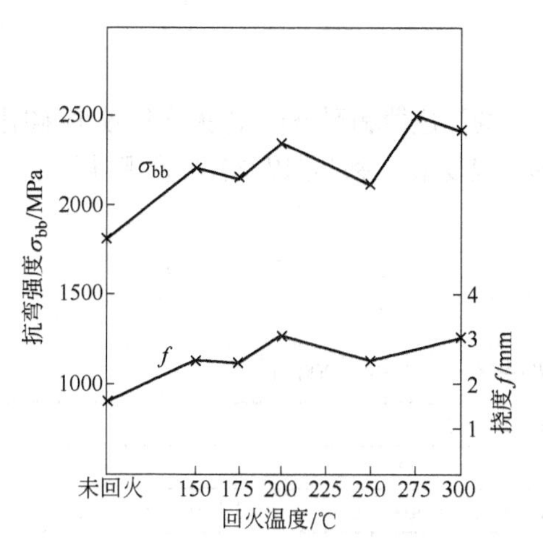

图2-116　抗弯强度与回火温度的关系

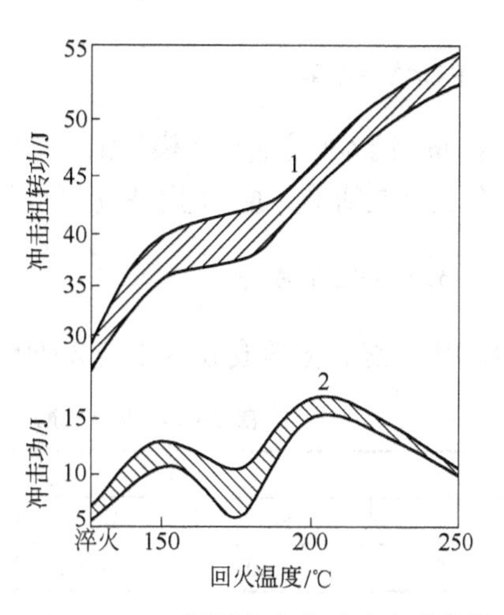

图2-117　9SiCr钢回火温度对冲击功的影响

（淬火温度870℃）[11]

1—冲击扭转；2—冲击弯曲

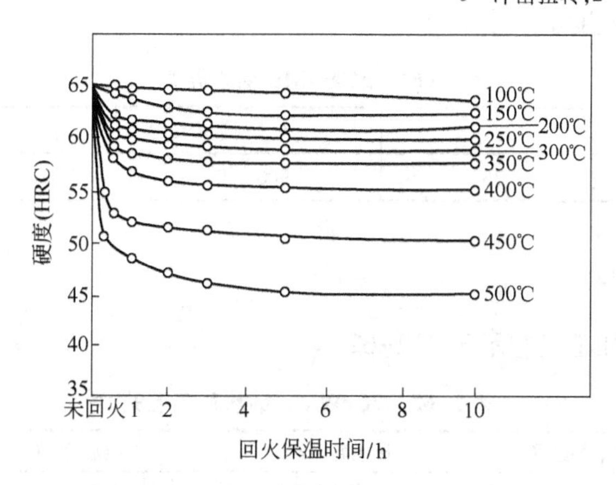

图2-118　硬度与回火保温时间的关系

（淬火温度870℃，油冷）

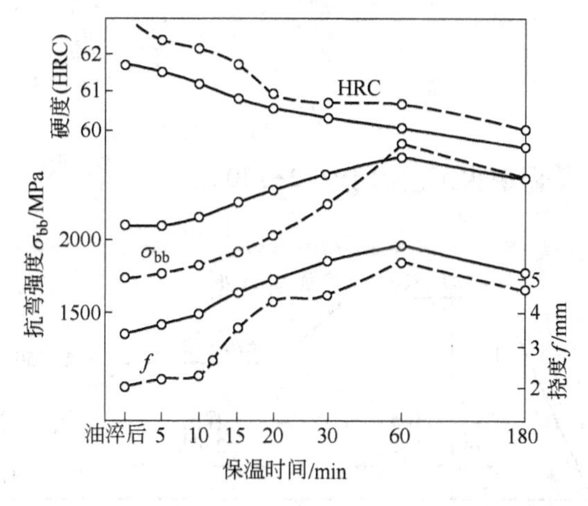

图2-119　自875℃加热后于160℃等温停留不同时间后空冷的力学性能（实线）及经180℃回火60min后的力学性能（虚线）

2.3.3 9CrWMn 钢

9CrWMn 钢为低合金冷作模具钢。该钢具有一定的淬透性和耐磨性,淬火变形较小,碳化物分布均匀且颗粒细小。通常用于制造截面不大而形状较复杂的冷冲模以及各种量规量具等。

2.3.3.1 化学成分

9CrWMn 钢的化学成分示于表 2-60。

表 2-60 9CrWMn 钢化学成分(GB/T 1299—2000)

化学成分(质量分数)/%						
C	Si	Mn	Cr	W	P	S
0.85~0.95	≤0.40	0.90~1.20	0.50~0.80	0.50~0.80	≤0.030	≤0.030

2.3.3.2 物理性能

9CrWMn 钢临界温度示于表 2-61。

表 2-61 9CrWMn 钢临界温度

临界点	A_{c1}	A_{cm}	A_{r1}	M_s
温度(近似值)/℃	750	900	700	205

2.3.3.3 热加工

9CrWMn 钢的热加工工艺示于表 2-62。

表 2-62 9CrWMn 钢热加工工艺

项 目	加热温度/℃	开锻温度/℃	终锻温度/℃	冷却方式
钢 锭	1150~1200	1100~1150	≥850	缓 冷
钢 坯	1100~1150	1050~1100	≥850	缓 冷

2.3.3.4 热处理

A 预先热处理

9CrWMn 钢锻压后等温退火工艺示于图 2-120。

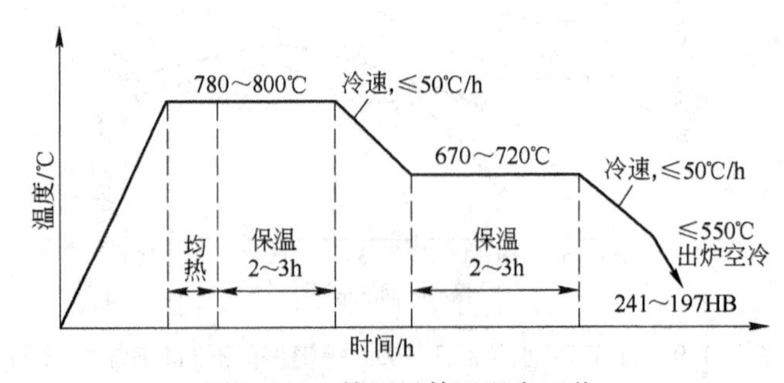

图 2-120 锻压后等温退火工艺

B 淬火

9CrWMn 钢推荐的淬火规范示于表 2-63,有关淬火曲线示于图 2-121、图 2-122。

表 2-63 9CrWMn 钢推荐的淬火规范

预热温度/℃	加热温度/℃	冷却			硬度(HRC)
		介质	介质温度/℃	冷却至	
650	820~840	油	20~60	油温	64~66

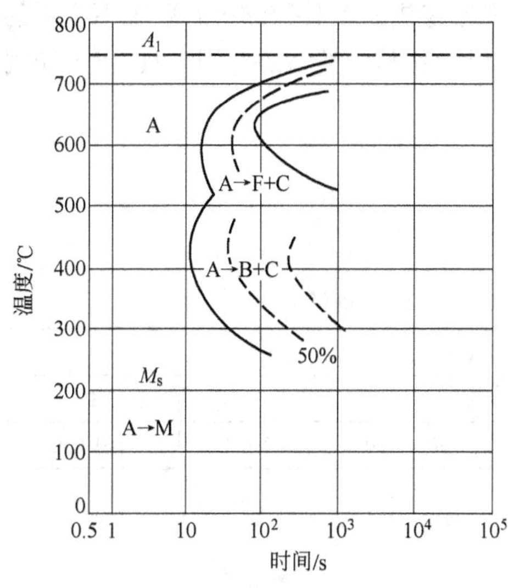

图 2-121 等温转变曲线

(奥氏体化温度 810℃)

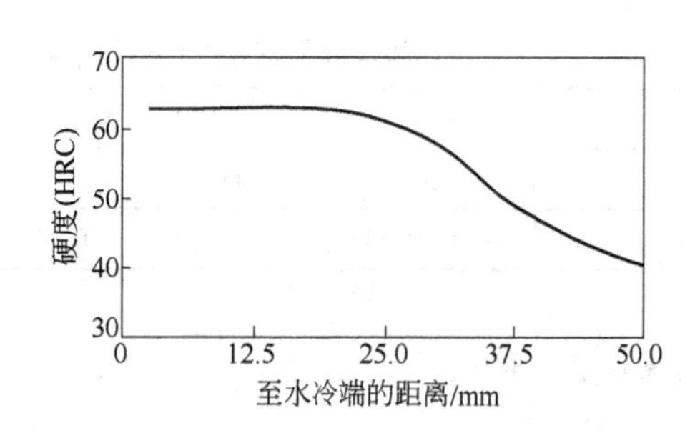

图 2-122 淬透性曲线

(用钢成分(%):0.93C,1.12Mn,0.66Cr,0.72W;830℃加热端淬)

C 回火

9CrWMn 钢的回火硬度曲线示于图 2-123,推荐的回火规范示于表 2-64。

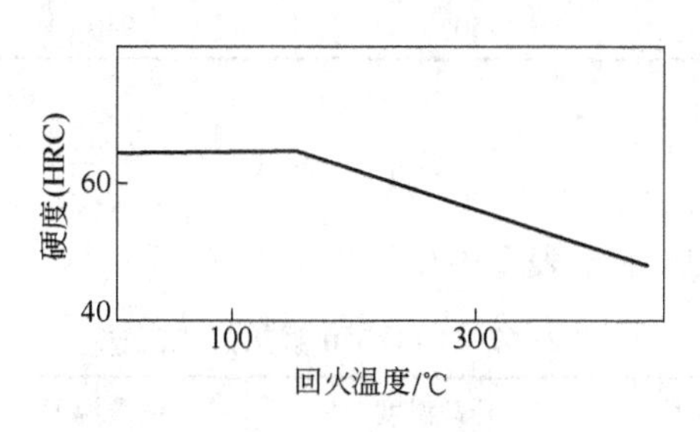

图 2-123 回火硬度曲线

(840℃油淬,回火保温 90 min)

表 2-64 9CrWMn 钢推荐的回火规范

加热温度/℃	加热介质	冷却介质	硬度(HRC)
160~180	油	空气	≥61
170~230	油	空气	60~62
230~275	油或碱水	空气	56~60

2.3.4 CrWMn钢

CrWMn钢具有高淬透性。由于钨形成碳化物，这种钢在淬火和低温回火后具有比铬钢和9SiCr钢更多的过剩碳化物和更高的硬度及耐磨性。此外，钨还有助于保存细小晶粒，从而使钢获得较好的韧性。所以由CrWMn钢制成的刃具，崩刃现象较少，并能较好地保持刀刃形状和尺寸。但是，CrWMn钢对形成碳化物网比较敏感，这种网的存在，就使工具刃部有剥落的危险，从而使工具的使用寿命缩短，因此，有碳化物网的钢，必须根据其严重程度进行锻压和正火。这种钢用来制造在工作时切削刃口不剧烈变热的工具和淬火时要求不变形的量具和刃具，例如制作刀、长丝锥、长铰刀、专用铣刀、板牙和其他类型的专用工具，以及切削软的非金属材料的刀具。

2.3.4.1 化学成分

CrWMn钢的化学成分示于表2-65。

表2-65 CrWMn钢的化学成分(GB/T 1299—2000)

化学成分(质量分数)/%						
C	Si	Mn	Cr	W	S	P
0.90~1.05	0.15~0.35	0.80~1.10	0.90~1.20	1.20~1.60	≤0.030	≤0.030

2.3.4.2 物理性能

CrWMn钢临界温度示于表2-66其饱和磁感B_s为1.82~1.86T；电阻率约为$0.24\times10^{-6}\ \Omega\cdot m$。

表2-66 CrWMn钢的临界温度

临界点	A_{c1}	A_{cm}	A_{r1}
温度(近似值)/℃	750	940	710

2.3.4.3 热加工

CrWMn钢的热加工工艺示于表2-67。

表2-67 CrWMn钢热加工工艺

项　目	加热温度/℃	开锻温度/℃	终锻温度/℃	冷却①
钢　锭	1150~1200	1100~1150	880~800	先空冷然后缓冷
钢　坯	1100~1150	1050~1100	850~800	先空冷然后缓冷

① 为了降低或减轻碳化物网状的形成，锻轧后尽可能冷至650~700℃，然后缓冷(坑冷、砂冷或炉冷)。

2.3.4.4 热处理

A 预先热处理

CrWMn钢的有关预先热处理曲线示于图2-124~图2-128，退火前后的相成分、硬度和显微组织示于表2-68，需要说明的是：

（1）退火加热保温时间在全部炉料加热到退火温度后为1~2h，冷却；等温保温为3~4h；

（2）高温回火用于消除冷变形加工硬化（如称为再结晶退火）；消除热处理前的切削加工内应力。对热处理后硬度过低的零件在二次淬火以前亦先进行高温回火。高温回火保温时间在全部炉料加热到温后为2~3h；

（3）正火用于细化过热钢的晶粒和消除碳化物网；

（4）当钢的退火硬度HB低于183时，调质处理用于降低切削加工表面粗糙度值。

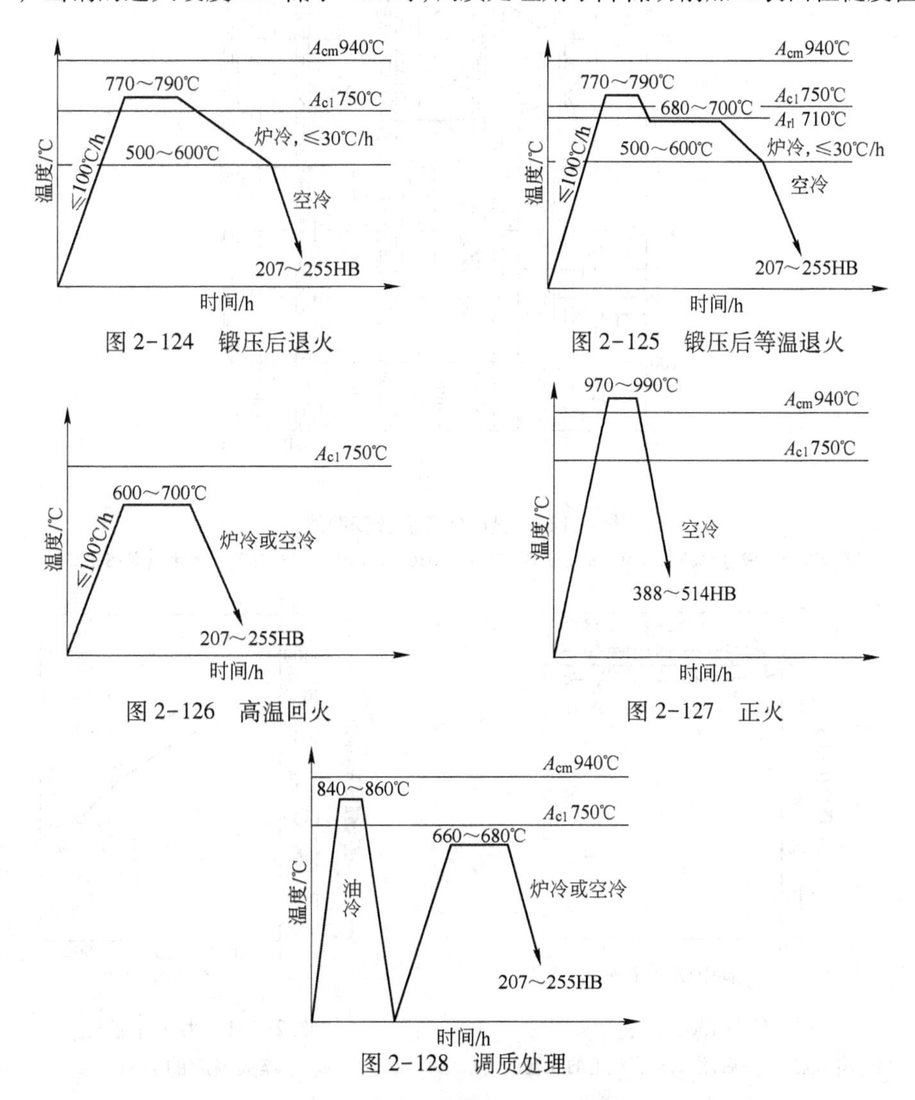

图2-124 锻压后退火

图2-125 锻压后等温退火

图2-126 高温回火

图2-127 正火

图2-128 调质处理

表2-68 CrWMn钢退火前后的相成分、硬度和显微组织

硬 度				相成分（质量分数）/%			显 微 组 织	
未 退 火		退 火 后		铁素体	碳化物	碳化物形式	未退火	退火后
压痕直径/mm	HB	压痕直径/mm	HB					
3.1~2.7	388~514	4.2~3.8	207~255	84~86	14~16	Fe_3C	屈氏体+索氏体	球化体

B 淬火

CrWMn钢有关的淬火曲线示于图2-129~图2-132推荐的淬火规范示于表2-69,冷处理情况示于表2-70。

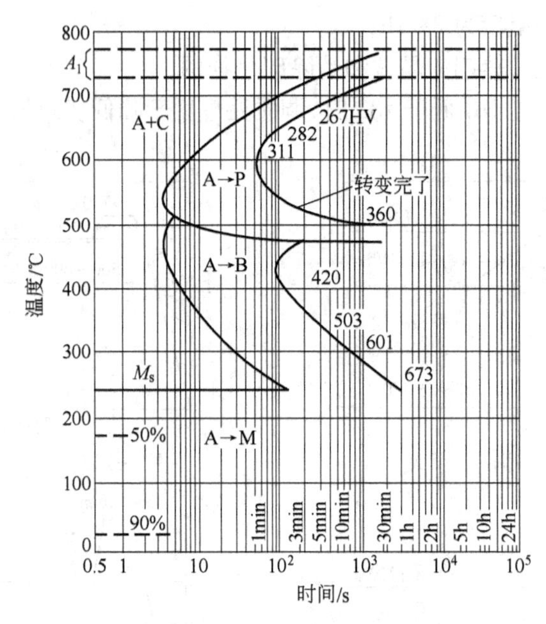

图2-129 奥氏体等温转变曲线

(试验钢化学成分(%):1.03C,0.28Si,0.97Mn,1.05Cr,1.15W,0.13Ni;奥氏体化温度:850℃)

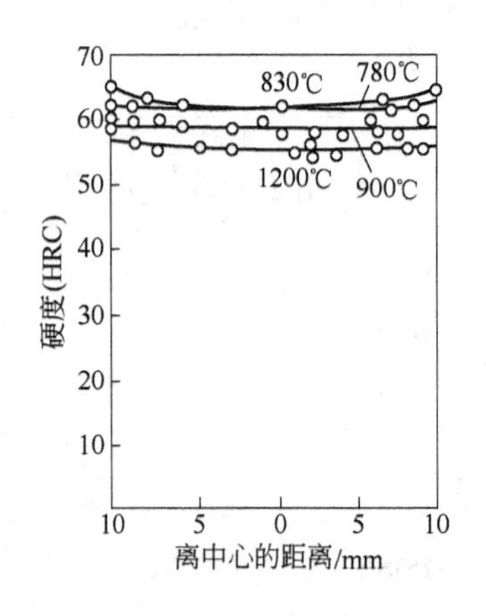

图2-130 淬透性

(经不同温度冷却后,沿试样直径上的硬度变化)

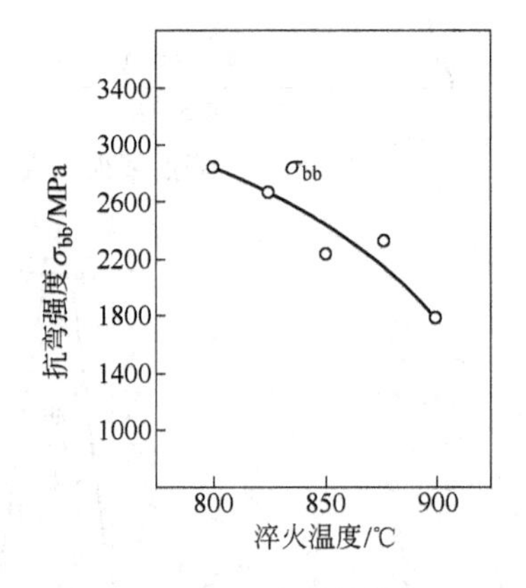

图2-131 力学性能与淬火温度的关系

表2-69 CrWMn钢推荐的淬火规范

方 案	淬火温度/℃	冷 却				硬度(HRC)
		介 质	介质温度/℃	延 续	冷却到20℃	
Ⅰ	820~840	油	20~40	至油温	空冷	63~65
Ⅱ		油	90~140	至150~200℃		63~65
Ⅲ	830~850	熔融硝盐或碱	150~160	3~5min	空冷	62~64

注:1. 方案Ⅱ和Ⅲ用于形状复杂、要求变形小的工件;

2. 直径和厚度大于50mm的工件,淬火温度可提高到850~870℃。

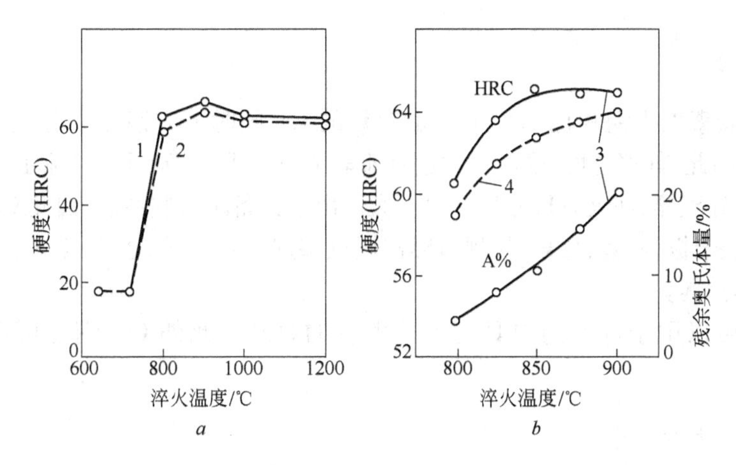

图 2-132 硬度及残余奥氏体量与淬火温度的关系

a:试样直径为 20mm,1—试样表面硬度;2—试样中心硬度;*b*:3—油冷;4—硝盐冷

表 2-70 CrWMn 钢冷处理

淬火方案	冷却温度/℃	用 途	硬度增量(ΔHRC)
Ⅰ~Ⅲ	-70	高精度工具尺寸稳定化	0~1

注:冷处理应不迟于淬火后 1h 内进行。

C 回火

CrWMn 钢有关回火方面的曲线示于图 2-133 和图 2-134,推荐的回火规范示于表 2-71。

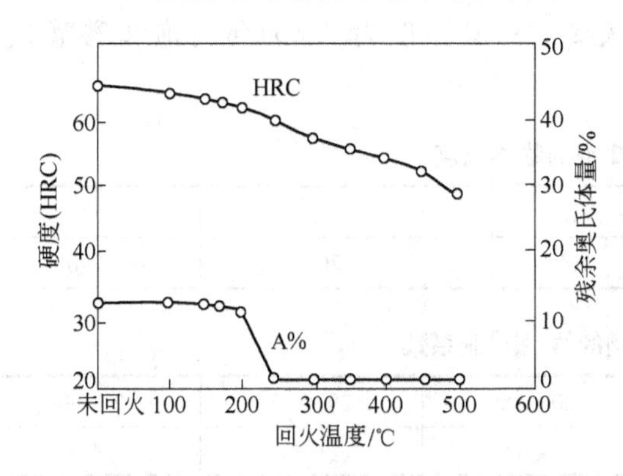

图 2-133 硬度及残余奥氏体量与回火温度的关系

(淬火温度 830℃,油冷,回火 1h)

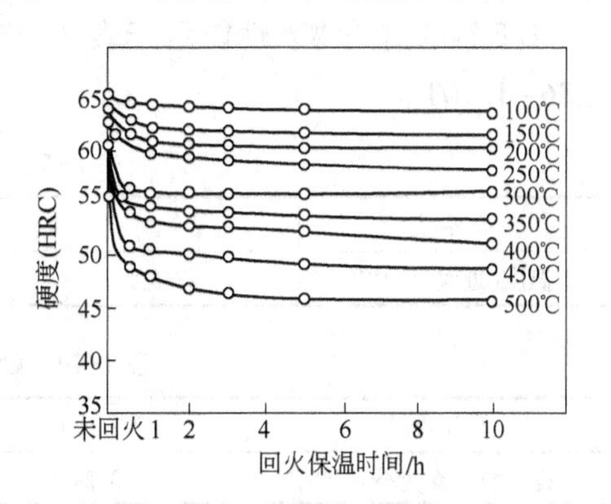

图 2-134 硬度与回火时间的关系

(淬火温度 830℃,油冷)

表 2-71 CrWMn 钢推荐的回火规范

方 案	回火用途	加热温度/℃	加热介质	硬度(HRC)
Ⅰ	消除应力,稳定组织和尺寸	140~160 170~200 230~280	油、硝盐、碱	62~65 60~62 55~60
Ⅱ	消除应力,降低硬度	参看注 2	硝盐、碱、空气炉	—

注:1. 高精度(1~2μm)工件在粗磨加工后,应当进行再次回火(时效);

2. 获得低于 56HRC 硬度的回火规范,按图 2-134 进行选择;

3. 高于 200~250℃温度回火时,不用冷处理即可同时保证产品尺寸的稳定性。

2.3.5 Cr2 钢

Cr2 钢与碳素工具钢相比添加了一定数量的 Cr，同时 Cr2 钢在成分上和滚珠轴承钢 GCr15 相当。因此，其淬透性、硬度和耐磨性都较碳素工具钢高，耐磨性和接触疲劳强度也高。该钢在热处理淬、回火时尺寸变化也不大。由于具备了这些特点，因此 Cr2 钢广泛应用于量具如样板、卡板、样套、量规、块规、环规、螺纹塞规和样柱等，也可以用于制造拉丝模和冷镦模等冷作模具。

Cr2 钢还可以用于低速的刀具切削不太硬的材料。此外 Cr2 钢还可用于冷轧辊等工件。

2.3.5.1 化学成分

Cr2 钢的化学成分示于表 2-72。

表 2-72 Cr2 钢的化学成分（GB/T 1299—2000）

化学成分（质量分数）/%					
C	Si	Mn	Cr	P	S
0.95～1.10	≤0.40	≤0.40	1.30～1.65	≤0.030	≤0.030

2.3.5.2 物理性能

Cr2 钢的有关物理性能示于表 2-73～表 2-78，其密度为 7.83 t/m³；饱和磁感 B_s 为 1.86～1.90T。

表 2-73 Cr2 钢的临界温度

临界点	A_{c1}	A_{cm}	A_{r1}	M_s
温度（近似值）/℃	745	900	700	240

表 2-74 Cr2 钢的线[膨]胀系数

温度/℃	20～100	20～200	20～300	20～400
线[膨]胀系数/×10⁻⁶℃⁻¹	13.29	13.63	13.76	14.11

温度/℃	20～500	20～600	20～700	20～800	20～900
线[膨]胀系数/×10⁻⁶℃⁻¹	14.97	15.33	15.49	13.95	14.85

表 2-75 Cr2 钢的热导率

温度/℃	20（退火后）	20（淬火后）
热导率 λ/W·(m·K)⁻¹	40.20	37.26

表 2-76 Cr2 钢的质量定压热容

温度/℃	50	500
质量定压热容 c_p/J·(kg·K)⁻¹	510.8	787.2

表 2-77 Cr2 钢的弹性模量

温度/℃		28	150
弹性模量 （退火状态）	E/MPa	211680	205800
	G/GPa	82.467	89.67

表 2-78 Cr2 钢的电阻率

温度/℃	20	100	200	300
电阻率/$\times10^{-6}$ Ω·m	约 0.22	0.39	0.47	0.52

2.3.5.3 热加工

Cr2 钢的热加工工艺示于表 2-79。

表 2-79 Cr2 钢的热加工工艺

项 目	加热温度/℃	开锻温度/℃	终锻温度①/℃	冷 却
钢 锭	1150~1200	1100~1150	880~800	先空冷，后坑冷
钢 坯	1080~1120	1050~1100	850~800	先空冷，后坑冷

① 终止温度勿高，宜接近下限，锻后先快速冷却，达到 700℃然后进行坑中缓冷。Cr2 钢有脱碳倾向，应予注意。

2.3.5.4 热处理

A 预先热处理

Cr2 钢的预先热处理有关曲线示于图 2-135～图 2-139，退火前后的相成分，硬度、显微组织示于表 2-80，需要说明的是：

（1）退火加热保温时间，在全部炉料到达炉温后为 1~2h，冷却时的等温保温为 3~4h；

（2）高温回火用于消除冷变形加工硬化；消除淬火前切削加工内应力。对热处理后硬度过低的零件，在二次淬火以前亦先进行高温回火。高温回火的加热保温时间，在全部炉料加热后为 2~3h；

（3）正火用于细化过热钢的晶粒和消除碳化物网；

（4）当被加工零件的退火硬度低于 183HB 时，调质处理用于提高切削表面光洁度。

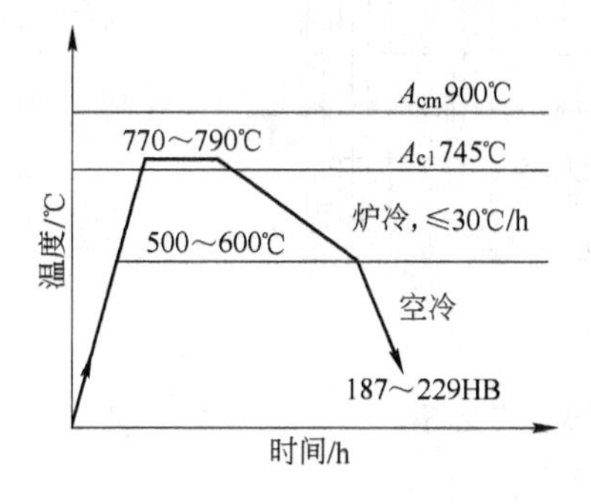

图 2-135 锻压后退火

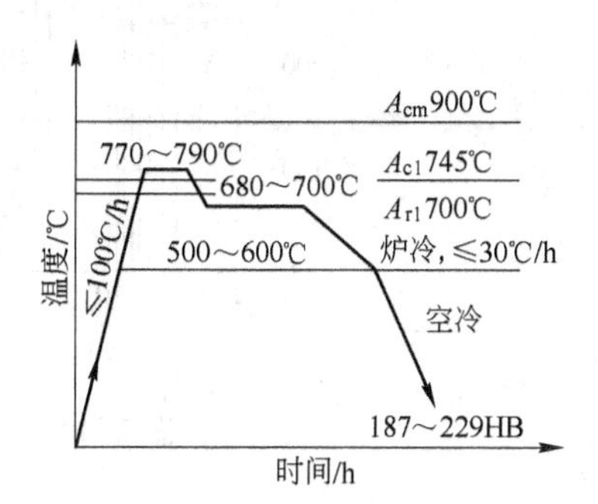

图 2-136 锻压后等温退火

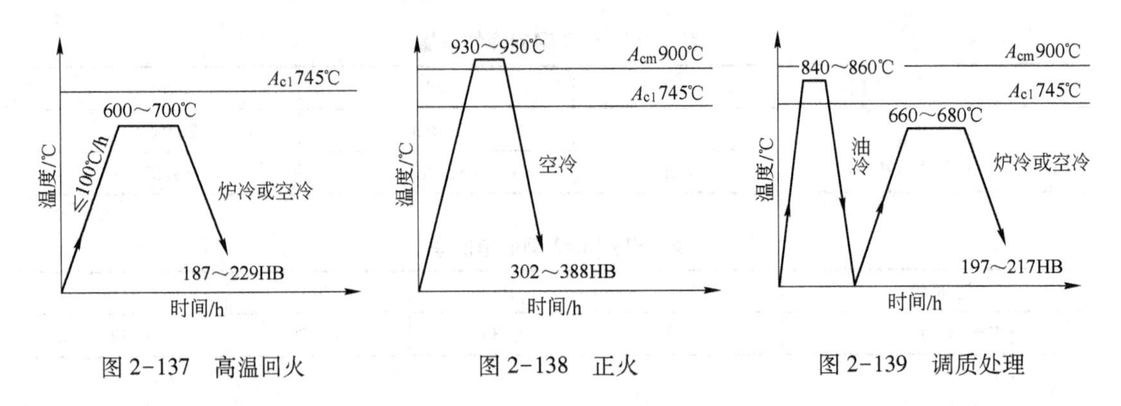

图 2-137 高温回火　　图 2-138 正火　　图 2-139 调质处理

表 2-80 Cr2 钢退火前后的相成分、硬度和显微组织

硬度				相成分(质量分数)/%			显微组织	
未退火		退火后		铁素体	碳化物	碳化物形式	未退火	退火后
压痕直径/mm	HB	压痕直径/mm	HB					
3.5~3.1	302~388	4.4~4.0	187~229	83.5~85.8	14.2~16.5	Fe_3C	屈氏体+索氏体	球化体

B 淬火

Cr2 钢淬火的有关曲线示于图 2-140~图 2-147，推荐的淬火规范示于表 2-81，有关冷处理情况见表 2-82。

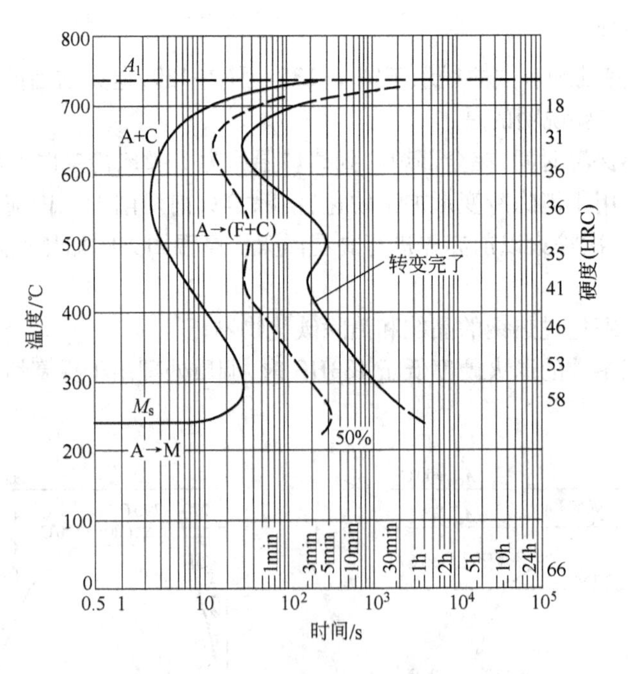

图 2-140 奥氏体等温转变图
（奥氏体化温度 840℃）

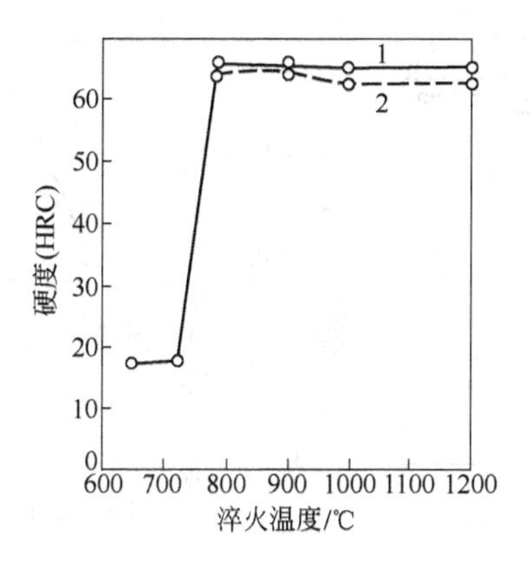

图 2-141 硬度与淬火温度的关系
试样直径 20 mm
1—试样表面硬度;2—试样中心硬度

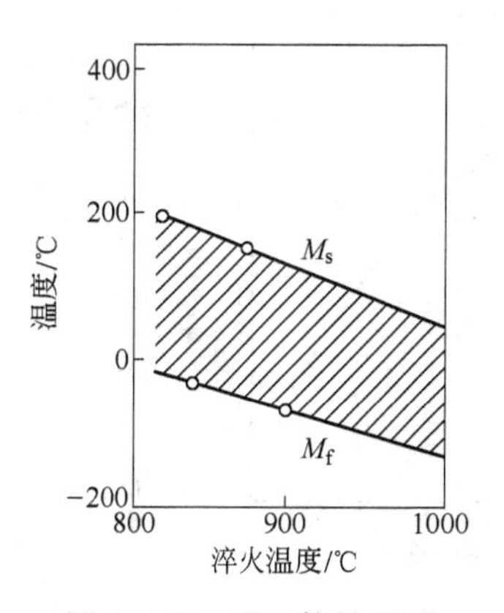

图 2-142 马氏体转变图

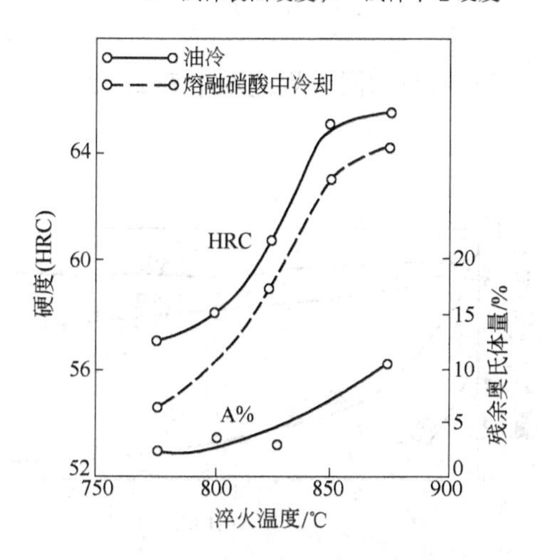

图 2-143 硬度及残余奥氏体量与淬火温度的关系

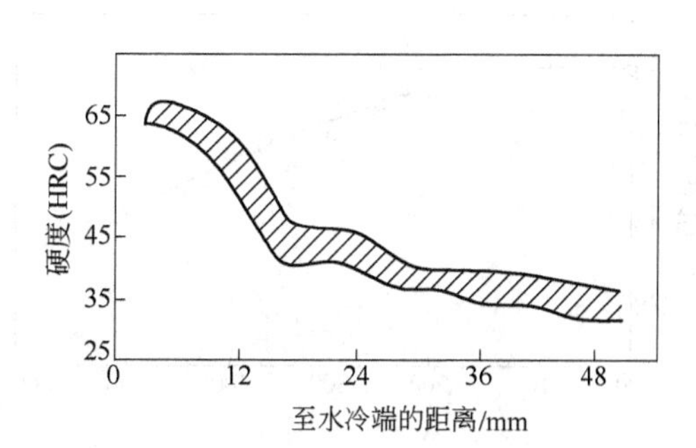

图 2-144 淬透性

表 2-81 Cr2 钢推荐的淬火规范

方 案	淬火温度/℃	冷 却				硬度(HRC)
		介 质	温度/℃	延续/min	冷却到 20℃	
Ⅰ	830~850	油	20~40	至油温		62~65
Ⅱ Ⅲ Ⅳ Ⅴ	840~860	油、熔融硝盐或熔碱	150 170 250 350	3	空冷	63 61 61 47

注:1. 方案Ⅱ、Ⅲ、Ⅳ、Ⅴ用于厚度为 15 mm 以内的工件;
2. 各种厚度的零件,其分级淬火温度为:3 mm-835℃,6 mm-840℃,12 mm-845℃,15 mm-850℃;
3. 工件厚度大于 80 mm 时,将淬火温度提高到 860~880℃。

表 2-82 Cr2 钢的冷处理

淬火方案	冷却温度/℃	用 途	硬度增量(ΔHRC)
Ⅰ~Ⅲ	-70	稳定高精度工具的尺寸	1~2 单位

注:冷处理应不迟于淬火后 1 h 进行。

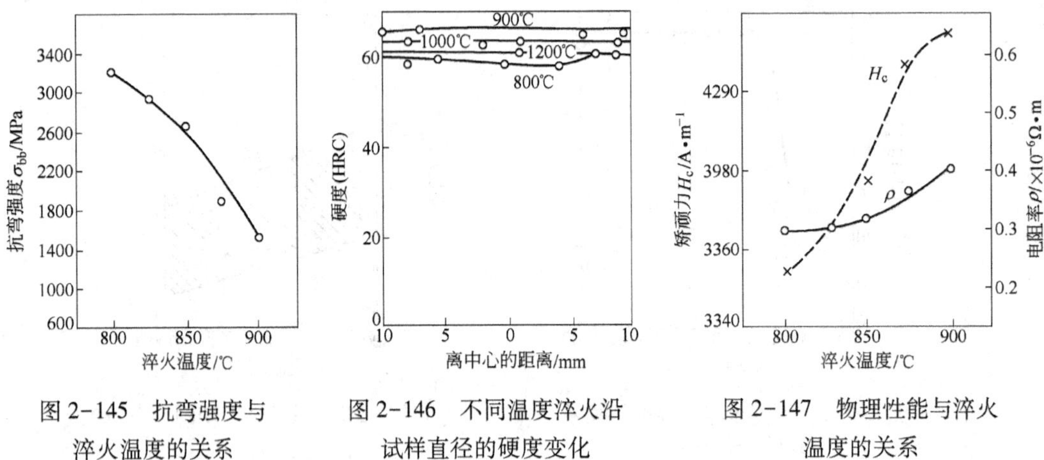

图 2-145 抗弯强度与淬火温度的关系

图 2-146 不同温度淬火沿试样直径的硬度变化

图 2-147 物理性能与淬火温度的关系

C 回火

Cr2 钢回火有关的曲线示于图 2-148~图 2-156，推荐的回火规范示于表 2-83。

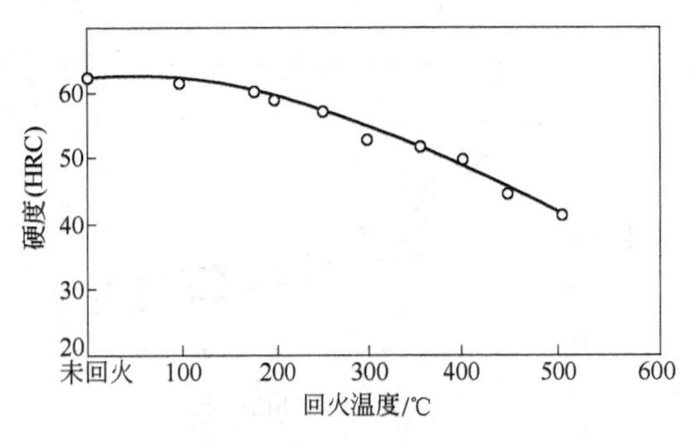

图 2-148 硬度与回火温度的关系

（淬火温度 840℃，油冷，回火 1 h）

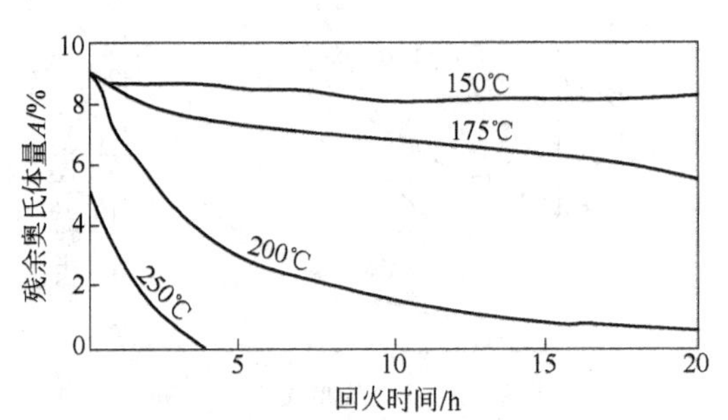

图 2-149 Cr2 钢残余奥氏体量与回火温度、回火时间的关系

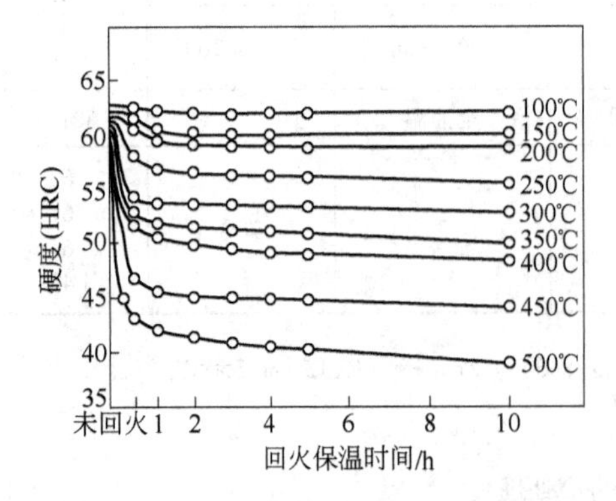

图 2-150 硬度与回火保温时间的关系

（淬火温度 840℃，油冷）

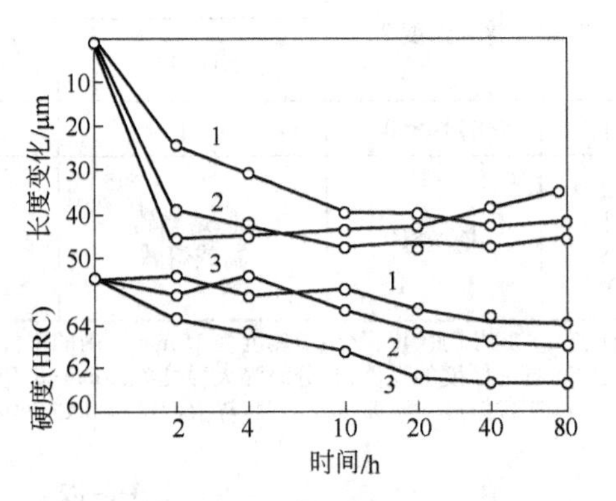

图 2-151 回火保温时间与试样长度、硬度变化的关系

1—105~110℃回火；2—125~130℃回火；3—145~150℃回火

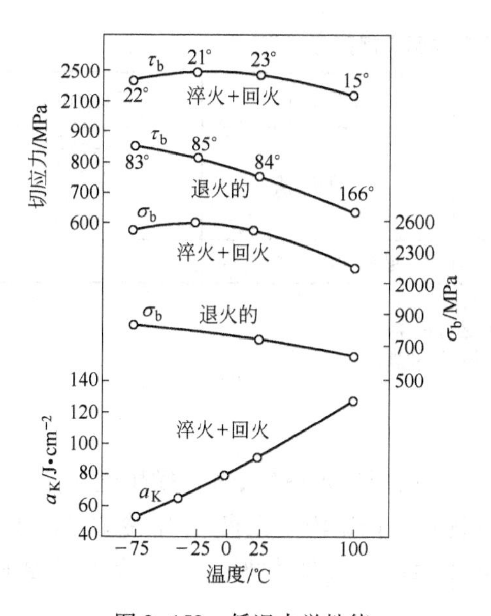

图 2-152 低温力学性能

（用钢成分（%）：1.03C，1.39Cr；热处理：830℃油淬，150℃回火 1.5h，HRC60～61；冲击试样为 10mm×10mm×55mm 无缺口；曲线上数字表示扭转角度）[12]

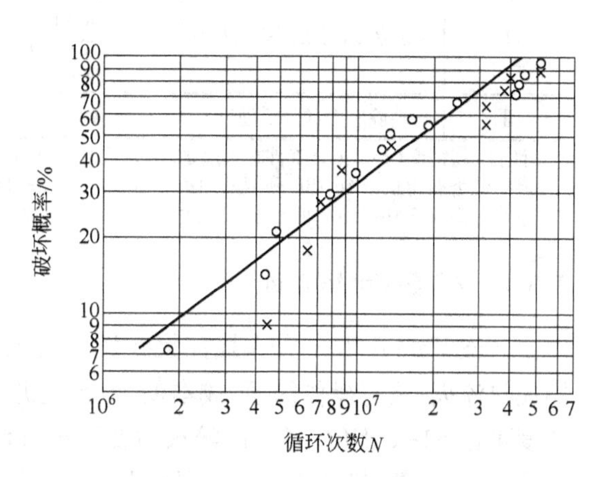

图 2-153 4380N 负荷条件下的接触疲劳寿命

（在 W891 试验机上进行试验，推力轴承为 8108 型，即 ϕ60mm×38.5mm×6.3mm）[12]

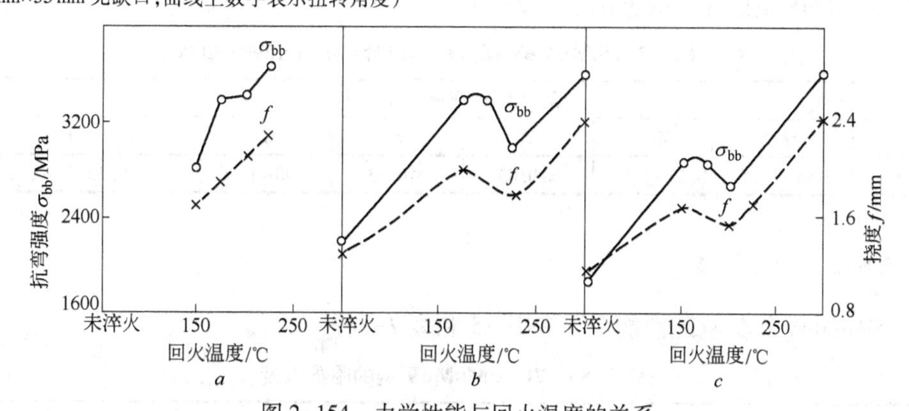

图 2-154 力学性能与回火温度的关系

a—淬火温度 865℃，油冷；*b*—淬火温度 870℃，硝盐冷；*c*—淬火温度 900℃，硝盐冷

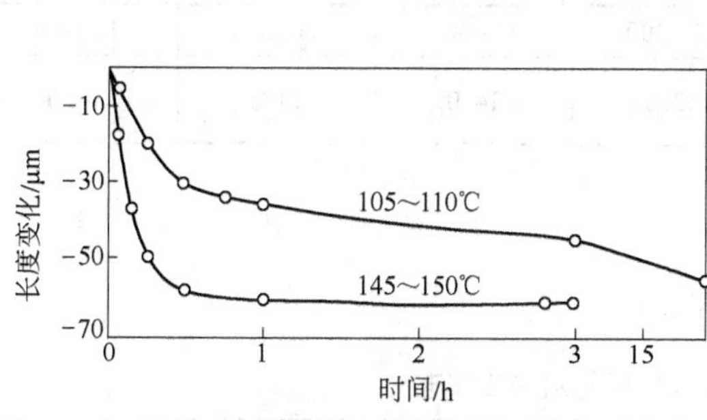

图 2-155 淬火试样的长度变化与回火保温时间的关系

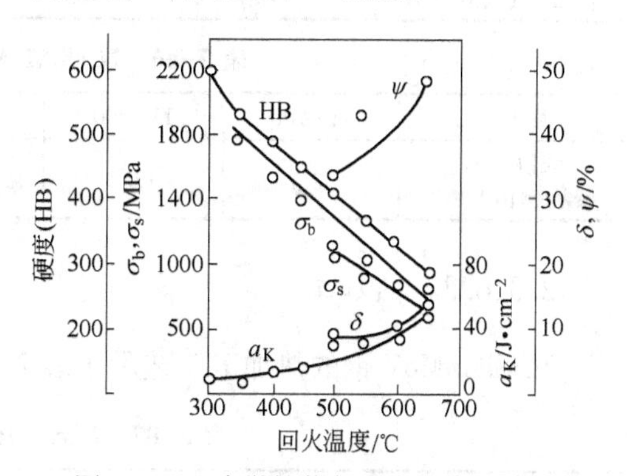

图 2-156 力学性能与回火温度的关系

表 2-83 Cr2 钢推荐的回火规范

方 案	回火用途	加热温度/℃	加热介质	硬度(HRC)
Ⅰ	消除应力,稳定组织与尺寸	130~150 150~170 170~190 180~220	油、硝盐、碱	62~65 60~62 58~60 56~60
Ⅱ	消除应力和降低硬度	参看注 2	硝盐、碱、空气炉	—

注:1. 高精度(1~2μm)工件在粗磨加工后,应当再进行回火(时效);
2. 为获得低于 56HRC 硬度的回火规范,可按图 2-150 进行选择;
3. 高于 200~250℃ 回火时,可同时保证尺寸稳定而毋须用冷处理。

2.3.6 7CrSiMnMoV 钢

7CrSiMnMoV 是一种火焰淬火冷作模具钢,其淬火温度范围宽,过热敏感性小,可用火焰加热淬火,具有操作简便,成本低,节约能源的优点。该钢淬透性良好,空冷即可淬硬,其硬度可达 62~64HRC 且空冷淬火后变形小,该钢不但强度高而且韧性优良。该钢适宜制作尺寸大、截面厚、又要求变形小的模具[13,14]。

2.3.6.1 化学成分

7CrSiMnMoV 钢的化学成分示于表 2-84。

表 2-84 7CrSiMnMoV 钢的化学成分(GB/T 1299—2000)

化学成分(质量分数)/%							
C	Si	Mn	P	S	Cr	Mo	V
0.65~0.75	0.85~1.15	0.65~1.05	≤0.03	≤0.03	0.90~1.20	0.20~0.50	0.15~0.30

2.3.6.2 物理性能

7CrSiMnMoV 钢的物理性能示于表 2-85 和表 2-86。

表 2-85 7CrSiMnMoV 钢的临界温度

临界点	A_{c1}	A_{cm}	A_{r1}	A_{rm}	M_s
温度(近似值)/℃	776	834	694	732	211

表 2-86 7CrSiMnMoV 钢的线[膨]胀系数

温度/℃	11~100	11~200	11~300	11~400	11~500	11~600
线[膨]胀系数/$\times10^{-6}$℃$^{-1}$	12.7	13.2	13.5	14.0	14.3	14.0

2.3.6.3 热加工

7CrSiMnMoV 钢的热加工工艺示于表 2-87。

表 2-87 7CrSiMnMoV 钢的热加工工艺

项 目	加热温度/℃	开锻温度/℃	终锻温度/℃	冷却方式
钢 坯	约 1200	1100~1200	800~850	缓 冷

2.3.6.4 热处理

A 预先热处理

7CrSiMnMoV钢的锻造普通退火工艺示于图2-157,锻后等温退火工艺示于图2-158。

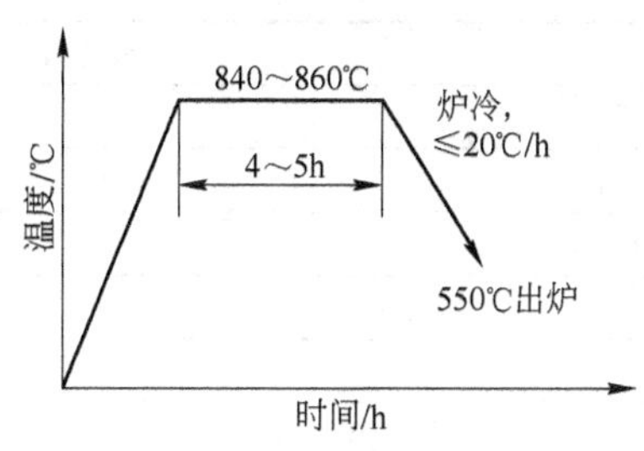

图2-157 锻造普通退火工艺

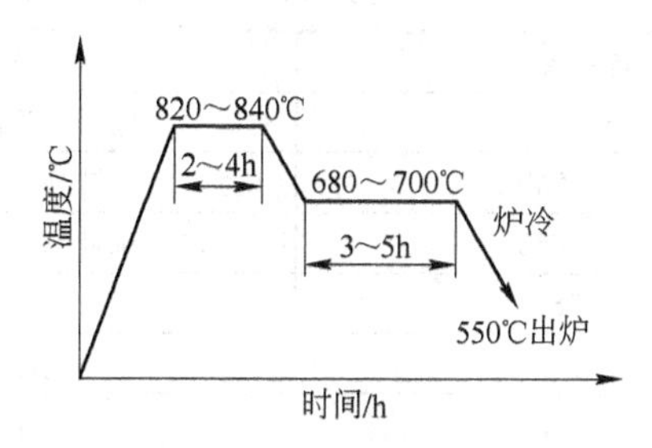

图2-158 锻后等温退火工艺

B 淬火

7CrSiMnMoV钢淬火有关的曲线示于图2-159~图2-161,有关性能示于表2-88~表2-92,推荐的淬火规范示于表2-93。

表2-88 7CrSiMnMoV钢加热温度,保温系数与奥氏体晶粒度的关系

加热温度/℃	保温系数/s·mm^{-1}	奥氏体晶粒度/级
860	30	6~6.5
940	30	5~6.0
880	20	6
880	50	6~5.5
940	60	5

表2-89 7CrSiMnMoV钢加热温度与冷却方式对硬度的影响

加热温度/℃	冷却方式	硬度(HRC)
820	油 冷	47
	空 冷	27
840	油 冷	61
	空 冷	50
860	油 冷	62
	空 冷	59
880	油 冷	62
	空 冷	61
900	油 冷	63
	空 冷	61
920	油 冷	63
	空 冷	62
940	油 冷	64
	空 冷	63

表 2-90 7CrSiMnMoV 钢奥氏体含量与淬火温度的关系

淬火温度/℃	850	900	950	100
奥氏体含量/%	3.35	4.58	4.95	5.35

表 2-91 7CrSiMnMoV 钢不同淬火温度下的马氏体等级

淬火温度/℃	金相组织	马氏体等级
820	隐针马氏体+少量屈氏体	1
840	隐针马氏体+少量屈氏体	1.5
860	细针马氏体+少量屈氏体	2
880	细针状马氏体	2
900	细针状马氏体	3
920	细针状马氏体	3
940	细针状马氏体	3.5

表 2-92 7CrSiMnMoV 钢淬火温度与力学性能的关系

淬火温度/℃	σ_{bb}/MPa	a_K/J·cm^{-2}	硬度(HRC)
820	3380	85	47~48
840	3410	87	60~61
880	3520	94	62~63
900	3560	105	62~63
920	3480	98	63~64
960	3320	89	62~63

表 2-93 7CrSiMnMoV 钢推荐的淬火规范

淬火温度/℃	冷却方式
860~920	油冷或空冷

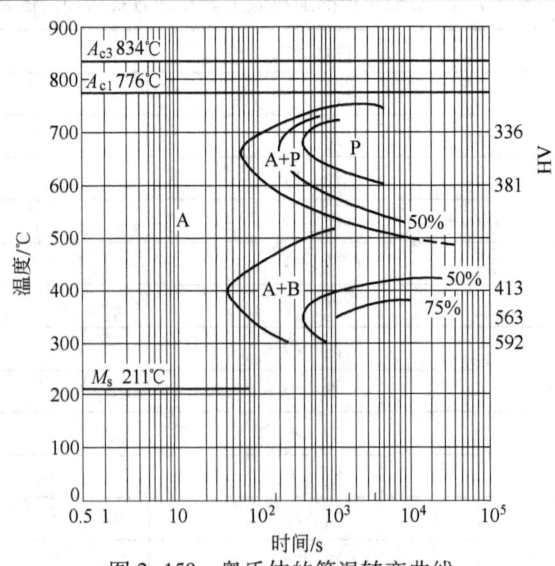

图 2-159 奥氏体的等温转变曲线

(试验用钢成分(%):0.68C,1.01Si,0.86Mn,0.99Cr,0.06Ni,0.35Mo,0.21V,0.07Cu,奥氏体化温度 880℃,保温 20min)

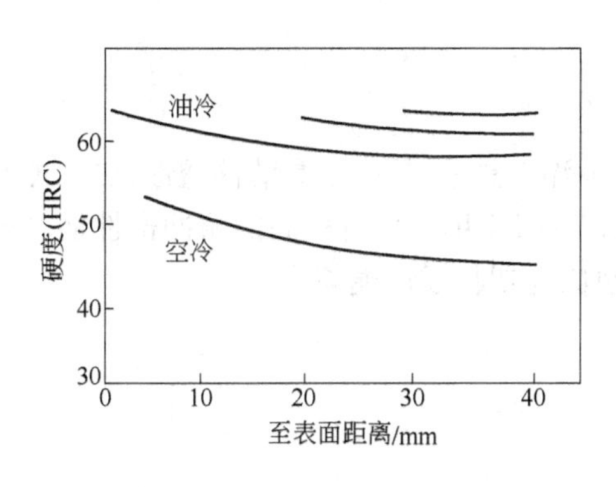

图 2-160 7CrSiMnMoV 的淬透性曲线

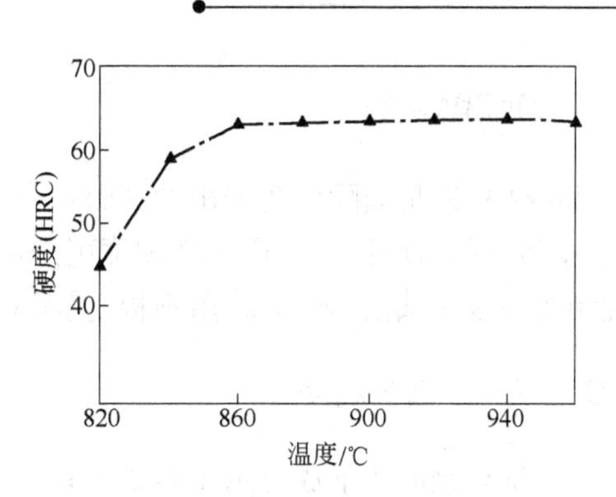

图 2-161 淬火温度对硬度的影响

C 回火

7CrSiMnMoV 钢回火有关的曲线示于图 2-162 和图 2-163,回火温度与力学性能的关系示于表 2-94,推荐的回火规范示于表 2-95。

表 2-94 7CrSiMnMoV 钢回火温度与力学性能的关系

回火温度/℃	σ_{bb}/MPa	a_K/J · cm^{-2}	硬度(HRC)
180	3560	105	62
200	3510	102	62
250	3200	116	61
300	3110	118	59
350	3020	128	57
400	2860	139	54
450	2670	151	52
500	2600	163	50

表 2-95 7CrSiMnMoV 钢推荐的回火规范

回火温度/℃	冷却方式	硬度(HRC)
160~200	空 冷	58~62

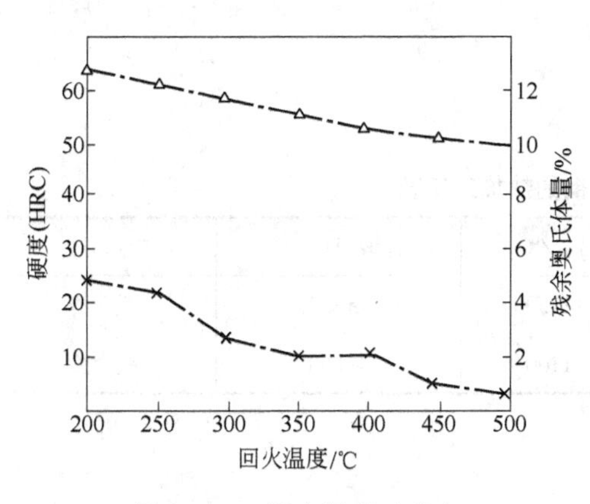

图 2-162 回火温度对残余奥氏体量和硬度的影响

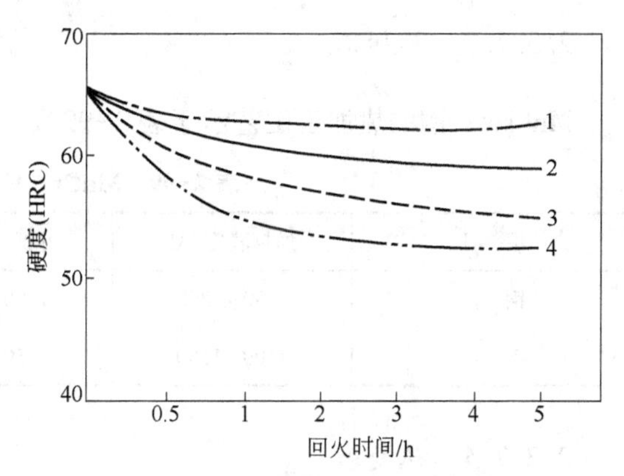

图 2-163 回火保温时间对硬度的影响

1—200℃;2—250℃;3—300℃;4—350℃

2.3.7 MnCrWV 钢

MnCrWV 钢是国际广泛采用的高碳低合金油淬工具钢，具有较高的淬透性，热处理变形小，硬度高，耐磨性好，在常用工作硬度范围内(57~61 HRC)具有较高的耐冲击性能。该钢适宜制造钢板冲裁模、剪切刀、落料模、量具和热固性塑料成形模等[4]。

2.3.7.1 化学成分

MnCrWV 钢的化学成分示于表 2-96。

表 2-96 MnCrWV 钢化学成分

化学成分(质量分数)/%							
C	Si	Mn	P	S	Cr	V	W
0.85~1.00	≤0.50	1.00~1.40	≤0.030	≤0.030	0.40~0.60	≤0.30	0.40~0.60

2.3.7.2 物理性能

MnCrWV 钢的临界温度示于表 2-97 和表 2-98，其密度为 7.85t/m^3；热导率为 30.0W/(m·K)。

表 2-97 MnCrWV 钢的临界温度

临界点	A_{c1}	M_s
温度(近似值)/℃	743	200

表 2-98 MnCrWV 钢的线[膨]胀系数

温度/℃	20~100	20~200	20~300	20~400	20~500
线[膨]胀系数/×10^{-6}℃$^{-1}$	10.5	12	12.2	12.5	12.8

2.3.7.3 热加工

MnCrWV 钢的热加工工艺示于表 2-99。

表 2-99 MnCrWV 钢的热加工工艺

项 目	加热温度/℃	开锻温度/℃	终锻温度/℃	冷却方式
钢 锭	1150~1200	1100~1150	≥850	缓 冷
钢 坯	1100~1150	1050~1100	≥850	缓 冷

2.3.7.4 热处理

A 预先热处理

MnCrWV 钢有关的预先热处理曲线示于图 2-164~图 2-166。

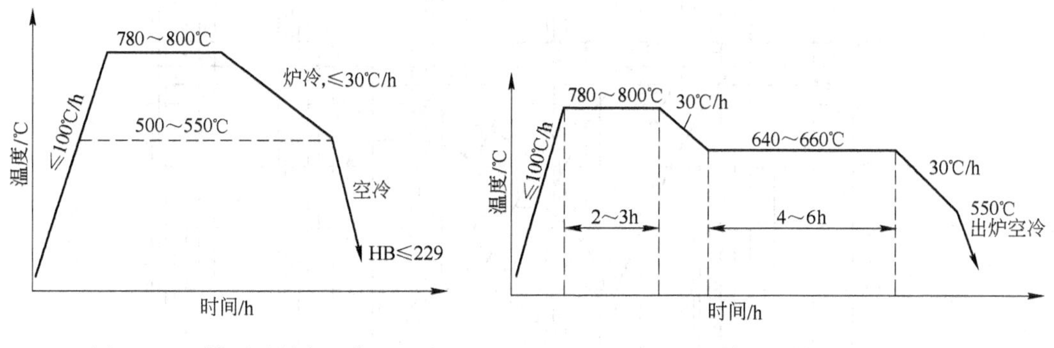

图 2-164 锻压后退火工艺

图 2-165 锻压后等温退火工艺

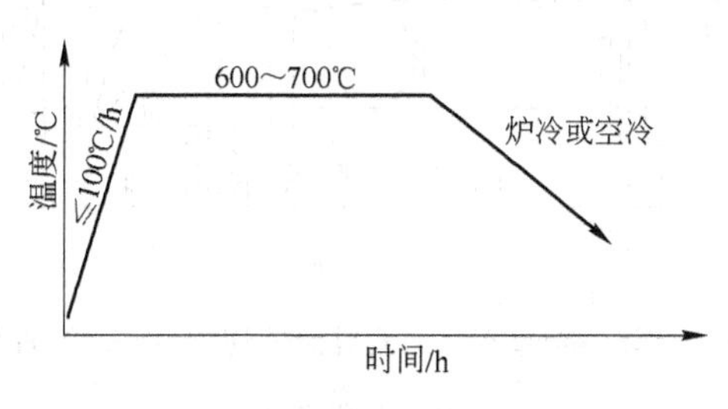

图 2-166 高温回火

B 淬火

MnCrWV 钢淬火的有关曲线示于图 2-167～图 2-170,推荐的淬火规范示于表 2-100。

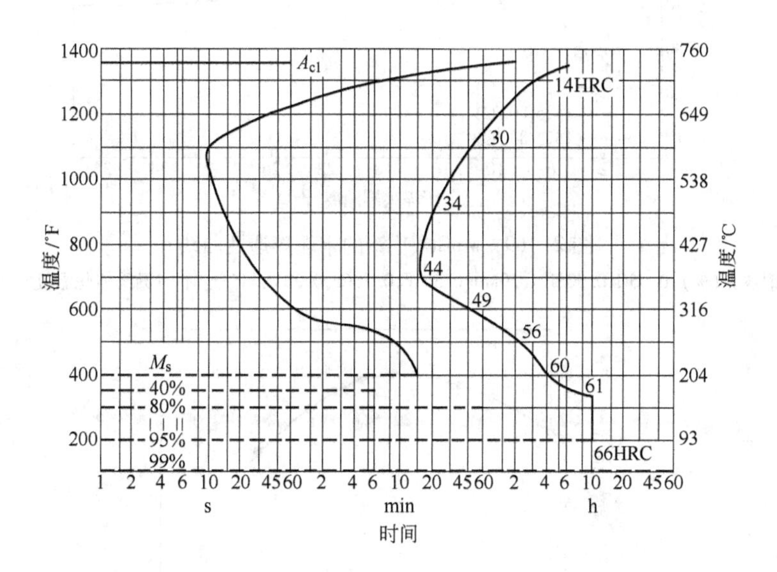

图 2-167 MnCrWV 钢奥氏体等温转变曲线

(用钢成分(%):0.85C,1.18Mn,0.26Si,0.50Cr,0.44W;

奥氏体化温度:1450°F(788℃);原始状态:退火)

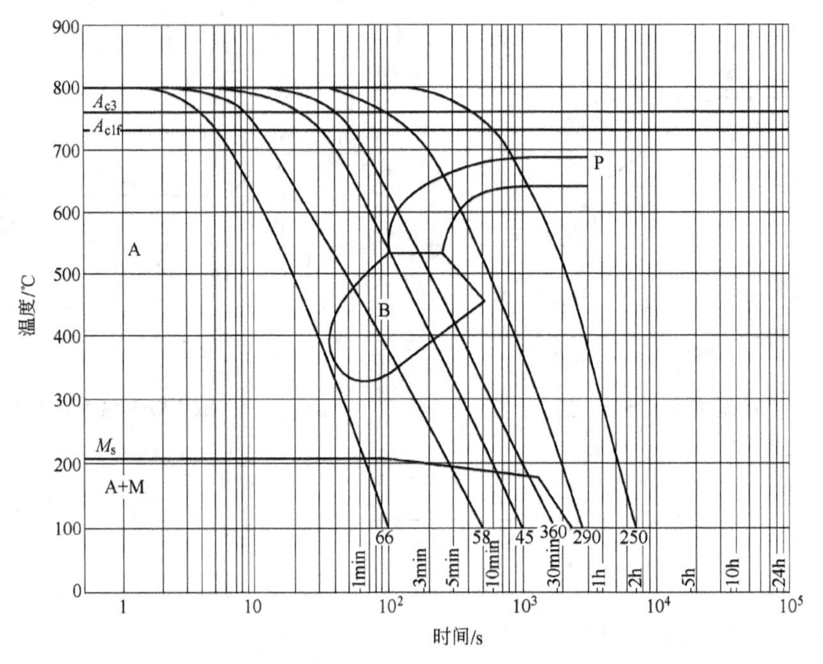

图 2-168 MnCrWV 钢的奥氏体连续冷却转变曲线

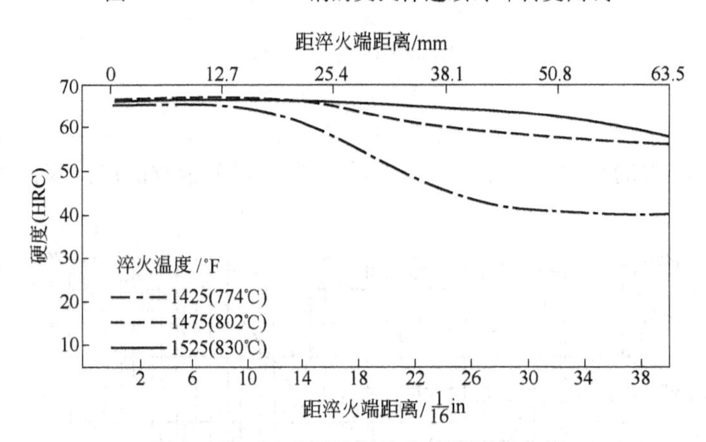

图 2-169 MnCrWV 钢的末端淬透性曲线

(用钢成分(%):0.95C,0.30Si,1.20Mn,0.50W,0.50Cr,0.20V;自三个不同奥氏体化温度淬火)

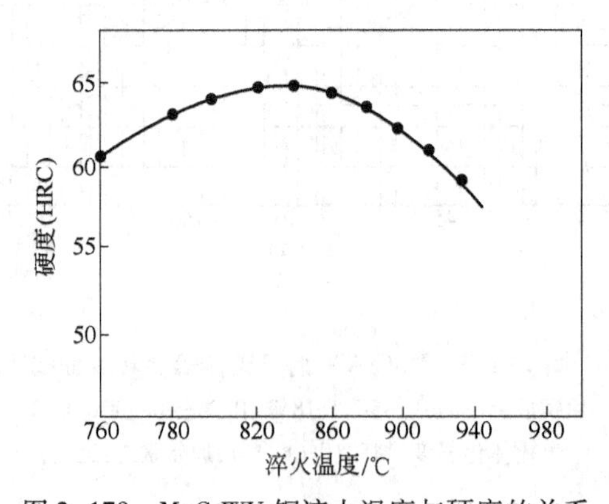

图 2-170 MnCrWV 钢淬火温度与硬度的关系

表 2-100 MnCrWV 钢推荐的淬火规范

预热温度/℃	加热温度/℃	冷却			硬度(HRC)
		介质	介质温度/℃	冷却至油温	
550~650	790~820	油	20~60	冷却至油温	61~64

C 回火

MnCrWV 钢的性能与回火温度的关系示于图 2-171~图 2-174。推荐的回火规范示于表 2-101。

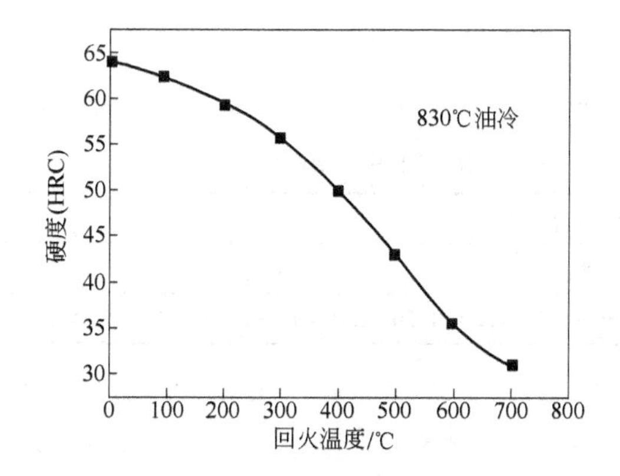

图 2-171 MnCrWV 钢回火硬度与温度的关系

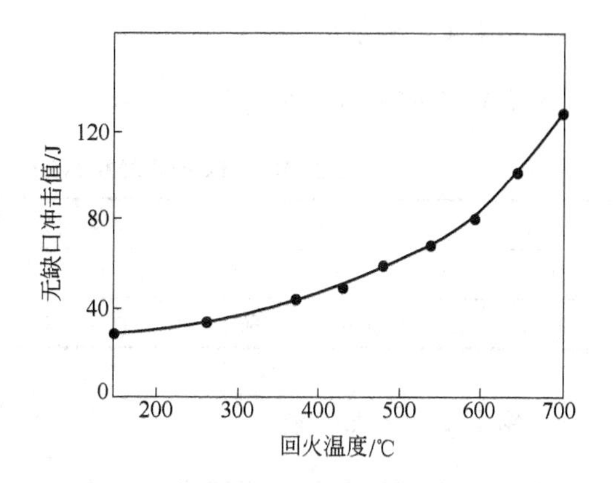

图 2-172 回火温度对 MnCrWV 钢无缺口冲击值的影响

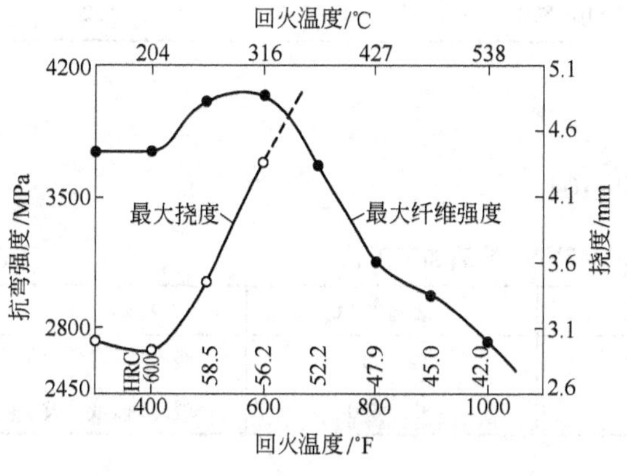

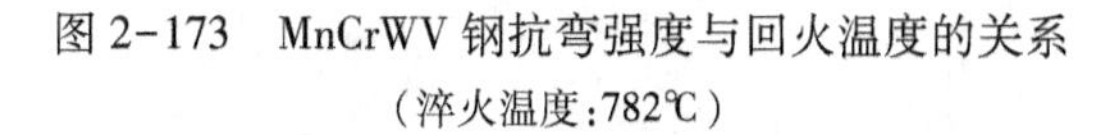
图 2-173 MnCrWV 钢抗弯强度与回火温度的关系（淬火温度:782℃）

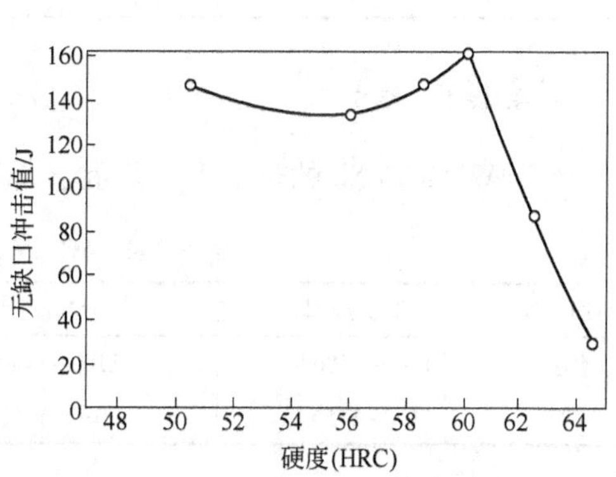

图 2-174 MnCrWV 钢无缺口冲击值与回火硬度的关系

表 2-101 MnCrWV 钢推荐的回火规范

回火温度/℃	冷却方式	硬度(HRC)
150~260	空 冷	62~57

2.4 基体钢及低碳高速钢

2.4.1 6Cr4W3Mo2VNb钢

6Cr4W3Mo2VNb钢是一种高韧性的冷作模具钢,其成分接近高速钢(W6Mo5Cr4V2)的基体成分,属于基体钢类型。它具有高速钢的高硬度和高强度,又因无过剩的碳化物,所以比高速钢具有更高的韧性和疲劳强度。钢中加入适量的铌,可以起到细化晶粒的作用,并能提高钢的韧性和改善工艺性能。此钢可用于制造冷挤压模具和冷镦模具等,模具使用寿命均有明显的提高[15,16]。

2.4.1.1 化学成分

6Cr4W3Mo2VNb钢的化学成分示于表2-102。

表2-102 6Cr4W3Mo2VNb的化学成分(GB/T 1299—2000)

化学成分(质量分数)/%									
C	Si	Mn	Cr	Mo	W	V	Nb	P	S
0.60~0.70	≤0.40	≤0.40	3.80~4.40	1.80~2.50	2.50~3.50	0.80~1.20	0.20~0.35	≤0.03	≤0.03

2.4.1.2 物理性能

6Cr4W3Mo2VNb的临界温度示于表2-103。

表2-103 6Cr4W3Mo2VNb的临界温度

临界点	A_{c1}	A_{r1}	M_s
温度(近似值)/℃	810~830	740~760	220

2.4.1.3 热加工

6Cr4W3Mo2VNb的热加工工艺示于表2-104。

表2-104 6Cr4W3Mo2VNb的热加工工艺

项目	加热温度/℃	开锻温度/℃	终锻温度/℃	冷却方式
钢锭	1140~1180	1100~1150	≥900	缓冷(砂或坑冷)
钢坯	1120~1150	1080~1120	900~850	缓冷(砂或坑冷)

2.4.1.4 热处理

A 预先热处理

6Cr4W3Mo2VNb钢的等温退火工艺示于图2-175。

B 淬火

6Cr4W3Mo2VNb钢的有关淬火曲线示于图2-176~图2-178,推荐的淬火规范示于表2-105。

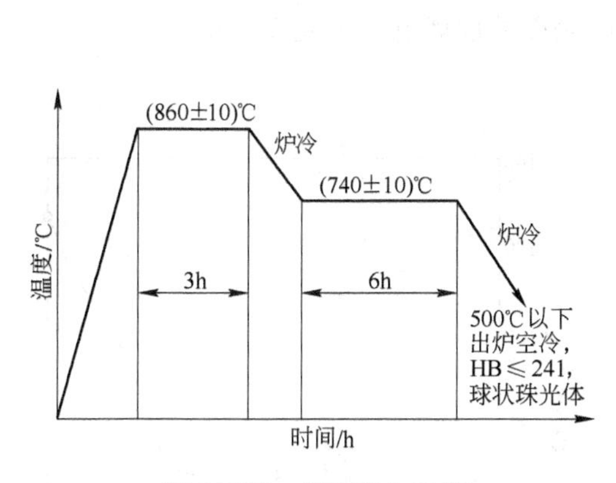

图 2-175 等温退火工艺

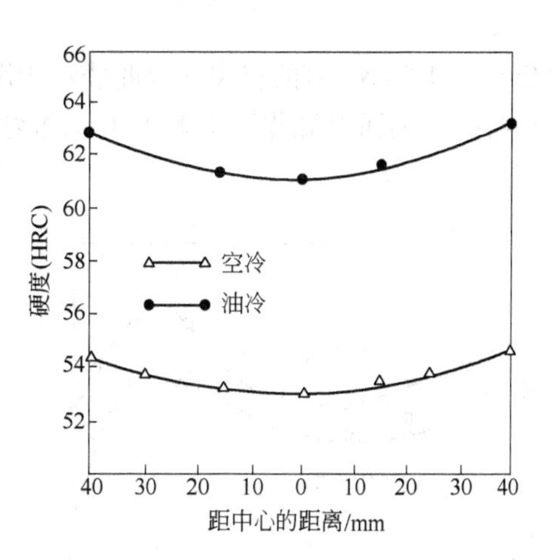

图 2-176 ϕ80 mm×160 mm 试棒 1160℃淬火后硬度分布曲线

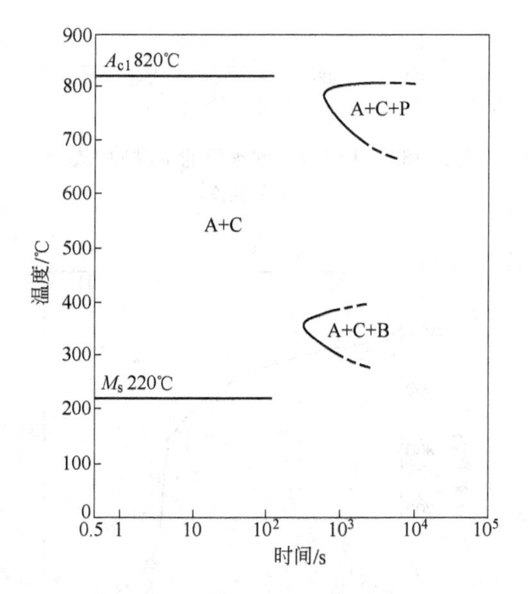

图 2-177 等温转变曲线

(用钢成分(%):0.66C,4.08Cr,3.02W,1.87Mo,1.10V,0.26Nb,0.19Si,0.16Mn,0.011P,0.005S;奥氏体化温度 1160℃)[15]

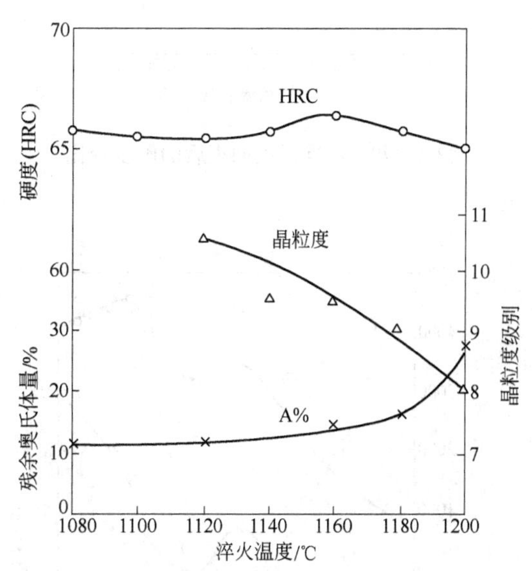

图 2-178 不同温度淬火后的硬度、晶粒度和残余奥氏体量

表 2-105 6Cr4W3Mo2VNb 钢推荐的淬火规范

方案	预热温度/℃	加热温度/℃	冷却			硬度(HRC)
			淬火介质	介质温度/℃	冷却状态	
Ⅰ		1080~1120				
Ⅱ	840	1180~1190	油	20~60	油冷或冷却到150~200/℃后空冷	≥61
Ⅲ		1120~1160				

注:要求耐磨性高的模具可采用方案Ⅱ;受挤压力大而要求韧性的模具选用方案Ⅰ,一般情况下均用方案Ⅲ。

C 回火

6Cr4W3Mo2VNb 钢的有关回火曲线示于图 2-179～图 2-183，氮化层硬度分布曲线示于图 2-184，推荐的回火规范示于表 2-106，推荐的表面处理规范示于表 2-107。

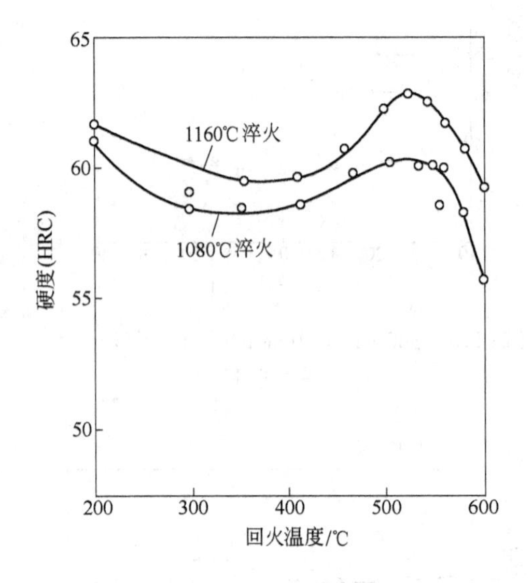

图 2-179 不同温度回火后的硬度变化

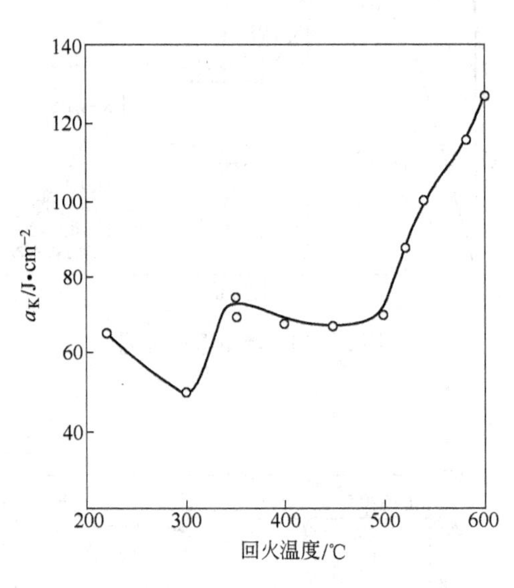

图 2-180 不同温度回火后的室温冲击韧性

（1120℃油淬）

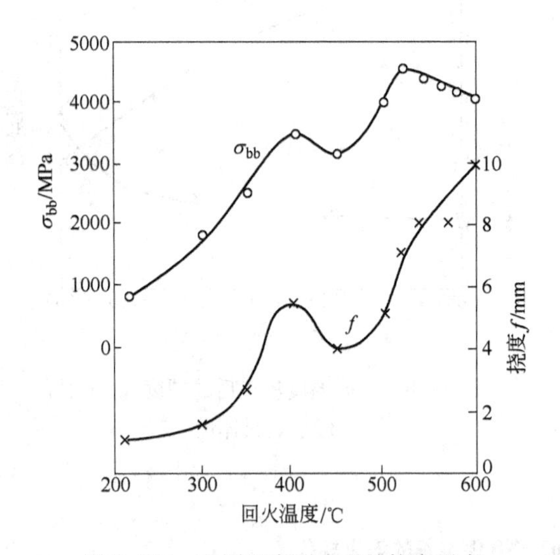

图 2-181 不同温度回火后的抗弯强度

（1120℃油淬）

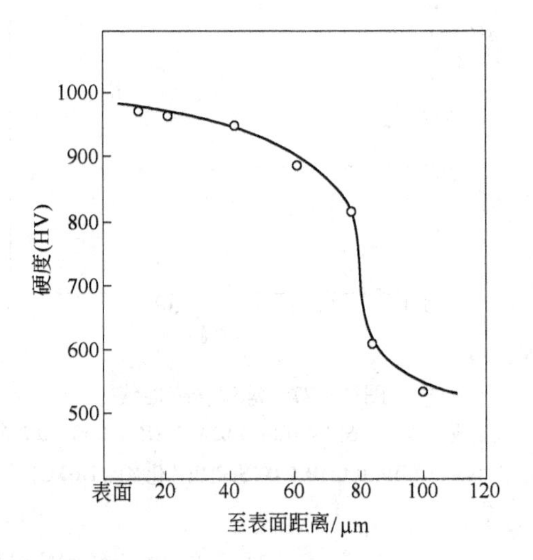

图 2-182 氮化层硬度分布曲线

（520℃ 1h 氮化，NH_3 流量 0.1L/min）

表 2-106 6Cr4W3Mo2VNb 钢推荐的回火规范

回火目的	加热温度/℃	加热设备	冷却介质	回火次数	回火硬度(HRC)
消除应力和稳定组织	540～580	熔融盐浴炉或空气炉	空气	2	≥56

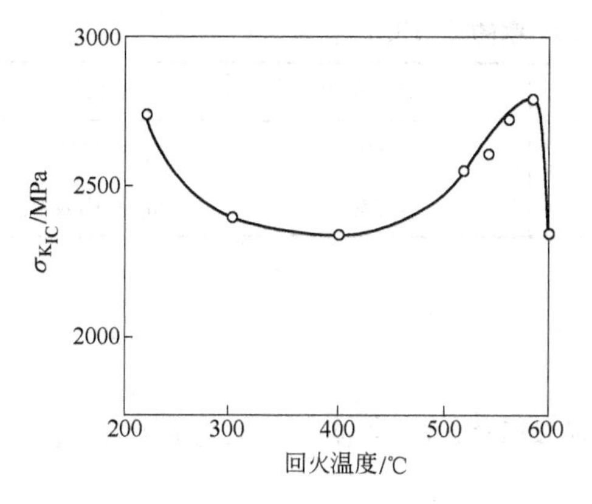

图 2-183　不同温度回火后的抗压强度
（1120℃油淬）

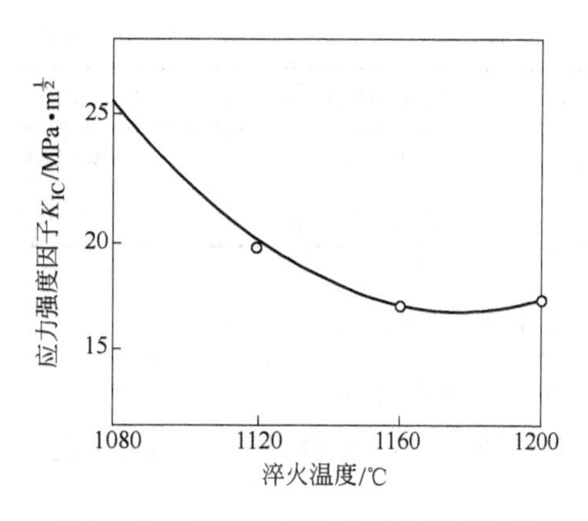

图 2-184　不同温度淬火时的断裂韧性
（淬火后，540℃回火）

表 2-107　6Cr4W3Mo2VNb 钢推荐的表面处理规范[16]

热处理制度	氮化介质	扩散层	
		层深/mm	显微硬度(HV)
560℃，氮化 1h	NH_3 流量，0.1L/min	0.07～0.08	945～1070

2.4.2　6W6Mo5Cr4V 钢

6W6Mo5Cr4V 钢是一种低碳高速钢类型的冷作模具钢，它的淬透性好，并具有类似高速钢的高硬度、高耐磨性、高强度和好的红硬性，而韧性比高速钢高。该钢种通常用于制造冷挤压模具，拉伸模具，具有较高的使用寿命。[17]

2.4.2.1　化学成分

6W6Mo5Cr4V 钢的化学成分示于表 2-108。

表 2-108　6W6Mo5Cr4V 钢化学成分(GB/T 1299—2000)

化学成分(质量分数)/%								
C	Si	Mn	Cr	W	Mo	V	P	S
0.55～0.65	≤0.40	≤0.60	3.70～4.30	6.00～7.00	4.50～5.50	0.70～1.10	≤0.030	≤0.030

2.4.2.2　物理性能

6W6Mo5Cr4V 钢的临界温度示于表 2-109。

表 2-109　6W6Mo5Cr4V 钢的临界温度

临界温度(近似值)/℃	A_{c1}	A_{r1}	M_s
	～820	～730	～240

2.4.2.3　热加工

6W6Mo5Cr4V 钢的热加工工艺示于表 2-110。

表 2-110 6W6Mo5Cr4V 钢的热加工工艺

项目	加热温度/℃	开锻温度/℃	终锻温度/℃	冷却方式
钢锭	1140~1180	1150~1100	≥900	坑冷、热砂缓冷
钢坯	1100~1140	1100~1050	≥850	坑冷、热砂缓冷

2.4.2.4 热处理

A 预先热处理

6W6Mo5Cr4V 钢的锻后一般退火工艺示于图 2-185,锻后等温退火工艺示于图 2-186。

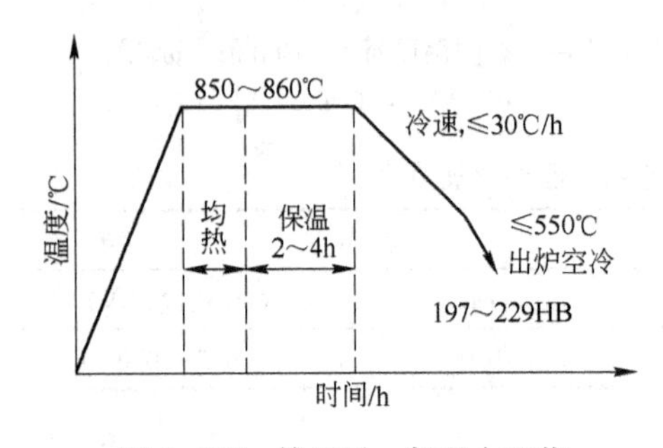

图 2-185 锻压后一般退火工艺

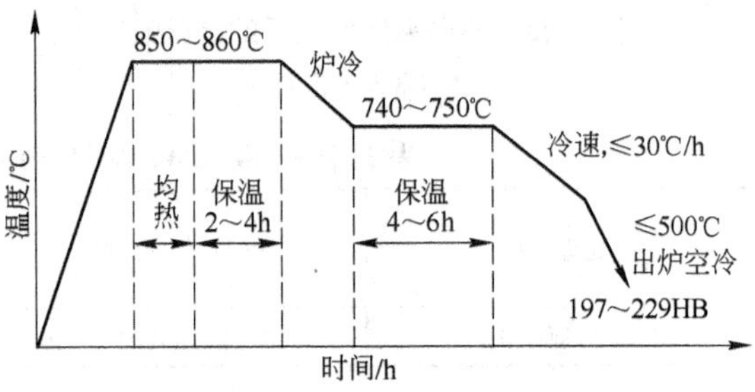

图 2-186 锻压后等温退火工艺

B 淬火

6W6Mo5Cr4V 钢有关的淬火工艺曲线示于图 2-187~图 2-189,推荐的淬火规范示于表 2-111。

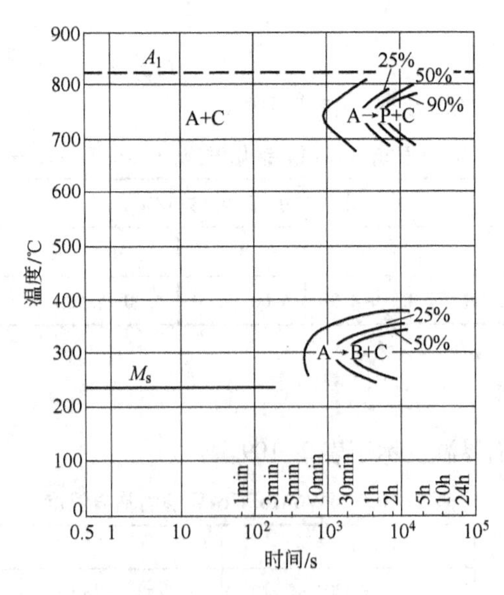

图 2-187 等温转变曲线[17]

(用钢成分(%):0.59C,0.16Si,0.15Mn,0.018P,0.009S,4.08Cr,6.26W,5.10Mo,0.94V;奥氏体化温度 1200℃;晶粒度 11~10 级)

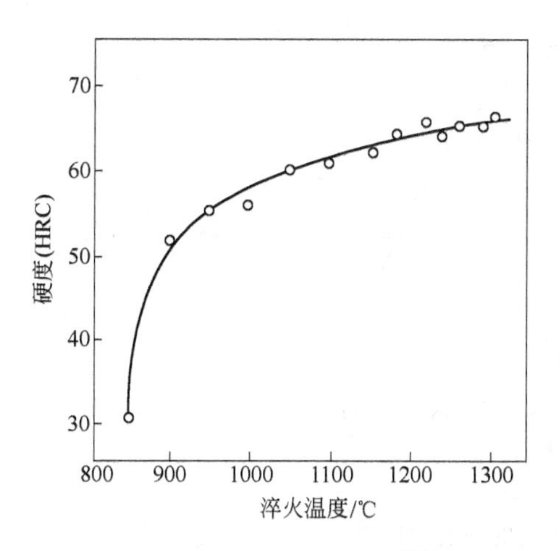

图 2-188　淬火硬度曲线[17]

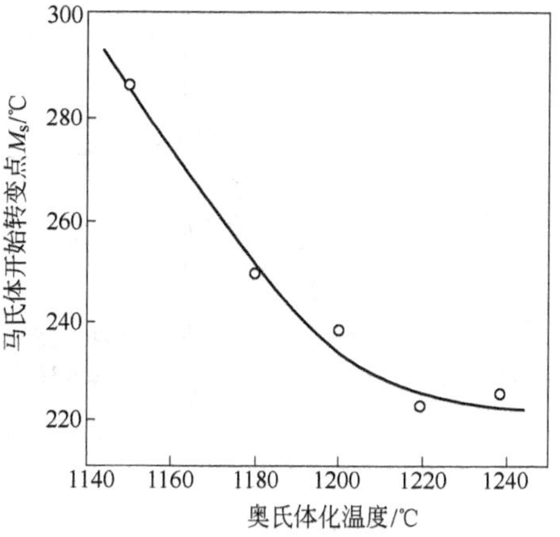

图 2-189　奥氏体化温度对马氏体点(M_s)的影响[17]

表 2-111　6W6Mo5Cr4V 钢推荐的淬火规范

预热温度/℃	加热温度/℃	加热介质	淬火介质	硬度(HRC)
830~850	1180~1200	熔融盐	油、空气或熔融盐	58 左右

C　回火

6W6Mo5Cr4V 钢推荐的回火规范示于表 2-112,有关淬火曲线示于图 2-190~图 2-192。

表 2-112　6W6Mo5Cr4V 钢推荐的回火规范

加热介质	回火温度/℃	回火次数	一次回火持续时间/h	硬度(HRC)
空气炉或熔融盐、碱	500~580	3	1~1.5	58~63

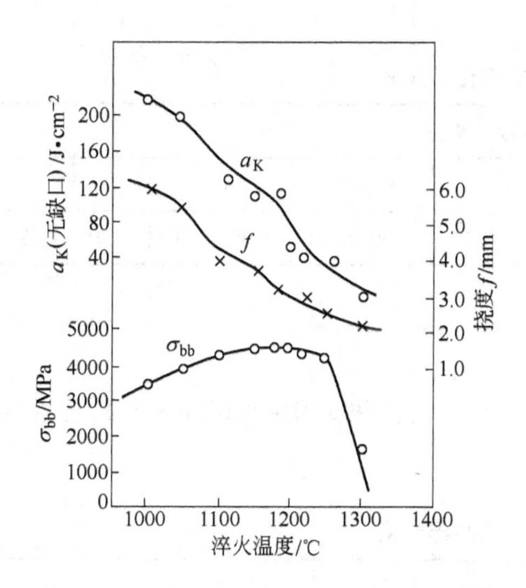

图 2-190　淬火温度对力学性能的影响[17]

(淬火后经 560℃三次回火)

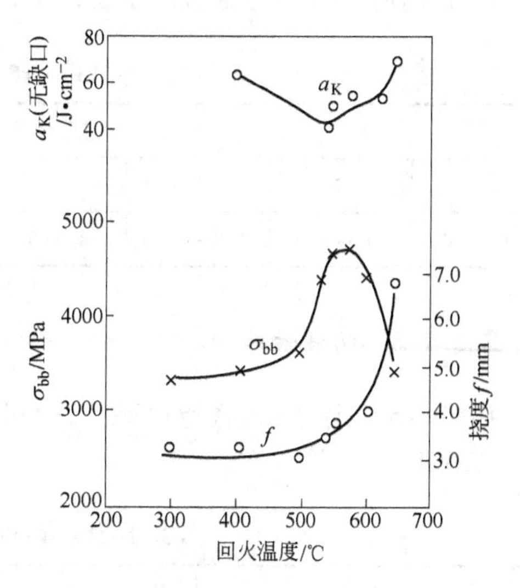

图 2-191　不同温度回火三次后的力学性能[17]

(1200℃淬火后回火)

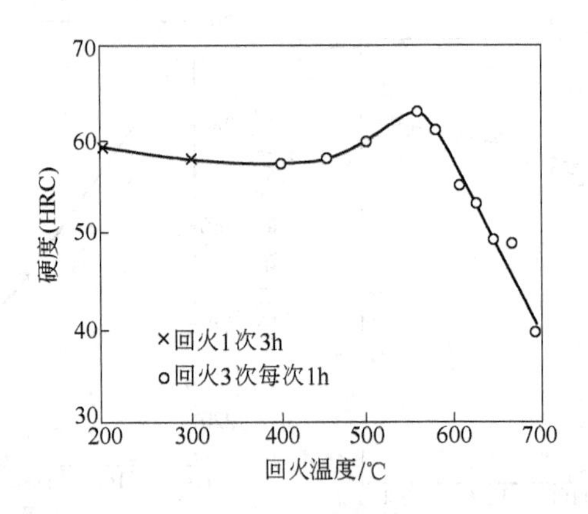

图 2-192 不同温度回火后的硬度变化[17]
(1200℃淬火)

2.5 高强高韧性冷作模具钢

2.5.1 Cr8Mo2SiV 钢

Cr8Mo2SiV 钢是 20 世纪 80 年代开发的高强度、高韧性冷作模具钢,是由 D2 钢降低碳、铬含量、增加钼、硅合金元素,改善了碳化物分布的均匀性,但仍属于莱氏体钢,该钢具有高的淬透性、韧性和耐磨性,热处理变形小,广泛用于制造各种类型的冷作模具,如冷剪切模、切边模、滚丝模、搓丝板和精密冷冲模等。

2.5.1.1 化学成分

Cr8Mo2SiV 钢的化学成分示于表 2-113。

表 2-113 Cr8Mo2SiV 钢化学成分

化学成分(质量分数)/%							
C	Si	Mn	P	S	Cr	Mo	V
0.90~1.05	0.80~1.10	0.20~0.50	≤0.030	≤0.030	7.50~8.50	1.80~2.10	0.15~0.35

2.5.1.2 物理性能

Cr8Mo2SiV 钢的物理性能示于表 2-114~表 2-117,其比热为 0.460J/(g·℃),弹性模量为 220GPa。

表 2-114 Cr8Mo2SiV 钢临界温度

临界点	A_{c1s}	A_{c1f}	M_s
温度(近似值)/℃	830	870	180

表 2-115 Cr8Mo2SiV 钢线[膨]胀系数

温度/℃	20~200(高温回火)	20~400(高温回火)	20~200(低温回火)
线[膨]胀系数	11.6×10^{-6}	12.4×10^{-6}	12.2×10^{-6}

表 2-116 Cr8Mo2SiV 钢热导率

温度/℃	热导率 λ/W·(m·K)$^{-1}$
200	20
400	25

表 2-117 Cr8Mo2SiV 钢密度

温度/℃	密度/t·m^{-3}
20	7.72
200	7.67
400	7.61

2.5.1.3 热加工

Cr8Mo2SiV 钢的热加工工艺示于表 2-118。

表 2-118 Cr8Mo2SiV 钢的热加工工艺

项目	加热温度/℃	开始温度/℃	终止温度/℃	冷却方式
钢锭	1100~1150	1050~1100	900~850	红送退火
钢坯	1050~1100	1000~1050	900~850	红送退火或坑冷或砂冷

2.5.1.4 热处理

A 预先热处理

Cr8Mo2SiV 钢有关的预先热处理曲线示于图 2-193 和图 2-194。

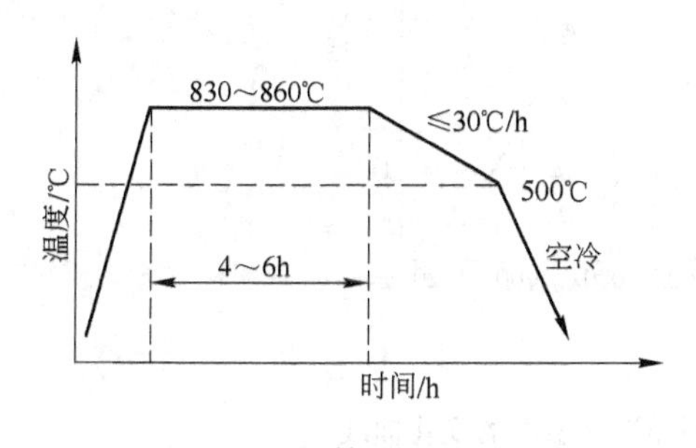

图 2-193 锻压后退火工艺

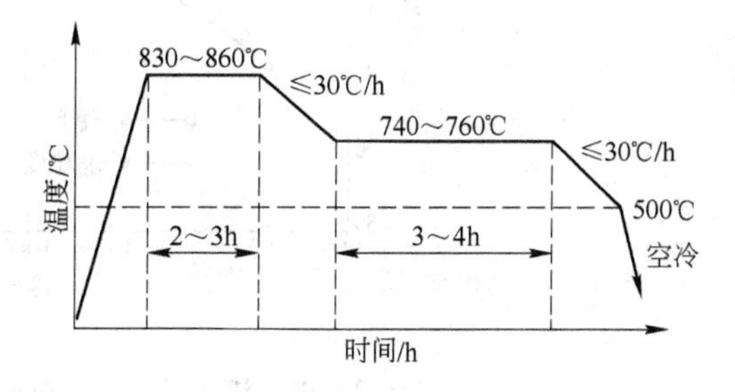

图 2-194 锻压后等温退火工艺

B 淬火

Cr8Mo2SiV 钢淬火的有关曲线示于图 2-195 和图 2-196,推荐的淬火规范示于表 2-119。

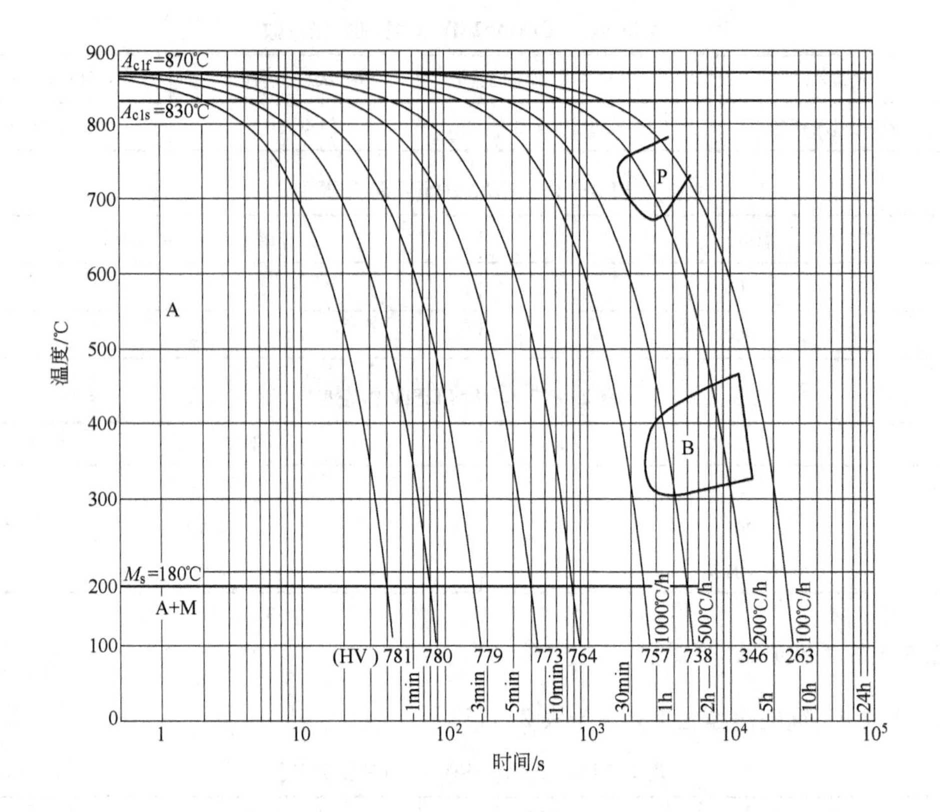

图 2-195 Cr8Mo2SiV 钢的奥氏体等温转变曲线

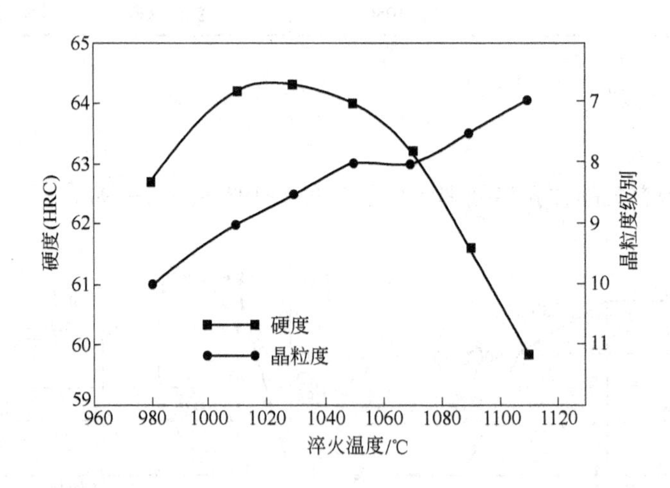

图 2-196 淬火硬度及晶粒度级别随淬火温度的变化曲线

表 2-119 Cr8Mo2SiV 钢推荐的淬火规范

淬火温度/℃	冷却方式	硬度(HRC)
1020~1040	油冷或空冷	62~65

C 回火

Cr8Mo2SiV 钢的性能与回火温度的关系示于图 2-197 和图 2-198。高温拉伸性能示于表 2-120。

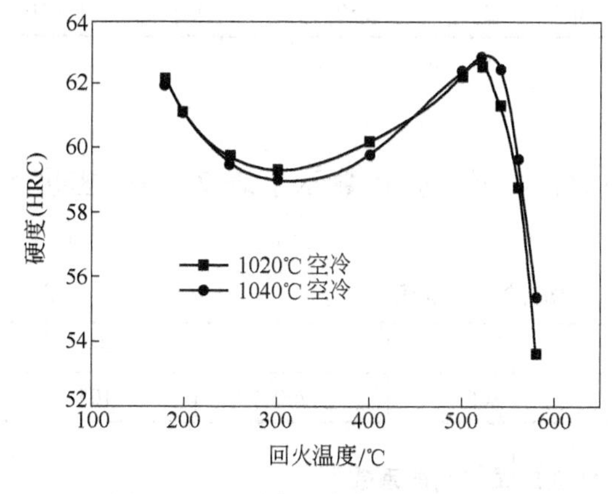

图 2-197 回火硬度与温度的关系

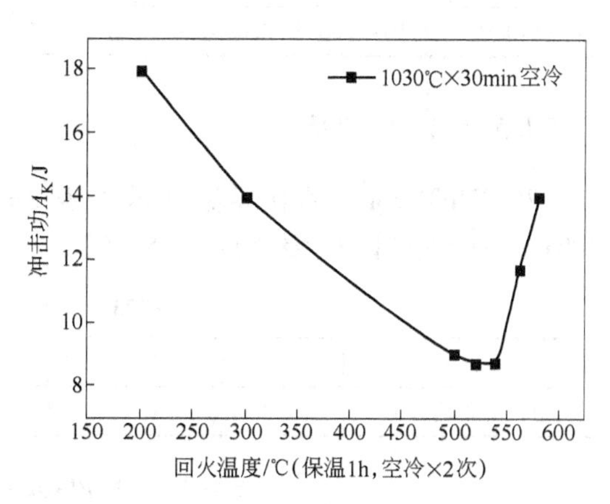

图 2-198 冲击功与温度的关系(U 形缺口)

表 2-120 Cr8Mo2SiV 钢高温拉伸性能

试验温度/℃	σ_b/MPa	δ/%	ψ/%
850	87.5	46.5	83
900	112.0	96.0	88
950	87.0	124.0	85
1000	69.0	105.0	83
1050	54.0	90.0	77
1100	40.5	100.0	78
1140	30.0	90.0	59
1160	27.0	98.0	60
1180	23.0	63.0	53
1200	17.5	32.0	53

推荐的回火规范示于表 2-121。

表 2-121 Cr8Mo2SiV 钢推荐的回火规范

方 案	回火温度/℃	冷却方式	硬度(HRC)
1	180~220	空冷	60~64
2	500~550(2 次)	空冷	60~63

2.5.2 7Cr7Mo3V2Si 钢

7Cr7Mo3V2Si 是一种高强韧性冷作模具钢,与 Cr12 型冷作模具钢和 W6Mo5Cr4V2 高速钢比较,具有更高的强度和韧性,而且有较好的耐磨性;适宜制造承受高负荷的冷挤、冷镦、冷冲模具等[18~20]。

2.5.2.1 化学成分

7Cr7Mo3V2Si 钢的化学成分示于表 2-122。

表 2-122 7Cr7Mo3V2Si 钢的化学成分

化学成分(质量分数)/%							
C	Cr	Mo	V	Si	Mn	P	S
0.70~0.80	6.50~7.50	2.00~3.0	1.70~2.20	0.70~1.20	≤0.50	≤0.030	≤0.030

2.5.2.2 物理性能

7Cr7Mo3V2Si 钢的临界温度示于表 2-123，线[膨]胀系数示于表 2-124，密度为 7.8t/m³；弹性模量 E(室温)为 225.4GPa。

表 2-123 7Cr7Mo3V2Si 的临界温度

临界点	A_{c1}	A_{c3}	A_{r3}	A_{r1}	M_s
温度(近似值)/℃	856	915	806	720	105

表 2-124 7Cr7Mo3V2Si 钢的线[膨]胀系数

温度/℃	20~100	20~200	20~300	20~400	20~500	20~625	20~700
线[膨]胀系数/$\times 10^{-6}$℃$^{-1}$	8.2	10.2	11.3	11.8	12.4	12.7	12.9

2.5.2.3 热加工

7Cr7Mo3V2Si 钢的热加工工艺示于表 2-125。

表 2-125 7Cr7Mo3V2Si 钢的热加工工艺

加热温度/℃	开锻温度/℃	终锻温度/℃	冷却方式
1120~1130	1100	≥850	缓冷(坑冷或砂冷)

2.5.2.4 热处理

A 预先热处理

7Cr7Mo3V2Si 钢的锻后等温退火工艺示于图 2-199。

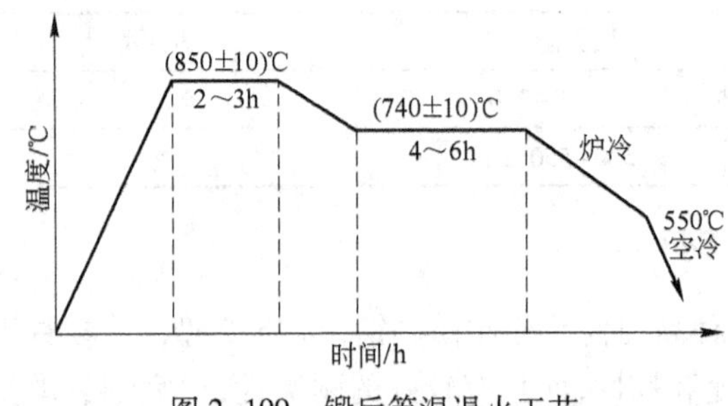

图 2-199 锻后等温退火工艺

B 淬火

7Cr7Mo3V2Si 钢推荐的淬火规范示于表 2-126，有关淬火曲线示于图 2-200~图 2-202。

表 2-126 7Cr7Mo3V2Si 钢推荐的淬火规范

淬火温度/℃	冷却方式
1100~1150	油冷或空冷

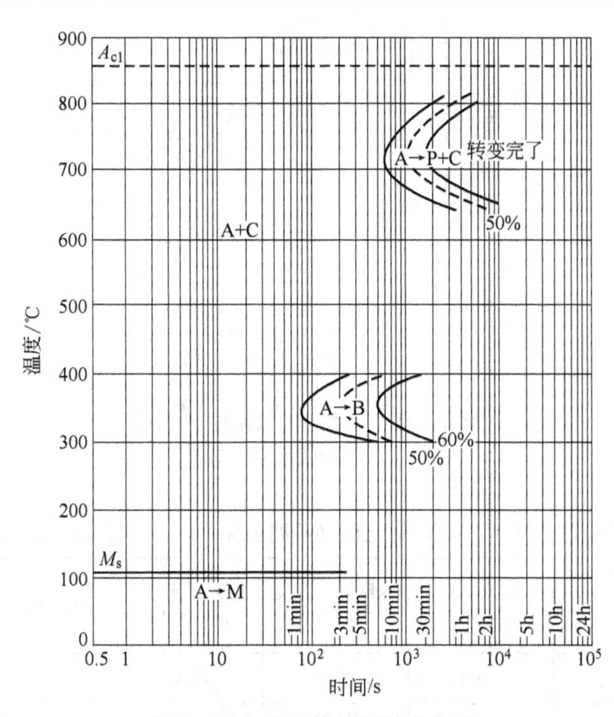

图 2-200 奥氏体等温转变曲线

（试验钢化学成分（%）：0.74C，0.92Si，0.31Mn，7.13Cr，2.21Mo，1.94V，0.021P，0.008S；原始状态：退火；奥氏体化温度 1100℃，5 min；晶粒度 10 级）

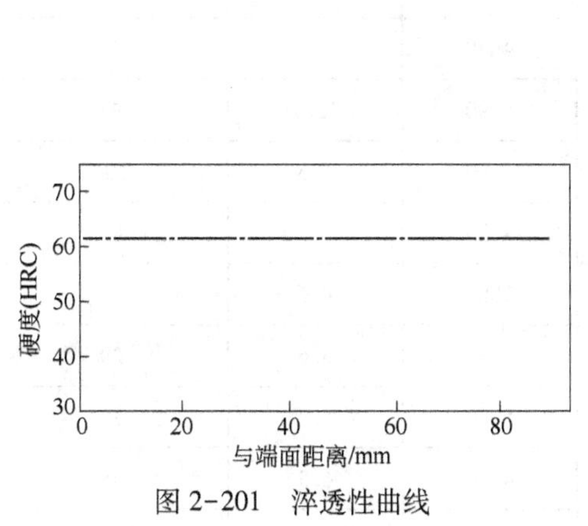

图 2-201 淬透性曲线

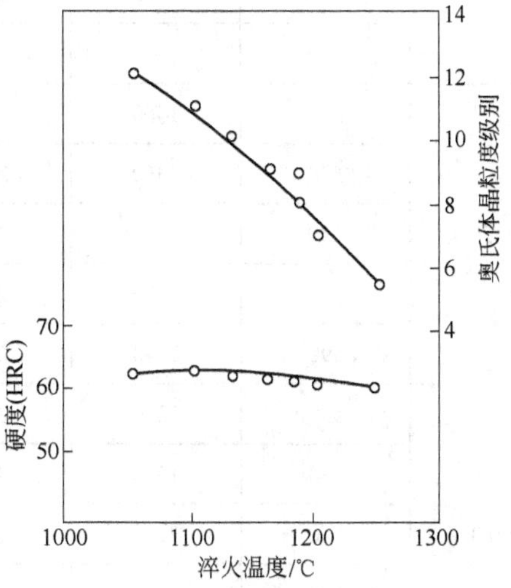

图 2-202 硬度和奥氏体晶粒度与淬火温度的关系

C 回火

7Cr7Mo3V2Si 钢不同温度淬火、回火后的力学性能示于表 2-127 和表 2-128，硬度与回火的关系示于图 2-203，推荐的回火规范示于表 2-129。

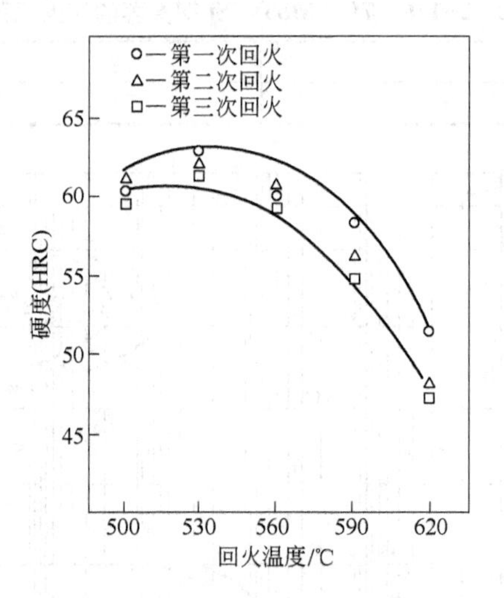

图 2-203 硬度与回火温度的关系
(1100℃淬火每次回火 2h)

表 2-127 7Cr7Mo3V2Si 电渣钢不同温度淬火、回火后的力学性能

淬火温度/℃	回火温度/℃	抗拉强度 σ_b/MPa	抗压屈服强度 $\sigma_{0.2C}$/MPa	抗弯强度 σ_{bb}/MPa	挠度 f/mm	冲击韧性 a_K/J·cm^{-2}
1100	510	2400	2710	4690	6.7	33
	530	2480	2820	5520	8.9	75
	550	2580	2550	5430	16.5	116
	570	2500	2340	4990	16.5	104
	590	—	2080	4380	16.5	48
1150	510	1460	2720	3570	3.7	—
	530	2360	2920	4670	4.7	44
	550	2680	2865	5590	12.7	98
	570	2680	2660	5190	8.3	104
	590	2340	2230	4790	9.8	82
1180	510	1260	2600	2880	4.6	—
	530	1520	3230	2910	3.6	29
	550	2770	2810	5080	5.7	73
	570	2610	2700	4730	6.5	48
	590	2470	2490	4880	7.1	47

注:在不同温度下回火 3 次,每次 1h。

表 2-128 7Cr7Mo3V2Si 电炉钢不同温度淬火、回火后的力学性能

淬火温度/℃	回火温度/℃	σ_b/MPa	$\sigma_{0.2C}$/MPa	σ_{bb}/MPa	f/mm	a_K/J·cm^{-2}	K_{IC}/MPa·m$^{\frac{1}{2}}$
1100	530	2611	2760	5295	8.5	72.5	
	550	2540	2670	5080	13.0	122.5	
	570	2407	2465	4735	13.2	104	
1150	530	2600	2570	4810	6.6	44	198.1
	550	2757	3020	5360	12.7	94	208.8
	570	2618	2825	5065	12.6	70	219.4

注:在不同温度下回火 3 次,每次 1h。

表 2-129 7Cr7Mo3V2Si 钢推荐的回火规范

回火温度/℃	回火次数	每次回火时间/h	回火硬度(HRC)
530~540	2	1~2	59~62

2.6 抗冲击冷作模具钢

2.6.1 4CrW2Si 钢

4CrW2Si 钢是在铬硅钢的基础上加入一定量的钨而形成的钢种,由于加入了钨而有助于在进行淬火时保存比较细的晶粒,这就有可能在回火状态下获得较高的韧性。4CrW2Si 钢还具有一定的淬透性和高温强度。

该钢多用于制造高冲击载荷下操作的工具,如风动工具、錾、冲裁切边复合模、冲模、冷切用的剪刀等冲剪工具以及部分小型热作模具。[9]

2.6.1.1 化学成分

4CrW2Si 钢的化学成分示于表 2-130。

表 2-130 4CrW2Si 钢化学成分(GB/T 1299—2000)

化学成分(质量分数)/%						
C	Si	Mn	Cr	W	P	S
0.35~0.45	0.80~1.10	≤0.40	1.00~1.30	2.00~2.50	≤0.030	≤0.030

2.6.1.2 物理性能

4CrW2Si 钢的临界温度示于表 2-131。

表 2-131 4CrW2Si 钢的临界温度

临界点	A_{c1}	A_{c3}	M_s
温度(近似值)/℃	780	840	315

2.6.1.3 热加工

4CrW2Si 钢的热加工工艺示于表 2-132。

表 2-132 4CrW2Si 钢的热加工工艺

项目	加热温度/℃	开锻温度/℃	终锻温度/℃	冷却方式
钢锭	1180~1220	1150~1180	≥850	缓冷
钢坯	1150~1180	1100~1140	≥800	缓冷

2.6.1.4 热处理

A 预先热处理

4CrW2Si 钢的有关预先热处理工艺示于图 2-204 和图 2-205,退火前后的组织和硬度示于表 2-133。

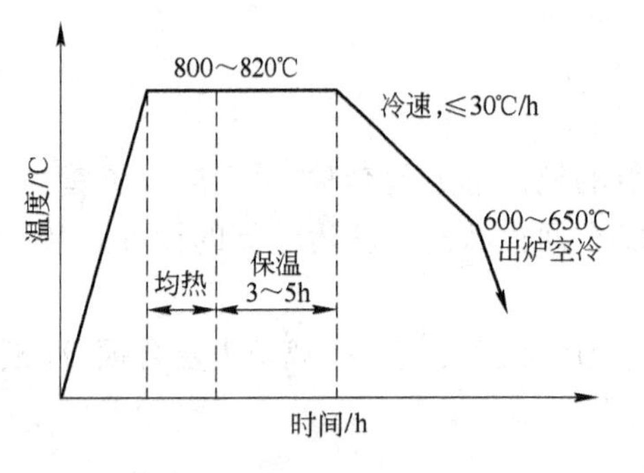

图 2-204 锻压后一般退火工艺

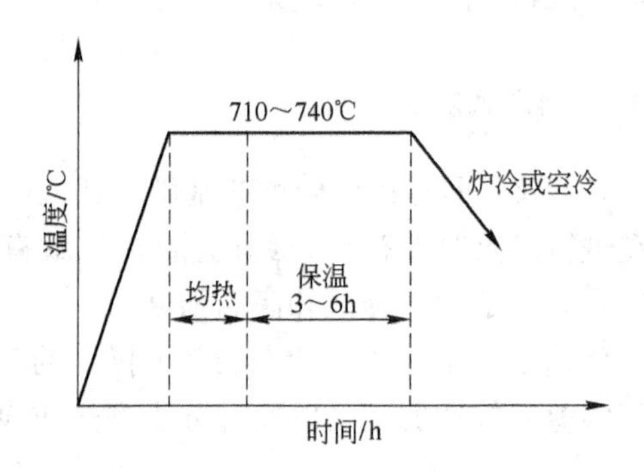

图 2-205 高温回火工艺

表 2-133 4CrW2Si 钢退火前后的硬度和组织

硬度				组织	
未退火		退火后		未退火	退火后
d_{HB}/mm	HB	d_{HB}/mm	HB		
3.2~3.6	363~285	4.1~4.5	217~179	珠光体+铁素体	粒状珠光体+少量碳化物

B 淬火

4CrW2Si 钢的淬火有关曲线示于图 2-206~图 2-210,推荐的淬火规范示于表 2-134。

表 2-134 4CrW2Si 钢推荐的淬火规范

淬火温度/℃	冷却介质	介质温度/℃	冷却到油温	硬度(HRC)
860~900	油	20~40		≥53

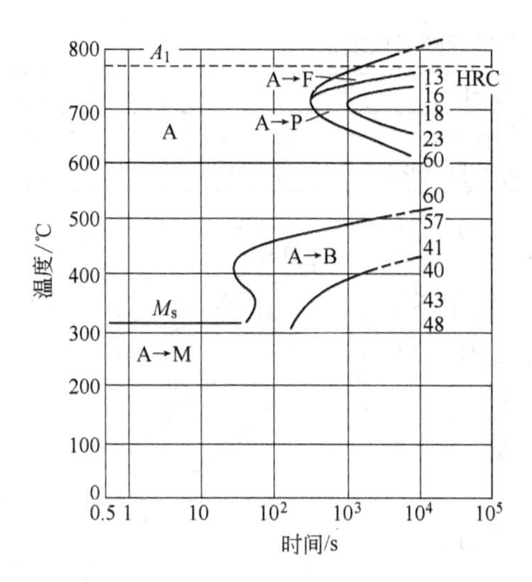

图 2-206　等温转变曲线

（用钢成分(%)：0.40C，0.72Si，0.27Mn，1.20Cr，1.85W；奥氏体化温度 900℃）

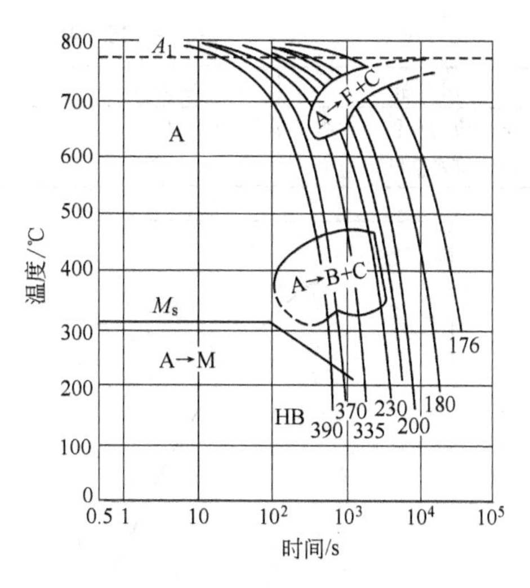

图 2-207　连续转变曲线

（用钢成分(%)：0.40C，0.72Si，0.27Mn，1.20Cr，1.85W；奥氏体化温度 900℃）

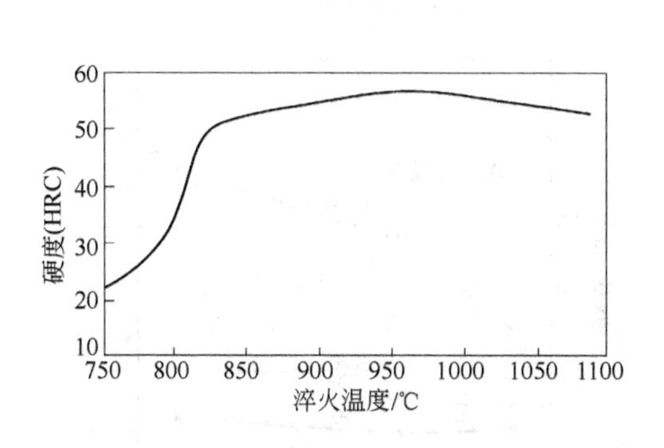

图 2-208　不同温度淬火后的硬度

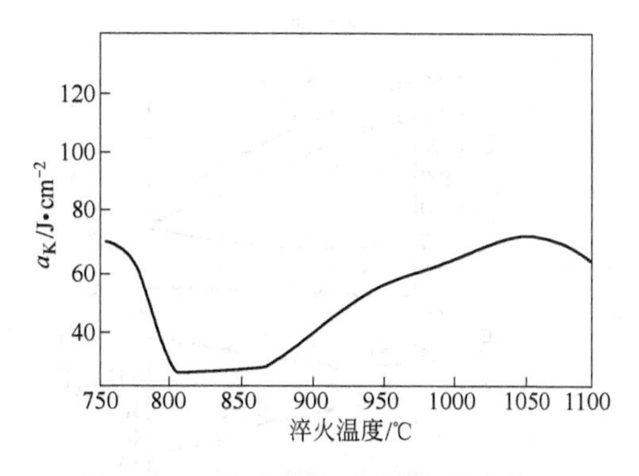

图 2-209　淬火温度对冲击韧性的影响

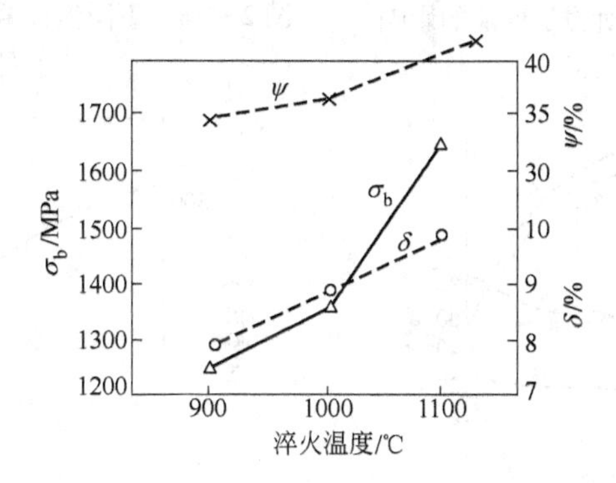

图 2-210　淬火温度对力学性能的影响

C　回火

4CrW2Si 钢推荐的回火规范示于表 2-135，回火有关曲线示于图 2-211～图 2-216。

表 2-135 4CrW2Si 钢推荐的回火规范

用 途	回火温度/℃	加热介质	冷却介质	硬度(HRC)
消除内应力和稳定组织	200~250	油或熔融硝盐	空 气	53~58
降低硬度和消除内应力	430~470	空气炉、硝盐或熔融碱	空 气	45~50

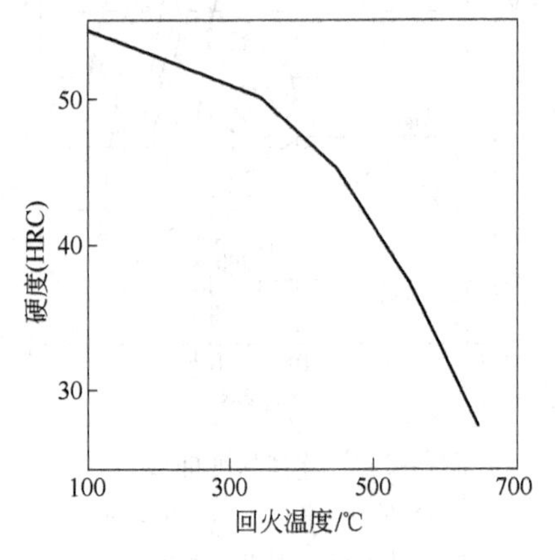

图 2-211 回火硬度曲线
(900℃油淬)

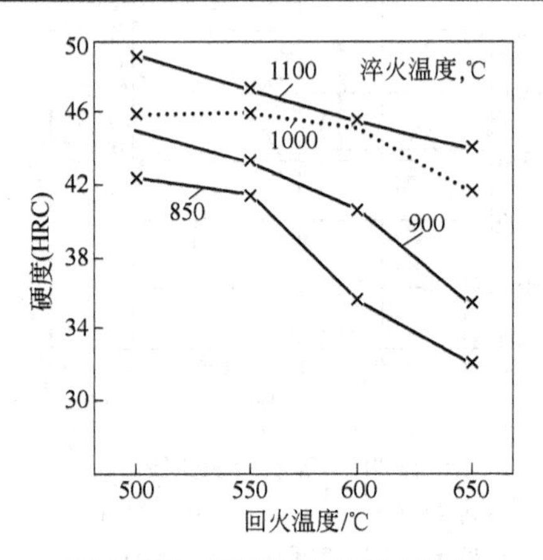

图 2-212 淬火温度和回火温度对硬度的影响

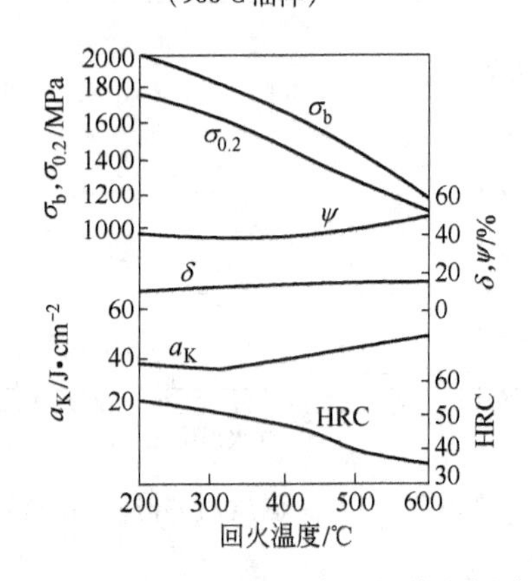

图 2-213 回火温度对力学性能的影响
(860℃加热淬油)

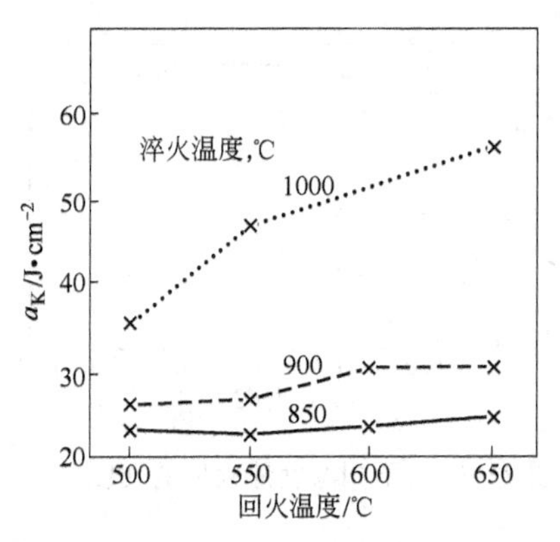

图 2-214 不同淬火温度和回火温度对冲击韧性的影响

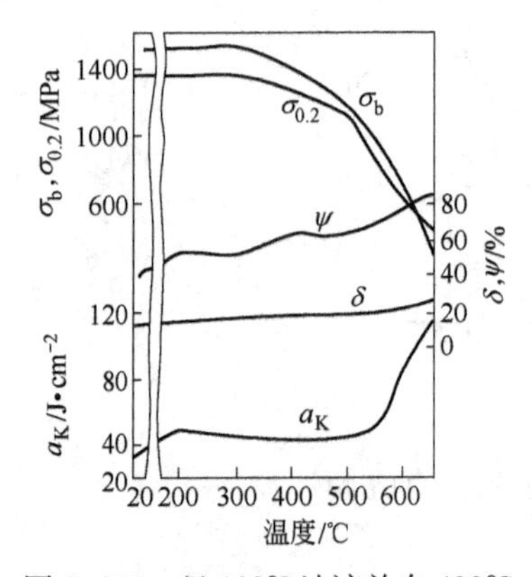

图 2-215 经 880℃油淬并在 430℃回火 2h 后的高温力学性能

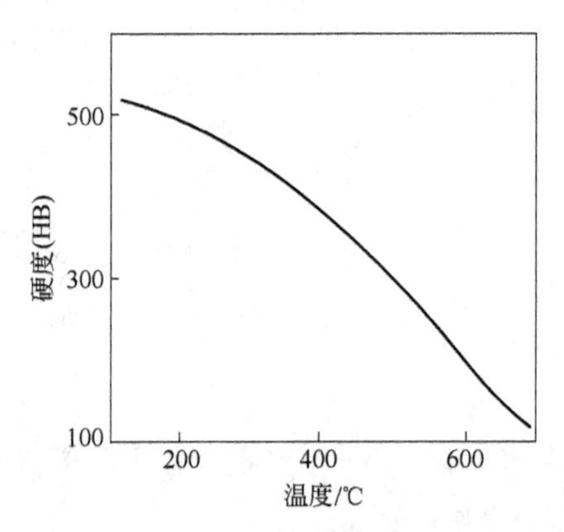

图 2-216 在不同温度下的硬度变化
(在 900~925℃加热淬油)

2.6.2 5CrW2Si 钢

5CrW2Si 钢是在铬硅钢的基础上加入一定量的钨而形成的钢种，由于钨有助于在淬火时保存比较细的晶粒，使回火状态下获得较高的韧性。5CrW2Si 钢还具有一定的淬透性和高温力学性能。5CrW2Si 钢通常用于制造冷剪金属的刀片、铲搓丝板的铲刀、冷冲裁和切边的凹模，以及长期工作的木工工具等。[9]

2.6.2.1 化学成分

5CrW2Si 钢的化学成分示于表 2-136。

表 2-136 5CrW2Si 钢化学成分(GB/T 1299—2000)

化学成分(质量分数)/%						
C	Si	Mn	Cr	W	P	S
0.45~0.55	0.50~0.80	≤0.40	1.00~1.30	2.00~2.50	≤0.030	≤0.030

2.6.2.2 物理性能

5CrW2Si 钢的物理性能示于表 2-137 和表 2-138。

表 2-137 5CrW2Si 钢的临界温度

临界点	A_{c1}	A_{c3}	M_s
温度(近似值)/℃	775	860	295

表 2-138 5CrW2Si 钢的线[膨]胀系数

温度/℃	100~250	250~350	350~600	600~700
线[膨]胀系数/$\times10^{-6}$℃$^{-1}$	13.15	13.6	13.8	14.2

2.6.2.3 热加工

5CrW2Si 钢的热加工工艺示于表 2-139。

表 2-139 5CrW2Si 钢的热加工工艺

项目	加热温度/℃	开锻温度/℃	终锻温度/℃	冷却方式
钢锭	1180~1200	1150~1170	≥850	缓冷
钢坯	1150~1180	1120~1150	≥800	缓冷

2.6.2.4 热处理

A 预先热处理

5CrW2Si 钢的有关预先热处理曲线示于图 2-217 和图 2-218，退火前后的组织和硬度示于表 2-140。

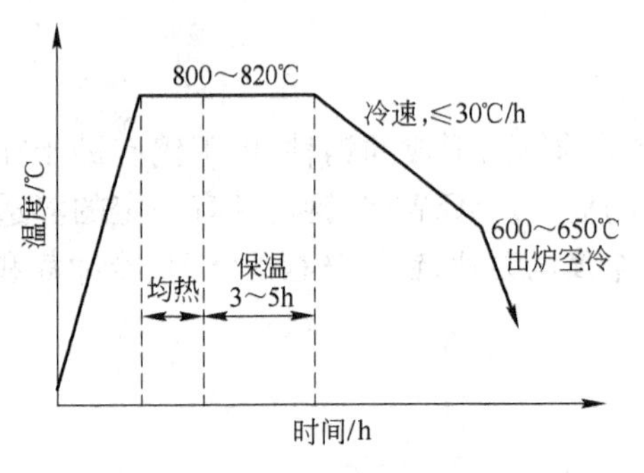

图 2-217 锻压后一般退火工艺

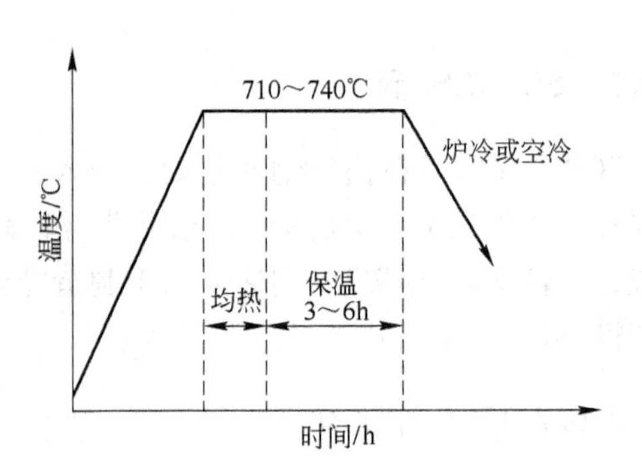

图 2-218 高温回火工艺

表 2-140 5CrW2Si 钢退火前后的硬度和组织

硬度				组织	
未退火		退火后		未退火	退火后
d_{HB}/mm	HB	d_{HB}/mm	HB		
3.1～3.5	388～302	3.8～4.2	255～207	屈氏体	粒状珠光体+少量碳化物

B 淬火

5CrW2Si 钢的淬火有关曲线示于图 2-219～图 2-221，推荐的淬火规范示于表 2-141。

表 2-141 5CrW2Si 钢推荐的淬火规范

淬火温度/℃	冷却			硬度(HRC)
	介质	介质温度/℃	保持到油温	
860～900	油	20～40		≥55

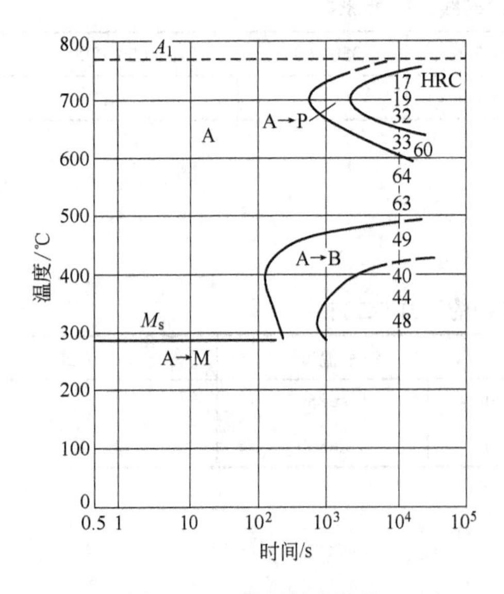

图 2-219 等温转变曲线

(用钢成分(%)：0.52C，0.80Si，0.33Mn，1.17Cr，0.16Ni，2.25W；奥氏体化温度 900℃)

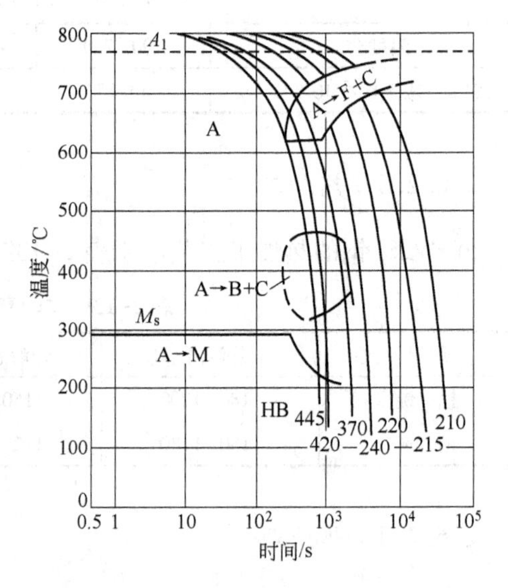

图 2-220 连续冷却转变曲线

(用钢成分(%)：0.52C，0.80Si，0.33Mn，1.17Cr，0.15Ni，2.25W；奥氏体化温度 900℃)

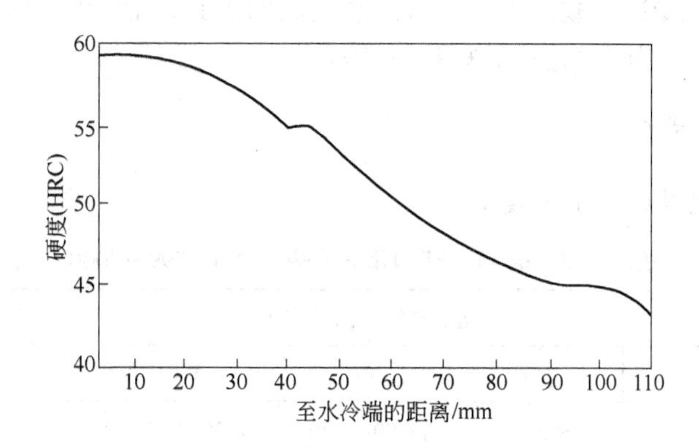

图 2-221 淬透性曲线

(用钢成分(%):0.54C,1.02Si,0.41Mn,1.40Cr,2.20W;奥氏体化温度 949℃)

C 回火

5CrW2Si 钢的回火有关曲线示于图 2-222~图 2-224,推荐的回火规范示于表2-142。

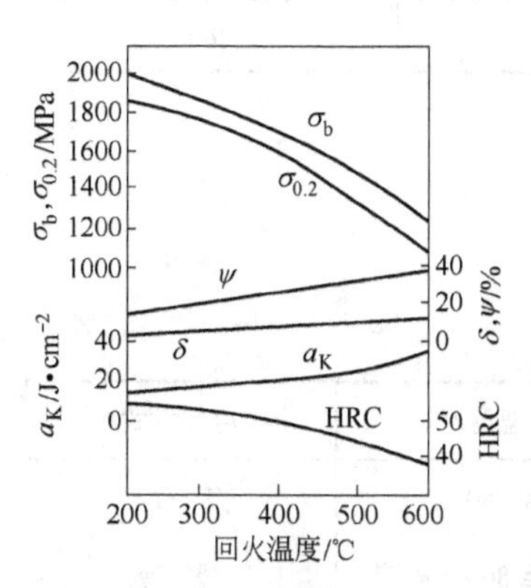

图 2-222 回火温度对 5CrW2Si 钢室温力学性能的影响 (880℃油淬,回火保温 2h)

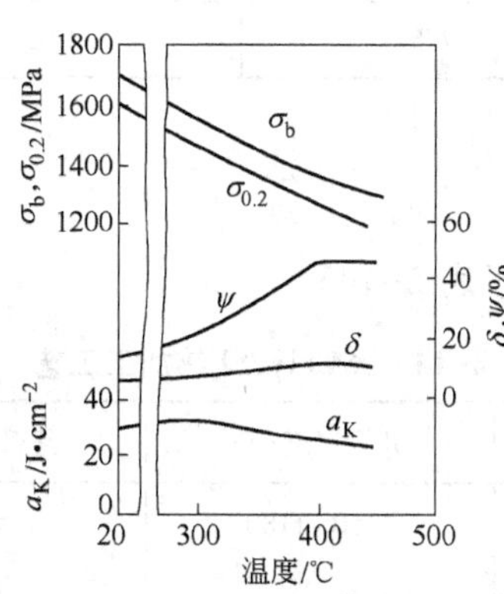

图 2-223 经 880℃加热淬油,并在 450℃回火保持 2h 后的 5CrW2Si 钢高温力学性能

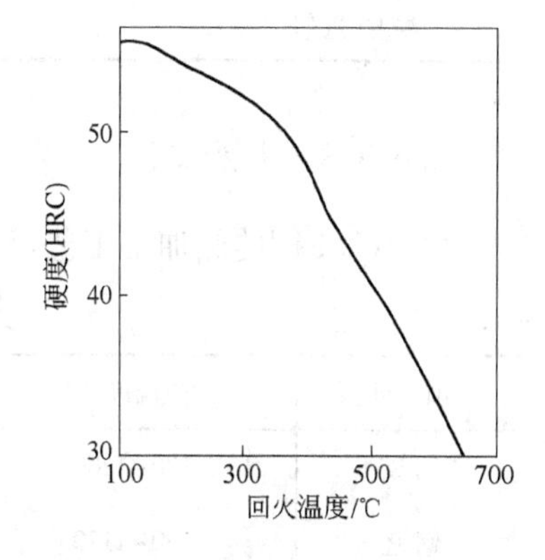

图 2-224 经 880℃加热淬油并在不同回火温度保持 2h 后的 5CrW2Si 钢硬度变化

表 2-142 5CrW2Si 钢推荐的回火规范

用 途	回火温度/℃	加热介质	冷却介质	硬度(HRC)
消除应力和稳定组织	200~250	油或熔融碱	空 气	53~58
降低硬度和消除应力	430~470	空气炉或熔融碱、硝盐	空 气	45~50

2.6.3 6CrW2Si 钢

6CrW2Si 钢是在铬硅钢的基础上加入了一定量的钨而形成的钢种,因为钨有助于在淬火时保存比较细的晶粒,而使回火状态下获得较高的韧性。6CrW2Si 钢具有比 4CrW2Si 钢和 5CrW2Si 钢更高的淬火硬度和一定的高温强度。

通常用于制造承受冲击载荷而又要求耐磨性高的工具，如风动工具，凿子和冲击模具，冷剪机刀片，冲裁切边用凹模，空气锤用工具等。[9]

2.6.3.1 化学成分

6CrW2Si 钢的化学成分示于表 2-143。

表 2-143 6CrW2Si 钢化学成分（GB/T 1299—2000）

化学成分（质量分数）/%						
C	Si	Mn	Cr	W	P	S
0.55~0.65	0.50~0.80	≤0.40	1.00~1.30	2.20~2.70	≤0.030	≤0.030

2.6.3.2 物理性能

6CrW2Si 钢的临界温度示于表 2-144。

表 2-144 6CrW2Si 钢的临界温度

临界点	A_{c1}	A_{c3}	M_s
温度（近似值）/℃	775	810	280

2.6.3.3 热加工

6CrW2Si 钢的热加工工艺示于表 2-145。

表 2-145 6CrW2Si 热加工工艺

项　目	加热温度/℃	开锻温度/℃	终锻温度/℃	冷却方式
钢锭	1170~1200	1150~1180	≥850	缓　冷
钢坯	1150~1170	1100~1140	≥800	缓　冷

2.6.3.4 热处理

A 预先热处理

6CrW2Si 钢预先热处理的有关曲线示于图 2-225 和图 2-226，退火前后的硬度和显微组织示于表 2-146。

表 2-146 6CrW2Si 钢退火前后的硬度和组织

硬　度				组　织	
未退火		退火后		未退火	退火后
d_{HB}/mm	HB	d_{HB}/mm	HB		
3.0~3.4	415~321	3.6~4.0	285~229	屈氏体	粒状珠光体+少量碳化物

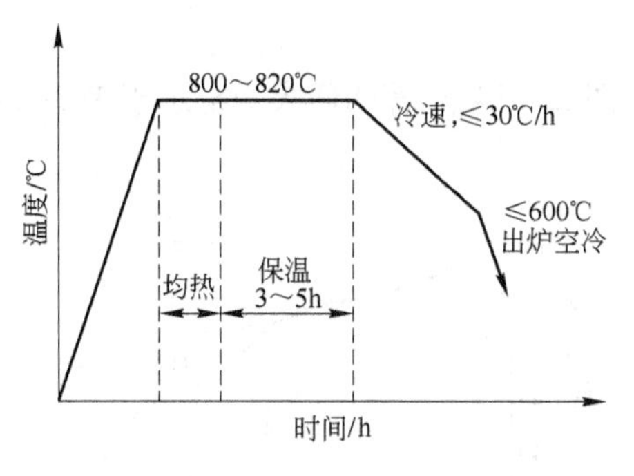

图 2-225 锻压后一般退火工艺

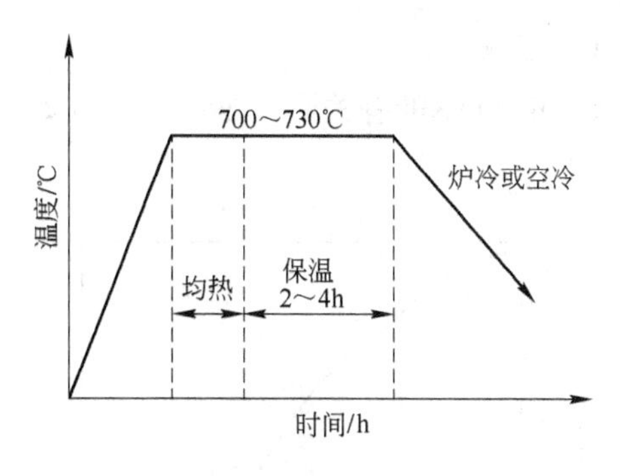

图 2-226 高温回火工艺

B 淬火

6CrW2Si 钢的有关淬火曲线示于图 2-227 和图 2-228，推荐的淬火规范示于表2-147。

表 2-147 6CrW2Si 钢推荐的淬火规范

淬火温度/℃	冷却			硬度(HRC)
	介质	介质温度/℃	冷却到油温	
860~900	油	20~40		≥57

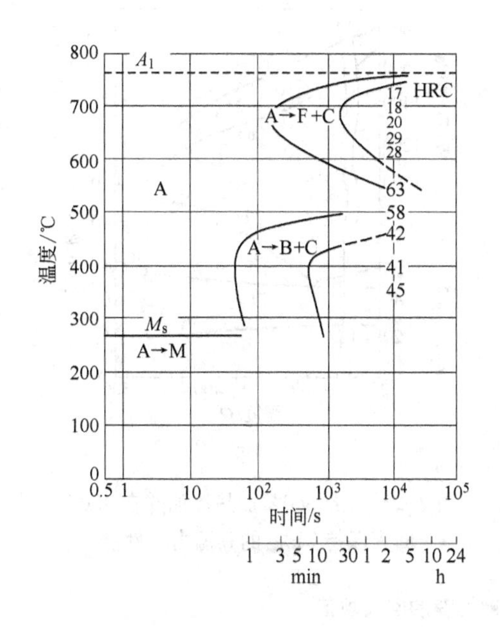

图 2-227 等温转变曲线
(用钢成分(%):0.58C,0.55Si,0.32Mn,1.27Cr,0.23Ni,2.25W;奥氏体化温度 900℃)

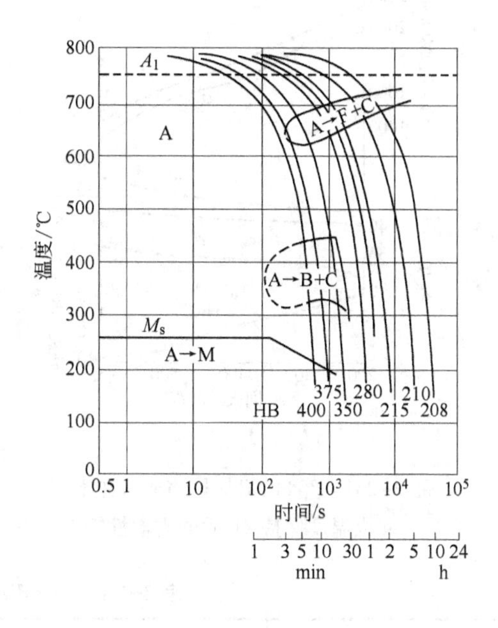

图 2-228 连续冷却转变曲线
(用钢成分(%):0.58C,0.55Si,0.32Mn,1.27Cr,0.23Ni,2.25W;奥氏体化温度 900℃)

C 回火

6CrW2Si 钢的有关回火曲线示于图 2-229~图 2-234，推荐的回火规范示于表 2-148。

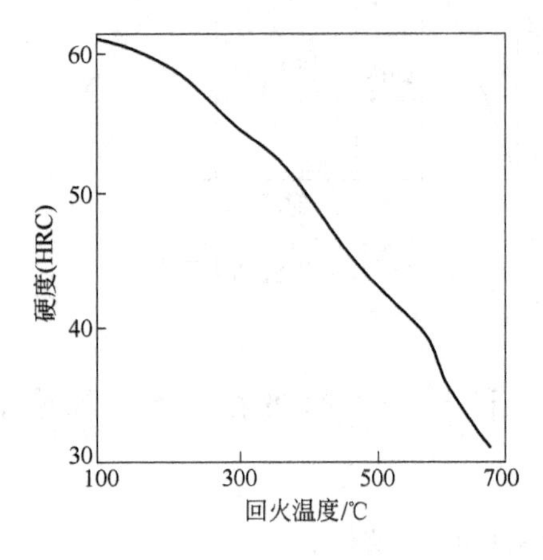

图 2-229 回火硬度曲线
（880℃ 油淬）

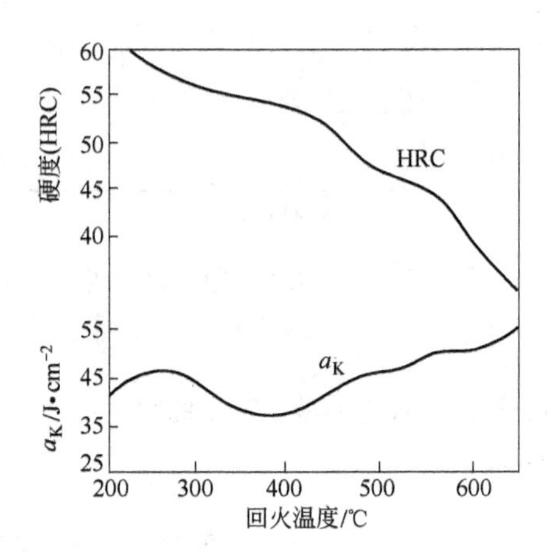

图 2-230 冲击韧性、硬度与回火温度的关系
（925℃ 油淬）

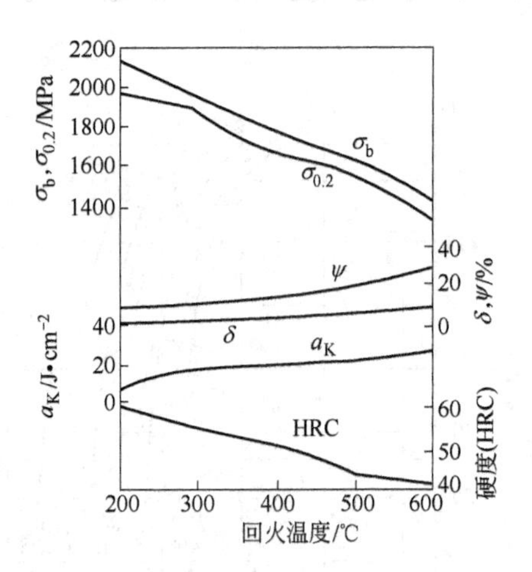

图 2-231 经 880℃加热淬油后在不同回火温度保持 2h 后的力学性能

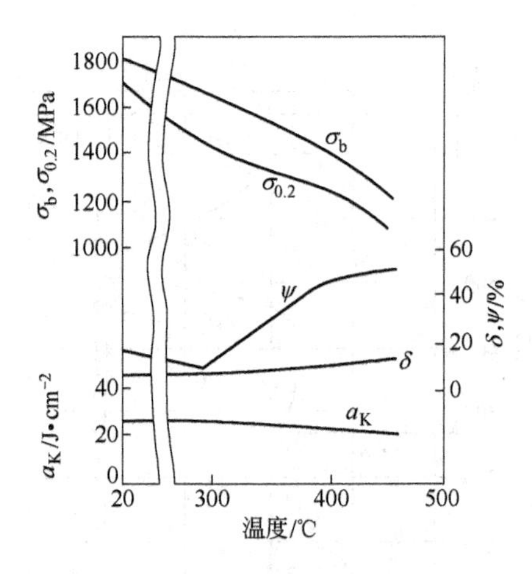

图 2-232 经 880℃加热淬油并在 450℃回火保持 2h 后的高温力学性能

表 2-148 6CrW2Si 钢推荐的回火规范

用 途	回火温度/℃	加热介质	冷却介质	硬度(HRC)
消除应力和稳定组织	200~250	油或熔融碱	空 气	53~58
降低硬度和消除应力	430~470	空气炉或熔融碱、硝盐	空 气	45~58

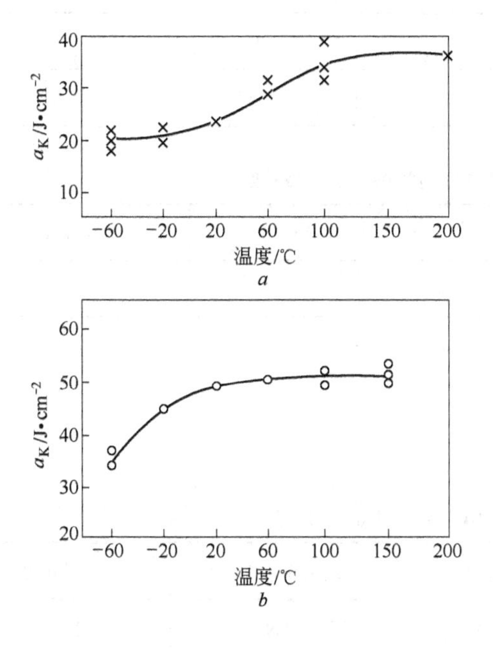

图 2-233 不同温度的冲击韧性

a—250℃回火后；*b*—250℃等温淬火后

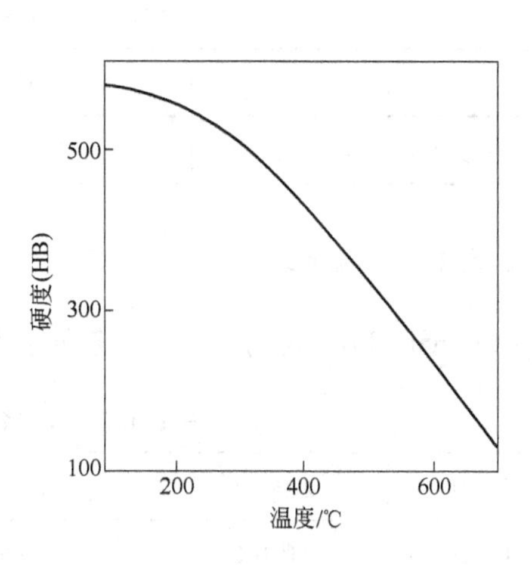

图 2-234 经 900~925℃加热淬油后在不同温度下的硬度

2.6.4 6CrMnSi2Mo1V 钢

6CrMnSi2Mo1V 钢属耐冲击工模具用钢，具有中等碳含量，硅含量较高，而且还含有锰、铬、钼、钒等多种合金元素，具有高强度、高韧性、高的耐疲劳性能和良好的耐磨性。适宜制造承受冲击载荷而又要求耐磨性高的工具，如风动工具、凿子、冷剪切刀片和多种冲头和模具，也可以用于制造弹簧[4]。

2.6.4.1 化学成分

6CrMnSi2Mo1V 钢的化学成分示于表 2-149。

表 2-149 6CrMnSi2Mo1V 钢化学成分（GB/T 1299—2000）

化学成分（质量分数）/%							
C	Mn	Si	P	S	Cr	Mo	V
0.50~0.60	0.60~1.00	1.75~2.25	≤0.030	≤0.030	0.10~0.50	0.20~1.35	0.15~0.35

2.6.4.2 物理性能

6CrMnSi2Mo1V 钢的临界温度、线［膨］胀系数示于表 2-150 和表 2-151。其密度为 7.75t/m^3，弹性模量为 207GPa，热导率为 33W/(m·K)。

表 2-150 6CrMnSi2Mo1V 钢的临界温度

临界点	A_{c1}	A_{r1}	A_{c3}	M_s
温度(近似值)/℃	770	739	835	190

表 2-151 6CrMnSi2Mo1V 钢的线[膨]胀系数

温度/℃	37.8~426.7	37.8~537.8	37.8~648.9
线[膨]胀系数/$\times10^{-6}$℃$^{-1}$	12.6	13.1	13.7

2.6.4.3 热加工

6CrMnSi2Mo1V 钢的热加工工艺示于表 2-152。

表 2-152 6CrMnSi2Mo1V 钢热加工工艺

项 目	加热温度/℃	开锻温度/℃	终锻温度/℃	冷却方式
钢 锭	1150~1180	1120~1150	≥850	缓 冷
钢 坯	1120~1160	1100~1140	≥850	缓 冷

2.6.4.4 热处理

A 预先热处理

6CrMnSi2Mo1V 钢预先热处理的有关曲线示于图 2-235 和图 2-236。

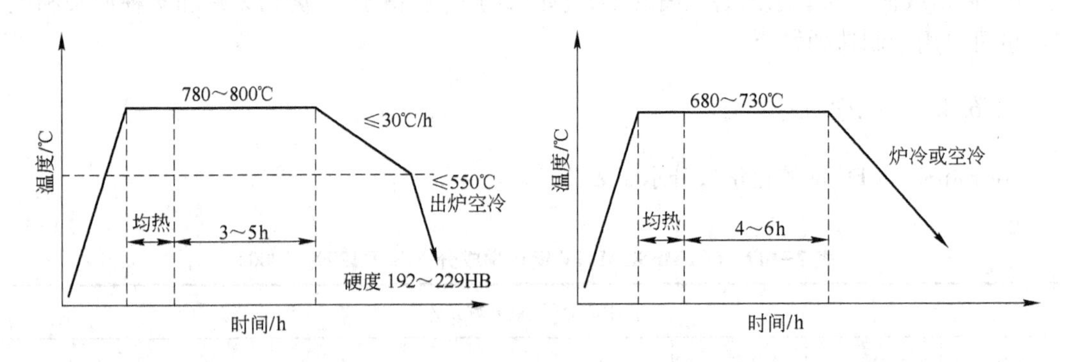

图 2-235 锻压后退火工艺

图 2-236 高温回火工艺

B 淬火

6CrMnSi2Mo1V 钢淬火的有关曲线示于图 2-237～图 2-239，推荐的淬火规范示于表 2-153。

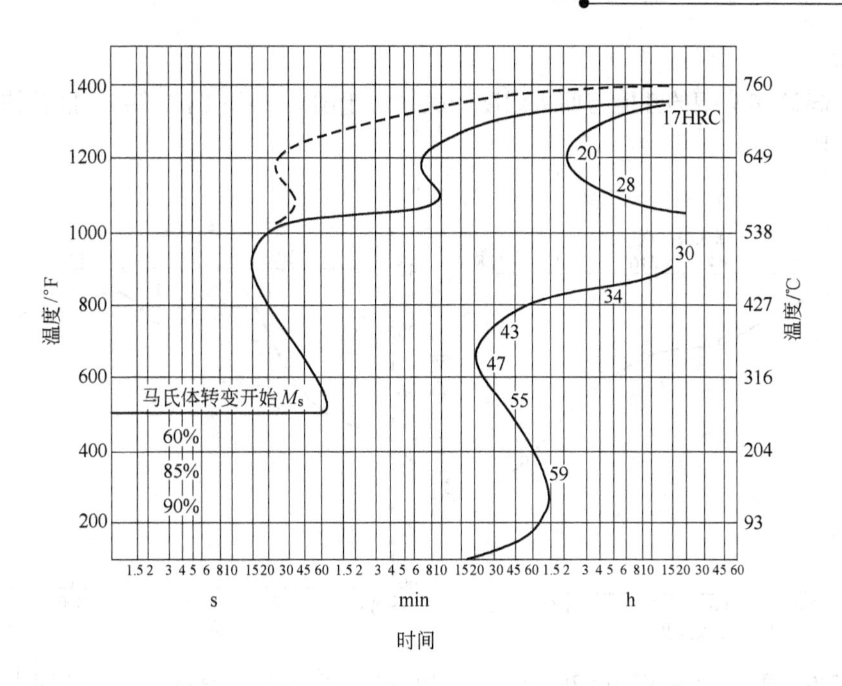

图 2-237 6CrMnSi2Mo1V 钢奥氏体等温转变曲线

（用钢成分(%)：0.60C，0.75Mn，1.90Si，0.25Cr，0.30Mo；奥氏体化温度：1650℉(899℃)）

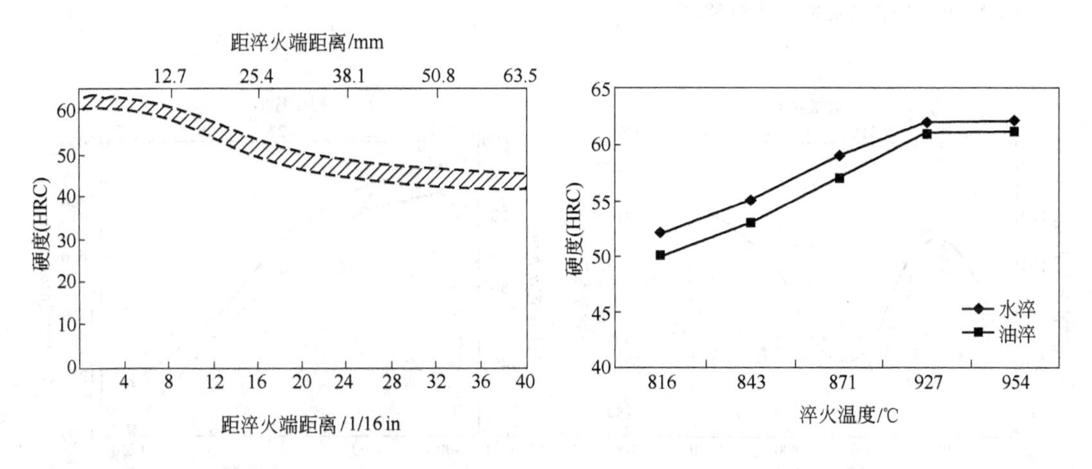

图 2-238 6CrMnSi2Mo1V 钢的末端淬透性曲线

（用钢成分(%)：0.60C，2.00Si，0.85Mn，0.25Cr，0.25Mo，0.20V；淬火温度：1600℉(871℃)）

(1in = 25.4mm)

图 2-239 6CrMnSi2Mo1V 钢淬火温度与硬度的关系曲线

（保温 30min）

表 2-153 6CrMnSi2Mo1V 钢推荐的淬火规范

淬火温度/℃	冷却方式
870~927	油 冷

C 回火

6CrMnSi2Mo1V 钢的性能与回火温度的关系示于图 2-240~图 2-244。推荐的回火规范示于表 2-154。

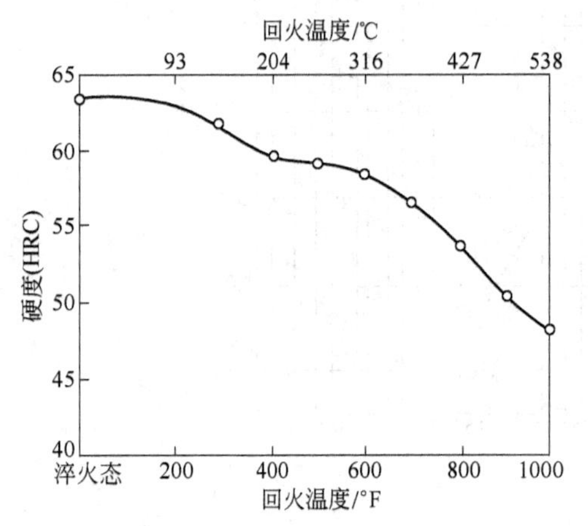

图 2-240 回火温度对 6CrMnSi2Mo1V 钢硬度的影响

（试验钢成分(%)：0.60C，0.85Mn，2.00Si，0.25Cr，0.25Mo，0.20V；淬火温度：1625℉(885℃)）

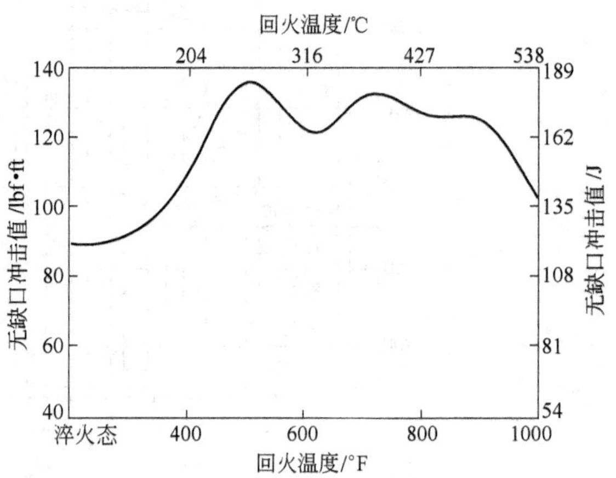

图 2-241 回火温度对 6CrMnSi2Mo1V 钢冲击值的影响

（试验试样用 1600℉(871℃)油冷淬火）

（1lbf·ft=1.35582N·m）

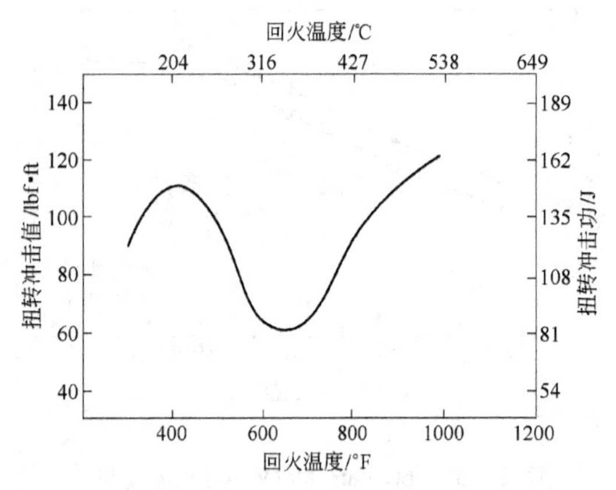

图 2-242 回火温度对 6CrMnSi2Mo1V 钢扭转冲击功的影响

（1lbf·ft=1.35582N·m）

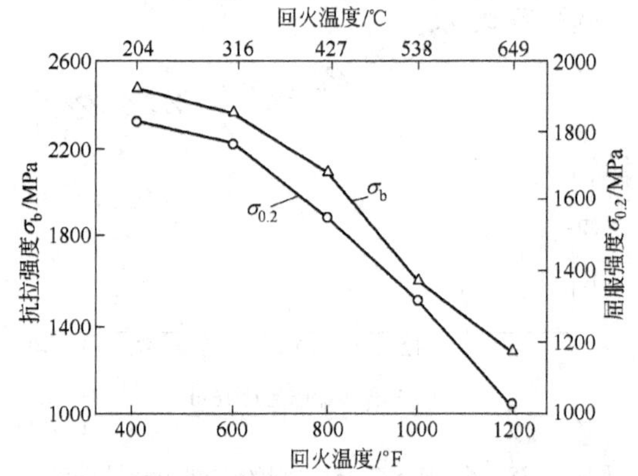

图 2-243 6CrMnSi2Mo1V 钢的强度性能与回火温度的关系

（试样经 870℃油淬后回火一次）

表 2-154 6CrMnSi2Mo1V 钢推荐的回火规范

回火温度/℃	冷却方式	硬度(HRC)
150~430	空 冷	62~53

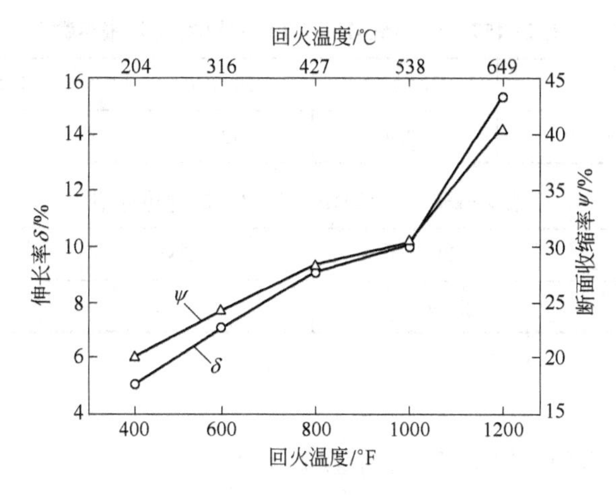

图 2-244 6CrMnSi2Mo1V 钢的塑性与回火温度的关系
（试样经 870℃ 油淬后回火一次）

2.6.5 5Cr3Mn1SiMo1V

5Cr3Mn1SiMo1V 是耐冲击用钢的典型钢种，该钢碳含量约为 0.5%，并含有一定数量的铬、锰、钼、硅等合金元素，具有高强度、高韧性和中等耐磨性的综合性能；该钢通常在空气中冷却淬火，对于大型工件则用油冷淬火，并且具有良好的切削加工性能。由于该钢在高强度水平条件下可表现出优良的韧性，所以主要用于制造要求高韧性和在抗震动负荷条件下应用的工具，如凿子、铆接用具、冲头、打桩机头等，也用于制造要求一定耐磨性的热冲模具和热剪切刀片等。

2.6.5.1 化学成分

5Cr3Mn1SiMo1V 钢的化学成分示于表 2-155。

表 2-155 5Cr3Mn1SiMo1V 钢化学成分（GB/T 1299—2000）

化学成分（质量分数）/%							
C	Mn	Si	Cr	Mo	V	P	S
0.45~0.55	0.20~0.80	0.20~1.00	3.00~3.50	1.30~1.80	≤0.35	≤0.030	≤0.030

2.6.5.2 物理性能

5Cr3Mn1SiMo1V 钢的物理性能示于表 2-156~表 2-158，其密度为 7.76 t/m^3，弹性模量为 200~207 GPa。

表 2-156 5Cr3Mn1SiMo1V 钢的临界温度

临界点	A_{c1}	A_{c3}	A_{r1}	A_{r3}	M_s
温度（近似值）/℃	780	830	718	738	230

表 2-157 5Cr3Mn1SiMo1V 钢的线[膨]胀系数

温度范围/℃	20~100	20~300	20~500	20~700
线[膨]胀系数/$\times10^{-6}$℃$^{-1}$	12.4	13.1	13.7	14.2

表 2-158 5Cr3Mn1SiMo1V 钢的热导率

温度/℃	20	200	400
热导率/W·(m·K)$^{-1}$	28.9	30.0	31.0

2.6.5.3 热加工

5Cr3Mn1SiMo1V 钢的热加工工艺示于表 2-159。

表 2-159 5Cr3Mn1SiMo1V 钢的热加工工艺

项 目	加热温度/℃	开锻温度/℃	终锻温度/℃	冷却方式
钢 锭	1150~1180	1120~1150	≥900	缓冷或红送
钢 坯	1120~1160	1100~1130	≥900	缓 冷

2.6.5.4 热处理

A 预先热处理

5Cr3Mn1SiMo1V 钢预先热处理的有关曲线示于图 2-245 和图 2-246。

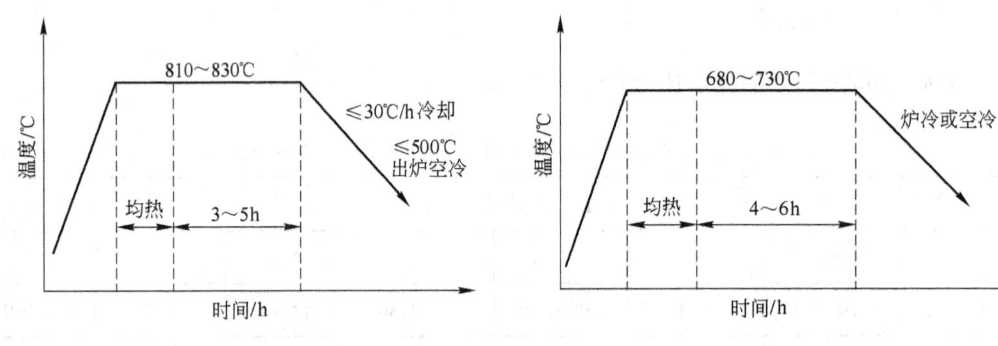

图 2-245 锻压后退火工艺　　图 2-246 高温回火工艺

B 淬火

5Cr3Mn1SiMo1V 钢淬火的有关曲线示于图 2-247 和图 2-248，推荐的淬火规范示于表 2-160。

表 2-160 5Cr3Mn1SiMo1V 钢推荐的淬火规范

预热温度/℃	加热温度/℃	冷 却		硬度(HRC)
650~700	925~955	油冷(截面尺寸≥64mm)	空冷(截面尺寸≤64mm)	60~62

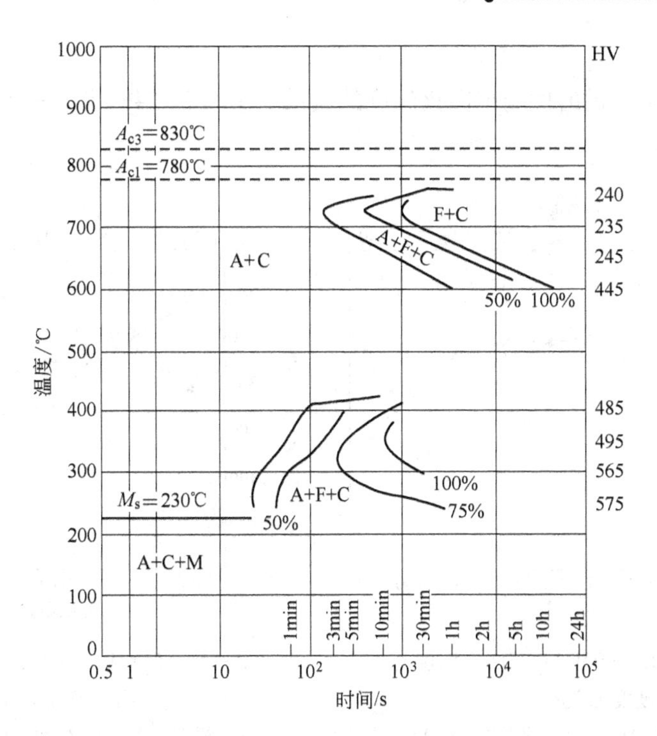

图 2-247 5Cr3Mn1SiMo1V 钢奥氏体等温转变曲线

（用钢成分（%）：0.56C，0.29Si，0.63Mn，3.06Cr，1.21Mo，0.22V，0.005S，0.016P；
原始状态：退火；奥氏体化：820℃，15min；晶粒度：10 级）

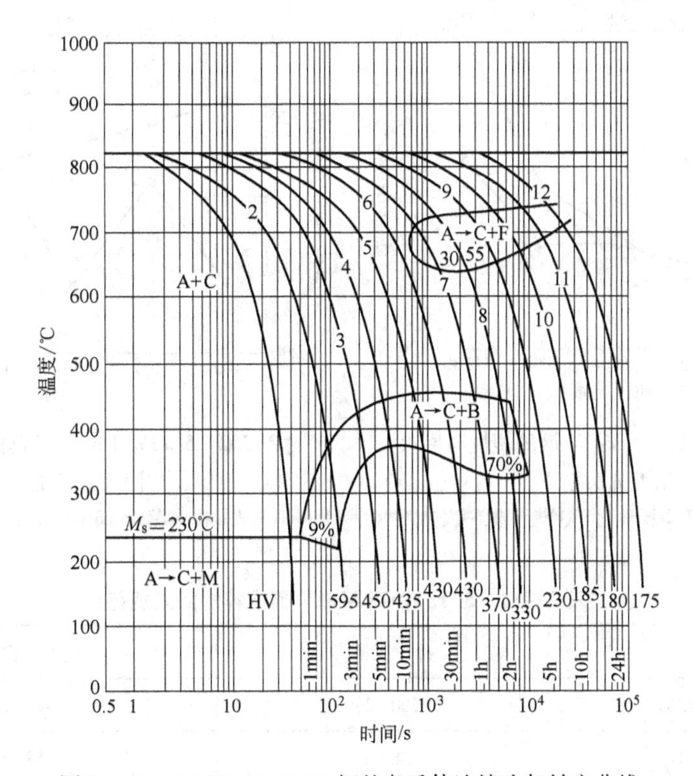

图 2-248 5Cr3Mn1SiMo1V 钢的奥氏体连续冷却转变曲线

C 回火

5Cr3Mn1SiMo1V 钢的性能与回火温度的关系示于图 2-249～图 2-252。推荐的回火规范示于表 2-161。

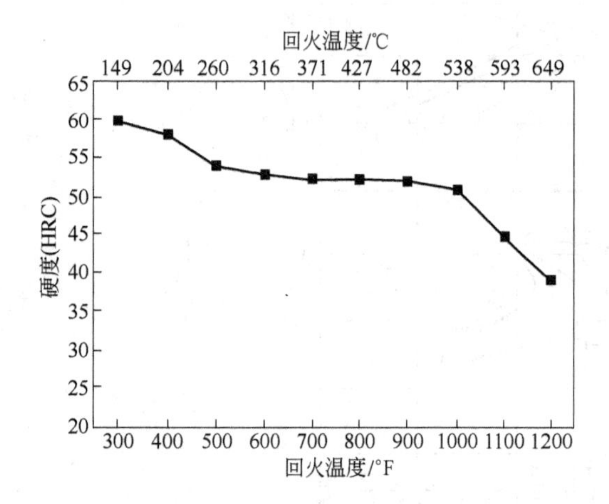

图 2-249 5Cr3Mn1SiMo1V 钢回火温度与硬度的关系

（奥氏体化温度为 940℃，在回火温度保温 1 h）

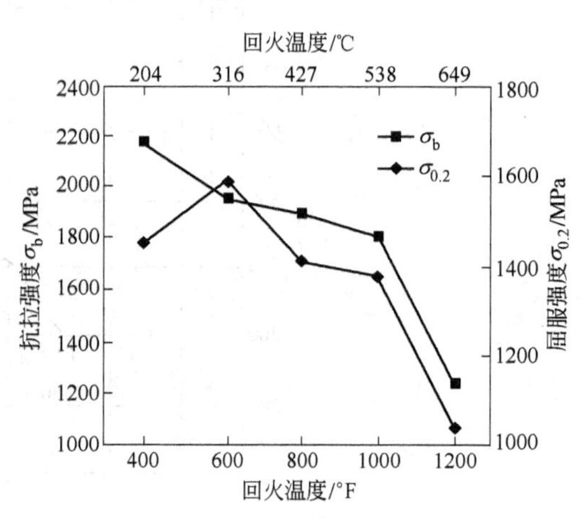

图 2-250 5Cr3Mn1SiMo1V 钢的强度性能与回火温度的关系

（试样在 940℃ 奥氏体化，风冷后回火一次）

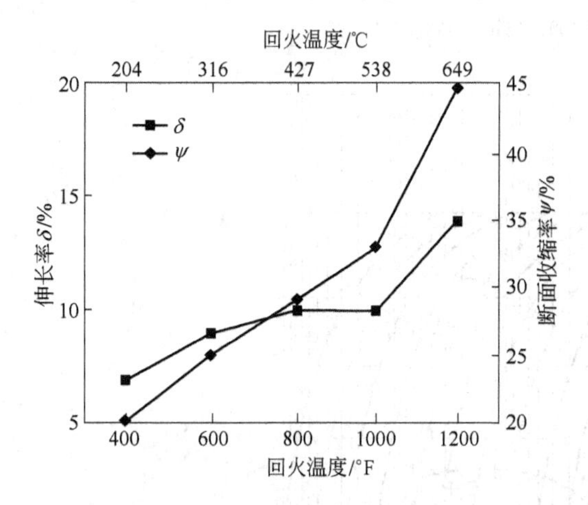

图 2-251 5Cr3Mn1SiMo1V 钢的塑性与回火温度的关系

（试样在 940℃ 奥氏体化，风冷后回火一次）

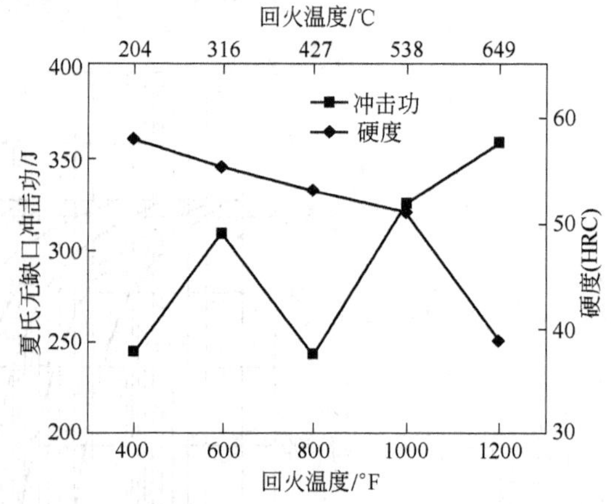

图 2-252 5Cr3Mn1SiMo1V 钢的室温冲击性能与回火温度的关系

（试样在 940℃ 奥氏体化，风冷后回火一次）

表 2-161 5Cr3Mn1SiMo1V 钢推荐的回火规范

用　途	冷作工模具	热作工模具
回火温度/℃	200～260	480～540
硬度(HRC)	58～53	53～50

2.7 冷作模具用高速钢

2.7.1 W18Cr4V 钢

W18Cr4V 为钨系高速钢，具有高的硬度、红硬性及高温硬度。其热处理范围较宽，淬火不易过热，热处理过程不易氧化脱碳，磨削加工性能较好。该钢在 500℃ 及 600℃ 时硬度分别保持在 57~58HRC 及 52~53HRC，对于大量的、一般的被加工材料具有良好的切削性能。W18Cr4V 钢碳化物不均匀度、高温塑性较差，不适宜制作大型及热塑成形的刀具；但广泛用于制造各种切削刀具，也用于制造高负荷冷作模具，如冷挤压模具等。[1,9]

2.7.1.1 化学成分

W18Cr4V 钢的化学成分示于表 2-162。

表 2-162 W18Cr4V 钢化学成分（GB/T 9943—2008） （w/%）

C	Si	Mn	Cr	W	Mo	V	S	P
0.73~0.83	0.20~0.40	0.10~0.40	3.80~4.50	17.20~18.70	—	1.00~1.20	≤0.03	≤0.03

2.7.1.2 物理性能

W18Cr4V 钢的物理性能示于表 2-163~表 2-167，其密度为 8.70 t/m^3；矫顽力 H_c 为 636~795 A/m；剩磁 B_r 为 0.90~0.95T；饱和磁感 B_s 为 1.55~1.57T。

表 2-163 W18Cr4V 钢临界温度

临界点	A_{c1}	A_{cm}	A_{r1}
温度（近似值）/℃	820	1330	760

表 2-164 W18Cr4V 钢线［膨］胀系数

温度/℃	0	100	200	300	400	500	600	700	800
线［膨］胀系数/×10^{-6}℃$^{-1}$	10.4	11.1	11.9	12.6	13.4	14.1	15.3	13.4	10.8

表 2-165 W18Cr4V 钢质量定压热容

温度/℃	50	200	600	800	900
质量定压热容 c_p/J·(kg·K)$^{-1}$	472.3	493.2	756.5	923.7	785.8

表 2-166 W18Cr4V 钢热导率

温度/℃	20	200	500	700	900
热导率 λ/W·(m·K)$^{-1}$	27.2	25.9	25.9	25.1	25.1

表 2-167 W18Cr4V 钢电阻率

温度/℃	20	200	500	700	900
电阻率 ρ/×10^{-6}Ω·m	0.42	0.53	0.77	1.02	1.17

2.7.1.3 热加工

W18Cr4V 钢的热加工工艺示于表 2-168。

表 2-168 W18Cr4V 钢热加工工艺

项　目		加热温度/℃	开锻温度/℃	终锻温度/℃
钢　锭	锻	1220~1240	1120~1140	≥950
钢　坯	锻	1180~1220	1120~1140	≥950
	轧	1150~1180	1080~1150	≥950

注：1. 由于高速钢导热性差，因此钢锭（或钢坯）装炉温度不得高于 400℃，低温阶段需缓慢加热（不高于 300℃/h），到 850℃保温 1h，然后便可随炉升温至锻造加热温度；
2. 锻造钢锭时须轻锤开坯，随着铸态组织的逐渐破坏方可逐步加重锤力。为了破碎碳化物并尽量使其均匀分布，必须重锤成材；
3. 停锻温度对碳化物分布有很大影响。降低停锻温度能使碳化物粉碎程度增加，但停锻温度过低会使塑性明显变坏，导致产生裂纹；
4. 增大锻造比是使碳化物呈更均匀分布的重要措施；
5. 锻造高速钢时易产生角裂。应该用工具及时去掉已产生的角裂，避免缺陷继续扩大；
6. 因 W18Cr4V 钢空冷时就可以淬火，因此锻造后应及时放入灰中或堆冷，进行缓慢冷却。

2.7.1.4 热处理

A 预先热处理

W18Cr4V 钢预先热处理的有关曲线示于图 2-253~图 2-258，需要说明的是：

（1）炉中退火加热速度应不大于 100℃/h；

（2）退火加热保温时间 1~2h，等温保温时间 4~6h；

（3）所指的二次淬火前的处理规范，不适用于具有莱氏共晶组织的过热钢。W18Cr4V 钢退火后的相成分、硬度及显微组织示于表 2-169。

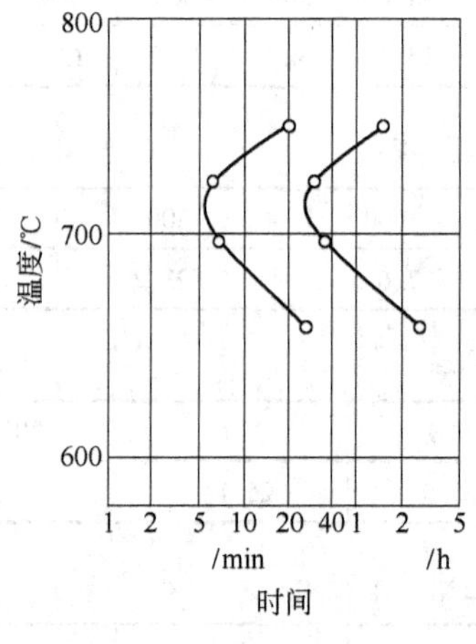

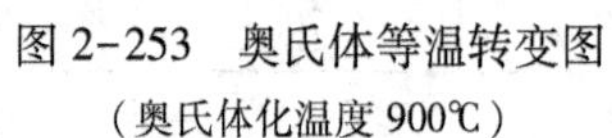
图 2-253 奥氏体等温转变图
（奥氏体化温度 900℃）

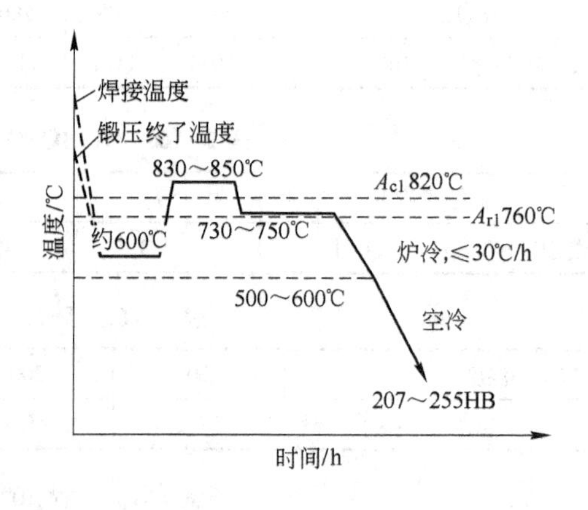

图 2-254 焊接后利用焊接余热进行等温退火

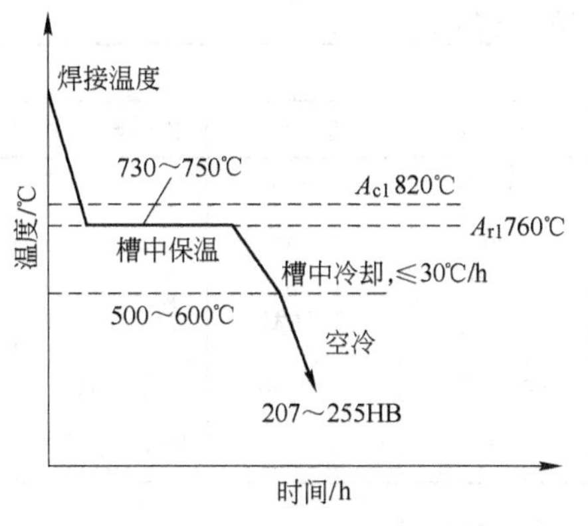

图 2-255 锻压与焊接后的等温退火

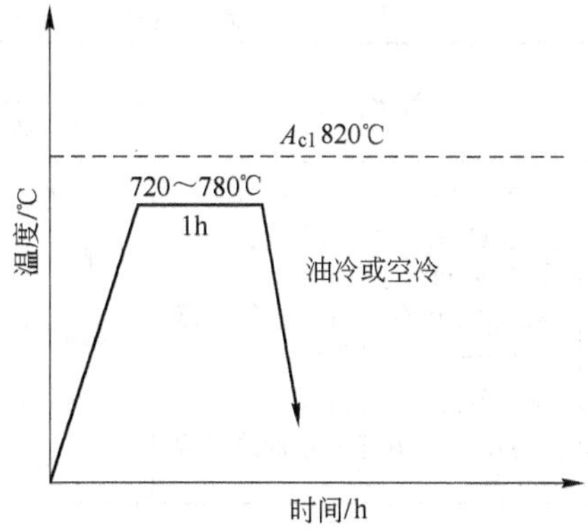

图 2-256 改善冷变形加工性的高温退火

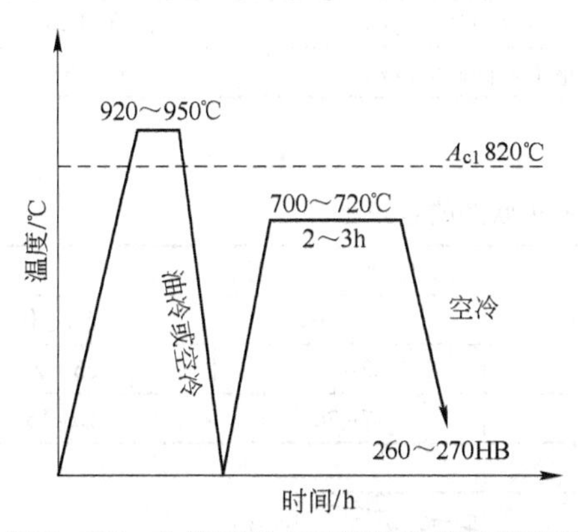

图 2-257 改善切削表面粗糙度的调质处理

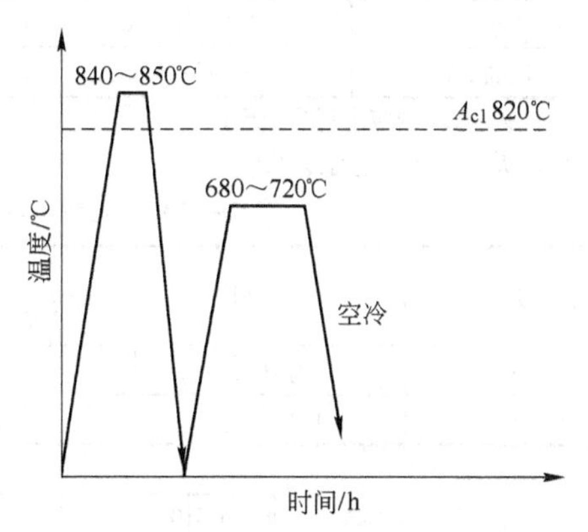

图 2-258 重复淬火前的处理

表 2-169 W18Cr4V 钢退火后的相成分、硬度及显微组织

硬度(HB)		相成分及数量(质量分数)/%										显微组织	
锻造用钢	切削用钢	铁素体	碳化物	碳化物形式	合金之元素含量							造用钢	切削用钢
					碳化物中				铁素体中				
					C	Cr	W	V	Cr	W	V		
270～285	207～255	75～80	20～25	Fe_3W_3C	2.5	6	63	4.5	3	1	0.3	索氏体+碳化物	细球化体+碳化物

B 淬火

W18Cr4V 钢推荐的淬火规范示于表 2-170 和表 2-171,其冷处理情况示于表 2-172,其淬火状态的组织比例示于表 2-173,与淬火有关的曲线示于图 2-259～图 2-265。

表 2-170 W18Cr4V 钢推荐的淬火规范

工具类型	加热温度/℃		
	一次预热	二次预热	最后加热
1. 车刀			1280～1300
2. 成形工具			
(1) 直径或厚度小于 3mm		840～860	1250～1270
(2) 直径或厚度为 3～70mm	500～600	840～860	1260～1280
(3) 直径或厚度大于 70mm	500～600	840～860	1270～1290
3. 冷作模具		840～860	1200～1240

表 2-171 W18Cr4V 钢推荐的淬火规范

方案	淬火方法	冷却				硬度（HRC）
		介 质	温度/℃	延 续	冷却至 20℃	
Ⅰ	连续冷却淬火，用于通用工具	油	20~60	至 20~60℃		62~64
Ⅱ	连续冷却淬火，用于直径或厚度≤5 mm 的工件	静止空气	20	至 20℃		62~64
Ⅲ	连续冷却淬火，用于直径或厚度≤20 mm 的工件	流动空气	20	至 20℃		62~64
Ⅳ	分级淬火，用于通用工具	KNO_3	450~550	3~5 min	空 冷	62~64
Ⅴ	专用淬火，用于复杂的薄刃成形工具	油	200	—	和油一起冷却	62~64

表 2-172 W18Cr4V 钢冷处理

淬火方案	冷却温度/℃	冷处理延续时间	硬度（HRC）
Ⅰ，Ⅱ，Ⅲ，Ⅳ	-(70~80)	到整个零件截面冷却为止	63~65

注：1. 淬火后 2 h 内应进行冷处理；
2. 淬火方案 V 不进行冷处理。

表 2-173 W18Cr4V 钢淬火状态的组织比例

淬火方案	冷 却	组织比例（质量分数）/%		
		碳 化 物	马 氏 体	奥 氏 体
Ⅰ~Ⅳ	到 20℃	13	62~57	25~30
Ⅰ~Ⅳ	用冷处理	13	67~70	10~15

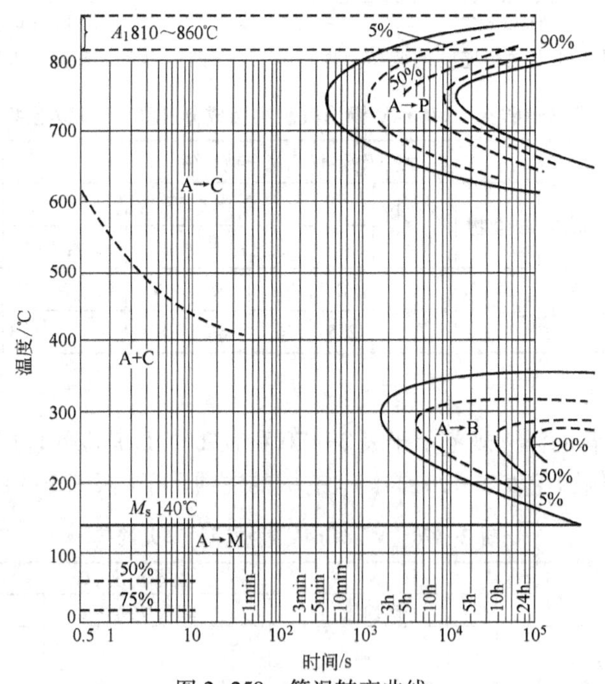

图 2-259 等温转变曲线

（用钢成分(%)：0.81C，0.15Si，3.77Cr，0.44Mo，18.25W，1.07V；奥氏体化温度 1290℃）

C 回火

W18Cr4V 钢的有关回火曲线示于图 2-266~图 2-276，推荐的回火规范示于表 2-174。

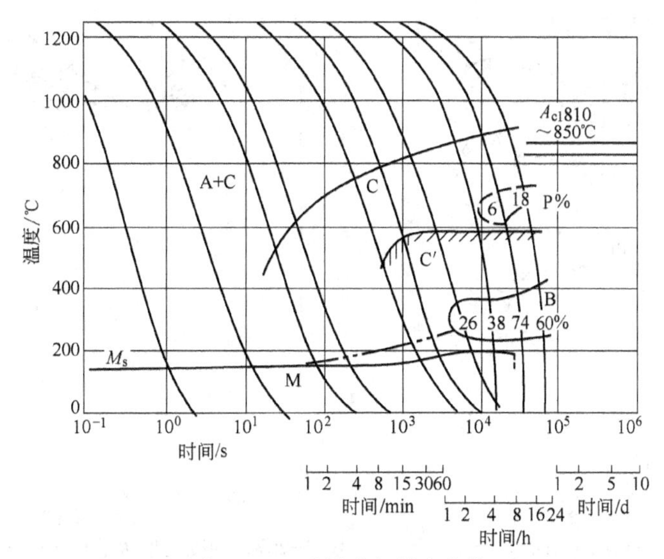

图 2-260 连续冷却转变曲线

（奥氏体化温度 1260℃）

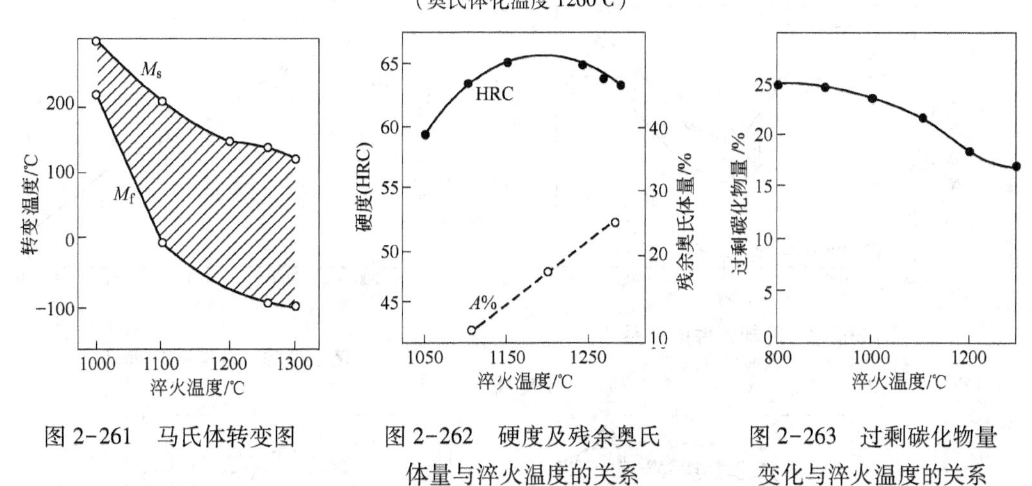

图 2-261 马氏体转变图

图 2-262 硬度及残余奥氏体量与淬火温度的关系

图 2-263 过剩碳化物量变化与淬火温度的关系

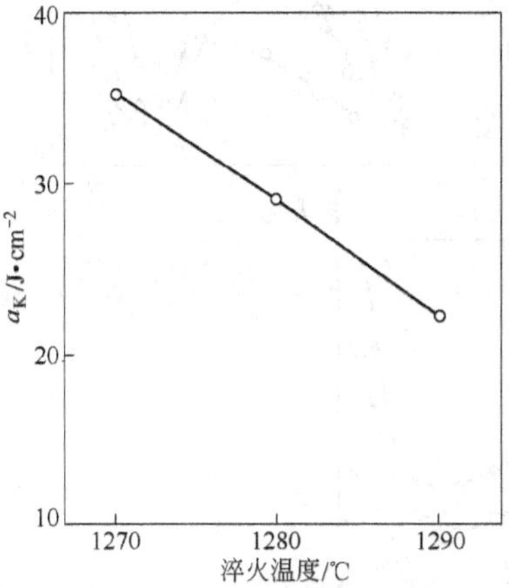

图 2-264 在不同淬火温度下的冲击韧性

（试样尺寸 10 mm×10 mm×55 mm；无缺口）

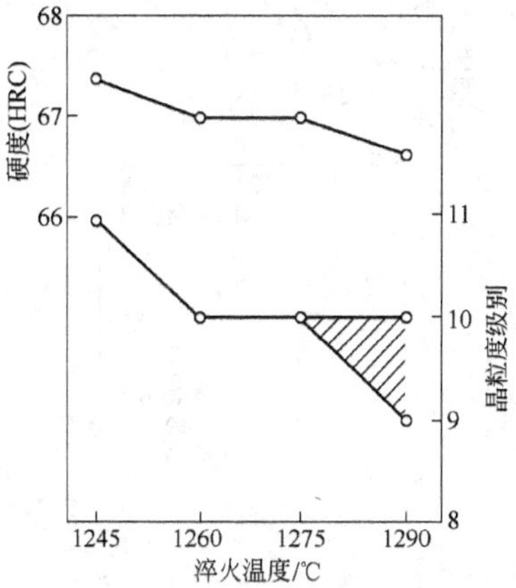

图 2-265 淬火硬度及奥氏体晶粒度与淬火温度的关系

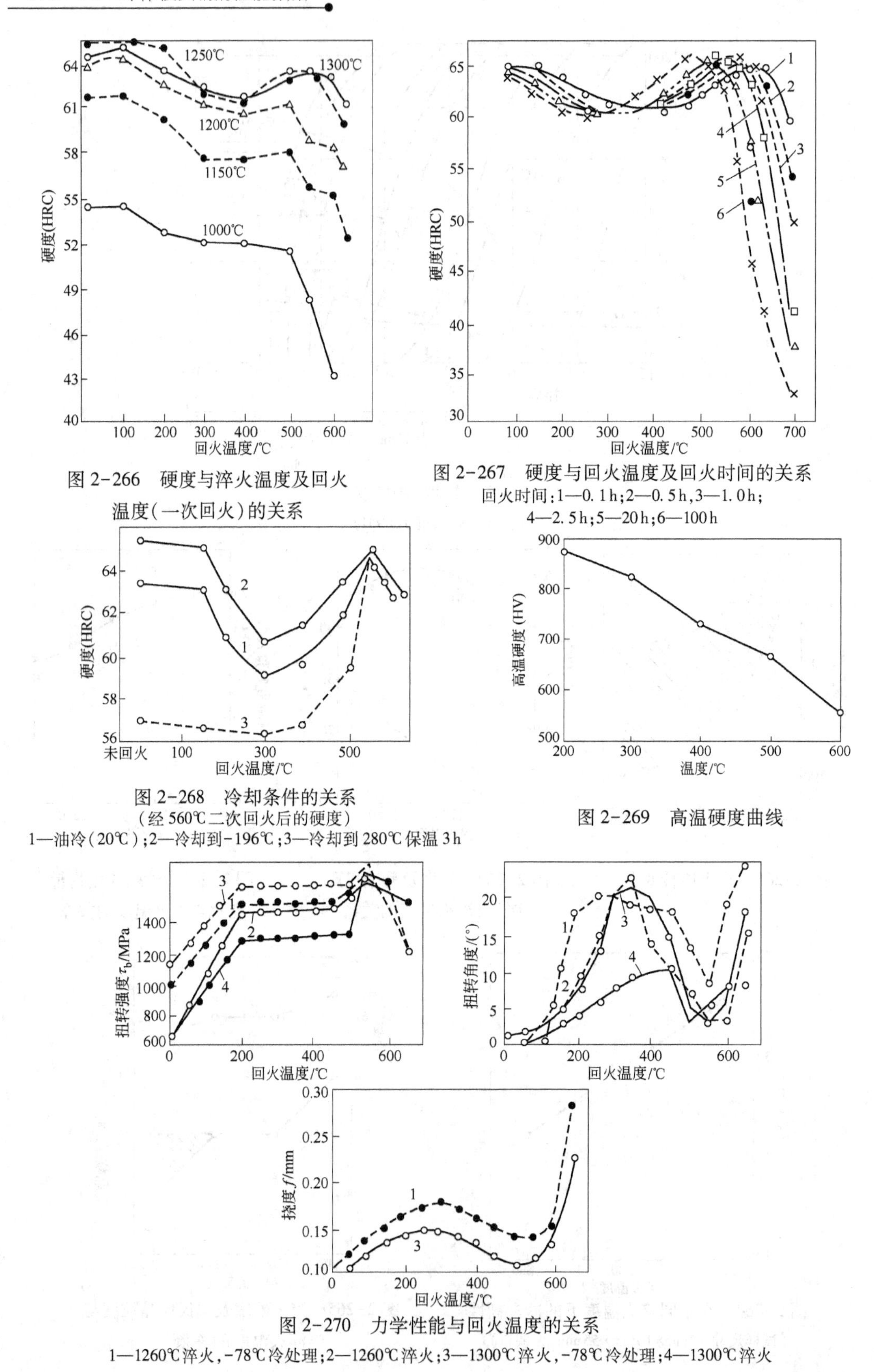

图 2-266 硬度与淬火温度及回火温度(一次回火)的关系

图 2-267 硬度与回火温度及回火时间的关系

回火时间:1—0.1h;2—0.5h,3—1.0h;4—2.5h;5—20h;6—100h

图 2-268 冷却条件的关系

(经 560℃二次回火后的硬度)

1—油冷(20℃);2—冷却到-196℃;3—冷却到 280℃保温 3h

图 2-269 高温硬度曲线

图 2-270 力学性能与回火温度的关系

1—1260℃淬火,-78℃冷处理;2—1260℃淬火;3—1300℃淬火,-78℃冷处理;4—1300℃淬火

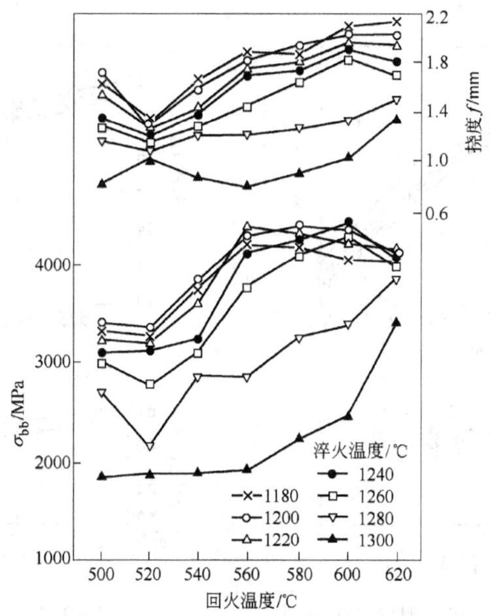

图 2-271 不同温度淬火时抗弯强度及挠度与回火温度的关系

（试样尺寸：ϕ5 mm×70 mm，跨距 50 mm）

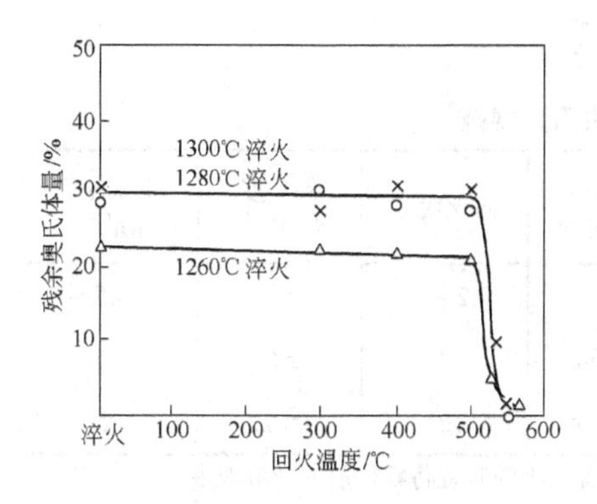

图 2-272 残余奥氏体量与回火温度的关系

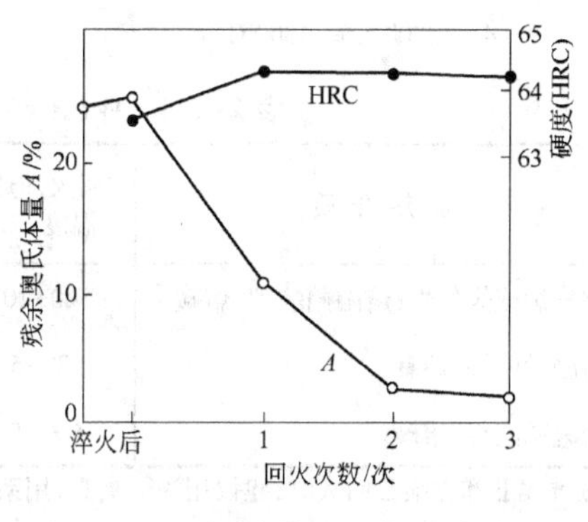

图 2-273 560℃多次回火对硬度及残余奥氏体量的影响

（淬火温度 1290℃，油冷）

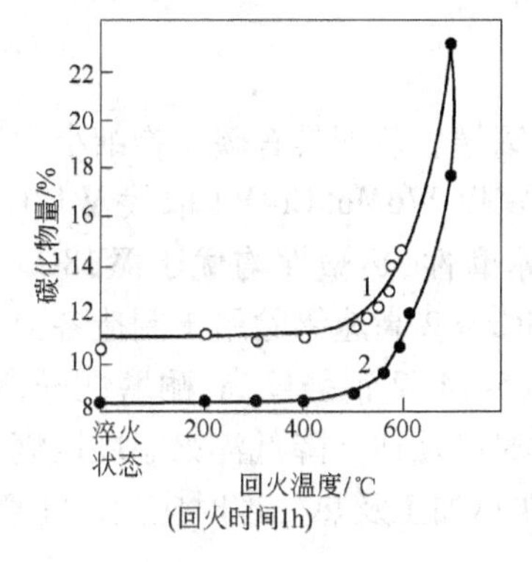

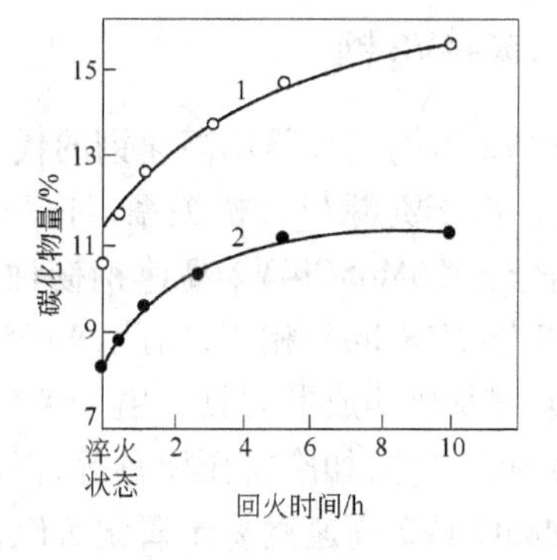

图 2-274 碳化物量的变化与回火温度及回火时间的关系

（1280℃淬火，560℃回火 1 h）

1—质量分数；2—体积分数

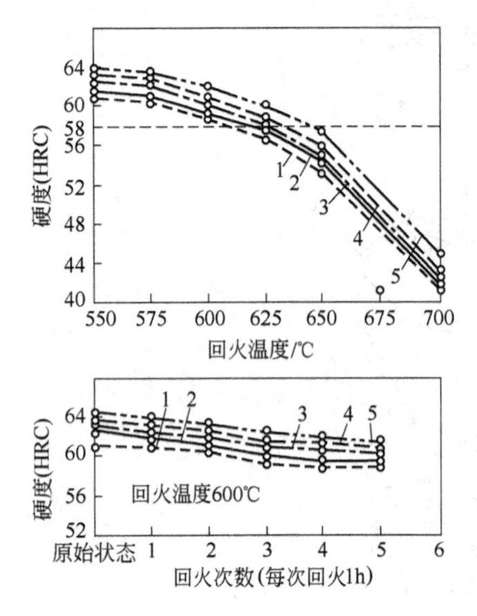

图 2-275　红硬性与淬、回火温度的关系

（原始状态：1270℃淬火，560℃回火 3 次，每次 1 h）

淬火温度：1—1220℃；2—1240℃；3—1260℃；

4—1280℃；5—1300℃

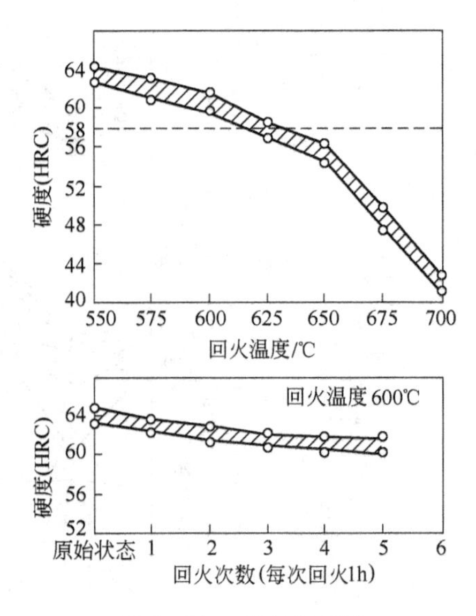

图 2-276　钢的红硬性

（原始状态：1270℃淬火，560℃回火 3 次，每次 1 h）

表 2-174　W18Cr4V 钢推荐的回火规范

方案	加 热 介 质	回火加热温度/℃	一次回火延续时间	回火次数	硬　度（HRC）	残余奥氏体量/%
Ⅰ	空气炉或煤气炉；熔融硝酸钾；熔碱	560±10	1 h	2~3	≥62	<5
Ⅱ	熔融硝酸钾；熔碱	580±5	30 min	2	≥62	<5
Ⅲ	熔融硝酸钾；熔碱	600±5	15 min	2	≥62	<5

注：1. 按方案Ⅱ和方案Ⅲ回火时，建议用淬火夹具，用系扎方法，或者用小的装置将零件放入盐溶液中；

2. 淬火并随后用冷处理时，进行 560℃（1 h）一次回火；

3. 每次回火后冷却到 20~30℃。

2.7.2　W6Mo5Cr4V2 钢

W6Mo5Cr4V2 为钨钼系通用高速钢的代表钢号。该钢具有碳化物细小均匀、韧性高、热塑性好等优点。由于资源与价格关系，许多国家以 W6Mo5Cr4V2 取代 W18Cr4V 而成为高速钢的主要钢号。W6Mo5Cr4V2 高速钢韧性、耐磨性、热塑性均优于 W18Cr4V，而硬度、红硬性、高温硬度与 W18Cr4V 相当，因此，W6Mo5Cr4V2 高速钢除用于制造各种类型一般工具外，还可制作大型及热塑成形刀具。由于 W6Mo5Cr4V2 钢强度高、耐磨性好，因而又可制作高负荷下耐磨损的零件，如冷挤压模具等，但此时必须适当降低淬火温度以满足强度及韧性的要求。W6Mo5Cr4V2 高速钢易于氧化脱碳，在热加工及热处理时应加以注意。[9]

2.7.2.1　化学成分

W6Mo5Cr4V2 钢的化学成分示于表 2-175。

表 2-175 W6Mo5Cr4V2 钢的化学成分(GB/T 9943—2008)

化学成分(质量分数)/%								
C	Si	Mn	W	Mo	Cr	V	S	P
0.80~0.90	0.20~0.45	0.15~0.40	5.50~6.75	4.50~5.50	3.80~4.40	1.75~2.20	≤0.030	≤0.030

2.7.2.2 物理性能

W6Mo5Cr4V2 钢的物理性能示于表 2-176~表 2-179,其密度为 8.16 t/m³;弹性模量 E 为 218 GPa。

表 2-176 W6Mo5Cr4V2 钢临界温度

临界点	A_{c1}
温度(近似值)/℃	850~885

表 2-177 W6Mo5Cr4V2 钢线[膨]胀系数

温度/℃		20~200	20~400	20~500	20~600	20~700	20~750
线[膨]胀系数 /×10^{-6}℃$^{-1}$	退化状态	9.44	10.76	10.98	11.49	11.95	12.13
	1220℃油淬,560℃×(2次)回火	9.52	10.50	10.83	11.26	—	—

表 2-178 W6Mo5Cr4V2 钢热导率

温度/℃	20	118	198	310	400	513
热导率 λ/W·(m·K)$^{-1}$	19.3	22.1	23.6	26.7	26.2	27.6

注:用钢成分(%):0.85C,4.05Cr,6.34W,5.01Mo,1.91V,1200℃油淬,560℃×回火 2 次,每次 1h。

表 2-179 W6Mo5Cr4V2 钢电阻率

温度/℃	20	118	198	310	400	513
电阻率 ρ/×10^{-6}Ω·m	0.46	0.52	0.58	0.66	0.73	0.81

注:用钢成分(%):0.85C,4.05Cr,6.34W,5.01Mo,1.91V,1200℃油淬,560℃×回火 2 次,每次 1h。

2.7.2.3 热加工

W6Mo5Cr4V2 钢的热加工工艺示于表 2-180。

表 2-180 W6Mo5Cr4V2 钢的热加工工艺

项目	加热温度/℃	开锻温度/℃	终锻温度/℃
钢锭	1180~1190	1080~1100	≥950
钢坯	1140~1150	1040~1080	≥950

2.7.2.4 热处理

A 预先热处理

W6Mo5Cr4V2 钢的锻后退火工艺示于图 2-277,等温退火工艺示于图 2-278。应注意:W6Mo5Cr4V2 钢易氧化、脱碳,应采用装箱退火或保护气氛退火。

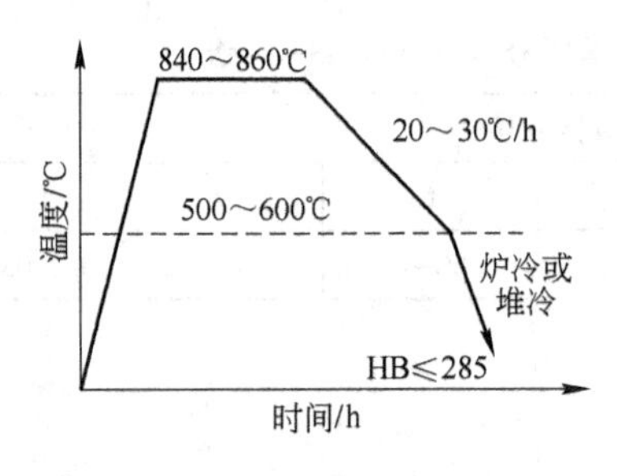

图 2-277 锻压后退火工艺

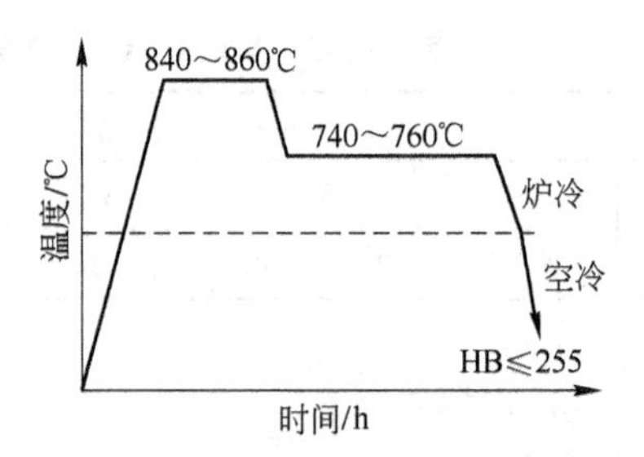

图 2-278 等温退火工艺

B 淬火

W6Mo5Cr4V2 钢推荐的淬火规范示于表 2-181，有关淬火曲线示于图 2-279～图 2-282。

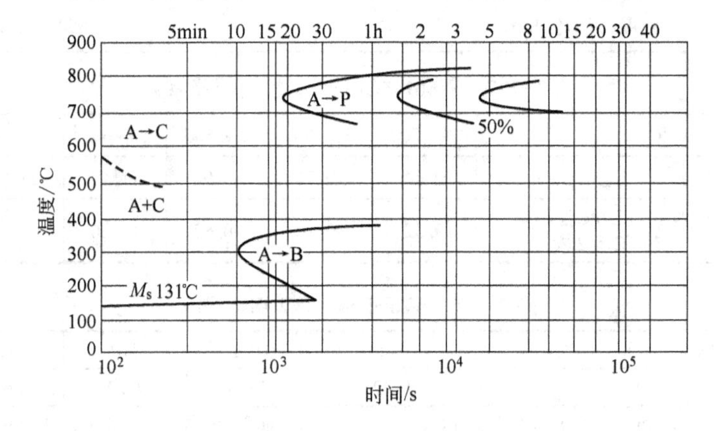

图 2-279 等温转变曲线

（用钢成分(%)：0.83C，0.26Si，0.31Mn，4.22Cr，6.31W，4.50Mo，1.81V；奥氏体化温度 1200℃）

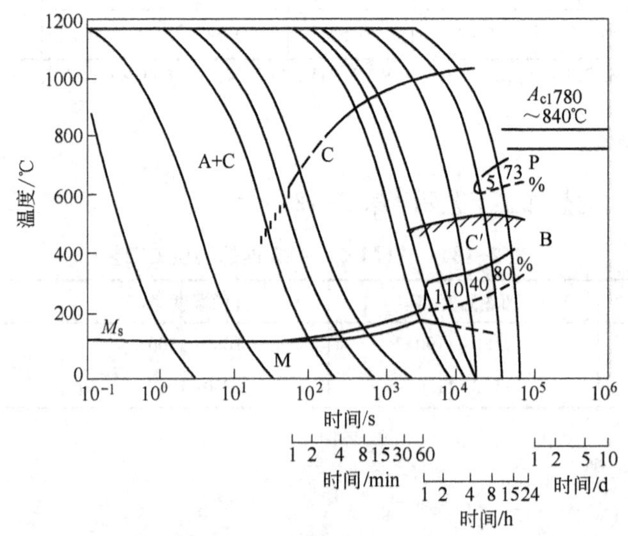

图 2-280 连续冷却转变曲线

（奥氏体化温度 1190℃）

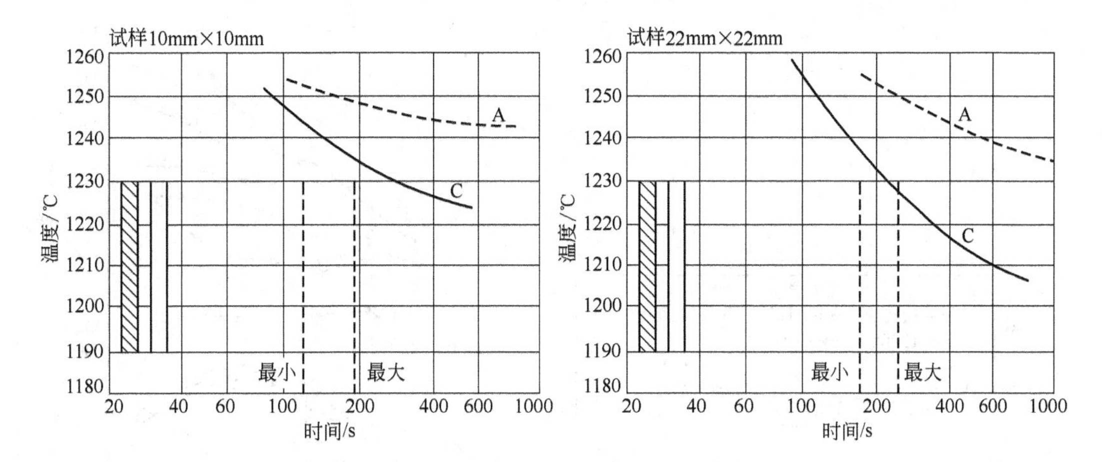

图 2-281 碳化物熔化温度-时间曲线

▧—德国材料标准 320-69 推荐淬火温度范围;

□—实际使用淬火温度范围;最大、最小代表淬火加热浸入时间;

C—碳化物开始长大;A—碳化物开始熔化

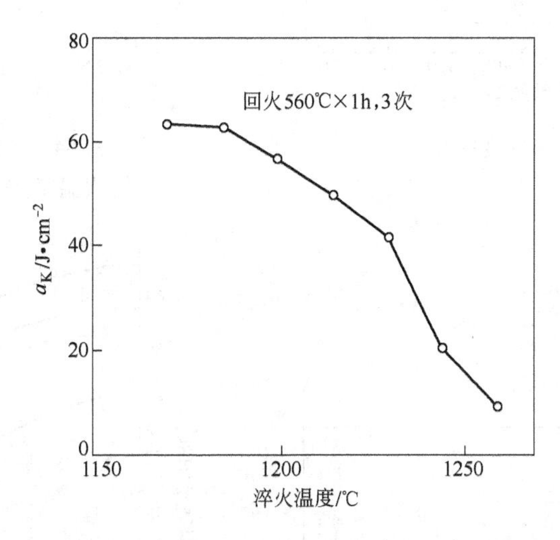

图 2-282 冲击韧性(无缺口)与淬火温度的关系

(试样尺寸:10 mm×10 mm×55 mm)

表 2-181 W6Mo5Cr4V2 钢推荐的淬火规范

工具类型	预热温度/℃	加热温度/℃	冷却方式
高强度薄刃刀具	850	1200~1220	油 冷
复杂刀具	850	1230	油 冷
简单刀具	850	1240	油 冷
冷作模具	850	1150~1200	油 冷

C 回火

W6Mo5Cr4V2 钢的回火有关曲线示于图 2-283~图 2-286,推荐的回火规范示于表 2-182。

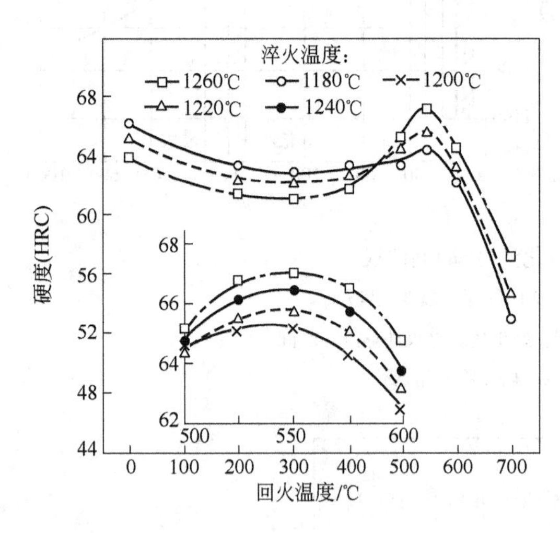

图 2-283 回火硬度曲线

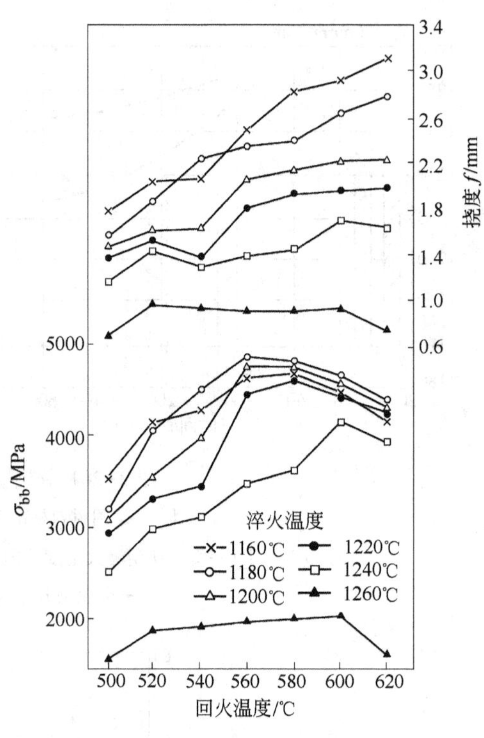

图 2-284 抗弯强度及挠度与淬火温度、回火温度的关系

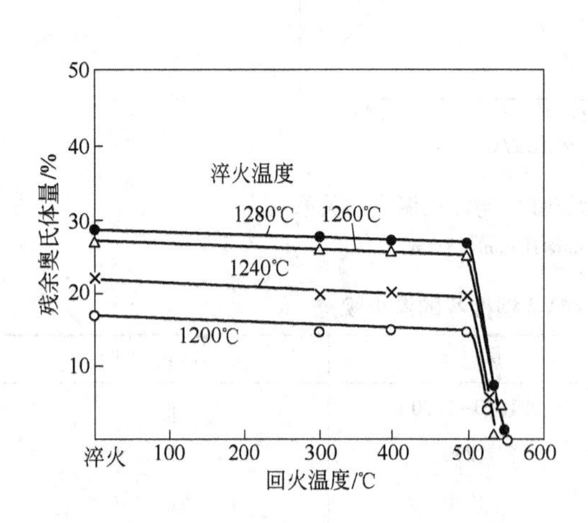

图 2-285 残余奥氏体量与回火温度的关系

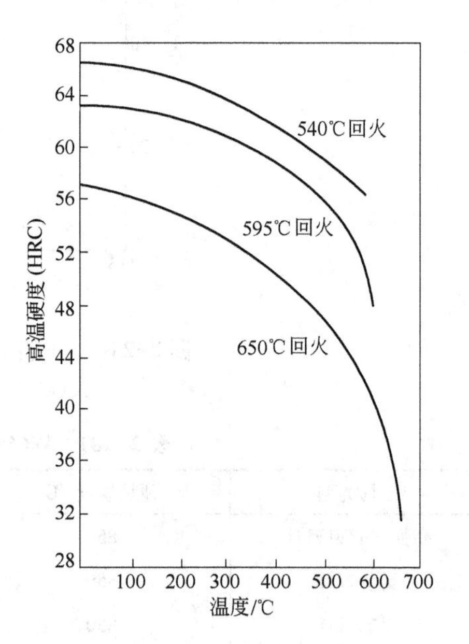

图 2-286 高温硬度曲线

表 2-182 W6Mo5Cr4V2 钢推荐的回火规范

回火温度/℃	回火次数	冷却方式	硬度(HRC)
560	3	空冷至室温	62~66

2.7.3 W12Mo3Cr4V3N 钢

W12Mo3Cr4V3N 是钨钼系含氮超硬型高速钢。具有硬度高、高温硬度高、耐磨性好等优点。可制车刀、钻头、铣刀、滚刀、刨刀等切削工具,还可以制造冷作模具。该钢对于高强度钢具有良好的切削性能,做冷作模具具有很好的耐磨性能。由于钢中含钒量较高,可磨削性能较差。[9]

2.7.3.1 化学成分

W12Mo3Cr4V3N 钢的化学成分示于表 2-183。

表 2-183 W12Mo3Cr4V3N 钢的化学成分

化学成分(质量分数)/%									
C	Si	Mn	W	Mo	Cr	V	N	S	P
1.15~1.25	≤0.40	≤0.40	11.00~12.50	2.70~3.70	3.50~4.10	2.50~3.10	0.04~0.10	≤0.030	≤0.030

2.7.3.2 物理性能

W12Mo3Cr4V3N 钢的临界温度示于表 2-184。

表 2-184 W12Mo3Cr4V3N 钢的临界温度

临界点	A_{c1}
温度(近似值)/℃	876~915

2.7.3.3 热加工

W12Mo3Cr4V3N 钢的热加工工艺示于表 2-185。

表 2-185 W12Mo3Cr4V3N 钢的热加工工艺

项 目	加热温度/℃	停锻温度/℃
钢 锭	1180~1200	≥950
钢 坯	1160~1180	≥950

注:1. 由于高速钢导热性差,因此钢锭(或钢坯)装炉温度不得高于 400℃,低温阶段需缓慢加热(≤300℃/h),到 850℃保温 1h,然后便可随炉升温至锻造加热温度;
2. 锻造钢锭时须轻锤开坯,随着铸态组织的逐渐破坏方可逐步加重锤力。为了破碎碳化物并尽量使其均匀分布,必须重锤成材;
3. 停锻温度对碳化物分布有很大影响。降低停锻温度能使碳化物粉碎程度增加,但停锻温度过低会使塑性明显变坏,导致产生裂纹;
4. 增大锻造比是使碳化物呈更均匀分布的重要措施;
5. 锻造高速钢时易产生角裂。应该用工具及时去掉已产生的角裂,避免缺陷继续扩大;
6. 应该钢空冷时就可以淬火,因此锻造后应及时放入灰中或堆冷,进行缓慢冷却。

2.7.3.4 热处理

A 预先热处理

W12Mo3Cr4V3N 钢锻压后退火工艺示于图 2-287，锻压后等温退火工艺示于图 2-288。

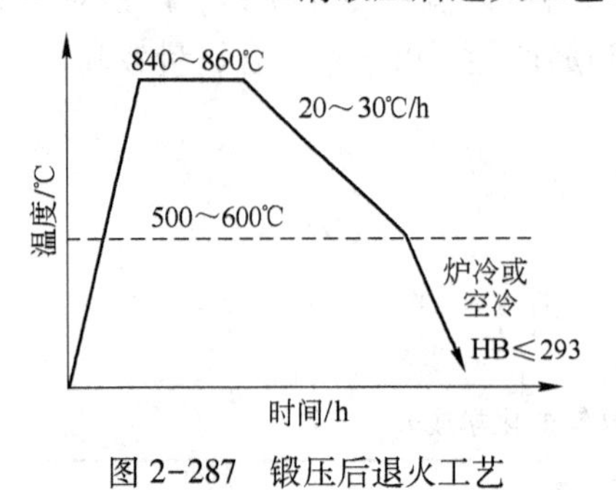

图 2-287 锻压后退火工艺

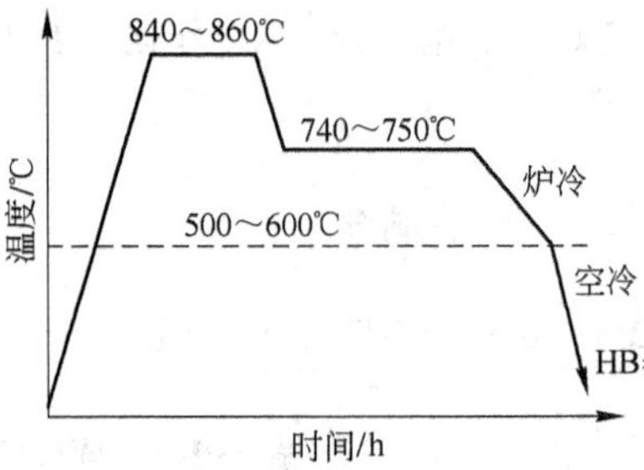

图 2-288 锻压后等温退火工艺

B 淬火

W12Mo3Cr4V3N 钢有关淬火曲线示于图 2-289～图 2-291，推荐的淬火规范示于表 2-186。

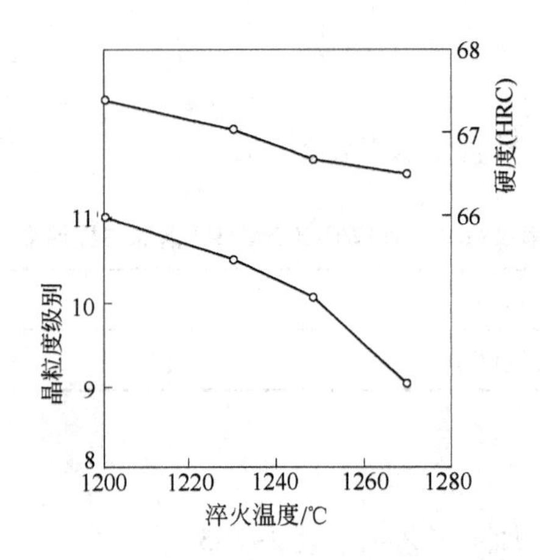

图 2-289 淬火硬度及奥氏体晶粒度与淬火温度的关系

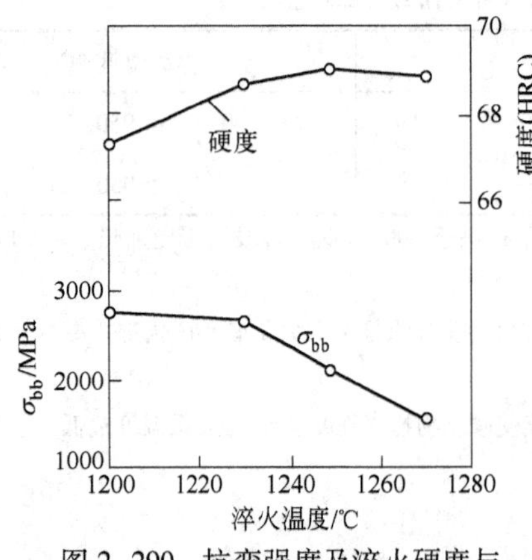

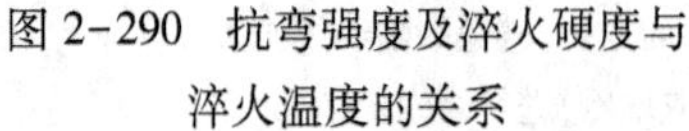

图 2-290 抗弯强度及淬火硬度与淬火温度的关系

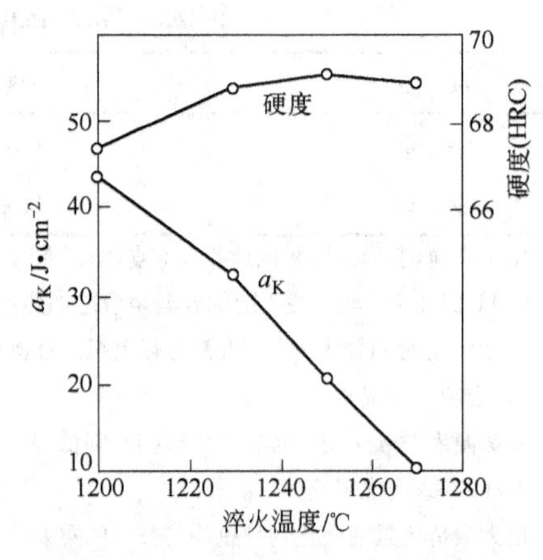

图 2-291 冲击韧性及淬火硬度与淬火温度的关系

表 2-186 W12Mo3Cr4V3N 钢推荐的淬火规范

预热温度/℃	加热温度/℃	冷却介质	硬度(HRC)
850	1220~1280	油	66~68

C 回火

W12Mo3Cr4V3N 钢推荐的回火规范示于表 2-187,有关回火曲线示于图 2-292~图 2-295。

表 2-187 W12Mo3Cr4V3N 钢推荐的回火规范

回火温度/℃	回火次数及时间	冷却方式	硬度(HRC)
550~570	4 次,每次 1 h	空冷至室温	≥65

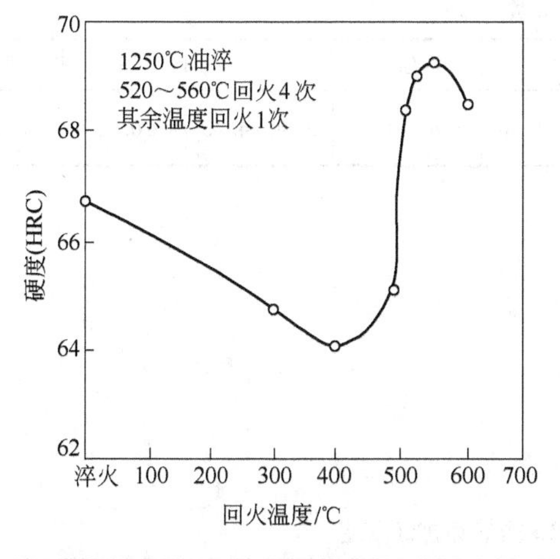

图 2-292 硬度与回火温度的关系

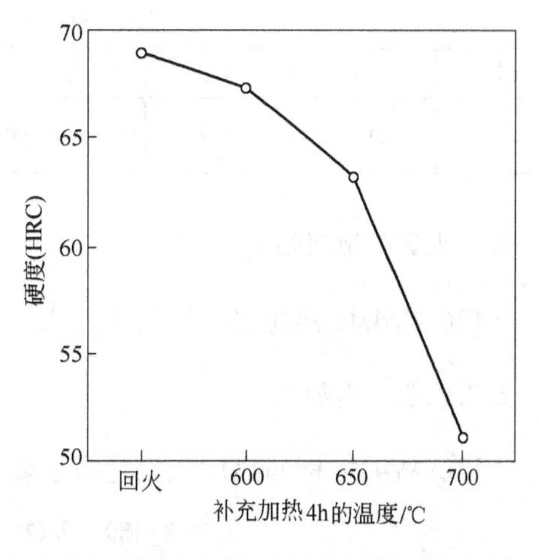

图 2-293 不同温度回火后的红硬性

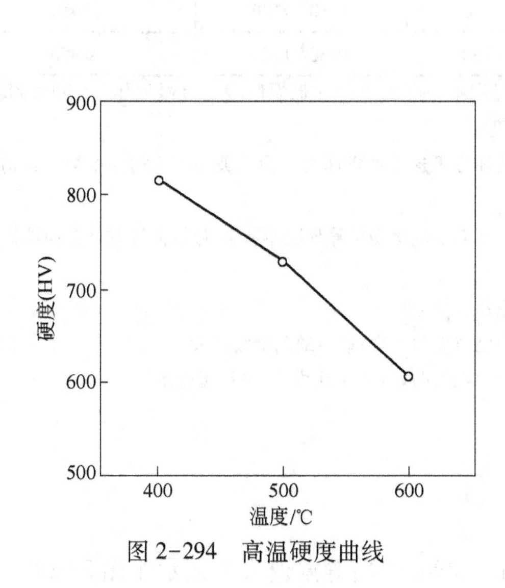

图 2-294 高温硬度曲线

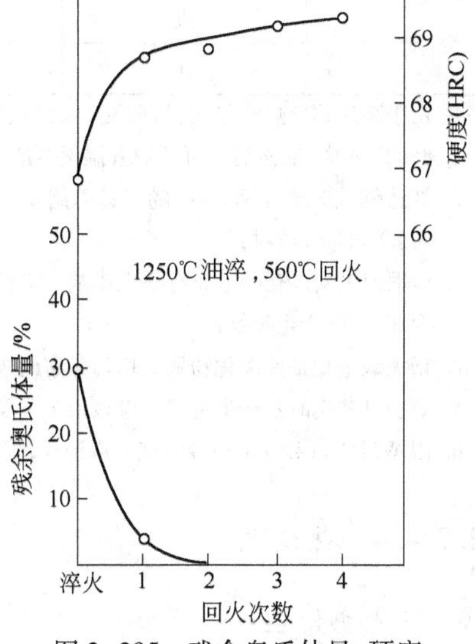

图 2-295 残余奥氏体量、硬度随回火次数的变化

2.7.4 W12Cr4V4Mo 钢

W12Cr4V4Mo 是高碳高钒型高速钢。具有高硬度、高红硬性、高耐磨性等优点。其切削性能和耐磨性显著超过 W18Cr4V 高速钢，一般用于制造各种简单刀具，适于加工中高强度钢、高温合金等难切削材料，也可用于制造具有高耐磨性的冷作模具。由于该钢含钒量高，被磨削性差，不适于制造高精度的复杂工具。

2.7.4.1 化学成分

W12Cr4V4Mo 钢的化学成分示于表 2-188。

表 2-188 W12Cr4V4Mo 钢化学成分（YB 12—77）

化学成分（质量分数）/%								
C	Si	Mn	W	Mo	Cr	V	S	P
1.20～1.40	≤0.40	≤0.40	11.50～13.00	0.90～1.20	3.80～4.40	3.80～4.40	≤0.030	≤0.030

2.7.4.2 物理性能

W12Cr4V4Mo 钢的密度为 8.3t/m^3。

2.7.4.3 热加工

W12Cr4V4Mo 钢的热加工工艺示于表 2-189。

表 2-189 W12Cr4V4Mo 钢的热加工工艺

项 目		加热温度/℃	开锻温度/℃	终锻温度/℃
钢 锭	锻	1200～1220	1100～1120	≥950
钢 坯	锻	1180～1200	1080～1120	≥950
	轧	1120～1150	1080～1120	≥950

注：1. 由于高速钢导热性差，因此钢锭（或钢坯）装炉温度不得高于 400℃，低温阶段需缓慢加热（≤300℃/h），到 850℃保温 1h，然后便可随炉升温至锻造加热温度；
2. 锻造钢锭时须轻锤开坯，随着铸态组织的逐渐破坏方可逐步加重锤力。为了破碎碳化物并尽量使其均匀分布，必须重锤成材；
3. 停锻温度对碳化物分布有很大影响。降低停锻温度能使碳化物粉碎程度增加，但停锻温度过低会使塑性明显变坏，导致产生裂纹；
4. 增大锻造比是使碳化物呈更均匀分布的重要措施；
5. 锻造高速钢时易产生角裂。应该用工具及时去掉已产生的角裂，避免缺陷继续扩大；
6. 因 W12Cr4V4Mo 钢空冷时就可以淬火，因此锻造后应及时放入灰中或堆冷，进行缓慢冷却。

2.7.4.4 热处理

A 预先热处理

W12Cr4V4Mo 钢的锻后，退火工艺示于图 2-296，锻后等温退火工艺示于图 2-297。

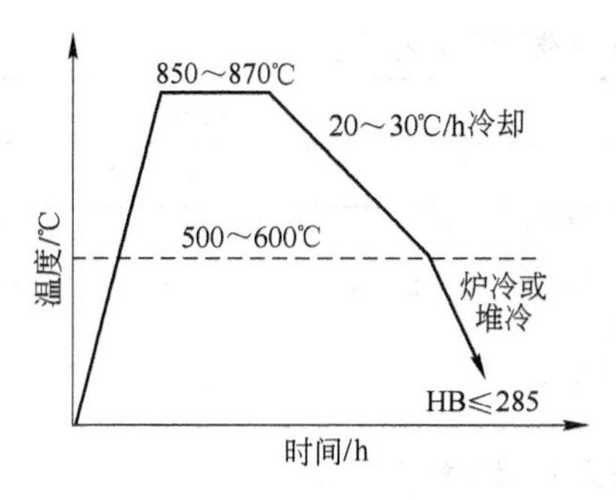

图 2-296 锻压后退火工艺

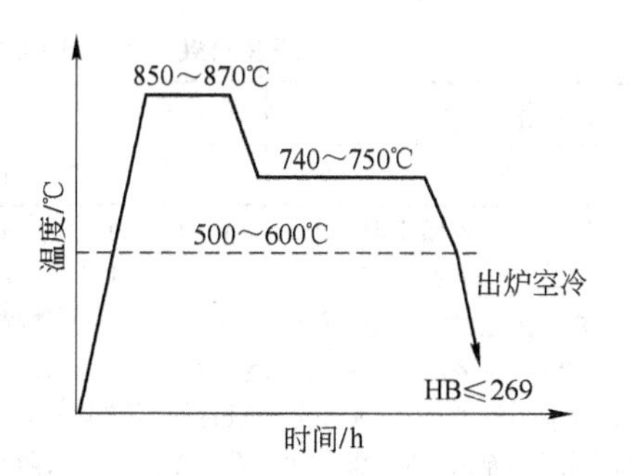

图 2-297 锻压后等温退火工艺

B 淬火

W12Cr4V4Mo 钢有关的淬火曲线示于图 2-298～图 2-300，推荐的淬火规范示于表 2-190。

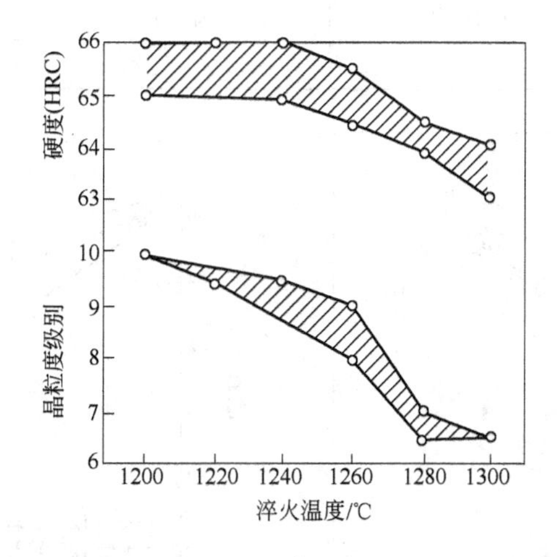

图 2-298 淬火硬度及奥氏体晶粒度与淬火温度的关系

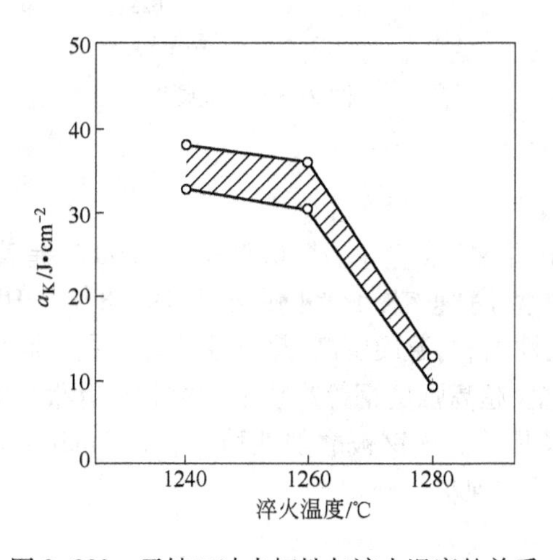

图 2-299 无缺口冲击韧性与淬火温度的关系

（无缺口试样；回火：560℃×2 次+570℃×2 次）

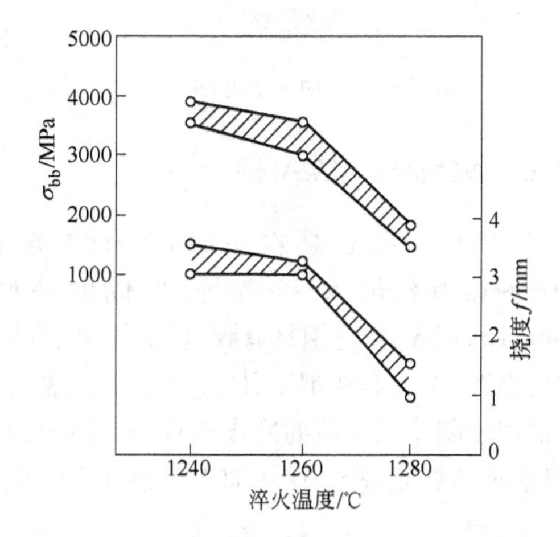

图 2-300 抗弯强度及挠度与淬火温度的关系

（回火：560℃×2 次+570℃×2 次）

表 2-190 W12Cr4V4Mo 钢推荐的淬火规范

预热温度/℃	加热温度/℃	冷却方式
850	1220~1240	油 冷

注:1. 高速钢淬火加热温度范围较窄,为了确保淬火质量,必须严格控制;
2. 在没有盐浴加热的条件下,淬火加热可在箱式炉中进行,但须采用保护性介质或气氛加以保护,以防氧化、脱碳。在这种情况下,淬火加热保温时间亦应酌情增加;
3. 简单刀具采用上限淬火温度,薄刃、复杂刀具采用下限淬火温度;
4. 对于小件工具,淬火加热保温时间不得少于 1.5 min;
5. 高速钢淬火后应及时回火(不得超过 24 h),防止开裂及奥氏体的稳定化。

C 回火

W12Cr4V4Mo 钢推荐的回火规范示于表 2-191,有关的回火曲线示于图 2-301 和图 2-302。

表 2-191 W12Cr4V4Mo 钢推荐的回火规范

回火温度/℃	回火次数	冷却方式	回火硬度(HRC)
550~570	3	每次空冷至室温	≥62

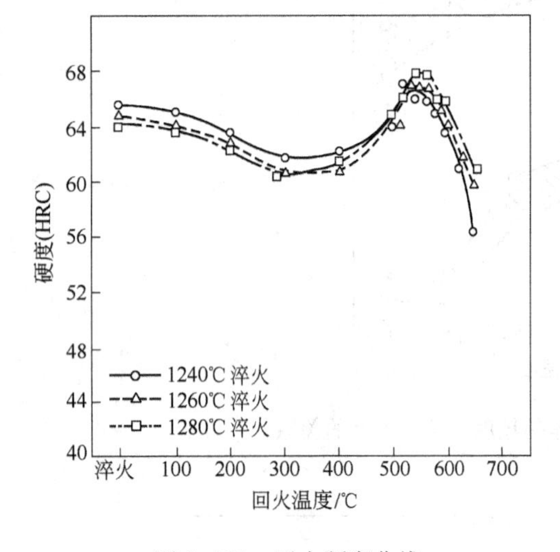

图 2-301 回火硬度曲线

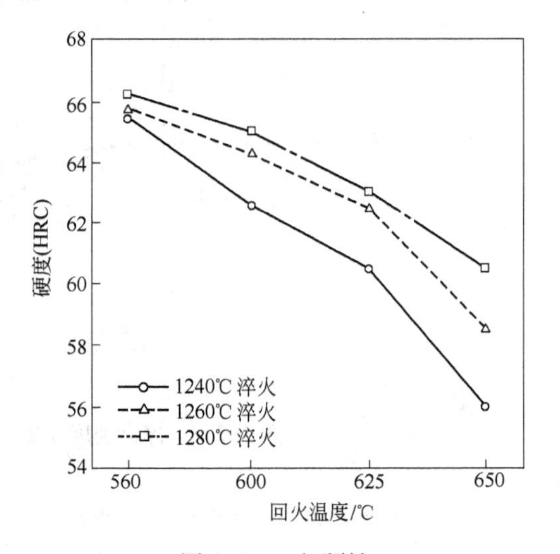

图 2-302 红硬性

2.7.5 W6Mo5Cr4V2Al 钢

W6Mo5Cr4V2Al 是在 W6Mo5Cr4V2 基础上把碳含量从 0.80% ~ 0.90% 提高到 1.10%~1.20%,加入 1% Al 而形成的超硬型高速钢,该钢硬度可达 68 ~ 69HRC。W6Mo5Cr4V2Al 高速钢具有硬度高、耐磨、红硬性高、高温硬度高、热塑性好等优点。制作成刨刀、滚刀、拉刀等切削工具,用于加工高温合金、超高强度钢等难切削材料时具有很好的效果,也用于制造高负荷的冷作模具,如冷挤压模具等。该钢被磨削性稍差。W6Mo5Cr4V2Al 高速钢极易氧化脱碳,在热加工及热处理时应采取保护措施。

2.7.5.1 化学成分

W6Mo5Cr4V2Al 钢的化学成分示于表 2-192。

表 2-192 W6Mo5Cr4V2Al 钢的化学成分(GB/T 9943—2008)

化学成分(质量分数)/%									
C	Si	Mn	W	Mo	Cr	V	Al	S	P
1.05~1.15	0.20~0.60	0.15~0.40	5.50~6.75	4.50~5.50	3.80~4.40	1.75~2.20	0.80~1.20	≤0.030	≤0.030

2.7.5.2 物理性能

W6Mo5Cr4V2Al 钢的临界温度(近似值)为 A_{c1}835~885℃,M_s120℃;密度为 8.20t/m^3。

2.7.5.3 热加工

W6Mo5Cr4V2Al 钢的热加工工艺示于表 2-193。

表 2-193 W6Mo5Cr4V2Al 钢的热加工工艺

项 目		加热温度/℃	开锻温度/℃	终锻温度/℃
钢 锭	锻	1140~1170	1050~1100	950~1000
钢 坯	锻	1120~1140	1030~1060	≥900
	轧	1100~1140	1050~1100	

注:1. 由于高速钢导热性差,因此钢锭(或钢坯)装炉温度不得高于 400℃,低温阶段需缓慢加热(≤300℃/h),到850℃保温 1h,然后便可随炉升温至锻造加热温度;
2. 锻造钢锭时须轻锤开坯,随着铸态组织的逐渐破坏方可逐步加重锤力。为了破碎碳化物并尽量使其均匀分布,必须重锤成材;
3. 停锻温度对碳化物分布有很大影响。降低停锻温度能使碳化物粉碎程度增加,但停锻温度过低会使塑性明显变坏,导致产生裂纹;
4. 增大锻造比是使碳化物呈更均匀分布的重要措施;
5. 锻造高速钢时易产生角裂。应该用工具及时去掉已产生的角裂,避免缺陷继续扩大;
6. 因 W6Mo5Cr4V2Al 钢空冷时就可以淬火,因此锻造后应及时放入灰中或堆冷,进行缓慢冷却。

2.7.5.4 热处理

A 预先热处理

W6Mo5Cr4V2Al 钢的有关预先热处理曲线示于图 2-303 和图 2-304。要注意:W6Mo5Cr4V2Al 钢易氧化和脱碳,必须采用装箱退火或保护气氛退火。

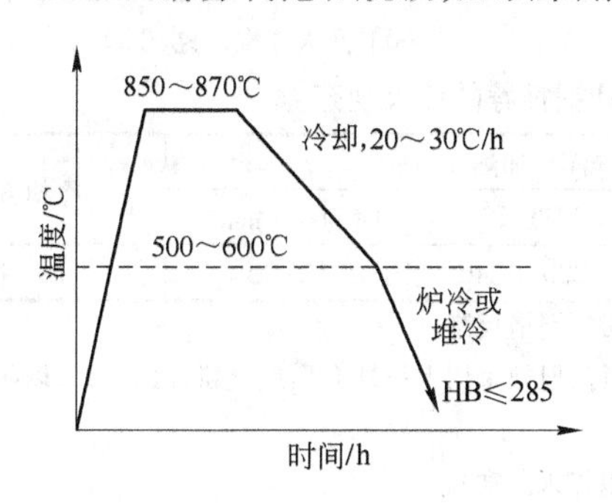

图 2-303 锻压后退火

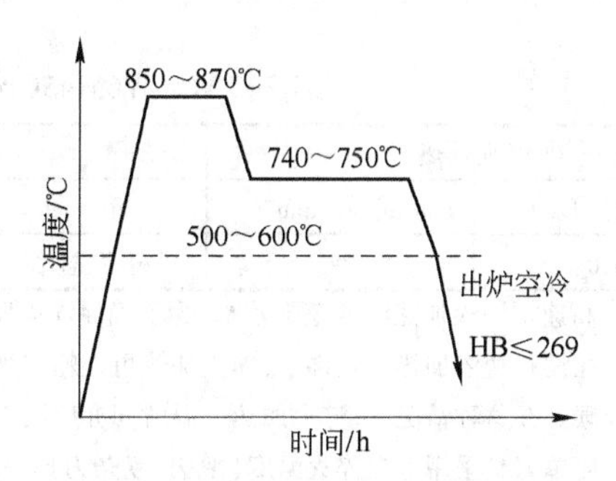

图 2-304 锻压后等温退火

B 淬火

W6Mo5Cr4V2Al 钢的有关淬火曲线示于图 2-305～图 2-308，推荐的淬火规范示于表 2-194。

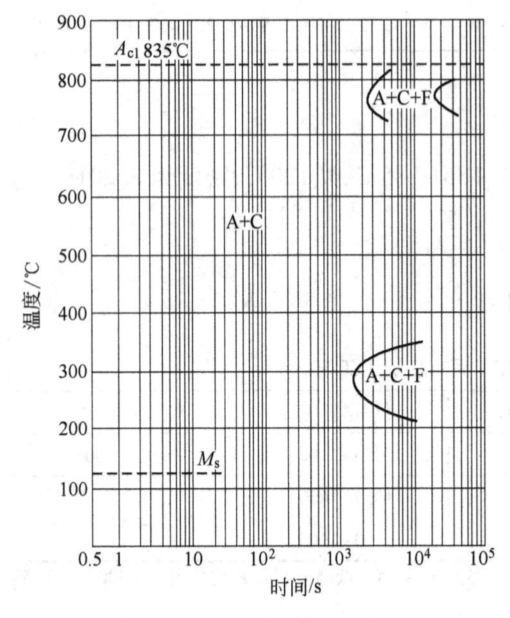

图 2-305 等温转变曲线

图 2-306 淬火硬度及奥氏体晶粒度与淬火温度的关系

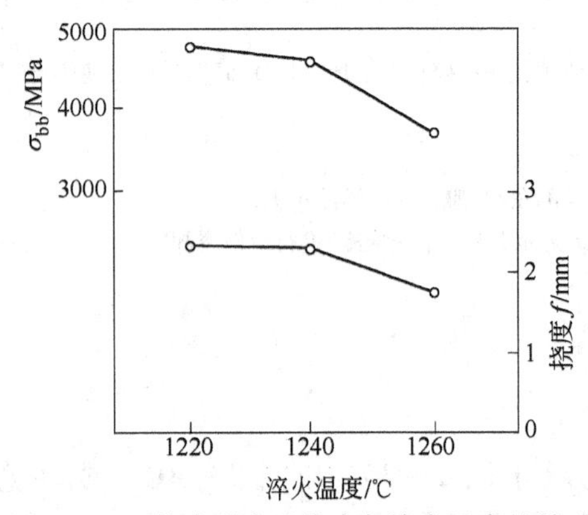

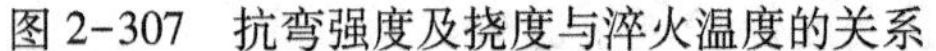

图 2-307 抗弯强度及挠度与淬火温度的关系

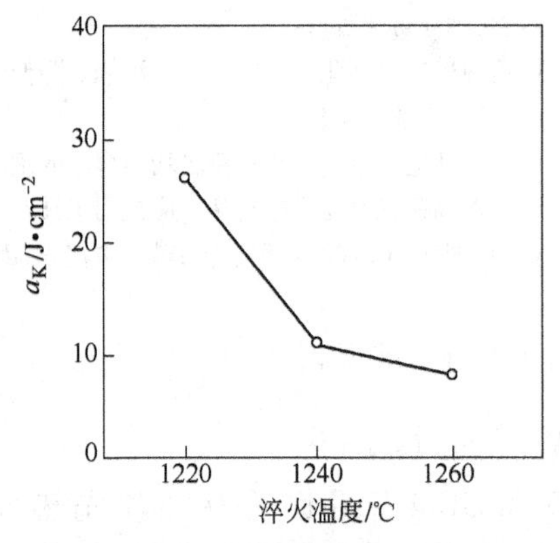

图 2-308 无缺口冲击韧性与淬火温度的关系
（560℃回火 4 次，每次 1h）

表 2-194 W6Mo5Cr4V2Al 钢推荐的淬火规范

淬火预热		淬火加热			冷却方式
温度/℃	时间/s·mm^{-1}	介 质	温度/℃	时间/s·mm^{-1}	
850	24	中性盐浴	1220～1240	12～15	油 冷

注：1. 高速钢淬火加热温度范围较窄，为了确保淬火质量，必须严格控制；
2. 在没有盐浴加热的条件下，淬火加热可在箱式炉中进行，但须采用保护性介质或气氛加以保护，以防氧化、脱碳。在这种情况下，淬火加热保温时间亦应酌情增加；
3. 简单刀具采用上限淬火温度（薄刃、复杂刀具采用下限淬火温度）；
4. 对于小件工具，淬火加热保温时间不得少于 1.5min；
5. 高速钢淬火后应及时回火（不得超过 24h），防止开裂及奥氏体的稳定化。

C 回火

W6Mo5Cr4V2Al 钢的有关回火曲线示于图 2-309 和图 2-310，其红硬性示于表 2-195，其推荐的回火规范示于表 2-196。

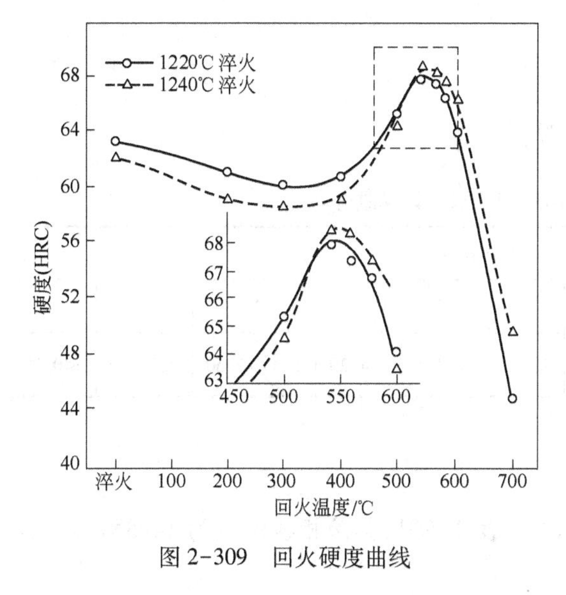

图 2-309 回火硬度曲线

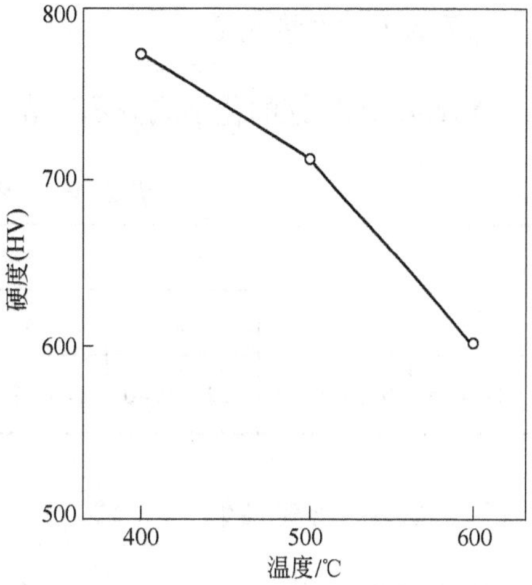

图 2-310 高温硬度曲线

表 2-195 W6Mo5Cr4V2Al 钢的红硬性

热处理制度	625℃加热 4 h 后硬度(HRC)
1220℃油淬，560℃回火 4 次，每次 1 h	61.0
1240℃油淬，560℃回火 4 次，每次 1 h	64.0

表 2-196 W6Mo5Cr4V2Al 钢推荐的回火规范

回火温度/℃	回火次数	冷却方式	硬度(HRC)
550~570	4	每次空冷至室温	≥65

2.7.6 W9Mo3Cr4V 钢

W9Mo3Cr4V 钢是以中等含量的钨为主，加入少量钼，适当控制碳和钒含量的方法来达到改善性能、提高质量、节约合金元素的目的的通用型钨钼系高速钢。W9Mo3Cr4V 钢（以下简称 W9）的冶金质量、工艺性能兼有 W18Cr4V 钢（简称 W18）和 W6Mo5Cr4V2 钢（简称 M2）的优点，并避免或明显减轻了二者的主要缺点。这是一种符合我国资源和生产条件，具有良好综合性能的通用型高速钢新钢种[21,22]。

该钢易冶炼，具有良好的热、冷塑性、成材率高，碳化物分布特征优于 W18，接近 M2，脱碳敏感性低于 M2，生产成本较 W18 和 M2 都低。由于该钢的热、冷塑性良好，因而能满足机械制造厂采用多次镦拔改锻、高频加热塑性成形工艺和冷冲变形工艺的要求。该钢切削性能良好、磨削性能和可焊性优于 M2，热处理过热敏感性低于 M2。钢的主要力学性能：硬度、红硬性水平相当于或略高于 W18 和 M2；强度、韧性较 W18 高，与 M2 相当；制成的机用锯条、大小钻头、拉刀、滚刀、铣刀、丝锥等工具的使用寿命较 W18 的高，等于或稍高于 M2 的使用寿命，插齿刀的使用寿命与 M2 的相当。用 W9 钢制造的滚压滚丝轮对高温合金进行滚丝时收到显著效果。在适当改变淬、回火工艺后，W9 钢也很适于制造高负荷模具，尤其是冷挤压模具。

2.7.6.1 化学成分

W9Mo3Cr4V 钢的化学成分示于表 2-197。

表 2-197 W9Mo3Cr4V 钢的化学成分

化学成分（质量分数）/%								
C	Si	Mn	W	Mo	Cr	V	S	P
0.77~0.85	0.20~0.40	0.20~0.40	8.50~9.50	2.70~3.30	3.60~4.20	1.30~1.60	≤0.030	≤0.030

2.7.6.2 物理性能

W9Mo3Cr4V 钢的物理性能示于表 2-198~表 2-201，其液相线温度为 1445℃，其密度为 8.25t/m^3。

表 2-198 W9Mo3Cr4V 钢的临界温度

临界点	A_{c1s}	A_{c1f}
温度（近似值）/℃	835	875

表 2-199 W9Mo3Cr4V 钢的弹性模量

温度/℃	室温	300	500	550	600
弹性模量 E/GPa	221.9	209	191.6	185	178.6

表 2-200 W9Mo3Cr4V 钢的线[膨]胀系数

温度/℃	20~300	20~500	20~700
线[膨]胀系数（退火态）/$\times10^{-6}$℃$^{-1}$	12.0	12.6	13.2

表 2-201 W9Mo3Cr4V 钢的热导率

温度/℃	600	750	1100
热导率 λ/W·(m·K)$^{-1}$	30.9	32.6	31.4

2.7.6.3 热加工

W9Mo3Cr4V 钢的热加工工艺示于表 2-202。

表 2-202 W9Mo3Cr4V 钢的热加工工艺

<table>
<tr><td rowspan="2">钢锭锻造开坯</td><td>装炉温度/℃</td><td>加热温度/℃</td><td>开锻温度/℃</td><td>终锻温度/℃</td><td>冷却方式</td><td></td></tr>
<tr><td>≤700</td><td>1160～1190</td><td>1080～1120</td><td>≥950</td><td>及时退火或砂冷</td><td></td></tr>
<tr><td rowspan="2">热　轧</td><td>用坯尺寸/mm</td><td>加热温度/℃</td><td>加热时间</td><td>开轧温度/℃</td><td>终轧温度/℃</td><td>冷却</td></tr>
<tr><td>80 方钢 φ40</td><td>1100～1150
1080～1120</td><td>2 h30 min～3 h
15～25 min</td><td>1090～1120
1050～1100</td><td>≥900
≥900</td><td>缓冷后退火
缓冷后退火</td></tr>
</table>

2.7.6.4 热处理

A 预先热处理

W9Mo3Cr4V 钢的预先热处理有关曲线示于图 2-311～图 2-314。

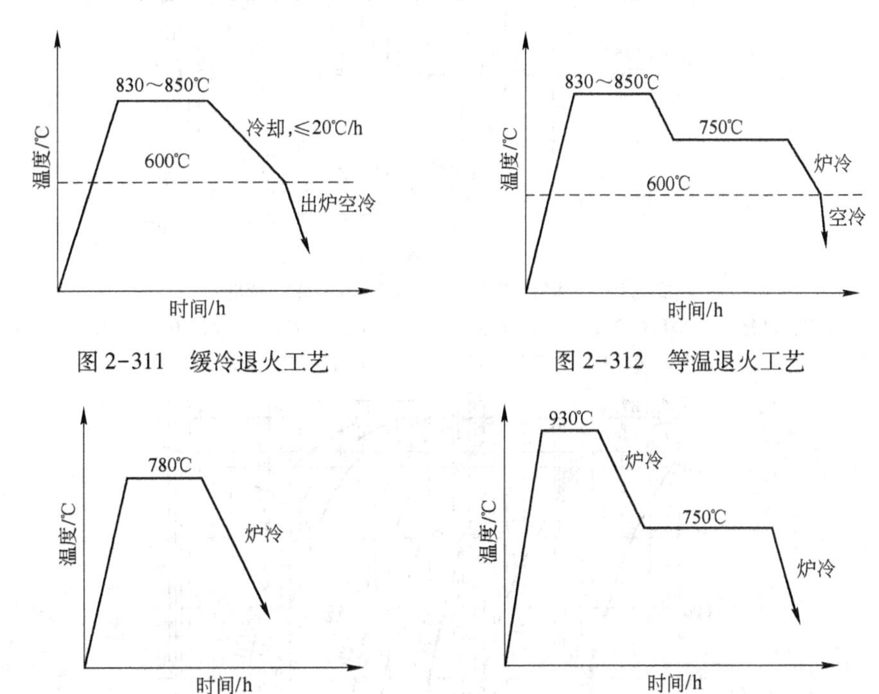

图 2-311 缓冷退火工艺

图 2-312 等温退火工艺

图 2-313 冷拉钢丝中间退火工艺

图 2-314 冷拉钢丝成品退火工艺

B 淬火

W9Mo3Cr4V 钢推荐的淬火规范示于表 2-203,淬火有关曲线示于图 2-315～图 2-319。

表 2-203 W9Mo3Cr4V 钢推荐的淬火规范

工具类型	预热温度/℃	加热温度/℃	冷却方式
机用锯条	850	1240～1250	油　冷
拉　刀		1220～1230	油　冷
钻　头		1220～1230	油　冷
滚刀、插齿刀		1230～1235	油　冷
滚丝轮		1180～1190	550℃分级淬火
模　具		1160～1200	油　冷

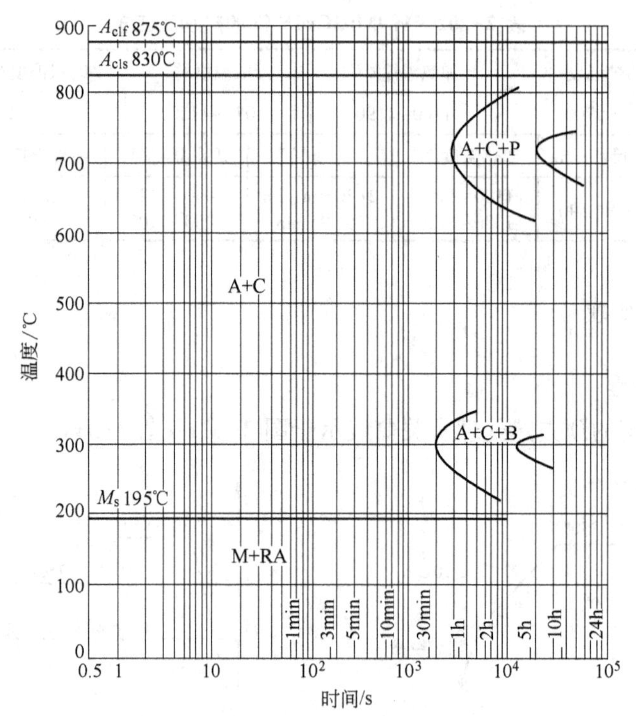

图 2-315 W9Mo3Cr4V 钢的奥氏体等温转变曲线

（用钢成分(%)：0. 83C，0. 32Si，0. 31Mn，3. 95Cr，9. 10W，2. 95Mo，1. 50V；0. 08Ni，0. 10Cu，0. 008S，0. 025P；奥氏体化：1230℃，1. 5 min；晶粒度：11. 5 级）

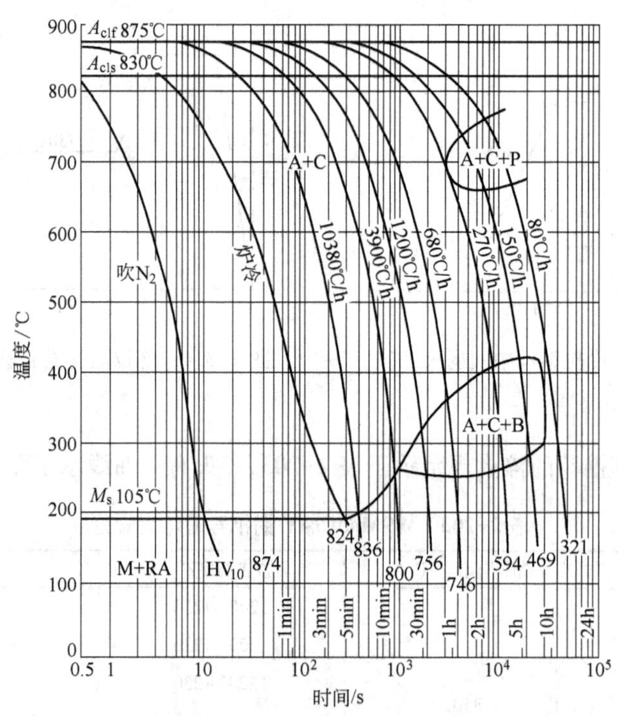

图 2-316 W9Mo3Cr4V 钢的奥氏体连续冷却转变曲线

（用钢成分和奥氏体化制度与图 2-315 同）

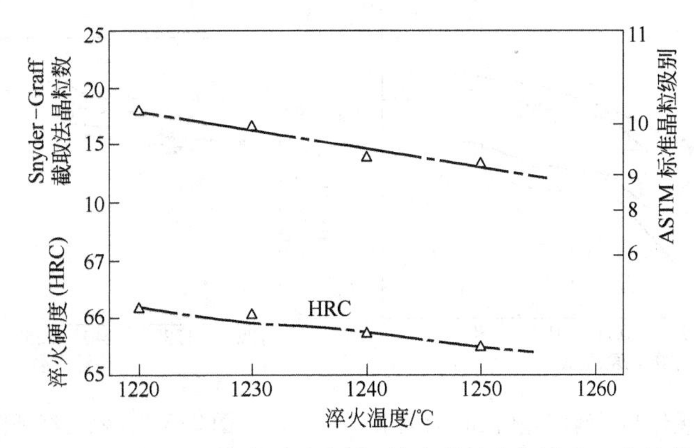

图 2-317 W9Mo3Cr4V 钢淬火硬度、淬火晶粒度与淬火温度的关系

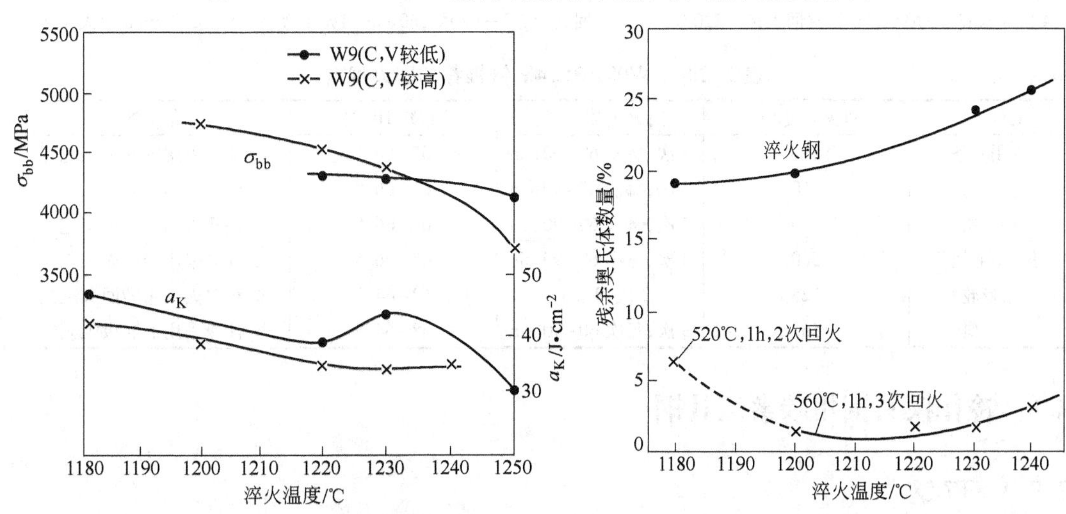

图 2-318 W9Mo3Cr4V 钢抗弯强度，冲击韧性与淬火温度的关系

（淬火后于 560℃ 回火 3 次，每次 60 min；冲击试样为 10 mm×10 mm×55 mm 无缺口）

图 2-319 钢的残余奥氏体数量与淬火温度和回火温度的关系

（1230℃ 淬火，560℃ 回火 3 次，每次 60 min）

C 回火

W9Mo3Cr4V 钢与回火有关的曲线示于图 2-320～图 2-322，推荐的回火规范示于表 2-204。

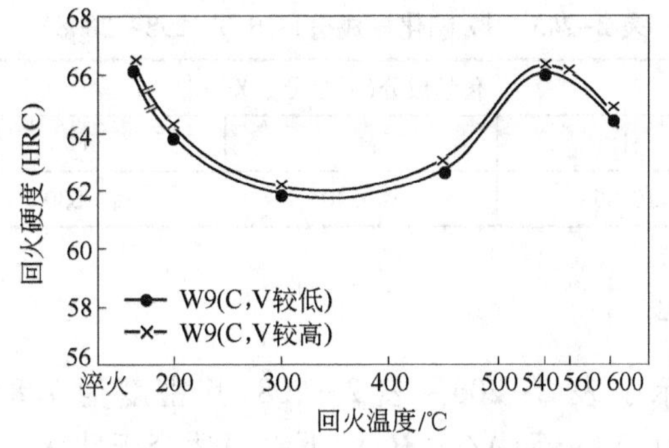

图 2-320 W9Mo3Cr4V 钢不同温度回火后的硬度对比

（1240℃ 淬火，回火 3 次，每次 60 min）

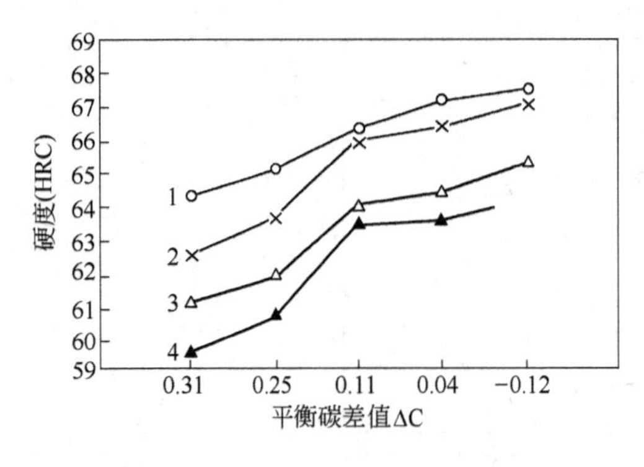

图 2-321 钢的红硬性与平衡碳差值 ΔC 的关系

1220℃淬火后:1—560℃,1 h,3 次回火;2—580℃,1 h,4 次回火;3—590℃,1 h,4 次回火;4—620℃,1 h,4 次回火

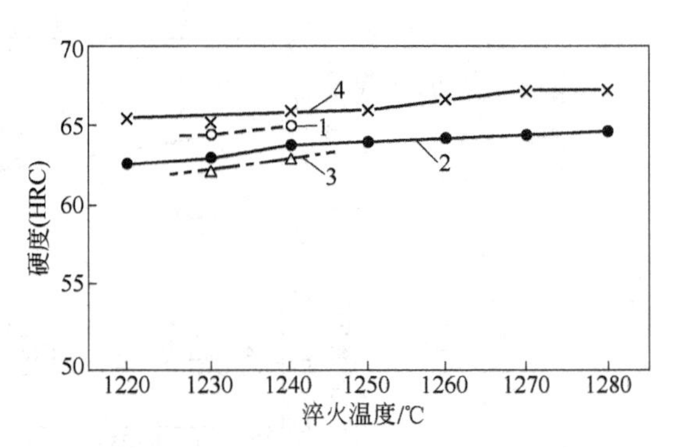

图 2-322 钢的红硬性试验结果

1—580℃,60 min 回火 4 次;2—600℃,60 min 回火 4 次;3—620℃,60 min 回火 4 次;4—560℃,60 min 回火 4 次

表 2-204 W9Mo3Cr4V 钢推荐的回火规范

工具类型	回火温度/℃	回火次数、时间	硬度(HRC)	备 注
机用锯条	560	3 次,每次 60~90 min	65~66.5	油冷采用的回火工艺
拉 刀	560	3 次,每次 60~90 min	65~66.5	油冷采用的回火工艺
钻 头	560	3 次,每次 60~90 min	65~66.5	油冷采用的回火工艺
滚刀,插齿刀	560	3 次,每次 60~90 min	65~66.5	油冷采用的回火工艺
滚丝轮	525	2 次,90 min	62~64.5	分级淬火采用的回火工艺
模 具	560	3 次,每次 60~90 min	58~64.5	油冷采用的回火工艺

2.8 冷作模具钢用碳素工具钢

2.8.1 T7 钢

T7 钢具有较好的韧性和硬度,但切削能力较差;多用来制造同时需要有较大韧性和一定硬度但对切削能力要求不很高的工具,如凿子、冲头等,小尺寸风动工具,木工用的锯、凿、锻模、压模,钳工工具、锤、铆钉冲模等,还可做手用大锥锥头等[1]。

2.8.1.1 化学成分

T7 钢的化学成分示于表 2-205。

表 2-205 T7 钢化学成分(GB/T 1298—2008)

化学成分(质量分数)/%				
C	Si	Mn	S	P
0.65~0.74	≤0.35	≤0.40	≤0.030	≤0.035

2.8.1.2 物理性能

T7 钢的物理性能示于表 2-206~表 2-208,其密度为 7.83 t/m³,磁导率 μ 约为 0.94 mH/m;矫顽力 H_c 为 318~954 A/m(H_c 的下限值适合于球化体组织,上限值适合于珠光体组织);饱和磁感 B_s 为 2.01~2.05 T;电阻率 ρ 为 0.13×10^{-6} Ω·m。

表 2-206 T7 钢的临界温度

临界点	A_{c1}	A_{c3}	A_{r1}
温度(近似值)/℃	730	770	700

表 2-207 T7 钢的线[膨]胀系数

温度/℃	20~100	20~200	20~300	20~400
线[膨]胀系数/$\times10^{-6}$℃$^{-1}$	11.8	12.6	13.3	14.0

表 2-208 T7 钢的热导率

温度/℃	20	100	300
热导率 λ/W·(m·K)$^{-1}$	44.0	44.0	41.9

2.8.1.3 热加工

T7 钢的热加工工艺示于表 2-209。

表 2-209 T7 钢的热加工工艺

项目	加热温度/℃	开始温度/℃	终止温度/℃	冷却
钢锭	1100~1150	1080~1120	850~750	空冷
钢坯	1050~1100	1020~1080	800~750	空冷

2.8.1.4 热处理

A 预先热处理

T7 钢的预先热处理有关曲线示于图 2-323~图 2-327，退火前后的相成分、硬度和显微组织示于表 2-210。需要说明的是：

（1）不完全退火的保温时间，在全部炉料到达退火温度后，为 3~4h；

（2）等温退火的保温时间为 1~2h，冷却时的等温保温为 1~2h。完全再结晶退火，在必须同时细化组织时采用；

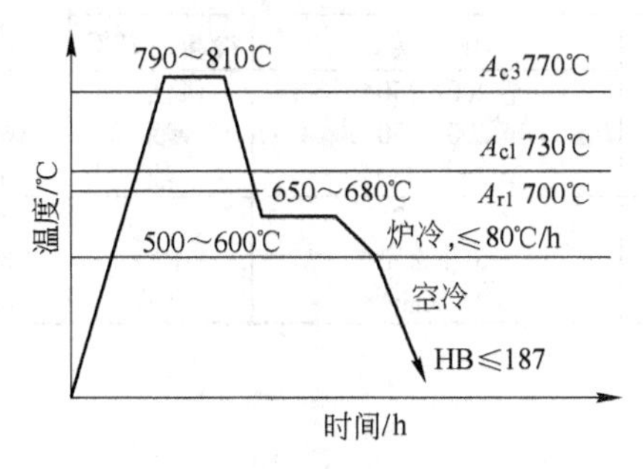

图 2-323 锻压后等温退火（完全再结晶）

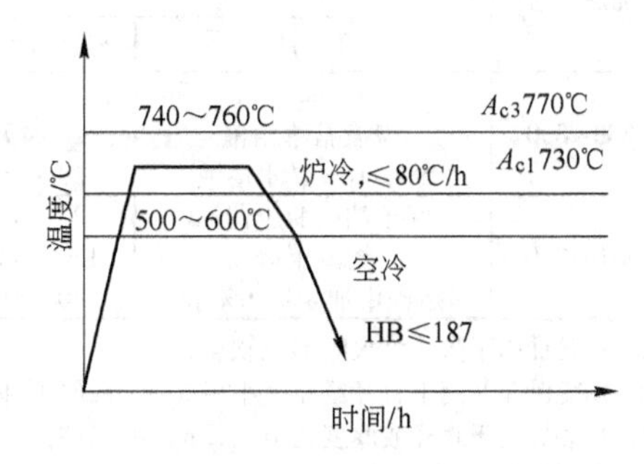

图 2-324 锻压后不完全退火

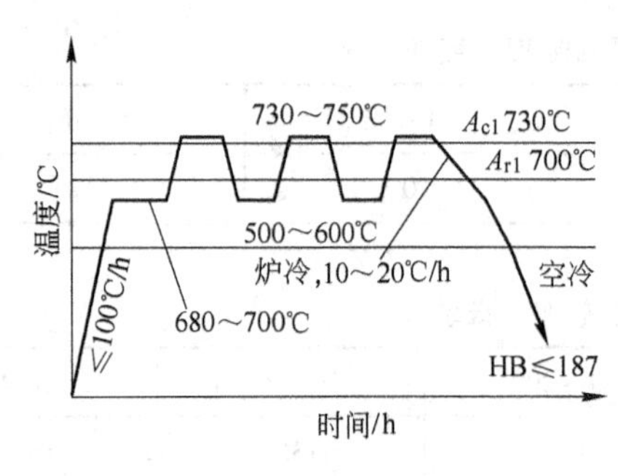

图 2-325 球化退火

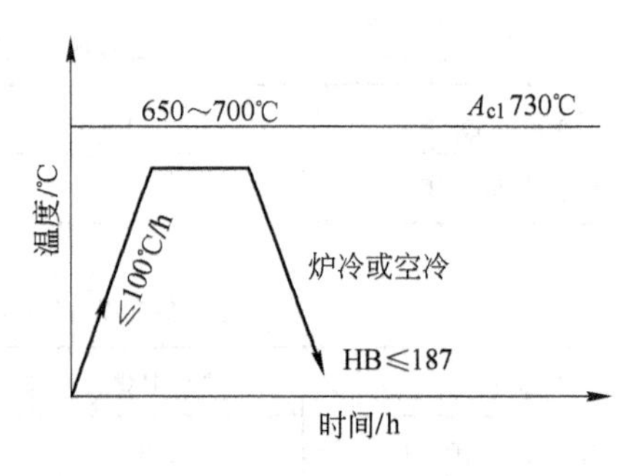

图 2-326 高温回火

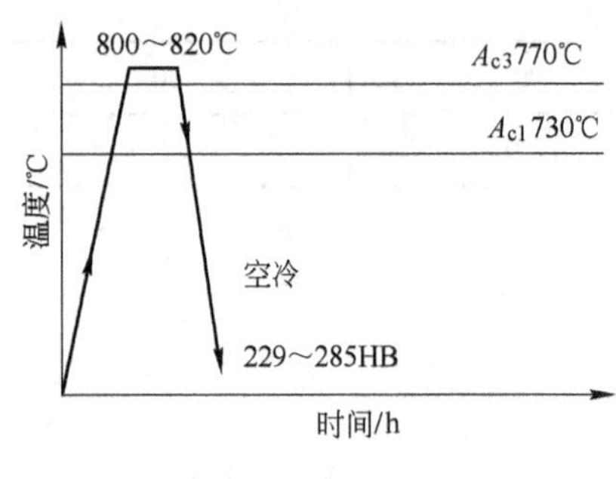

图 2-327 正火

(3) 球化退火用以获得球化体组织,在 600～700℃的第一次保温为 8～10 h,其余阶段按 0.5～1.0 h 进行保温;

(4) 高温回火用于消除冷变形后的冷作硬化和淬火前切削加工的内应力。高温回火的保温时间,在全部炉料加热后为 2～3 h;

(5) 正火用以细化过热钢的晶粒,或当钢材退火后硬度低于 165HB 时,用来提高钢材硬度,以降低被切削工件表面的粗糙度。

表 2-210 T7 钢退火前后的相成分、硬度和显微组织

硬 度				相成分(质量分数)/%			显微组织	
未退火		退火后		铁素体	碳化物	碳化物形式	未退火	退火后
压痕直径/mm	硬 度(HB)	压痕直径/mm	硬 度(HB)					
3.6～4.0	285～229	≥4.4	≤187	90.3～88.9	9.7～11.1	Fe_3C	珠光体+铁素体	球化体+铁素体

B 淬火

T7 钢推荐的淬火规范示于表 2-211,淬火有关曲线示于图 2-328～图 2-330。

表 2-211 T7 钢推荐的淬火规范

方案	加热温度/℃	冷却				硬 度(HRC)
		介 质	介质温度/℃	延 续	冷却到 20℃	
Ⅰ	800～830	水	20～40	至 200～250℃	油	61～63
Ⅱ		5%食盐水溶液	20～40	至 200～250℃	油	61～63
Ⅲ		5%～10%碱水溶液	20～40	至 200～250℃	油	61～63
Ⅳ	810～840	锭子油或变压器油	20～40	至 20～40℃	—	60～63
Ⅴ		熔融硝盐	170～200	3～5 min	空冷	60～63
Ⅵ		熔碱中加 4%～6%水	170～200	3～5 min	空冷	60～63

注:1. 方案Ⅲ用于防止淬火时形成软点;
2. 方案Ⅳ和Ⅴ用于直径或厚度小于 6～8 mm 的工件;
3. 方案Ⅵ用于直径或厚度达 10～12 mm 的工件;
4. 冷却介质:
(1) 熔融硝盐可用 55%KNO_3+45%$NaNO_2$;
(2) 熔碱可用 20%NaOH+80%KOH+4%～6%H_2O 或 40%～50%NaOH+50%～60%KOH+4%～6%H_2O。

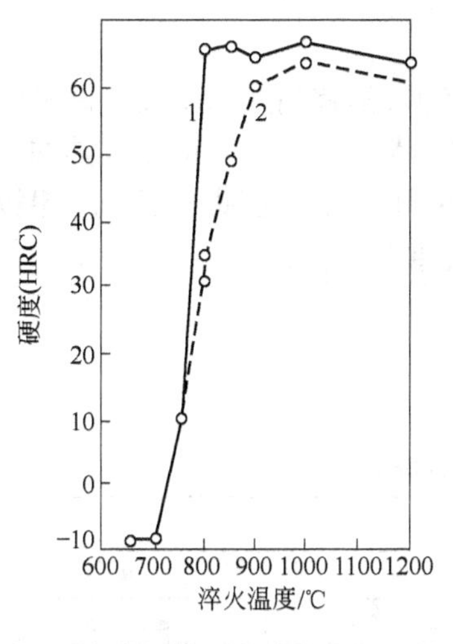

图 2-328 硬度与淬火温度的关系
（试样直径 20mm）
1—表面硬度；2—中心硬度

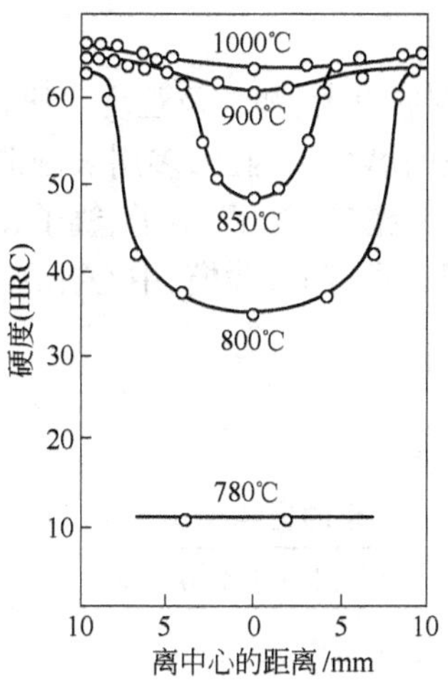

图 2-329 淬透性
（试样经不同温度加热在水中淬火后，沿直径上的硬度变化）

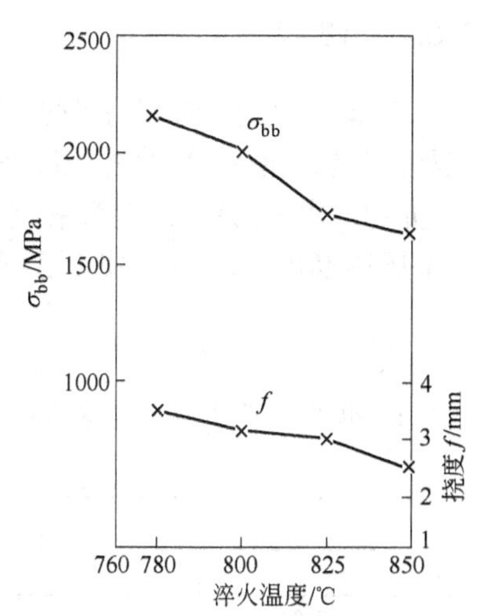

图 2-330 力学性能与淬火温度的关系
（180℃回火 1h）

C 回火

T7 钢有关回火的曲线示于图 2-331 和图 2-332，推荐的回火规范示于表 2-212。

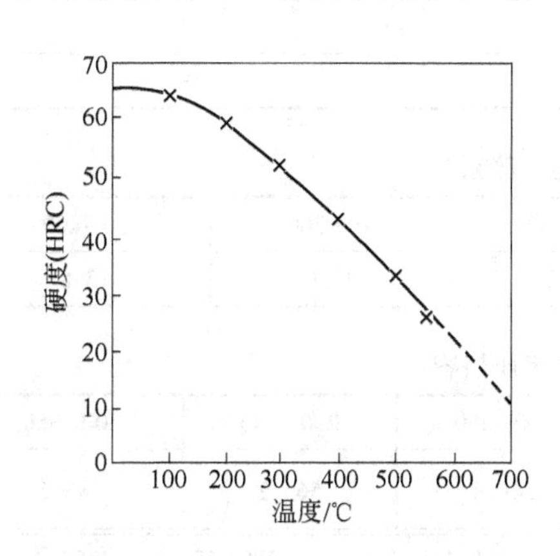

图 2-331 硬度与回火温度的关系

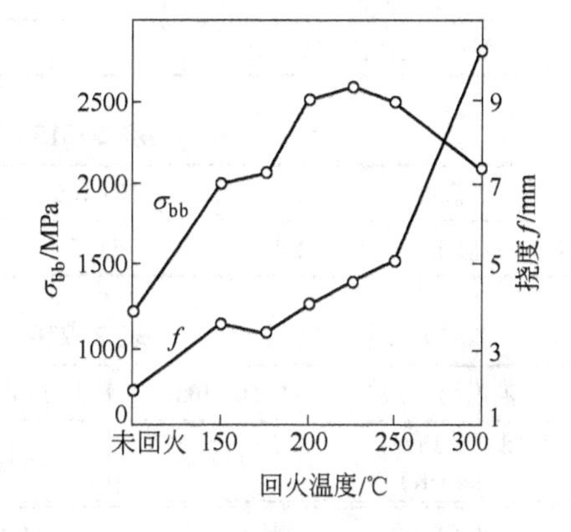

图 2-332 力学性能与回火温度的关系

表 2-212 T7 钢推荐的回火规范

方案	回火用途	加热温度/℃	加热介质	硬度(HRC)
Ⅰ	消除应力，稳定组织和尺寸	140~160 160~180 180~200	油 硝盐 碱	60~62 58~61 56~60
Ⅱ	消除应力和降低硬度	（参看说明 2）	硝盐 碱 空气炉（旋风式回火炉）	— — —

注：1. 高精度（1~2μm）工件，应在粗磨加工后再进行回火（时效）；
2. 回火硬度低于 56HRC 的规范，按图 2-331 选择；
3. 高于 250℃的温度回火，同时可保证工件尺寸稳定。

2.8.2 T8 钢

T8 钢淬火加热时容易过热，变形也大，塑性及强度也比较低，不宜制造承受较大冲击的工具，但热处理后有较高的硬度及耐磨性。因此，多用来制造切削刃口在工作时不变热的工具，如加工木材的铣刀、埋头钻、平头锪钻、斧子、凿子、錾子、纵向手用锯、圆锯片、滚子、铅锡合金压铸板和型芯，以及钳工装配工具，铆钉冲模，中心孔铳、冲模等[1]。

2.8.2.1 化学成分

T8 钢的化学成分示于表 2-213。

表 2-213 T8 钢的化学成分（GB 1298—2008）

化学成分（质量分数）/%				
C	Si	Mn	S	P
0.75~0.84	≤0.35	≤0.40	≤0.030	≤0.035

2.8.2.2 物理性能

T8 钢的物理性能示于表 2-214~表 2-217，其密度为 7.83t/m³；磁导率 μ 约为 0.90mH/m；矫顽力 H_c 为 397.9~1114.1A/m；饱和磁感 B_s 为 1.98~2.02T，电阻率 ρ 为 $0.14\times10^{-6}\ \Omega\cdot m$。

表 2-214 T8 钢的临界温度

临界点	A_{c1}	A_{r1}
温度（近似值）/℃	730	700

表 2-215 T8 钢的线［膨］胀系数

温度/℃	20~100	20~200	20~300	20~400
线［膨］胀系数/$\times10^{-6}$℃$^{-1}$	11.5	12.3	13.0	13.8

表 2-216 T8 钢的质量定压热容

温度/℃	50~100	150~200	200~250	250~300	300~350
质量定压热容 c_p/J·(kg·K)$^{-1}$	489.8	531.7	548.4	565.2	586.2

温度/℃	350~400	450~500	550~600	650~700	700~750	750~800
质量定压热容 c_p/J·(kg·K)$^{-1}$	607.1	669.9	711.8	770.4	2080.9	615.5

表 2-217 T8 钢的热导率

温度/℃	0	100	200	300	400
热导率 λ/W·(m·K)$^{-1}$	49.83	48.15	45.22	41.45	38.10

温度/℃	500	600	700	800	1000	1200
热导率 λ/W·(m·K)$^{-1}$	35.17	32.66	30.15	24.28	26.80	30.15

2.8.2.3 热加工

T8 钢的热加工工艺示于表 2-218。

表 2-218 T8钢热加工工艺

项 目	加热温度/℃	开始温度/℃	终止温度/℃	冷却方式
钢 锭	1100~1150	1050~1100	850~750	空冷
钢 坯	1050~1100	1020~1080	800~750	

2.8.2.4 热处理

A 预先热处理

T8钢的有关预先热处理曲线示于图2-333~图2-337,退火前后的相成分、硬度和显微组织示于表2-219。需要说明的是:

(1) 锻压后退火的保温时间,在全部炉料到达退火温度后为4~5h;等温退火的加热保温时间为1~2h,冷却时的等温保温时间亦为1~2h;

(2) 球化退火用以获得球化体组织,在600~700℃第一次保温时间为8~10h,其余阶段按0.5~1.0h进行保温;

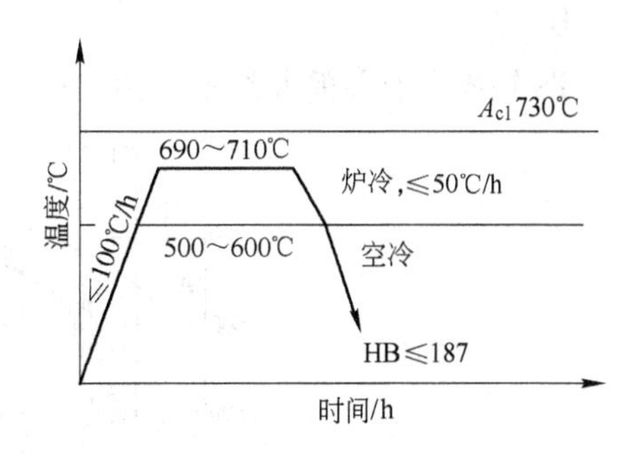

图 2-333 锻压后退火

(3) 高温回火用于消除冷变形后的冷作硬化及淬火前切削加工的内应力;高温回火的保温时间,在全部炉料加热后为2~3h;

(4) 正火用于细化过热钢的晶粒,以及钢材退火后硬度低于165HB时,用以提高切削表面光洁度。正火加热可在空气炉或盐浴中进行。

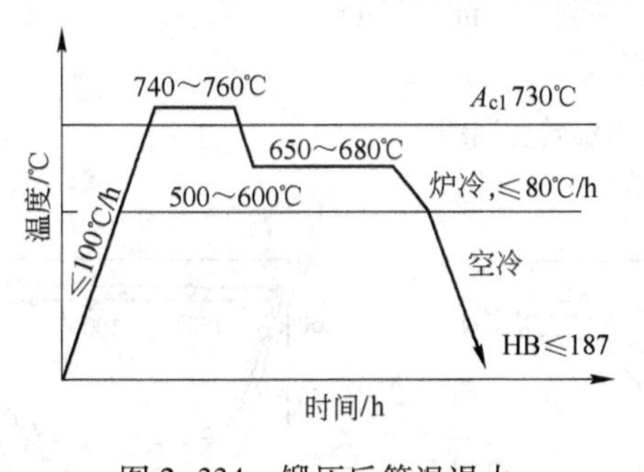

图 2-334 锻压后等温退火

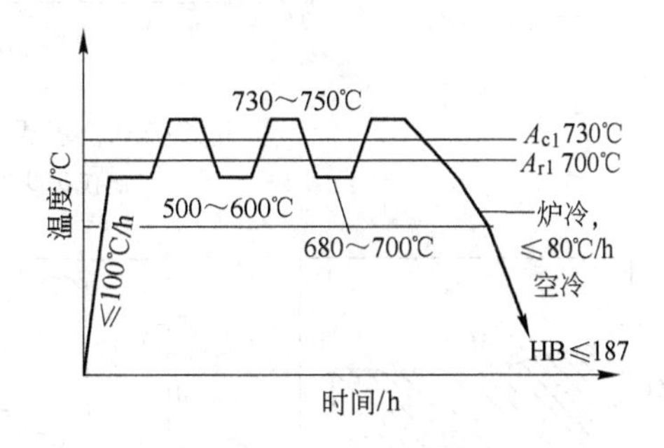

图 2-335 球化退火

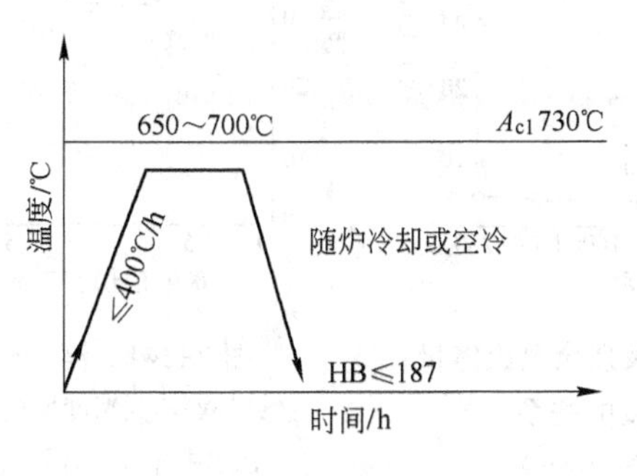

图 2-336 高温回火

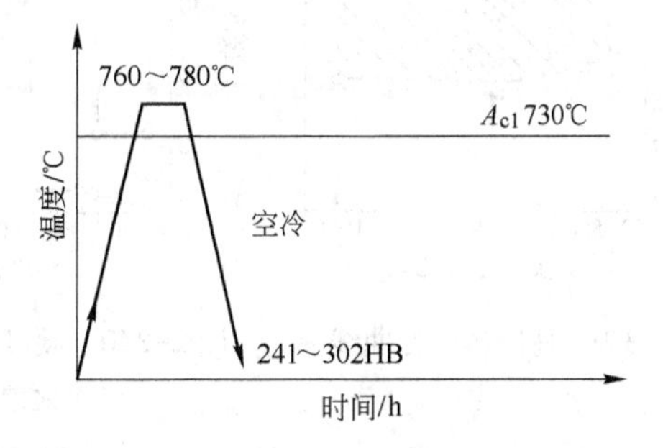

图 2-337 正火

表 2-219 T8 钢退火前后的相成分、硬度和显微组织

硬度				相成分(质量分数)/%			显微组织	
未退火		退火后		铁素体	碳化物	碳化物形式	未退火	退火后
压痕直径/mm	硬度(HB)	压痕直径/mm	硬度(HB)					
3.5~3.9	302~241	≥4.4	≤187	87.4~88.8	11.2~12.6	Fe_3C	珠光体	球化体与珠光体混合物

B 淬火

T8 钢淬火有关的曲线示于图 2-338~图 2-343,推荐的淬火规范示于表 2-220。

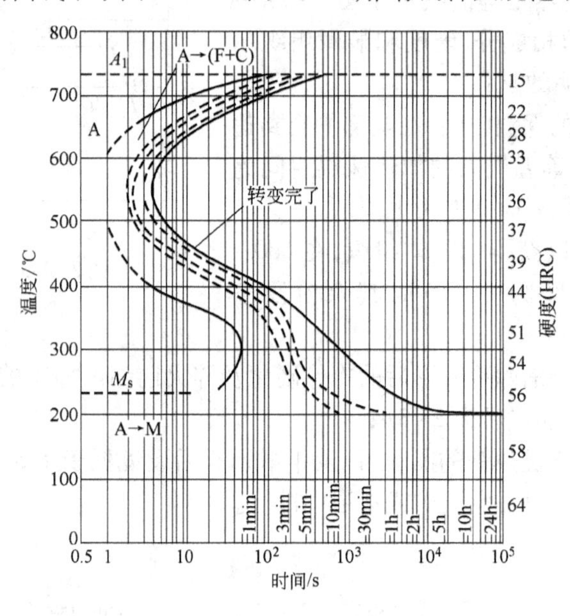

图 2-338 奥氏体恒温转变曲线

(奥氏体化温度 850℃)

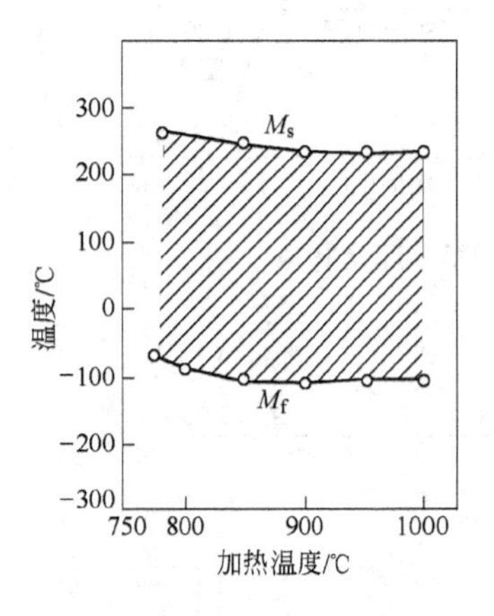

图 2-339 马氏体转变曲线

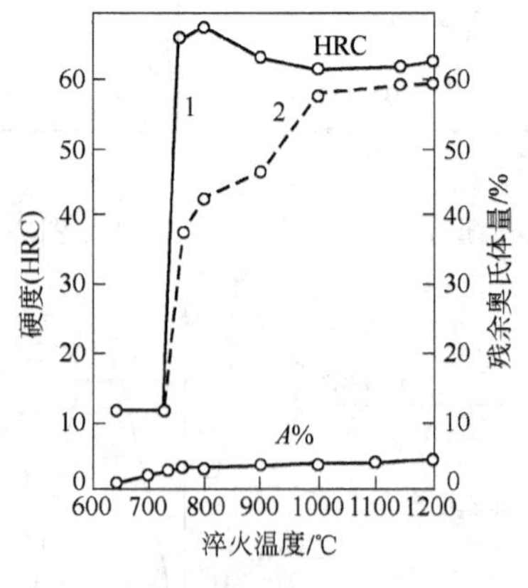

图 2-340 硬度及残余奥氏体量与淬火温度的关系

(试样直径为 20mm)

1—试样表面硬度;2—试样中心硬度

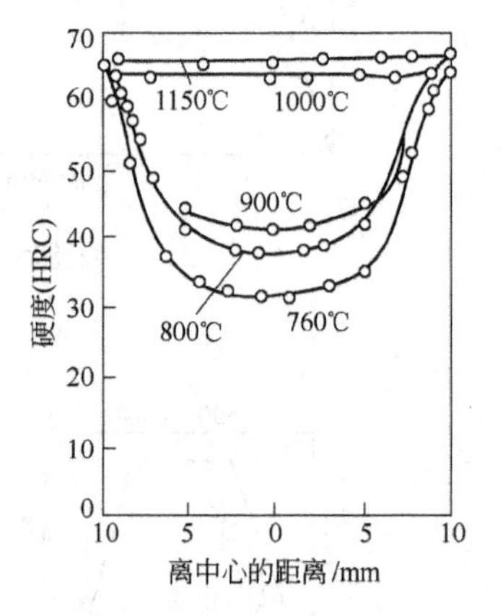

图 2-341 淬透性

(试样经不同温度加热后,在水中淬火时,沿直径上的硬度变化)

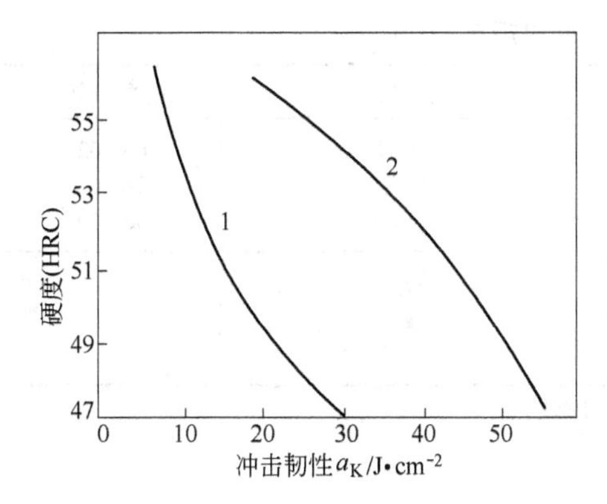

图 2-342 T8A 钢不同淬火方式的硬度值与冲击韧性的关系

1—淬火回火后;2—等温淬火后[10]

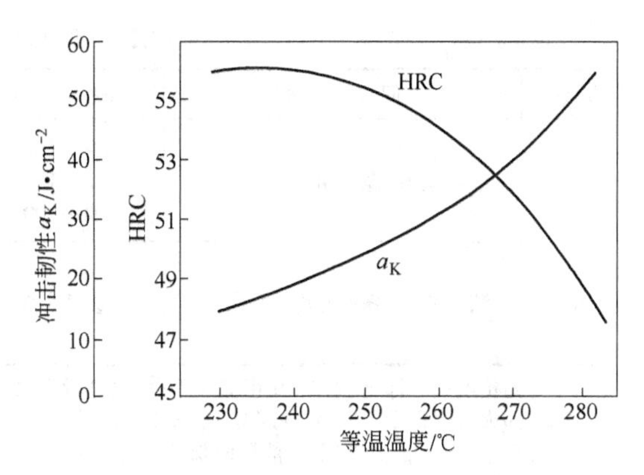

图 2-343 等温温度对盐水-硝盐等温淬火 T8A 钢的硬度与韧性的影响[10]

(等温 20~25 min)

表 2-220 T8 钢推荐的淬火规范

方案	加热温度/℃	冷却				硬度(HRC)
		介质	温度/℃	延续	冷却到 20℃	
Ⅰ	750~800	水	20~40	至 200~250℃	油冷	62~64
Ⅱ		5%食盐水溶液	20~40	至 200~250℃	油冷	62~65
Ⅲ		5%~10%碱水溶液	20~40	至 200~250℃	油冷	62~64
Ⅳ	800~820	锭子油或变压器油	20~40	至 20~40℃	—	60~63
Ⅴ		熔融硝盐	170~200	3~5 min	空冷	60~63
Ⅵ		熔碱中加 4%~6%水	170~200	3~5 min	空冷	60~63

注:1. 方案Ⅲ用于防止淬火时形成软点;

2. 方案Ⅳ和Ⅴ用于直径或厚度小于 6~8 mm 的工件;

3. 方案Ⅵ可用于直径或厚度达 10~12 mm 的工件;

4. 冷却介质:

(1) 熔融硝盐可用:55%KNO_3+45%$NaNO_2$;

(2) 熔碱可用:20%NaOH+80%KOH+4%~6%H_2O,或用 40%~50%NaOH+50%~60%KOH+4%~6%H_2O。

C 回火

T8 钢回火有关曲线示于图 2-344 和图 2-345,推荐的回火规范示于表 2-221。

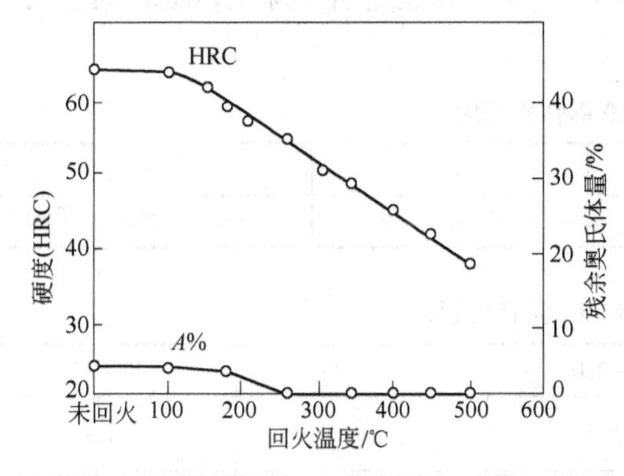

图 2-344 硬度及残余奥氏体与回火温度的关系

(淬火温度 810℃,水冷;回火 1 h)

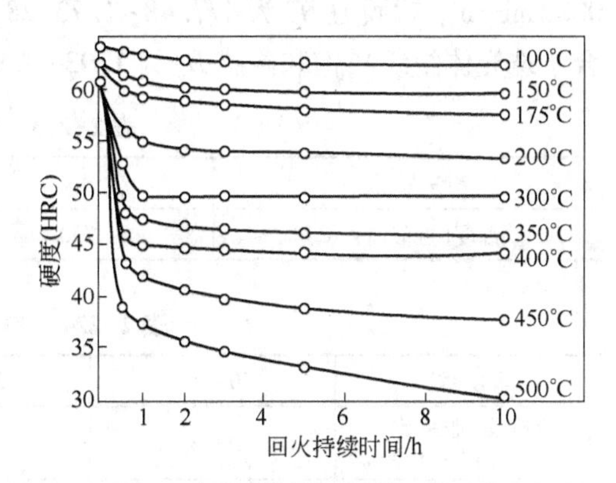

图 2-345 硬度与回火延续时间的关系

(淬火温度 810℃,水冷)

表 2-221 T8 钢推荐的回火规范

方 案	回 火 用 途	加热温度/℃	加 热	硬度(HRC)
Ⅰ	消除应力,稳定组织及尺寸	140~160 160~180 180~200	油;硝盐 碱	60~62 58~62 56~60
Ⅱ	消除应力,降低硬度	参看注 2	硝盐 碱 空气炉	—

注:1. 高精度(1~2μm)工件,在粗磨加工后,应进行再次回火(时效);
2. 回火硬度低于 56HRC 的规范,按图 2-345 选择;
3. 高于 250℃的温度回火,能同时保证工件尺寸的稳定。

2.8.3 T10 钢

T10 钢在淬火加热(温度达 800℃)时不致过热,仍能保持细晶粒组织。淬火后钢中有未溶的过剩碳化物,所以具有较 T8 钢为高的耐磨性,适于制造切削刀口在工作时不变热的工具,如加工木材工具、手用横锯、手用细木工具、机用细木工具、麻花钻、拉丝模、冲模、冷镦模、小尺寸断面均匀的冷切边及冲孔模、低精度的形状简单的卡板、钳工刮刀、锉刀等。[1]

2.8.3.1 化学成分

T10 钢化学成分示于表 2-222。

表 2-222 T10 钢化学成分(GB1298—2008)

化学成分(质量分数)/%				
C	Si	Mn	S	P
0.95~1.04	≤0.35	≤0.40	≤0.030	≤0.035

2.8.3.2 物理性能

T8 钢的物理性能示于表 2-223~表 2-225,其密度为 7.81 t/m³;磁导率 μ 约为 0.88mH/m;矫顽力 H_c 为 477.48~1273.28A/m(H_c 的下限值适合于球化体组织,上限值适合于珠光体组织);饱和磁感 B_s 为 1.93~1.97T。

表 2-223 T10 钢临界温度

临 界 点	A_{c1}	A_{cm}	A_{r1}
温度(近似值)/℃	730	800	700

表 2-224 T10 钢线[膨]胀系数

温度/℃	20~100	20~200	20~300	20~400
线[膨]胀系数 /×10⁻⁶℃⁻¹	11.5	13.0	14.3	14.8

温度/℃	20~500	20~600	20~700	20~800	20~900
线[膨]胀系数 /×10⁻⁶℃⁻¹	15.1	16.0	15.8	32.1	32.4

表 2-225 T10 钢热导率

温度/℃	20	100	300	600	900
热导率 λ/W·(m·K)$^{-1}$	40.20	43.96	41.03	38.10	33.91

2.8.3.3 热加工

T10 钢的热加工工艺示于表 2-226。

表 2-226 T10 钢的热加工工艺

项　目	加热温度/℃	开始温度/℃	终止温度/℃	冷却方式
钢　锭	1100~1150	1050~1100	850~750	空　冷
钢　坯	1050~1100	1020~1080	800~750	空　冷

2.8.3.4 热处理

A 预先热处理

T10 钢的预先热处理有关曲线示于图 2-346~图 2-351，退火前后的相成分、硬度和显微组织示于表 2-227。需要说明的是：

（1）锻压后退火保温时间，在全部炉料到达退火温度后 1~2h，冷却时的等温保温时间亦为 1~2h；

（2）球化退火用以获得球化体组织；每阶段保温时间为 0.5~1.0h；

（3）高温回火用于消除冷加工变形后的冷作硬化；消除淬火前因切削加工产生的残余应力。对热处理后硬度过低的零件，在二次淬火前亦先经高温回火。高温回火的保温延续时间，在全部炉料加热后为 2~3h；

（4）正火用于细化过热钢的晶粒和消除渗碳体网；

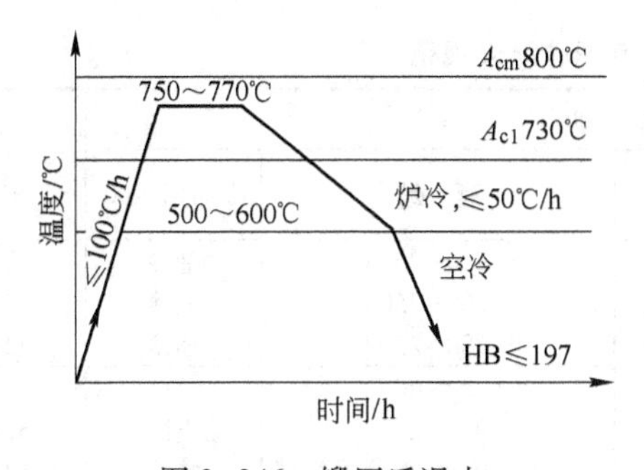

图 2-346 锻压后退火

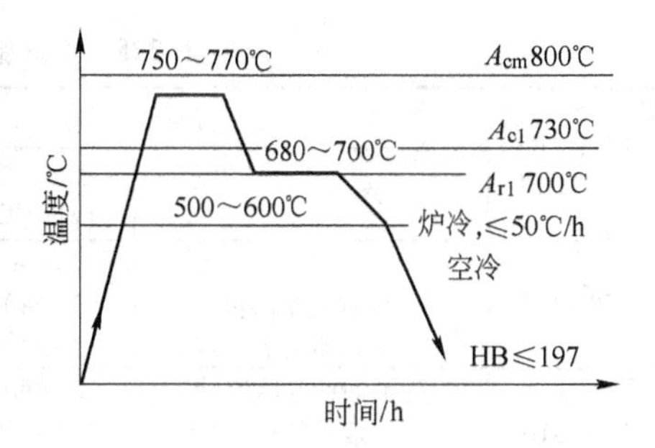

图 2-347 锻压后等温退火

表 2-227 T10 钢退火前后的相成分、硬度和显微组织

硬　度				相成分(质量分数)/%			显微组织	
未退火		退火后		铁素体	碳化物	碳化物形式	未退火	退火后
压痕直径/mm	硬度(HB)	压痕直径/mm	硬度(HB)	84.4~85.8	14.2~15.6	Fe_3C	珠光体+渗碳体	球光体
3.4~4.8	321~255	≥4.3	≤197					

（5）调质处理用于提高在退火状态硬度低于183HB钢材的切削加工性，以改善工件表面的光洁度。

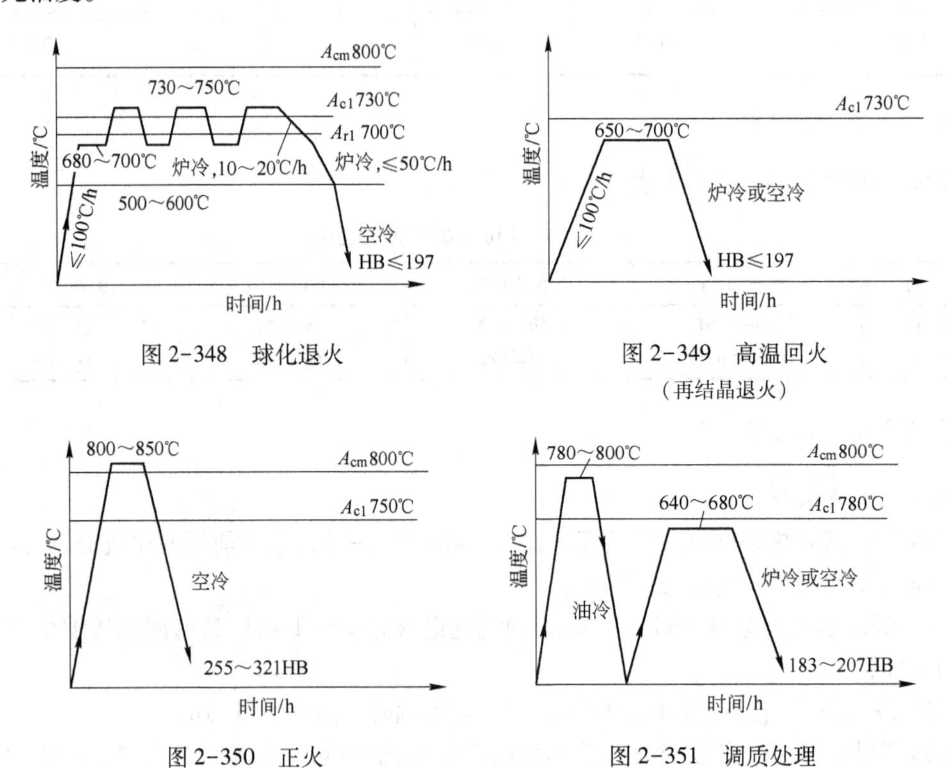

图2-348 球化退火

图2-349 高温回火（再结晶退火）

图2-350 正火

图2-351 调质处理

B 淬火

T10钢推荐的淬火规范示于表2-228，冷处理情况见表2-229，淬火有关曲线示于图2-352～图2-358。

表2-228 T10钢推荐的淬火规范

方案	加热温度/℃	冷却				硬度(HRC)
		冷却介质	冷却介质温度/℃	延续	冷却到20℃	
Ⅰ	770～790	水	20～40	至200～250℃	油冷	62～64
Ⅱ		5%食盐水溶液	20～40	至200～250℃	油冷	62～65
Ⅲ		5%～10%碱水溶液	20～40	至200～250℃	油冷	62～64
Ⅳ	790～810	锭子油或变压器油	20～40	至20～40℃		62～64
Ⅴ		熔融硝盐	150～180	3～5 min	空冷	62～64
Ⅵ		熔碱中加4%～6%水	150～180	3～5 min	空冷	62～64

注：1. 方案Ⅲ用于防止淬火时形成软点；
2. 方案Ⅳ和Ⅴ用于直径或厚度小于6～8 mm的工件；
3. 方案Ⅵ可用于直径或厚度达10～12 mm的工件。

表2-229 T10钢的冷处理

淬火方案	冷却温度/℃	用途	硬度增量(ΔHRC)
Ⅰ～Ⅵ	-50	高精度工件尺寸稳定化	1～2

注：冷处理在淬火后不超过1h进行。

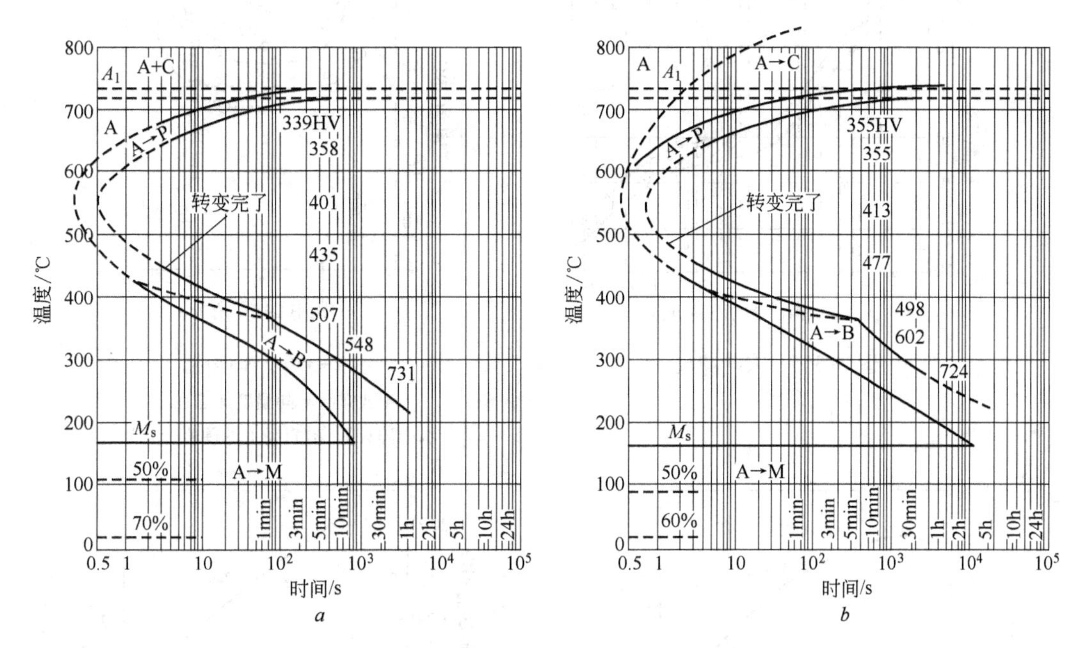

图 2-352 奥氏体等温转变曲线

（试验用钢成分(%)：1.03C，0.17Si，0.22Mn）

a—奥氏体化温度：790℃；*b*—奥氏体化温度：860℃

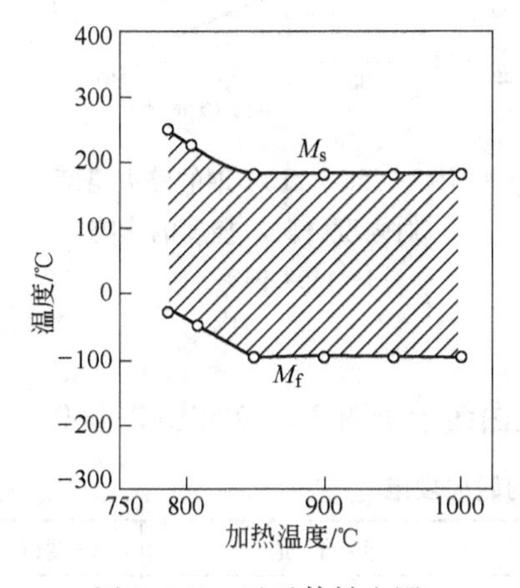

图 2-353 马氏体转变图

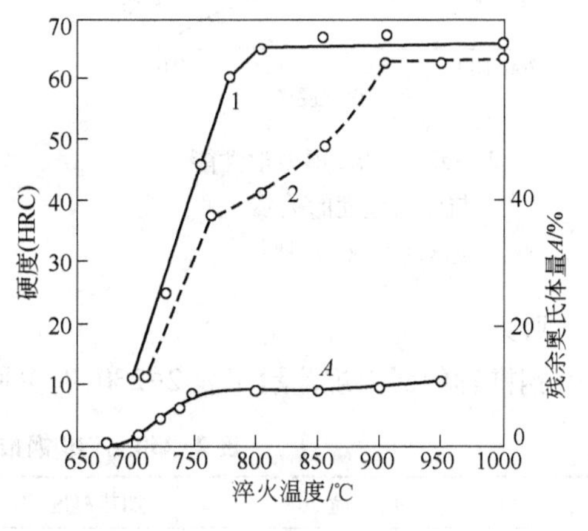

图 2-354 硬度、残余奥氏体量与淬火温度的关系

（试样直径 20mm）

1—试样表面硬度；2—试样中心硬度

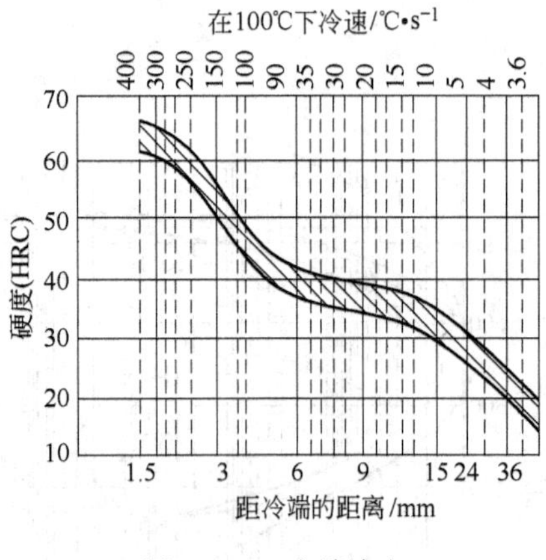

图 2-355 末端淬火

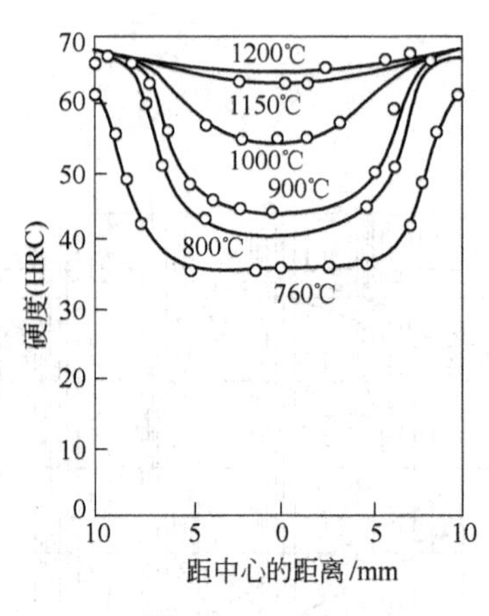

图 2-356 淬透性
(试样经不同温度加热在
水中淬火后,沿直径上的硬度变化)

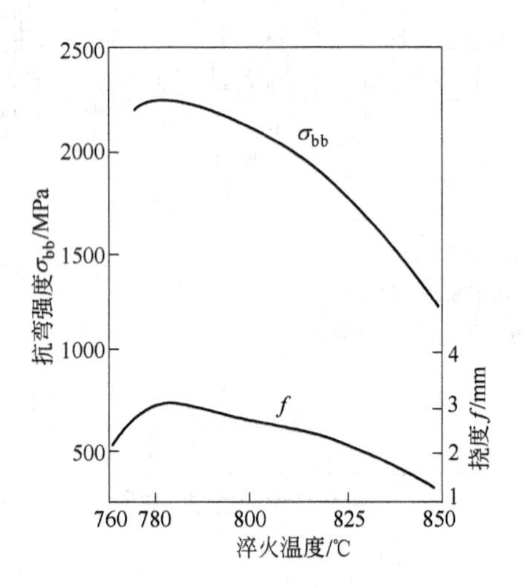

图 2-357 T10A 钢力学性能
与淬火温度的关系
(180℃回火 1 h)[10]

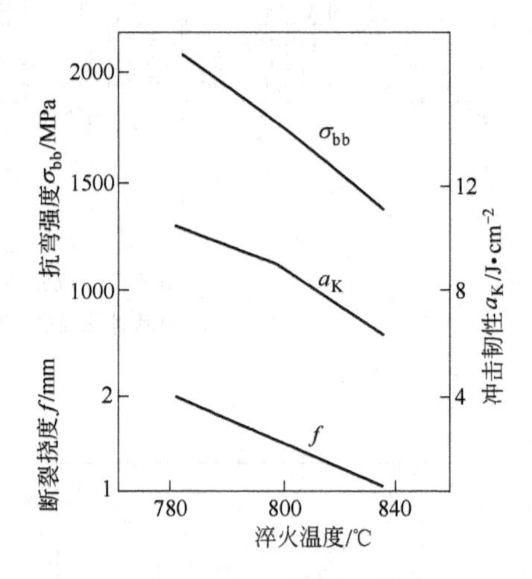

图 2-358 T10A 钢的淬火温度
对强度、韧性、挠度的影响
(150℃回火)[10]

C 回火

T10 钢推荐的回火规范示于表 2-230,有关回火曲线示于图 2-359 和图 2-360。

表 2-230 T10 钢推荐的回火规范

方案	用途	加热温度/℃	加热介质	硬度(HRC)
Ⅰ	消除应力,稳定组织与尺寸	140~160 160~180 180~200 200~250	油、硝盐或碱	62~64 60~62 59~61 56~60
Ⅱ	消除应力和降低硬度	参看注 2	硝盐、碱、空气炉	

注:1. 高精度(1~2 μm)工件,在粗磨加工后,应进行再次回火(时效);

2. 回火硬度低于 56HRC 的规范,按图 2-360 选择;

3. 高于 250℃的温度回火,能同时保证工件尺寸的稳定。

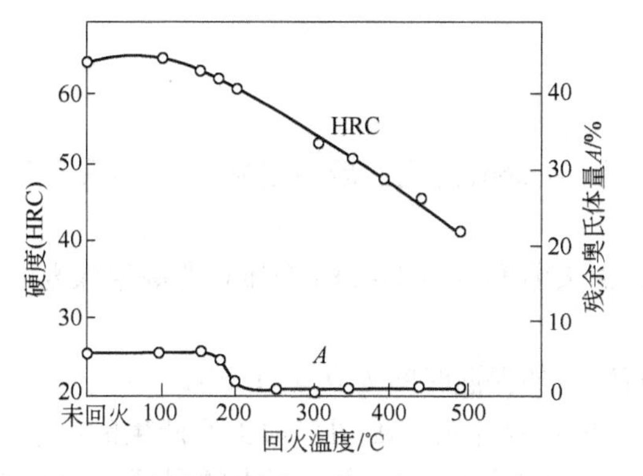

图 2-359 硬度、残余奥氏体量与回火温度的关系
（780℃淬火，水冷，回火保温 1 h）

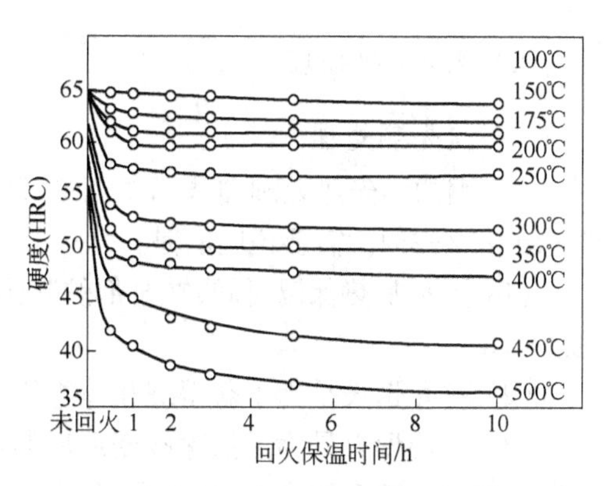

图 2-360 硬度与回火保温时间的关系
（淬火加热温度 780℃，水冷）

2.8.4 T11 钢

T11 钢、T11A 钢的含碳量介于 T10 钢及 T12 钢之间，具有较好的综合力学性能，如硬度、耐磨性及韧性等；而且对晶粒长大和形成碳化物网的敏感性较小，故适于制造在工作时切削刃口不变热的工具，如丝锥、锉刀、刮刀、尺寸不大的和截面无急剧变化的冷冲模以及木工刀具等。[1]

2.8.4.1 化学成分

T11 钢的化学成分示于表 2-231。

表 2-231 T11 钢的化学成分（GB 1298—2008）

化学成分（质量分数）/%				
C	Si	Mn	S	P
1.05～1.14	≤0.35	≤0.40	≤0.030	≤0.035

2.8.4.2 物理性能

T11 钢的临界温度示于表 2-232。

表 2-232 T11 钢的临界温度

临界点	A_{c1}	A_{cm}	A_{r1}
温度（近似值）/℃	730	810	700

2.8.4.3 热加工

T11 钢的热加工工艺示于表 2-233。

表 2-233 T11 钢的热加工工艺

项 目	加热温度/℃	开始温度/℃	终止温度/℃	冷却方式
钢 锭	1100～1150	1050～1100	850～750	缓冷（坑冷或砂冷）
钢 坯	1050～1100	1020～1080	800～750	缓冷（坑冷或砂冷）

注：高温加热时间勿过长，终止温度勿过高，以防脱碳；700℃以前宜速冷，以免网状碳化物析出；700℃以后宜缓冷，以免产生裂纹。

2.8.4.4 热处理

A 预先热处理

T11 钢的预先热处理曲线示于图 2-361~图 2-366,退火前后的相成分、硬度和显微组织示于表 2-234。需要说明的是:

(1) 退火加热保温时间,在全部炉料到达退火温度后为 1~2h;冷却时的等温保温时间为 1~2h;

(2) 球化退火是为了获得球化体组织,每阶段的保温时间为 0.5~1.0h;

(3) 高温回火是为了消除冷变形后的加工硬化及淬火前因切削加工所产生的内应力,或用于加热处理后硬度过低,而需进行二次淬火以前的零件。高温回火的保温时间为 2~3h (在全部炉料加热后);

(4) 正火是为了细化过热钢的晶粒和消除渗碳体网;

(5) 调质处理用于提高退火状态的、硬度小于 183HB 钢材的切削表面光洁度。

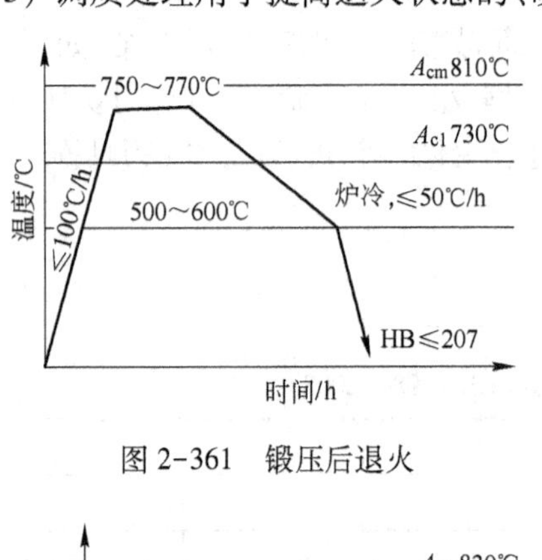

图 2-361 锻压后退火

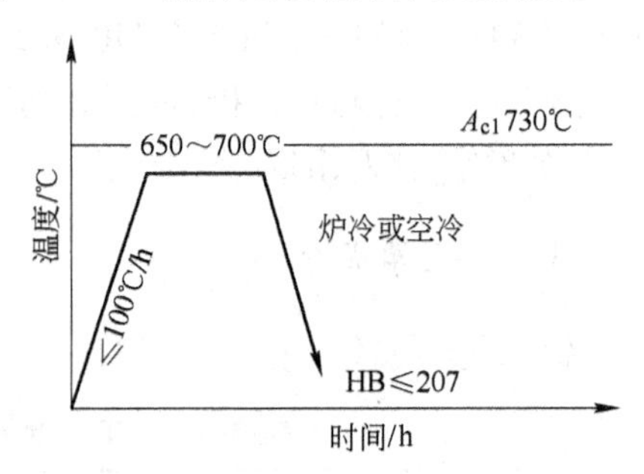

图 2-362 高温回火

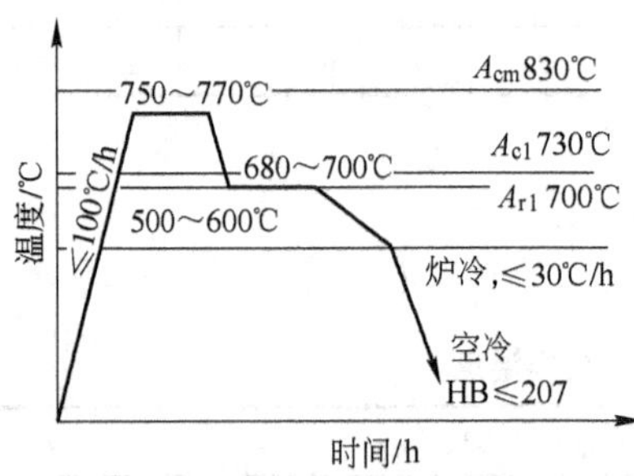

图 2-363 锻压后等温退火

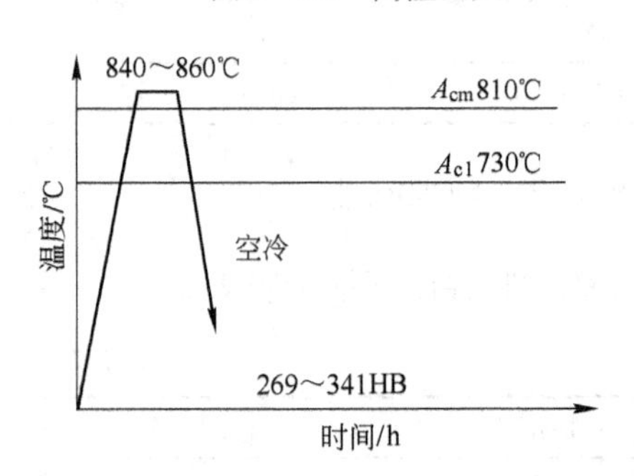

图 2-364 正火

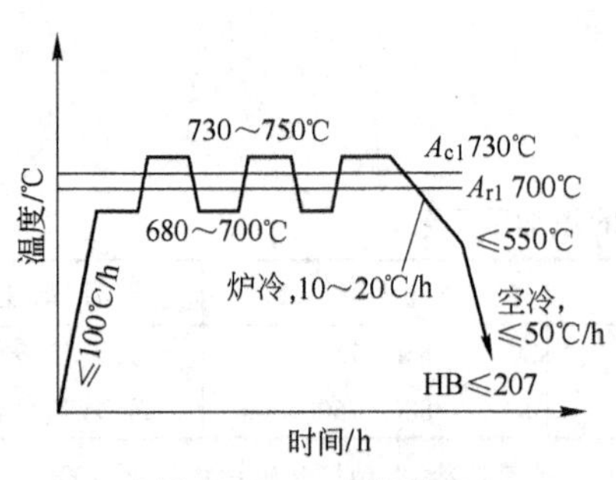

图 2-365 球化退火

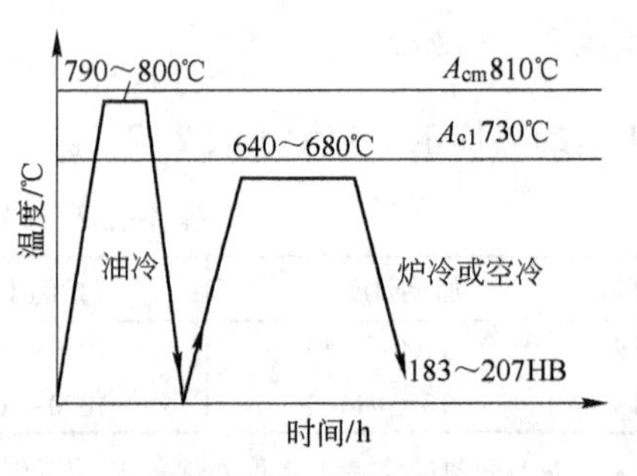

图 2-366 调质处理

表 2-234 T11 钢退火前后的相成分、硬度和显微组织

硬度				相成分(质量分数)/%			显微组织	
未退火		退火后		铁素体	碳化物	碳化物形式	未退火	退火后
压痕直径/mm	硬度(HB)	压痕直径/mm	硬度(HB)					
3.3~3.7	341~269	≥4.2	≤207	84.3~82.9	15.7~17.1	Fe_3C	珠光体+渗碳体	球光体

B 淬火

T11 钢淬火推荐的淬火规范示于表 2-235,冷处理情况示于表 2-236,有关曲线示于图 2-367~图 2-371。

表 2-235 T11 钢推荐的淬火规范

方案	淬火温度/℃	冷却				硬度(HRC)
		介质	温度/℃	延续	冷却到 20℃	
Ⅰ	770~790	水	20~40	至 200~250℃	油冷	62~64
Ⅱ		5%食盐水溶液	20~40	至 200~250℃	油冷	62~65
Ⅲ		5%~10%碱水溶液	20~40	至 200~250℃	油冷	62~64
Ⅳ	790~810	锭子油或变压器油	20~40	至油温	空冷	62~64
Ⅴ		熔融硝盐或熔碱	150~180	3~5 min	空冷	62~64
Ⅵ		熔碱中加 4%~6%水	150~180	3~5 min	空冷	62~64

注:1. 方案Ⅲ用于防止淬火时的软点;
2. 方案Ⅳ、Ⅴ,用于直径或厚度小于 6~8 mm 的工件;
3. 方案Ⅵ用于直径或厚度达 10~12 mm 工件。

表 2-236 T11 钢的冷处理

淬火方案	冷却温度/℃	用途	硬度增量(ΔHRC)
Ⅰ~Ⅵ	-50	稳定工具尺寸	1~2

注:冷处理不迟于淬火后 1 h 内进行。

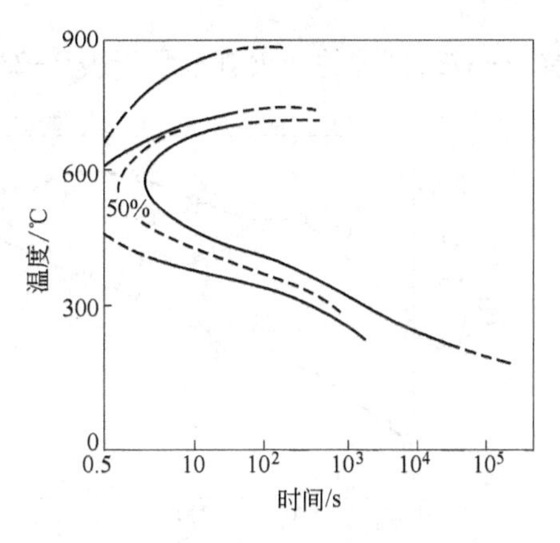

图 2-367 T11 钢奥氏体等温转变曲线
(试验钢成分(%):1.13C,0.30Mn;奥氏体化温度:910℃;晶粒度 7~8 级)

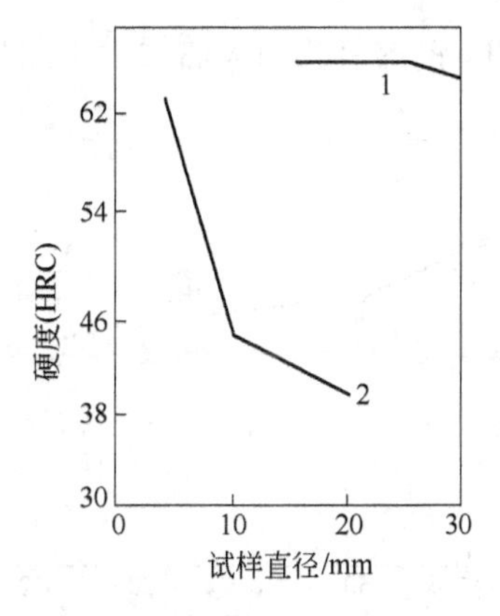

图 2-368 表面硬度与试样直径及冷却条件的关系
1—780℃水淬;2—815℃硝盐

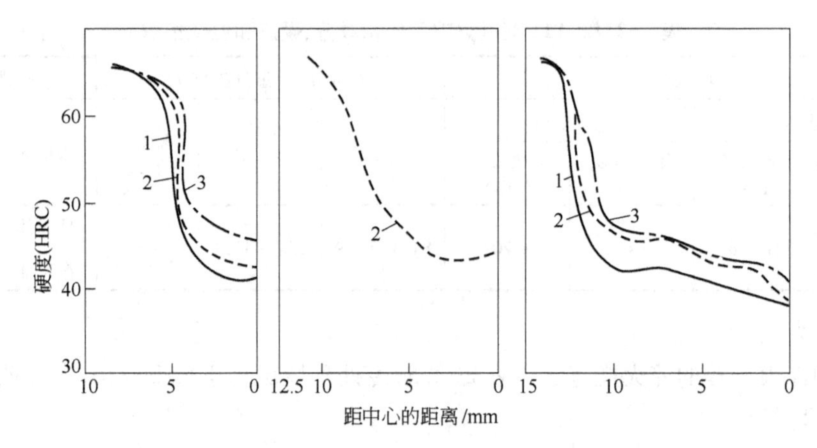

图 2-369 不同淬火温度与硬度变化的关系

淬火温度：1—850℃，水冷；2—815℃（直径 20 mm），水冷；810℃（直径 25 mm 和 30 mm），水冷；3—830℃，水冷

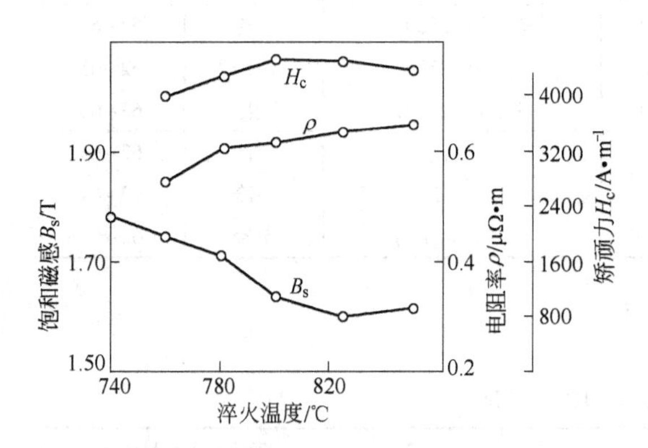

图 2-370 物理性质与淬火温度的关系

（10%食盐水溶液中冷却）

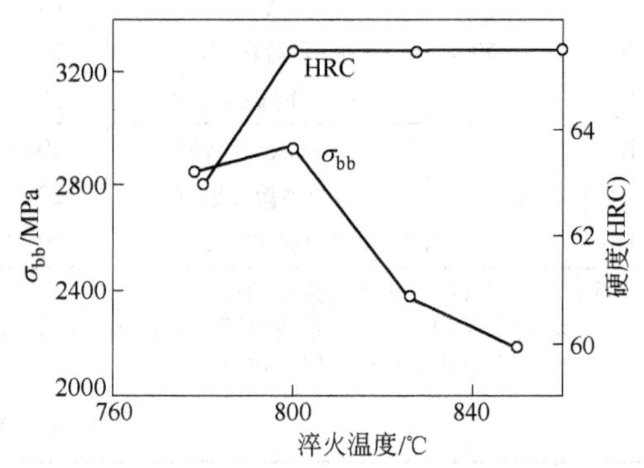

图 2-371 力学性能与淬火温度的关系

（10%食盐水溶液中冷却，弯曲试样经 150℃回火 1 h）

C 回火

T11 钢的有关回火曲线示于图 2-372 和图 2-373，推荐的回火规范示于表 2-237。

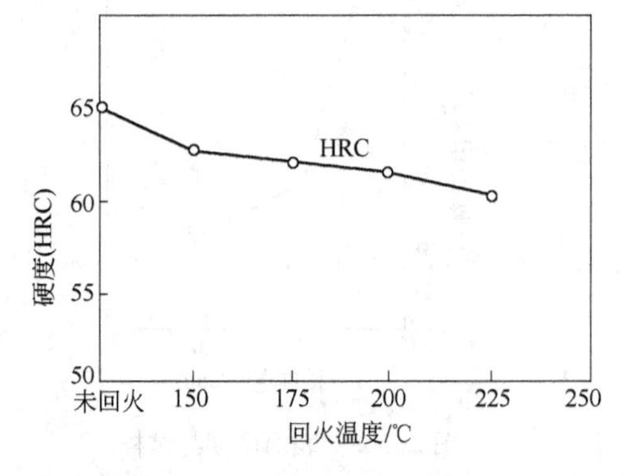

图 2-372 硬度与回火温度的关系

（780℃水淬，回火 1 h）

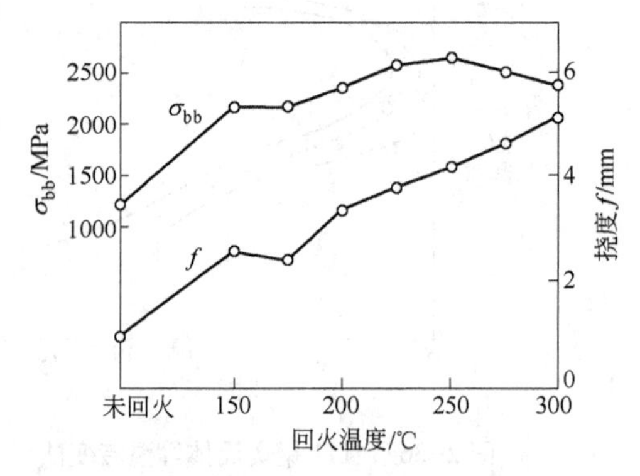

图 2-373 力学性质与回火温度的关系

（淬火温度 780℃，水冷）

表 2-237 T11 钢推荐的回火规范

方案	用途	加热温度/℃	加热介质	硬度(HRC)
Ⅰ	消除应力,稳定组织与尺寸	140~160 160~180 180~200 200~250	油,硝盐或碱	62~64 61~63 60~62 56~61
Ⅱ	消除应力,降低硬度,提高韧性与塑性	参看注 2	硝盐、碱或空气炉	参看注 2

注:1. 高精度(1~2 μm)零件,在粗磨加工后应进行再次回火(时效);
2. 低于 56HRC 硬度的回火规范,可根据 T10 钢的回火图表选择;
3. 高于 250℃ 回火时,不用冷处理亦能使尺寸稳定。

2.8.5 T12 钢

T12 钢由于含碳量高,淬火后有较多的过剩碳化物,按耐磨性和硬度适于制作不受冲击负荷、切削速度不高、切削刃口不变热的工具,如制作车床、刨床用的车刀、铣刀、钻头;可制绞刀、扩孔钻、丝锥、板牙、刮刀、量规、切烟草刀、锉刀,以及断面尺寸小的冷切边模、冲孔模等。[1]

2.8.5.1 化学成分

T12 钢的化学成分示于表 2-238。

表 2-238 T12 钢的化学成分(GB1298—2008)

化学成分(质量分数)/%				
C	Si	Mn	S	P
1.15~1.24	≤0.35	≤0.40	≤0.030	≤0.035

2.8.5.2 物理性能

T12 钢的物理性能示于表 2-239 ~ 表 2-241,其密度为 7.81 t/m^3;磁导率 μ 约为 0.85 mH/m;矫顽力 H_c636.6~795.8 A/m,(H_c 的下限值适合于球化组织;上限值适合于珠光体组织);饱和磁感 B_s1.88~1.92 T。

表 2-239 T12 钢的临界温度

临界点	A_{c1}	A_{cm}	A_{r1}
温度(近似值)/℃	730	820	700

表 2-240 T12 钢的线[膨]胀系数

温度/℃	20~100	20~200	20~300	20~400	20~700	20~900
线[膨]胀系数/×10^{-6}℃$^{-1}$	11.5	13.0	14.3	15.1	15.8	32.4

表 2-241 T12 钢的质量定压热容

温度/℃	300	500	700	900
质量定压热容 c_p/J·(kg·K)$^{-1}$	548.4	728.5	649.0	636.4

2.8.5.3 热加工

T12 钢的热加工工艺示于表 2-242。

表 2-242 T12 钢的热加工工艺

项 目	加热温度/℃	开锻温度/℃	终锻温度/℃	冷 却 方 式
钢 锭	1100~1150	1050~1100	850~750	700℃以后砂冷
钢 坯	1050~1100	1020~1080	800~750	700℃以后缓冷

注:加热保温时间勿过长,以防脱碳;成材时最后一火终止温度勿高。700℃以前要快冷,以免网状碳化物析出;700℃以后,宜缓冷,以免因热应力产生裂纹。

2.8.5.4 热处理

A 预先热处理

T12 钢预先热处理有关曲线示于图 2-374~图 2-379,退火前后的相成分、硬度、显微组织示于表 2-243,需要说明的是:

(1) 退火加热后的保温时间,在全部炉料到达退火温度后为 1~2h,冷却时的等温保温为 1~2h;

(2) 球化退火用以获得球化体组织,每阶段保温时间为 0.5~1.0h;

(3) 高温回火用于消除冷变形加工硬化,消除淬火前因切削加工所产生的残余应力。对热处理后硬度过低的零件,二次淬火以前,亦先经高温回火。保温时间在全部炉料加热到温后为 2~3h;

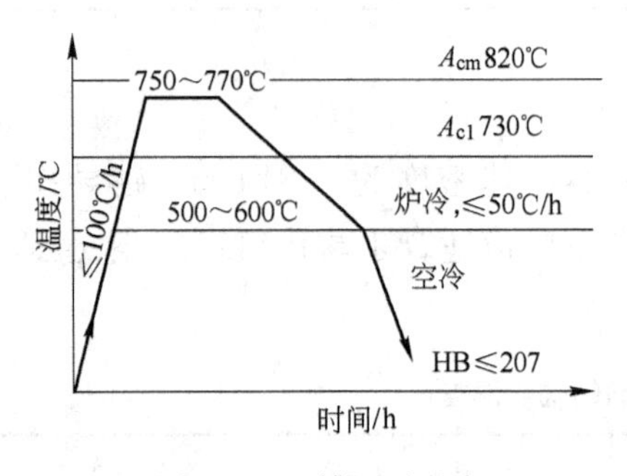

图 2-374 锻压后退火

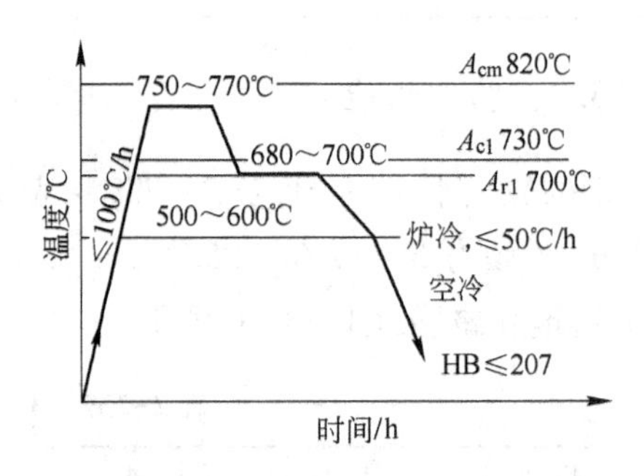

图 2-375 锻压后等温退火

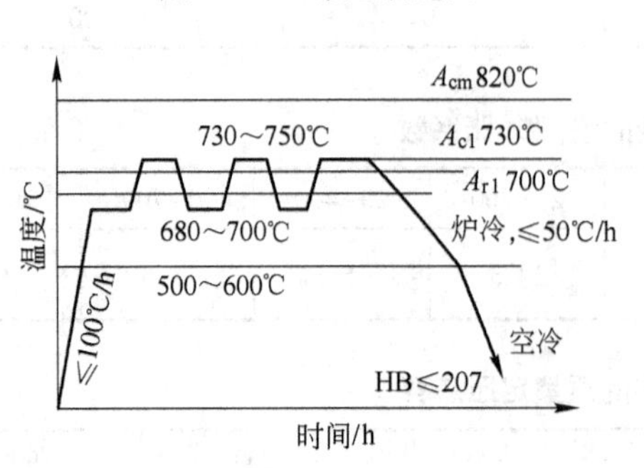

图 2-376 球化退火

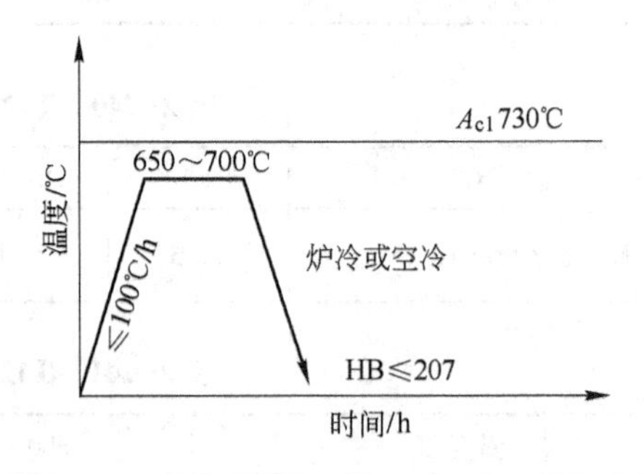

图 2-377 高温回火

（4）正火用于细化过热钢的晶粒和消除渗碳体网；

（5）调质处理用于提高退火状态的硬度小于183HB的钢材的切削表面光洁度。

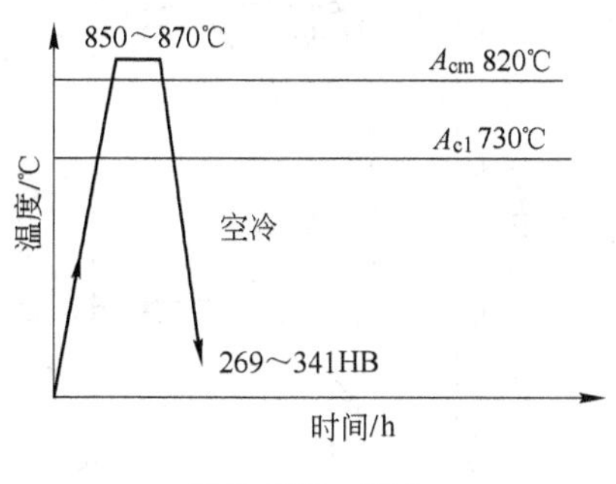

图2-378 正火

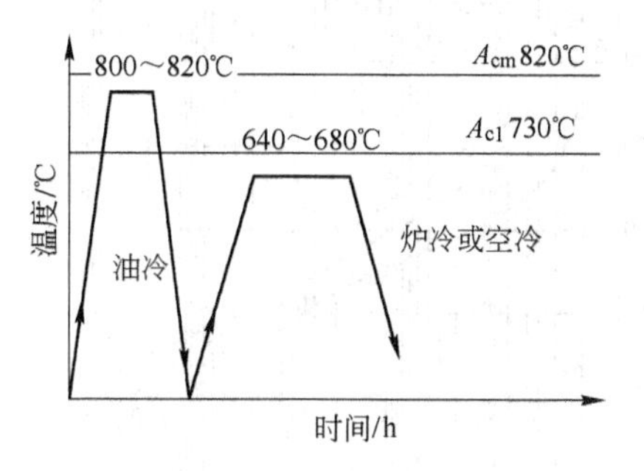

图2-379 调质处理

表2-243 T12钢退火前后的相成分、硬度和显微组织

硬度				相成分（质量分数）/%			显微组织	
未退火		退火后		铁素体	碳化物	碳化物形式	未退火	退火后
压痕直径/mm	硬度（HB）	压痕直径/mm	硬度（HB）					
3.3~3.7	341~269	≥4.2	≤207	81.5~83	17~18.5	Fe_3C	珠光体+渗碳体	珠光体+渗碳体

B 淬火

T12钢推荐的淬火规范示于表2-244，淬火有关曲线示于图2-380~图2-385，其冷处理示于表2-245。

表2-244 T12钢推荐的淬火规范

方案	加热温度/℃	冷却				硬度（HRC）
		介质	温度/℃	延续	冷却到20℃	
Ⅰ	770~790	水	20~40	至200~250℃	油冷	62~64
Ⅱ		5%食盐水溶液	20~40	至200~250℃	油冷	62~65
Ⅲ		5%~10%碱水溶液	20~40	至200~250℃	油冷	62~64
Ⅳ	790~810	锭子油或变压器油	20~40	至油温	—	62~64
Ⅴ		熔融硝盐	150~180	3~5min	空冷	62~64
Ⅵ		熔碱中加4%~6%水	150~180	3~5min	空冷	62~64

注：1. 方案Ⅲ用于防止淬火时形成软点；
2. 方案Ⅳ和Ⅴ用于直径或厚度小于6~8mm的工件；
3. 方案Ⅵ可用于直径或厚度达10~12mm的工件。

表2-245 T12钢的冷处理

淬火方案	冷却温度/℃	用途	硬度增量（ΔHRC）
Ⅰ~Ⅴ	-50	高精度工具尺寸稳定化	1~2

注：冷处理应不迟于淬火后1h进行。

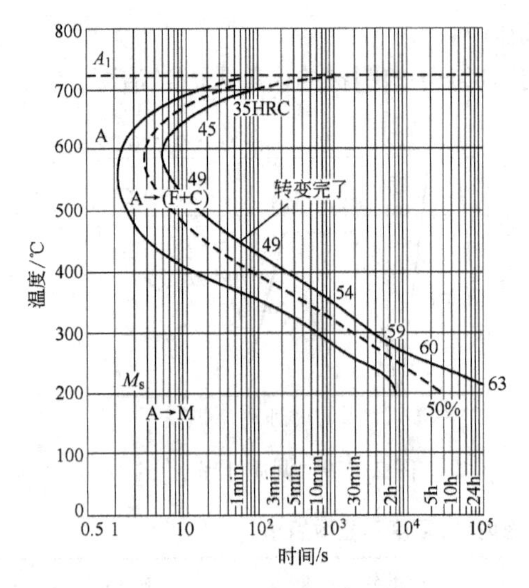

图 2-380 奥氏体等温转变曲线

（奥氏体化温度 790℃）

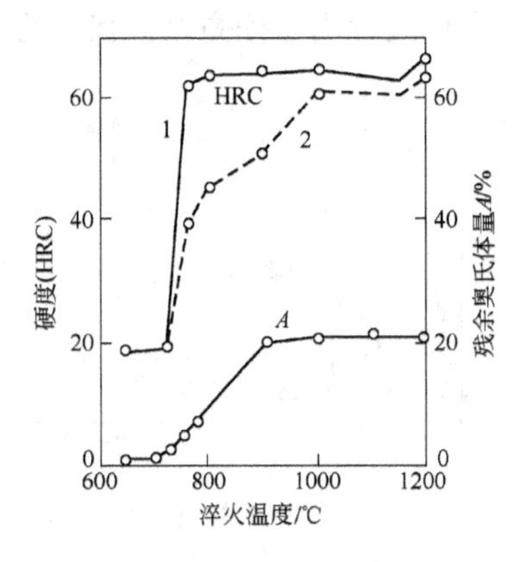

图 2-381 硬度及残余奥氏体量与淬火温度的关系

（试样直径 20 mm）

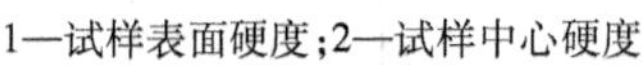

1—试样表面硬度;2—试样中心硬度

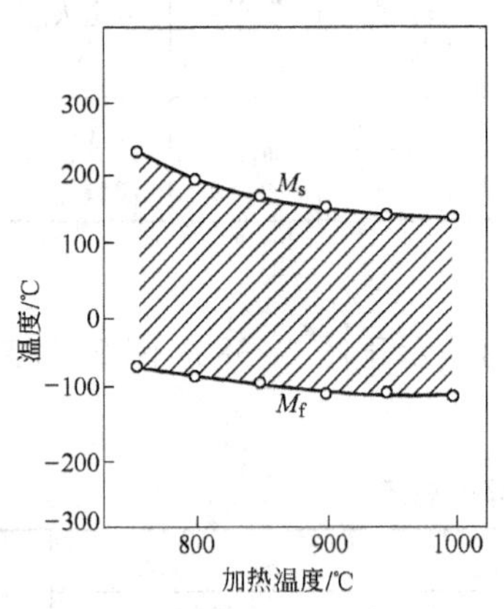

图 2-382 马氏体转变图

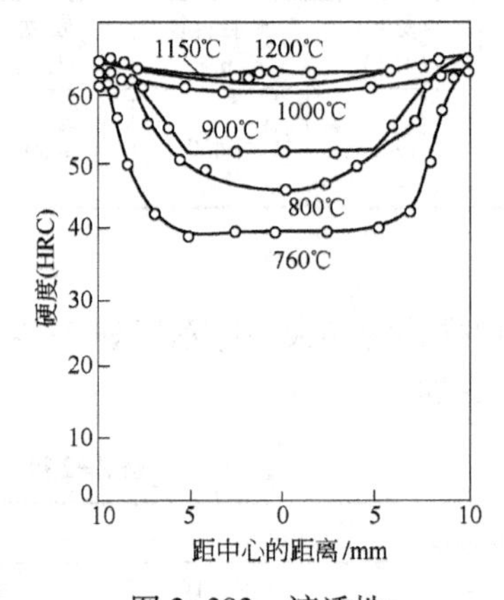

图 2-383 淬透性

（试样经不同温度加热，于水中淬火时沿直径上的硬度变化）

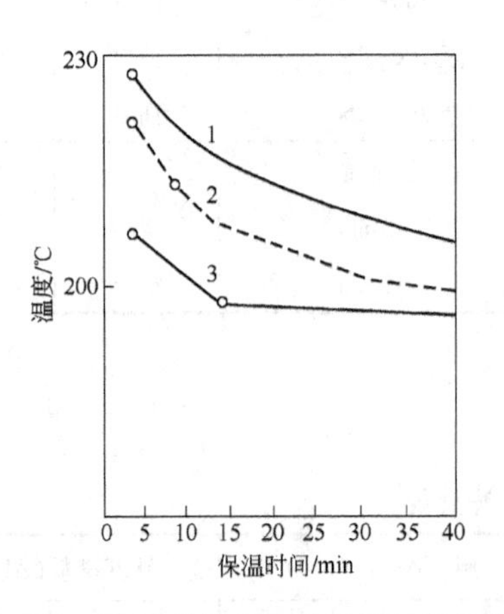

图 2-384 M_s 点位置与加热保温时间的关系

（奥氏体化温度 800℃）原始组织：

1—粗球化体;2—细球化体;3—珠光体

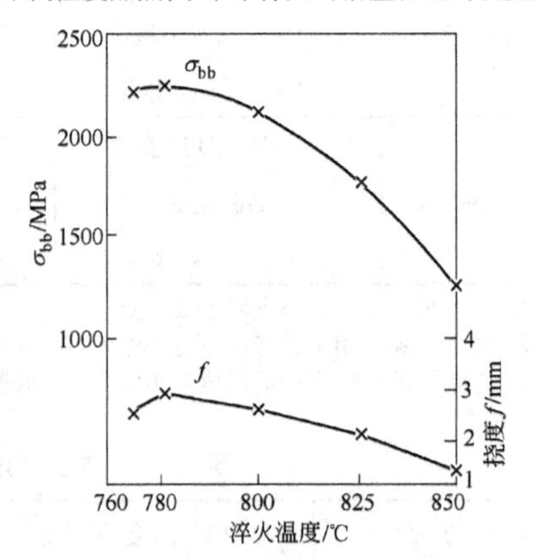

图 2-385 力学性能与淬火温度的关系

（180℃回火 1 h）

C 回火

T12 钢回火推荐的回火规范示于表 2-246,有关曲线示于图 2-386~图 2-389。

表 2-246 T12 钢推荐的回火规范

方案	回火用途	加热温度/℃	加热介质	硬度(HRC)
Ⅰ	消除应力,稳定组织尺寸	140~160 160~180 180~200 200~250	油、硝盐或碱	62~64 61~63 60~62 56~61
Ⅱ	消除应力,降低硬度,提高韧性和塑性	参看注 2	硝盐、碱或空气炉	—

注:1. 高精度(1~2 μm)工件,在粗磨加工后,应当进行再次回火(时效);
2. 回火硬度低于 56HRC 的规范,按图 2-387 选择;
3. 高于 250℃的温度回火时,不用冷处理即能同时保证尺寸稳定。

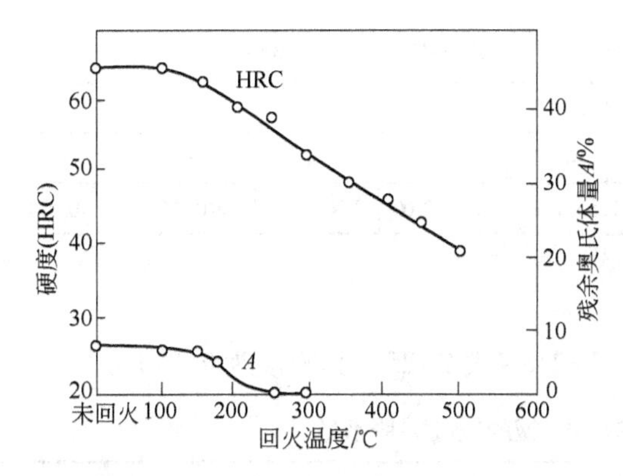

图 2-386 硬度与回火温度的关系
(淬火温度 780℃,水冷,回火 1h)

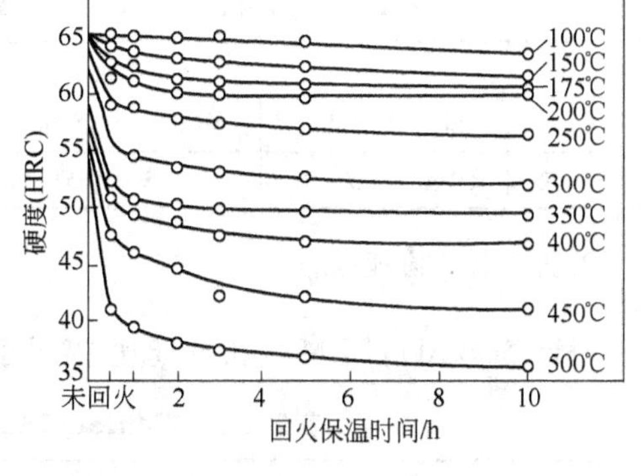

图 2-387 硬度与回火保温时间的关系
(淬火温度 780℃,水冷)

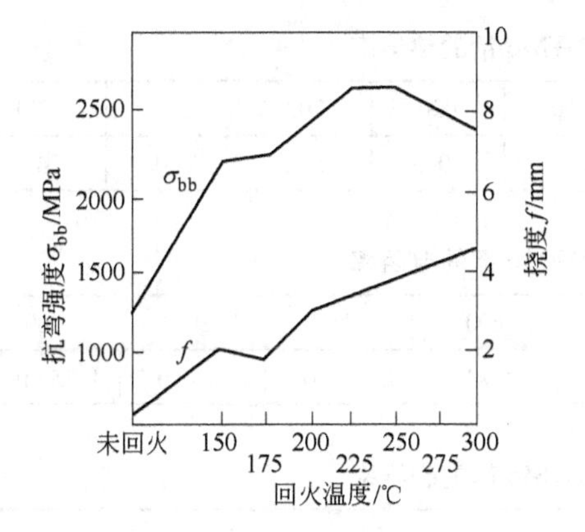

图 2-388 力学性能与回火温度的关系
(淬火温度:780℃)

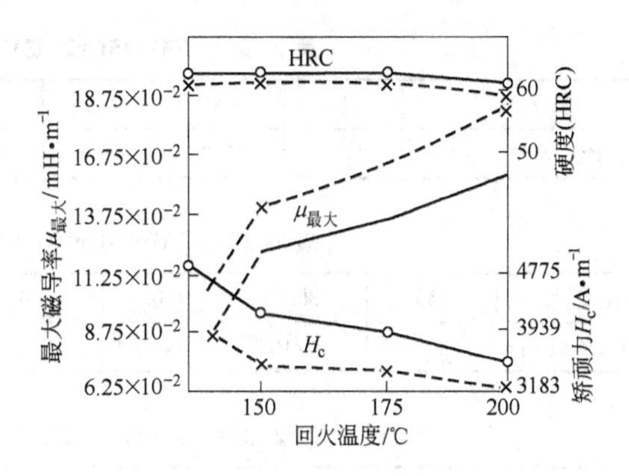

图 2-389 物理性能与回火温度的关系
(淬火温度 790℃)

原始组织:○——○珠光体;×— — —×球化体

2.9 无磁模具钢

2.9.1 7Mn15Cr2Al3V2WMo 钢

7Mn15Cr2Al3V2WMo 钢是一种高 Mn-V 系无磁钢。该钢在各种状态下都能保持稳定的奥氏体,具有非常低的导磁系数,高的硬度、强度,较好的耐磨性。由于高锰钢的冷作硬化现象,切削加工比较困难。采用高温退火工艺,可以改变碳化物的颗粒尺寸、形状与分布状态,从而明显地改善钢的切削性能。采用气体软氮化工艺,进一步提高钢的表面硬度,增加耐磨性,显著地提高零件的使用寿命。该钢适于制造无磁模具、无磁轴承及其他要求在强磁场中不产生磁感应的结构零件。此外,由于此钢还具有高的高温强度和硬度,也可以用来制造在 700~800℃下使用的热作模具。[23]

2.9.1.1 化学成分

7Mn15Cr2Al3V2WMo 钢的化学成分示于表 2-247。

表 2-247 7Mn15Cr2Al3V2WMo 钢的化学成分(GB/T 1299—2000)

化学成分(质量分数)/%									
C	Si	Mn	Cr	Mo	W	V	Al	P	S
0.65~0.75	≤0.80	14.50~16.50	2.00~2.50	0.50~0.80	0.50~0.80	1.50~2.00	2.30~3.30	≤0.030	≤0.030

2.9.1.2 物理性能

7Mn15Cr2Al3V2WMo 钢的物理性能示于表 2-248~表 2-251,其密度为 7.81 t/m^3。

表 2-248 7Mn15Cr2Al3V2WMo 钢的线[膨]胀系数

温度/℃	25~100	25~200	25~300	25~400	25~500	25~600	25~700	25~800	25~900
线[膨]胀系数/$℃^{-1}$	16.0×10^{-6}	17.8×10^{-6}	18.9×10^{-6}	19.7×10^{-6}	20.3×10^{-6}	20.8×10^{-6}	21.2×10^{-6}	21.6×10^{-6}	21.6×10^{-6}

表 2-249 7Mn15Cr2Al3V2WMo 钢的热导率

温度/℃	150	300	400	500	600	700	800	900
热导率 λ/W·$(m\cdot K)^{-1}$	14.4	15.7	19.5	20.0	20.3	22.2	24.9	24.8

表 2-250 7Mn15Cr2Al3V2WMo 钢的电阻率

温度/℃	150	300	400	500	600	700	800	900
电阻率/Ω·m	1.05×10^{-6}	1.15×10^{-6}	1.17×10^{-6}	1.23×10^{-6}	1.25×10^{-6}	1.31×10^{-6}	1.33×10^{-6}	1.35×10^{-6}

表 2-251 7Mn15Cr2Al3V2WMo 钢的磁导率

状　态	磁导率 μ/mH·m^{-1}
1150℃固溶	1.2602×10^{-3}
1180℃固溶	1.2603×10^{-3}
1150℃固溶,700℃ 2h 时效	1.2639×10^{-3}

续表 2-251

状 态	磁导率 μ/mH · m^{-1}
1180℃固溶,650℃20h 时效	1.2607×10^{-3}
1180℃固溶,700℃2h 时效	1.2602×10^{-3}
1180℃固溶,650℃20h 时效,变形 8.5%	1.2608×10^{-3}
1180℃固溶,650℃ 20h 时效,变形 14.5%	1.2608×10^{-3}
1180℃固溶,650℃20h 时效,变形 24.2%	1.2617×10^{-3}
1180℃固溶,650℃20h 时效,变形 42.2%	1.2704×10^{-3}

2.9.1.3 热加工

7Mn15Cr2Al3V2WMo 钢的热加工工艺示于表 2-252。

表 2-252 7Mn15Cr2Al3V2WMo 钢的热加工工艺

项 目	加热温度/℃	加热时间/h	开锻温度/℃	终锻温度/℃	冷却方式
钢 锭	1150~1170	≥8	1100~1120	≥950	空 冷
钢 坯	1140~1160	≥6	1090~1110	≥900	空 冷

2.9.1.4 热处理

A 预先热处理

7Mn15Cr2Al3V2WMo 钢的高温退火工艺示于图 2-390。

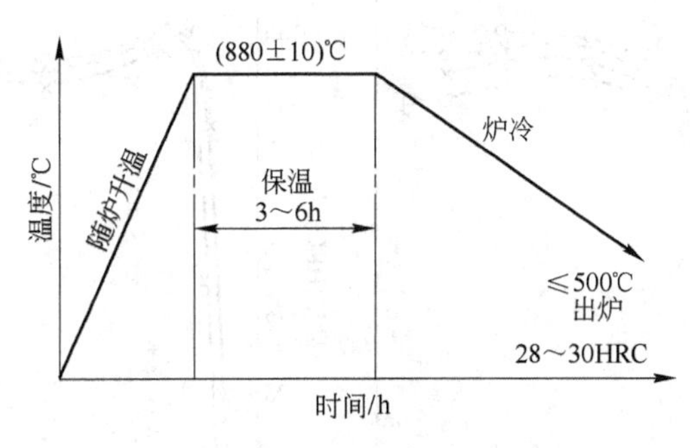

图 2-390 高温退火工艺

(退火组织为细晶粒奥氏体+均匀分布的颗粒状碳化物)

B 淬火

7Mn15Cr2Al3V2WMo 钢不同温度固溶和时效后的力学性能示于表 2-253,推荐的固溶处理规范示于表 2-254。

表 2-253 7Mn15Cr2Al3V2WMo 钢不同温度固溶和时效后的力学性能

热处理制度	σ_b/MPa	δ/%	ψ/%	a_K/J · cm^{-2}
1180℃固溶	820	61.0	61.5	230
	720	60.0	62.5	240
				240

续表 2-253

热处理制度	σ_b/MPa	δ/%	ψ/%	a_K/J·cm^{-2}
1150℃固溶,700℃2h时效	1370 1370 1380	16.5 15.5 18.0	34.0 35.5 35.5	48 45 45
1165℃固溶,700℃2h时效				36 39 40
1180℃固溶,650℃20h时效	1510 1490	4.5 4.5	8.5 9.5	15 13 13

表 2-254 7Mn15Cr2Al3V2WMo 钢推荐的固溶处理规范

固溶温度/℃	保温时间/min	冷却介质	固溶硬度(HRC)
1150~1180	盐浴炉 15~20 空气炉 30	水	20~22

注:因固溶温度较高,易氧化、脱碳,应采用盐浴炉加热。

C 回火

7Mn15Cr2Al3V2WMo 钢不同状态时的硬度示于表 2-255,推荐的时效规范示于表 2-256,气体软氮化示于表 2-257,与回火有关的曲线示于图 2-391~图 2-393。

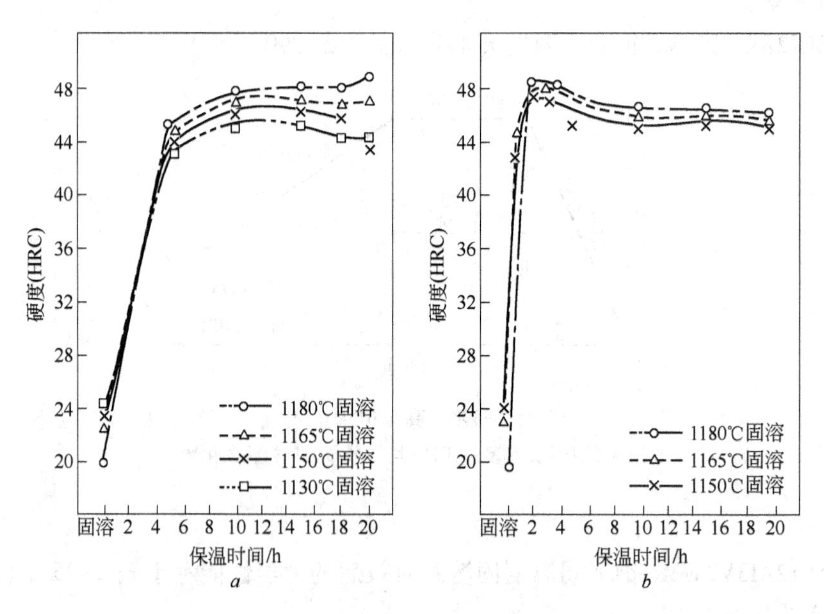

图 2-391 不同时间时效后的硬度曲线

a—650℃时效;*b*—700℃时效

表 2-255 7Mn15Cr2Al3V2WMo 钢不同状态时的硬度

状 态	锻 造	退 火	固 溶	时 效
硬度(HRC)	33~35	28~30	20~22	47~48

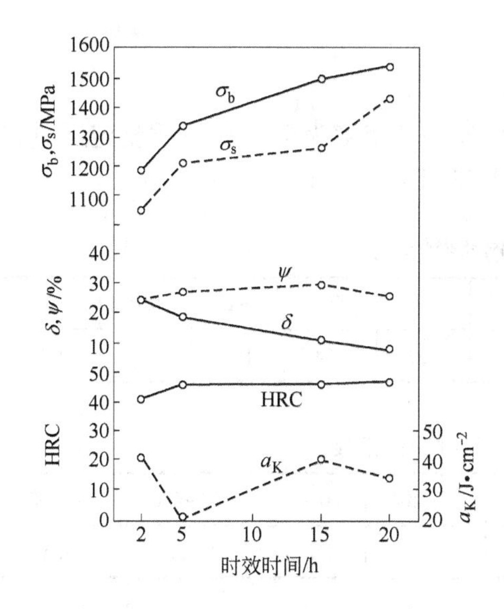

图 2-392 7Mn15Cr2Al3V2WMo 钢的室温力学性能

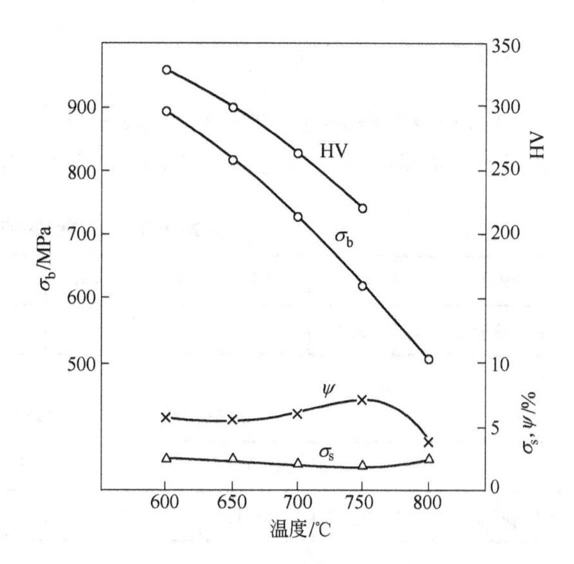

图 2-393 高温力学性能

（试样经 1180℃30 min 水淬，700℃4h 回火空冷）

表 2-256 7Mn15Cr2Al3V2WMo 钢推荐的时效规范

时效温度/℃	保温时间/h	冷却介质	时效硬度(HRC)
650	20	空 气	48.0
700	2	空 气	48.5

表 2-257 7Mn15Cr2Al3V2WMo 钢的气体软氮化

氮化温度/℃	氮化时间/h	氮化层深度/mm	氮化层硬度(HV)
560~570	4~6	0.03~0.04	950~1100

注：为提高模具硬度和耐磨性而采用软氮化。

2.9.2 1Cr18Ni9Ti 钢

1Cr18Ni9Ti 钢属奥氏体型不锈耐酸钢。由于含钛，使钢具有较高的抗晶间腐蚀性能。在不同浓度，不同温度的一些有机酸和无机酸中、尤其是在氧化性介质中都具有良好的耐腐蚀性能。这种钢经过热处理（1050~1100℃在水中或空气中淬火）后，呈单相奥氏体组织，在强磁场中不产生磁感应，该钢适宜制作无磁模具和要求高耐腐蚀性能的塑料模具。[24]

2.9.2.1 化学成分

1Cr18Ni9Ti 钢的化学成分示于表 2-258。

表 2-258 1Cr18Ni9Ti 钢的化学成分

化学成分（质量分数）/%							
C	Si	Mn	Cr	Ni	Ti	S	P
≤0.12	≤1.00	≤2.00	17.00~19.00	8.00~11.00	5(C%-0.02)~0.80	≤0.030	≤0.035

注：摘自 GB 1220—1992。

2.9.2.2 物理性能

1Cr18Ni9Ti 钢的物理性能示于表 2-259～表 2-261，其密度为 7.9t/m^3；质量定压热容(20℃)c_p 为 501.6J/(kg·K)；电阻率(20℃)ρ 为 0.73×10^{-6}Ω·m。

表 2-259 1Cr18Ni9Ti 钢的弹性模量

温度/℃	25	100	200	300	400	500	550	600	650	700
弹性模量 E/GPa	202	198	193	185	177	169	164	160	155	150

表 2-260 1Cr18Ni9Ti 钢的线[膨]胀系数

温度/℃	20～100	20～200	20～300	20～400	20～500	20～600	20～700
线[膨]胀系数/×10^{-6}℃$^{-1}$	16.6	17.0	17.2	17.5	17.9	18.2	18.6

表 2-261 1Cr18Ni9Ti 钢的热导率

温度/℃	100	200	300	400	500	600	700
热导率 λ/W·(m·K)$^{-1}$	16.3	17.5	18.8	21.3	23.0	24.7	26.8

2.9.2.3 热加工

由于 1Cr18Ni9Ti 钢的导热性差，钢应均匀加热，锻轧时宜选用较大的压下量和高的终锻轧温度，以获得较好的力学性能和减小形成裂纹的可能性。其热加工工艺示于表 2-262。

表 2-262 1Cr18Ni9Ti 钢的热加工工艺

装炉炉温	开锻温度/℃	终锻温度/℃	冷却方式
冷装炉温度≤800℃，热装炉温度不限	1130～1180	>850	空冷

2.9.2.4 热处理

1Cr18Ni9Ti 钢的热处理规范示于表 2-263，其性能示于表 2-264～表 2-269 和图 2-394～图 2-396，其冷变形性能良好，可以进行各种冷加工，如弯曲、卷边、折叠等，并具有良好的深冲性能。切削加工应选用优质刀具。可焊性很好，可进行各种方法的焊接。焊后不需要进行热处理。

表 2-263 1Cr18Ni9Ti 钢的热处理规范

项 目	加热温度	冷却方式	备 注
淬 火	1100～1150℃	水 冷	奥氏体
淬火时效	淬火 1130～1160℃， 时效 800℃ 10h 或 700℃ 20h	淬火水冷或空冷	奥氏体+碳化物

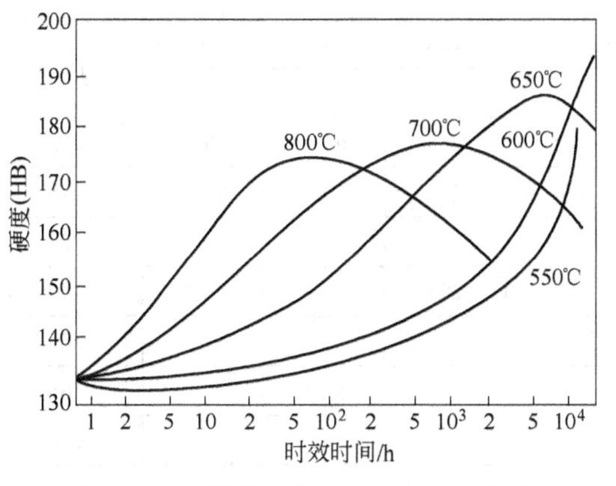

图 2-394 硬度变化与时效时间的关系

（试样先经 1150℃水淬）[25]

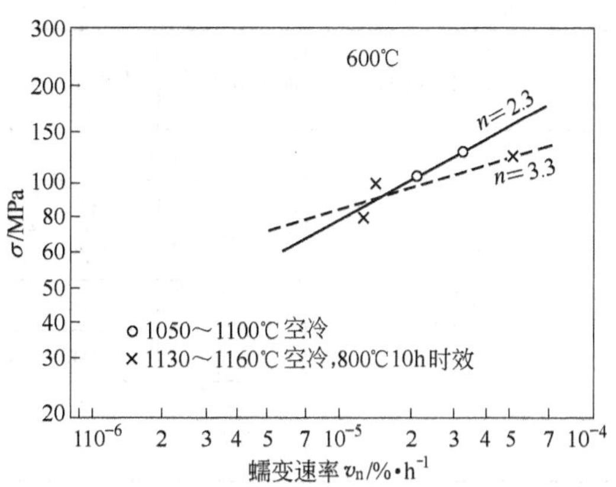

图 2-395 不同蠕变速率下的蠕变强度

（n 为公式 $v_n=A\sigma^n$ 中的指数）[25]

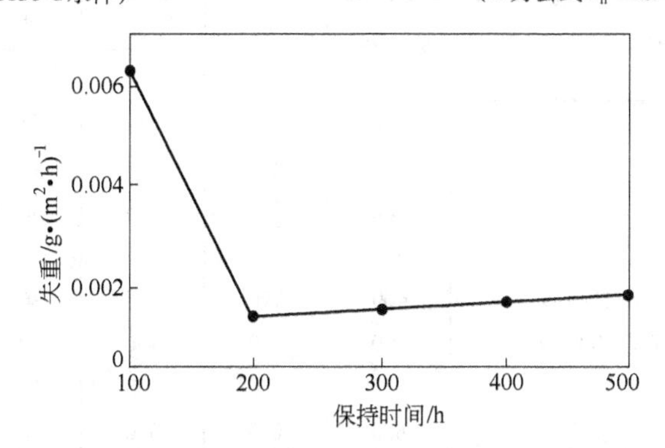

图 2-396 在 600℃过热蒸汽中的抗氧化性能[25]

表 2-264 1Cr18Ni9Ti 钢的室温力学性能

热处理制度	σ_b/MPa	σ_s/MPa	δ/%	ψ/%	a_K/J · cm^{-2}
1100～1150℃油淬或水淬	≥550	≥200	≥40	≥55	—
1100～1150℃水淬	550～650	200～350	50～60	60～70	>200
1130～1160℃水淬 800℃10h 时效	655	310	55.0	75.5	250

表 2-265 1Cr18Ni9Ti 钢的时效稳定性

热处理制度	时效温度/℃	时效时间/h	σ_b	$\sigma_{0.2}$	δ	ψ	a_K/J · cm^{-2}
			MPa		%		
1150℃水冷,800℃时效 10h	时效前		655	310	55.0	75.5	250
	500	10000	695	300	56.5	70.0	190
	550	10000	635	315	54.0	68.0	245
		20000	635	300	54.0	71.0	295
	600	5000	610	335	50.0	73.0	240
		10000	640	310	59.6	67.5	295
	650	10000	620	270	46.0	72.0	170

续表 2-265

热处理制度	时效温度/℃	时效时间/h	σ_b	$\sigma_{0.2}$	δ	ψ	a_K/J·cm^{-2}
			MPa		%		
1050℃,空冷	时效前		675	245	69.5	79.5	285
	550	3000	601	275	60.5	71.5	175
		5000					200
	600	3000	620	295	61.5	70.5	190
		5000					205
	650	3000	615	275	57.5	70.0	185
		5000					200

表 2-266 1Cr18Ni9Ti 钢的高温力学性能

热处理制度	温度/℃	σ_b	σ_s	δ_5	ψ	a_K
		MPa		%		/J·cm^{-2}
棒材 1130~1160℃,水冷, 再经 800℃10h 或 700℃20h 时效	20	310	655	55.0	75.5	250
	100	245	510	44.0	76.5	
	200	205	465	38.0	70.0	370
	300	220	450	29.0	66.0	
	400	220	455	26.5	64.0	317
	500	210	430	30.0	64.5	365
	550	180	455	40.5	61.0	365
	600	210	360	28.5	64.5	360
	650	195	355	30.0	68.3	
	700	210	275	29.5	57.5	340
ϕ219mm×12mm 管坯, 1050~1100℃固溶处理	20	244	577	69.7	70.6	280
	550	144	436	37.3	66.2	288
	600	183	378	31.0	62.5	303
	650	132	408	34.6	65.5	292
	700	133	386	20.0	58.5	320

表 2-267 1Cr18Ni9Ti 钢的持久强度

温度/℃		550	600	650	700
$\sigma_{b/1000}$	MPa	240~290	180~220	110~140	70~120
$\sigma_{b/10000}$		190~240	130~170	60~100	50~70
$\sigma_{b/100000}$		140~200	90~130	40~70	30~50

表 2-268 1Cr18Ni9Ti 钢的耐腐蚀性能

介质条件			试验时间/h	腐蚀速度/mm·a^{-1}
介 质	浓度/%	温度/℃		
硝 酸	30	20	720	0.007
	50~66	20	720	0

续表 2-268

介质条件			试验时间/h	腐蚀速度/mm·a^{-1}
介 质	浓度/%	温度/℃		
硝 酸	93	43	720	0.05
	95	37~55	720	0.03
	97	55	720	0.76
	99.67	55		<10.0
	99	55	720	1.25
醋 酸	1~浓	20~40		<0.1
	10			<0.1
	50			<0.1
	80			<3.0
磷 酸	10			0.01
	28	80	20	0.67
	45			0.1~1.0
	60	60	72	1.7
	80	110		腐蚀深度过大
柠檬酸	1~50	20		<0.1
	5	140		<1.0
	50			<10.0
	95	20~140		<0.1
混合酸	H_2SO_4 78 HNO_3 0.5	20	360	0.003
	H_2SO_4 78 HNO_3 0.5	90	360	0.05
	H_2SO_4 78 HNO_3 1.0	20	360	0.0018
	H_2SO_4 78 HNO_3 1.0	90	360	0.0251
硫 酸	2	50	68	0.016
	2	100	42	30~65
	5	50	~20	3.0~4.5
	5	100~105	16~43	3.3~15
	80	20	120	0.46
氢氧化钾	20	20~沸腾		<0.1
	50	20		<0.1
	50	沸 腾		<0.1
	熔化的			>10.0
氢氧化钠	约 12	100	48	0.0044
	约 35	100	143	0.008
重铬酸钾	25	20~沸腾		<0.1
氯化锰	10~50	100		<0.1
过氧化钠	10	20~沸腾		<0.1

续表 2-268

介质条件			试验时间/h	腐蚀速度/mm·a^{-1}
介　质	浓度/%	温度/℃		
亚硫酸钠	25~50	沸　腾		<0.1
硫酸钠	5~饱和	100		<0.1
	熔化的	900		>10.0
硫	熔化的	130		<0.1
	熔化的	445		<3.0
硝酸银	10	沸　腾		<0.1
氯	干燥的	20		<0.1
	干燥的	100		>10.0
漂白粉	潮湿的	40		0.48
氯化氢	干燥的	20~100		<1.0
	干燥的	100~500		<10.0

表 2-269　1Cr18Ni9Ti 钢的抗氧化性能

介　质	温度/℃	时间/h	质量增加/g·(m^2·24h)$^{-1}$
湿空气	870	100	5.40
	980	100	>35
	1100	100	>200
干空气	870	100	1.6
	980	100	6.9
	1100	100	9.4

参考文献

[1] 冶金工业部钢铁研究院,第一机械工业部机械科学研究院. 合金钢手册,下册[M]. 北京:中国工业出版社,1964:235~299.

[2] 钢铁研究总院. D2 钢的物理性能. 1995.

[3] 钢铁研究总院. D2 钢组织和性能的研究.

[4] Roberts G A, et al. Tool Steels(4th Edition), ASM. Ohio, 1980:392~411, 493~562.

[5] [苏]盖勒约. 工具钢[M]. 周偶武,丁立铭,译. 北京:国防工业出版社,1983:313~324.

[6] 上海市机械制造工艺研究所等,Cr6WV,9Mn2V 新模具钢的中间试验报告(扩大试用和补充试验). 1965.

[7] 华中工学院. Cr4W2MoV 冷模具钢的低温淬火(节能、强韧化处理新工艺). 1981.

[8] 冶金部钢铁研究院,北京钢厂,空冷微变形冷作模具钢 Cr2Mn2SiWMoV 的研究[J]. 新金属材料,1976,43(1):1~7.

[9] 冶金工业部《合金钢钢种手册》编写组. 合金钢钢种手册,第三分册,合金工具钢高速钢. 北京:冶金工业出版社,1983:5~195.

[10] 四川省职工技术协作委员会编辑组,模具材料使用手册[M]. 成都:四川省职工技协出版,1987:2~109.

[11] 姜祖赓,陈再枝,等. 模具钢[M]. 北京:冶金工业出版社,1988:68.

[12] 冶金工业部《合金钢钢种手册》编写组. 合金钢钢种手册,第二分册,弹簧钢易切削钢滚动轴承钢

[M]. 北京:冶金工业出版社,1983:78~79.
[13] 首钢特殊钢公司,第二汽车制造厂. 火焰淬火冷作模具钢(7CrSiMnMoV)的研究. 1984.
[14] 第二汽车厂冲模厂. 7CrSiMnMoV 钢火焰表面淬火工艺. 1982.
[15] 华中工学院. 铌在 6Cr4W3Mo2VNb 钢中的作用. 1979.
[16] 华中工学院. 高强韧性冷模具钢 65Cr4W3Mo2VNb 的研制. 1979.
[17] 大冶钢厂,冶金部钢铁研究院,江陵机器厂,等. 黑色金属冷挤压模具用钢的研究[J]. 新金属材料, 1975,34(4),1~10.
[18] 本钢一钢厂,大冶钢厂,上海材料所. 高强韧性冷作模具钢 7Cr7Mo2V2Si 研制总结报告. 1985. 10.
[19] 徐进,等,模具钢[M]. 北京:冶金工业出版社,1998:210~220.
[20] 上海材料研究所等. 几种新模具钢性能与使用寿命对比试验研究. 1983.
[21] 冶金工业部《合金钢钢种手册》编写组. 合金钢钢种手册,第六分册,专用钢. 北京:冶金工业出版社,1983:79~84.
[22] 邓玉昆,陈景榕,王世章. 高速工具钢[M]. 北京:冶金工业出版社,2002:170~186.
[23] 冶金部钢铁研究总院,北京钢厂. 无磁模具钢 70Mn15Cr2Al3V2WMo 的研究. 1979.
[24] 冶金工业部《合金钢钢种手册》编写组. 合金钢钢种手册,第五分册,不锈耐酸钢[M]. 北京:冶金工业出版社,1983:58~61.
[25] 冶金工业部《合金钢钢种手册》编写组. 合金钢钢种手册,第四分册,耐热钢[M]. 北京:冶金工业出版社,1983:41~45.

热作模具钢的性能数据

3.1 低合金热作模具钢

3.1.1 5CrMnMo 钢

5CrMnMo 钢具有与 5CrNiMo 钢相类似的性能，淬透性稍差。此外在高温下工作时，其耐热疲劳性则逊于 5CrNiMo 钢。此钢适用于制造要求具有较高强度和高耐磨性的各种类型锻模（边长≤400mm）。要求韧性较高时，可采用电渣重熔钢。

3.1.1.1 化学成分

5CrMnMo 钢的化学成分示于表 3-1。

表 3-1 5CrMnMo 钢的化学成分（GB/T 1299—2000）

化学成分（质量分数）/%						
C	Si	Mn	Cr	Mo	P	S
0.50~0.60	0.25~0.60	1.20~1.60	0.60~0.90	0.15~0.30	≤0.030	≤0.030

3.1.1.2 物理性能

5CrMnMo 钢的临界温度示于表 3-2。

表 3-2 5CrMnMo 钢的临界温度

临界点	A_{c1}	A_{c3}	A_{r1}	M_s
温度（近似值）/℃	710	760	650	220

3.1.1.3 热加工

5CrMnMo 钢的热加工工艺示于表 3-3。

表 3-3 5CrMnMo 钢的热加工工艺

项目	加热温度/℃	开始温度/℃	终止温度/℃	冷却方式
钢锭	1140~1180	1100~1150	880~800	缓冷（坑冷或砂冷）
钢坯	1100~1150	1050~1100	850~800	缓冷（坑冷或砂冷）

注：钢锻后，应进行缓冷。大型模具在锻造后，需在 600℃ 的炉中保温，待整个模具内外温度一致后，再炉冷至 150~200℃，然后取出空冷。

3.1.1.4 热处理

A 预先热处理

5CrMnMo 钢的预先热处理曲线示于图 3-1~图 3-3。

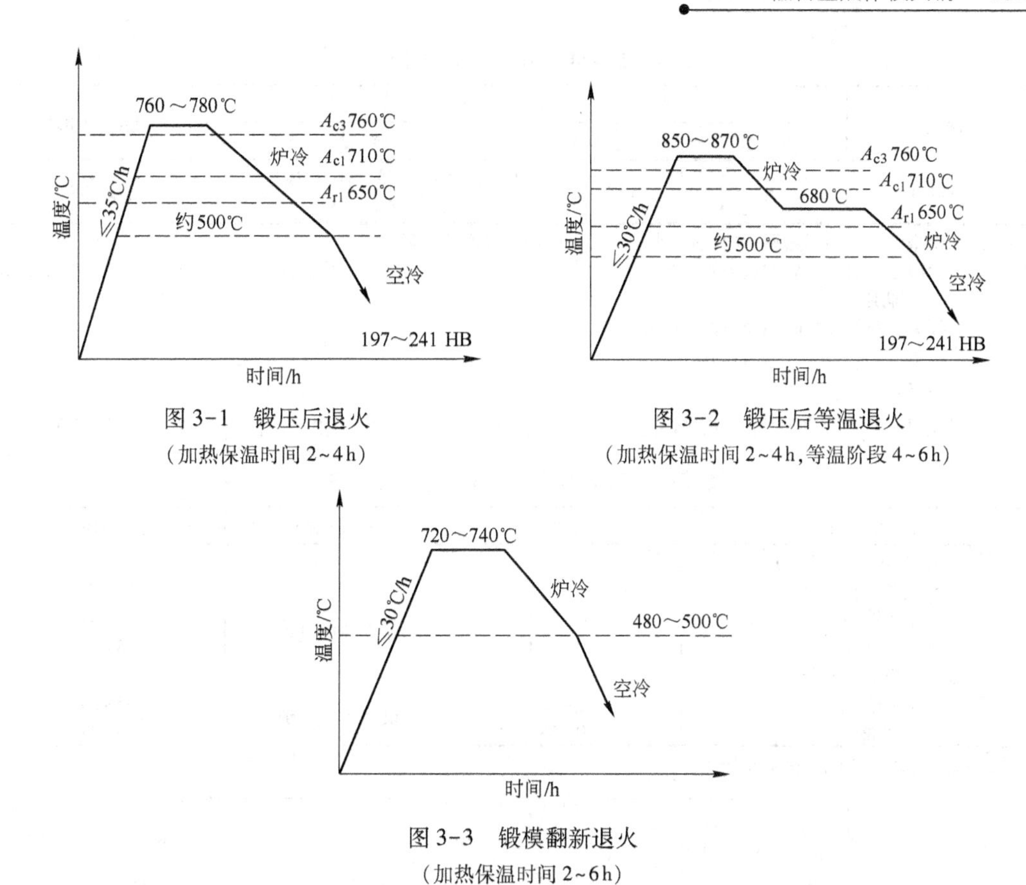

图 3-1 锻压后退火

(加热保温时间 2~4h)

图 3-2 锻压后等温退火

(加热保温时间 2~4h,等温阶段 4~6h)

图 3-3 锻模翻新退火

(加热保温时间 2~6h)

B 淬火

5CrMnMo 钢淬火有关曲线示于图 3-4 和图 3-5,推荐的淬火规范示于表 3-4。

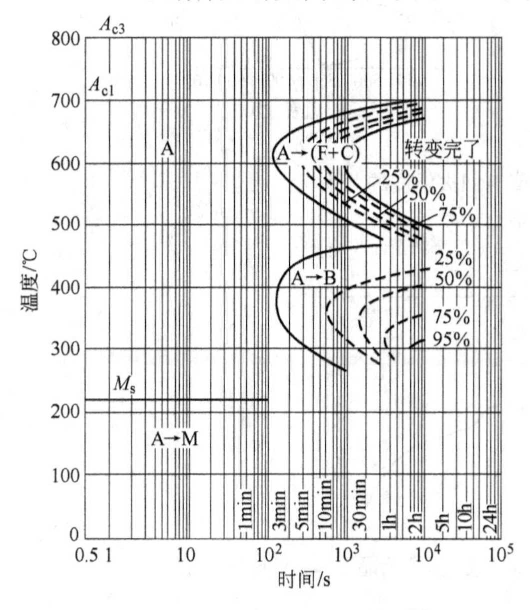

图 3-4 奥氏体等温转变曲线[1]

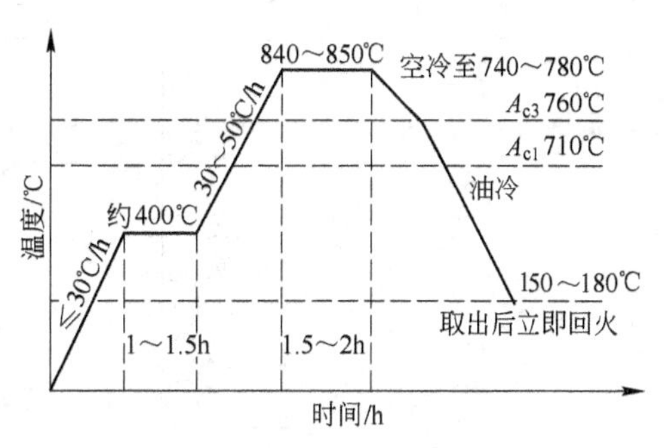

图 3-5 中型锻模淬火曲线

(模厚 225~350mm)

表 3-4 5CrMnMo 钢推荐的淬火规范

淬火温度/℃	冷却			硬度(HRC)
	介质	温度/℃	冷却	
820~850	油	150~180	至 150~180℃后小型模具空冷，大中型模具立即回火	52~58

注：1. 中型锻模采用加热温度的上限，小型锻模采用加热温度的下限；
2. 为减小模具淬火后的应力和变形，淬火时最好先空冷至 740~760℃，然后油冷。冷至 150~180℃左右，取出并立即退火；
3. 淬火加热和保温时间，参看图 3-5。

C 回火

5CrMnMo 钢推荐的回火规范示于表 3-5，与回火有关的曲线示于图 3-6~图 3-10。

表 3-5 5CrMnMo 钢推荐的回火规范

回火用途	加热温度/℃	加热介质	硬度(HRC)
消除应力，稳定组织和尺寸			
Ⅰ 模具工作部分：			
小型锻模	490~510	煤气炉或电炉	41~47
中型锻模	520~540		38~41
Ⅱ 锻模燕尾部分：			
小型锻模	600~620	煤气炉或电炉	35~39
中型锻模	620~640		34~37

注：回火加热保温时间参看图 3-9。

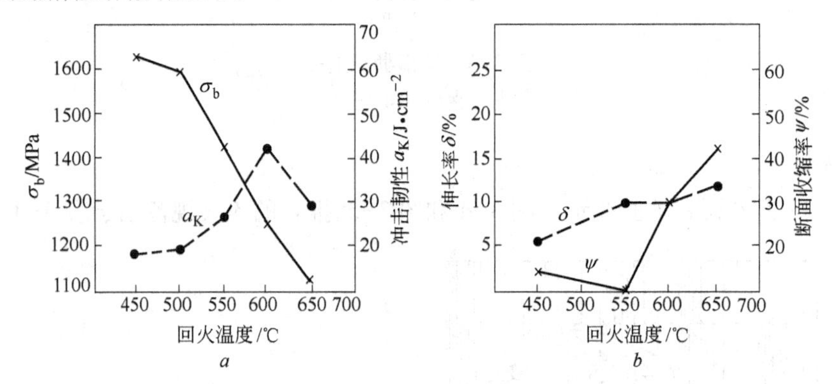

图 3-6 常温力学性能与回火温度的关系
(850℃油淬)[1]
a—强度性能和冲击韧性；b—伸长率和断面收缩率

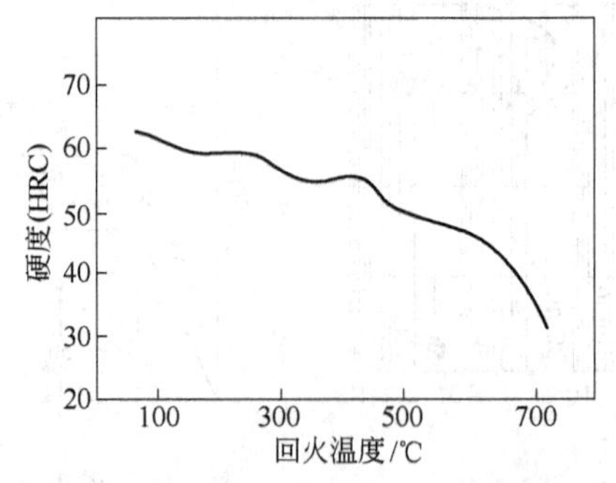

图 3-7 5CrMnMo 钢的硬度与回火温度的关系[2]

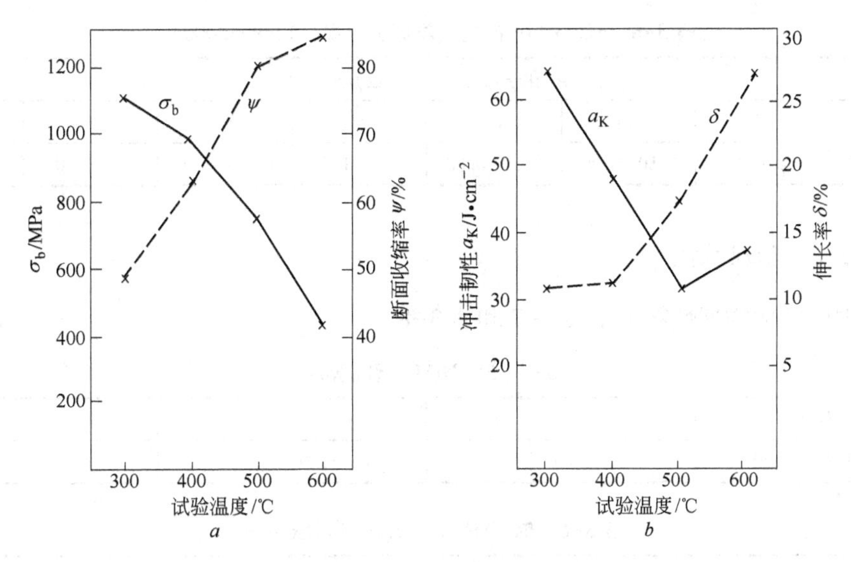

图 3-8 高温力学性能

（淬火温度 850℃，空冷；回火温度 600℃）[1]

a—强度性能，断面收缩率；b—冲击韧性，伸长率

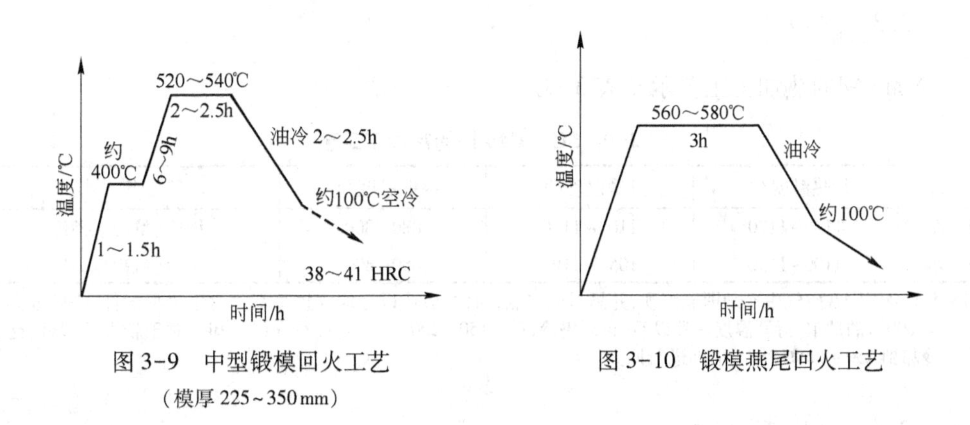

图 3-9 中型锻模回火工艺

（模厚 225～350 mm）

图 3-10 锻模燕尾回火工艺

3.1.2 5CrNiMo 钢

5CrNiMo 钢具有良好的韧性、强度和高耐磨性。它在室温和 500～600℃时的力学性能几乎相同。在加热到 500℃时，仍能保持住 300HB 左右的硬度。由于钢中含有钼，因而对回火脆性并不敏感。从 600℃缓慢冷却下来以后，冲击韧性仅稍有降低。

5CrNiMo 钢具有良好的淬透性。300 mm×400 mm×300 mm 的大块钢料，自 820℃油淬和 560℃回火后，断面各部分的硬度几乎一致。

该种钢用来制造各种大、中型锻模。

该种钢易形成白点，需要严格控制冶炼工艺及锻轧后的冷却制度。

3.1.2.1 化学成分

5CrNiMo 钢的化学成分示于表 3-6。

表 3-6 5CrNiMo 钢的化学成分(GB/T1299—2000)

化学成分(质量分数)/%							
C	Si	Mn	Cr	Ni	Mo	S	P
0.50~0.60	≥0.35	0.50~0.80	0.50~0.80	1.40~1.80	0.15~0.30	≤0.030	≤0.030

3.1.2.2 物理性能

5CrNiMo 钢的物理性能示于表 3-7 和表 3-8。

表 3-7 5CrNiMo 钢临界温度

临界点	A_{c1}	A_{c3}	A_{r1}
温度(近似值)/℃	710	770	680

表 3-8 5CrNiMo 钢的线[膨]胀系数

温度/℃	100~250	250~300	350~600	600~700
线[膨]胀系数/$\times10^{-6}$℃$^{-1}$	12.55	14.1	14.2	15

3.1.2.3 热加工

5CrNiMo 钢的热加工工艺示于表 3-9。

表 3-9 5CrNiMo 钢的热加工工艺

项目	加热温度/℃	开锻温度/℃	终锻温度/℃	冷却方式
钢锭	1140~1180	1100~1150	880~800	缓冷(坑冷或砂冷)
钢坯	1100~1150	1050~1100	850~800	缓冷(坑冷或砂冷)

注:5CrNiMo 钢在空气中冷却即能淬硬,并易形成白点,因此,锻造以后应缓慢冷却。对于大型锻件,必须放到加热至 600℃的炉中,待其温度一致以后,再缓慢冷却到 150~200℃,然后在空气中冷却。对于较大的锻件,建议在冷却到 150~200℃以后,立即进行回火加热。

3.1.2.4 热处理

A 预先热处理

5CrNiMo 钢有关的预先热处理曲线示于图 3-11~图 3-13,需要说明的是:退火加热保温时间,在全部炉料到达退火温度后,保温 4~6h,冷却等温保温为 4~6h。5CrNiMo 钢的硬度和退火前后的组织示于表 3-10。

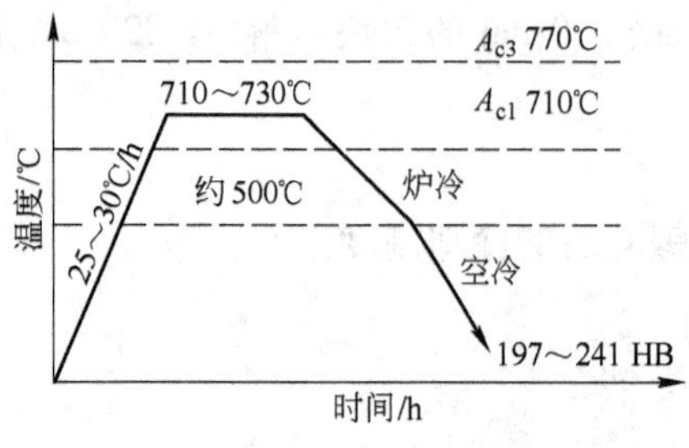

图 3-11 锻模翻新退火

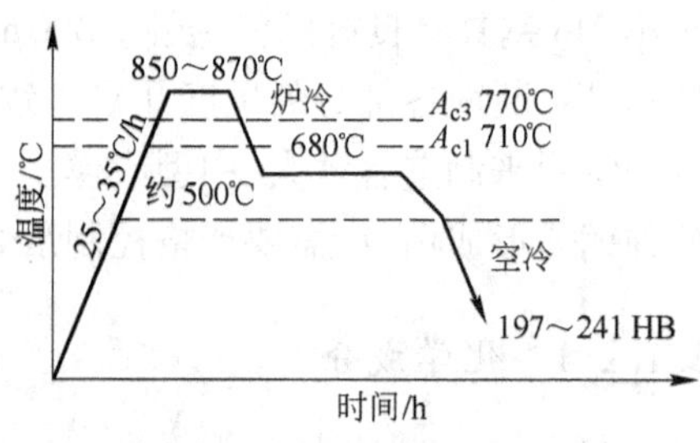

图 3-12 锻压后等温退火

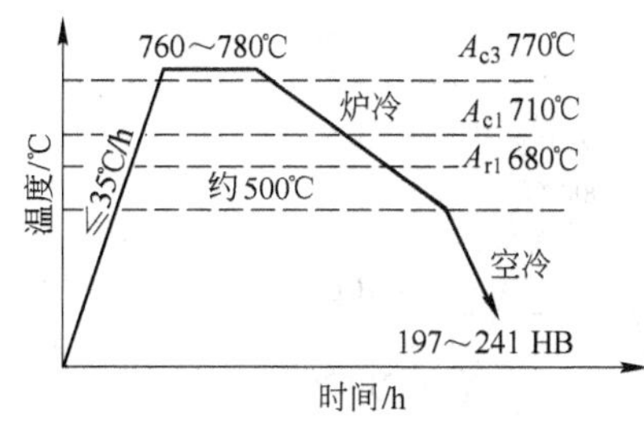

图 3-13 锻压后退火

表 3-10 5CrNiMo 钢的硬度和退火前后的组织

硬度		未退火	退火后
压痕直径/mm	硬度(HB)		
3.9~4.3	241~197	屈氏体+马氏体	珠光体+铁素体

B 淬火

5CrNiMo 钢推荐的淬火规范示于表 3-11，淬火有关曲线示于图 3-14~图 3-18。

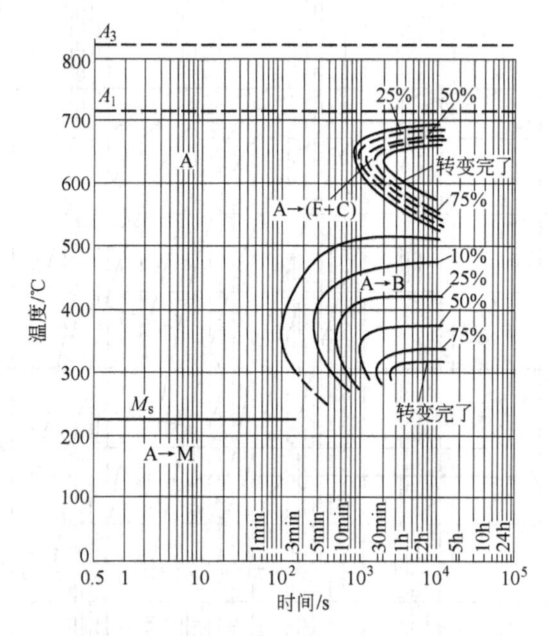

图 3-14 奥氏体等温转变图[1]

（试验钢成分(%)：0.55C，0.87Cr，1.80Ni，0.23Mo，0.77Mn，0.30Si；奥氏体化温度 870~880℃）

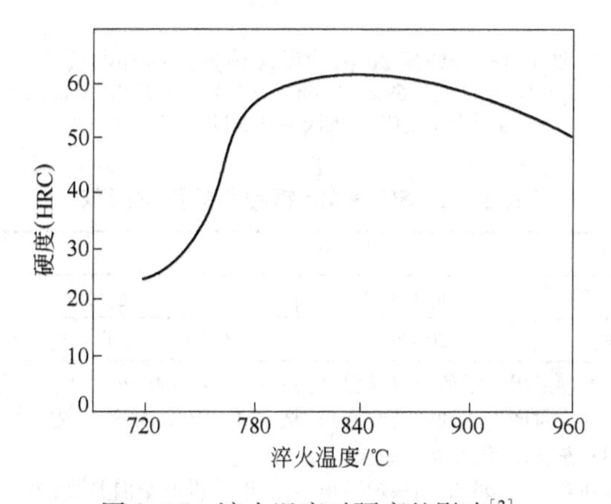

图 3-15 淬火温度对硬度的影响[2]

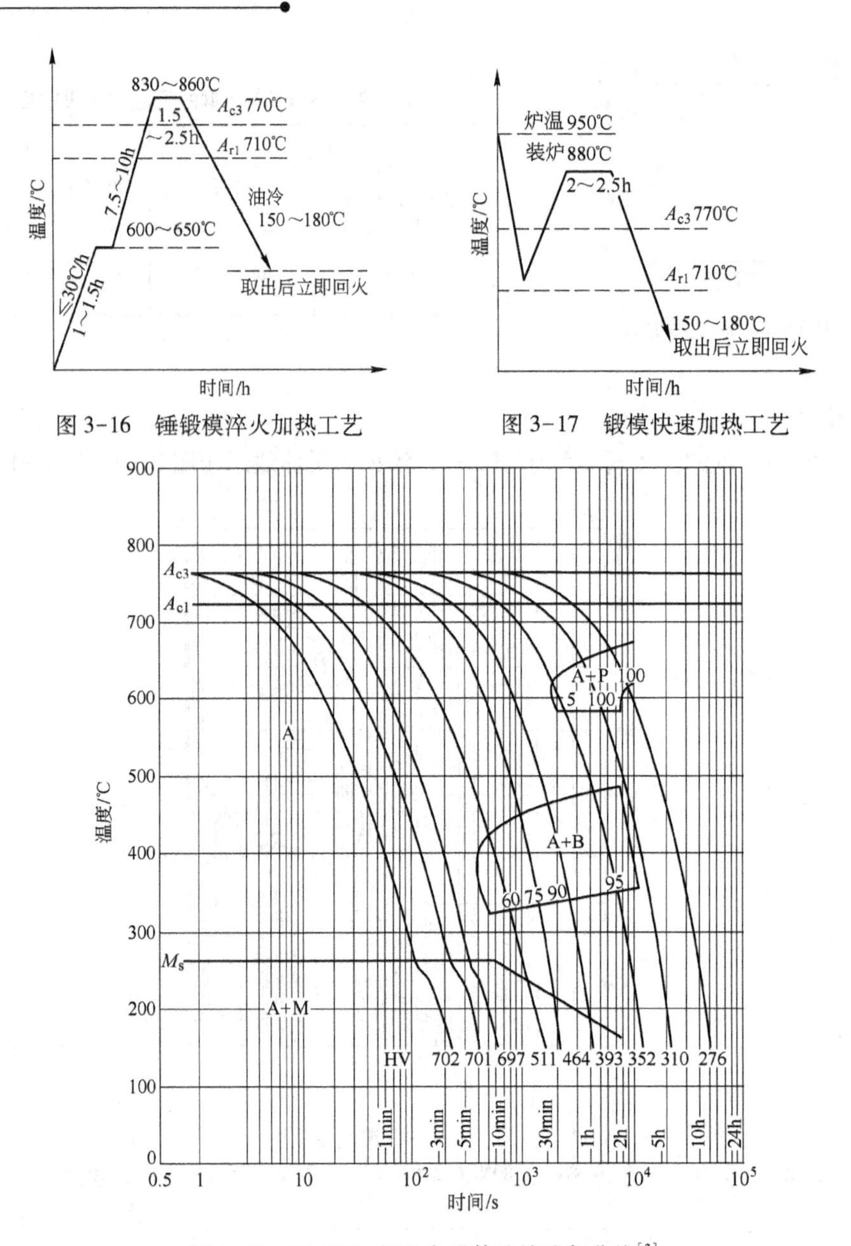

图 3-16 锤锻模淬火加热工艺

图 3-17 锻模快速加热工艺

图 3-18 5CrNiMo 钢的奥氏体连续冷却曲线[3]

（试验钢成分(%)：0.52C，0.32Si，0.69Mn，0.66Cr，1.63Ni，0.23Mo，≤0.01P，0.08S，<0.03V；原始状态：退火；奥氏体化：880℃，20min）

表 3-11 5CrNiMo 钢推荐的淬火规范

淬火温度/℃	冷 却			硬度(HRC)
	介 质	介质温度/℃	延 续	
830~860	油	20~60	至 150~180℃后立即回火	53~58

注：1. 大型模具淬火加热温度采用上限值，小型模具（边长在 200~300mm 以下）采用下限值；

2. 为了避免锤锻模在淬火时产生大的应力和变形，从 830~860℃ 加热后，先在空气中预冷到 750~780℃，然后再油冷到 150~180℃ 左右，取出并立即回火；

3. 对大型模具应先放在 600~650℃ 的加热炉中预热，热透后再使炉温升高；为了加热得更好起见，要将模具放在高 60~100mm 的垫板上加热。

C 回火

5CrNiMo 钢回火的有关曲线示于图 3-19～图 3-27，推荐的回火规范示于表 3-12。

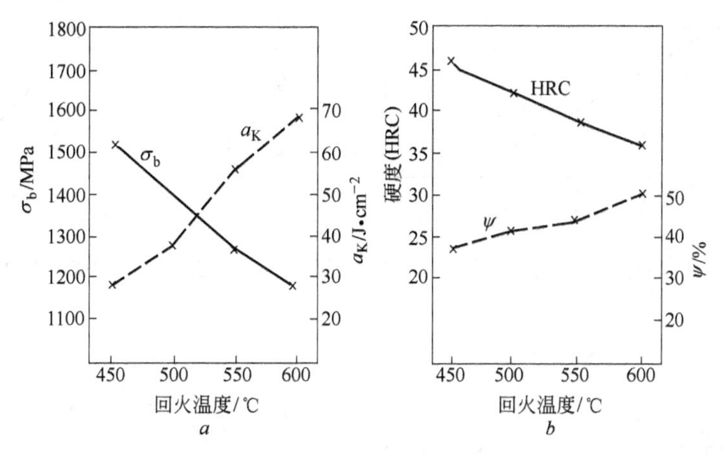

图 3-19 常温力学性能与回火温度的关系[4]

（840℃淬火）

a—强度性能和冲击韧性；b—硬度和断面收缩率

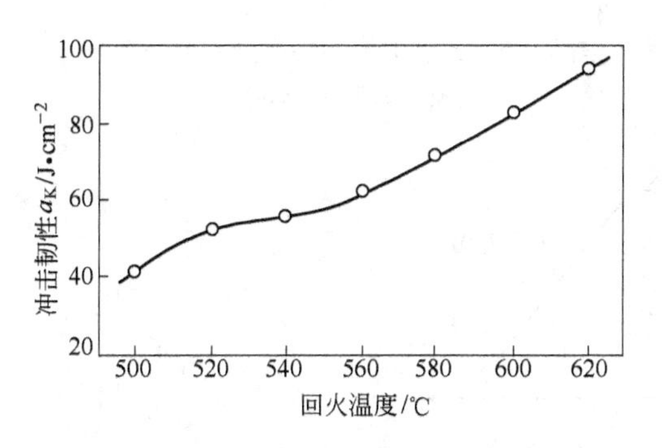

图 3-20 冲击韧性与回火温度的关系

（880℃加热 15 min，油冷）[3]

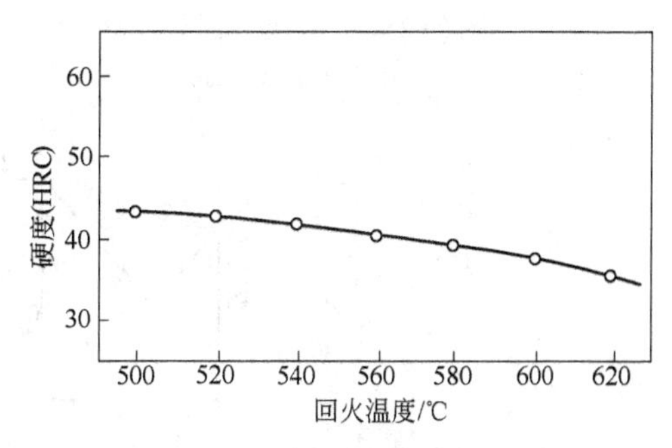

图 3-21 硬度与回火温度的关系

（800℃加热 15 min，油冷）[3]

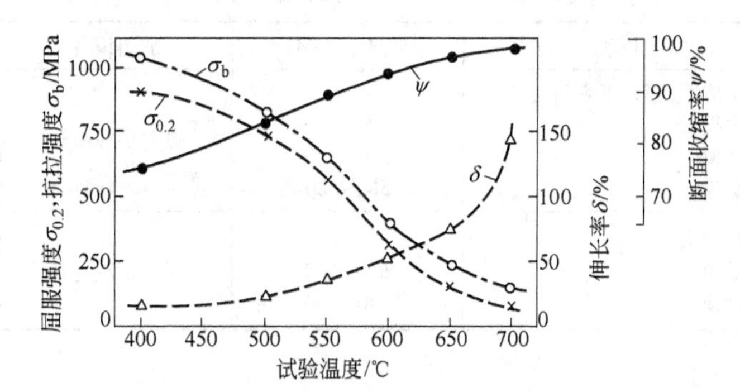

图 3-22 5CrNiMo 钢的高温力学性能

（试验钢成分(%)：0.52C，0.32Si，0.69Mn，1.63Ni，0.66Cr，0.23Mo，

试验试样调质硬度 41.2HRC）[3]

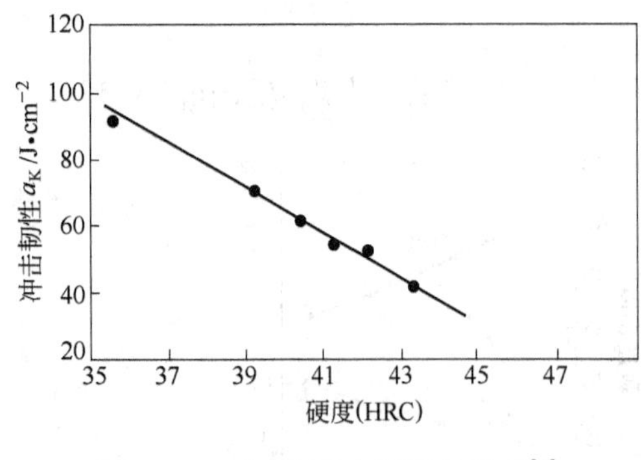

图 3-23 冲击韧性与硬度的关系[3]

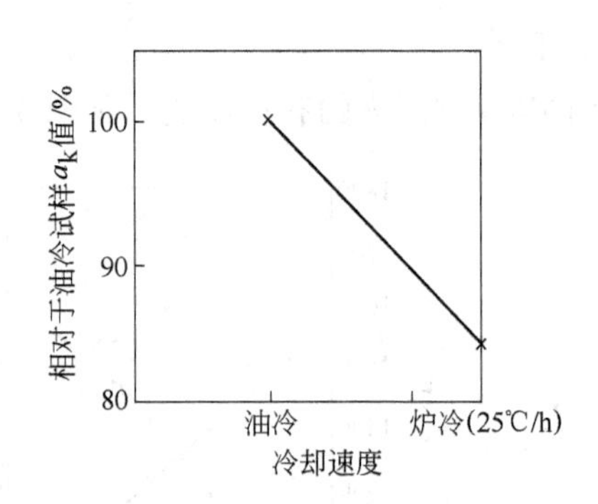

图 3-24 回火之后冷却速度对冲击值的影响

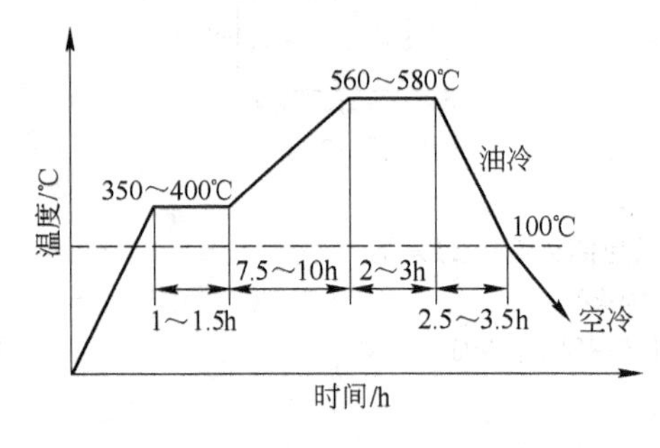

图 3-25 大型锻模回火规范

（模高 275～375mm）

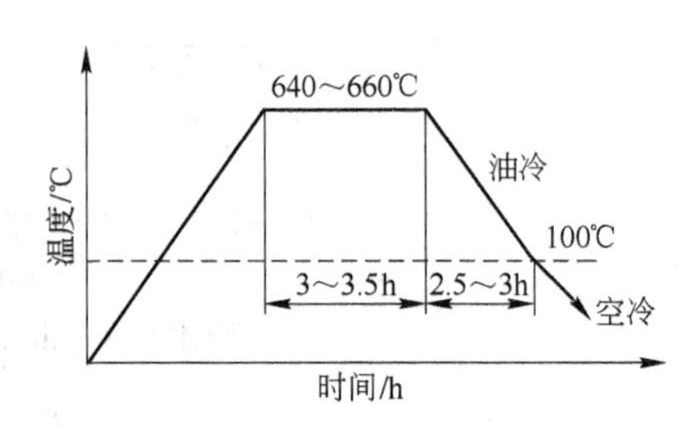

图 3-26 大型锻模燕尾部分回火工艺

（模高 275～375mm）

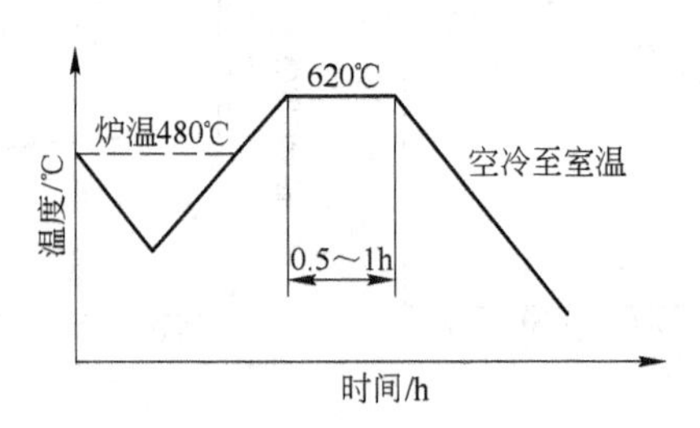

图 3-27 模具的快速回火

表 3-12 5CrNiMo 钢推荐的回火规范

方 案	回 火 用 途	加热温度/℃	加热设备	硬度(HRC)
Ⅰ	锻模消除应力,稳定组织与尺寸: 小型锻模 中型锻模 大型锻模	 490～510 520～540 560～580	煤气炉或电炉	 44～47 38～42 34～37
Ⅱ	锻模燕尾回火: 中型锻模 小型锻模	 620～640 640～660	煤气炉或电炉	 34～37 30～35

3.1.3 4CrMnSiMoV 钢

4CrMnSiMoV 钢是近 30 年来我国在低合金大截面热作模具钢领域发展的钢种之一。该钢具有较高的抗回火性能,好的高温强度耐热疲劳性能和韧性,而且有很好的淬透性,冷、热加工性能好。该钢适宜制造各种类型的锤锻模和压力机锻模。

3.1.3.1 化学成分

4CrMnSiMoV 钢的化学成分示于表 3-13。

表 3-13 4CrMnSiMoV 钢的化学成分(GB/T 1299—2000)

化学成分(质量分数)/%							
C	Si	Mn	P	S	Cr	Mo	V
0.35~0.45	0.80~1.10	0.80~1.10	≤0.030	≤0.030	1.30~1.50	0.40~0.60	0.20~0.40

3.1.3.2 物理性能

4CrMnSiMoV 钢的临界温度示于表 3-14。

表 3-14 4CrMnSiMoV 钢的临界温度

临界点	A_{c1}	A_{c3}	A_{r1}	A_{r3}	M_s	M_f	B_s	B_f
温度(近似值)/℃	792	855	660	770	330	165	420	350

3.1.3.3 热加工

4CrMnSiMoV 钢的热加工工艺示于表 3-15。

表 3-15 4CrMnSiMoV 钢的热加工工艺

项 目	加热温度/℃	开锻温度/℃	终锻温度/℃	冷却方式
钢 锭	1160~1180	1100~1150	≥850	缓冷(砂冷或坑冷)
钢 坯	1100~1150	1050~1100	≥850	缓冷(砂冷或坑冷)

3.1.3.4 热处理

A 预先热处理

4CrMnSiMoV 钢的等温退火工艺示于图 3-28。

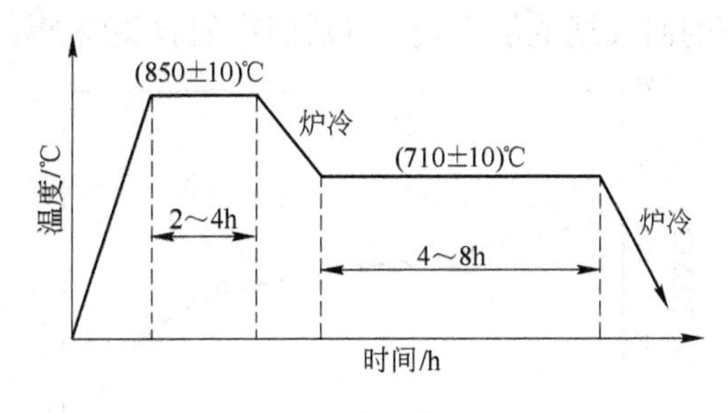

图 3-28 等温退火工艺

B 淬火

4CrMnSiMoV 钢推荐的淬火规范示于表 3-16,有关淬火曲线示于图 3-29~图 3-31。

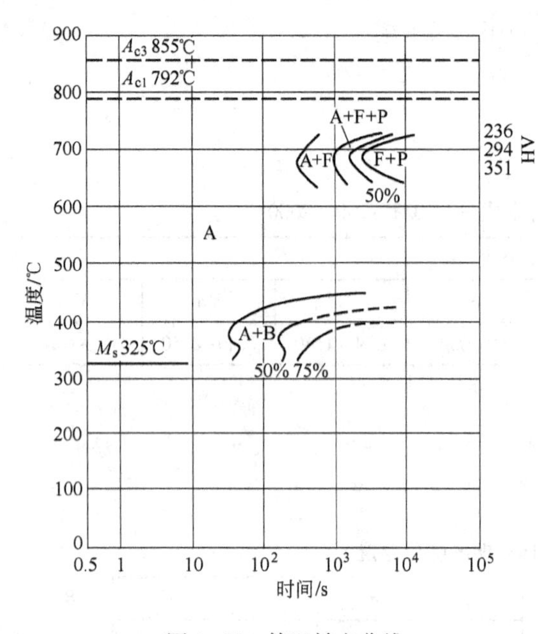

图 3-29 等温转变曲线

（奥氏体化温度 920℃，保温 20 min，晶粒度 8 级）[5]

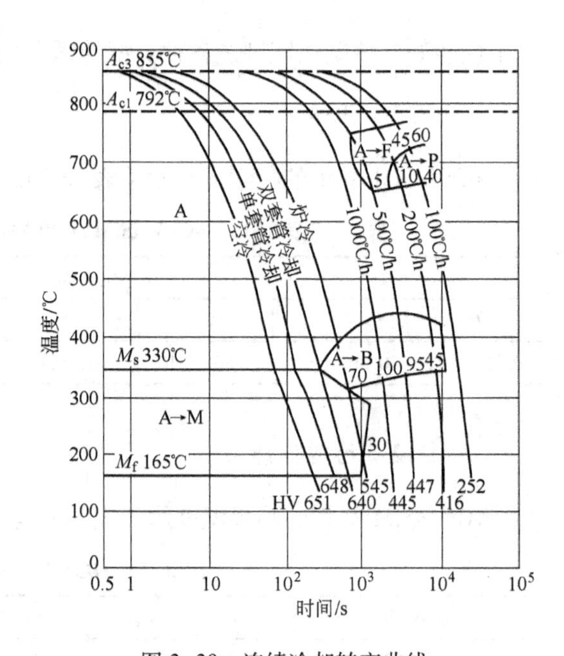

图 3-30 连续冷却转变曲线

（奥氏体化温度 930℃，保温时间 15 min，晶粒度 8~9 级）[5]

表 3-16 4CrMnSiMoV 钢推荐的淬火规范

淬火温度 /℃	淬火介质	介质温度 /℃	冷却	淬火硬度 (HRC)
870±10	油	20~60	至油温	56~58

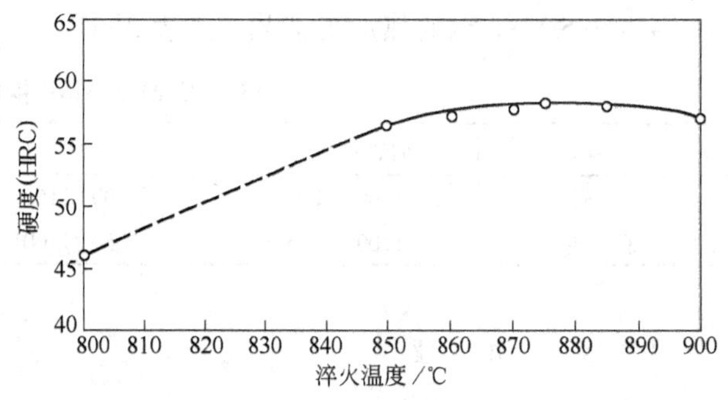

图 3-31 不同温度淬火后的硬度

C 回火

4CrMnSiMoV 钢推荐的回火规范示于表 3-17，回火的有关曲线示于图 3-32~图 3-40。

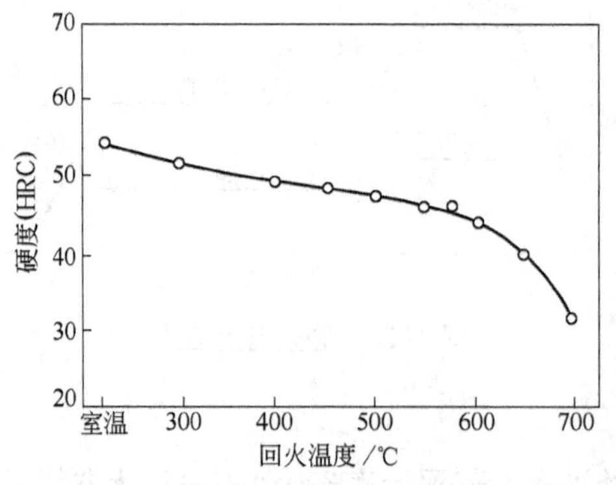

图 3-32 钢的硬度与回火温度的关系[5]

表 3-17 4CrMnSiMoV 钢推荐的回火规范

模具类型	回火温度/℃	回火设备	回火硬度(HRC)
小 型	520~580	空气炉	43.7~48.7
中 型	580~630	空气炉	40.7~43.7
大 型	610~650	空气炉	37.8~41.7
特大型	620~660	空气炉	36.9~39.7

注：880℃油淬。

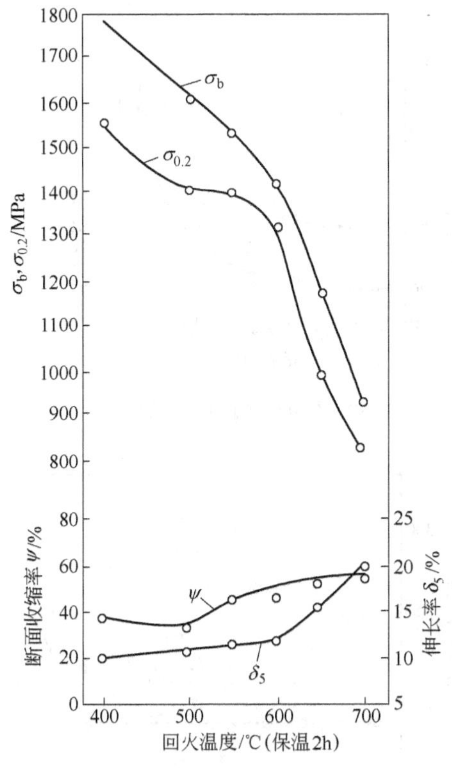

图 3-33 钢的室温力学性能与回火温度的关系[5]

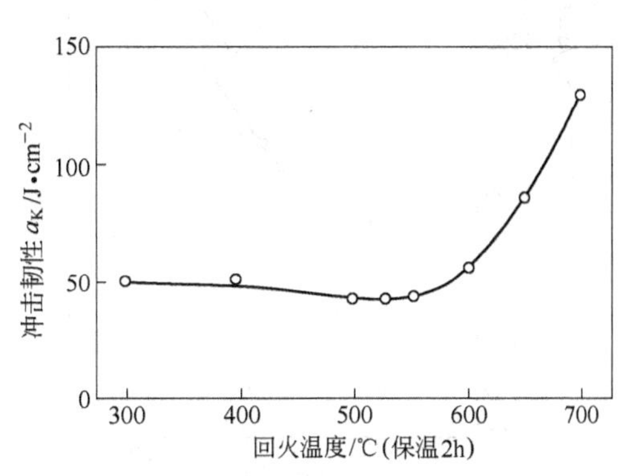

图 3-34 钢的室温冲击韧性与回火温度的关系[5]

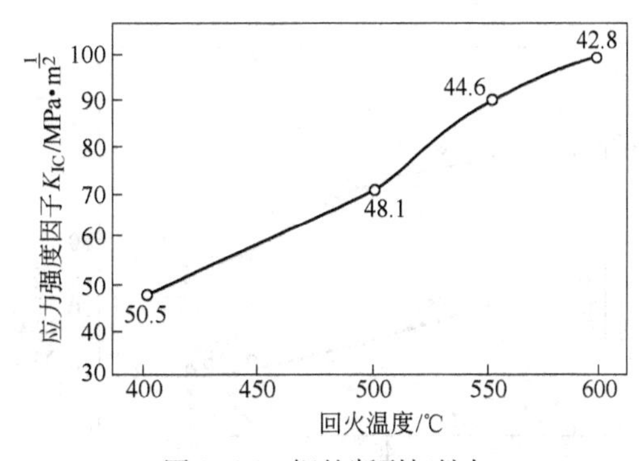

图 3-35 钢的断裂韧性与回火温度的关系[5]

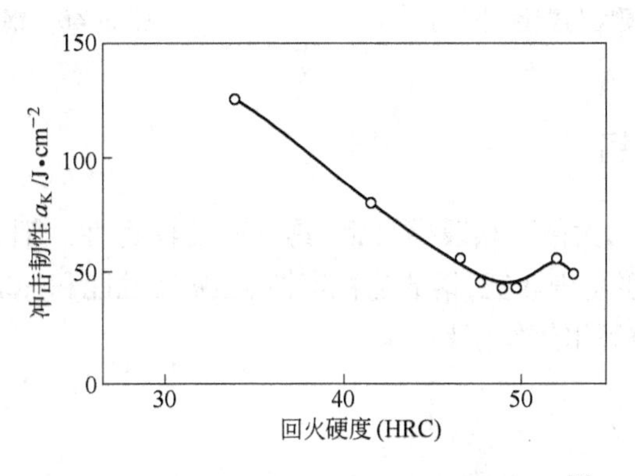

图 3-36 钢的调质硬度与冲击韧性的关系[5]

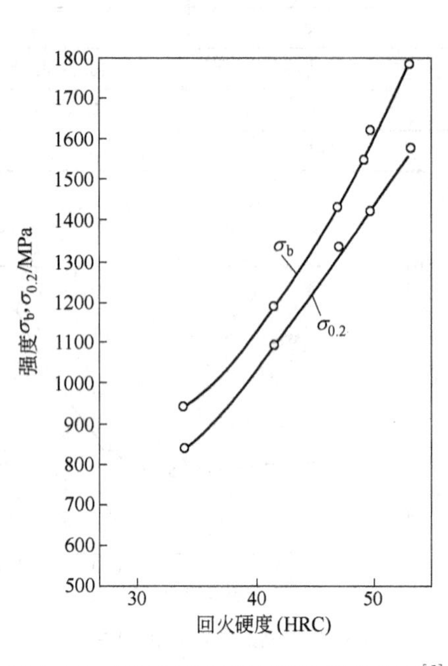

图 3-37 钢的调质硬度与强度间的关系[5]

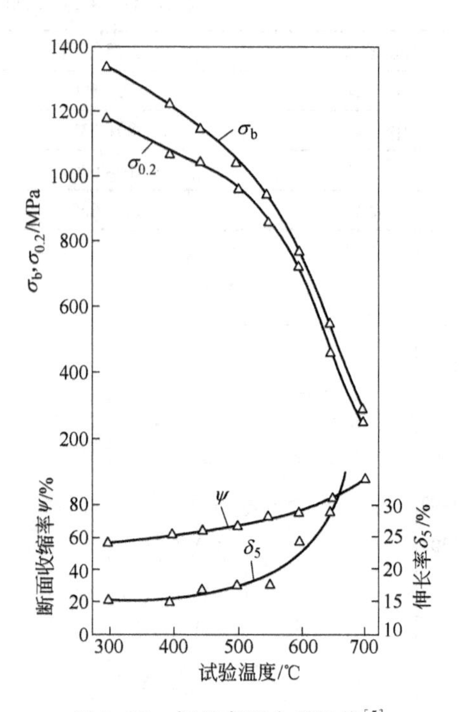

图 3-38 钢的高温力学性能[5]

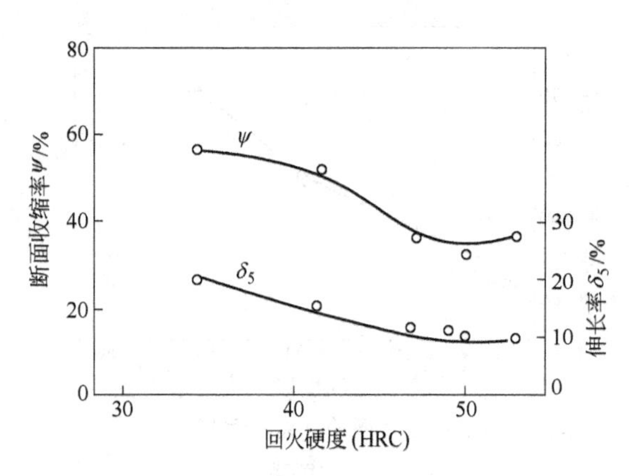

图 3-39 钢的调质硬度与塑性的关系[5]

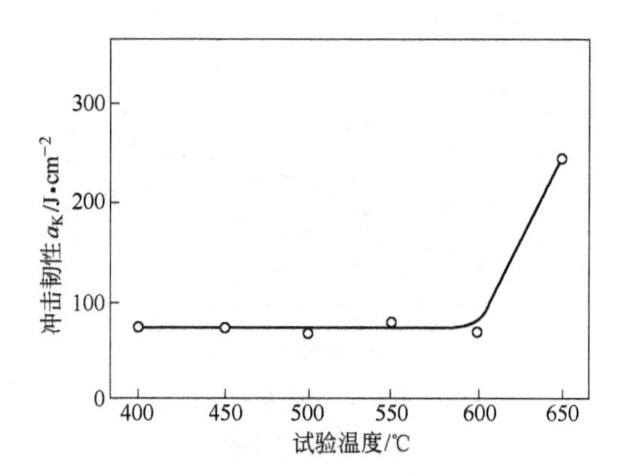

图 3-40 钢的高温冲击韧性[5]

3.1.4 5Cr2NiMoVSi 钢

5Cr2NiMoVSi 钢属于大截面热锻模具钢,具有高的淬透性。钢加热时奥氏体晶粒长大倾向小,热处理加热温度范围较宽,钢的热稳定性、热疲劳性能和冲击韧性较好,适宜制造大截面的压力机和模锻锤等用热作模具[2]。

3.1.4.1 化学成分

5Cr2NiMoVSi 钢的化学成分示于表 3-18。

表 3-18 5Cr2NiMoVSi 钢的化学成分

化学成分(质量分数)/%								
C	Si	Mn	Cr	Ni	Mo	V	P	S
0.46~0.53	0.60~0.90	0.4~0.6	1.54~2.00	0.80~1.20	0.80~1.20	0.30~0.50	≤0.030	≤0.030

3.1.4.2 物理性能

5Cr2NiMoVSi 钢的临界温度示于表 3-19,其热导率(室温)λ 为 33.5W/(m·K);质量定压热容(室温)c_p 为 501.6J/(kg·K)。

表 3-19 5Cr2NiMoVSi 钢的临界温度

临界点	A_{c1}	A_{c3}	A_{r3}	A_{r1}	M_s
温度(近似值)/℃	750	874	751	623	243

3.1.4.3 热加工

5Cr2NiMoVSi 钢的热加工条件示于表 3-20。

表 3-20 5Cr2NiMoVSi 钢的热加工条件

加热温度/℃	开始温度/℃	终止温度/℃	冷却方式
1180~1200	1140~1160	850~900	缓冷(坑冷或砂冷)

注:模块锻后必须及时退火,以防止产生白点。

3.1.4.4 热处理

A 预先热处理

5Cr2NiMoVSi 钢的锻造等温退火工艺示于图 3-41。

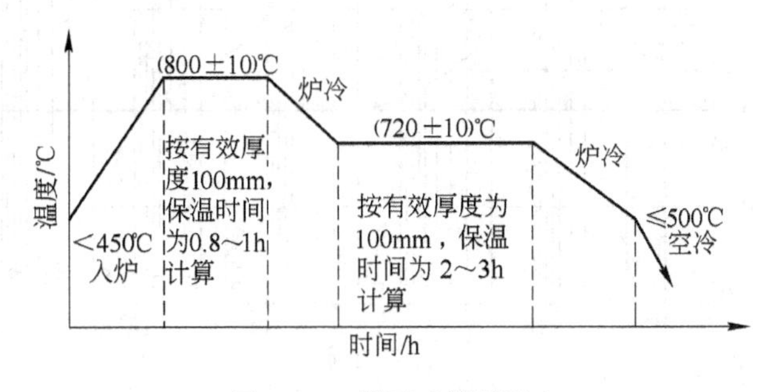

图 3-41 锻压后等温退火

B 淬火

5Cr2NiMoVSi 钢与淬火相关的曲线示于图 3-42~图 3-44，不同截面试样心部淬火残余奥氏体量和碳化物量及类型示于表 3-21，推荐的淬火规范示于表 3-22。

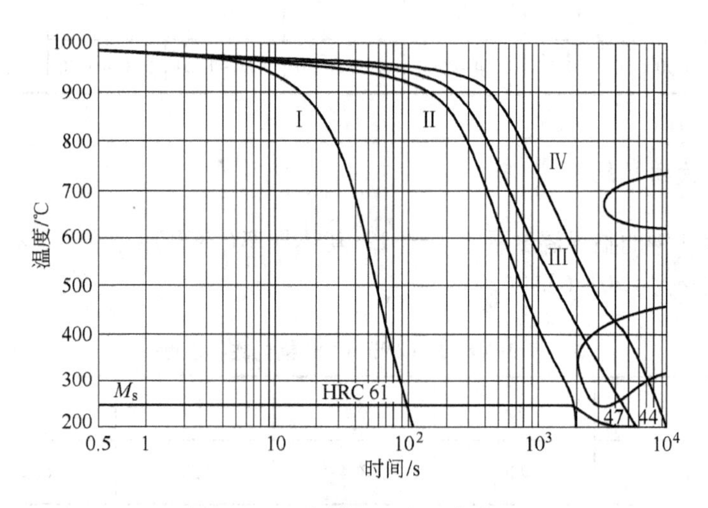

图 3-42 不同截面心部冷却曲线

Ⅰ—截面 10 mm×10 mm；Ⅱ—截面 200 mm×200 mm；
Ⅲ—截面 300 mm×300 mm；Ⅳ—截面 500 mm×500 mm

化学成分(质量分数)/%

C	Cr	Ni	Mo	V	Si	Mn	Cu	P	S
0.47	1.87	0.90	0.99	0.39	0.79	0.49	0.14	0.009	0.012

原始状态：退火球状珠光体；奥氏体化：980℃，20min；晶粒度：9～10级

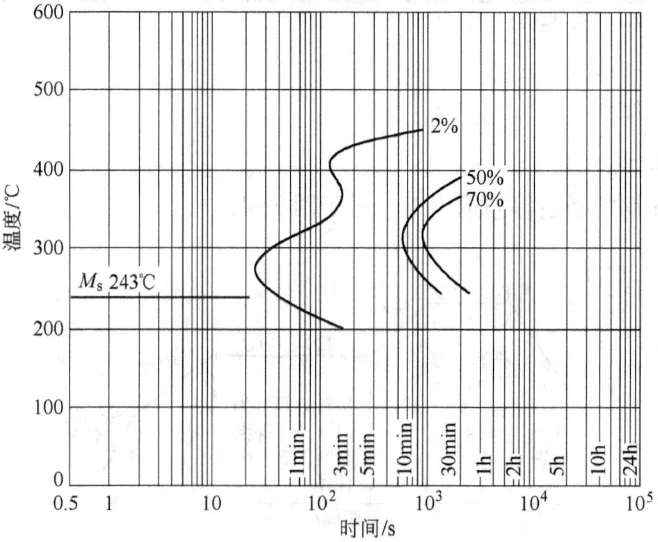

M_s 243℃

图 3-43 钢的贝氏体区等温转变曲线

化学成分(质量分数)/%

熔炼炉号	C	Cr	Ni	Mo	V	Si	Mn	Cu	S	P
D_3-751	0.47	1.87	0.90	0.99	0.39	0.79	0.49	0.14	0.009	0.012

原始状态:退火球状珠光体;奥氏体化:985℃,20min;晶粒度:9~10级

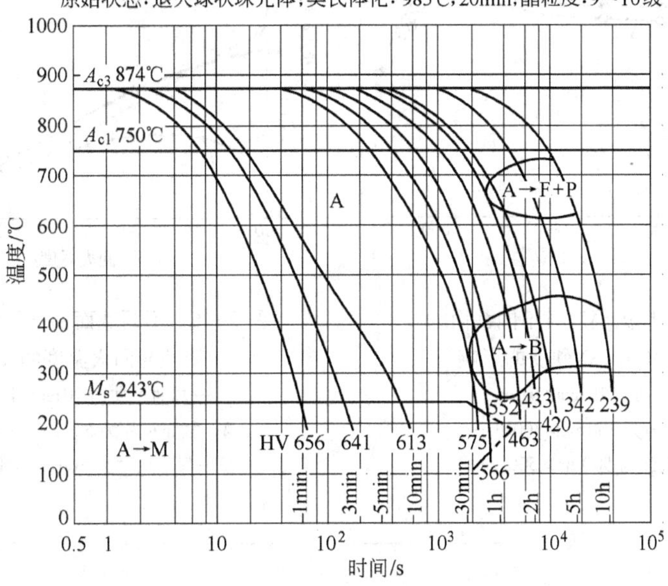

图 3-44 钢的连续冷却转变曲线

表 3-21 5Cr2NiMoVSi 钢不同截面试样心部淬火残余奥氏体量和碳化物量及类型

状态		退火态	淬火态		
			10 mm×10 mm	300 mm×300 mm	500 mm×500 mm
碳化物	质量分数/%	6.79	1.80	2.42	3.56
	类型	M_3C, $M_{23}C_6$, M_6C, MC	M_3C, MC	M_3C, $M_{23}C_6$, M_6C, MC	M_3C, $M_{23}C_6$, M_6C, MC
残余奥氏体量/%		—	9.3	23.1	29.6

注:上述 3 种截面试样均在 985℃淬火(油冷)。

表 3-22 5Cr2NiMoVSi 钢推荐的淬火规范

淬火温度/℃	冷却介质	硬度(HRC)
960~1010	油 冷	54~61

C 回火

5Cr2NiMoVSi 钢与回火有关的曲线示于图 3-45~图 3-49,推荐的回火规范示于表3-23。

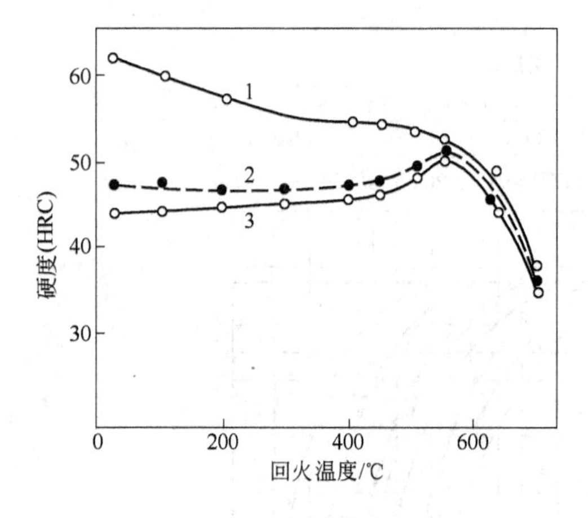

图 3-45 回火温度对不同截面的5Cr2NiMoVSi 钢硬度的影响

1—截面为 10 mm×10 mm；
2—截面为 300 mm×300 mm；
3—截面为 500 mm×500 mm

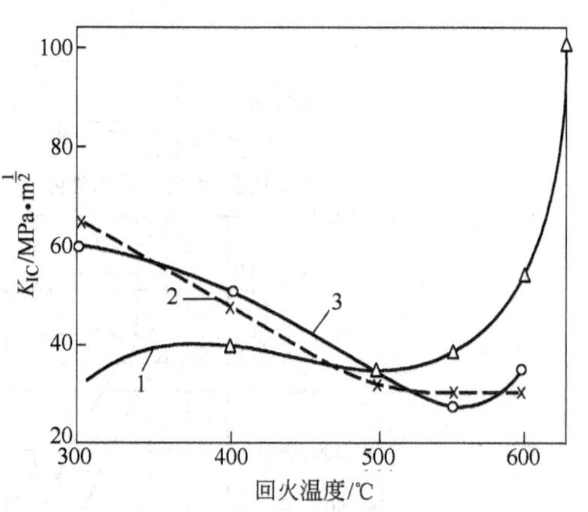

图 3-46 不同截面钢材的室温断裂韧性与回火温度的关系

1—截面尺寸为 10 mm×10 mm；
2—截面尺寸为 300 mm×300 mm；
3—截面尺寸为 500 mm×500 mm

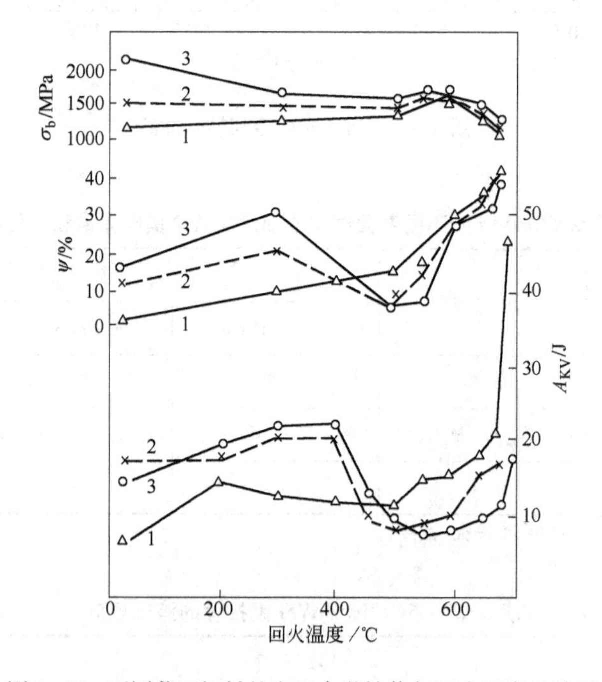

图 3-47 不同截面钢材的室温力学性能与回火温度的关系

1—截面尺寸为 10 mm×10 mm；2—截面尺寸为 300 mm×300 mm；
3—截面尺寸为 500 mm×500 mm

表 3-23 5Cr2NiMoVSi 钢推荐的回火规范

回火温度/℃	硬度(HRC)
600～680	48～35

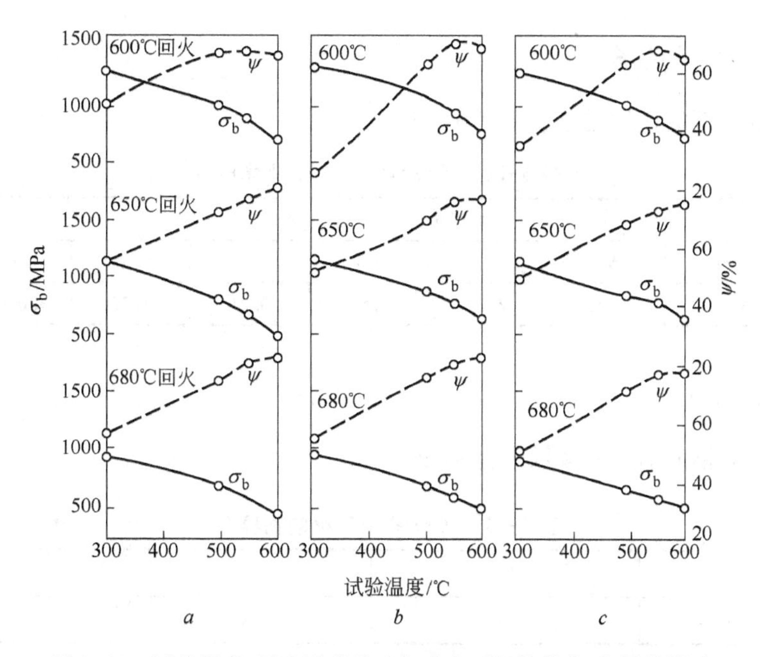

图 3-48 试验温度、回火温度及冷却速度对钢的强度、塑性的影响

a—截面尺寸为 10 mm×10 mm；*b*—截面尺寸为 300 mm×300 mm；*c*—截面尺寸为 500 mm×500 mm

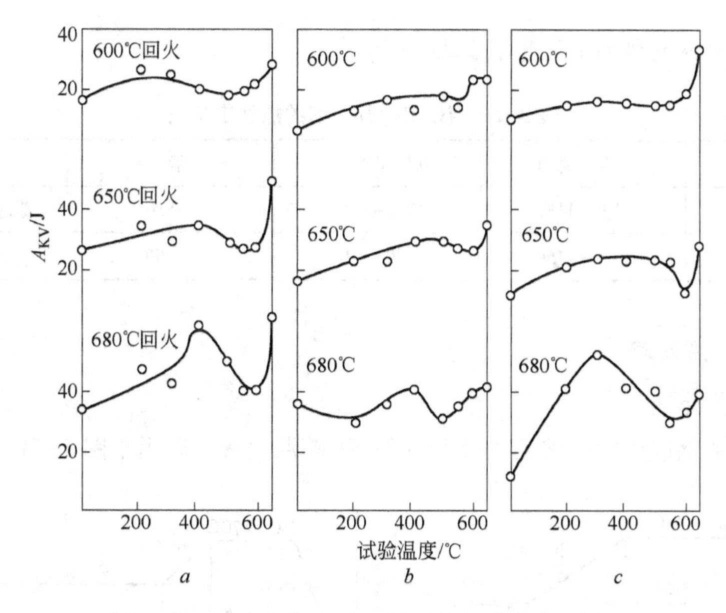

图 3-49 试验温度、回火温度对钢的冲击功的影响

a—截面尺寸为 10 mm×10 mm；*b*—截面尺寸为 300 mm×300 mm；*c*—截面尺寸为 500 mm×500 mm

3.1.5 4Cr2NiMoV 钢

4Cr2NiMoV 钢是 5CrNiMo 钢的改良钢种，具有较高的强度和韧性，好的回火稳定性，该钢的淬透性高、热疲劳性能好，适宜制造大、中型的热锻模具。但是该钢易形成白点，需要严格控制冶炼工艺及锻轧后的冷却制度[6]。

3.1.5.1 化学成分

4Cr2NiMoV 钢的化学成分示于表 3-24。

表 3-24 4Cr2NiMoV 钢的化学成分

化学成分(质量分数)/%								
C	Si	Mn	Cr	Mo	V	Ni	P	S
0.41	0.35	0.40	2.10	0.55	0.21	1.20	≤0.030	≤0.030

3.1.5.2 物理性能

4Cr2NiMoV 钢的临界温度示于表 3-25。

表 3-25 4Cr2NiMoV 钢的临界温度

临界点	A_{c1}	A_{c3}	M_s
温度(近似值)/℃	716	800	331

3.1.5.3 热加工

4Cr2NiMoV 钢的热加工工艺示于表 3-26。

表 3-26 4Cr2NiMoV 钢的热加工工艺

项 目	加热温度/℃	开始温度/℃	终止温度/℃	冷却方式
钢 锭	1140~1180	1100~1150	≥850	缓冷(坑冷或砂冷)
钢 坯	1100~1150	1050~1100	≥850	缓冷(坑冷或砂冷)

3.1.5.4 热处理

A 预先热处理

4Cr2NiMoV 钢锻压后退火工艺示于图 3-50,等温退火工艺示于图 3-51。

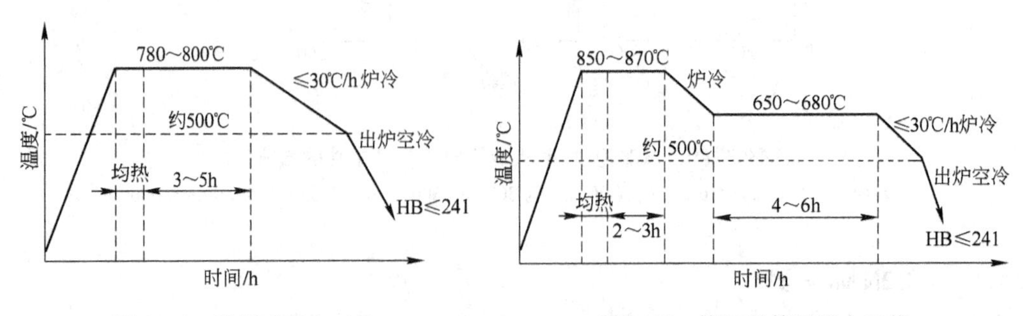

图 3-50 锻压后退火工艺 图 3-51 锻压后等温退火工艺

B 淬火

4Cr2NiMoV 钢有关的淬火曲线示于图 3-52~图 3-54,推荐的淬火规范示于表 3-27。

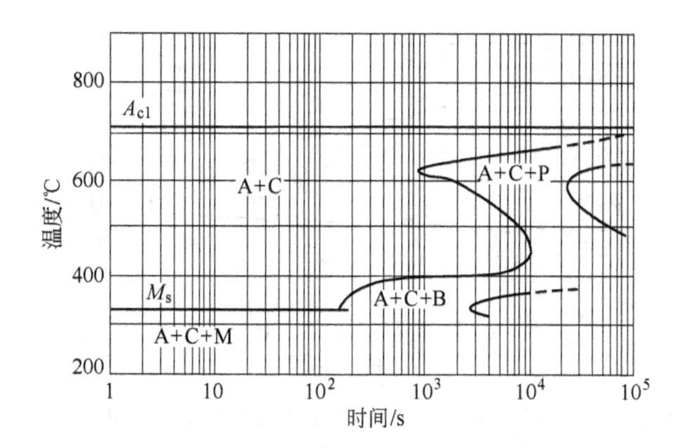

图 3-52 4Cr2NiMoV 钢的奥氏体等温转变曲线

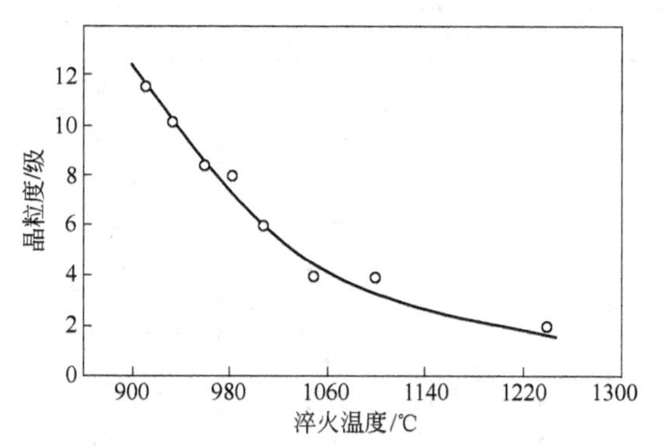

图 3-53 4Cr2NiMoV 钢淬火温度与晶粒度的关系

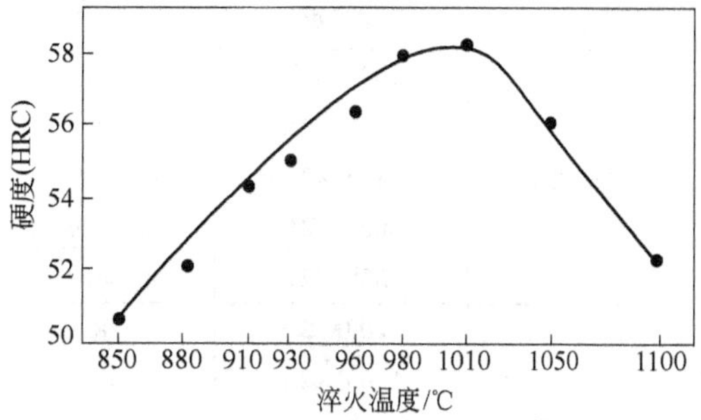

图 3-54 淬火温度对 4Cr2NiMoV 钢硬度的影响

表 3-27 4Cr2NiMoV 钢推荐的淬火规范

淬火温度/℃	冷 却			硬度(HRC)
	介 质	介质温度/℃	延 续	
910~960	油	20~60	冷至 150~180℃后立即回火	54~57

C 回火

4Cr2NiMoV 钢的性能与回火温度的关系示于图 3-55~图 3-57，热稳定性数据示于表 3-28，推荐的回火规范示于表 3-29。

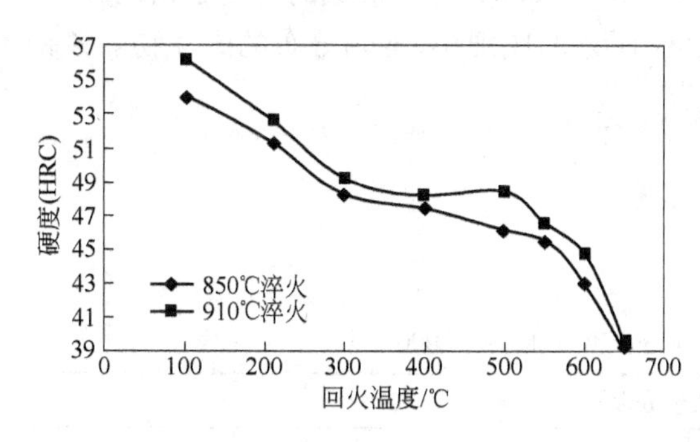

图 3-55 回火温度对 4Cr2NiMoV 钢硬度的影响

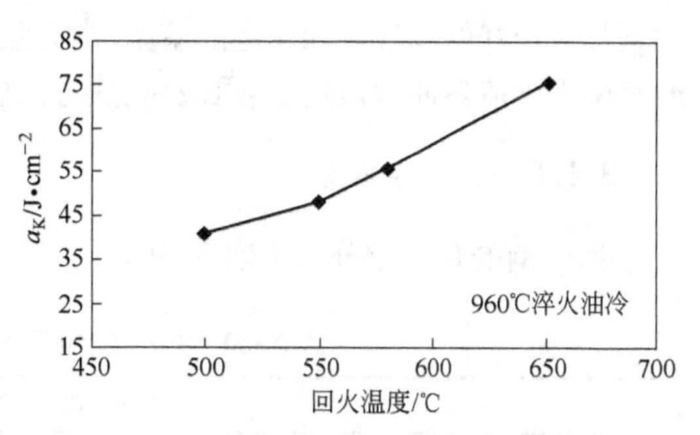

图 3-56 不同的回火温度对 4Cr2NiMoV 钢冲击韧性的影响

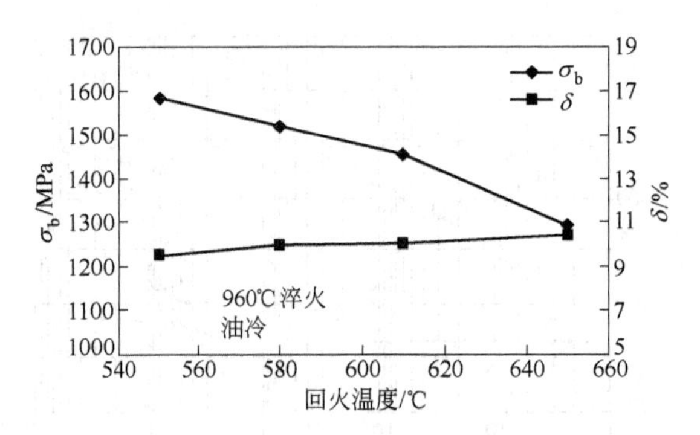

图 3-57 不同的回火温度对 4Cr2NiMoV 钢强度和塑性的影响

表 3-28 4Cr2NiMoV 钢的热稳定性数据[6]

热处理工艺			在 650℃保温不同时间的硬度(HRC)		
淬 火	回 火	硬度(HRC)	4h	8h	12h
910℃油淬	500℃×2h	46.3	32.0	28.8	27.9
	550℃×2h	45.6	33.5	30.0	28.7
	580℃×2h	44.1	34.2	30.3	28.2
	600℃×2h	43.6	33.0	30.4	28.5
	650℃×2h	37.9	29.1	28.4	28.5
960℃油淬	500℃×2h	48.5	37.5	33.1	29.7
	550℃×2h	46.9	37	31.9	29.8
	580℃×2h	46.2	37.6	33.3	30.3
	600℃×2h	45.0	36.6	32.6	29.2
	650℃×2h	39.8	35.5	32.7	30.5

表 3-29 4Cr2NiMoV 钢推荐的回火规范

回火温度/℃	冷却方式	硬度(HRC)
580~650	空 冷	45~40

3.1.6 8Cr3 钢

8Cr3 钢是在碳工钢 T8 中添加一定量的铬(3.20%~3.80%)而形成的。由于铬的存在，此钢具有较好的淬透性和一定的室温、高温强度，而且形成细小、均匀分布的碳化物。该钢通常用于制造热冲裁模具、热顶锻模、热弯曲模等[7]。

3.1.6.1 化学成分

8Cr3 钢的化学成分示于表 3-30。

表 3-30 8Cr3 钢的化学成分(GB/T 1299—2000)

化学成分(质量分数)/%					
C	Si	Mn	Cr	P	S
0.75~0.85	≤0.40	≤0.40	3.20~3.80	≤0.03	≤0.03

3.1.6.2 物理性能

8Cr3 钢的临界温度示于表 3-31。

表 3-31 8Cr3 钢的临界温度

临界点	A_{c1}	A_{c3}	A_{r1}	A_{r3}	M_s	M_f
温度(近似值)/℃	785	830	750	770	370	110

3.1.6.3 热加工

8Cr3 钢的热加工工艺示于表 3-32。

表 3-32 8Cr3 钢的热加工工艺

项 目	加热温度/℃	开锻温度/℃	终锻温度/℃	冷却方式
钢 锭	1180~1200	1100~1150	820~900	缓 冷
钢 坯	1150~1180	1050~1100	≥800	缓 冷

3.1.6.4 热处理

A 预先热处理

8Cr3 钢的锻后退火制度示于图 3-58,热处理后的硬度和组织示于表 3-33。

表 3-33 8Cr3 钢热处理后的硬度和组织

硬 度				组 织	
未退火		退火后		未退火	退火后
d_{HB}/mm	HB	d_{HB}/mm	HB		
2.8~3.2	477~363	3.8~4.2	255~207	屈氏体+马氏体	珠光体+碳化物

B 淬火

8Cr3 钢的等温转变曲线示于图 3-59,推荐的淬火规范示于表 3-34。

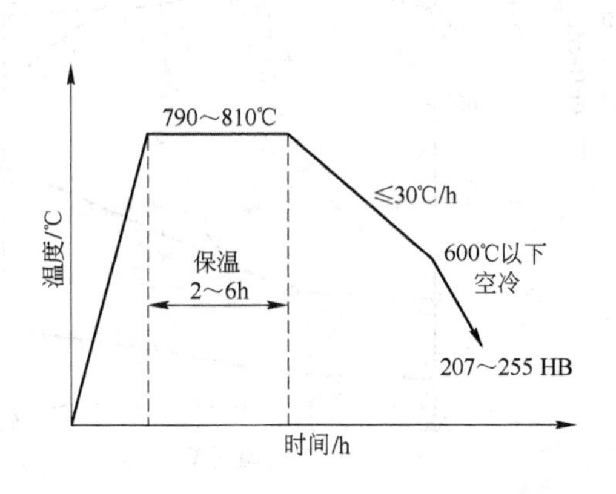

图 3-58 锻压后退火制度

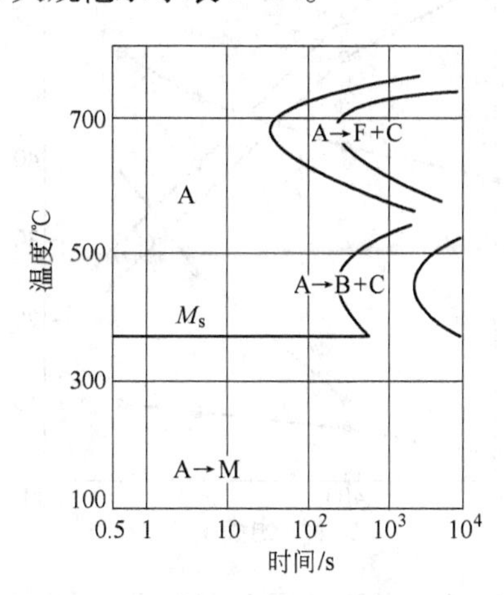

图 3-59 等温转变曲线
(奥氏体化温度 870℃)

表 3-34 8Cr3 钢推荐的淬火规范

淬火温度/℃	冷 却			硬度(HRC)
	介 质	介质温度/℃		
850~880	油	20~40	冷却到油温	≥55

C 回火

8Cr3 钢推荐的回火规范示于表 3-35，推荐的表面处理规范示于表 3-36，与回火有关的曲线示于图 3-60~图 3-62。

表 3-35 8Cr3 钢推荐的回火规范

回火目的	回火温度/℃	加热设备	冷却介质	硬度(HRC)
降低硬度和消除应力	480~520	熔融盐浴或空气炉	空 气	41~46

表 3-36 8Cr3 钢推荐的表面处理规范

氮化温度/℃	氮化时间/h	介 质	扩 散 层	
			渗层厚度/mm	显微硬度(HV)
480	50	氨，α=25%~35%	0. 35~0. 40	600~750

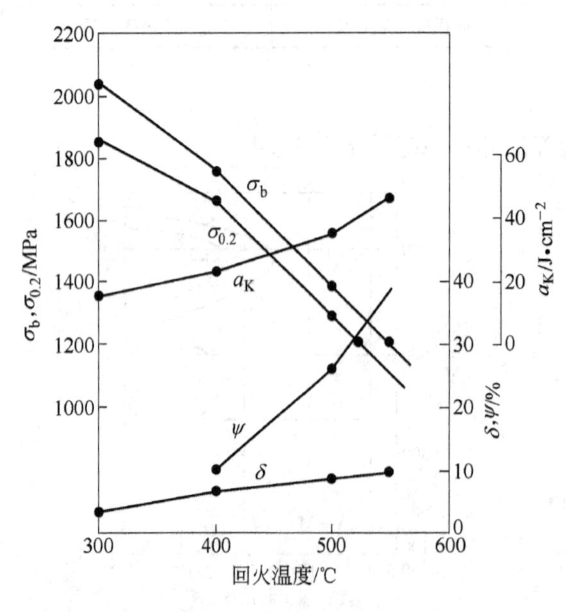

图 3-60 不同温度回火后的室温力学性能[7]
(870℃油淬后回火)

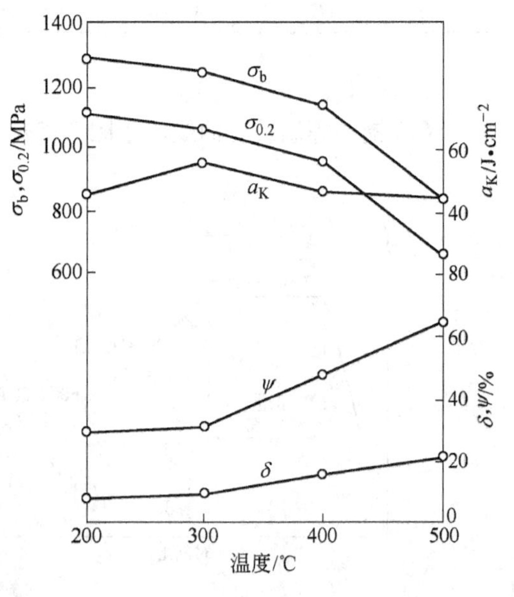

图 3-61 高温力学性能
(870℃油淬，570℃回火)

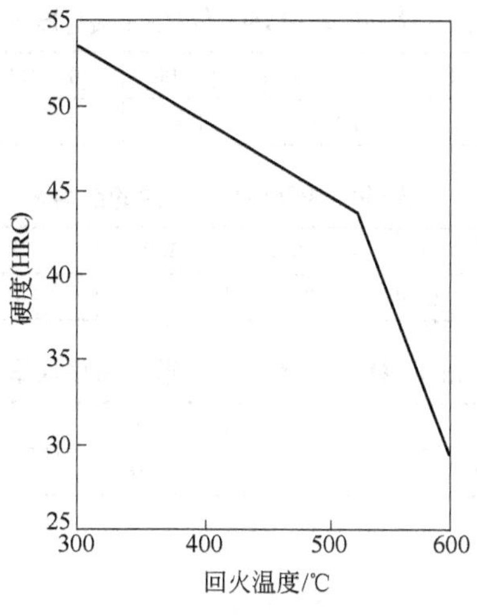

图 3-62 回火硬度曲线
(870℃油淬)

3.2 中合金热作模具钢

3.2.1 4Cr5MoSiV 钢

4Cr5MoSiV 钢是一种空冷硬化的热作模具钢。该钢在中温条件下具有很好的韧性,较好的热强度、热疲劳性能和一定的耐磨性,在较低的奥氏体化温度条件下进行空淬,热处理变形小,空淬时产生氧化铁皮的倾向小,而且可以抵抗熔融铝的冲蚀作用。该钢通常用于制造铝铸件用的压铸模、热挤压模和穿孔用的工具和芯棒、压力机锻模、塑料模等。此外,由于该钢具有好的中温强度,亦被用于制造飞机、火箭等耐400~500℃工作温度的结构件。

3.2.1.1 化学成分

4Cr5MoSiV 钢的化学成分示于表 3-37。

表 3-37 4Cr5MoSiV 钢的化学成分(GB/T 1299—2000)

化学成分(质量分数)/%							
C	Si	Mn	Cr	Mo	V	P	S
0.33~0.43	0.80~1.20	0.20~0.50	4.75~5.50	1.10~1.60	0.30~0.60	≤0.03	≤0.03

3.2.1.2 物理性能

4Cr5MoSiV 钢的物理性能示于表 3-38~表 3-41,其密度为 7.69 t/m^3;质量定压热容(20℃)c_p 为 459.8 J/(kg·K)。

表 3-38 4Cr5MoSiV 钢的临界温度

临界点	A_{c1}	A_{c3}	A_{r1}	A_{r3}	M_s	M_f
温度(近似值)/℃	853	912	720	773	310	103

表 3-39 4Cr5MoSiV 钢的线[膨]胀系数

温度/℃	20~100	20~200	20~300	20~400	20~500	20~600	20~700
线[膨]胀系数/$\times10^{-6}$℃$^{-1}$	10.0	10.9	11.4	12.2	12.8	13.3	13.6

表 3-40 4Cr5MoSiV 钢的热导率

温度/℃	100	200	300	400	500	600	700
热导率 λ/W·(m·K)$^{-1}$	25.9	27.6	28.4	28.0	27.6	26.7	25.9

表 3-41 4Cr5MoSiV 钢的弹性模量

温度/℃	20	100	200	300	400	500
弹性模量 E/GPa	227	221	216	208	200	192

3.2.1.3 热加工

4Cr5MoSiV 钢的热加工工艺示于表 3-42。

表 3-42 4Cr5MoSiV 钢的热加工工艺

项 目	加热温度/℃	开锻温度/℃	终锻温度/℃	冷却方式
钢 锭	1140~1180	1100~1150	≥900	砂冷或坑冷
钢 坯	1120~1150	1070~1100	900~850	砂冷或坑冷

3.2.1.4 热处理

A 预先热处理

4Cr5MoSiV 钢的预先热处理曲线示于图 3-63 和图 3-64。

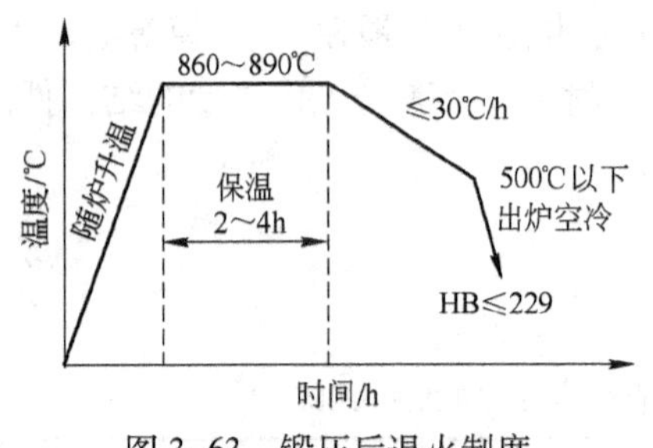

图 3-63 锻压后退火制度

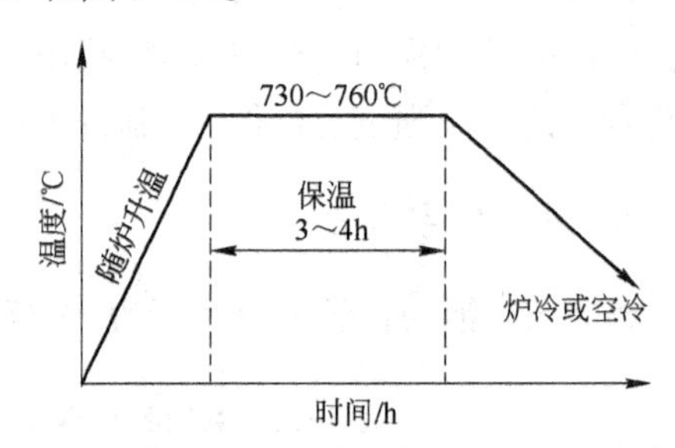

图 3-64 消除应力退火制度

B 淬火

4Cr5MoSiV 钢与淬火有关的曲线示于图 3-65~图 3-68，推荐的淬火规范示于表 3-43。

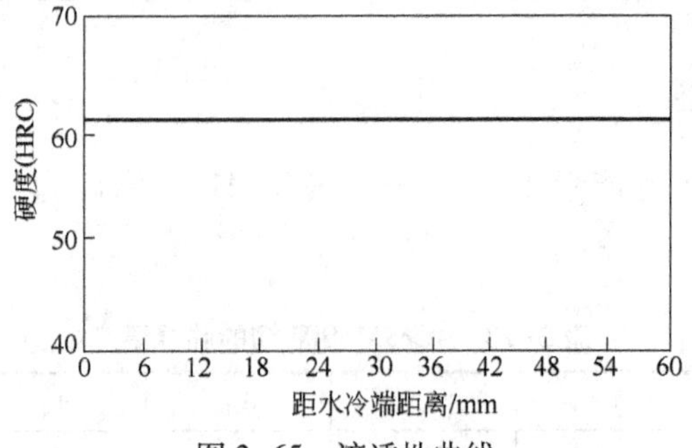

图 3-65 淬透性曲线

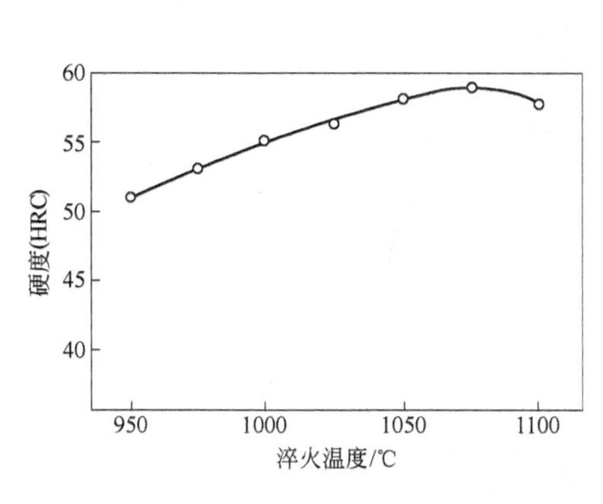

图 3-66 淬火硬度与淬火温度的关系(空淬)

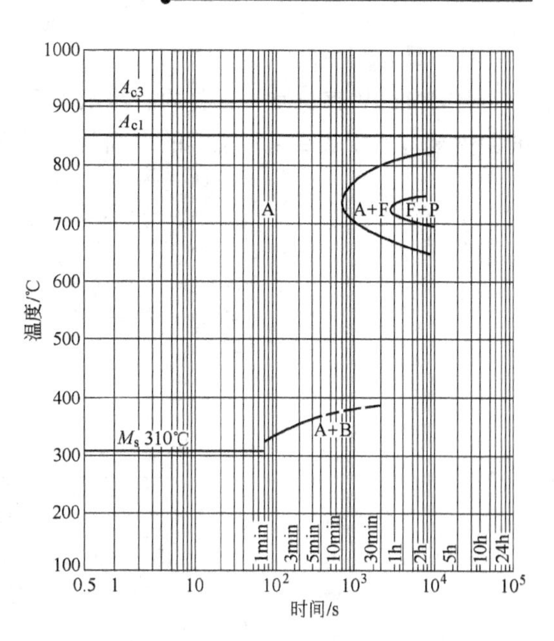

图 3-67 钢的等温转变曲线

(试样成分(%):0.40C,1.00Si,0.60Mn,0.003S,0.01P,5.00Cr,1.30Mo,0.40V;原始状态:退火;奥氏体化:1000℃,10min)[8]

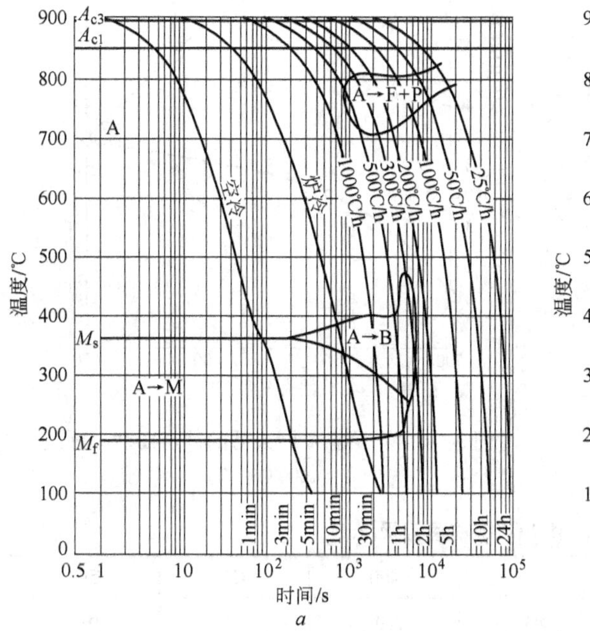

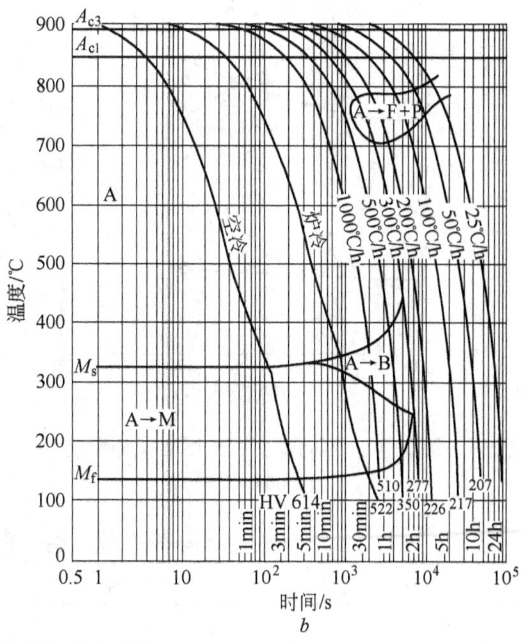

图 3-68 钢的连续冷却转变曲线

a—奥氏体化温度 980℃,10min;*b*—奥氏体化温度:1000℃,10min

(试样成分(%):0.40C,1.00Si,0.60Mn,0.003S,0.01P,5.00Cr,1.30Mo,0.40V;原始状态:退火)[8]

表 3-43 4Cr5MoSiV 钢推荐的淬火规范

淬火温度/℃	冷却介质	介质温度/℃	延 续	硬度(HRC)
1000~1030	油或空气	20~60	冷至油温	53~55

C 回火

4Cr5MoSiV 钢与回火有关的曲线示于图 3-69～图 3-73，其疲劳极限示于表 3-44，推荐的回火规范示于表 3-45，推荐的表面处理规范示于表 3-46。

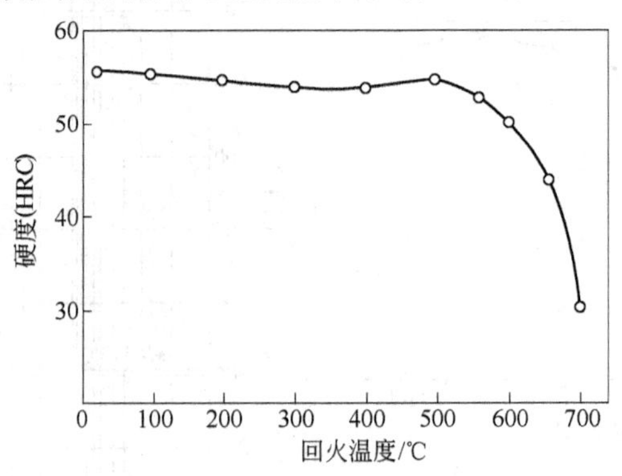

图 3-69 硬度与回火温度的关系

（1030℃空冷淬火）

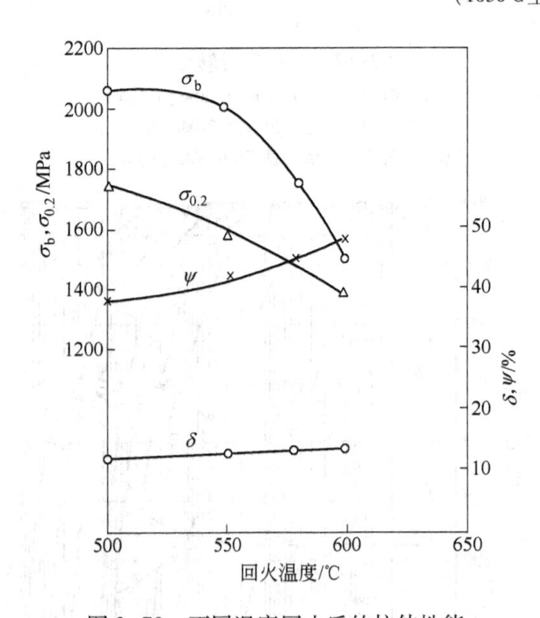

图 3-70 不同温度回火后的拉伸性能

（1000℃空淬）

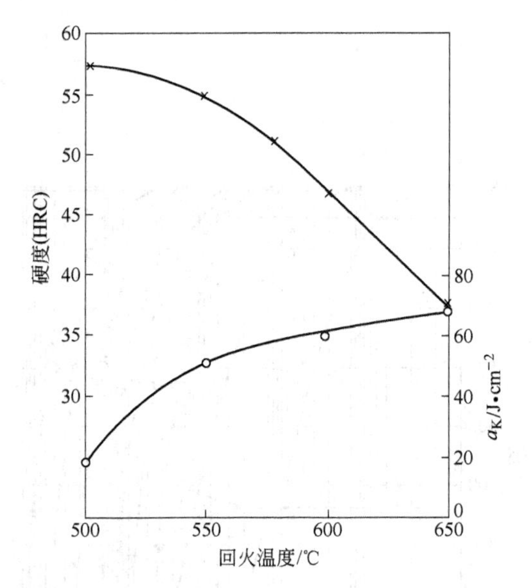

图 3-71 不同温度回火后的冲击韧性和硬度

（1000℃油淬）

表 3-44 4Cr5MoSiV 钢的疲劳极限

试验温度/℃		室 温	300	400	450	500
σ_{-1}	MPa	880	680	640	630	610
σ_{-1K}		570	440	430		420

表 3-45 4Cr5MoSiV 钢推荐的回火规范

用 途	温度/℃	设 备	冷却方式	回火次数	硬度(HRC)
消除应力和降低硬度	530～560	熔融盐浴或空气炉	空 冷	2	47～49

注：第二次回火温度通常比第一次低 20～30℃。

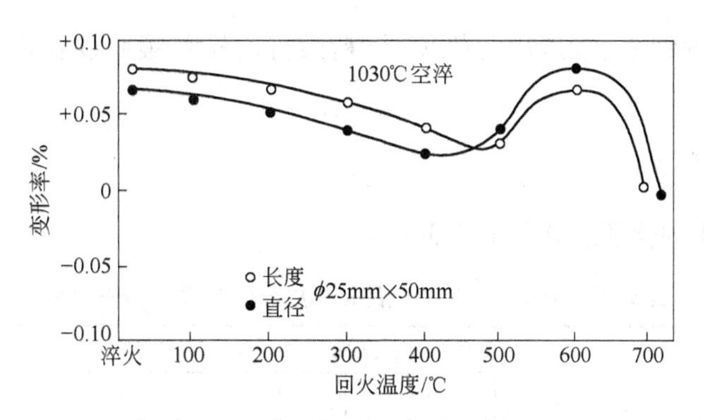

图 3-72　淬火和回火后的变形率

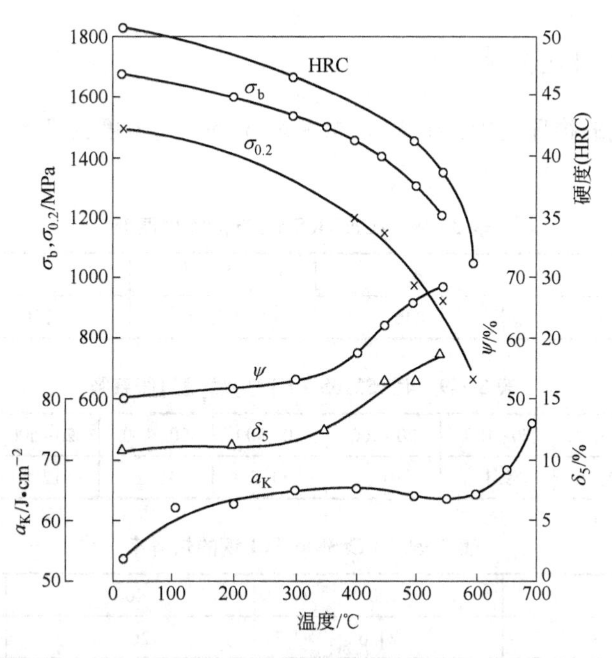

图 3-73　高温力学性能

（1000℃空淬，580℃回火）

表 3-46　4Cr5MoSiV 钢推荐的表面处理规范

工　艺	温度/℃	时间/h	介　质	扩散层	
				渗层厚度/mm	显微硬度(HV)
氰　化	560	2	50%KCN+50%NaCN	0.04	690~640
氰　化	580	8	天然气+氨	0.25~0.30	860~830
氮　化	540	12~20	氨，α=30%~60%	0.15~0.20	760~550

3.2.2　4Cr5MoSiV1 钢

4Cr5MoSiV1 钢是一种空冷硬化的热作模具钢，也是所有热作模具钢中使用最广泛的钢号之一。与 4Cr5MoSiV 钢相比，该钢具有较高的热强度和硬度；在中温条件下具有很好的韧性、热疲劳性能和一定的耐磨性，在较低的奥氏体化温度条件下空淬，热处理变形小，空淬时产生氧化铁皮的倾向小，而且可以抵抗熔融铝的冲蚀作用。该钢广泛用于制造热挤压模

具与芯棒、模锻锤的锻模、锻造压力机模具,精锻机用模具镶块以及铝、铜及其合金的压铸模。[9~13]

3.2.2.1 化学成分

4Cr5MoSiV1 钢的化学成分示于表 3-47。

表 3-47 4Cr5MoSiV1 钢的化学成分(GB/T 1299—2000)

化学成分(质量分数)/%							
C	Si	Mn	Cr	Mo	V	P	S
0.32~0.45	0.80~1.20	0.20~0.50	4.75~5.50	1.10~1.75	0.80~1.20	≤0.03	≤0.03

3.2.2.2 物理性能

4Cr5MoSiV1 钢的物理性能示于表 3-48~表 3-50,其密度为 7.8 t/m^3;弹性模量 E 为 210 GPa。

表 3-48 4Cr5MoSiV1 钢的临界温度

临界点	A_{c1}	A_{c3}	M_s	M_f
温度(近似值)/℃	845	870	270	105

表 3-49 4Cr5MoSiV1 钢的线[膨]胀系数

温度/℃	20~100	20~200	20~300	20~400	20~500	20~600	20~700
线[膨]胀系数/×10^{-6}℃$^{-1}$	9.1	10.3	11.5	12.2	12.8	13.2	13.5

表 3-50 4Cr5MoSiV1 钢的热导率

温度/℃	20	400	800
热导率 λ/W·(m·K)$^{-1}$	24.6	26.2	27.6

3.2.2.3 热加工

4Cr5MoSiV1 钢的热加工工艺示于表 3-51。

表 3-51 4Cr5MoSiV1 钢热加工工艺

项 目	加热温度/℃	开锻温度/℃	终锻温度/℃	冷却方式
钢 锭	1140~1180	1100~1150	900~850	缓冷(砂冷或坑冷)
钢 坯	1120~1150	1050~1100	900~850	缓冷(砂冷或坑冷)

3.2.2.4 热处理

A 预先热处理

4Cr5MoSiV1 钢的有关预先热处理曲线示于图 3-74 和图 3-75,退火前后的硬度和组织示于表 3-52。

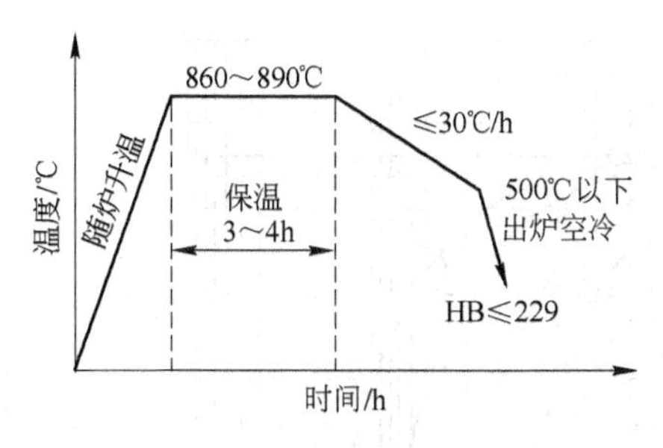

图 3-74 锻压后退火制度

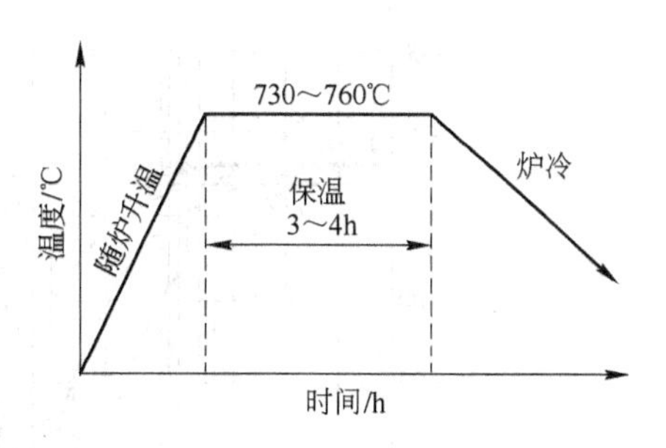

图 3-75 去应力退火制度

表 3-52 4Cr5MoSiV1 钢退火前后的硬度和组织

硬度				组织	
未退火		退火后		未退火	退火后
d_{HB}/mm	HB	d_{HB}/mm	HB		
~2.75	~500	≥3.9	≤241	索氏体或马氏体	球化珠光体+少量碳化物

B 淬火

4Cr5MoSiV1 钢与淬火有关的曲线示于图 3-76～图 3-78，推荐的淬火规范示于表 3-53。

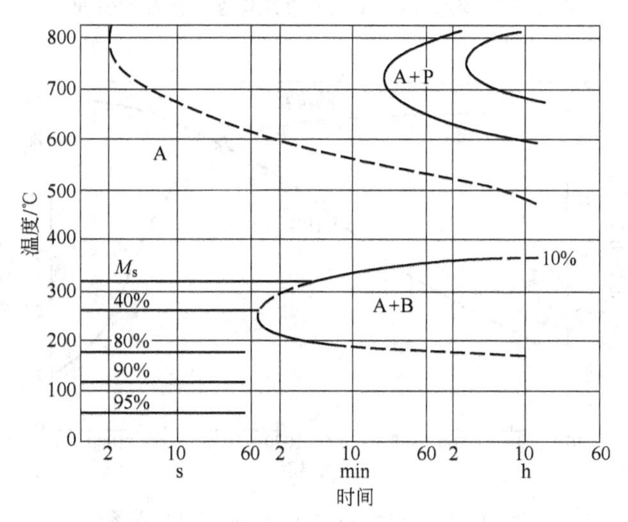

图 3-76 等温转变曲线[9]

(用钢成分(%)：0.40C，1.05Si，5.0Cr，1.35Mo，1.10V；
奥氏体化温度 1010℃)

表 3-53 4Cr5MoSiV1 钢推荐的淬火规范

淬火温度/℃	冷却			硬度(HRC)
	介质	介质温度/℃	冷却到室温	
1020～1050	油或空气	20～60		56～58

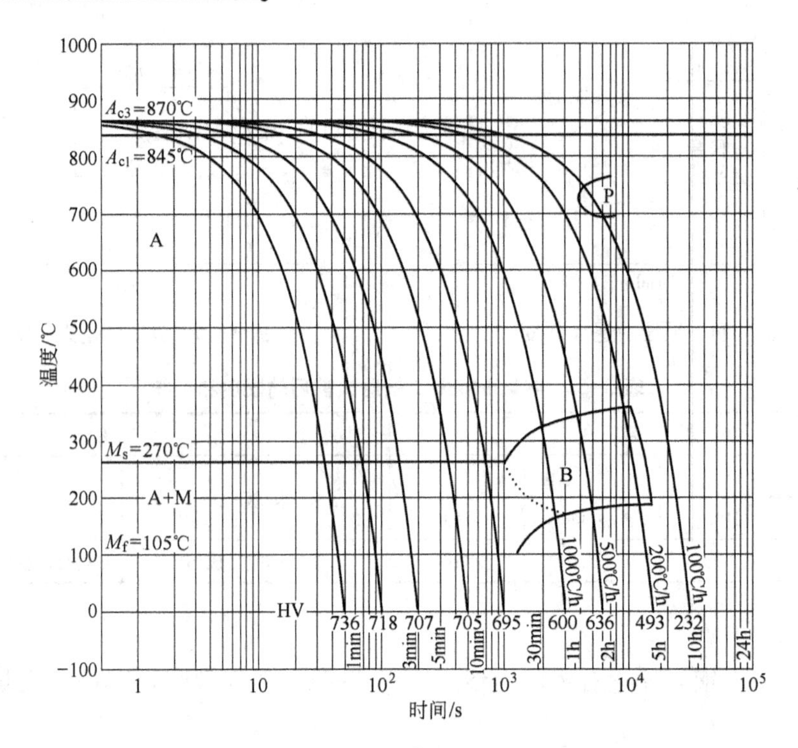

图 3-77 4Cr5MoSiV1 钢的奥氏体连续冷却转变曲线

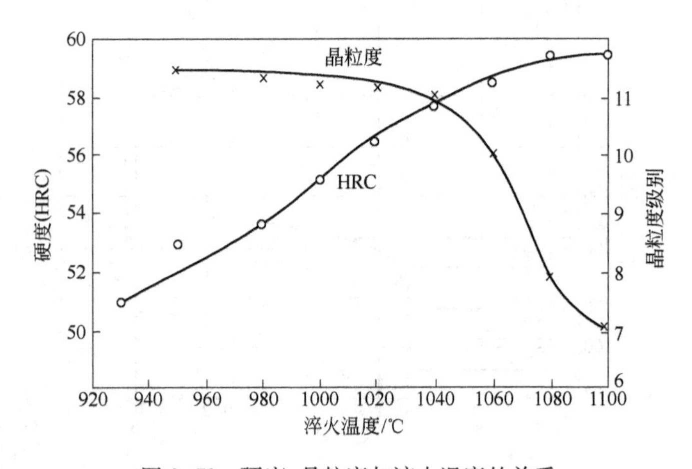

图 3-78 硬度、晶粒度与淬火温度的关系

C 回火

4Cr5MoSiV1 钢与回火有关的曲线示于图 3-79～图 3-82，其疲劳极限示于表 3-54，推荐的回火规范示于表 3-55，推荐的表面处理规范示于表 3-56。

表 3-54 4Cr5MoSiV1 钢的疲劳极限

温度/℃		室 温	540
σ_{-1}	MPa	730	510
σ_{-1K}		670	370

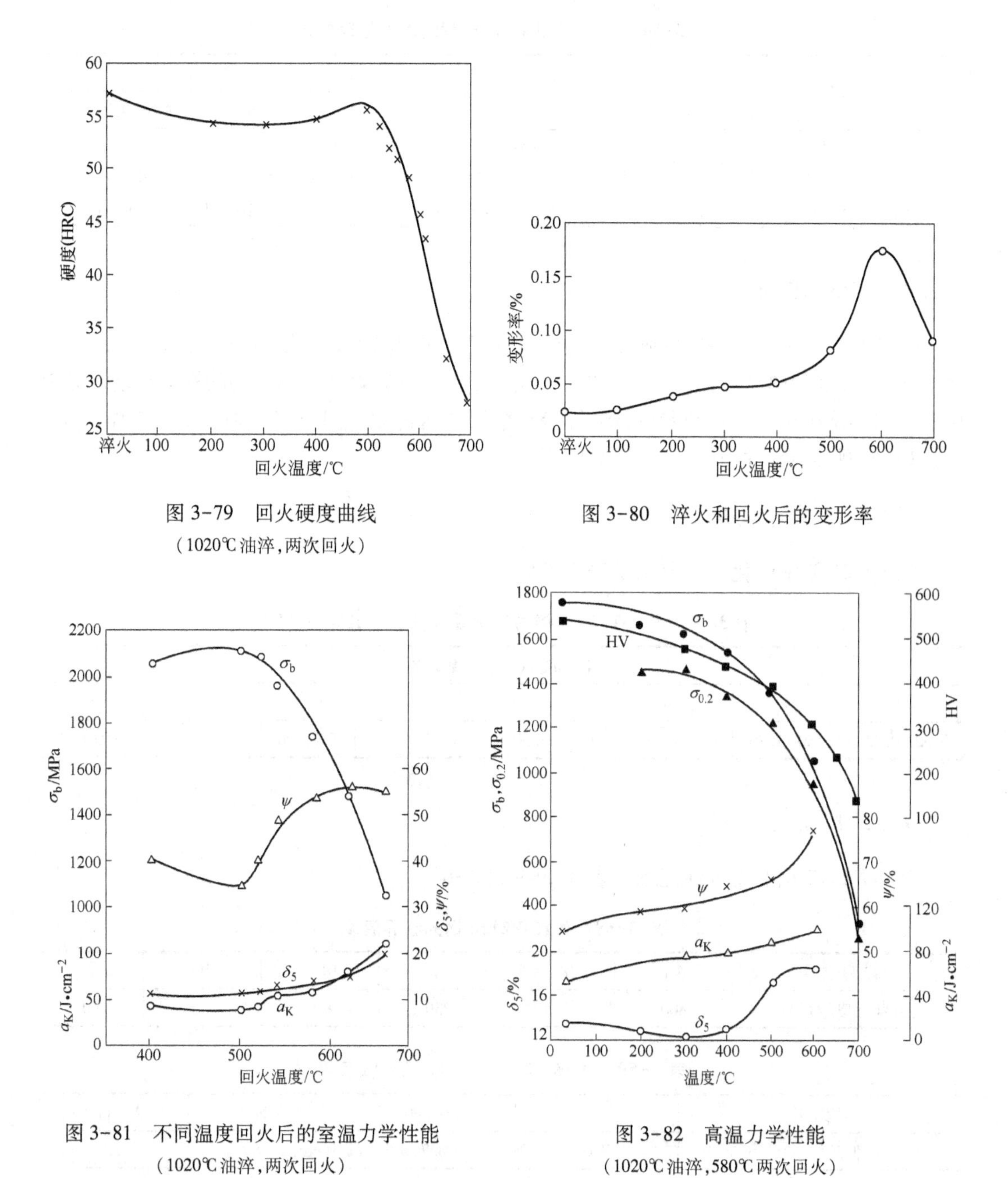

图 3-79 回火硬度曲线

(1020℃油淬,两次回火)

图 3-80 淬火和回火后的变形率

图 3-81 不同温度回火后的室温力学性能

(1020℃油淬,两次回火)

图 3-82 高温力学性能

(1020℃油淬,580℃两次回火)

表 3-55 4Cr5MoSiV1 钢推荐的回火规范

回火目的	回火温度/℃	加热设备	冷却介质	回火硬度(HRC)
消除应力和降低硬度	560~580①	熔融盐浴或空气炉	空 气	47~49

① 通常采用两次回火,第二次回火温度应比第一次低 20℃。

表 3-56 4Cr5MoSiV1 钢推荐的表面处理规范

工 艺	温度/℃	时间/h	介 质	扩 散 层	
				深度/mm	显微硬度(HV)
氰 化	560	2	50%KCN+50%NCN	0.04	690~640
氰 化	580	8	天然气+氨	0.25~0.30	860~635
氮 化	530~550	12~20	氨,α=30%~60%	0.15~0.20	760~550

3.2.3 4Cr5W2VSi 钢

4Cr5W2VSi 钢是一种空冷硬化的热作模具钢。在中温下具有较高的热强度、硬度、耐磨性、韧性和较好的热疲劳性能。采用电渣重熔,可以比较有效地提高该钢的横向性能。该钢用于制造热挤压用的模具和芯棒,铝、锌等轻金属的压铸模,热顶锻结构钢和耐热钢用的工具,以及成型某些零件用的高速锤模具。[7]

3.2.3.1 化学成分

4Cr5W2VSi 钢的化学成分示于表 3-57。

表 3-57 4Cr5W2VSi 钢的化学成分(GB/T 1299—2000)

化学成分(质量分数)/%							
C	Si	Mn	Cr	W	V	P	S
0.32~0.42	0.80~1.20	≤0.40	4.50~5.50	1.60~2.40	0.60~1.00	≤0.030	≤0.030

3.2.3.2 物理性能

4Cr5W2VSi 钢的物理性能示于表 3-58~表 3-60。

表 3-58 4Cr5W2VSi 钢的临界温度

临 界 点	A_{c1}	A_{c3}	A_{r1}	A_{r3}	M_s	M_f
温度(近似值)/℃	800	875	730	840	275	90

表 3-59 4Cr5W2VSi 钢的线[膨]胀系数

温度/℃	22~100	22~200	22~500	22~600
线[膨]胀系数/$\times10^{-6}$℃$^{-1}$	7.6	8.7	11.6	12

表 3-60 4Cr5W2VSi 钢的弹性模量

温度/℃	20	100	200	300	400	500	600
弹性模量 E/GPa	230	226	210	210	203	192	178

3.2.3.3 热加工

4Cr5W2VSi 钢的热加工条件示于表 3-61。

表 3-61 4Cr5W2VSi 钢的热加工条件

项 目	加热温度/℃	开锻温度/℃	终锻温度/℃	冷却方式
钢 锭	1140~1180	1100~1150	925~900	缓冷(砂冷或坑冷)
钢 坯	1100~1150	1080~1120	900~850	缓冷(砂冷或坑冷)

3.2.3.4 热处理

A 预先热处理

4Cr5W2VSi 钢有关的预先热处理曲线示于图 3-83 和图 3-84,退火后的硬度和组织示于表 3-62。

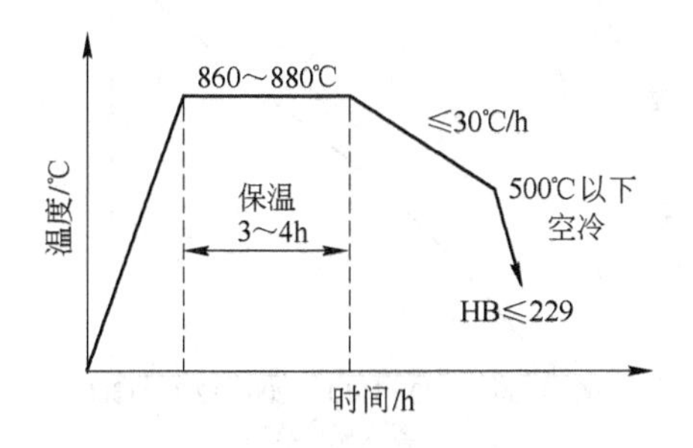

图 3-83 锻压后退火制度

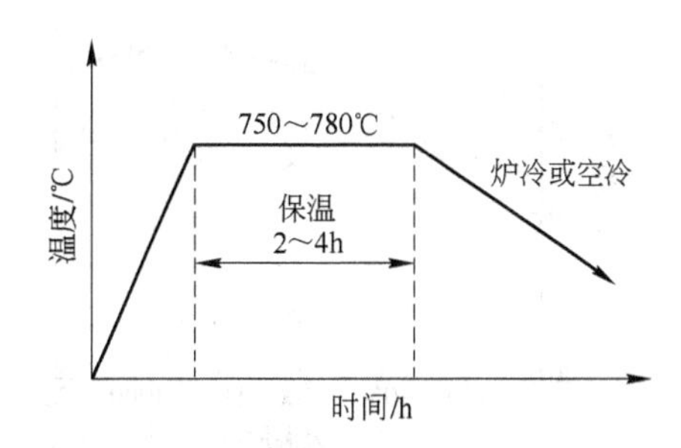

图 3-84 去应力退火制度

表 3-62 4Cr5W2VSi 钢退火后的硬度和组织

硬 度		组 织	
d_{HB}/mm	HB	未退火	退火后
≥3.9	≤241	屈氏体	球状珠光体+碳化物

B 淬火

4Cr5W2VSi 钢推荐的淬火规范示于表 3-63,与淬火有关的曲线示于图 3-85~图 3-88。

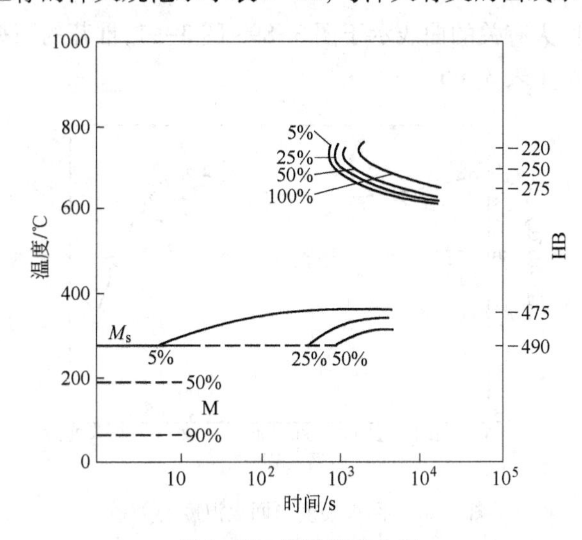

图 3-85 等温转变曲线

(用钢成分(%):0.39C,0.98Si,0.33Mn,4.8Cr,2.0W,1.0V;奥氏体化 1030℃,5min)

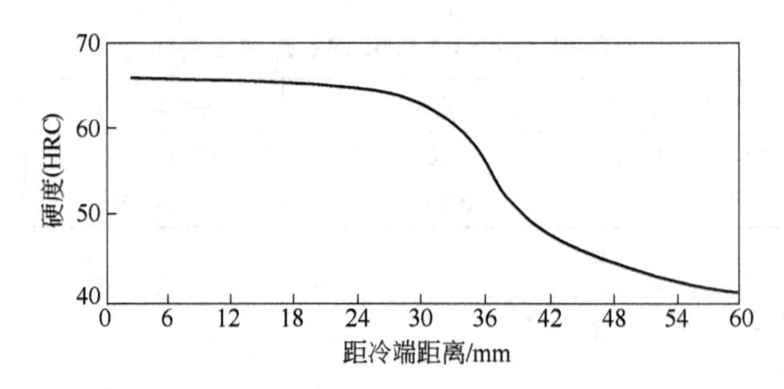

图 3-86 淬透性曲线

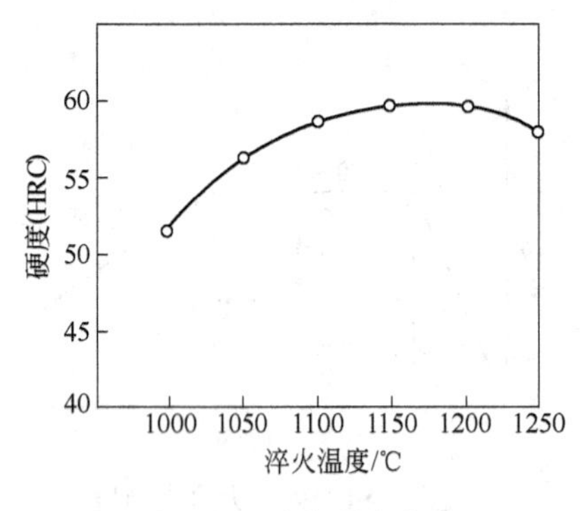

图 3-87 淬火硬度曲线

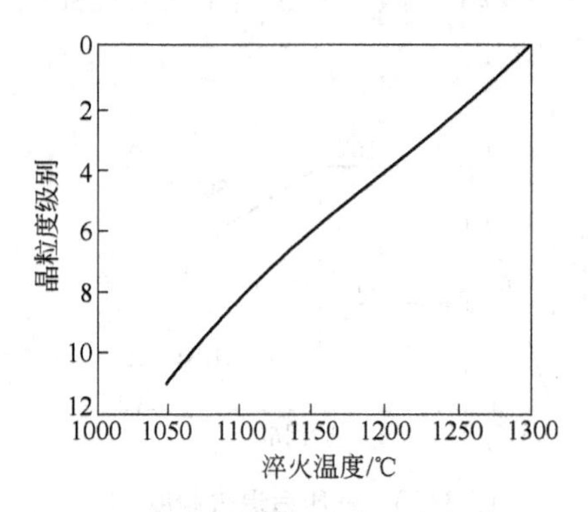

图 3-88 晶粒度与淬火温度的关系

表 3-63 4Cr5W2VSi 钢推荐的淬火规范

方案	淬火温度/℃	冷却			硬度(HRC)
		介 质	介质温度/℃		
Ⅰ	1060~1080	油或空气	20~40	冷却到油温	56~58
Ⅱ	1030~1050	油	20~40		53~56

C 回火

4Cr5W2VSi 钢与回火有关的曲线示于图 3-89~图 3-91，推荐的回火规范示于表 3-64，推荐的表面处理规范示于表 3-65。

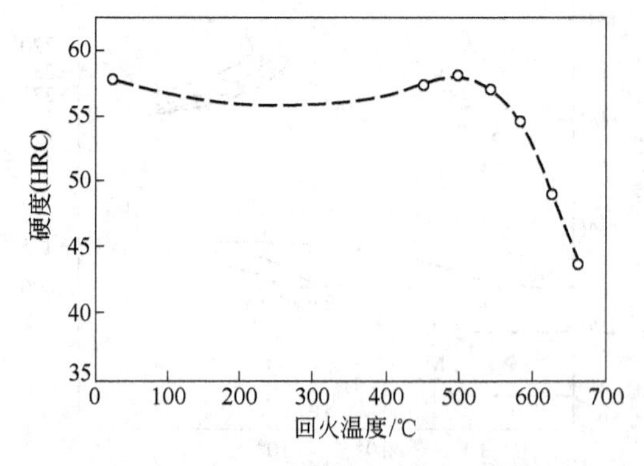

图 3-89 回火硬度与回火温度的关系

(1080℃空淬)

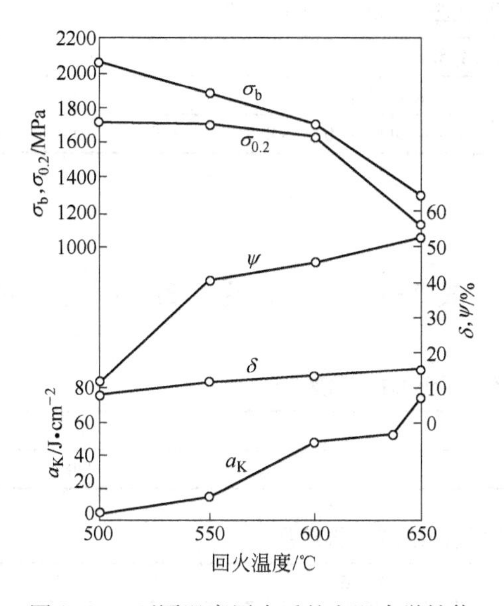

图 3-90 不同温度回火后的室温力学性能
(1040℃油淬,回火 2h)

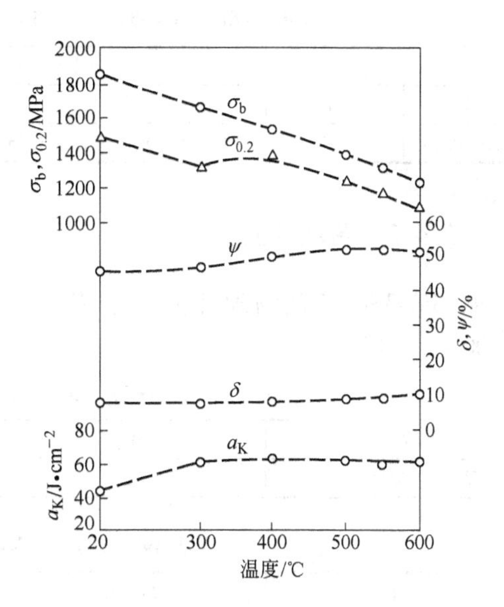

图 3-91 4Cr5W2VSi 钢的高温力学性能
(1040℃油淬,580℃回火 2h)

表 3-64 4Cr5W2VSi 钢推荐的回火规范

淬火方案	用 途	温度/℃	设 备	冷却介质	保温时间/h	硬度(HRC)
Ⅰ	降低硬度和稳定组织	第一次 590~610 第二次 570~590	熔融盐或空气炉	空 气	2 2	48~52
Ⅱ		第一次 560~580 第二次 530~540	熔融盐或空气炉	空 气	2 2	47~49

表 3-65 4Cr5W2VSi 钢推荐的表面处理规范

工 艺	温度/℃	时间/h	介 质	扩散层	
				层深/mm	显微硬度(HV)
氰 化	560	2	50%KCN+50%NaCN	0.04~0.07	710~580
氰 化	580	8	天然气+氨	0.25	765~660
氮 化	530~550	12~20	氨,α=30%~60%	0.12~0.20	1115~650

3.2.4 4Cr3Mo3SiV 钢

4Cr3Mo3SiV 钢引自美国的 H10(ASTM),它是在含 5%Cr 的中合金热作模具钢基础上调整成分而成,即降低含 Cr 量,提高含 Mo 量,是 Cr3 - Mo3 型系列钢种之一。与 4Cr5MoSiV1 钢相比,该钢热强性较高,但冲击韧性稍低;该钢具有高淬透性、高抗氧化性、高强度、高硬度和良好的韧性配合的综合性能,可用于制造热作模具包括:热锻模、热挤压模、热冲孔模、芯棒、热穿孔工具等。

3.2.4.1 化学成分

4Cr3Mo3SiV 钢的化学成分示于表 3-66。

表 3-66 4Cr3Mo3SiV 钢的化学成分(GB/T 1299—2000)

化学成分(质量分数)/%							
C	Mn	Si	Cr	Mo	V	P	S
0.35~0.45	0.25~0.70	0.80~1.20	3.00~3.75	2.00~3.00	0.25~0.75	≤0.030	≤0.030

3.2.4.2 物理性能

4Cr3Mo3SiV 钢的物理性能列于表 3-67~表 3-69,其密度为 7.81 t/m³,弹性模量为 200~207 GPa。

表 3-67 4Cr3Mo3SiV 钢的临界温度

临界点	A_{c1}	A_{c3}	M_s
温度(近似值)/℃	820	900	290

表 3-68 4Cr3Mo3SiV 钢的线[膨]胀系数

温度范围/℃	25~205	25~620	260~620
线[膨]胀系数/$\times10^{-6}$℃$^{-1}$	12.2	13.3	13.7

表 3-69 4Cr3Mo3SiV 钢的热导率

温度	试样状态	20℃	350℃	700℃
热导率 /W·(m·K)$^{-1}$	退火	32.8	34.5	32.2
	淬、回火	31.4	32.0	29.3

3.2.4.3 热加工

4Cr3Mo3SiV 钢的热加工工艺示于表 3-70。

表 3-70 4Cr3Mo3SiV 钢的热加工工艺

项目	加热温度/℃	开锻温度/℃	终锻温度/℃	冷却方式
钢锭	1160~1180	1120~1140	≥900	缓冷
钢坯	1140~1160	1100~1120	≥850	

3.2.4.4 热处理

A 预先热处理

4Cr3Mo3SiV 钢的有关预先热处理工艺示于图 3-92 和图 3-93。

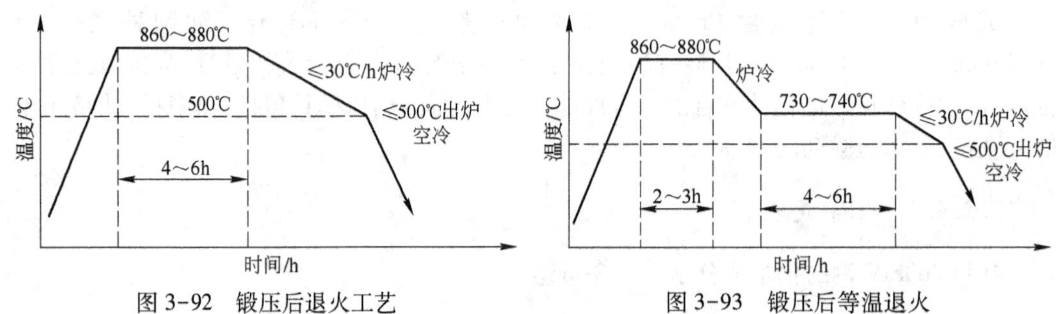

图 3-92 锻压后退火工艺

图 3-93 锻压后等温退火

B 淬火

4Cr3Mo3SiV 钢淬火的有关曲线示于图 3-94 和图 3-95，推荐的淬火规范示于表 3-71。

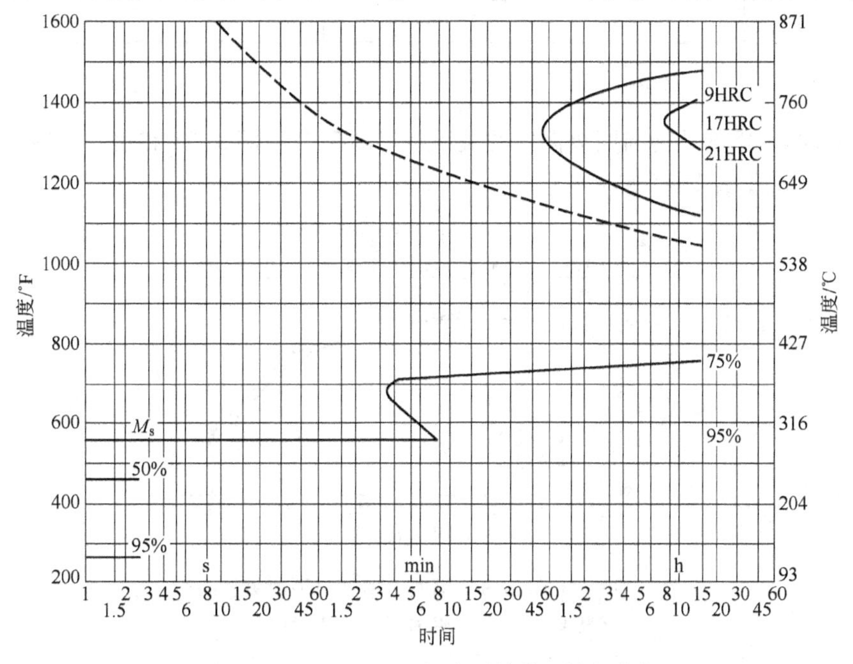

图 3-94 4Cr3Mo3SiV 钢奥氏体等温转变曲线

（用钢成分（%）：0.40C，1.00Si，0.55Mn，3.25Cr，2.50Mo，0.33V）；奥氏体化温度 1900℉（1038℃）[9]

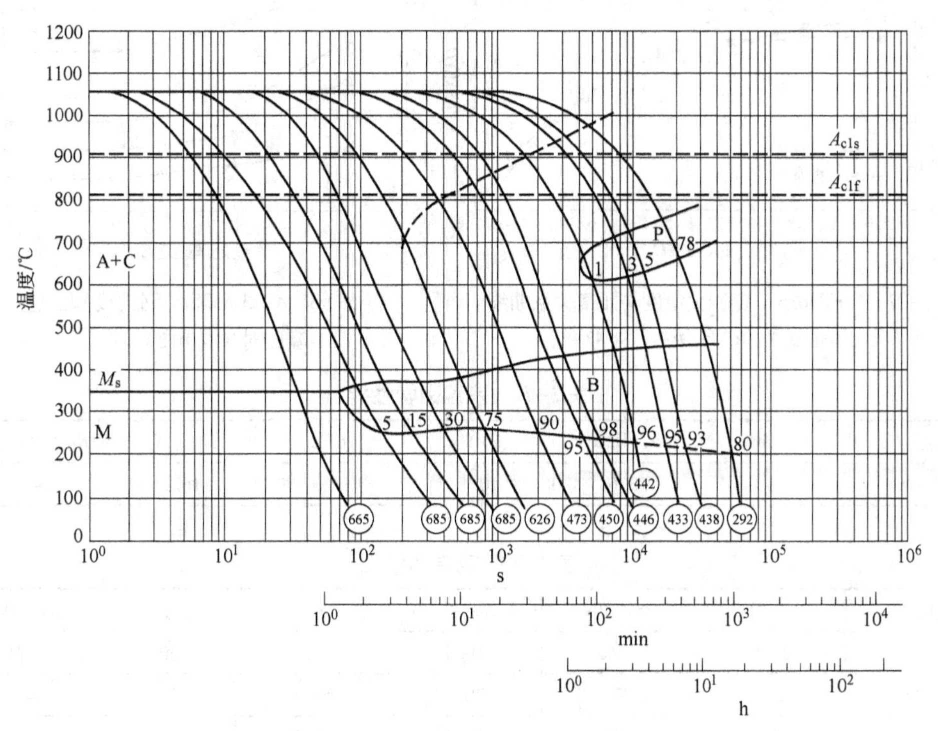

图 3-95 4Cr3Mo3SiV 钢的奥氏体连续转变曲线

（试验钢成分（%）：0.35C，3.0Cr，2.8Mo，0.5V）

表 3-71 4Cr3Mo3SiV 钢推荐的淬火规范

第一次预热	第二次预热	奥氏体化温度/℃	冷却介质	硬度(HRC)
500~550℃	820~850℃	1020~1040	油或空气	54~57

C 回火

4Cr3Mo3SiV 钢的性能与回火温度的关系示于图 3-96~图 3-98 和表 3-72~表 3-74，推荐的回火规范示于表 3-75。

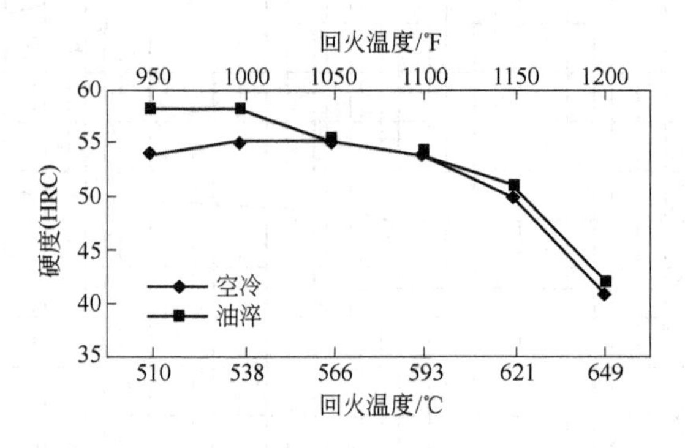

图 3-96 4Cr3Mo3SiV 钢回火温度与硬度关系曲线

（奥氏体化温度 1040℃，两次回火，4+4 h）

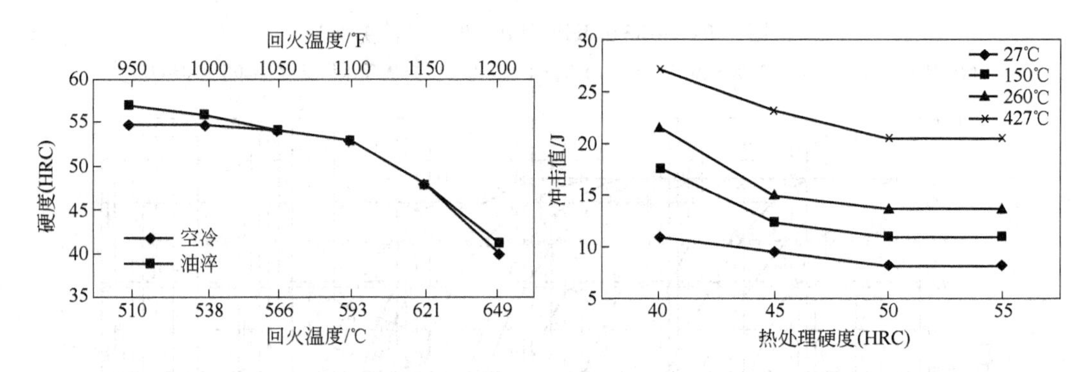

图 3-97 4Cr3Mo3SiV 钢回火温度与硬度关系曲线

（奥氏体化温度 1010℃，两次回火 4+4 h）

图 3-98 4Cr3Mo3SiV 钢硬度和试验温度对冲击值的影响

表 3-72 室温力学性能

试样硬度(HRC)	σ_b/MPa	σ_s/MPa	δ_5/%	ψ/%	A_{KU}/J	K_{IC}/MPa · $m^{1/2}$
47~49	1559	1356	10.1	34.1	16.9	41.2

表 3-73 高温力学性

温度/℃	σ_b/MPa	σ_s/MPa	δ_5/%	ψ/%	A_{KU}/J	HV
300	1349	1218	10.4	29.3	20.5	471.5
600	888	779	20.3	69.8	25.2	409.0
650	651	596	19.5	60.7	20.9	360.5
700	298	261	31.2	81.6	23.2	278.5

表 3-74 4Cr3Mo3SiV 钢的热稳定性数据

620℃时热稳定性			
保温时间/h	硬度(HRC)	保温时间/h	硬度(HRC)
0	47.5	11.5	38.6
2	44.1	14.5	37.6
4	43.8	17.5	35.4
6	42.2	21.0	33.8
8	41.3	—	—
660℃时热稳定性			
保温时间/h	硬度(HRC)	保温时间/h	硬度(HRC)
0	46.9	5	31.5
1	40.3	7	29.8
2	34.9	9	29.5
3	33.8	12	26.8
700℃时热稳定性			
保温时间/h	硬度(HRC)	保温时间/h	硬度(HRC)
0	46.6	1.5	28.3
0.5	33.5	2	25.8
1	29.0	3	—

表 3-75 4Cr3Mo3SiV 钢推荐的回火规范

回火温度/℃	冷却方式	硬度(HRC)
600~620	空 冷	47~50

3.3 高合金热作模具钢

3.3.1 3Cr2W8V 钢

3Cr2W8V 钢含有较多的易形成碳化物的铬、钨元素,因此在高温下有较高的强度和硬度,在 650℃时硬度达约 300HB,但其韧性和塑性较差。钢材断面在 80 mm 以下时可以淬透。这对表面层需要有高硬度、高耐磨性的大型顶锻模、热压模、平锻机模已是足够了。这种钢的相变温度较高,抵抗冷热交变的耐热疲劳性良好。

这种钢可用来制作高温下高应力、但不受冲击负荷的凸模、凹模如平锻机上用的凸凹模、镶块、铜合金挤压模、压铸用模具;也可供作同时承受较大压应力、弯应力、拉应力的模具,如反挤压的模具;还可供作高温下受力的热金属切刀等[1]。

3.3.1.1 化学成分

3Cr2W8V 钢的化学成分示于表 3-76。

表 3-76 3Cr2W8V 钢化学成分(GB/T 1299—2000)

化学成分(质量分数)/%							
C	Si	Mn	Cr	W	V	S	P
0.30~0.40①	≤0.40	≤0.40	2.20~2.70	7.50~9.00	0.20~0.50	≤0.030	≤0.030

① 根据用户要求,含碳量可提高至 0.40%~0.50%。

3.3.1.2 物理性能

3Cr2W8V 钢的物理性能示于表 3-77~表 3-81,其密度为 8.35t/m^3。

表 3-77 3Cr2W8V 钢的临界温度

临界点	A_{c1}	A_{cm}	A_{r1}
温度(近似值)/℃	820~830	1100	790

表 3-78 3Cr2W8V 钢的线[膨]胀系数

温度/℃	100	200	300	400	500	600	700	800
线[膨]胀系数/×10^{-6}℃$^{-1}$	14.3	14.7	15.6	16.3	16.1	15.2	15.0	28

表 3-79 3Cr2W8V 钢的质量定压热容

温度/℃	100	200	500	800	900
质量定压热容 c_p/J·(kg·K)$^{-1}$	468.2	525.5	685.5	1262.4	660.4

表 3-80 3Cr2W8V 钢的热导率

温度/℃	100	200	700	900
热导率 λ/W·(m·K)$^{-1}$	20.1	22.2	24.3	23.0

表 3-81 3Cr2W8V 钢的电阻率

温度/℃	20	200	500	700	900
电阻率 ρ/×10^{-6}Ω·m	0.50	0.60	0.80	1.0	1.19

3.3.1.3 热加工

3Cr2W8V 钢的热加工工艺示于表 3-82。

表 3-82 3Cr2W8V 钢的热加工工艺

项目	加热温度/℃	开锻温度/℃	终锻温度/℃	冷却方式
钢锭	1150~1200	1100~1150	900~850	先空冷,后坑冷或砂冷
钢坯	1130~1160	1080~1120	900~850	先空冷,后坑冷或砂冷

注:锻后要在空气中较快冷却到 A_{c1} 以下(约 700℃),随后缓冷(砂冷或炉冷);如条件许可,可直接进行红装退火。

3.3.1.4 热处理

A 预先热处理

3Cr2W8V 钢锻后退火工艺示于图 3-99,退火前后的硬度和组织示于表 3-83。

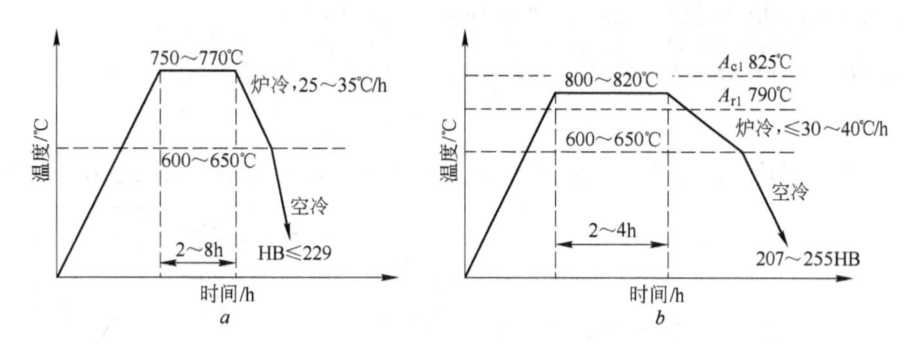

图 3-99 锻压后退火

(退火加热保温时间,在全部炉料到达退火温度后为 2~4h)

表 3-83 3Cr2W8V 钢退火前后的硬度和组织

硬度(HB)	显微组织	
	未退火	退火后
207~255	屈氏体+马氏体	珠光体+碳化物

B 淬火

3Cr2W8V 钢的奥氏体等温转变曲线示于图 3-100,推荐的淬火规范示于表 3-84。

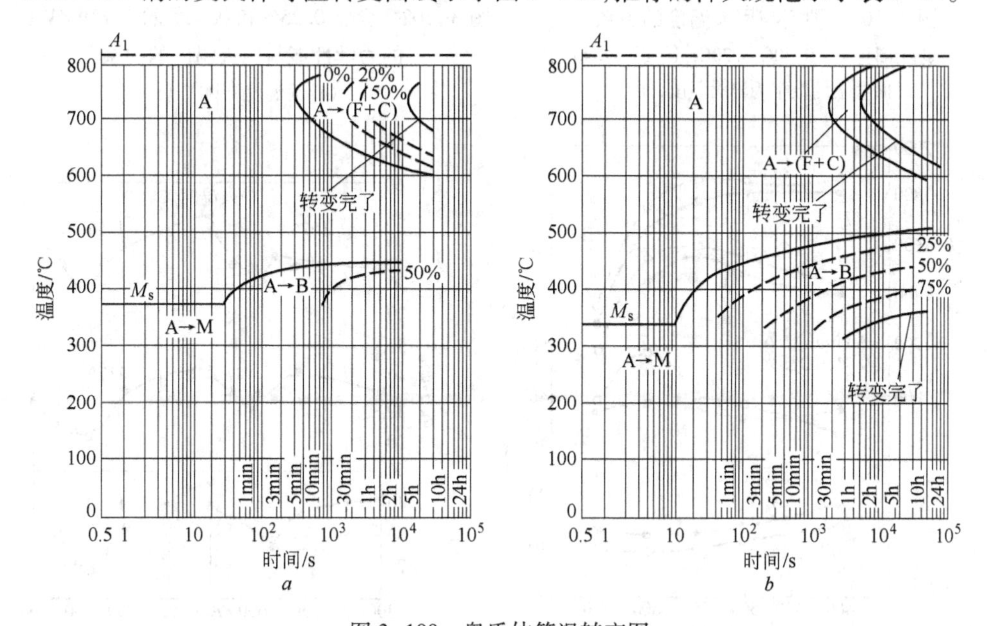

图 3-100 奥氏体等温转变图

a—试验用钢(%):0.30C,2.3Cr,8.78W,0.34V;奥氏体化温度 1120℃;

b—试验用钢(%):0.34C,2.86Cr,8.12W,0.17V;奥氏体化温度 1150℃

表 3-84 3Cr2W8V 钢推荐淬火规范

方 案	淬火加热温度/℃	冷 却				硬度(HRC)
		介 质	温度/℃	延 续	冷却到 20℃	
I	1050~1100	油	20~60	至 150~180℃	空 气	49~52

注：1. 大型模具采用加热温度的上限值，小型模具采用加热温度的下限值；
2. 大型模具应先在 600~650℃进行 1~2h 的预热，然后再进行加热；
3. 加热保温时间：火焰炉根据模具厚度，每 25mm 约保温 40~50min；电炉加热时，再增加 40%。

C 回火

3Cr2W8V 钢与回火有关的曲线示于图 3-101~图 3-108，推荐的回火规范示于表 3-85。

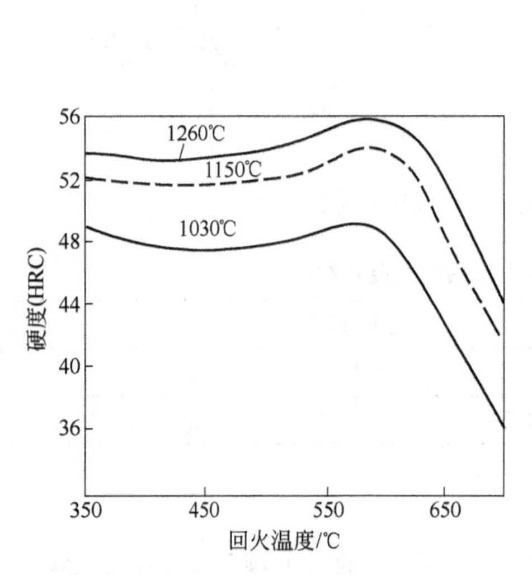

图 3-101 硬度与回火温度的关系[9]
(试验用钢(%)：0.30C，3.20Cr，10.0W，0.40V)
(曲线上的数字为淬火温度，油冷)

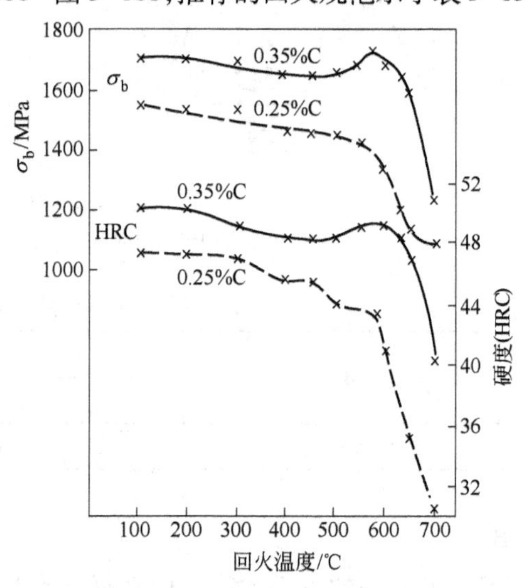

图 3-102 含碳 0.25%和 0.35%的 3Cr2W8V 钢的力学性能与回火温度的关系
(淬火温度 1100℃)

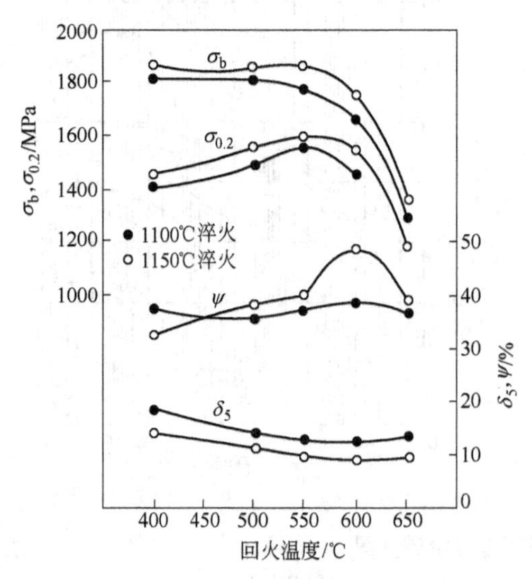

图 3-103 不同温度淬火和不同温度回火后的力学性能

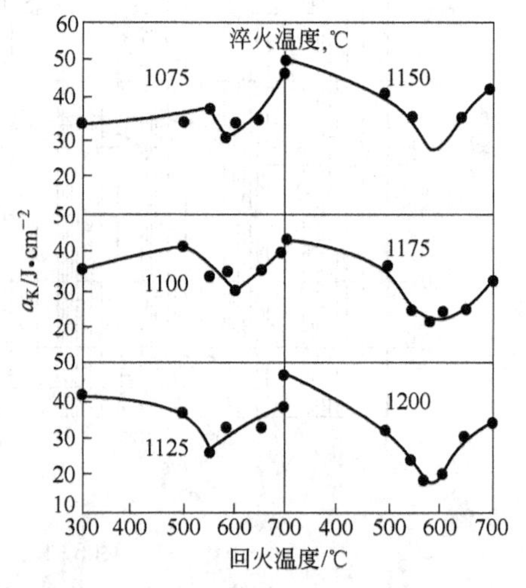

图 3-104 冲击韧性与回火温度的关系

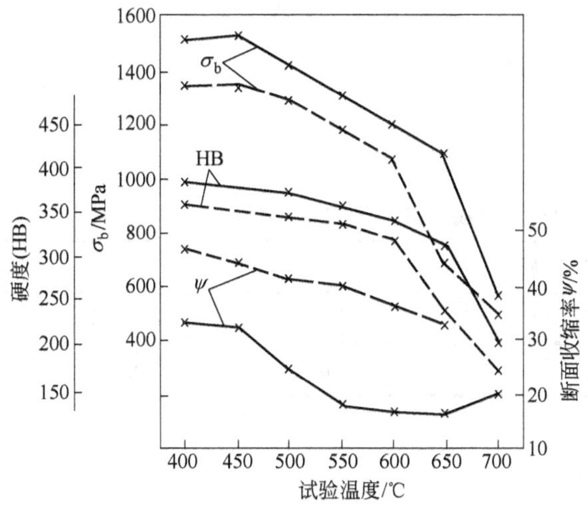

图 3-105 在 1100℃淬火,600℃回火后的高温力学性能

——含碳 0.35%;---含碳 0.25%

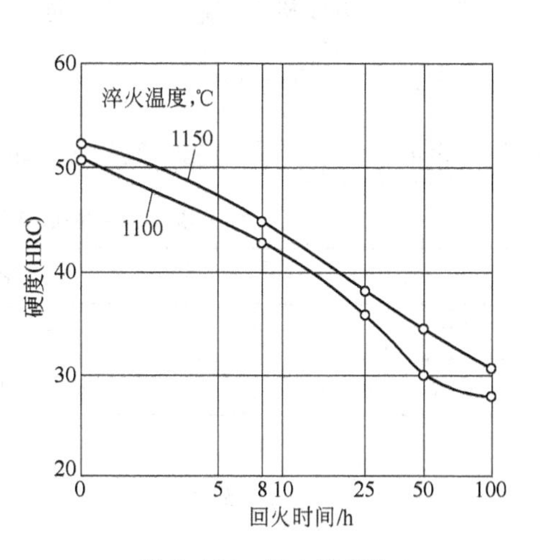

图 3-106 回火稳定性

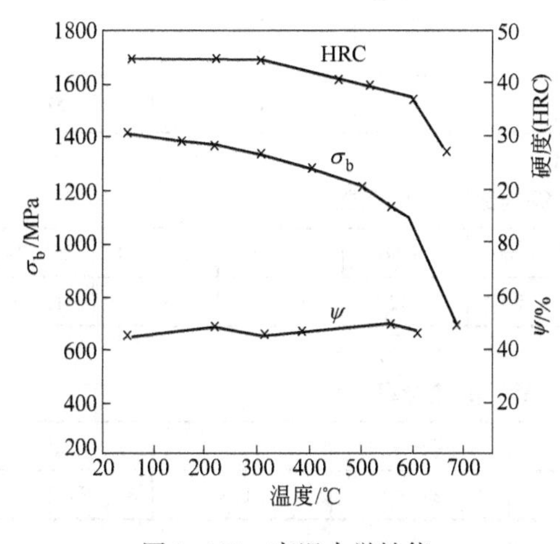

图 3-107 高温力学性能

(1100℃淬火,550℃回火)

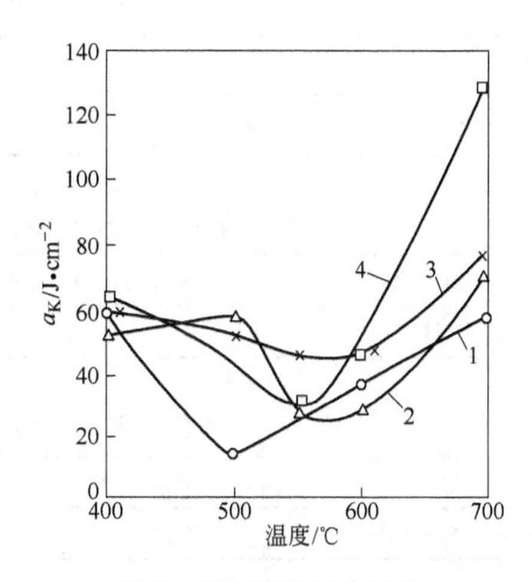

图 3-108 高温冲击韧性

1—1100℃淬火,550℃回火;2—1100℃淬火,620℃回火;

3—1150℃淬火,550℃回火;4—1150℃淬火,620℃回火

表 3-85 3Cr2W8V 钢推荐的回火规范

回 火 用 途	加热温度/℃	加 热 设 备	硬度(HRC)
消除应力,稳定组织与尺寸	600~620	煤气炉或电炉	40.2~47.4

注:1. 大型模具在淬火后,应立即回火;

2. 模具回火时,先装入 350~400℃的炉内停留 1~3h,然后将温度升至回火温度;

3. 回火保温时间,按每 25mm 厚度为 40~45min 进行计算。

3.3.2 3Cr3Mo3W2V 钢

3Cr3Mo3W2V 是热作模具钢,其冷加工、热加工性能良好,淬回火温度范围较宽;具有较高的热强性、热疲劳性能,又具有良好的耐磨性和抗回火稳定性等。该钢适宜制造镦锻、压

力机锻造等热作模具,模具使用寿命较高。[14~17]

3.3.2.1 化学成分

3Cr3Mo3W2V 钢的化学成分示于表 3-86。

表 3-86 3Cr3Mo3W2V 钢的化学成分(GB/T 1299—2000)

化学成分(质量分数)/%								
C	Si	Mn	Cr	Mo	W	V	P	S
0.32~0.42	0.60~0.90	≤0.65	2.80~3.30	2.50~3.00	1.20~1.80	0.80~1.20	≤0.03	≤0.03

3.3.2.2 物理性能

3Cr3Mo3W2V 钢的物理性能示于表 3-87~表 3-89。

表 3-87 3Cr3Mo3W2V 钢的临界温度

临界点	A_{c1}	A_{c3}	A_{r1}	A_{r3}	M_s
温度(近似值)/℃	850	930	735	825	400

表 3-88 3Cr3Mo3W2V 钢的线[膨]胀系数

温度/℃	25~100	25~200	25~300	25~400	25~500	25~600	25~700
线[膨]胀系数/$\times10^{-6}$℃$^{-1}$	10.4	12	11.06	12.27	12.53	13.35	13.58

表 3-89 3Cr3Mo3W2V 钢的热导率

温度/℃	99.4	398.2	479.4	568	673.4
热导率 λ/W·(m·K)$^{-1}$	31.8	30.9	31.8	31.8	31.8

3.3.2.3 热加工

3Cr3Mo3W2V 钢的热加工工艺示于表 3-90。

表 3-90 3Cr3Mo3W2V 钢的热加工工艺

项目	加热温度/℃	开锻温度/℃	终锻温度/℃	冷却方式
钢锭	1170~1200	1100~1150	≥900	缓冷(砂冷或坑冷)
钢坯	1150~1180	1050~1100	≥850	缓冷(砂冷或坑冷)

3.3.2.4 热处理

A 预先热处理

3Cr3Mo3W2V 钢的锻后等温退火工艺示于图 3-109。

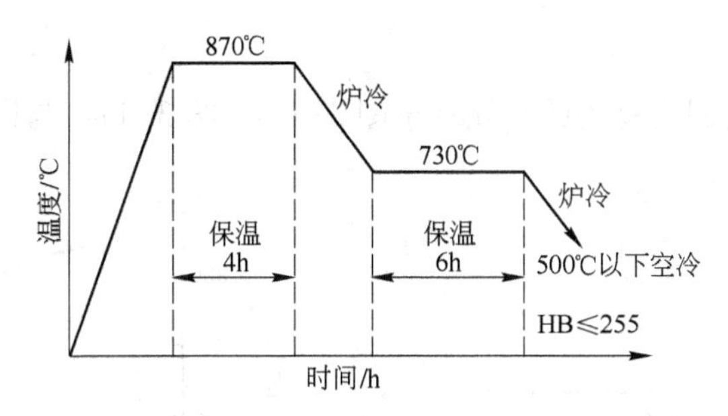

图 3-109 锻压后等温退火工艺

（退火后的组织为珠光体）

B 淬火

3Cr3Mo3W2V 钢与淬火有关的曲线示于图 3-110，不同温度淬火后的硬度、晶粒度和残余奥氏体量示于表 3-91，推荐的淬火规范示于表 3-92。

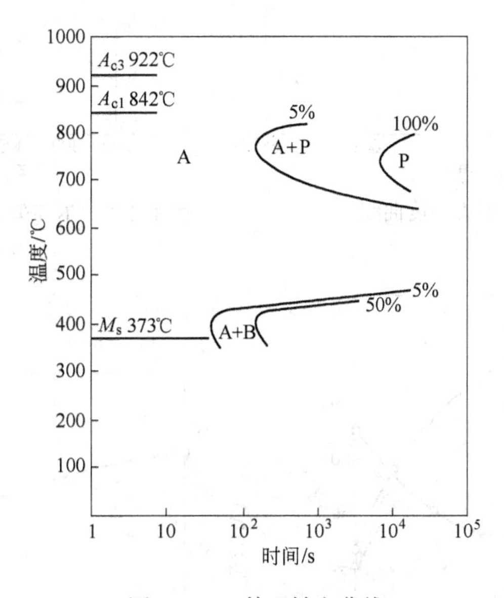

图 3-110 等温转变曲线

（用钢成分(%)：0.34C，0.79Si，0.21Mn，2.77Cr，2.44Mo，1.57W，0.77V；奥氏体化温度 1120℃）

表 3-91 3Cr3Mo3W2V 钢不同温度淬火后的硬度、晶粒度和残余奥氏体量

淬火温度/℃	950	1050	1100	1130	1160	1200
淬火硬度(HRC)	48	51.5	53	56	57.5	58
晶粒度级别	>10	>10	>10	10~9	9~8	8~7
残余奥氏体量/%	2.5	2.7	2.8	3.0	3.5	4.0

表 3-92 3Cr3Mo3W2V 钢推荐的淬火规范

淬火温度/℃	淬 火 介 质	介质温度/℃	淬火硬度(HRC)
1060~1130	油	20~60	52~56

C 回火

3Cr3Mo3W2V 钢与回火有关的曲线示于图 3-111～图 3-114，与回火有关的性能示于表 3-93～表 3-96。

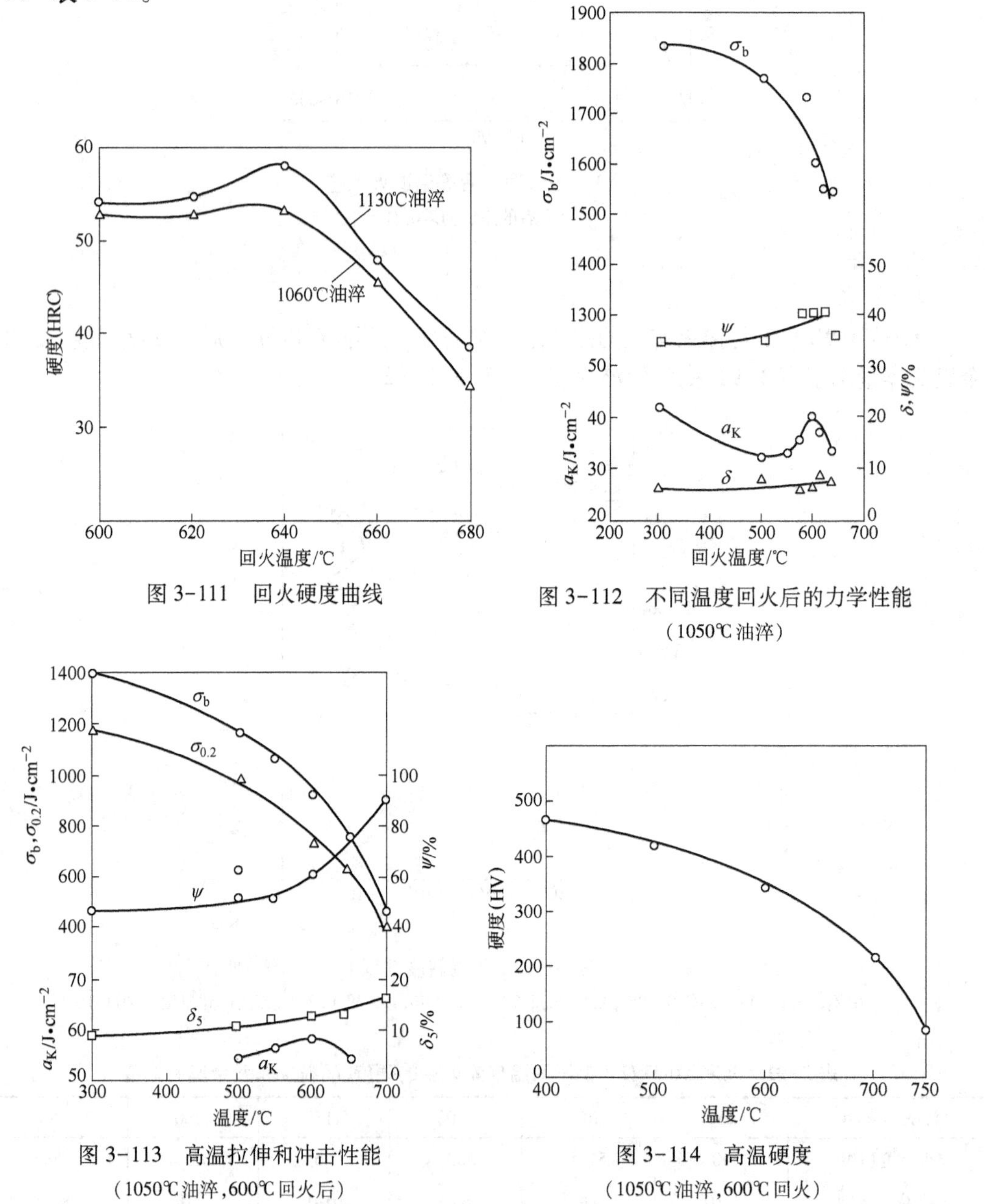

图 3-111 回火硬度曲线

图 3-112 不同温度回火后的力学性能

（1050℃ 油淬）

图 3-113 高温拉伸和冲击性能

（1050℃油淬，600℃回火后）

图 3-114 高温硬度

（1050℃油淬，600℃回火）

表 3-93 3Cr3Mo3W2V 钢的回火稳定性

回火温度/℃	下列保温时间(h)后的硬度(HRC)			
	4	6	8	12
600	50	49.5	50.5	46.5
640	48	46.5	43.5	
680	39.5	37.5		

注：在 1130℃淬火后，640℃回火时硬度下降到≤40HRC 所需的时间，3Cr3Mo3W2V 钢为 8h。

表 3-94 3Cr3Mo3W2V 钢不同状态时的抗弯强度和抗压强度

热处理制度	σ_{bb}/MPa	σ_{bc}/MPa
退 火	6600	2600
1040℃油淬,620℃回火	3000	

表 3-95 3Cr3Mo3W2V 钢的冷-热疲劳性能

钢 种	3Cr3Mo3W2V
温度/℃	600⇌20
循环次数/次	600
裂纹长度/mm	0.45

表 3-96 3Cr3Mo3W2V 钢推荐的回火工艺

回火目的	回火温度/℃	回火介质	回火硬度(HRC)
增加耐磨性	640	空 气	52~54
提高韧性	680	空 气	39~41

3.3.3 5Cr4Mo2W2VSi 钢

5Cr4Mo2W2VSi 钢是一种新型热作模具钢。此钢是基体钢类型的热作模具钢,经适当的热处理后具有高的硬度、强度,好的耐磨性,高的高温强度以及好的回火稳定性等综合性能,此外也具有一定的韧性和抗热疲劳性能。该钢的热加工性能也较好,加工温度范围较宽。适于制造热挤压模、热锻压模、温锻模以及要求韧性较好的冷镦用模具[7]。

3.3.3.1 化学成分

5Cr4Mo2W2VSi 钢的化学成分示于表 3-97。

表 3-97 5Cr4Mo2W2VSi 钢的化学成分

化学成分(质量分数)/%								
C	Si	Mn	Cr	Mo	W	V	P	S
0.45~0.55	0.80~1.10	≤0.50	3.7~4.3	1.80~2.20	1.80~2.20	1.0~1.30	≤0.03	≤0.03

3.3.3.2 物理性能

5Cr4Mo2W2VSi 钢的物理性能示于表 3-98~表 3-100,其密度为 7.84 t/m^3。

表 3-98 5Cr4Mo2W2VSi 钢的临界温度

临界点	A_{c1}	A_{c3}	A_{r1}	A_{r3}	M_s	M_f
温度(近似值)/℃	810	885	700	785	290	175

表 3-99 5Cr4Mo2W2VSi 钢的线[膨]胀系数

温度范围/℃	22~100	22~200	22~300	22~400	22~500	22~600	22~700
线[膨]胀系数/×10^{-6}℃$^{-1}$	11.5	12.1	12.5	13.0	13.3	13.5	13.6

表 3-100 5Cr4Mo2W2VSi 钢的弹性模量

温度/℃	室温	100	200	300	400	500	600	700
弹性模量 *E*/GPa	223	219	212	206	198	188	177	170

3.3.3.3 热加工

5Cr4Mo2W2VSi 钢的热加工工艺示于表 3-101。

表 3-101 5Cr4Mo2W2VSi 钢的热加工工艺

项　目	加热温度/℃	开锻温度/℃	终锻温度/℃	冷却方式
钢　锭	1150~1180	1100~1140	≥900	砂冷或坑冷
钢　坯	1130~1160	1080~1100	≥850	砂冷或坑冷

3.3.3.4 热处理

A 预先热处理

5Cr4Mo2W2VSi 钢的预先热处理工艺示于图 3-115~图 3-117。

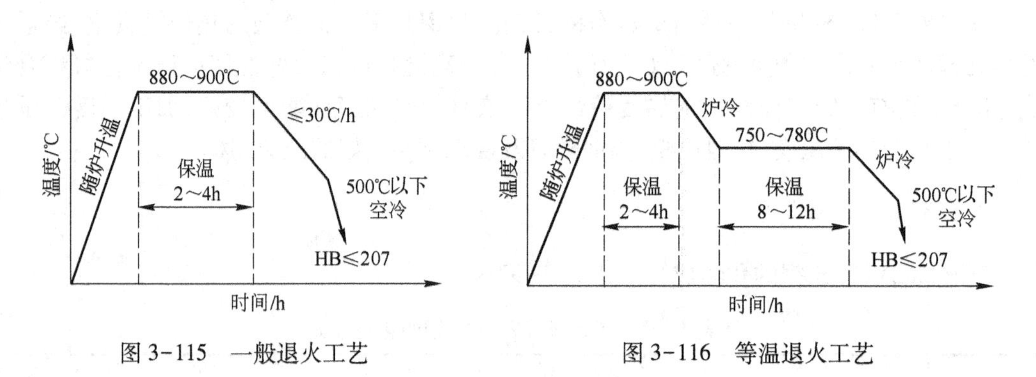

图 3-115 一般退火工艺

图 3-116 等温退火工艺

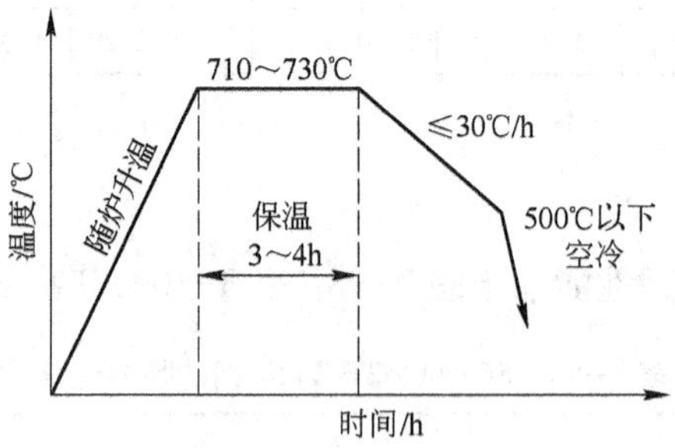

图 3-117 消除应力退火工艺

B 淬火

5Cr4Mo2W2VSi 钢与淬火有关的曲线示于图 3-118、图 3-119，淬火后的硬度、晶粒度和残余奥氏体量示于表 3-102，推荐的淬火规范示于表 3-103。

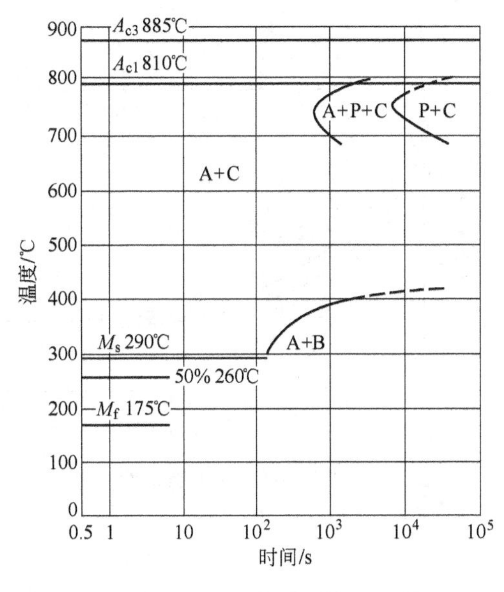

图 3-118 奥氏体等温转变曲线
（用钢成分（%）：0.49C，1.04Si，0.37Mn，3.93Cr，1.96W，2.01Mo，1.10V；原始状态为退火晶粒度10级；奥氏体化温度1100℃）

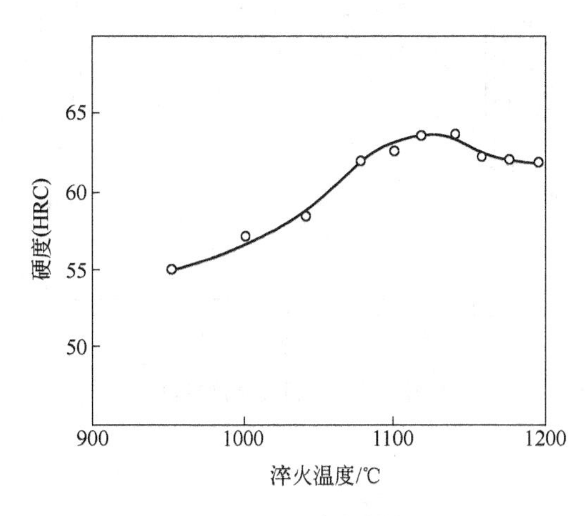

图 3-119 淬火硬度

表 3-102 5Cr4Mo2W2VSi 钢不同温度淬火后的硬度、晶粒度和残余奥氏体量

淬火温度/℃	950	1000	1040	1080	1100	1120	1140	1160	1180	1200
硬度（HRC）	54.7	57.0	58.2	61.8	62.3	63.4	63.1	62.0	61.9	61.6
晶粒度级别				>8	>8	8	8~7	7~6	6~5	4
残余奥氏体/%		2	3	4	4	6	6	7		7

表 3-103 5Cr4Mo2W2VSi 钢推荐的淬火规范

加热温度/℃		冷 却		硬度（HRC）
预热温度	淬火加热温度	介 质	出油温度/℃	
500~580	1080~1120	油	150~200	61~63

C 回火

5Cr4Mo2W2VSi 钢与回火有关的曲线示于图 3-120~图 3-126，其抗张强度示于表 3-104，推荐的回火规范示于表 3-105。

表 3-104 5Cr4Mo2W2VSi 钢的抗张强度

淬 火	温度/℃				
	300	400	500	600	650
	回火后的 σ_b/MPa				
1080℃油淬	2070	2210	2182	2055	1870
1120℃油淬	2075		2070	2215	2055

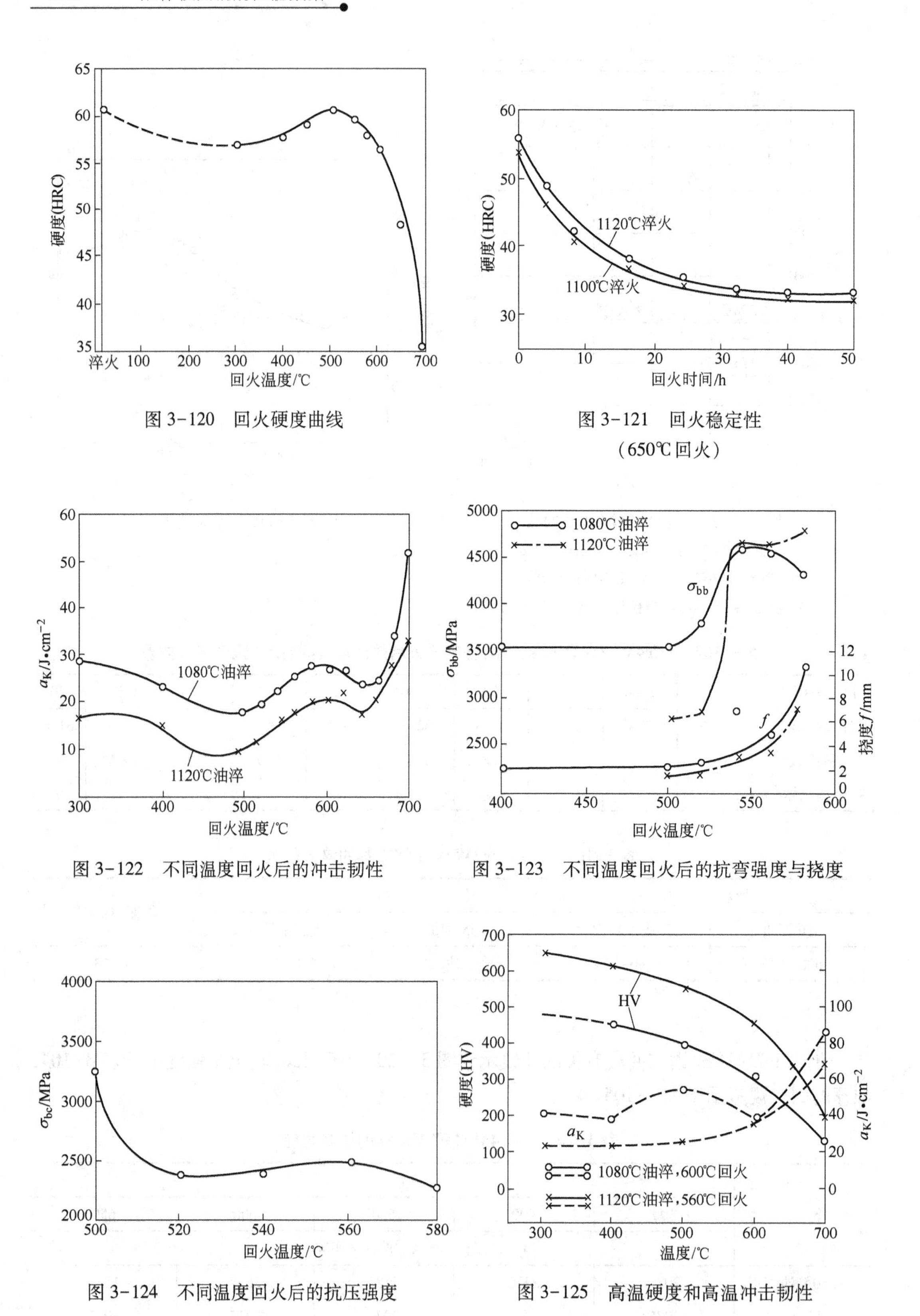

图 3-120 回火硬度曲线

图 3-121 回火稳定性（650℃回火）

图 3-122 不同温度回火后的冲击韧性

图 3-123 不同温度回火后的抗弯强度与挠度

图 3-124 不同温度回火后的抗压强度

图 3-125 高温硬度和高温冲击韧性

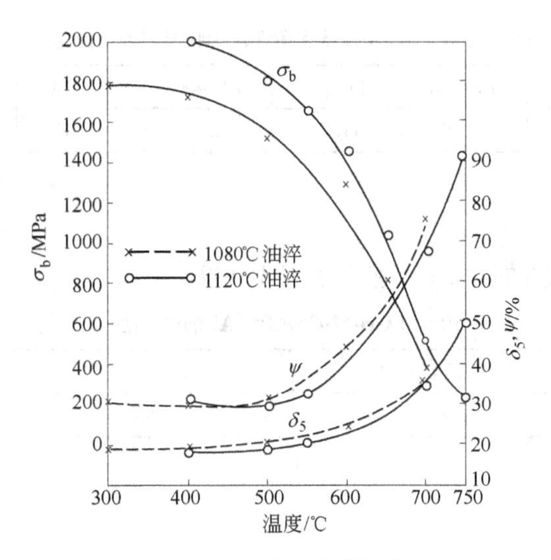

图 3-126 高温拉伸性能

表 3-105 5Cr4Mo2W2VSi 钢推荐的回火规范

回火温度/℃	加热设备	冷却介质	硬度(HRC)
600~620	熔融盐浴炉或电炉	空 气	52~54

3.3.4 5Cr4Mo3SiMnVAl 钢

该钢是一种基体钢类型的冷热两用新型工模具钢，作为冷作模具钢，它与碳素工具钢、低合金工具钢以及 Cr12 型钢相比，具有较高的韧性；作为热作模具钢，它与 3Cr2W8V 钢相比，具有较高的高温强度和较优良的热疲劳性能。

这种钢用于标准件行业的冷镦模和轴承行业的热挤压模使用，寿命比原钢种有较大的提高[18,19]。

3.3.4.1 化学成分

5Cr4Mo3SiMnVAl 钢的化学成分示于表 3-106。

表 3-106 5Cr4Mo3SiMnVAl 钢的化学成分(GB/T 1299—2000)

化学成分(质量分数)/%						
C	Cr	Mo	V	Si	Mn	Al
0.47~0.57	3.80~4.30	2.80~3.40	0.80~1.20	0.80~1.10	0.80~1.10	0.30~0.70

3.3.4.2 物理性能

5Cr4Mo3SiMnVAl 钢的物理性能示于表 3-107 和表 3-108，其弹性模量 E(20℃)为 210.7GPa。

表 3-107 5Cr4Mo3SiMnVAl 钢的临界温度

临界点	A_{c1}	A_{c3}	M_s	凝固点
温度(近似值)/℃	837	902	277	1463

表 3-108 5Cr4Mo3SiMnVAl 钢的线[膨]胀系数

温度/℃	20~200	20~300	20~400	20~500	20~600	20~700
线[膨]胀系数/$\times10^{-6}$℃$^{-1}$	11.02	11.21	12.38	13.00	12.43	12.21

3.3.4.3 热加工

5Cr4Mo3SiMnVAl 钢的热加工工艺示于表 3-109。

表 3-109 5Cr4Mo3SiMnVAl 钢的热加工工艺

加热温度/℃	开锻温度/℃	终锻温度/℃	冷却方式
1100~1140	1050~1080	≥850	缓冷(砂冷或坑冷)

3.3.4.4 热处理

A 预先热处理

5Cr4Mo3SiMnVAl 钢的等温退火工艺示于图 3-127。

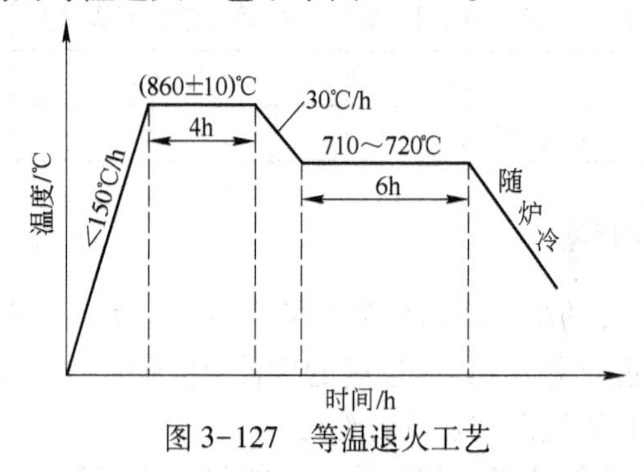

图 3-127 等温退火工艺

B 淬火

5Cr4Mo3SiMnVAl 钢与淬火有关的曲线示于图 3-128~图 3-130,推荐的淬火规范示于表 3-110。

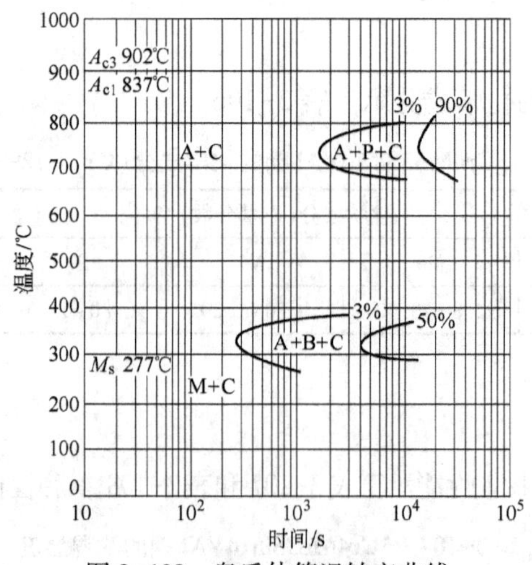

图 3-128 奥氏体等温转变曲线

(试验钢成分(%):0.54C,4.18Cr,3.09Mo,0.79Si,0.86Mn,1.14V,0.40Al,0.012S,0.017P;原始状态退火;奥氏体化:1100℃,15min;晶粒度 7~8 级)

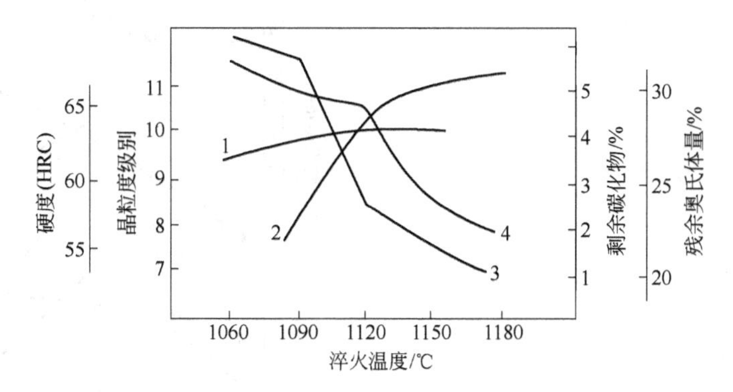

图 3-129 淬火温度与硬度、晶粒度、剩余碳化物量和残余奥氏体量的关系

1—硬度 HRC;2—残余奥氏体量;3—剩余碳化物量;4—晶粒度

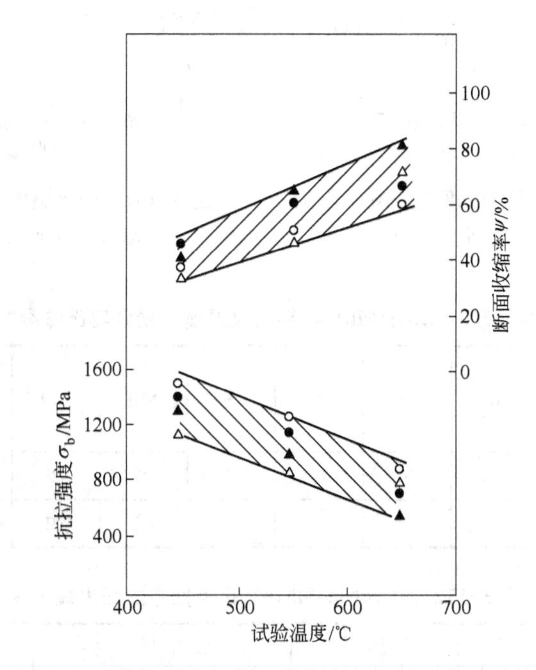

图 3-130 抗拉强度和断面收缩率与试验温度的关系[2]

(试样在 1090~1120℃淬火,580~620℃回火)

表 3-110 5Cr4Mo3SiMnVAl 钢推荐的淬火规范

模具种类	冷作模具	热作模具	压铸模具
淬火温度/℃	1090~1120	1090~1120	1120~1140

C 回火

5Cr4Mo3SiMnVAl 钢与回火有关的曲线示于图 3-131 和图 3-132,回火温度对残余奥氏体量的影响示于表 3-111,推荐的回火规范示于表 3-112。

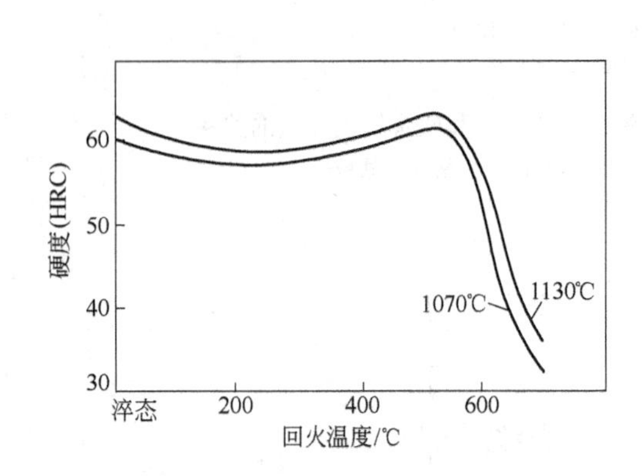

图 3-131 回火温度与硬度的关系

(图中的数值为奥氏体化温度,℃)

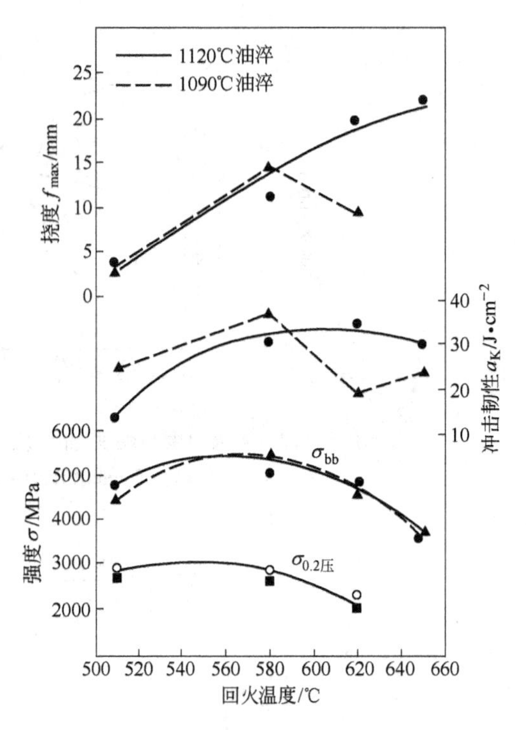

图 3-132 回火温度与力学性能的关系

(试样淬火后回火 2 次,每次 2h)

表 3-111 5Cr4Mo3SiMnVAl 钢回火温度对残余奥氏体量的影响

淬火温度/℃ \ 残余奥氏体量/% \ 回火温度/℃	0	200	350	450	510	540	580	620	650
1090	20.8	20	14	9	<2	<2	<2	<2	<2
1120	28				<2	<2	<2	<2	<2

表 3-112 5Cr4Mo3SiMnVAl 钢推荐的回火规范

模具种类	冷作模具	热作模具	压铸模具
回火温度/℃	510	600~620	620~630

注:回火 2 次。

3.3.5 5Cr4W5Mo2V 钢

5Cr4W5Mo2V 钢是新型的热作模具钢。该钢具有较高的热硬性,高温强度和较高的耐磨性,可进行一般的热处理或化学热处理,可代替 3Cr2W8V 钢制造某些热挤压模具。也用于制造精锻模、热冲模、冲头模等,使用寿命较高[7]。

3.3.5.1 化学成分

5Cr4W5Mo2V 钢的化学成分示于表 3-113。

表 3-113 5Cr4W5Mo2V 钢的化学成分(GB/T 1299—2000)

化学成分(质量分数)/%								
C	Si	Mn	Cr	W	Mo	V	P	S
0.40~0.50	≤0.40	≤0.40	3.40~4.40	4.50~5.30	1.50~2.10	0.70~1.10	≤0.030	≤0.030

3.3.5.2 物理性能

5Cr4W5Mo2V 钢的物理性能示于表 3-114 和表 3-115,其密度为 8.1t/m^3。

表 3-114 5Cr4W5Mo2V 钢的临界温度

临界点	A_{c1}	A_{c3}	A_{r1}	A_{r3}	M_s
温度(近似值)/℃	836	893	744	816	250

表 3-115 5Cr4W5Mo2V 钢的线[膨]胀系数

温度/℃	20~100	20~200	20~300	20~400	20~500	20~600	20~700
线[膨]胀系数/$\times10^{-6}$℃$^{-1}$	10.6	10.02	10.04	10.06	10.08	11.92	11.50

3.3.5.3 热加工

5Cr4W5Mo2V 钢的热加工工艺示于表 3-116。

表 3-116 5Cr4W5Mo2V 钢的热加工工艺

项目	加热温度/℃	开锻温度/℃	终锻温度/℃	冷却方式
钢锭	1150~1200	1100~1150	≥850	缓冷(砂冷或坑冷)
钢坯	1120~1170	1080~1130	≥850	缓冷(砂冷或坑冷)

3.3.5.4 热处理

A 预先热处理

5Cr4W5Mo2V 钢的锻造等温退火工艺示于图 3-133。

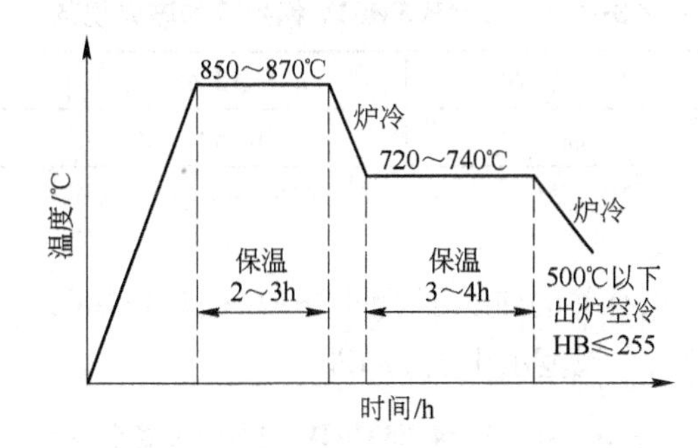

图 3-133 锻压后等温退火工艺

B 淬火

5Cr4W5Mo2V 钢与淬火有关的曲线示于图 3-134~图 3-136,推荐的淬火规范示于表 3-117。

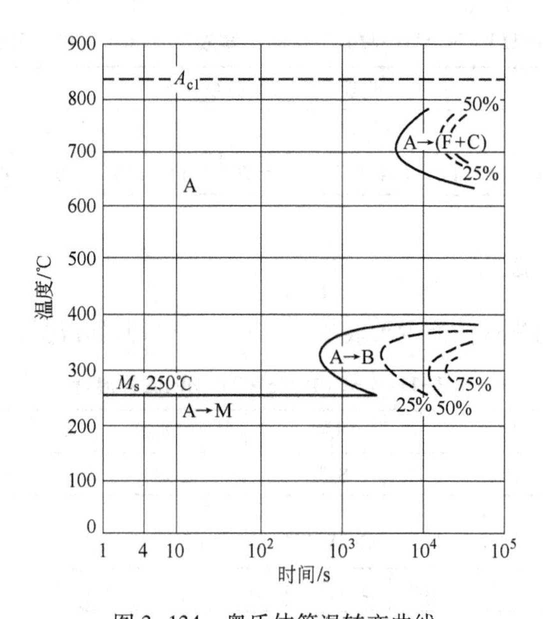

图 3-134 奥氏体等温转变曲线

（用钢成分(%)：0.58C，0.23Si，0.39Mn，3.92Cr，5.70W，1.70Mo，1.03V，晶粒度 8~10 级）

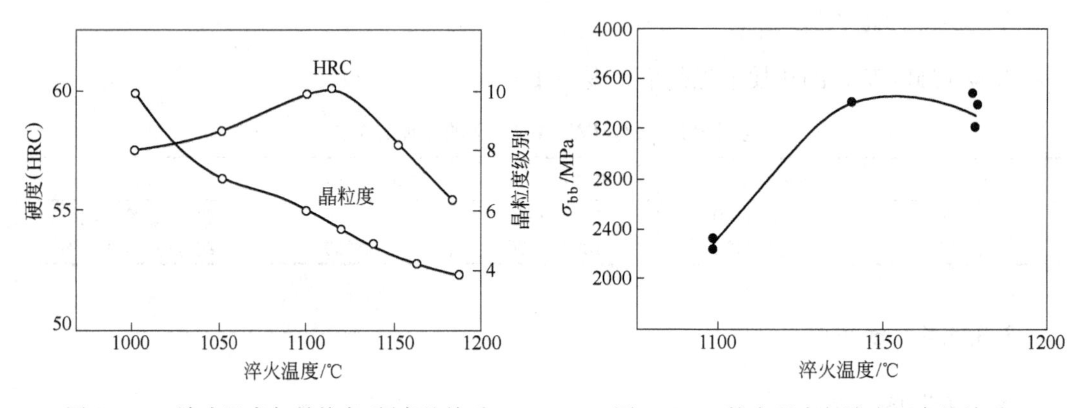

图 3-135 淬火温度与晶粒度、硬度的关系

图 3-136 抗弯强度与淬火温度的关系

表 3-117 5Cr4W5Mo2V 钢推荐的淬火规范

淬火温度/℃	淬 火 介 质	介质温度/℃	淬火硬度(HRC)
1130~1140	油	20~60	58~56

C 回火

5Cr4W5Mo2V 钢与回火有关的曲线示于图 3-137~图 3-140，与回火有关的性能示于表 3-118~表 3-122，推荐的回火规范示于表 3-123。

表 3-118 5Cr4W5Mo2V 钢的回火稳定性

项 目	1130℃淬火并 630℃回火后，再保温不同时间/h								
	0.5	1.0	1.5	2.0	2.5	3.0	3.5	4.0	5.0
硬度(HRC)	56.8	56	54.8	54.3	53	53	52.0	52.5	52

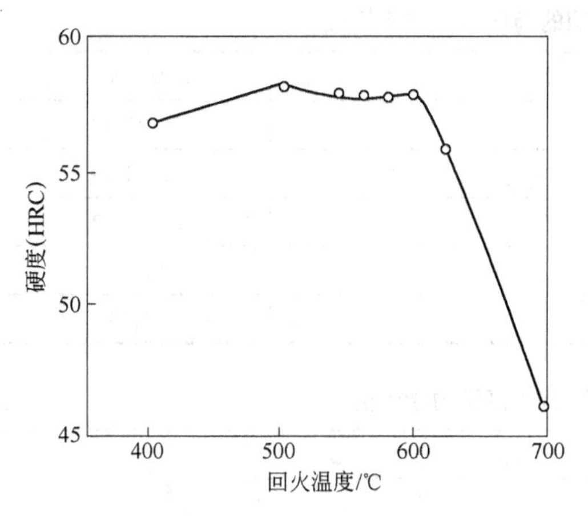

图 3-137 回火硬度曲线
(1130℃油淬)

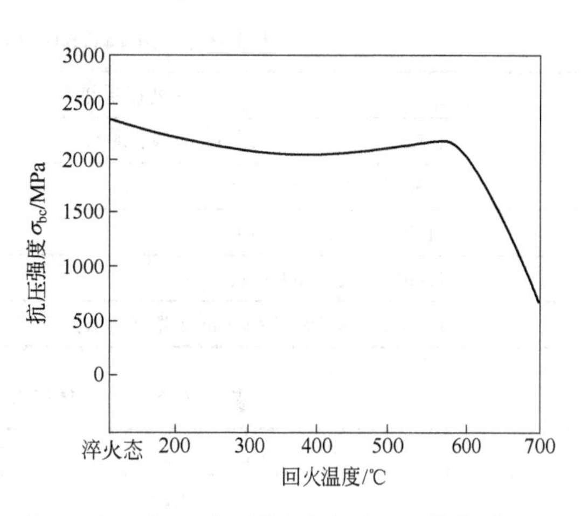

图 3-138 抗压强度与回火温度的关系

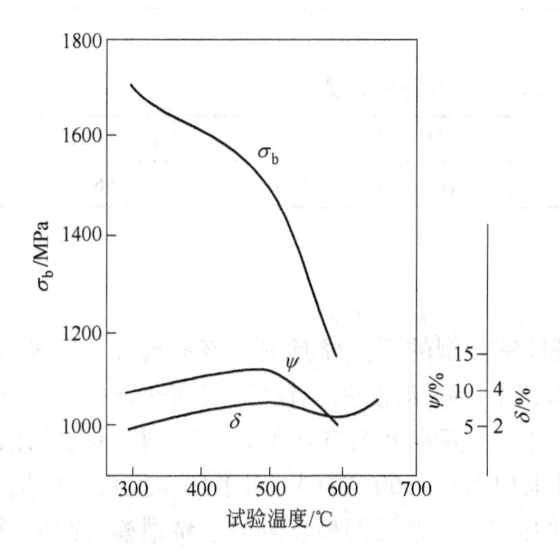

图 3-139 拉伸性能与试验温度的关系

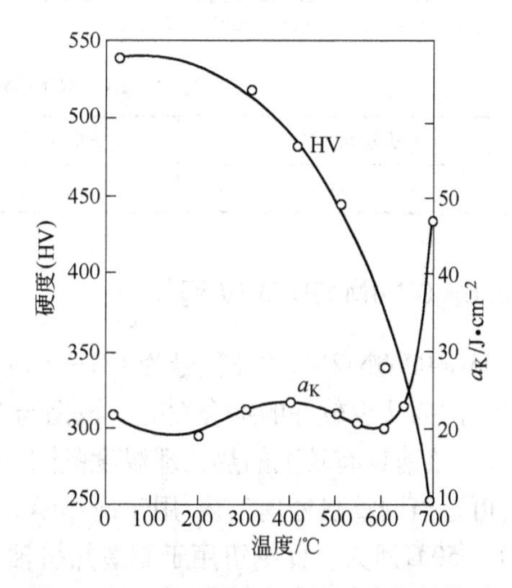

图 3-140 高温硬度与高温冲击韧性关系
(1140℃油淬,630℃回火后)

表 3-119 5Cr4W5Mo2V 钢的室温力学性能

热处理温度	σ_b	σ_s	δ_5	ψ	a_K/J·cm^{-2}	硬度(HRC)
	MPa		%			
1130℃油淬,600℃回火	2140	1920	10	2.4	16	56

表 3-120 5Cr4W5Mo2V 钢真空热处理后的拉伸性能

热处理制度	抗拉性能			
	σ_b/MPa	$\sigma_{0.2}$/MPa	δ/%	ψ/%
1140℃油淬,200℃回火	2400	1800	1.8	55
1140℃油淬,600℃回火	2200	1820	4.4	33

表 3-121 5Cr4W5Mo2V 钢的梅氏缺口冲击韧性

热处理制度	a_K/J·cm^{-2}
1050℃加热,450℃×30min 等温,600℃回火	24,22,19
1130℃淬火,160℃回火	19,14,19
1130℃淬火,600℃回火	22,21,22
1200℃淬火,600℃回火	5,6,6
1130℃加热,200℃×60min 等温,600℃回火	22,23

表 3-122 5Cr4W5Mo2V 钢的高温力学性能

试验温度/℃	σ_b	$\sigma_{0.2}$	δ_{10}	ψ	a_K/J·cm^{-2}
	MPa		%		
550	1540	1300	4.5		23.5
600	1500	1065	7.0	15.5	25.9
650	1060	800	5.0	25	23.6

注:试样经 1130℃油淬,630℃两次回火。

表 3-123 5Cr4W5Mo2V 钢推荐的回火规范

回火温度/℃	回火时间和次数	回 火 设 备	硬度(HRC)
600~630	2h×2 次	熔融浴炉或空气炉	50~56

3.3.6 6Cr4Mo3Ni2WV 钢

6Cr4Mo3Ni2WV 钢(代号为 CG—2)是基体钢类型的新型模具钢。该钢具有强度高,红硬性好,韧性也较好的综合性能。该钢与 3Cr2W8V 钢相比,强度较好;与高速钢相比,韧性较好。该钢具有较宽的热处理温度范围,灵活性大,基本上无淬裂现象。根据模具的使用条件,可适当调整热处理工艺,用于冷作模具可采用 520~560℃回火,用于热作模具则可选用 600~650℃回火。此钢可用于制造热挤轴承圈冲头、热挤压凹模、热冲模、精锻模,此外也可作冷挤压模、冷镦模具等[7]。

该钢热加工工艺较难掌握、锻造开裂倾向较为严重,在热加工时应给予注意。

3.3.6.1 化学成分

6Cr4Mo3Ni2WV 钢的化学成分示于表 3-124。

表 3-124 6Cr4Mo3Ni2WV 钢的化学成分

化学成分(质量分数)/%									
C	Mn	Si	Cr	Mo	W	V	Ni	P	S
0.55~0.64	≤0.40	≤0.40	3.80~4.40	2.8~3.3	0.9~1.3	0.9~1.3	1.8~2.2	≤0.03	≤0.03

3.3.6.2 物理性能

6Cr4Mo3Ni2WV 钢的物理性能示于表 3-125~表 3-129,其密度为 7.9t/m^3。

表 3-125 6Cr4Mo3Ni2WV 钢的临界温度

临界点	A_{c1}	A_{c3}	A_{r1}	M_s
温度(近似值)/℃	737	822	650	180

表 3-126 6Cr4Mo3Ni2WV 钢的质量定压热容

温度/℃	20	200	400	500	600	700
质量定压热容 c_p/J·(kg·K)$^{-1}$	572.6	585.2	652.0	710.6	794.2	948.8

表 3-127 6Cr4Mo3Ni2WV 钢的线[膨]胀系数

温度/℃	18~100	18~200	18~300	18~400	18~500	18~600	18~700
线[膨]胀系数/×10^{-6}℃$^{-1}$	11.1	11.2	11.9	12.5	12.3	13.1	13.3

表 3-128 6Cr4Mo3Ni2WV 钢的热导率

温度/℃	20	200	400	500	600	700
热导率 λ/W·(m·K)$^{-1}$	34.3	33.4	32.6	32.2	31.8	31.4

表 3-129 6Cr4Mo3Ni2WV 钢的弹性模量

温度/℃	20	200	300	600	650
弹性模量 E/GPa	200~218	185~200	187~195	160~168	156~161

3.3.6.3 热加工

6Cr4Mo3Ni2WV 钢的热加工工艺示于表 3-130。

表 3-130 6Cr4Mo3Ni2WV 钢的热加工工艺

项目	加热温度/℃	开锻温度/℃	终锻温度/℃	冷却方式
钢锭	1120~1160	1080~1120	≥900	缓冷(砂冷或坑冷)
钢坯	1100~1140	1050~1080	≥900	缓冷(砂冷或坑冷)

3.3.6.4 热处理

A 预先热处理

6Cr4Mo3Ni2WV 钢的预先热处理曲线示于图 3-141 和图 3-142。

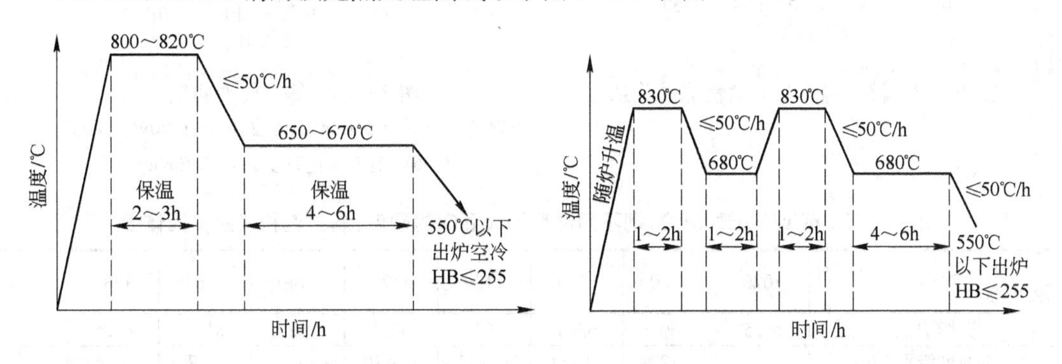

图 3-141 普通等温退火工艺

图 3-142 反复等温退火工艺

B 淬火

6Cr4Mo3Ni2WV 钢淬火后的硬度、晶粒度和残余奥氏体量示于表 3-131，推荐的淬火规范示于表 3-132，与淬火有关的曲线示于图 3-143 和图 3-144。

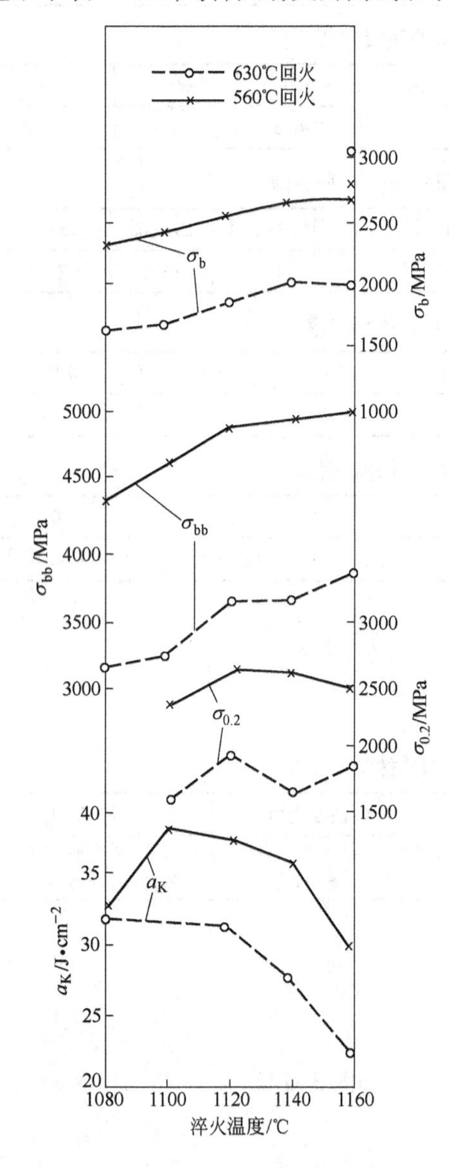

图 3-143 淬火温度与力学性能的关系

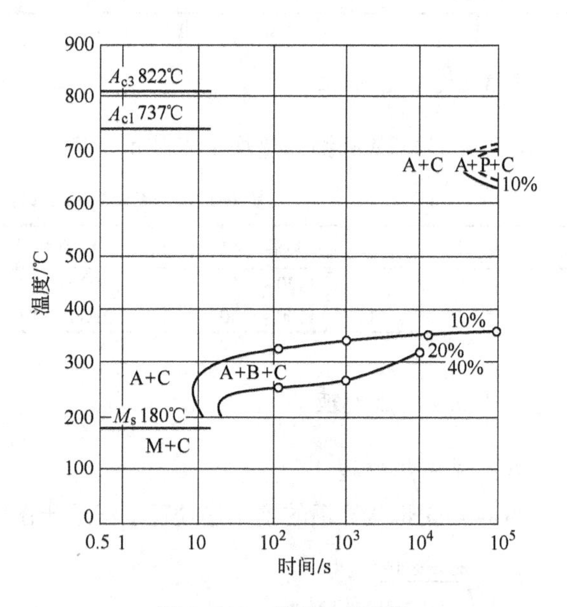

图 3-144 等温转变曲线

（用钢成分（%）：0.56C，4.04Cr，2.16Ni，1.20W，3.02Mo，1.06V，奥氏体化温度 1120℃，2min）

表 3-131 6Cr4Mo3Ni2WV 钢不同温度淬火后钢的硬度、晶粒度和残余奥氏体量

检测项目 \ 淬火温度/℃	1020	1050	1080	1100	1120	1140	1160	1180	1200
硬度(HRC)	59.5	60	62.5	63	62.5	62	61.5	61.5	62
晶粒度级别/级		12	12~11	12~11	11~10	9~8	8~7	7~6	6~5
残余奥氏体量/%	14.8	17.4	15.3	21.3	22.8	22.8	26.0	26.3	26.3

表 3-132 6Cr4Mo3Ni2WV 钢推荐的淬火规范

淬火加热温度/℃	冷却方式		硬度(HRC)
	直接冷却介质	分级温度/℃	
1100~1160	油	560~600	62~63

C 回火

6Cr4Mo3Ni2WV 钢与回火有关的曲线示于图 3-145~图 3-148,与回火有关的性能等示于表 3-133 和表 3-134,推荐的回火规范示于表 3-135。

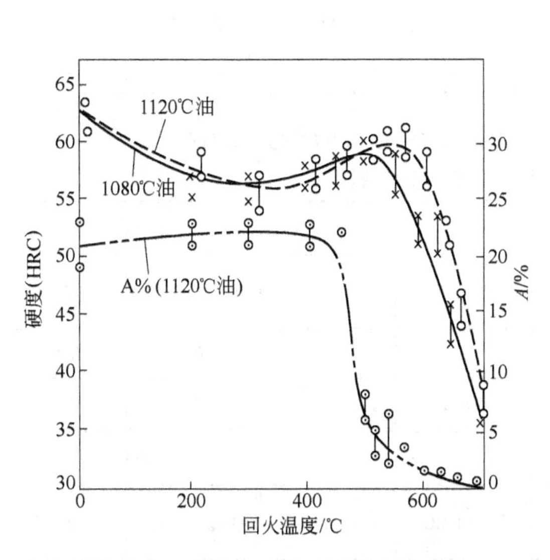

图 3-145 硬度和残余奥氏体量与淬火温度和回火温度的关系

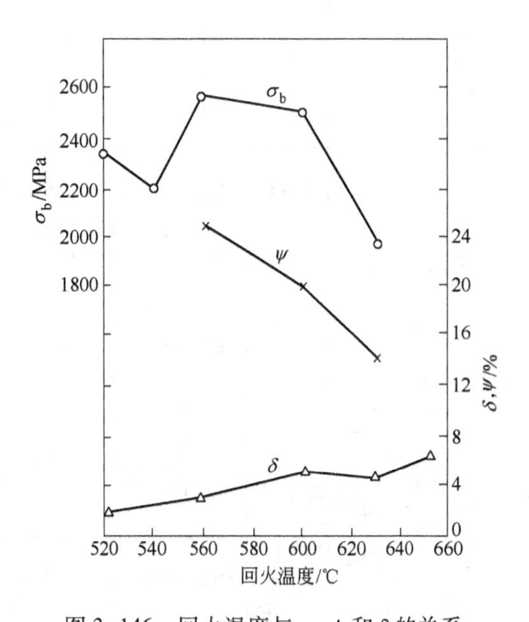

图 3-146 回火温度与 σ_b, ψ 和 δ 的关系
(1120℃油淬)

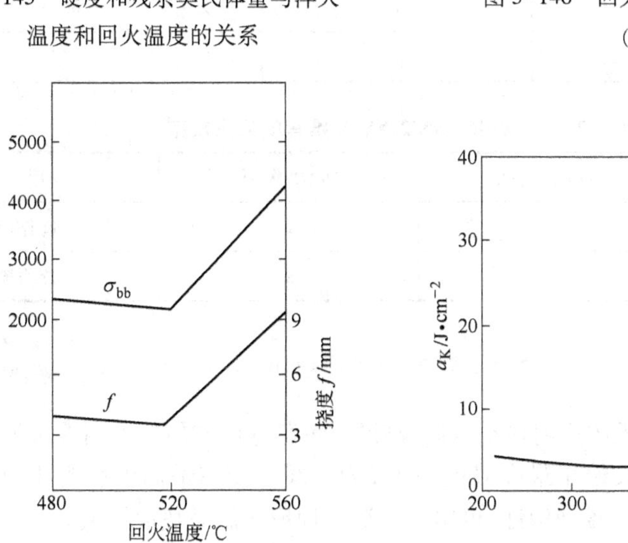

图 3-147 回火温度对抗弯强度和挠度的影响
(1120℃油淬)

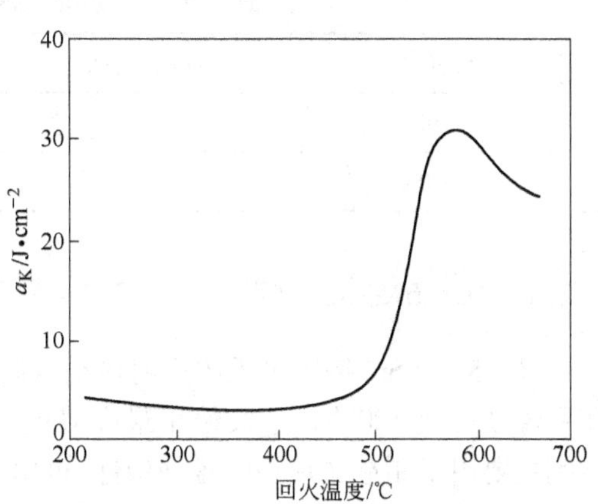

图 3-148 回火温度对钢的冲击韧性的影响

表 3-133 6Cr4Mo3Ni2WV 钢的高温力学性能

热处理制度	室温硬度(HRC)	温度/℃	σ_b/MPa	δ_5	ψ	硬度(HV)	a_K /J·cm^{-2}
				%			
1120℃ 油淬,560℃,2 h×2 次回火	59~61	550	1660~1840	3.5~4.5	8~8.5	447	25
		600	1450			352	24
		650	1080~1140			210	24
		700	550~690	13.5	41.5	97.6	71
1120℃ 油淬,630℃,2 h×2 次回火	51~53	550	1400~1560	5~8	10~15	401~429	19
		600	1150~1350	11	34	279~317	20
		650	900~1120	9.5~12	22~32	187~230	25
		700	660~720	9~10	30~32	101~103	75

表 3-134 6Cr4Mo3Ni2WV 钢经 1120℃淬火,560℃、630℃回火的时间、次数对钢的硬度值及残余奥氏体量的影响

回火时间×次数 / 硬度及残 A / 回火温度/℃	1h×1 次		1h×2 次		2h×1 次	
	硬度(HRC)	残 A/%	硬度(HRC)	残 A/%	硬度(HRC)	残 A/%
560	59	3.3	60		60.5	3.9
630	59	2.3	57.6		57.5	1.7

回火时间×次数 / 硬度及残 A / 回火温度/℃	2h×2 次		2h×3 次		3h×1 次	
	硬度(HRC)	残 A/%	硬度(HRC)	残 A/%	硬度(HRC)	残 A/%
560	61.5	3.3	57.5	2.7	60.5	2.7
630	53.5	1.5	52.5	0.5	57	2.8

表 3-135 6Cr4Mo3Ni2WV 钢推荐的回火规范

回火温度/℃	回火时间/h	回火次数	用途
560±10	2	2	冷作模具
630±10	2	2	热作模具

3.3.7 1Cr25Ni20Si2 钢

1Cr25Ni20Si2 钢属奥氏体型耐热钢,具有高的抗氧化性能和较好的耐腐蚀性能,最高的使用温度可达 1200℃,连续使用最高温度为 1150℃,间歇使用最高温度为 1050~1100℃。该钢主要用于制造加热炉的各种构件,也用于制造各种玻璃制品热成型模具[20]。

3.3.7.1 化学成分

1Cr25Ni20Si2 钢的化学成分示于表 3-136。

表 3-136 1Cr25Ni20Si2 钢的化学成分

化学成分(质量分数)/%						
C	Si	Mn	Cr	Ni	S	P
≤0.20	1.50~2.50	≤1.50	24.0~27.0	18.0~21.0	≤0.030	≤0.035

3.3.7.2 物理性能

1Cr25Ni20Si2 钢的有关物理性能示于表 3-137 和表 3-138;其熔点为 1371~1427℃,密度为 $7.72\times10^3 t/m^3$,比热容为 0.12cal/g·℃,弹性模量(20℃)为 198.9GPa,比电阻(20℃)为 $0.95\Omega\cdot mm^2/m$。

表 3-137 1Cr25Ni20Si2 钢线[膨]胀系数

温度/℃	20~100	20~300	20~500	20~800	20~1000
线[膨]胀系数/$\times10^{-6}$℃$^{-1}$	15.5	16.5	17.5	18.5	19.5

表 3-138 1Cr25Ni20Si2 钢的热导率

温度/℃	20	300
热导率/W·(m·K)$^{-1}$	14.65	18.84

3.3.7.3 热加工

1Cr25Ni20Si2 钢的热加工工艺示于表 3-139。

表 3-139 1Cr25Ni20Si2 钢的热加工工艺

加热温度/℃	开始温度/℃	终止温度/℃	冷 却
1100~1160	1050~1160	≤930	空 冷

3.3.7.4 热处理

1Cr25Ni20Si2 钢的室温力学性能示于表 3-140,高温力学性能、持久强度、蠕变强度分别示于表 3-141~表 3-143;长期高温时效后的室温塑性示于图 3-149。热处理工艺示于表 3-144。

表 3-140 室温力学性能

热处理制度	σ_b	σ_s	δ_5	ψ	HB
	MPa		%		
1100~1150℃水冷或空冷	≥600	≥300	≥35	≥50	140~190

表 3-141 高温力学性能

温度/℃		600	700	800	900	1000
σ_b	MPa	440		230		75
σ_s	MPa	130	110	90	70	50

表 3-142 持久强度

温度/℃		600①	700①	800	900	1000
$\sigma_{b/10000}$	MPa	120	40	18	7	1.5
$\sigma_{b/100000}$	MPa	80	20	8	3	0.5

① 在600~700℃下易脆化,不宜在此温度使用。

表 3-143 蠕变强度

温度/℃		600①	700①	800	900	1000	1100	1200
$\sigma_{1/1000}$	MPa	100	45	20	9	4	1.5	0.5
$\sigma_{1/10000}$	MPa	95	38	13	5			

① 在600~700℃下易脆化,不宜在此温度使用。

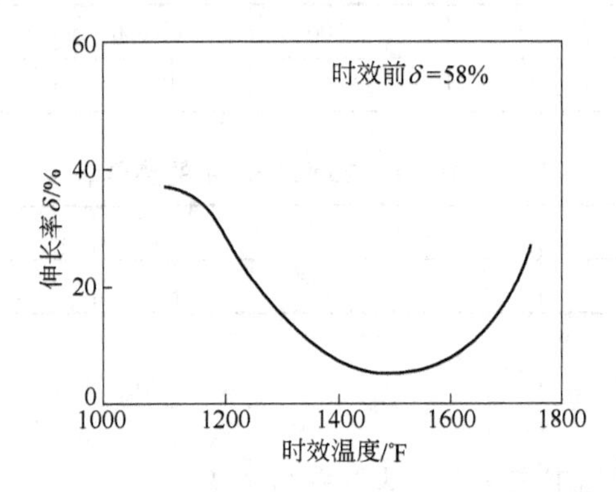

图 3-149 长期高温时效后的室温塑性(时效 1000h)

表 3-144 1Cr25Ni20Si2 钢推荐的热处理工艺

项 目	温度/℃	冷却方式
淬 火	1040~1150	水冷或空冷

3.3.8 1Cr17Ni2 钢

1Cr17Ni2 钢为马氏体-铁素体不锈钢,经淬火回火后使用,该钢具有较高的力学性能和良好的耐蚀性能、抛光性能、切削性能,其冷冲压成形性能也很好,可用焊接不锈钢的各种方法进行焊接,焊后必须进行高温回火或调质处理;但热加工工艺比较复杂,化学成分的微小变化显著影响钢的组织和性能,该钢的回火脆性温度变化范围较宽,这些都是其不足之处[21,22]。

该钢用于制造在潮湿介质中工作的承力结构件和海洋环境使用的部件;在玻璃制品成型模具的应用中具有好的抗氧化性能,也用于制造在腐蚀介质作用下的塑料模具和透明塑料制品模具等。

3.3.8.1 化学成分

1Cr17Ni2 钢的化学成分示于表 3-145。

表 3-145 1Cr17Ni2 钢的化学成分(GB/T 1220—2007)

化学成分(质量分数)/%						
C	Si	Mn	Cr	Ni	S	P
0.11~0.17	≤0.80	≤0.80	16.00~18.00	1.50~2.50	≤0.030	≤0.040

3.3.8.2 物理性能

1Cr17Ni2 钢的物理性能示于表 3-146~表 3-148,其密度为 7.75 t/m^3;质量定压热容 c_p 为 459.8 J/(kg·K);弹性模量(20℃)E 为 210 GPa;电阻率 ρ 为 $0.70\times10^{-6}\Omega\cdot m$。

表 3-146 1Cr17Ni2 钢的临界温度

临界点	A_{c1}	A_{r1}	M_s
温度(近似值)/℃	810	780	357

表 3-147 1Cr17Ni2 钢的线[膨]胀系数

温度/℃	20~100	20~200	20~300	20~400	20~500
线[膨]胀系数/$\times10^{-6}$℃$^{-1}$	10.0	10.0	11.0	11.0	11.0

表 3-148 1Cr17Ni2 钢的热导率

温度/℃	20	100	200	300	400	500	600	700	800	900
热导率 λ/W·(m·K)$^{-1}$	20.9	21.7	22.6	23.4	24.2	25.1	25.9	26.7	28.0	29.7

3.3.8.3 热加工

1Cr17Ni2 钢的热加工工艺示于表 3-149。

表 3-149 1Cr17Ni2 钢的热加工工艺

装炉炉温	开始温度/℃	终止温度/℃	冷却条件
冷装炉温≤800℃,热装炉温不限	1100~1150	>850	>150℃于砂内缓冷

加热温度高时,虽然钢的 α-相增多,但塑性良好,这与部分组织强烈的再结晶有关。从高温机械试验的结果得知,钢在 1100℃时的伸长率最大。为了改善钢的塑性和表面质量,应使停锻停轧温度偏高一些;同时,为了得到均一的组织,应该控制较大的加工比。

3.3.8.4 热处理

A 预先热处理

1Cr17Ni2 钢退火工艺示于图 3-150。

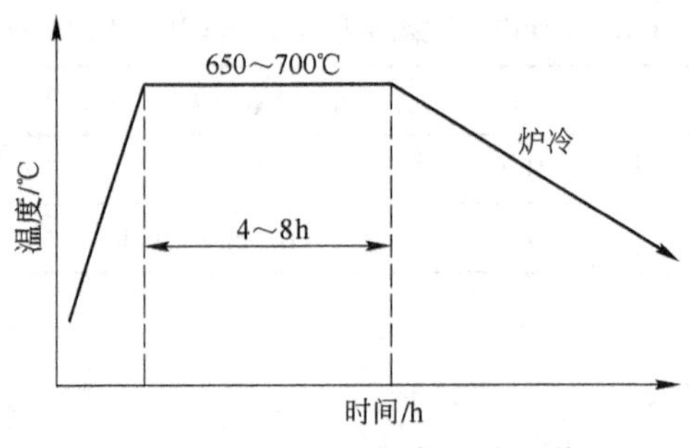

图 3-150 1Cr17Ni2 钢退火工艺

B 淬火

1Cr17Ni2 钢淬火温度对拉伸性能的影响示于图 3-151，推荐的淬火规范示于表 3-150。

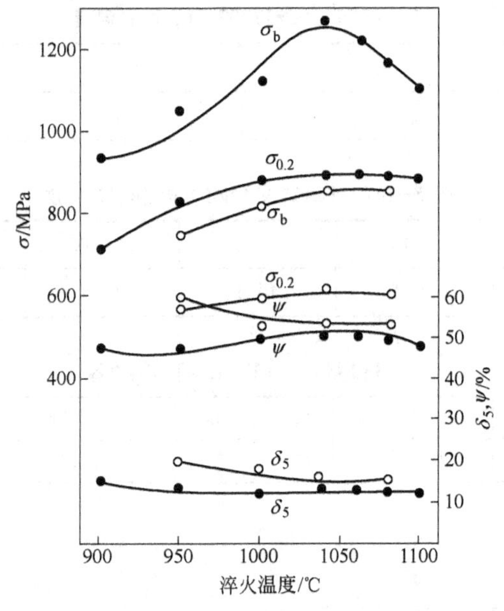

图 3-151 1Cr17Ni2 钢不同淬火温度对其拉伸性能的影响

●—300℃回火；○—650℃回火

表 3-150 1Cr17Ni2 钢推荐的淬火规范

淬火温度/℃	冷却方式
1000～1050	油冷或 500～550℃热浴

C 回火

1Cr17Ni2 钢有关的回火曲线示于图 3-152～图 3-156 和表 3-151～表 3-157，推荐的回火规范示于表 3-158。

表 3-151 δ-铁素体含量对 1Cr17Ni2 钢拉伸性能的影响

锻件序号	热处理制度	δ-铁素体含量/%	σ_b/MPa	$\sigma_{0.2}$/MPa	δ_5/%	ψ/%
1	1000℃油淬+650～680℃回火	<10	859	665	17.5	51.1
2		约 15	855	675	15.5	43.7
3		约 30	815	665	15.5	41.9
4		约 50	745	595	15.8	29.8

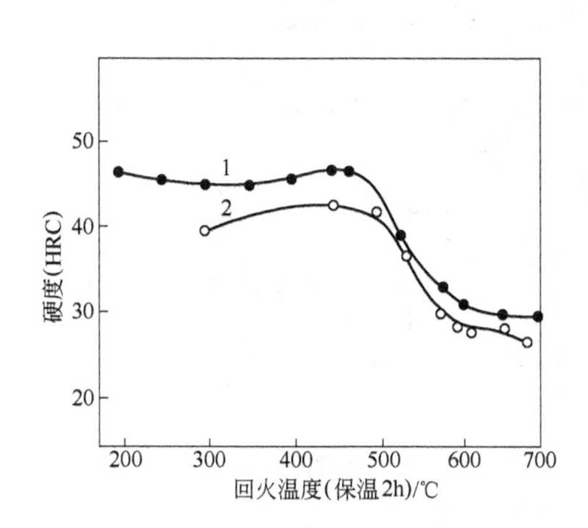

图 3-152 1Cr17Ni2 钢经不同温度回火后的硬度

1—回火前经 1020℃ 油淬；

2—回火前经 1040℃ 油淬

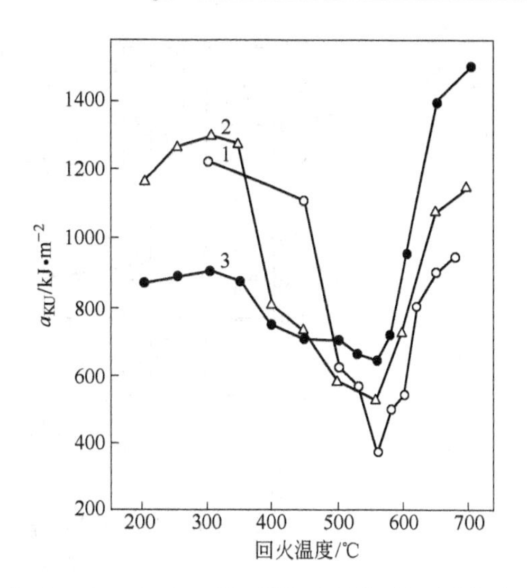

图 3-153 1Cr17Ni2 钢不同温度回火后的冲击韧度

1—1060℃ 淬火；2—1040℃ 淬火；3—1020℃ 淬火

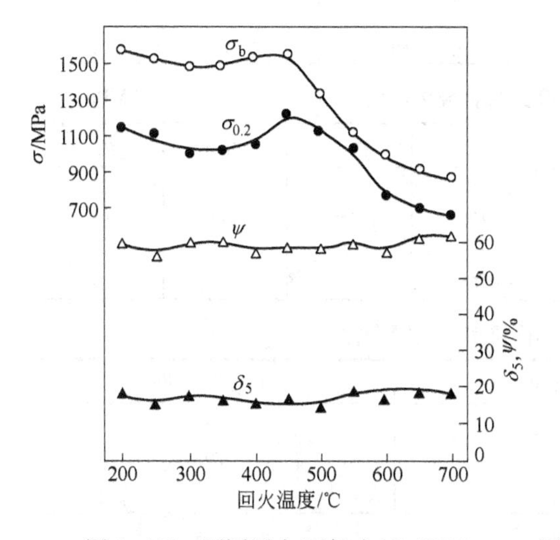

图 3-154 不同回火温度对 1Cr17Ni2 钢室温拉伸性能的影响

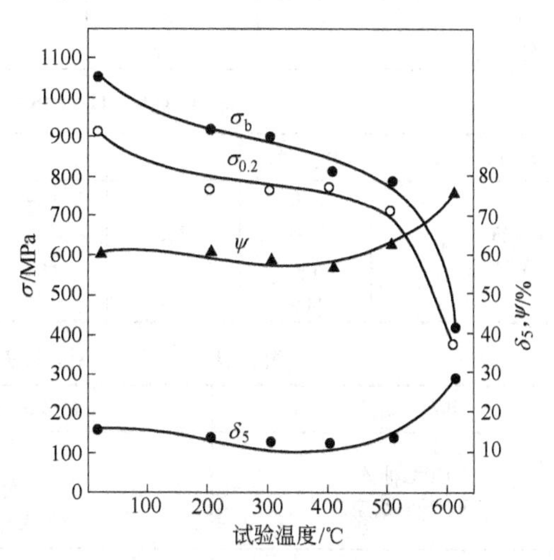

图 3-155 1Cr17Ni2 钢在不同试验温度下棒材的拉伸性能

（1040℃ 油冷+550℃ 回火）

表 3-152 1Cr17Ni2 钢标准规定的力学性能

标 准	淬火温度/℃	回火温度/℃	σ_b/MPa	$\sigma_{0.2}$/MPa	δ_5/%	ψ/%	a_K/J	硬度(HB)
GB 1220—92	950~1050 油冷	275~350 空冷	1080	—	10		39	
HB 5024—77	950~1050 油冷	275~350 空冷	1080	—	10			415~352
		500~540 空冷	1030	835	9	45		375~321
		670~690 空冷	835	635	12	45		302~255

表 3-153 1Cr17Ni2 钢在不同温度下的冲击性能

温度/℃	20	200	300	400	500
a_{KV}/kJ · m^{-2}	520	1430	1350	1350	1270

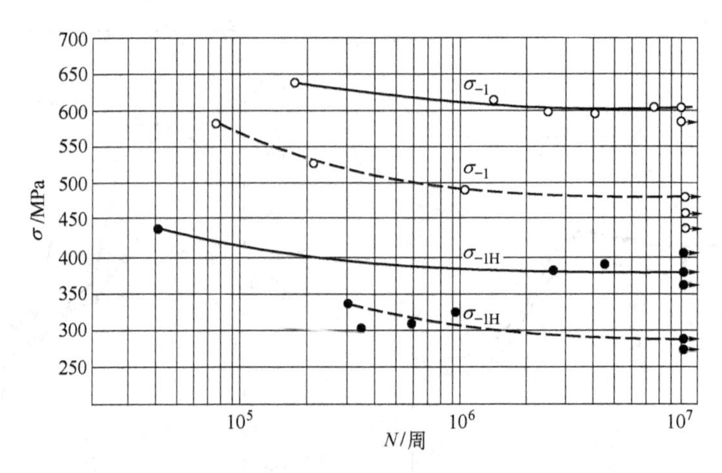

图 3-156 1Cr17Ni2 钢室温光滑与缺口旋转弯曲疲劳曲线

——530℃回火；---580℃回火

表 3-154 1Cr17Ni2 钢不同温度长期保温对冲击韧性的影响(1030℃油淬+550℃回火)(a_{KV}/kJ·m^{-2})

保温时间/h	2.5	10	50	100	150	200
450℃	1940	690	160	140	170	—
520℃	1240	1180	1230	940	1030	1220

表 3-155 1Cr17Ni2 钢的高温持久性能 (MPa)

热处理制度	温度/℃	σ_{100}	σ_{200}	σ_{300}	σ_{500}	σ_{1000}	σ_{2000}
1050℃油冷+550℃回火	300		804				
	400	726		765	696	647	628
	450		608				
	500			265			

表 3-156 1Cr17Ni2 钢在不同温度下的蠕变性能

热处理制度	试验温度/℃	$\sigma_{0.2/100}$/MPa
1050℃油淬+550℃回火,空冷	300	345
	400	295
	450	275
1050℃油淬+680℃回火,空冷	300	365
	400	315
	500	50

表 3-157 1Cr17Ni2 钢不同温度下的旋转弯曲疲劳性能(循环周次 10^7)

热处理制度	温度/℃	σ_{-1}/MPa	σ_{-1H}/MPa
1050℃油淬+580℃回火	20	480	295
	400	440	—
	500	390	—

表 3-158 1Cr17Ni2 钢推荐的回火规范

回火温度/℃	回火介质	冷却方式	硬度(HB)①
275~350	空 气	空 冷	355~400

① 回火前经 1030~1070℃油淬或空淬。

参 考 文 献

[1] 冶金工业部钢铁研究院,第一机械工业部机械科学研究院．合金钢手册,下册[M]. 北京:中国工业出版社,1964,第Ⅲ-285~Ⅲ-293页．

[2] 四川省职工技术协作委员会编辑组．模具材料使用手册[M]. 成都:四川省职工技协出版,1987:121~180.

[3] 陈再枝,姜桂兰．提高5CrNiMo锻模钢性能的研究[J]. 钢铁研究学报,1993,5(2):39~46.

[4] [苏]盖勒约.工具钢[M]. 周倜武,丁立铭译．北京:国防工业出版社,1983:341.

[5] 冶金部钢铁研究院．锻模钢4CrMnSiMoV的组织和性能．1983.

[6] 李香芝,凌超,李国彬．新型热作模具钢4Cr2NiMoV综合性能研究(Ⅰ)——热处理工艺的选择[J]. 机械工程材料,1995,19(2),15~18.

[7] 冶金工业部《合金钢钢种手册》编写组．合金钢钢种手册,第三分册,合金工具钢高速钢.1983:94~123

[8] 冶金工业部钢铁研究总院．钢的过冷奥氏体转变曲线图集．1979:135~137.

[9] Roberts G A,et al. Tool Steels(4th Edition). ASM,Ohio,1980:578~592.

[10] 孙荣耀,郝士明,等．D2冷作模具钢的真空热处理[J]. 东北工学院学报,1991,12(4),361~365.

[11] 孙荣耀,郝士明．D2冷作模具钢超低温处理[J]. 东北工学院学报,1992,13(2):174~177.

[12] 孙荣耀,郝士明．D2冷作模具钢的回火转变研究[J]. 东北工学院学报,1993,14(2):158~161.

[13] 钢铁研究总院．H13钢不同工艺质量及性能的研究．1990.

[14] 昆明工学院金属学及热处理专业．35Cr3Mo3W2V钢奥氏体等温转变曲线的测定[J]. 1977.

[15] 一机部机械院机电研究所．新型热作模具钢3Cr3Mo3W2V(HM1)试验报告[R]. 1978.

[16] 哈尔滨工业大学金属学教研室,等．热处理对HM1钢的组织与性能的影响．1979.

[17] 北京钢厂．新型热作模具钢35Cr3Mo3W2V链状碳化物的研究[J]. 1980.

[18] 贵阳钢厂特钢研究所．贵阳特钢,新型工模具钢012Al应用经验汇编[J]. 1984,(2).

[19] 昆明工学院金属材料教研室．012Al模具钢的组织和性能[J]. 1980.

[20] 冶金工业部《合金钢钢种手册》编写组．合金钢手册,第四册,耐热钢[M]. 北京:冶金工业出版社,1983:94~96.

[21] 赵先存,宋为顺,杨志勇,等．高强度超高强度不锈钢[M]. 北京:冶金工业出版社,2008:189~194.

[22] 冶金工业部《合金钢钢种手册》编写组．合金钢手册,第五册,不锈耐酸钢[M]. 北京:冶金工业出版社,1983:38~40.

塑料模具钢的性能数据

4.1 碳素塑料模具钢

4.1.1 SM45 钢

SM45 钢属优质碳素塑料模具钢，与优质的 45 碳素结构钢相比，其钢中的硫、磷含量低，钢材的纯净度好。由于该钢淬透性差，制造较大尺寸的塑料模具，一般用热轧、热锻或正火状态，模具的硬度低，耐磨性较差。制造小型塑料模具，用调质处理可获较高的硬度和较好的强韧性。钢中碳含量较高，水淬容易出现裂纹，一般采用油淬。该钢优点是价格便宜，切削加工性能好，淬火后具有较高的硬度，调质处理后具有良好的强韧性和一定的耐磨性，被广泛用于制造中、小型的中、低档次的塑料模具[1,2]。

4.1.1.1 化学成分

SM45 钢的化学成分示于表 4-1。

表 4-1 SM45 钢的化学成分（YB/T 094—1997）

化学成分（质量分数）/%				
C	Si	Mn	P	S
0.42~0.48	0.17~0.37	0.50~0.80	≤0.030	≤0.030

4.1.1.2 物理性能

SM45 钢的物理性能示于表 4-2~表 4-6，其密度为 7.81t/m^3；磁导率 μ 为 1.88mH/m；矫顽力 H_c 为 318.3A/m；电阻率 ρ 为 0.132×10^{-6}Ω · m。

表 4-2 SM45 钢的临界温度

临 界 点	A_{c1}	A_{c3}	A_{r3}	A_{r1}
温度（近似值）/℃	724	780	751	682

表 4-3 SM45 钢的线［膨］胀系数

温度/℃	20~100	20~200	20~300	20~400	20~500	20~600	20~700	20~800	20~900	20~1000
线［膨］胀系数 /×10^{-6}℃$^{-1}$	11.59	12.32	13.09	13.71	14.18	14.67	15.08	12.50	13.56	14.40

表 4-4 SM45 钢的质量定压热容

温度/℃	100	200	400	600
质量定压热容 c_p/J·(kg·K)$^{-1}$	468.2	480.7	522.5	572.7

表 4-5 SM45 钢的热导率

温度/℃	100	200	300	400	500	600	700	800	900	1000	1100	1200
热导率 λ /W·(m·K)$^{-1}$	48.1	46.4	43.8	41.4	38.1	35.1	31.8	25.9	25.9	26.7	28.0	29.7

表 4-6 SM45 钢的弹性模量

温度/℃	20	100	200	300	400	450
弹性模量 E/GPa	204	205	197	194	175	161

4.1.1.3 热加工

SM45 钢的热加工工艺示于表 4-7。

表 4-7 SM45 钢的热加工工艺

项目	入炉温度/℃	加热温度/℃	开锻温度/℃	终锻温度/℃	冷却方式
钢锭	≤850	1150~1220	1100~1160	≥850	坑冷或堆冷
钢坯		1130~1200	1070~1150	≥850	坑冷或堆冷

4.1.1.4 热处理

A 预先热处理

SM45 钢的预先热处理曲线示于图 4-1~图 4-3。

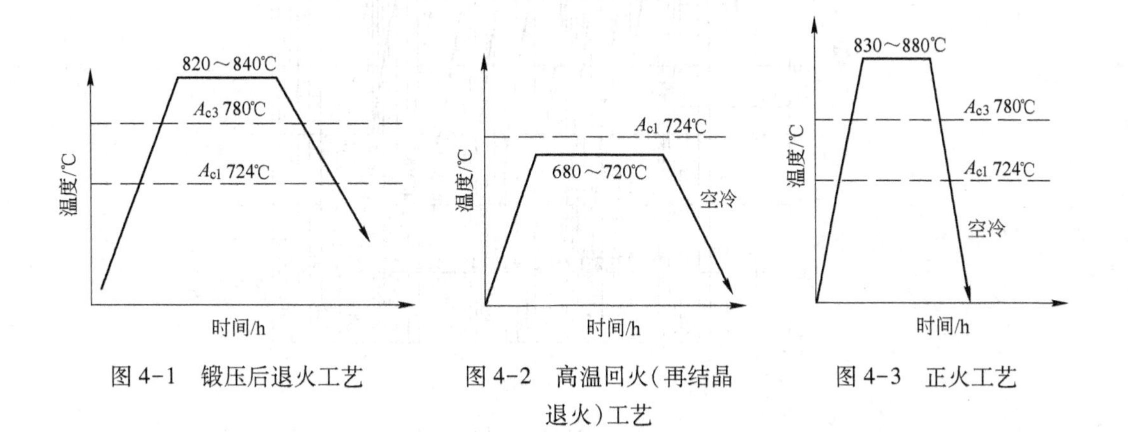

图 4-1 锻压后退火工艺　图 4-2 高温回火(再结晶退火)工艺　图 4-3 正火工艺

B 淬火

SM45 钢与淬火有关的曲线示于图 4-4~图 4-6,推荐的淬火规范示于表 4-8。

表 4-8 SM45 钢推荐的淬火规范

淬火加热温度/℃	冷 却 方 式
820~860	油冷或水冷

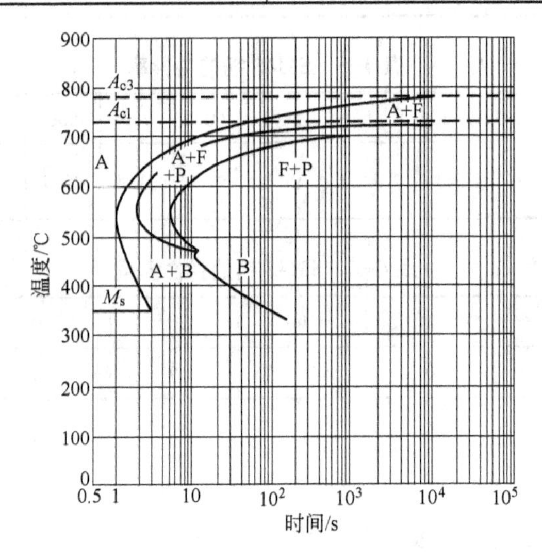

图 4-4 SM45 钢的等温转变曲线

（试验用钢成分(%)：0.44C，0.66Mn，

0.22Si，0.15Cr；奥氏体化温度 880℃）

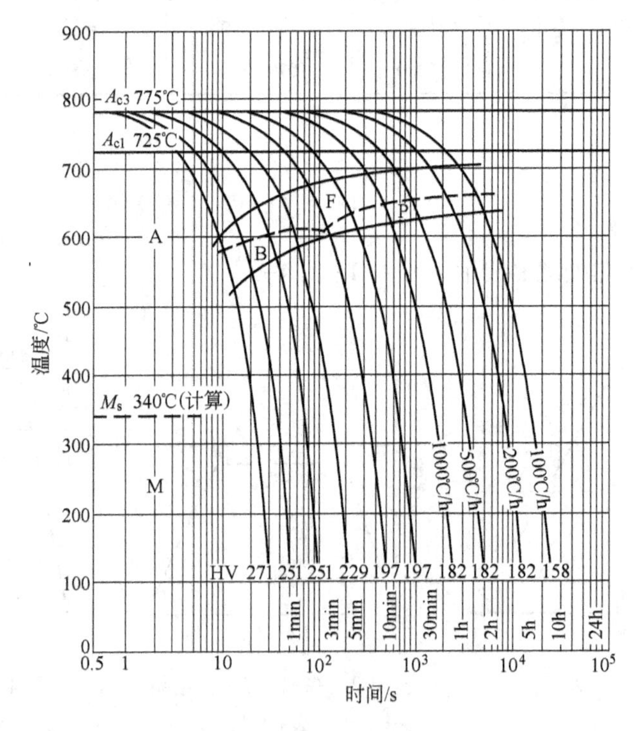

图 4-5 钢的奥氏体连续冷却曲线

（用钢成分(%)：0.45C，0.32Si，0.67Mn，0.008P，0.018S；原始状态：

轧后空冷；奥氏体化：850℃，5min）

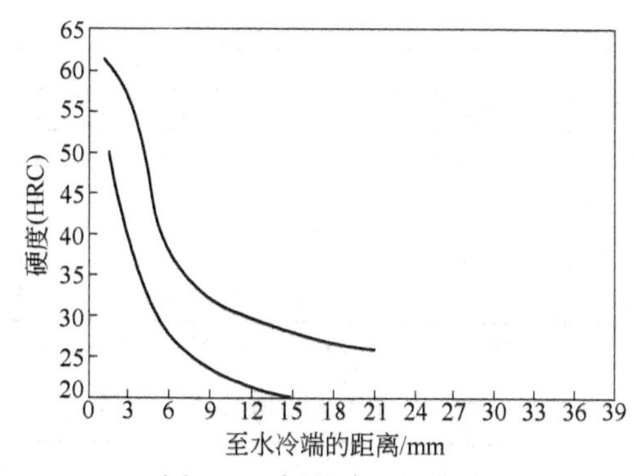

图 4-6 钢的淬透性曲线

（第一汽车制造厂试验数据，试验用钢（%）共 66 炉：0.42～0.50C，0.50～0.80Mn，0.17～0.37Si；奥氏体化温度 840℃）

C 回火

SM45 钢不同回火温度的力学性能示于图 4-7，调质后的力学性能示于表 4-9，推荐的回火规范示于表 4-10。

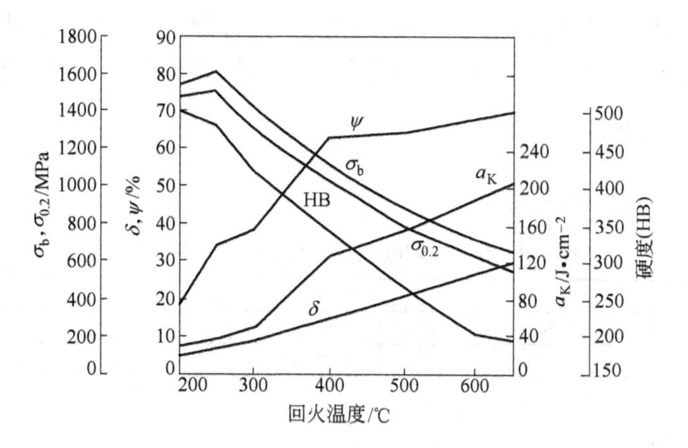

图 4-7 SM45 钢不同回火温度的力学性能

（第一汽车制造厂试验数据，试验用钢（%）：0.43C，0.27Si，0.61Mn；840℃水淬；热处理毛坯尺寸：ϕ10mm）

表 4-9 SM45 钢不同截面调质后的力学性能

热处理	直径/mm	取样部位	力学性能					
			σ_b/MPa	σ_s/MPa	δ/%	ψ/%	a_K/J·cm^{-2}	硬度(HB)
840℃加热淬盐水，500℃回火	12.5	中心	1080	1010	14.5	59.0	—	308
	25	中心	960	745	18.5	61.0	159	274
	50	中心	920	615	21.5	57.5	110	255
	100	中心	820	505	20.0	57.0	102	230
	100	1/2 半径	845	525	23.5	57.5	105	241
840℃加热淬盐水，575℃回火	12.5	中心	880	790	21.0	63.0	—	259
	25	中心	840	620	23.5	65.0	174	241
	50	中心	835	525	23.5	61.0	167	229
	100	中心	745	425	25.0	62.5	122	218
	100	1/2 半径	815	485	26.0	63.5	115	229

续表 4-9

热处理	直径/mm	取样部位	力学性能					
			σ_b/MPa	σ_s/MPa	δ/%	ψ/%	a_K/J·cm^{-2}	硬度(HB)
840℃加热淬盐水,650℃回火	12.5	中心	760	670	25.5	67.0	—	227
	25	中心	755	555	26.5	68.0	162	220
	50	中心	755	470	27.0	63.5	178	208
	100	中心	645	375	31.0	65.5	123	188
	100	1/2半径	670	420	30.0	66.0	102	191

注:南昌齿轮厂试验数据,1977,试验用钢(%):0.44C,0.31Si,0.74Mn,0.018P,0.031S。

表 4-10 SM45 钢推荐的回火规范

回火温度/℃	冷却方式
500~560	空冷

4.1.2 SM50 钢

SM50 钢属碳素塑料模具钢,其化学成分与高强中碳优质结构钢—50 钢相近,但钢的洁净度更高,碳含量的波动范围更窄,力学性能更稳定。该钢经正火或调质处理后具有一定的硬度、强度和耐磨性,且价格便宜,切削加工性能好,适宜制造形状简单的小型塑料模具或精度要求不高、使用寿命不需要很长的塑料模具等;但该钢焊接性能、冷变形性能差[1,2]。

4.1.2.1 化学成分

SM50 钢的化学成分示于表 4-11。

表 4-11 SM50 钢的化学成分(YB/T 094—1997)

化学成分(质量分数)/%				
C	Si	Mn	S	P
0.47~0.53	0.17~0.37	0.50~0.80	≤0.030	≤0.030

4.1.2.2 物理性能

SM50 钢的物理性能示于表 4-12~表 4-16,其密度为 7.81t/m^3;导磁率 μ 为 1.76mH/m;矫顽力 H_c 为 397.9A/m;电阻率 ρ 为 0.135×10^{-6}Ω·m。

表 4-12 SM50 钢的临界温度

临界点	A_{c1}	A_{c3}	A_{r3}	A_{r1}
温度(近似值)/℃	725	760	720	690

表 4-13 SM50 钢的线[膨]胀系数

温度/℃	20~100	20~200	20~300	20~500
线[膨]胀系数/×10^{-6}℃$^{-1}$	10.98	11.85	12.65	14.02

表 4-14 SM50 钢的质量定压热容

温度/℃	100	400	500	600	625	640	650	700	800	900
质量定压热容 c_p/J·(kg·K)$^{-1}$	560.1	639.5	785.8	1120	1692	3435	7942	668.8	639.5	627

表 4-15 SM50 钢的热导率

温度/℃	100	200	300	500
热导率 λ/W·(m·K)$^{-1}$	67.8	55.2	45.6	31.4

表 4-16 SM50 钢的弹性模量

温度/℃	20	100	300	500
弹性模量 E/GPa	220	215	200	180

4.1.2.3 热加工

SM50 钢的热加工工艺示于表 4-17。

表 4-17 SM50 钢的热加工工艺

开锻温度/℃	终锻温度/℃	冷 却
1180~1200	>800	空冷，ϕ300 mm 以上应缓冷

4.1.2.4 热处理与力学性能

SM50 钢的热处理示于表 4-18，与热处理有关的曲线示于图 4-8~图 4-10。其室温力学性能示于表 4-19、表 4-20 和图 4-11。

表 4-18 SM50 钢的热处理

项 目	退 火	正 火	淬 火	回 火
加热温度/℃ 冷却方式	810~830 炉 冷	820~870 空 冷	820~850 水冷或油冷	随需要而定 空 冷

表 4-19 SM50 钢的室温力学性能

热处理用毛坯尺寸/mm	试 样 状 态	σ_b/MPa	σ_s/MPa	δ_5/%	ψ/%	a_K /J·cm^{-2}	硬度(HB)
ϕ25	正 火	≥660	≥370	≥15	≥40	≥70	—
	热 轧	—	—	—	—	—	≤241
	退 火	—	—	—	—	—	≤207
	810~860℃水淬 550~650℃回火，水冷	≥750	≥550	≥15	≥40	≥70	212~277

表 4-20 SM50 钢的疲劳强度

试 样 状 态	力 学 性 能					循环次数	σ_{-1}	σ_{-1K}
	σ_b/MPa	σ_s/MPa	δ_5/%	ψ/%	硬度(HB)			
850℃水淬，550℃回火，水冷①	900	704	13.6	—	—	1×10^7	430	24③
850℃正火①	692	400	20.0	—	—	—	300	18③
925℃正火②	634	331	26.5	39.5	164	—	232	—
785℃油淬，315℃回火②	891	568	11.5	52.0	—	—	478	—
785℃油淬，425℃回火②	856	554	11.5	51.0	—	—	450	—
870℃油淬，760℃回火②	602	366	23.5	55.3	125	—	260	—

① 试验用钢(%)：0.40C，0.27Si，0.73Mn，0.024S，0.025P；δ_{10}数值；
② 试验用钢(%)：0.04C，0.12Si，0.46Mn，0.029S，0.017P；
③ 试样缺口处直径=8 mm，缺口半径=0.75 mm。

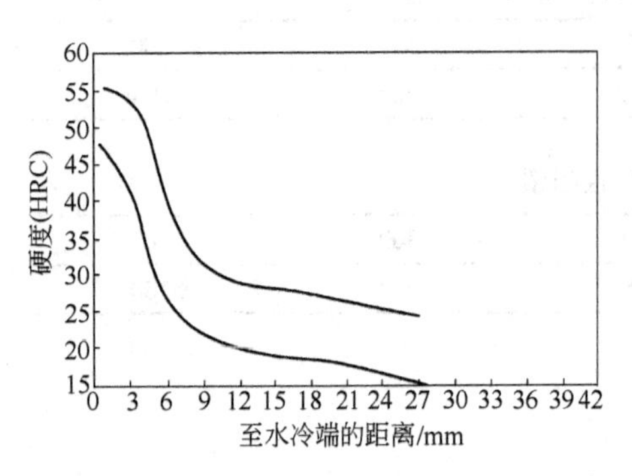

图 4-8 淬透性带
(奥氏体化温度 840℃;晶粒度 6~8 级)

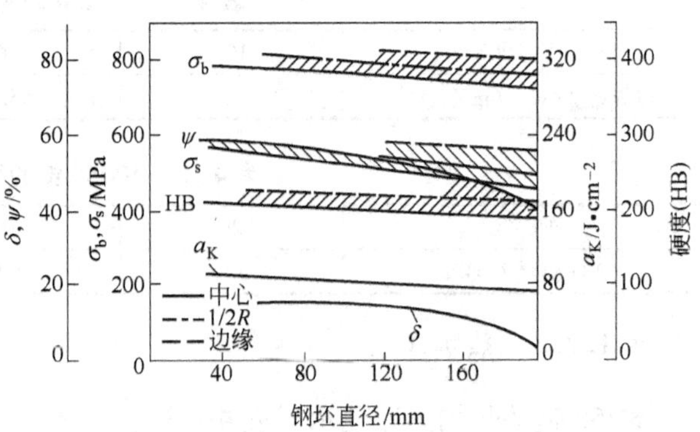

图 4-9 尺寸因素对力学性能的影响
(用钢成分(%):0.52C,0.32Si,
0.68Mn,0.026S,0.020P,0.08Cr,0.17Ni)

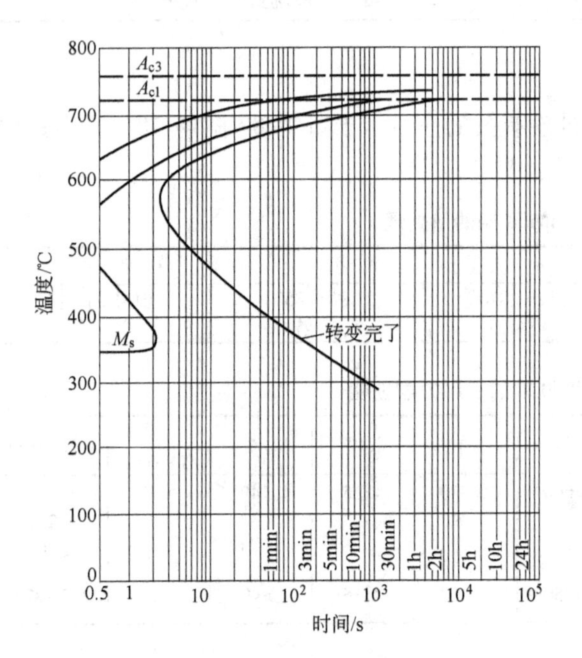

图 4-10 等温转变曲线
(用钢成分(%):0.46C,0.19Si,0.80Mn,
0.13Cr,0.17Ni;奥氏体化温度 775℃)

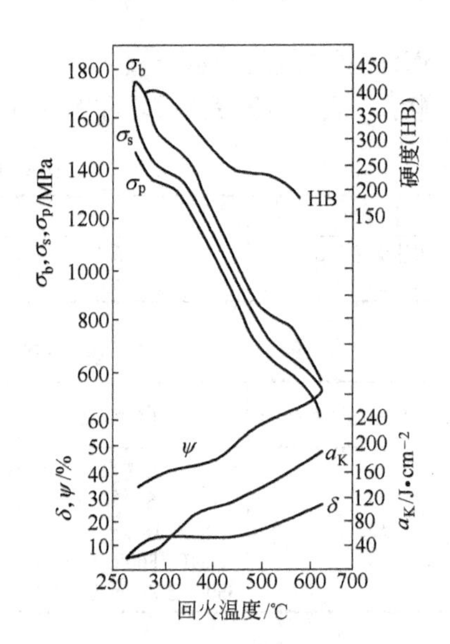

图 4-11 不同温度回火后的力学性能
(840℃水淬;试样直径 10mm)

A 高温力学性能

SM50 钢的高温力学性能示于表 4-21,曲线图示于图 4-12。

表 4-21 SM50 钢的高温力学性能

试验温度/℃	400	450	500	550
$\sigma_{1/10000}$/MPa	150	85	44	23
$\sigma_{1/100000}$/MPa	105	57	28	13

注:试验用钢:0.50%C;退火状态,HB=170。

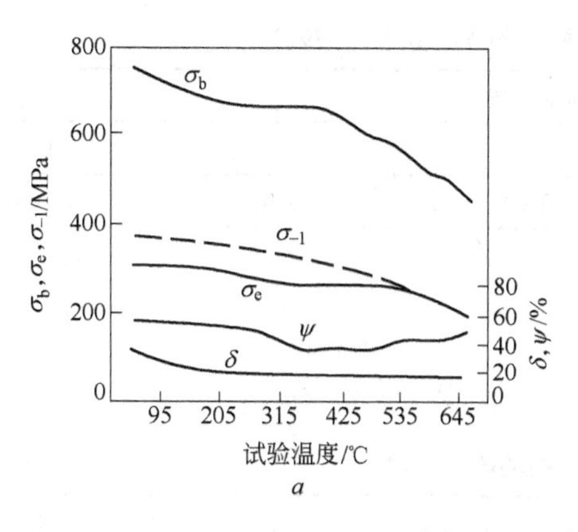

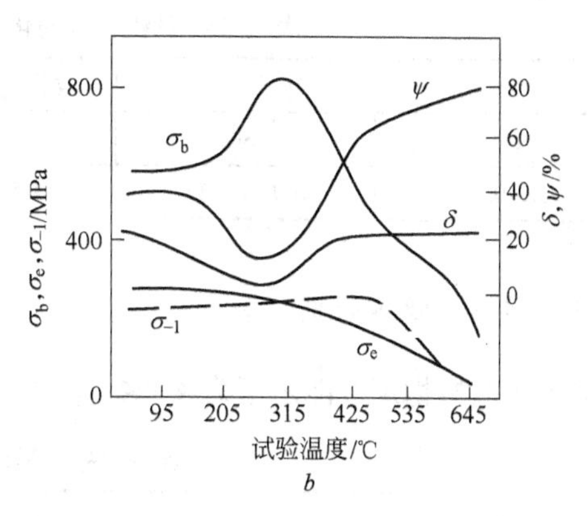

图 4-12 高温力学性能

a—退火状态;*b*—正火状态

(用钢成分(%):0.49C,0.12Si,0.46Mn,0.028S,0.017P)

B 低温力学性能

SM50 钢的低温力学性能示于表 4-22。

表 4-22 SM50 钢的低温力学性能

化学成分(质量分数)/%					力学性能				
C	Si	Mn	S	P	σ_b/MPa	σ_s/MPa	δ_{10}/%	ψ/%	σ_{-1}/MPa
0.48	0.08	0.97	0.047	0.030	690	351	18.6	42.3	274
0.46	0.13	0.78	0.048	0.029	658	324	19.3	40.7	263
0.47	0.23	0.98	0.039	0.030	695	371	18.8	43.7	291

力学性能							
温度/℃	-80	-50	-20	0	20	50	100
a_K/J·cm^{-2}	10.4 9.1 7.6	16.9 12.3 7.9	27.8 23.0 13.4	39.6 33.9 25.1	48.3 41.5 39.4	64.4 51.2 57.0	80.2 70.9 74.4

4.1.3 SM55 钢

SM55 钢属碳素塑料模具钢,其化学成分与高强中碳优质结构钢—55 钢相近,但钢的洁净度更高,碳含量的波动范围更窄,力学性能更稳定[1]。该钢经热处理后具有高的表面硬度、强度、耐磨性和一定的韧性,一般在正火或调质处理后使用。该钢价格便宜、切削加工性能中等,当硬度为 179~229HB 时,相对加工性为 50%;但焊接性和冷变形性均低。适宜制造形状简单的小型塑料模具或精度要求不高、使用寿命不需要很长的塑料模具等。

4.1.3.1 化学成分

SM55 钢的化学成分示于表 4-23。

表 4-23 SM55 钢的化学成分(YB/T094—1997)

化学成分(质量分数)/%				
C	Si	Mn	S	P
0.52~0.58	0.17~0.37	0.50~0.80	≤0.030	≤0.030

4.1.3.2 物理性能

SM55 钢的物理性能示于表 4-24~表 4-27,其密度为 7.82t/m³。

表 4-24 SM55 钢的临界温度

临界点	A_{c1}	A_{c3}	A_{r3}	A_{r1}
温度(近似值)/℃	727	774	755	690

表 4-25 SM55 钢的线[膨]胀系数

温度/℃	20~100	20~200	20~300	20~400	20~500	20~600	20~700	20~800	20~900	20~1000
线[膨]胀系数 /×10⁻⁶℃⁻¹	10.98	11.85	12.65	13.40	14.02	14.50	14.81	12.46	13.54	14.38

表 4-26 SM55 钢的质量定压热容

温度/℃	100	200	300	400	625	650	700	725	750	800	900
质量定压热容 c_p/J·(kg·K)⁻¹	518.3	547.5	618.6	798.3	836.0	1045	1492	1705	1254	760.7	752.4

表 4-27 SM55 钢的热导率

温度/℃	100	200	400	500
热导率 λ/W·(m·K)⁻¹	67.8	55.2	35.5	31.4

4.1.3.3 热加工

SM55 钢的热加工工艺示于表 4-28。

表 4-28 SM55 钢的热加工工艺

开始温度/℃	终止温度/℃	冷 却
1180~1200	>800	空冷,尺寸>200mm 缓冷

4.1.3.4 热处理

SM55 钢的热处理示于表 4-29、图 4-13 和图 4-14。

表 4-29 SM55 钢的热处理

项 目	退 火	高温回火	正 火	淬 火		回 火
加热温度/℃ 冷却方式	770~810 炉 冷	680~720 空 冷	810~860 空 冷	790~830 水 冷	820~850 油 冷	400~650 空 冷

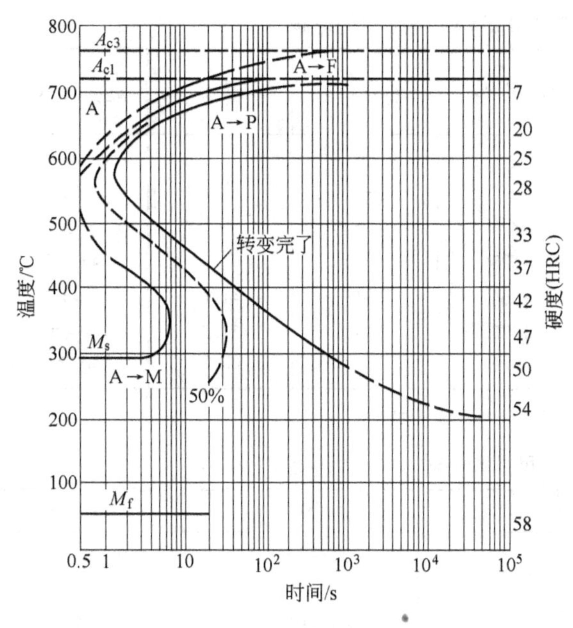

图 4-13 等温转变曲线

（用钢成分(%)：0.54C，0.46Mn；

奥氏体化温度 910℃，晶粒度 6~7 级）

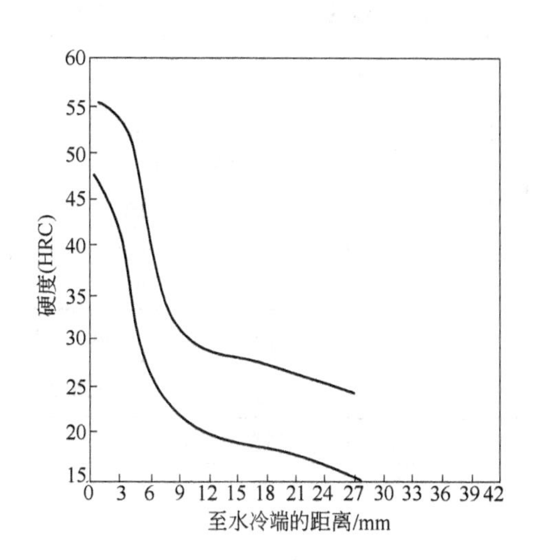

图 4-14 淬透性带

（奥氏体化温度 840℃，晶粒度 6~8 级）

A 室温力学性能

SM55 钢的室温力学性能示于表 4-30~表 4-33 以及图 4-15。

表 4-30 SM55 钢的室温力学性能

热处理用毛坯尺寸 /mm	取样部位	试样状态	σ_b/MPa	σ_s/MPa	δ_5/%	ψ/%	a_K /J·cm^{-2}	硬度 (HB)
25	中 心	正 火	≥700	≥390	≥13	≥35	—	—
		退 火	—	360~475	—	—	—	≤229
		热 轧	—	360~475	—	—	—	≤255
25	中 心	820+20℃正火	640~815	360~475	15~24	35~46	—	—
25	1/2R	820+20℃正火	700~815	360~475	15~24	33~44	—	—
335	纵向，1/3R	830~840℃正火 540~560℃回火①	740	350	20	35	—	—
520	纵向，1/3R	820±5℃正火 610±5℃回火②	660	370	—	53	57	—
25	—	800~850℃水淬 550~650℃回火，水 冷	≥800	≥600	≥14	≥35	≥60	—

① 0.57%C，0.28%Si，0.69%Mn，0.037%S，0.034%P；
② 0.54%C，0.30%Si，0.66%Mn，0.031%S，0.028%P。

表 4-31 回火温度对 SM55 钢力学性能的影响

试样状态		σ_b/MPa	$\sigma_{0.2}$/MPa	ψ/%	硬度(HRC)
淬火温度	回火温度				
850℃,10%的 NaCl 水溶液中淬火	未回火	—	—	—	62
	100℃	—	—	—	60
	200℃	1805	—	—	55
	300℃	1528	—	—	47~48
	350℃	1564	1435	41.6	44
	400℃	1373	1300	51.2	39~40
	500℃	997	966	—	30~31

注:试验用钢(%):0.56C,0.30Si,0.76Mn,0.045S,0.037P;试样尺寸 ϕ5mm。

表 4-32 SM55 钢钢坯的尺寸大小对力学性能的影响

热处理用毛坯直径/mm	试样状态	σ_b/MPa	$\sigma_{0.2}$/MPa
20	840℃水淬 400℃回火	1085~1240	890~1015
40		925~1023	647~765
60		845~950	595~660
20	840℃水淬 500℃回火	920~1030	735~827
40		840~920	567~620
60		770~870	524~580
20	840℃水淬 600℃回火	750~810	522~570
40		730~805	470~510
60		681~760	445~490

热处理用毛坯直径/mm	δ_5/%	ψ/%	a_K/J·cm^{-2}	硬度(HB)
20	8.0~7.5	52.3~43.5	70~55	302~341
40	11.5~10.0	47.6~43.5	54~40	260~290
60	12.5~10.5	46.5~42.7	50~33	234~266
20	12.0~10.2	59.0~53.0	105~65	255~285
40	14.0~12.5	52.8~45.0	72~55	228~264
60	14.1~13.5	52.0~43.0	60~40	210~239
20	15.5~15.0	65.3~58.5	145~110	209~225
40	16.5~15.5	62.0~56.0	128~80	203~225
60	18.0~16.0	61.0~56.0	94~62	190~210

表 4-33 SM55 钢的疲劳强度

试样状态	力学性能								
	σ_b/MPa	σ_s/MPa	δ_5/%	ψ/%	硬度(HB)	τ_b/MPa	τ_s/MPa	σ_{-1}/MPa	τ_{-1}/MPa
840℃退火	690	336	24.0	42	193	243	211	294	154
790℃水淬,650℃回火	782	590	22.0	57	227	—	368	386	223

注:试验用钢(%):0.52C,0.24Si,0.56Mn,0.029S,0.037P。

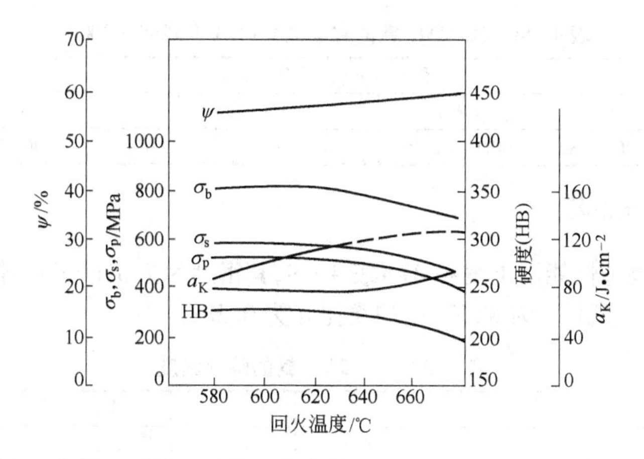

图 4-15 不同温度回火后的力学性能
(820℃水淬)

B 高温力学性能

SM55 钢的高温力学性能示于表 4-34。

表 4-34 SM55 钢的高温力学性能

试验温度/℃	400	450	500	550
$\sigma_{1/10000}$/MPa	150	85	44	(23)
$\sigma_{1/100000}$/MPa	105	57	28	(13)

注:试验用钢:0.5%C,退火状态硬度 170HB。

C 低温力学性能

SM55 钢的低温力学性能示于表 4-35。

表 4-35 SM55 钢的低温力学性能

化学成分(质量分数)/%					试样状态	下列温度(℃)时的 a_K/J·cm^{-2}/℃					
C	Si	Mn	S	P		-50	-20	0	20	50	100
0.52	0.15	0.90	0.029	0.046	热 轧	94	111	147	207	316	445
0.56	0.05	0.77	0.035	0.029	热 轧	105	146	197	247	322	469
0.59	0.21	0.94	0.042	0.031	热 轧	129	182	212	270	315	425

4.2 预硬化型塑料模具钢

4.2.1 3Cr2Mo 钢

3Cr2Mo 钢是国际上较广泛应用的塑料模具用钢,其综合力学性能好,淬透性高,可以使较大截面的钢材获得较均匀的硬度,并具有很好的抛光性能,模具表面光洁度高。用该钢制造模具时,一般先进行调质处理,硬度为 28~35HRC(即预硬化),再经冷加工制造成模具后,可直接使用。这样,既保证模具的使用性能,又避免热处理引起模具的变形。因此,该钢种宜于制造大、中型的和精密的塑料模具以及低熔点锡、锌、铅合金用的压铸模等。

4.2.1.1 化学成分

3Cr2Mo 钢的化学成分示于表 4-36。

表 4-36 3Cr2Mo 钢的化学成分(GB/T 1299—2000)

化学成分(质量分数)/%						
C	Si	Mn	P	S	Cr	Mo
0.28~0.40	0.20~0.80	0.60~1.00	≤0.030	≤0.030	1.40~2.00	0.30~0.55

4.2.1.2 物理性能

3Cr2Mo 钢的物理性能示于表 4-37~表 4-39,其密度为 7.81t/m^3;弹性模量(室温)E 为 212GPa;切变模量(室温)G 为 825GPa;泊桑比 μ 为 0.288。

表 4-37 3Cr2Mo 钢的临界温度

临界点	A_{c1}	A_{c3}	A_{r1}	A_{r3}	M_s	M_f
温度(近似值)/℃	770	825	640	755	335	180

表 4-38 3Cr2Mo 钢的线[膨]胀系数

温度/℃	18~100	18~200	18~300	18~400	18~500	18~600	18~700
线[膨]胀系数 /$\times10^{-6}$℃$^{-1}$	11.9	12.20	12.50	12.81	13.11	13.41	13.71

表 4-39 3Cr2Mo 钢的热导率

温度/℃	20	100	200	300	400
热导率 λ/W·(m·K)$^{-1}$	36.0	33.4	31.4	30.1	29.3

4.2.1.3 热加工

3Cr2Mo 钢的热加工工艺示于表 4-40。

表 4-40 3Cr2Mo 钢的热加工工艺

项 目	加热温度/℃	开锻温度/℃	终锻温度/℃	冷却方式
钢 锭	1180~1200	1130~1150	≥850	坑 冷
钢 坯	1120~1160	1070~1110	≥850	砂冷或缓冷

4.2.1.4 热处理

A 预先热处理

3Cr2Mo 钢的预先热处理曲线示于图 4-16 和图 4-17。

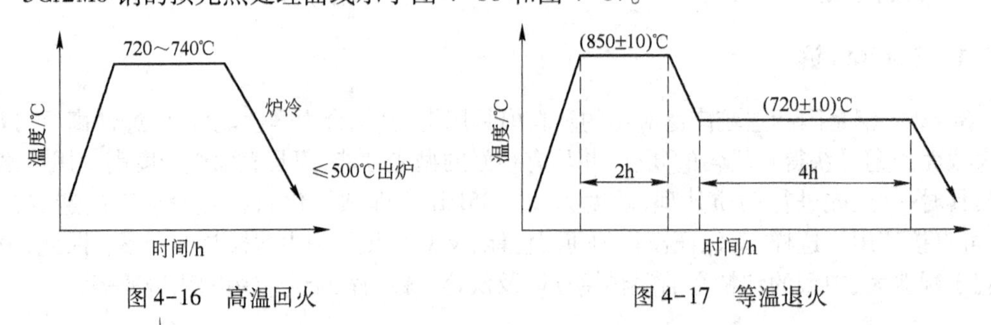

图 4-16 高温回火　　图 4-17 等温退火

B 淬火

3Cr2Mo 钢推荐的淬火规范示于表 4-41,与淬火有关曲线示于图 4-18~图 4-21。

表 4-41　3Cr2Mo 钢推荐的淬火规范

淬火加热温度/℃	冷却方式
850~880	油冷

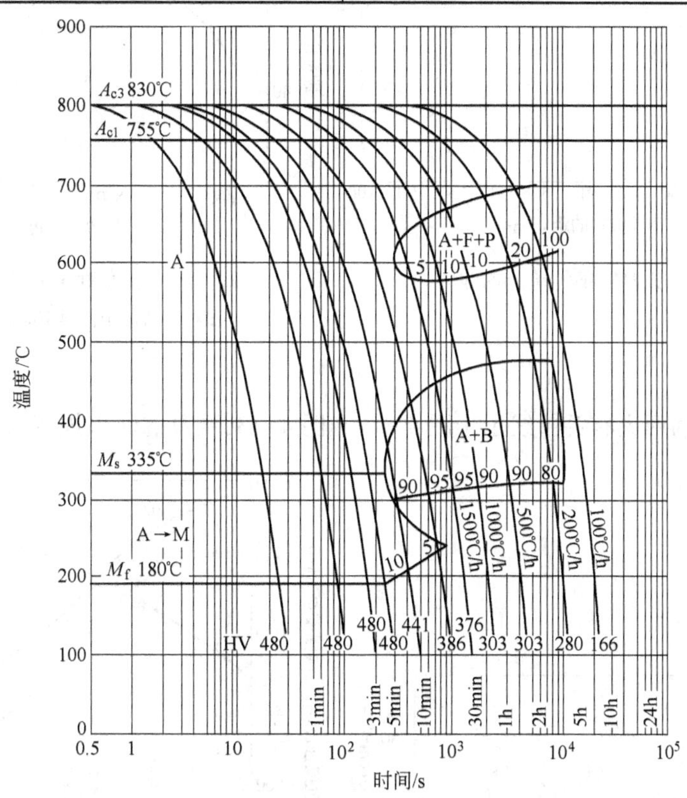

图 4-18　3Cr2Mo 钢奥氏体连续冷却曲线

（试样成分(%)：0.35C，0.49Si，0.81Mn，0.011P，0.018S，0.41Mo，1.75Cr；奥氏体化：850℃，5min）[3]

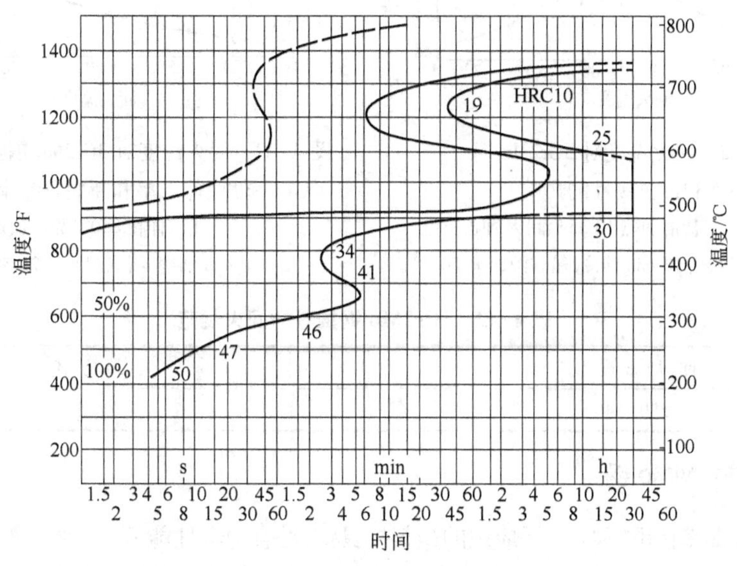

图 4-19　奥氏体等温转变曲线

（奥氏体化温度 843℃）[4]

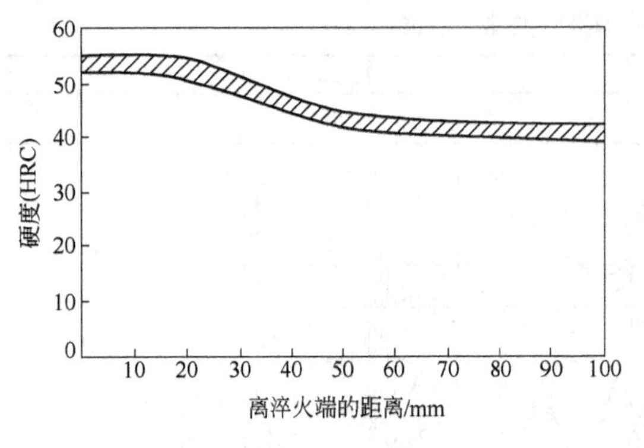

图 4-20 3Cr2Mo 钢的端淬曲线[3]

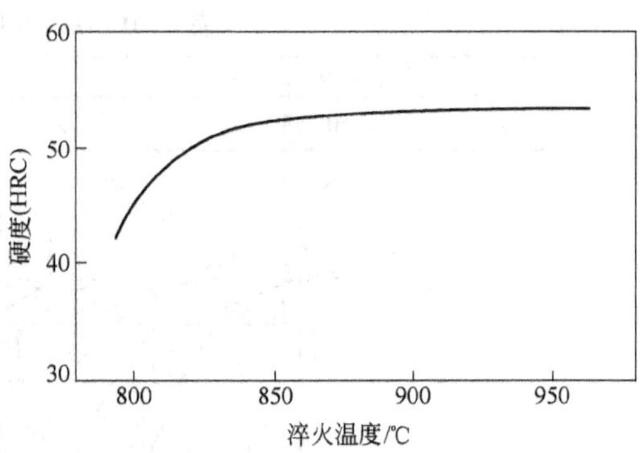

图 4-21 淬火温度对 3Cr2Mo 钢硬度的影响
（试样在盐浴中保温 10min，油冷）[3]

C 回火

3Cr2Mo 钢的回火有关曲线示于图 4-22 和图 4-23，推荐的回火规范示于表4-42。

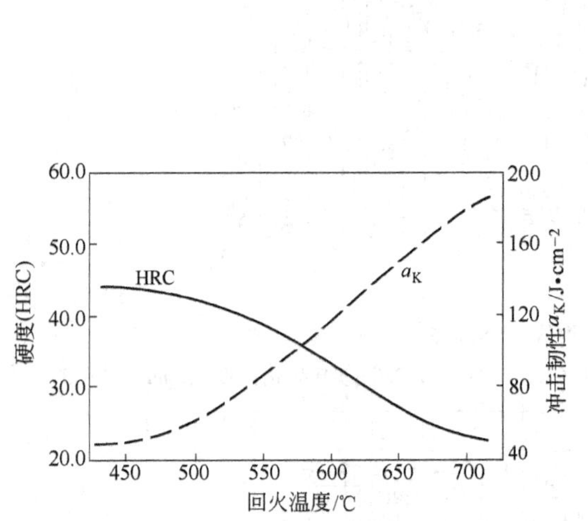

图 4-22 回火温度对 3Cr2Mo 钢硬度和冲击韧性的影响
（硬度试样 880℃盐浴加热 10 min 油冷，冲击韧性试样 850℃盐浴加热 10 min 油冷；箱式炉回火 2h）[3]

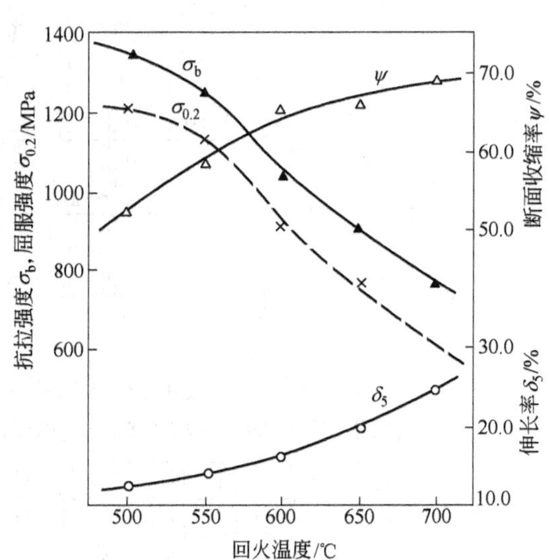

图 4-23 回火温度对 3Cr2Mo 钢抗拉强度、屈服强度、伸长率和断面收缩率的影响
（试样在 850℃盐浴加热 10min 油冷，箱式炉回火 2h 空冷）[3]

表 4-42 3Cr2Mo 钢推荐的回火规范

回火温度/℃	冷却方式
580~640	空 冷

4.2.2 3Cr2MnNiMo 钢

3Cr2MnNiMo 钢是国际上广泛应用的塑料模具钢，综合力学性能好，淬透性高，可以使大截面钢材在调质处理后具有较均匀的硬度分布，有很好的抛光性能和很低的表面粗糙度值。用该钢制造模具时，一般先进行调质处理，硬度为 28~35HRC（即预硬化），之后加工成模具可直接使用，

这样既保证大型或特大型模具的使用性能,又避免热处理引起模具的变形。该钢适宜制造特大型、大型塑料模具、精密塑料模具,也可用于制造低熔点合金(如锡、锌、铝合金)用的压铸模等。

4.2.2.1 化学成分

3Cr2MnNiMo 钢的化学成分示于表 4-43。

表 4-43 3Cr2MnNiMo 钢的化学成分(GB/T 1299—2000)

化学成分(质量分数)/%							
C	Si	Mn	Cr	Ni	Mo	P	S
0.32~0.40	0.20~0.40	1.10~1.50	1.70~2.00	0.85~1.15	0.25~0.40	≤0.030	≤0.030

4.2.2.2 物理性能

3Cr2MnNiMo 钢的物理性能示于表 4-44~表 4-46,其密度为 7.8t/m³;线[膨]胀系数(在 20~200℃范围内)为 12.7×10⁻⁶;质量定压热容 c_p(20℃)为 460J/(kg·K)。

表 4-44 3Cr2MnNiMo 钢的临界温度

临界点	A_{c1}	A_{c3}
温度(近似值)/℃	715	770

表 4-45 3Cr2MnNiMo 钢的弹性模量

温度/℃	20	200
弹性模量 E/GPa	205	200

表 4-46 3Cr2MnNiMo 钢的热导率

温度/℃	20	200
热导率 λ/W·(m·K)$^{-1}$	29.0	29.5

4.2.2.3 热加工

3Cr2MnNiMo 钢的热加工工艺示于表 4-47。

表 4-47 3Cr2MnNiMo 钢的热加工工艺

加热温度/℃	开锻温度/℃	终锻温度/℃	冷却方式
1140~1180	1050~1140	≥850	坑 冷

4.2.2.4 热处理

A 预先热处理

3Cr2MnNiMo 钢的预先热处理工艺示于图 4-24 和图 4-25。

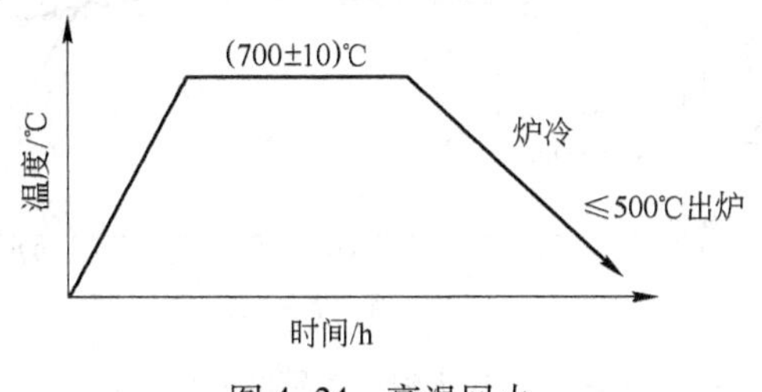

图 4-24 高温回火

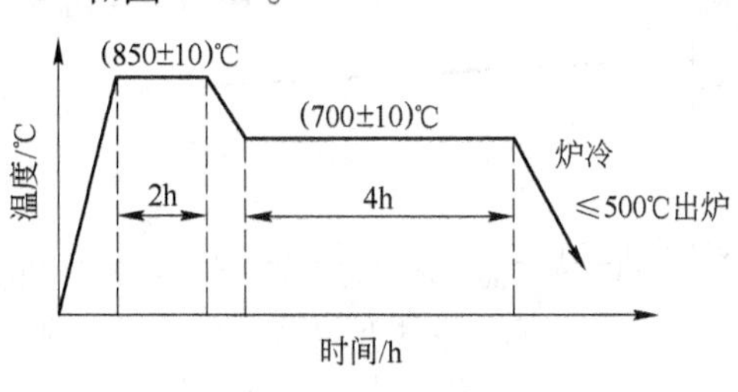

图 4-25 等温退火

B 淬火

3Cr2MnNiMo 钢推荐的淬火规范示于表 4-48，与淬火有关的曲线示于图 4-26～图 4-28。

表 4-48 3Cr2MnNiMo 钢推荐的淬火规范

淬火加热温度/℃	冷却方式
850±20	油冷或空冷

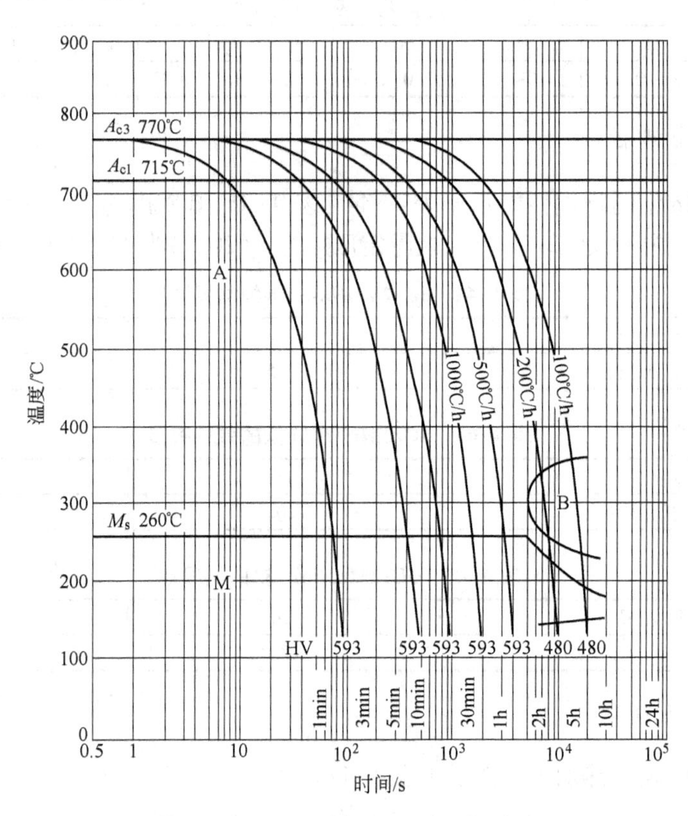

图 4-26 钢的奥氏体连续冷却曲线

（试样化学成分（%）：0.39C，1.94Cr，1.00Ni，1.32Mn，0.35Mo，0.56Si，0.010P，0.005S；原始状态：调质处理；奥氏体化：880℃，5 min）[5]

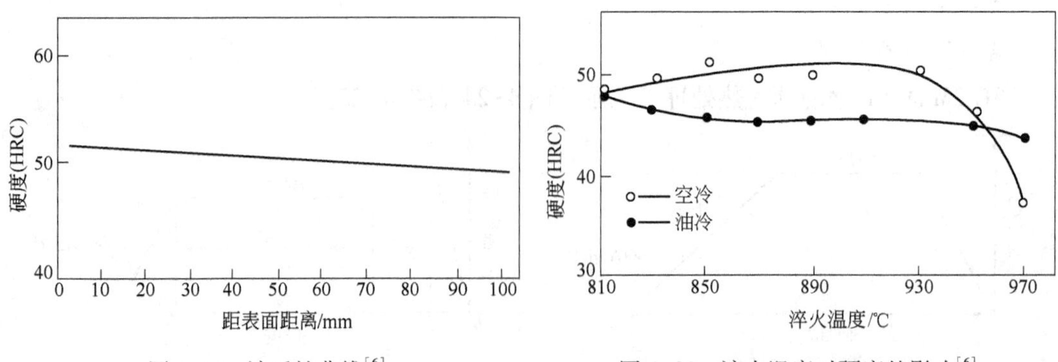

图 4-27 淬透性曲线[6]

图 4-28 淬火温度对硬度的影响[6]

C 回火

3Cr2MnNiMo 钢与回火有关的曲线示于图 4-29 和图 4-30，推荐的回火规范示于表4-49。

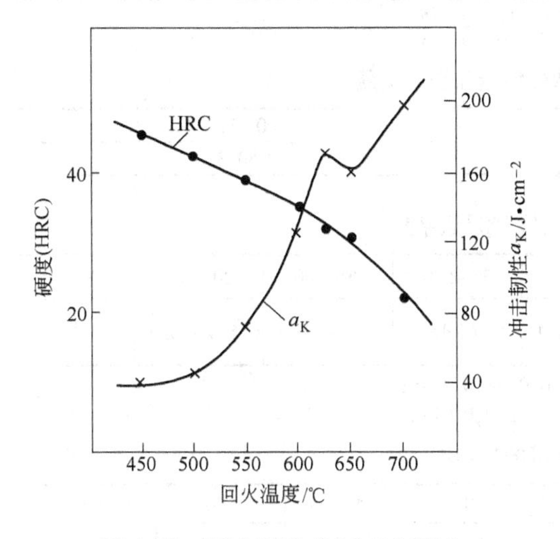

图 4-29 回火温度对 3Cr2MnNiMo 钢硬度和冲击韧性的影响[5]

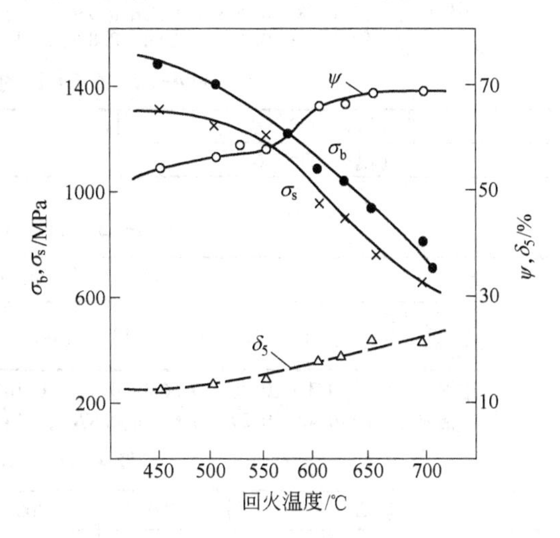

图 4-30 回火温度对钢的强度和塑性的影响[5]

表 4-49 3Cr2MnNiMo 钢推荐的回火规范

回火温度/℃	冷却方式
550~650	空 冷

4.2.3 40Cr 钢

40Cr 钢是机械制造业使用最广泛的钢种之一。调质处理后具有良好的综合力学性能，良好的低温冲击韧性和低的缺口敏感性。钢的淬透性良好，水淬时可淬透到 ϕ28~60 mm，油淬时可淬透到 ϕ15~40 mm。这种钢除调质处理外还适于氰化和高频淬火处理。切削性能较好，当硬度为 174~229HB 时，相对切削加工性为 60%。该钢适于制作中型塑料模具。

4.2.3.1 化学成分

40Cr 钢的化学成分示于表 4-50。

表 4-50 40Cr 钢的化学成分(GB/T 3077—1999)

化学成分(质量分数)/%							
C	Si	Mn	Cr	S	P	Ni	Cu
0.37~0.44	0.17~0.37	0.50~0.80	0.80~1.10	≤0.030	≤0.030	≤0.30	≤0.25

4.2.3.2 物理性能

40Cr 钢的物理性能示于表 4-51~表 4-54，其密度为 7.82t/m^3。

表 4-51 40Cr 钢的临界温度

临界点	A_{c1}	A_{c3}	M_s	备注
温度(近似值)/℃	780 770	840 805	350 328	① ②

① 用钢成分(%):0.38C,0.30Si,0.66Mn,0.95Cr,0.18Ni,0.016P,0.028S;
② 用钢成分(%):0.42C,0.29Si,0.69Mn,0.87Cr,0.14Ni,0.010P,0.013S。

表 4-52 40Cr 钢的弹性模量和切变模量

弹性模量(20℃)E	GPa	200~211.7
切变模量(20℃)G		80.8

表 4-53 40Cr 钢的线[膨]胀系数

温度/℃	20~200	20~300	20~400	20~500	20~600	20~700	备注
线[膨]胀系数 /$\times10^{-6}$℃$^{-1}$	(11.9~12.0)	(13.3~13.4)	(14.3~14.4)	(15.0~15.1)	(15.3~15.4)	(15.4~15.5)	① ②

① 用钢成分(%):0.37C,0.30Si,0.66Mn,0.95Cr,0.18Ni,0.016P,0.028S;
② 用钢成分(%):0.42C,0.29Si,0.69Mn,0.87Cr,0.14Ni,0.010P,0.013S。

表 4-54 40Cr 钢的热导率

温度/℃	100	200	300	400	500	600
热导率 λ/W·(m·K)$^{-1}$	32.6	30.9	29.3	28.0	26.7	25.5

4.2.3.3 热加工

40Cr 钢的热加工工艺示于表 4-55。

表 4-55 40Cr 钢热加工工艺

加热温度/℃	开锻温度/℃	终锻温度/℃	冷却方法
<1200	1100~1150	>800	大于 60mm 缓冷

4.2.3.4 热处理

40Cr 钢的热处理见表 4-56,与热处理有关的曲线示于图 4-31~图 4-34。其晶粒长大倾向见表 4-57。

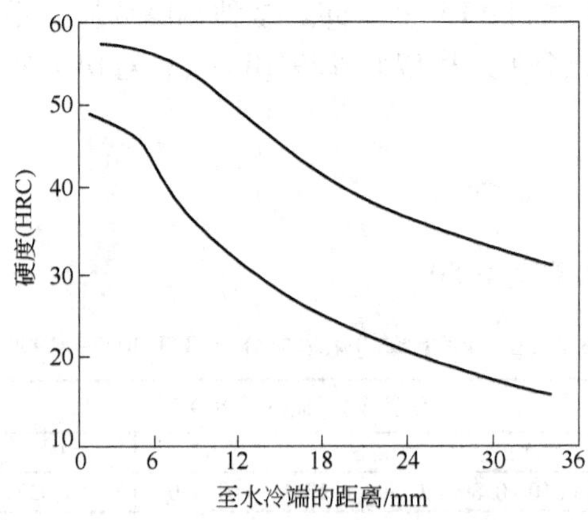

图 4-31 淬透性带

(用钢成分范围(%):0.38~0.46C,0.18~0.34Si,0.55~0.79Mn,0.85~1.04Cr,0.016~0.033P,0.007~0.028S,0.02~0.12Ni,0.01~0.12Cu;860℃正火,860℃ 30min 加热端淬;根据 30 炉钢数据画成)

表 4-56　40Cr 钢的热处理

项　目	退　火	正　火	高温回火	淬　火	回　火	氰　化	回　火
温度/℃	825～845	850～880	680～700	830～860	400～600	830～850	140～200
冷却方式	炉　内	空　冷	炉冷至 600℃ 空　冷	油　冷	油冷或水冷	直接油淬	空　冷
硬度(HB)	≤207	≤250	≤207		按需要		HRC≥48

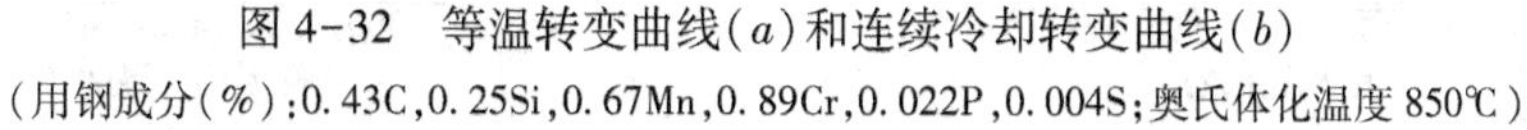

图 4-32　等温转变曲线(*a*)和连续冷却转变曲线(*b*)

(用钢成分(%):0.43C,0.25Si,0.67Mn,0.89Cr,0.022P,0.004S;奥氏体化温度 850℃)

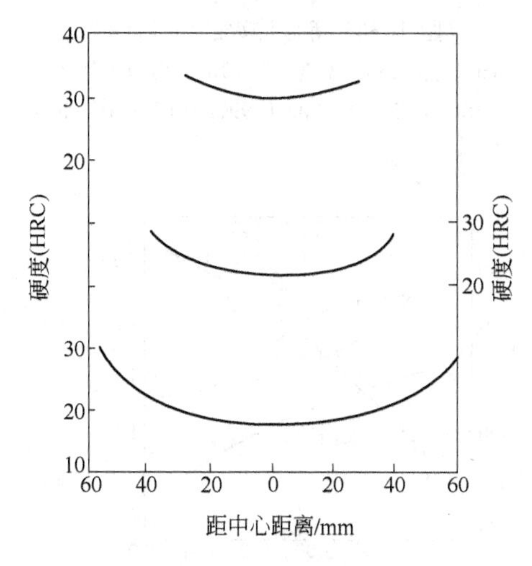

图 4-33　不同截面钢材油淬后的硬度分布

(用钢成分(%):0.43C,0.60Mn,
0.92Cr,0.020P,0.011S;860℃ ϕ60,
ϕ90,ϕ120 mm 分别保温 2 h,2.5 h,3.5 h 油淬)

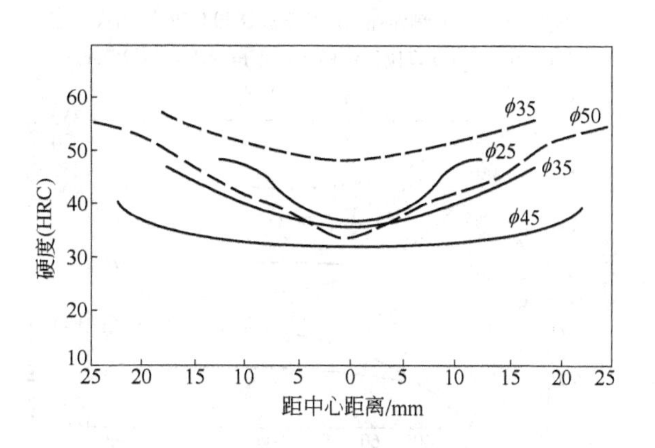

图 4-34　不同直径圆棒在不同介质
中淬火后截面硬度分布曲线

(用钢成分(%):0.43C,0.67Mn,0.96Cr,0.014P,
0.0055S;860～900℃淬火;实线—油淬,虚线—盐水淬火)

表 4-57 40Cr 钢的晶粒长大倾向

加热温度/℃	800	850	900	950	1000	1050	1100	1150	备 注
晶粒度级别	8	8~7	8(930℃) 7~6	7 6	6~5 5~4	5~6	5~4 3	4~5	① ②

① 渗碳法测定；
② 氧化法测定，保温 2h。

A 室温力学性能

40Cr 钢的室温力学性能示于表 4-58，与热处理有关的曲线示于图 4-35~图 4-38，与热处理有关的性能示于表 4-59~表 4-61。

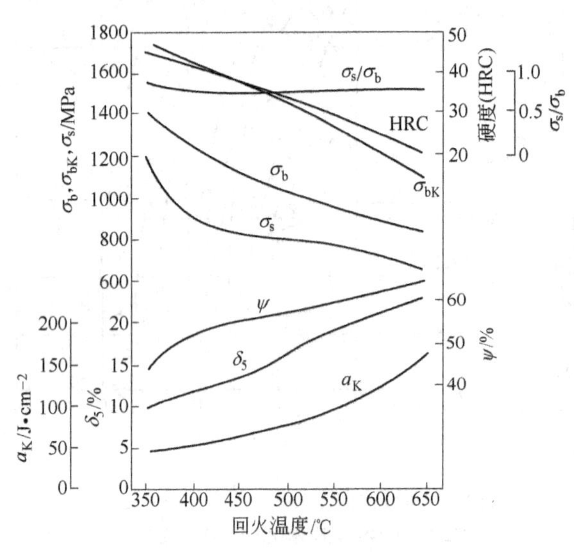

图 4-35 不同回火温度的力学性能

(用钢成分(%)：0.43C，0.32Si，0.64Mn，0.96Cr，0.024P，0.007S，0.042Ni；热处理：870℃正火，840℃油淬，回火保温 150min 空冷；缺口拉伸试样缺口张角 60°，r=0.25mm)

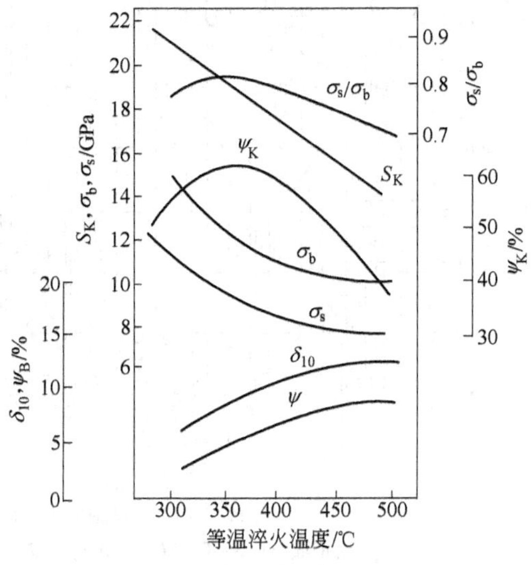

图 4-36 等温淬火的力学性能

(850℃加热，不同温度等温 20min；用钢成分(%)：0.38C，0.25Si，0.52Mn，0.99Cr，0.031P，0.005S)

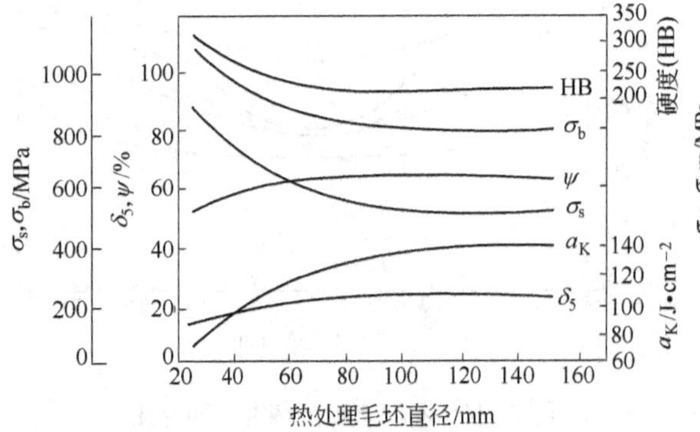

图 4-37 不同直径热处理的力学性能

(用钢成分(%)：0.43C，0.30Si，0.60Mn，0.92Cr，0.022P，0.011S；热处理：860℃油淬于 500℃保温 60min 回火)

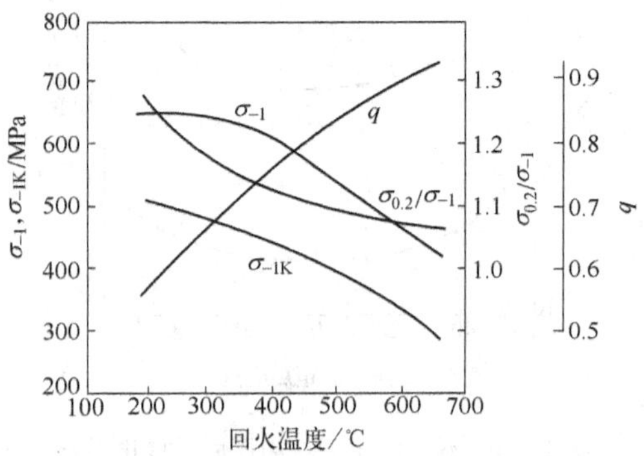

图 4-38 疲劳极限与回火温度的关系

表 4-58 40Cr 钢室温力学性能

毛坯直径/mm	热处理制度	σ_b	σ_s	δ_5	ψ	a_K /J·cm^{-2}	硬度(HB)	备注
		MPa		%				
25	850℃油淬,500℃水冷或油冷	≥1000	≥800	≥9	≥45	≥60		
	860℃ 60 min 油淬,520~550℃水冷	$\frac{1010\sim1200}{1106}$	$\frac{905\sim1130}{993}$	$\frac{13\sim20}{16.4}$	$\frac{49.5\sim63.5}{56.8}$	$\frac{60\sim129}{104}$		50 炉钢
	860℃空冷正火	740	460	17	62	108	209	①
	920℃ 60 min,空冷正火	782	510	21.5	62.6	119	201	②
	910℃退火	660	410	16	66	126		①

注:分子为数据范围,分母为平均值。
① 用钢成分(%):0.44C,0.26Si,0.60Mn,1.07Cr,0.012P,0.010S;
② 用钢成分(%):0.43C,0.30Si,0.67Mn,0.96Cr,0.014P,0.005S。

表 4-59 40Cr 钢的回火脆性

热处理制度		870℃正火,840℃45 min 油淬,回火保温 75 min						
回火温度/℃		350	400	450	500	550	600	650
a_K/J·cm^{-2}	回火水冷	16.3	32.6	56.0	72.5	116.0	148.0	189.0
	回火炉冷	15.0	27.6	52.5	63.8	98.0	137.5	161.3
回火脆性系数		10.9	11.8	10.7	11.9	11.9	10.8	11.7

注:用钢成分(%):0.43C,0.32Si,0.64Mn,0.96Cr,0.007S,0.024P。

表 4-60 40Cr 钢的疲劳极限

热处理制度	硬度(HRC)	σ_b	$\sigma_{0.2}$	σ_{-1}	σ_{-1K}	疲劳应力集中系数 $K_f=\frac{\sigma_{-1}}{\sigma_{-1K}}$	形变强化指数 m	疲劳缺口敏感度 $q=\frac{K_f-1}{K_t-1}$
		MPa						
840℃ 油淬,200℃ 60 min 回火空冷	50	2005	1610	640	500	1.28	0.130	0.54
840℃ 油淬,390℃ 60 min 回火油冷	45	1500	1400	610	430	1.41	0.052	0.79
840℃ 油淬,500℃ 60 min 回火油冷	35	1125	1065	530	370	1.41	0.037	0.79
840℃ 油淬,670℃ 60 min 回火油冷	24	810	725	400	270	1.48	0.028	0.93

注:1. 用钢成分(%):0.38C,0.25Si,0.52Mn,0.031P,0.005S,0.99Cr;
2. 盐炉加热淬火,加热保温时间 45 s/mm,试样磨削后经 180℃ 10 h 去除应力回火;
3. 理论应力集中系数 $K_t=1.52$。

表 4-61 40Cr 钢的静拉伸性能和冲击韧性

热处理制度	硬度(HRC)	σ_b	σ_s	δ_5	ψ_K	a_K/J·cm^{-2}
		MPa		%		
840℃油淬,400℃回火	44	1430	1340	37	540	38
840℃油淬,600℃回火	23	844	750	100	690	115

注:无缺口试样。

B 高温力学性能

40Cr 钢的高温力学性能示于表 4-62 和表 4-63。

表 4-62 40Cr 钢高温力学性能之一

试样状态	试验温度/℃	σ_b/MPa	$\sigma_{0.2}$/MPa	δ_5/%	ψ/%	a_K/J·cm^{-2}	硬度(HB)
820~840℃油淬,550℃回火	20	955	805	13.0	55.5	85	302~285
	200	905	720	15.0	42.0	120	—
	300	895	695	17.5	58.5	—	—
	400	700	625	18.0	68.0	100	—
	450	600	550	18.5	75.5	—	—
	500	500	440	21.0	80.5	80	—
	550	—	—	—	—	—	—
	600	—	—	—	—	—	—
820~840℃油淬,680℃回火	20	710	580	26.0	60.0	220	217~207
	200	660	485	17.5	66.5	—	—
	300	—	—	—	—	—	—
	400	605	435	19.0	71.0	215	—
	450	445	405	27.5	85.0	—	—
	500	430	370	24.0	79.0	135	—
	550	—	—	—	—	125	—
	600	250	215	32.5	89.5	—	—
820~840℃油淬,720℃回火	20	560	400	29.0	71.0	180	184~167
	200	—	—	—	—	—	—
	300	575	330	19.5	65.5	270	—
	400	500	310	27.5	71.0	130	—
	450	420	300	24.0	75.0	—	—
	500	320	250	28.5	78.0	105	—
	550	250	220	30.0	87.0	—	—
	600	210	190	33.0	89.5	320	—

注:试验用钢(%):0.36~0.41C,0.28~0.36Si,0.55~0.71Mn,0.70~1.00Cr;热处理尺寸 ϕ28~55mm。

表 4-63 40Cr 钢的高温力学性能之二

试验温度/℃	425	540
$\sigma_{0.1/1000}$/MPa	126	21

注:试验用钢(%):0.36C,1.0Cr,0.72Mn;840℃油淬,560℃回火,硬度 270HB。

C 低温力学性能

40Cr 钢的室温力学性能示于表 4-64。

表 4-64 40Cr 钢低温力学性能

试样状态	a_K/J·cm^{-2}(在下列温度/℃)			
	+20	-25	-40	-70
850℃水淬,650℃回火,水冷	153	145	126	96
850℃油淬,650℃回火,油冷	163	151	109	87
850℃油淬,580℃回火,油冷	93	84	—	55

注:试验用钢(%):0.39C,0.99Cr,0.64Mn。

4.2.4 42CrMo 钢

42CrMo 钢属于超高强度钢,具有高强度和韧性,淬透性也较好,无明显的回火脆性,调质处理后有较高的疲劳极限和抗多次冲击能力,低温冲击韧性良好。该钢种适宜制造要求一定强度和韧性的大、中型塑料模具[7]。

4.2.4.1 化学成分

42CrMo 钢的化学成分示于表 4-65。

表 4-65 42CrMo 钢的化学成分(GB/T 3077—1999)

化学成分(质量分数)/%							
C	Si	Mn	Cr	Mo	Ni	P	S
0.38~0.45	0.17~0.37	0.50~0.80	0.90~1.20	0.15~0.25	≤0.30	≤0.030	≤0.030

4.2.4.2 物理性能

42CrMo 钢的物理性能示于表 4-66~表 4-68。

表 4-66 42CrMo 钢的临界温度

临界点	A_{c1}	A_{c3}	M_s
温度(近似值)/℃	730	800	310

注:1. 用钢成分(%):0.41C,0.23Si,0.67Mn,1.01Cr,0.23Mo;
2. 奥氏体化温度 860℃。

表 4-67 42CrMo 钢的线[膨]胀系数

温度/℃	20~100	20~200	20~300	20~400	20~500	20~600
线[膨]胀系数/$\times10^{-6}$℃$^{-1}$	11.1	12.1	12.9	13.5	13.9	14.1

表 4-68 42CrMo 钢的弹性模量

温度/℃	20	300	400	500	600
弹性模量 E/GPa	210	185	175	165	155

4.2.4.3 热加工

42CrMo 钢的热加工工艺示于表 4-69。

表 4-69 42CrMo 钢的热加工工艺

加热温度/℃	开锻温度/℃	终锻温度/℃	冷却方法
1150~1200	1130~1180	>850	ϕ>50mm,缓冷

4.2.4.4 热处理

42CrMo 钢的热处理示于表 4-70,与热处理有关的曲线示于图 4-39~图 4-45,与热处理有关的性能示于表 4-71~表 4-74。

表 4-70 42CrMo 钢的热处理

项 目	正 火	高温回火	淬 火	淬 火	回 火	感应淬火	回 火
温度/℃	850~900	680~700	820~840	840~880	450~670	900	150~180
冷却介质	空 气	空 气	水	油	油或空气	乳化液	空 气
硬度(HB)		≤217			表 面 ≥53HRC	≥50HRC	

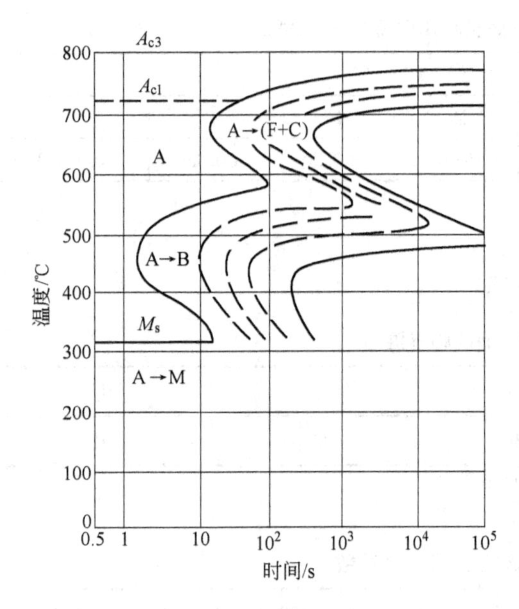

图 4-39 等温转变曲线

（用钢成分（%）：0.41C，0.23Si，0.67Mn，1.01Cr，0.23Mo，0.20Ni；奥氏体化温度 860℃）

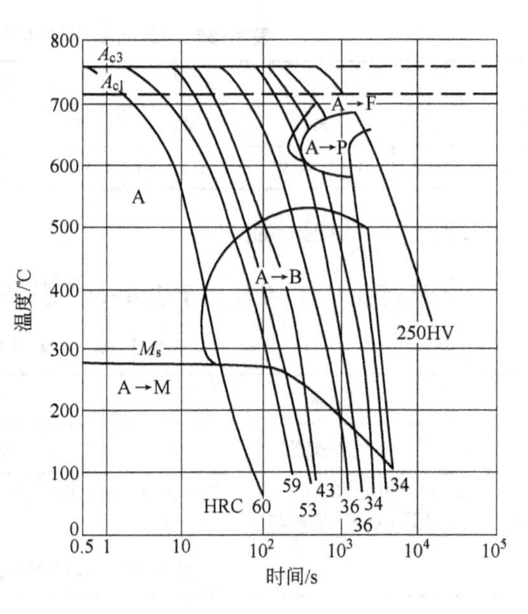

图 4-40 连续冷却转变曲线

（用钢成分（%）：0.46C，0.22Si，0.50Mn，1.00Cr，0.21Mo，0.26Ni，0.26Cu；奥氏体化温度 850℃）

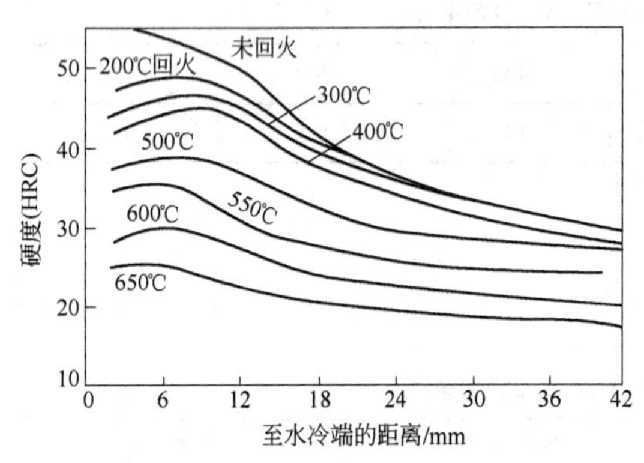

图 4-41 淬透性曲线及不同温度回火后的硬度变化

（用钢成分（%）：0.46C，0.22Si，0.50Mn，1.0Cr，0.21Mo，0.26Ni；850℃加热端淬）

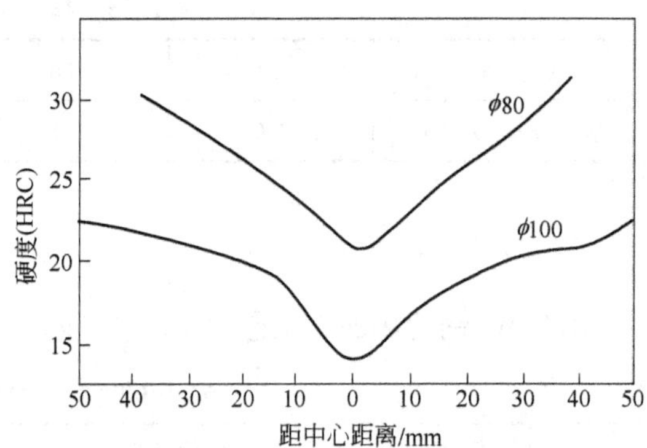

图 4-42 不同截面轴的硬度分布曲线

（ϕ100 mm 的轴，860℃ 60 min 水淬 1～1.5 min 后油淬，580℃ 90 min 回火水冷；ϕ80 mm 轴 850℃ 22 min 油淬，540℃ 90 min 回火水冷）

表 4-71 42CrMo 钢室温力学性能

毛坯直径/mm	热处理制度	σ_b	σ_s	δ_5	ψ	a_K/J·cm^{-2}	备注
		MPa		%			
25	850℃ 油淬，580℃ 水冷或油冷	≥1100	≥950	≥12	≥45	≥80	
	860℃ 40 min 油淬，580℃ 40 min 水冷	1115～1295 / 1120	955～1250 / 1100	12～17 / 14.1	45.5～59 / 53.2	80～137 / 100	40 炉钢

注：分子为数据范围，分母为平均值。

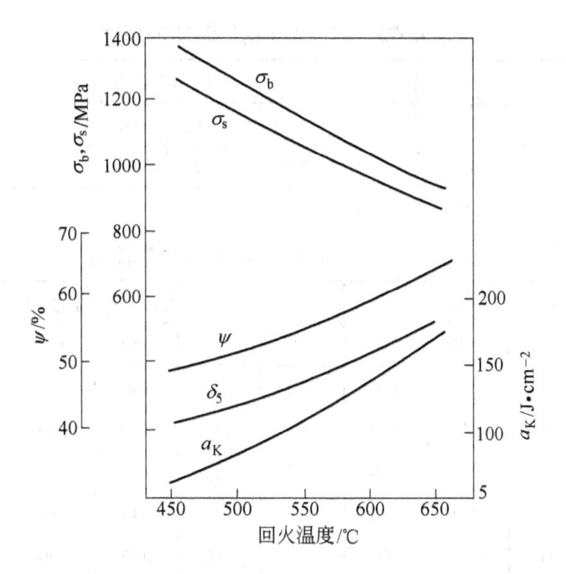

图 4-43 不同温度回火的力学性能

(用钢成分(%):0.39C,0.21Si,0.59Mn,1.00Cr,0.20Mo;840℃油淬)

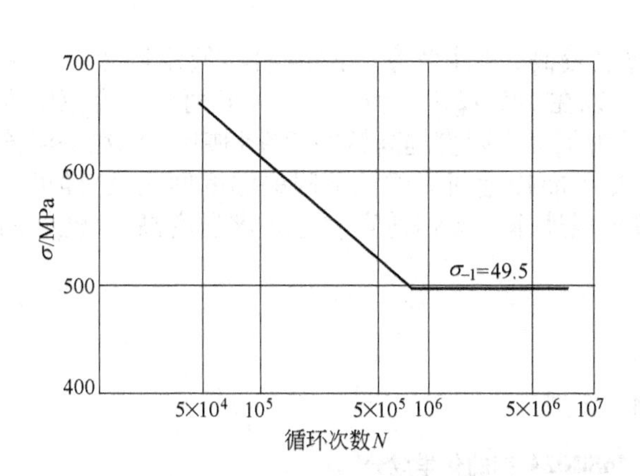

图 4-44 调质后疲劳性能曲线

(用钢成分(%):0.42C,0.60Mn,1.23Cr,0.17Mo;880℃油淬,580℃回火;316HB)

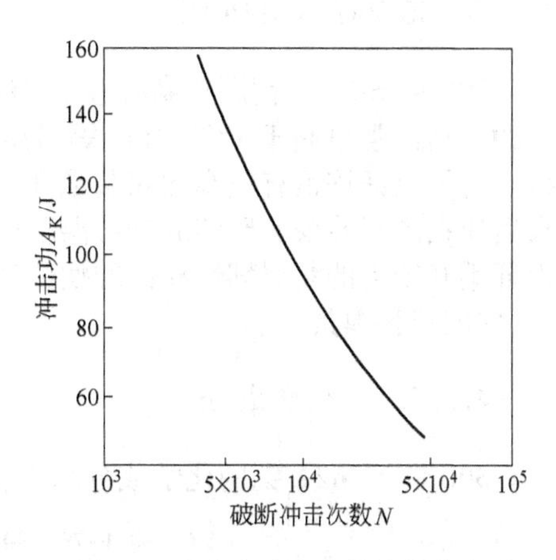

图 4-45 多次冲击疲劳性能曲线

(用钢成分和热处理工艺同图 4-43;冲击频率 600 次/min)

表 4-72 不同截面 42CrMo 钢材热处理后的力学性能

热处理毛坯直径/mm	热处理制度	取样位置	σ_b	σ_s	δ_5	ψ	a_K/J·cm^{-2}	备注
			MPa		%			
54	850℃22min 油淬,540℃90min 回火水冷	R/2	762	574	23.3	68.8	191	①
		中心	788	556	21.1	67.0	189	①
55	860℃60min 油淬,540℃90min 回火水冷	R/2	806	638	20.7	62.8	134	①
		中心	765	599	19.4	62.8	140	①
60	900℃油淬,600℃回火油冷	中心	905		24	62.0	108(65)③	②

① 用钢成分(%):0.43C,0.88Mn,1.09Cr,0.22Mo,0.017P,0.027S;

② 用钢成分(%):0.39C,1.11Cr,0.20Mo;

③ 括弧内为横向冲击值。

表 4-73 42CrMo 钢低温冲击韧性

热处理制度	σ_b/MPa	下列温度(℃)时的 a_K/J·cm^{-2}							
		20	-20	-50	-80	-100	-140	-183	-253
880℃油淬,580℃回火	1080	117	117	109	84	58	47	46	24

注:用钢成分(%):0.43C,1.02Cr,0.22Mo,0.08Ni。

表 4-74 42CrMo 钢的高温力学性能

下列温度(℃)时的 σ_s/MPa						下列温度(℃)时的 DVM 蠕变强度/MPa						
20	100	200	300	350	400	350	400	450	475	500	525	550
45			360	330	300	320	250	180	140	100	70	40
50			400	370	330	350	280	200	150	110	70	40
55			440	400	360	380	300	210	160	110	70	40
60			460	420	380	400	320	240	180	110	70	40
65			480	440	400	420	350	280	200	110	70	40
70	650	600	500	460			350	200		100		

注:经调质至不同屈服强度(20℃)后,进行高温试验。

4.2.5 30CrMnSiNi2A 钢

30CrMnSiNi2A 钢属超高强度钢,淬透性较高,韧性较好。该钢油淬低温回火(250~300℃)后的强度高于 1700MPa;等温淬火可以在 180~220℃和 270~290℃两个温度范围进行。为了保证该钢有较高的屈服强度,而且为了最大限度提高钢的塑性和韧性,钢在等温淬火后应在高于残余奥氏体的分解温度而且尽可能接近回火脆性下限的温度回火,这样可以保证钢有较高的断裂韧性和低的疲劳裂纹扩展速率。该钢适宜制造要求强度高、韧性好的大、中型塑料模具[7]。

4.2.5.1 化学成分

30CrMnSiNi2A 钢的化学成分示于表 4-75。

表 4-75 30CrMnSiNi2A 钢的化学成分

化学成分(质量分数)/%							
C	Si	Mn	Cr	Ni	Cu	P	S
0.26~0.33	0.90~1.20	1.00~1.30	0.90~1.20	1.40~1.80	≤0.20	≤0.035	≤0.030

注:摘自 YB6—71。

4.2.5.2 物理性能

30CrMnSiNi2A 钢的物理性能示于表 4-76~表 4-80。

表 4-76 30CrMnSiNi2A 钢的临界温度

临界点	A_{c1}	A_{c3}	M_s	备 注
温度(近似值)/℃	705 705	800 815	321 314	① ②

① 用钢成分(%):0.27C,1.05Si,1.06Mn,1.05Cr,1.66Ni,0.013P,0.005S;
② 用钢成分(%):0.30C,1.10Si,1.07Mn,1.06Cr,1.50Ni,0.014P,0.005S。

表 4-77　30CrMnSiNi2A 钢的弹性模量

温度/℃	20	100	200	250
弹性模量 E/GPa	211	208	204	202

注：用钢成分(%)：0.31C，1.08Si，1.16Mn，1.07Cr，1.67Ni，0.10Cu，0.011P，0.005S；热处理：890℃ 50 min 油淬，250℃ 3 h 回火空冷。

表 4-78　30CrMnSiNi2A 的线[膨]胀系数

温度范围/℃	20	17~100	17~200	17~300	17~400	17~500	17~600	17~700	17~800	17~900
线[膨]胀系数/$℃^{-1}$	10.55×10^{-6}	11.37×10^{-6}	11.67×10^{-6}	12.68×10^{-6}	12.9×10^{-6}	13.55×10^{-6}	13.8×10^{-6}	13.9×10^{-6}	11.15×10^{-6}	12.1×10^{-6}

表 4-79　30CrMnSiNi2A 钢的热导率

温度/℃	20	100	200	300	400	500	600	700	800	900
热导率 λ /W·$(m\cdot K)^{-1}$	25.7	28.0	29.3	29.9	29.3	28.2	27.0	25.7	24.0	22.3

表 4-80　30CrMnSiNi2A 钢的质量定压热容

温度/℃	20	100	200	300	400	500	600
质量定压热容 c_p/J·$(kg\cdot K)^{-1}$	472.3	526.6	581.0	639.5	698.0	752.4	831.8

4.2.5.3　热加工

30CrMnSiNi2A 钢的热加工工艺示于表 4-81。

表 4-81　30CrMnSiNi2A 钢的热加工工艺

加热温度/℃	开始温度/℃	终止温度/℃	冷却方法
1140~1180	1120~1160	≥850	缓　冷

4.2.5.4　热处理

30CrMnSiNi2A 钢的热处理示于表 4-82，与热处理有关的曲线示于图 4-46~图 4-54，与热处理有关的性能示于表 4-83~表 4-86。

表 4-82　30CrMnSiNi2A 钢的热处理

项　目	退　火	正　火	高温回火	淬　火	回　火	等温淬火	回　火
温度/℃	650~680	900~920	650~680	880~900	240~330	900	250~300
冷却介质	炉　内	空　气	空　气	油	空气或油	180~220℃	空　气
硬度(HB)	≤255		≤255	≥50HRC	≥45HRC		

表 4-83 30CrMnSiNi2A 钢的奥氏体晶粒长大倾向

加热温度/℃	850	900	950	1000	1050	1100	1150	1200
晶粒度级别	10	10~9	10~8	8	8~7	8~6	7~6	6

注:用直接腐蚀法测定。

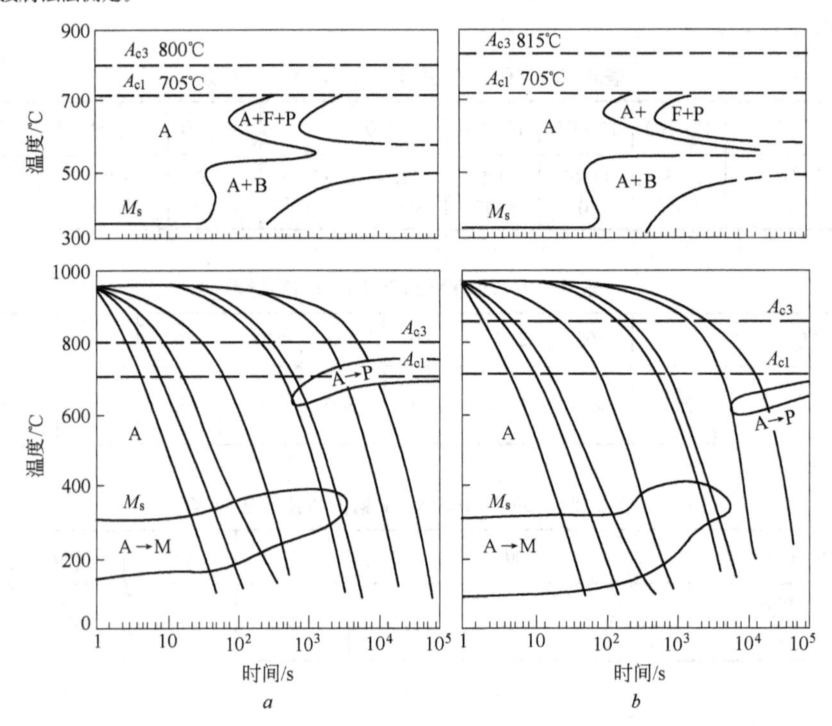

图 4-46 等温转变曲线和连续冷却转变曲线

（用钢成分(%)：*a*—0.27C，1.05Si，1.06Mn，1.05Cr，1.66Ni，0.013P，0.005S；*b*—0.30C，1.10Si，1.07Mn，1.06Cr，1.50Ni，0.014P，0.005S；奥氏体化温度：等温转变时 900℃；连续冷却转变时 950℃）

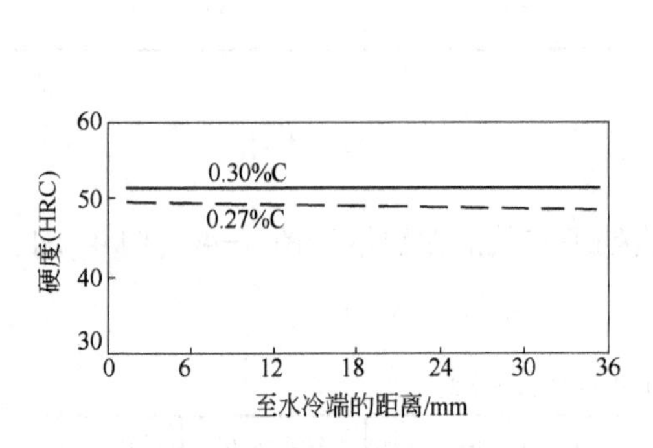

图 4-47 淬透性曲线

（用钢成分同图 4-46；奥氏体化温度 900℃）

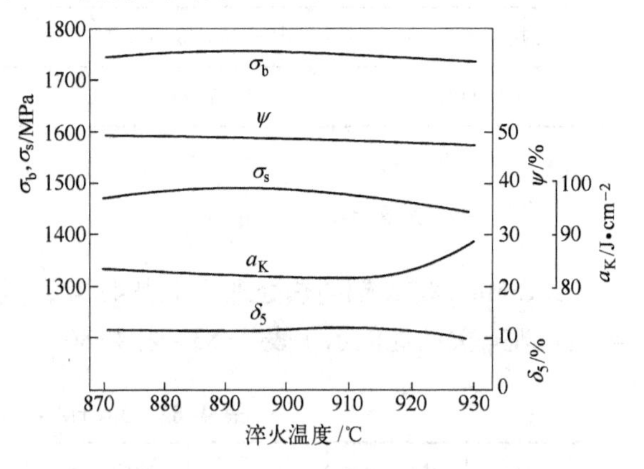

图 4-48 不同温度淬火的力学性能

（用钢成分(%)：0.29C，1.11Si，1.17Mn，1.01Cr，1.58Ni，0.012P，0.0025S；从 120 mm 方钢上取试样，不同淬火温度加热保温 40 min 油淬，200℃ 回火 120 min 空冷）

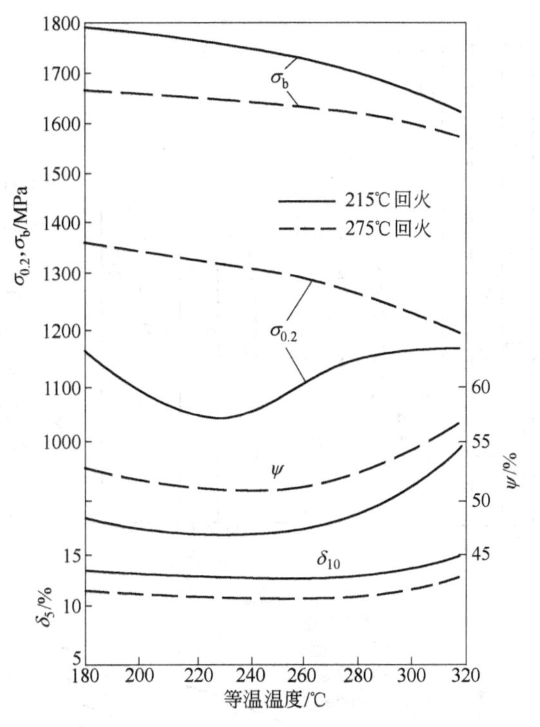

图 4-49 等温淬火时等温温度对力学性能的影响

（用钢成分(%)：0.31C，0.99Si，1.14Mn，1.12Cr，1.65Ni，0.012P，0.003S；

加热温度为900℃，等温60min，然后油冷；回火120min空冷）

表 4-84 30CrMnSiNi2A 钢的疲劳极限

热处理毛坯直径/mm	热处理制度	硬度(HRC)	σ_b	$\sigma_{0.2}$	σ_{-1}/MPa	备 注
			MPa			
25	900℃油淬，230℃回火空冷	48	1660	1560	690	碳下限①
	900℃油淬，230℃回火空冷	49	1780	1640	740	碳上限②
	890℃油淬，200℃回火空冷				730	
	890℃油淬，300℃回火空冷				710	
	890℃加热，于300℃等温淬火				740	

①用钢成分(%)：0.27C，1.05Si，1.06Mn，1.05Cr，1.66Ni，0.013P，0.005S；

②用钢成分(%)：0.30C，1.10Si，1.07Mn，1.06Cr，1.50Ni，0.014P，0.005S。

表 4-85 30CrMnSiNi2A 钢的横向力学性能

钢坯尺寸/mm	取样方向	热处理制度	σ_b/MPa	δ_5	ψ	a_K/J·cm^{-2}	硬度(HB)
				%			
135方	纵向	900℃60min油淬，300℃180min回火空冷	1760	13.5	47	69	444
			1740	12.0	48	72	
	横向	900℃60min油淬，300℃180min回火空冷	1730	10.0	38	52	444
			1710	9.0	40	55	

注：用钢成分(%)：0.32C，0.92Si，1.15Mn，1.09Cr，1.53Ni，0.13Mo，0.07Cu，0.017P，0.006S。

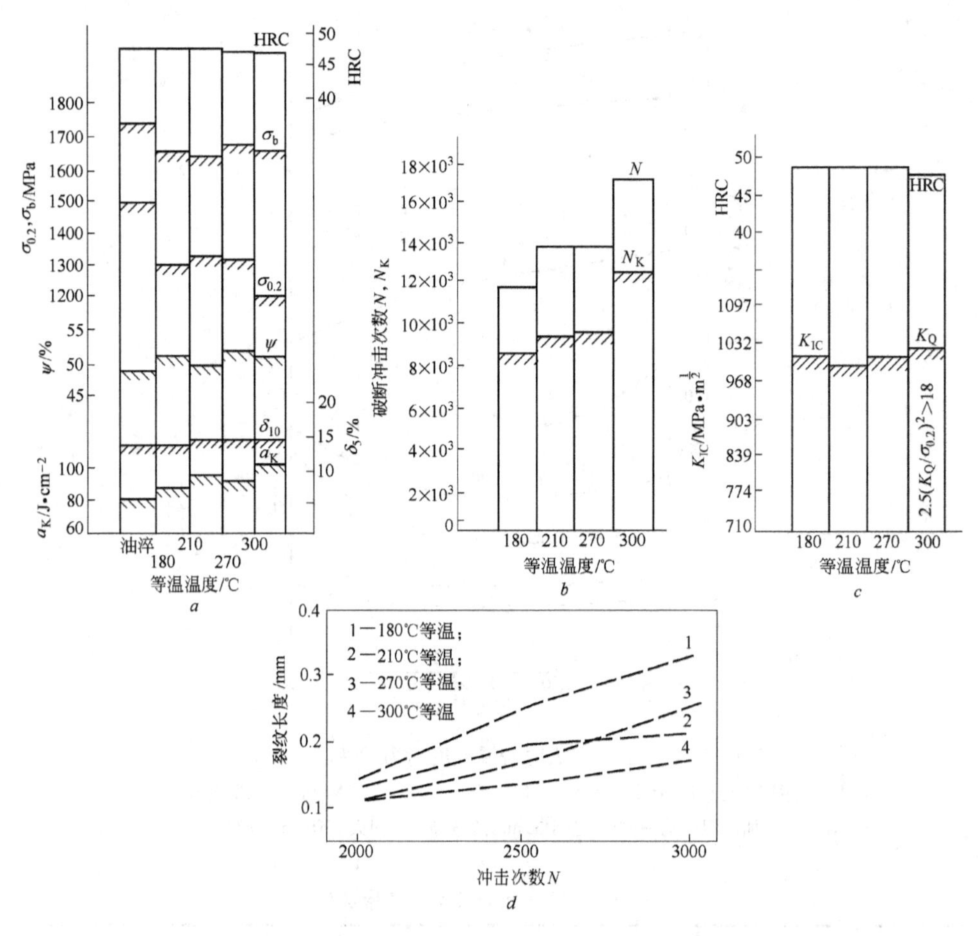

图 4-50 不同温度等温淬火后的力学性能

a—常规力学性能(270℃回火 120min);*b*—多次冲击断裂冲击次数(冲击能量 12.5J,冲击频率 450 次/min,270℃回火 120min);*c*—断裂韧性(270℃回火 120min);*d*—多次冲击条件下的裂纹扩展速率

(用钢成分(%):0.30C,1.10Mn,1.13Si,1.06Cr,1.59Ni,0.014P,0.003S;拉伸试样尺寸:ϕ8mm,10d;多次冲击试样为 12.5mm×10mm×130mm 矩形截面,在垂直于 12.5mm 平面正中开有深 1mm,圆角半径 0.1mm 的缺口,断裂韧性 K_{IC} 是用截面为 18mm×36mm 的三点弯曲试样测定的)

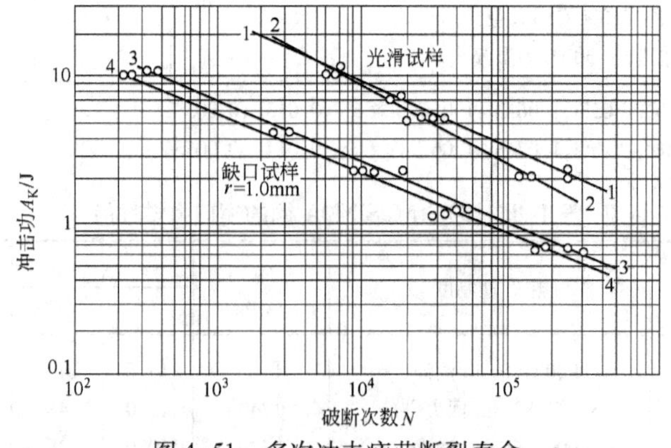

图 4-51 多次冲击疲劳断裂寿命

1,3—900℃加热 230℃等温淬火,260℃回火 3h 空冷;2,4—900℃加热 300℃等温淬火热处理后测定的结果

(试验是在 DC-150 型多次冲击试验机上进行,冲击频率为 488 次/min,试样每转动一周冲击 12 次;光滑试样直径 ϕ12±0.02mm,缺口试样缺口处直径 ϕ10mm)

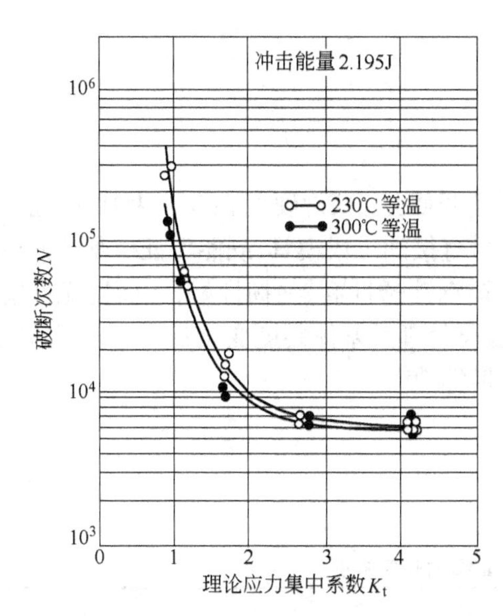

图 4-52 多次冲击破断寿命与缺口理论应力集中系数的关系

（试样尺寸和试样的热处理制度见图 4-51）

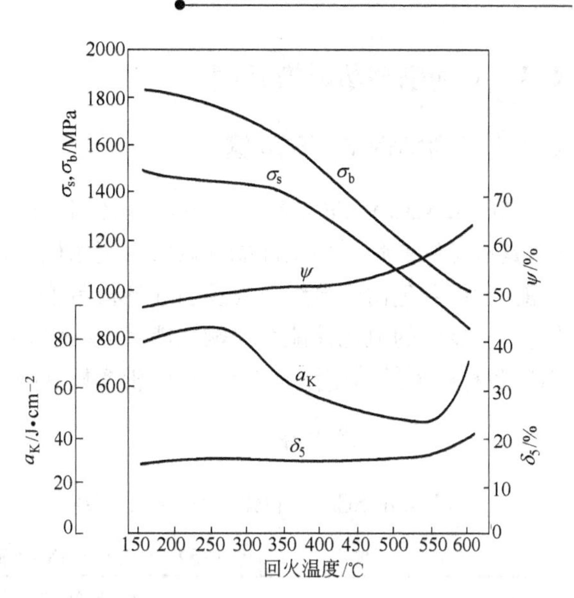

图 4-53 不同温度回火的力学性能

（用钢成分同图 4-54；900℃ 40 min 油淬，150～600℃回火 120 min 空冷）

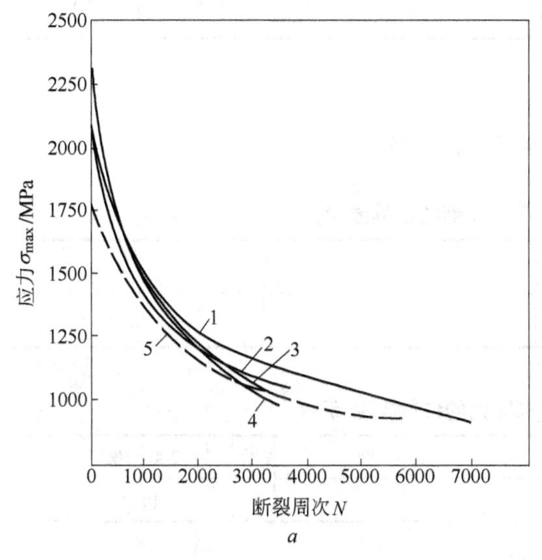

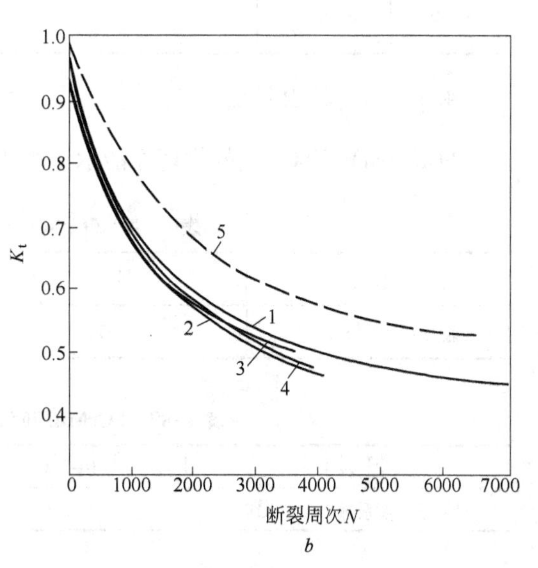

图 4-54 不同热处理以后在不同应力作用下的周期疲劳强度

a—不同应力时的断裂循环周次；b—断裂循环周次与应力集中系数的关系

1—油淬 260℃回火，σ_b = 1700 MPa；2—180℃等温 260℃回火，σ_b = 1600 MPa；3—180℃等温 220℃回火，σ_b = 1600 MPa；4—300℃等温，σ_b = 1600 MPa；5—300℃等温，σ_b = 1300 MPa

表 4-86 30CrMnSiNi2A 钢不同温度回火后的断裂韧性

回火温度/℃	200	260	280	300	320	340	360	400
$\sigma_{0.2}$/MPa	1640	1670	1680	1620	1640	1610	1570	1410
K_{IC}/MPa·m$^{\frac{1}{2}}$	687	700	664	667	609	555	567	564

注：900℃油淬，不同温度回火后空冷。

4.3 易切削型塑料模具钢

4.3.1 5CrMnNiMoVSCa 钢

5CrMnNiMoVSCa 是易切削塑料模具钢。该钢经调质处理后，硬度在 35~45HRC 范围内，具有良好的切削加工性能，因此，可用预硬化钢材直接加工成模具，既能保证模具的使用功能，又能避免由于最终热处理引起的模具变形。该钢淬透性高、强韧性好，镜面抛光性能好，具有良好的氮化性能和渗硼性能，调质钢材经氮化处理后基体硬度变化不大。该钢适宜制造各种类型的精密注塑塑料模具、胶木模和橡胶模等[8,9]。

4.3.1.1 化学成分

5CrMnNiMoVSCa 钢的化学成分示于表 4-87。

表 4-87 5CrMnNiMoVSCa 钢的化学成分

化学成分（质量分数）/%							
C	Cr	Ni	Mn	Mo	V	S	Ca
0.50~0.60	0.80~1.20	0.80~1.20	0.80~1.20	0.30~0.60	0.15~0.30	0.06~0.15	0.002~0.008

4.3.1.2 物理性能

5CrMnNiMoVSCa 钢的物理性能示于表 4-88 和表 4-89。

表 4-88 5CrMnNiMoVSCa 钢的临界温度

临界点	A_{c1}	A_{c3}	M_s
温度（近似值）/℃	695	735	220

表 4-89 5CrMnNiMoVSCa 钢的线[膨]胀系数

温度/℃	0~100	100~200	200~300
线[膨]胀系数/$\times10^{-6}$℃$^{-1}$	12.9	13.1	14.7

4.3.1.3 热加工

5CrMnNiMoVSCa 钢的热加工工艺示于表 4-90。

表 4-90 5CrMnNiMoVSCa 钢的热加工工艺

项 目	加热温度/℃	开锻温度/℃	终锻温度/℃	冷 却
钢 锭	1140~1180	1080	900	炉 冷
钢 坯	1100~1150	1040	850	炉冷（>ϕ60mm） 砂冷（<ϕ60mm）

4.3.1.4 热处理

A 预先热处理

5CrMnNiMoVSCa 钢的预先热处理曲线示于图 4-55 和图 4-56，钢中碳化物相分析示于表 4-91。

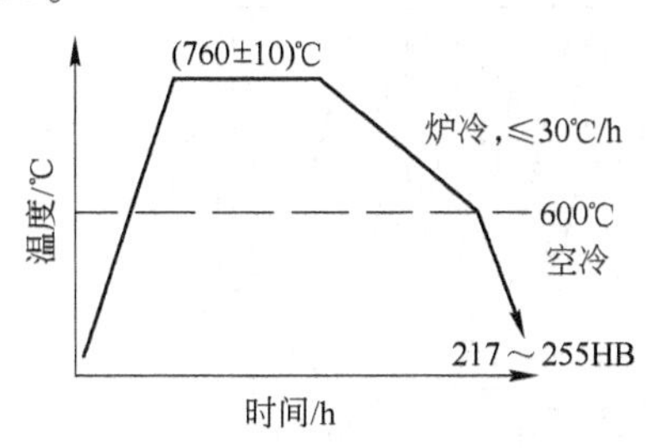

图 4-55 锻造后退火工艺

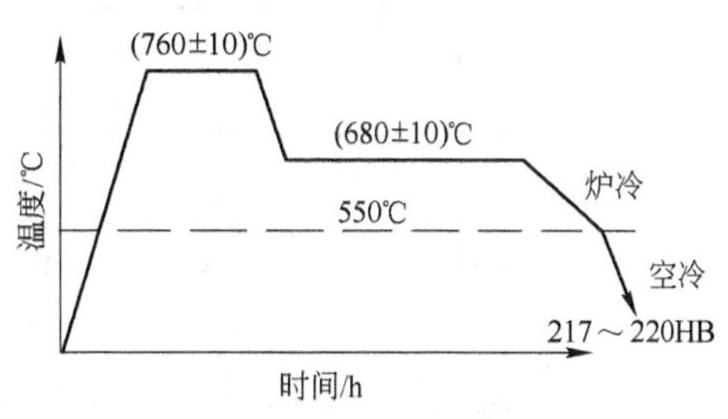

图 4-56 锻造后等温退火工艺

表 4-91 5CrMnNiMoVSCa 钢中碳化物相分析

热处理制度	碳化物类型	碳化物数量/%
退 火	$M_{23}C_6$, MC, M_3C	9.13
880℃油淬	MC, $M_{23}C_6$, M_3C	1.86
880℃油淬, 625℃回火	$M_{23}C_6$, MC, M_2C, M_3C	7.38

B 淬火

5CrMnNiMoVSCa 钢与淬火有关的曲线示于图 4-57 和图 4-58，与淬火有关的性能等示于表 4-92～表 4-97，推荐的淬火规范示于表 4-98。

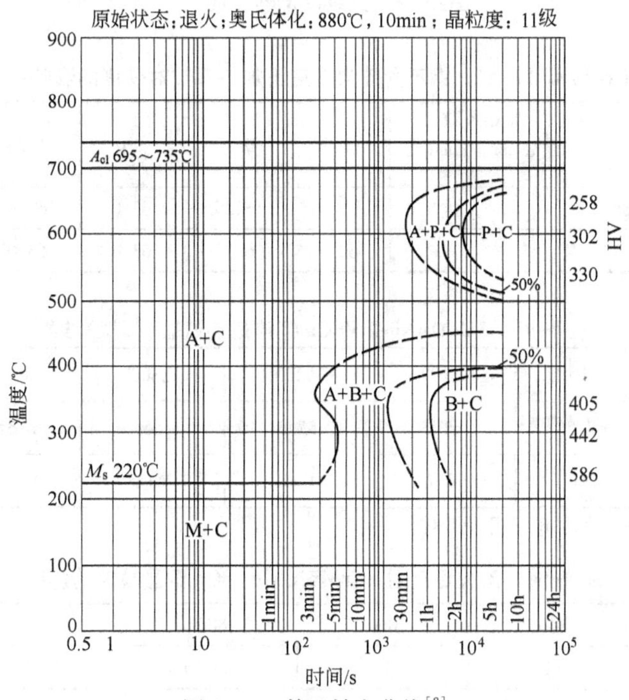

图 4-57 等温转变曲线[8]

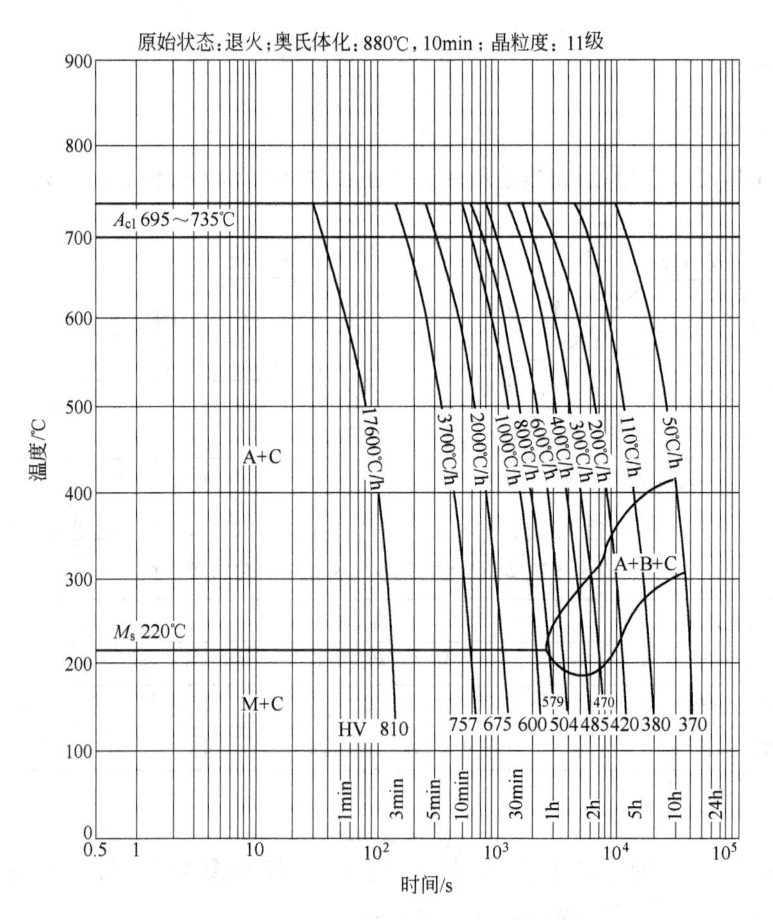

图 4-58 连续冷却转变曲线[8]

表 4-92 5CrMnNiMoVSCa 钢不同淬火温度下加热系数对硬度的影响（盐浴炉加热）

淬温/℃ \ 加热系数 α/min · mm^{-1}	0.5	0.75	1.0	1.25	1.50	2.0
880	62.0	62.5	63.0	63.0	63.0	63.0
920	62.5	62.5	63.0	63.0	63.0	63.0

表 4-93 5CrMnNiMoVSCa 钢淬透性试验（模拟）结果

尺寸/mm	ϕ50	ϕ100	ϕ200	ϕ300	ϕ400	ϕ500
硬度(HRC)	62.5	61.5	57.5	55	51	47.5
组 织	M+C	M+C	M+C	M+C	M+C+$B_{下}$	M+C+$B_{下}$

注：M—马氏体，C—碳化物，$B_{下}$—下贝氏体。

表 4-94 淬火温度对 5CrMnNiMoVSCa 钢晶粒度的影响

淬火温度/℃	840	860	880	900	920
淬火晶粒度级别	11	11	11~10	10~11	10~9

注：盐浴炉加热，油冷。

表 4-95 淬火温度对 5CrMnNiMoVSCa 钢淬火变形的影响

淬火温度/℃	纵向变形		横向变形	
	mm	%	mm	%
860	+0.012	0.03	+0.014	0.038
880	+0.010	0.029	+0.014	0.038

注:试样尺寸为 35 mm(纵)×37 mm(横)×36 mm(高)。

表 4-96 热处理工艺对 5CrMnNiMoVSCa 钢硬度(HRC)的影响[8]

回温/℃ \ 淬温/℃	840	860	880	900	920	940	960
淬态	60	62	63	63	63	63	61.5
175	58	58	59	59.5	59.5	59.5	68.5
200	57.5	57.5	57.5	58	58	58	58
225	56	56	56.5	56.5	56.5	56.5	56.5
250	55	55.5	55.5	56	56	56	56
300	53.5	63.5	54	54.5	54.5	54.5	54.5
400	50	50.5	50.5	51	51.5	51.5	51.5
500	46.5	47.5	48	48.5	48	50	50
525	45	46	47.5	48	48	49	49
550	44	45.5	46.5	47.5	47.5	48	48.5
575	43	44	45.5	47	47	48	48
600	40.5	41.5	43.5	45	45	45.5	46.5
625	36	39	39	41.5	42.5	43.5	44.5
650	33.5	33.5	36	37	37.5	38.5	40
675	30	31	32.5	33	33.5	34	35

表 4-97 淬火、回火温度对 5CrMnNiMoVSCa 钢的强度、塑性及韧性的影响[9]

淬火温度/℃	性能 \ 回火温度/℃	575	625	650
860	$\sigma_{0.2}$/MPa		1144	1015
	σ_b/MPa		1170	1062
	$\sigma_{0.2c}$/MPa		1197	992
	δ/%		8.6	10.6
	ψ/%		42.7	49.7
	a_K/J·cm^{-2}	37	43	70
880	$\sigma_{0.2}$/MPa	1352	1266	1029
	σ_b/MPa	1419	1300	1067
	$\sigma_{0.2c}$/MPa	1456	1297	1032
	δ/%	8.1	8.8	9.0
	ψ/%	37.3	42.1	45.3
	a_K/J·cm^{-2}	38	47	58

续表 4-97

淬火温度/℃	性能 \ 回火温度/℃	575	625	650
900	$\sigma_{0.2}$/MPa	1392	1226	1083
	σ_b/MPa	1460	1318	1107
	$\sigma_{0.2c}$/MPa	1472	1388	1133
	δ/%	7.0	8.8	10.5
	ψ/%	39.0	41.7	47.0
	a_K/J·cm^{-2}	43	50	68
920	$\sigma_{0.2}$/MPa	1416	1357	1152
	σ_b/MPa	1497	1383	1183
	$\sigma_{0.2c}$/MPa	1549	1440	1149
	δ/%	8.5	9.9	9.2
	ψ/%	39.3	40.9	43.2
	a_K/J·cm^{-2}	26	46	62
960	$\sigma_{0.2}$/MPa	1456	1368	1206
	σ_b/MPa	1547	1441	1234
	$\sigma_{0.2c}$/MPa	1561	1481	1243
	δ/%	8.1	9.0	9.2
	ψ/%	36.6	38.9	41.7
	a_K/J·cm^{-2}	40	44	55

表 4-98 5CrMnNiMoVSCa 钢推荐的淬火规范

淬火温度/℃	冷却介质	硬度(HRC)
860~920	油 冷	62~63

C 回火

5CrMnNiMoVSCa 钢与回火有关的性能示于表 4-99~表 4-103 和图 4-59,推荐的回火规范示于表 4-104。

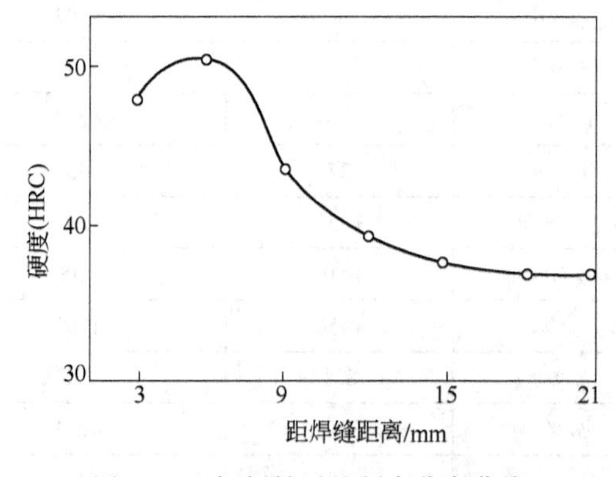

图 4-59 钢焊补后的硬度分布曲线

表 4-99 回火温度对 5CrMnNiMoVSCa 钢的强度、塑性及韧性的影响(淬火温度 880℃)

回火温度/℃	性能	
200	$\sigma_{0.2}$/MPa	1792
	σ_b/MPa	2101
	$\sigma_{0.2c}$/MPa	2135
	δ/%	5.4
	ψ/%	20.1
	a_K/J·cm^{-2}	32
300	$\sigma_{0.2}$/MPa	1788
	σ_b/MPa	2095
	$\sigma_{0.2c}$/MPa	2005
	δ/%	6.3
	ψ/%	30.0
	a_K/J·cm^{-2}	25
400	$\sigma_{0.2}$/MPa	1705
	σ_b/MPa	1840
	$\sigma_{0.2c}$/MPa	1890
	δ/%	6.8
	ψ/%	31.7
	a_K/J·cm^{-2}	28
500	$\sigma_{0.2}$/MPa	1570
	σ_b/MPa	1711
	$\sigma_{0.2c}$/MPa	1776
	δ/%	7.2
	ψ/%	35.7
	a_K/J·cm^{-2}	33.0

表 4-100 5CrMnNiMoVSCa 钢的车削性能试验

硬度(HRC)	转速 /r·min^{-1}	切深/mm	走刀量 /mm·r^{-1}	切削情况
35	500	2	0.15	屑白,比较粗糙,刀刃无磨损
	760	2	0.15	屑黄,表面粗糙度值很低,刀刃无磨损
40	500	1.5	0.15	屑深蓝,表面粗糙度一般,刀刃稍磨损
		2	0.15	屑深蓝,有重叫声,表面粗糙度一般,刀刃稍磨损
	760	1	0.15	屑深蓝,表面粗糙度值很低,刀刃无磨损
		1.5	0.15	屑深蓝,有叫声,表面粗糙度值很低,刀刃无磨损
45	500	1	0.15	屑深蓝,表面粗糙度值很低,刀刃无磨损
		1.5	0.15	屑黑灰,表面粗糙度值很低,刀刃无磨损
	760	1	0.15	屑黑灰,表面粗糙度值很低,刀刃稍磨损
		1.5	0.15	屑黑灰,表面粗糙度值很低,刀刃磨损较快

表 4-101 5CrMnNiMoVSCa 钢的铣削性能试验

硬度(HRC)	刀具型号	转速/r·min^{-1}	走刀量/mm·min^{-1}	切深/mm	切削情况	备 注
45	ϕ12	600	74	1	好	屑 黄
	ϕ6	600	74	1	刃磨损	屑蓝黄
40	ϕ12	600	74	1	好	屑淡黄
	ϕ6	600	74	1	刃易磨损	屑蓝黄
	ϕ6	600	52	1	可 铣	屑深黄
35	ϕ12	600	74	2	好	屑 白
	ϕ6	600	74	1	好	屑 白

表 4-102 5CrMnNiMoVSCa 钢刨削性能试验

硬度(HRC)	刨削速度	走刀量/mm	刨削深度/mm	刨削情况	备 注
45	快Ⅲ	0.30	2	好	屑 白
40	快Ⅲ	0.30	3	好	屑 白
35	快Ⅲ	0.30	5	好	屑 白

注：所用刀具为高速钢，试样尺寸 ϕ22 mm×60 mm。

表 4-103 5CrMnNiMoVSCa 钢钳工性能试验

加工类别	转速/r·min^{-1}	刀具直径/mm	切削情况		
			45HRC	40HRC	35HRC
钻 孔	1600	ϕ2	好	好	好
	1365	ϕ5	好	好	好
	512	ϕ10.5	好	好	好
攻 丝		M6	好，手感轻	好，手感轻	好，手感轻
		M12	好，手感略重	好，手感轻	好，手感轻
绞 孔		ϕ6	好，手感轻	好，手感轻	好，手感轻
		ϕ16	手感较重	好，手感轻	好，手感轻

注：1. 刀具材料：高速钢；
2. 进给量手控。

表 4-104 5CrMnNiMoVSCa 钢推荐的回火规范

回火温度/℃	回火介质	回火硬度(HRC)
600~650	空 气	35~45

4.3.2 8Cr2MnWMoVS 钢

8Cr2MnWMoVS 钢属含硫的易切削模具钢，该钢预硬化处理到 40~45HRC，仍可以采用高速钢刀具进行车、刨、铣、镗、钻、铰、攻丝等常规加工，适宜制作精密的塑料模、胶木模等。由于该钢的淬火硬度高，耐磨性好，综合力学性能好，热处理变形小，也可以制造精密的冷冲模具等。

4.3.2.1 化学成分

8Cr2MnWMoVS 钢的化学成分示于表 4-105。

表 4-105 8Cr2MnWMoVS 钢的化学成分

化学成分(质量分数)/%								
C	Si	Mn	Cr	W	Mo	V	S	P
0.75~0.85	≤0.40	1.30~1.70	2.30~2.60	0.70~1.10	0.50~0.80	0.10~0.25	0.08~0.15	≤0.030

4.3.2.2 物理性能

8Cr2MnWMoVS 钢的临界温度示于表 4-106。

表 4-106 8Cr2MnWMoVS 钢的临界温度

临界点	A_{c1}	A_{cm}	A_{rm}	A_{r1}
温度(近似值)/℃	770	820	710	660

4.3.2.3 热加工

8Cr2MnWMoVS 钢的热加工工艺示于表 4-107。

表 4-107 8Cr2MnWMoVS 钢的热加工工艺

加热温度/℃	开锻温度/℃	终锻温度/℃	冷却方式
1100~1150	1050~1100	≥900	砂冷或灰冷

4.3.2.4 热处理

A 预先热处理

8Cr2MnWMoVS 钢的预先热处理曲线示于图 4-60 和图 4-61。

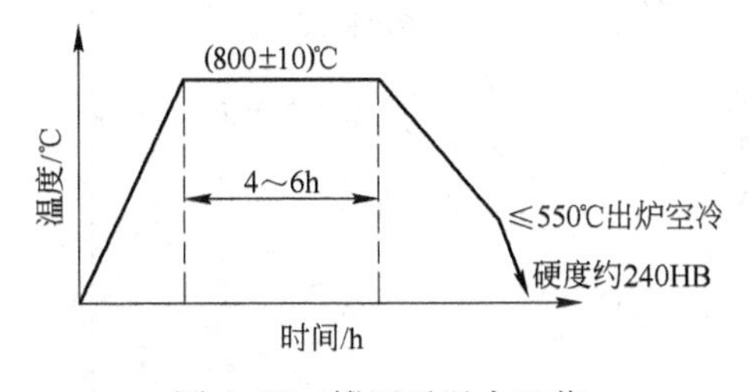

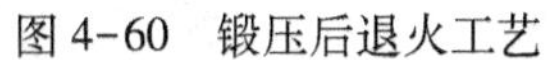
图 4-60 锻压后退火工艺

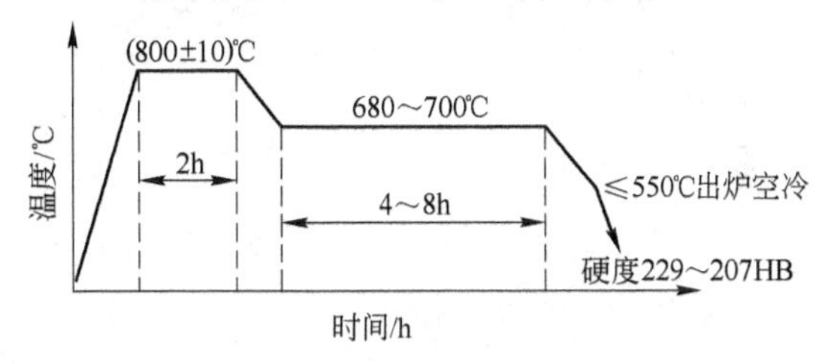

图 4-61 锻压后等温退火工艺

B 淬火

8Cr2MnWMoVS 钢与淬火有关的曲线示于图 4-62~图 4-64,与淬火有关的性能示于表 4-108~表 4-111,推荐的淬火规范示于表 4-112。

表 4-108 在不同淬火温度下于盐炉加热后淬火硬度与加热系数的关系[10]

加热系数 α/min·mm^{-1}	在下列淬火温度(℃)下的硬度(HRC)			
	860	880	900	920
0.6	56.6	59.0	61.3	64.5
0.1	57.5	60.5	63.5	
1.5	58.5	61.0		
2.0	62.0	63.2		

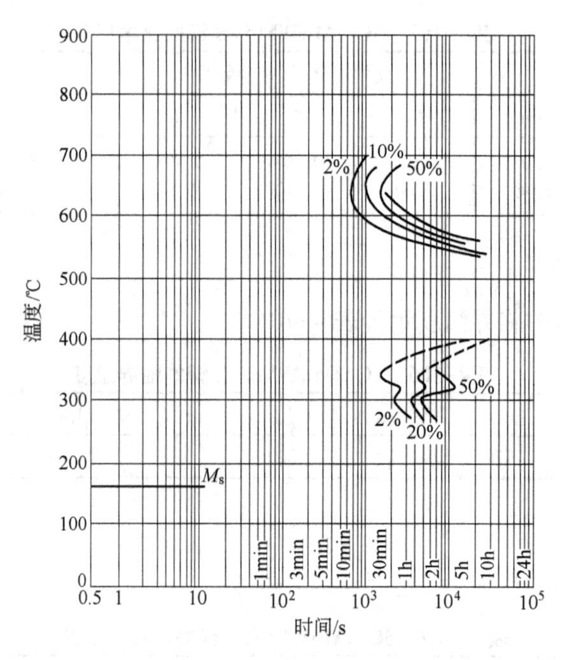

图 4-62 奥氏体等温转变曲线

(试样成分(%):0.79C,2.35Cr,1.39Mo,0.75W,0.66Mo,0.21V,0.098S,0.23Si,0.06Ni,0.07Cu,0.019P;奥氏体化:870℃,15min)[10]

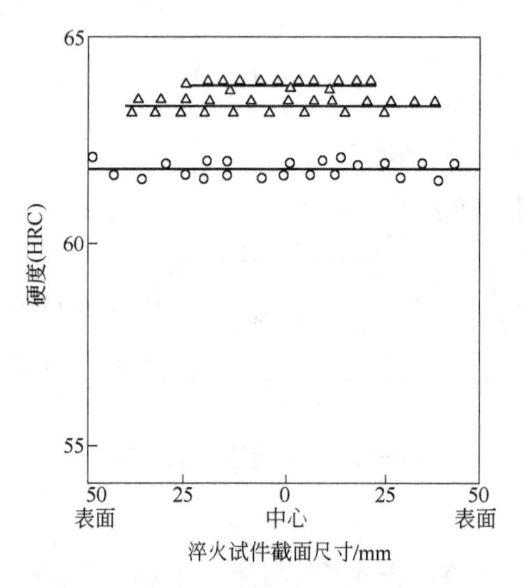

图 4-63 空淬后圆柱形试件中段截面硬度分布(880℃空冷)[10]

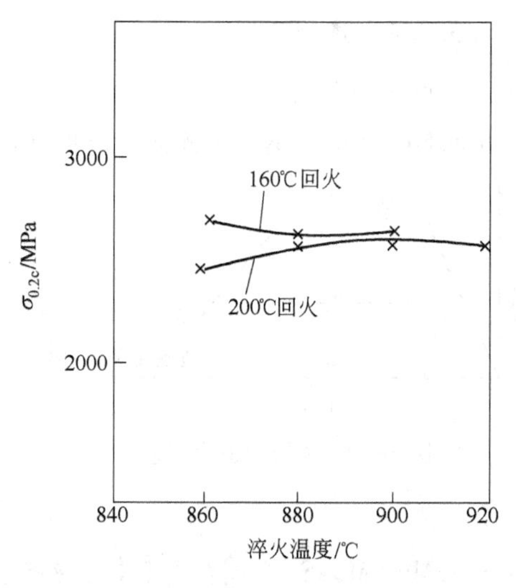

图 4-64 8Cr2MnWMoVS 钢淬火温度和抗压屈服度 $\sigma_{0.2c}$ 的关系[10]

表 4-109 不同淬火温度、不同冷却方式的淬火硬度

冷却方式	不同淬火温度(℃)下的硬度(HRC)			
	860	880	900	920
空　冷	62.0	63.2	63.5	64.5
热油冷(130℃)	62.3	63.6	64	64.5
240~260℃硝盐等温淬火 40min	60.2	64.8		

注:试样尺寸 $\phi15\times13$。

表 4-110 8Cr2MnWMoVS 钢的 $\sigma_{0.2c}$ 与淬火温度的关系

淬火温度/℃	860	880	900	920
回火温度/℃	抗压屈服强度 $\sigma_{0.2c}$/MPa			
160	2714	2656	2556	
200	2445	2572	2622	2539

表 4-111 8Cr2MnWMoVS 钢扭转性能与淬火温度的关系[10]

淬火温度/℃	860	880	900
回火温度/℃	200	200	200
τ_b/MPa	1690	1710	1710
φ_{max}/(°)	51.5	58.0	53.7

表 4-112 8Cr2MnWMoVS 钢推荐的淬火规范

淬火温度/℃	冷却方式	硬度(HRC)
860~900	空　冷	62~64

C 回火

8Cr2MnWMoVS 钢与回火有关的曲线示于图 4-65 和图 4-66，与回火有关的性能示于表 4-113~表 4-115，推荐的回火规范示于表 4-116。

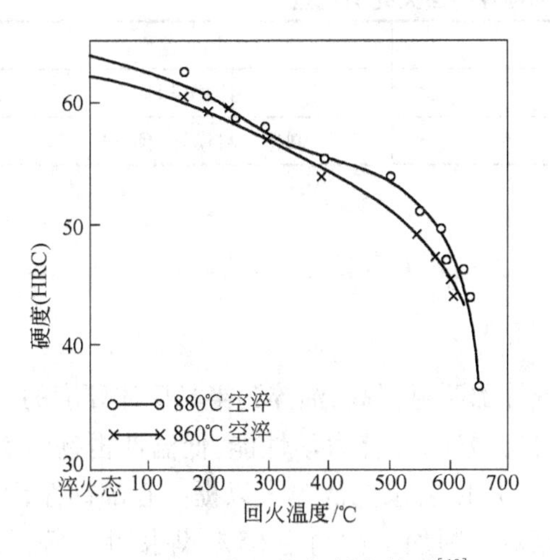

图 4-65 回火温度与硬度关系[10]

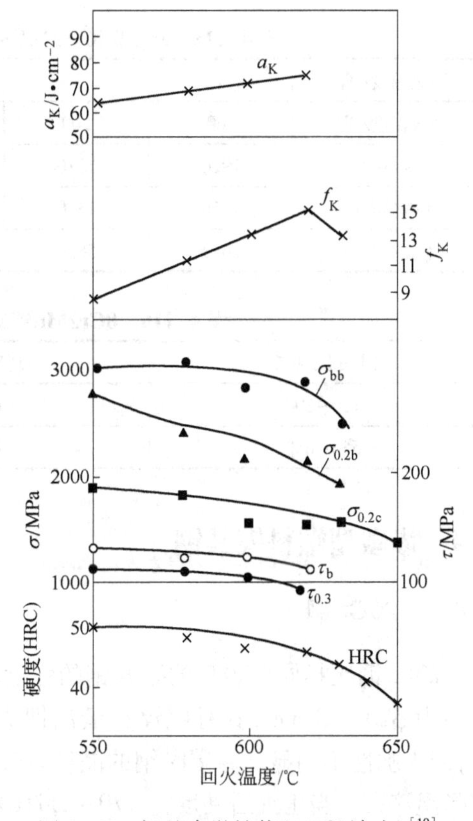

图 4-66 钢的力学性能(880℃淬火)[10]

表 4-113 8Cr2MnWMoVS 钢的抗弯性能与热处理工艺的关系[10]

回火温度/℃	测量性能	淬火温度/℃			
		860	880	900	920
200	σ_{bb}/MPa	3146	3130	3164	3179
	f_K/mm	3.95	4.01	3.99	4.33

淬火温度/℃	测量性能	回火温度/℃					
		200	550	580	600	620	630
860	$\sigma_{0.2b}$/MPa		2081	2273	2485	2037	
	σ_{bb}/MPa	3146	2925	2913	2775	2573	
	f_K/mm	3.95	15.7	11.6	11.9	14.5	
880	$\sigma_{0.2b}$/MPa		2750	2450	2223	2174	1929
	σ_{bb}/MPa	3130	3000	3100	2850	2900	2475
	f_K/mm	4.01	9.5	11.4	13.8	15.5	13.3

表 4-114 8Cr2MnWMoVS 钢 $\sigma_{0.2c}$ 与回火温度的关系[10]

淬火温度/℃	880												
回火温度/℃	160	180	200	220	250	300	500	550	580	600	620	630	650
$\sigma_{0.2c}$/MPa	2650	2618	2572	2412	2386	2302	1981	1860	1800	1500	1522	1340	1056

表 4-115 8Cr2MnWMoVS 钢扭转性能与回火温度的关系[10]

淬火温度/℃	880					
回火温度/℃	160	200	550	580	600	620
τ_b/MPa	1920	1710	1270	1230	1190	1050
$\tau_{0.3}$/MPa	1310	1310	1090	1040	1020	880
φ_{max}/(°)	66.3	58.0	73.3	80.0	106.0	143

表 4-116 8Cr2MnWMoVS 钢推荐的回火处理规范

回火温度/℃	硬度(HRC)	用 途
160~200	60~64	冷作模具
550~650	40~48	制造塑料模具(预硬钢)

4.4 渗碳型塑料模具钢

4.4.1 20Cr 钢

20Cr 钢比相同含碳量的碳素钢的强度和淬透性都明显提高,油淬到半马氏体硬度的淬透性为 ϕ20~23mm。这种钢淬火低温回火后具有良好的综合力学性能,低温冲击韧性良好,回火脆性不明显。渗碳时钢的晶粒有长大倾向,所以要求二次淬火以提高心部韧性,不宜降温淬火。当正火后硬度为 170~217HB 时,相对切削加工性约为 65%,焊接性中等,焊前应预热到 100~150℃,冷变形时塑性中等。该钢适用于制造中、小型塑料模具。为了提高模具型腔的耐磨性,模具成形后需要进行渗碳处理,然后再进行淬火和低温回火,从而保证模具表面具有高硬度、高耐磨性而心部具有很好的韧性。对于使用寿命要求不很高的模具,也可以直接进行调质处理[7]。

4.4.1.1 化学成分

20Cr 钢的化学成分示于表 4-117。

表 4-117 20Cr 钢的化学成分(GB/T 3077—1999)

化学成分(质量分数)/%					
C	Si	Mn	Cr	P	S
0.18~0.24	0.17~0.37	0.50~0.80	0.70~1.00	≤0.030	≤0.030

4.4.1.2 物理性能

20Cr 钢的物理性能示于表 4-118 和表 4-119,其密度为 7.83t/m³。

表 4-118 20Cr 钢的临界温度

临界点	A_{c1}	A_{c3}	A_{r3}	A_{r1}
温度(近似值)/℃	765	836	799	702

表 4-119 20Cr 钢的线[膨]胀系数

温度/℃	20~100	20~200	20~300	20~400	20~500	20~600
线[膨]胀系数/$\times10^{-6}$℃$^{-1}$	11.3	11.6	12.5	13.2	13.7	14.2

4.4.1.3 热加工

20Cr 钢的热加工工艺示于表 4-120。

表 4-120 20Cr 钢的热加工工艺

加热温度/℃	开锻温度/℃	终锻温度/℃	冷却方法
1220	1200	≥800	堆 冷

4.4.1.4 热处理

20Cr 钢的热处理工艺示于表 4-121,与热处理有关的性能示于表 4-122~表 4-124,与热处理有关的曲线示于图 4-67~图 4-76。

表 4-121 20Cr 钢的热处理工艺

项 目	退 火	正 火	高温回火	淬 火	回 火	渗 碳
温度/℃	860~890	870~900	700~720	860~880	450~480	890~910
冷却介质	炉	空 气	空 气	油或水	油或空气	
硬度(HB)	≤179	≤270	≤179		≤250	
项 目	一次淬火	二次淬火	回 火	渗 碳	淬 火	回 火
温度/℃	860~890	780~820	170~190	890~910	感应加热	150~170
冷却介质	油、水	油、水	油或空气	空 气	根据需要	空 气
硬度(HB)			表面 HRC 56~62			表面 HRC 58~65

表 4-122 20Cr 钢的室温力学性能

热处理毛坯直径/mm	热处理制度	σ_b	σ_s	δ	ψ	a_K/J·cm^{-2}	备注
		MPa		%			
15	880℃水或油淬，800℃水或油淬，200℃回火	≥850	≥550	≥10	≥40	≥60	①
	880℃ 40 min 水淬，800℃ 30 min 水淬，200℃ 180 min 空冷	$\frac{890\sim1310}{1055}$	$\frac{550\sim810}{670}$	$\frac{10\sim20}{15.8}$	$\frac{36\sim58}{47.6}$	$\frac{60\sim120}{96}$	115 炉钢
	890℃ 40 min 水淬，800℃ 20 min 水淬，200℃ 180 min 空冷	$\frac{1160\sim1480}{1240}$	$\frac{830\sim1200}{1000}$	$\frac{10\sim13}{12.5}$	$\frac{39\sim49}{40}$	$\frac{65\sim99}{84}$	14 炉电渣钢
	950℃空冷，860℃ 40 min 油淬，200℃ 90 min 回火空冷	1009	629	17	58.0	92	①
25	925℃伪渗碳 6 h，降温 875℃淬火 200℃回火	1240	1060	9.5	32	55	②

注：分子为数据范围，分母为平均值。

① 用钢成分(%)：0.24C，0.29Si，0.57Mn，0.90Cr，0.018P，0.006S，0.1Ni；

② 用钢成分(%)：0.21C，0.26Si，0.60Mn，0.87Cr，0.020P，0.012S，0.07Ni。

表 4-123 20Cr 钢渗碳和伪渗碳后的弯曲强度和冲击功

热处理制度	静弯曲负荷/N				薄片试样弯曲强度			冲击功 A_K/J
	P_{max}	$P_{0.03}$	P_s	P_K	表面 HRC	心部 HRC	σ_{bb}/MPa	
930℃ 10 h 渗碳，降温到 830℃ 10 min，油淬，190℃ 90 min 回火	58000	45300	35500	34500	59	53.5	1890	52
930℃ 8 h 伪渗碳，降温到 850℃保温 10 min，油淬，200℃ 60 min 回火		31500	25000					

注：1. P_{max}—断裂负荷，$P_{0.03}$—挠度为 0.003mm 时负荷，P_s—屈服负荷，P_K—缺口试样的断裂负荷（缺口深 0.3 mm，r=0.2 mm，α=60°）；

2. 弯曲试样尺寸，15 mm×15 mm×100 mm，薄片试样尺寸 2 mm×11.5 mm×80 mm。

表 4-124 20Cr 钢的高温拉伸性能

温度/℃	σ_b/MPa	δ_5/%	ψ/%
20	523	29.3	69.9
800	488	36.4	56.7
900	475	19.1	25.2
1000	325	29.5	52.3
1100	329	42.5	96.7

注：1. 用钢成分(%)：0.23C，0.39Si，0.56Mn，0.91Cr；

2. 试样预先经过 830℃退火。

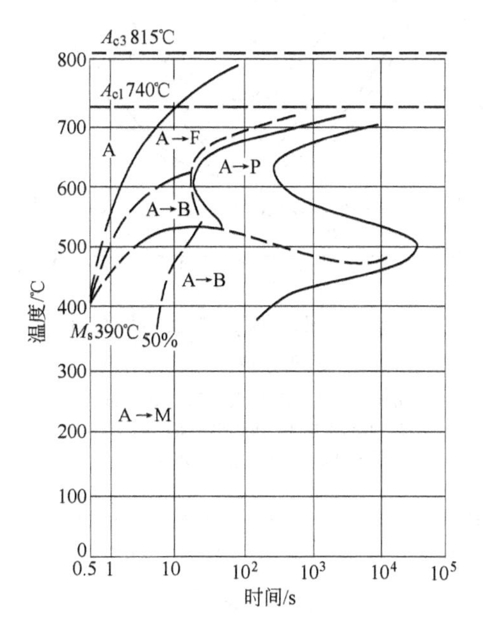

图 4-67　等温转变曲线

（用钢成分(%)：0.20C，0.30Si，0.72Mn，0.79Cr，0.27Ni；奥氏体化温度 850℃）

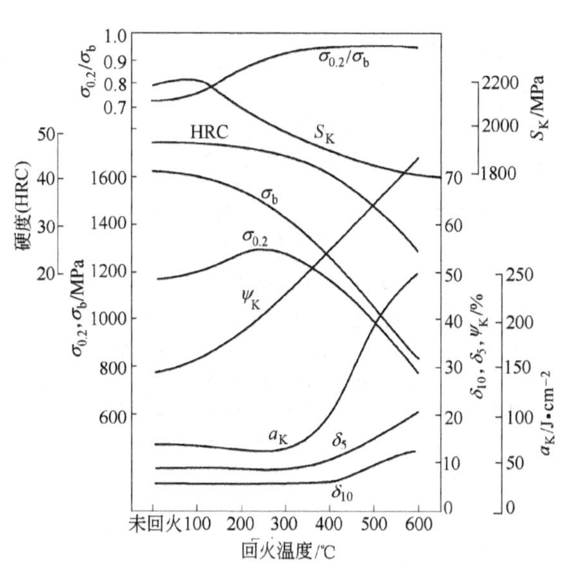

图 4-68　不同温度回火的力学性能

（用钢成分(%)：0.20C，0.25Si，0.61Mn，0.89Cr，0.012P，0.013S；热处理：880±10℃ 10 min，淬入 8%～10% NaOH 水溶液中；热处理毛坯直径为 ϕ10 mm）

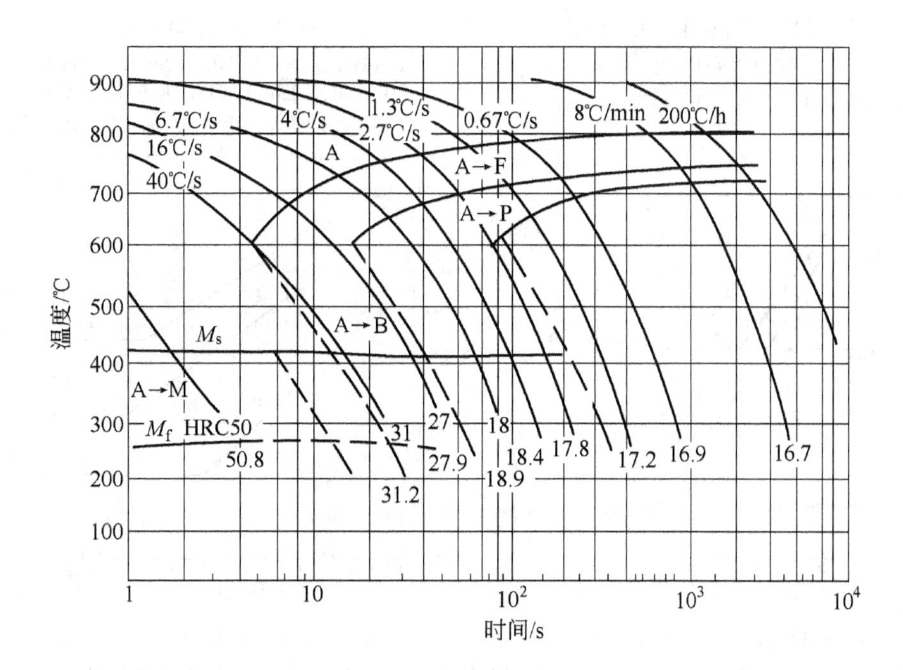

图 4-69　奥氏体连续冷却转变曲线

（用钢成分(%)：0.20C，0.32Si，0.67Mn，0.16Ni，1.02Cr，0.11Cu，0.019P，0.012S；奥氏体化温度 900℃）

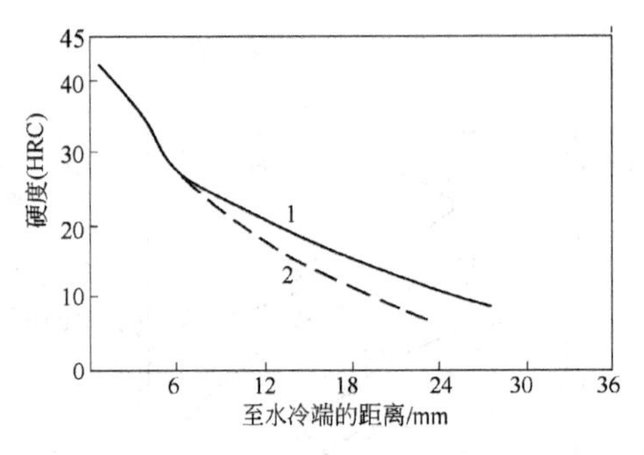

图 4-70 淬透性曲线

(1—用钢成分(%):0.24C,0.29Si,0.57Mn,0.90Cr,0.018P,0.006S,0.10Ni;900℃65 min 加热端淬;2—用钢成分(%):0.21C,0.26Si,0.60Mn,0.87Cr,0.020P,0.012S,0.01Ni;895℃45 min 加热端淬)

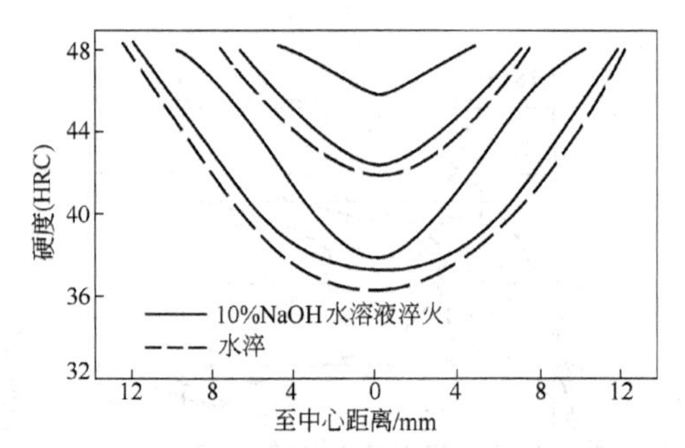

图 4-71 不同直径钢材淬火后的截面硬度分布曲线

(用钢成分(%):0.20C,0.24Si,0.61Mn,0.89Cr,0.012P,0.013S;加热温度 880±10℃,加热速度 1 min/mm)

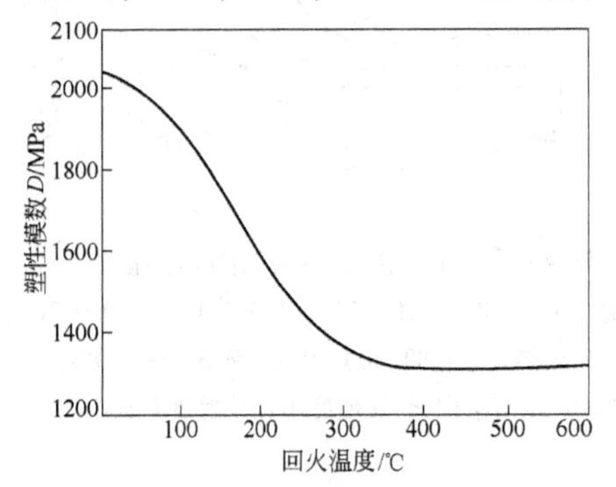

图 4-72 不同温度回火后塑性模数的变化曲线

(880℃淬入 8%~10%NaOH 水溶液,然后回火)

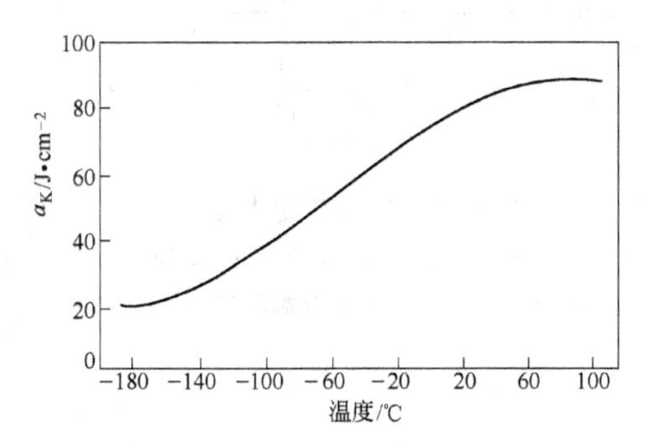

图 4-73 低温冲击韧性

(用钢成分(%):0.24C,0.29Si,0.57Mn,0.90Cr,0.018P,0.006S,0.10Ni;热处理:930℃90 min,降温到 840℃油淬,840℃加热第二次油淬,200℃回火;HB302~311)

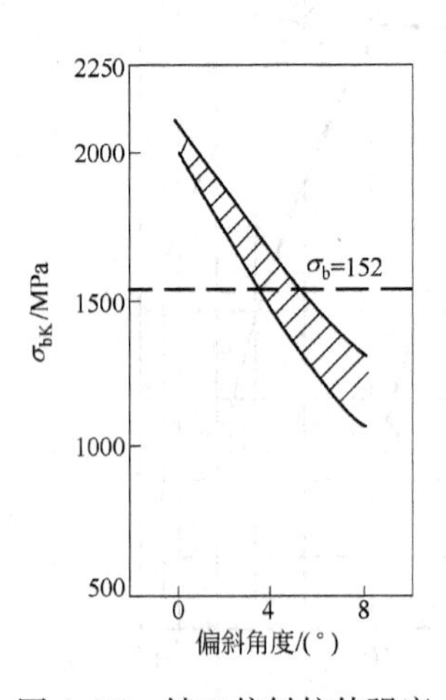

图 4-74 缺口偏斜拉伸强度

(880℃淬入 8%~10%NaOH 溶液中,200℃回火,环状 V 形缺口 60°,r=0.1 mm)

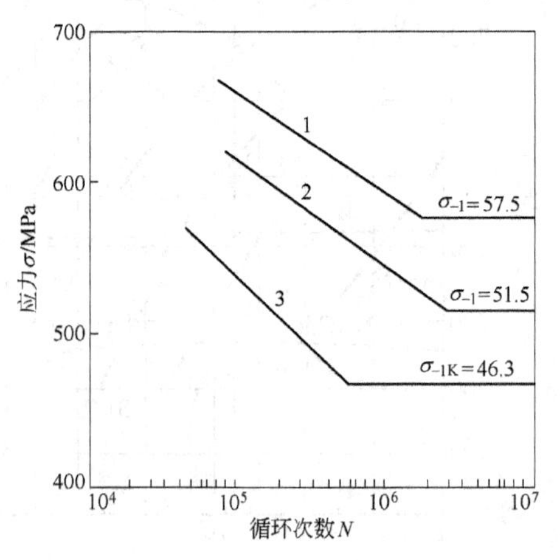

图 4-75 疲劳性能曲线

(1,3—用钢成分(%):0.20C,0.25Si,0.61Mn,0.89Cr,0.013S,0.012P;缺口试样 r=0.95 mm,K_t=1.72;880℃淬入 10%NaOH 水溶液,200℃回火;2—用钢成分(%):0.20C,0.34Si,0.22Mn,0.85Cr,0.022S,0.006P,890℃高频淬火,120~130℃回火空冷,淬火层深 2.5 mm)

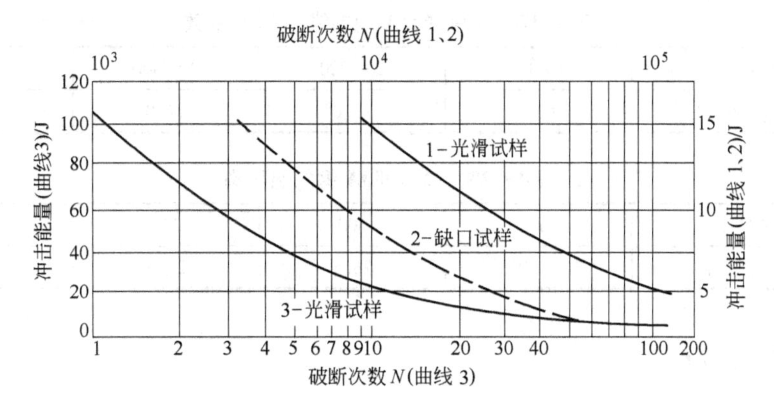

图 4-76 多次冲击破断拉伸次数与冲击能量的关系

（曲线 2，K_t = 3.8；三种试样的热处理制度：880℃油淬，200℃回火空冷；

热处理后 σ_b = 151 MPa，σ_s = 1290 MPa，S_K = 2550 MPa；ψ_K = 63%，A_K = 100 J，HRC = 46）

4.4.2 12CrNi3A 钢

12CrNi3A 属于合金渗碳钢，比 12CrNi2A 钢有更高的淬透性，因此，可以用于制造比 12CrNi2A 钢截面稍大的零件。该钢淬火低温回火或高温回火后都具有良好的综合力学性能，钢的低温韧性好，缺口敏感性小，切削加工性能良好，当硬度为 260～320HB 时，相对切削加工性为 60%～70%。另外，钢退火后硬度低、塑性好，因此，既可以采用切削加工方法制造模具，也可以采用冷挤压成形方法制造模具。为提高模具型腔的耐磨性，模具成形后需要进行渗碳处理，然后再进行淬火和低温回火，从而保证模具表面具有高硬度、高耐磨性而心部具有很好的韧性，该钢适宜制造大、中型塑料模具。但该钢有回火脆性倾向和形成白点的倾向[7,11]。

4.4.2.1 化学成分

12CrNi3A 钢的化学成分示于表 4-125。

表 4-125 12CrNi3A 钢的化学成分（GB/T 3077—1999）

化学成分（质量分数）/%						
C	Si	Mn	Cr	Ni	P	S
0.10～0.17	0.17～0.37	0.30～0.60	0.60～0.90	2.75～3.15	≤0.025	≤0.025

4.4.2.2 物理性能

12CrNi3A 钢的物理性能示于表 4-126～表 4-129。

表 4-126 12CrNi3A 钢的临界温度

临界点	A_{c1}	A_{c3}	A_{r3}	A_{r1}	M_s
温度（近似值）/℃	720	810	715	600	409

注：用钢成分（%）：0.13C，0.34Si，0.50Mn，0.76Cr，2.92Ni，0.013P，0.004S。

表 4-127 12CrNi3A 钢的质量定压热容

温度/℃	380	425
质量定压热容 c_p/J·(kg·K)$^{-1}$	656.2	643.7

表 4-128 12CrNi3A 钢的线[膨]胀系数

温度/℃	20~100	20~200	20~300	20~500
线[膨]胀系数/×10⁻⁶℃⁻¹	11.8	13.0	14.0	15.3

表 4-129 12CrNi3A 钢的热导率

温度/℃	60	500	750	910
热导率 λ/W·(m·K)⁻¹	30.9	25.5	21.3	18.8

4.4.2.3 热加工

12CrNi3A 的热加工工艺示于表 4-130。

表 4-130 12CrNi3A 钢的热加工工艺

加热温度/℃	开始温度/℃	终止温度/℃	冷 却
1200	1180	850	缓 冷

4.4.2.4 热处理

12CrNi3A 钢的热处理示于表 4-131,与热处理有关的曲线示于图 4-77~图 4-80,与热处理有关的性能示于表 4-132~表 4-137。

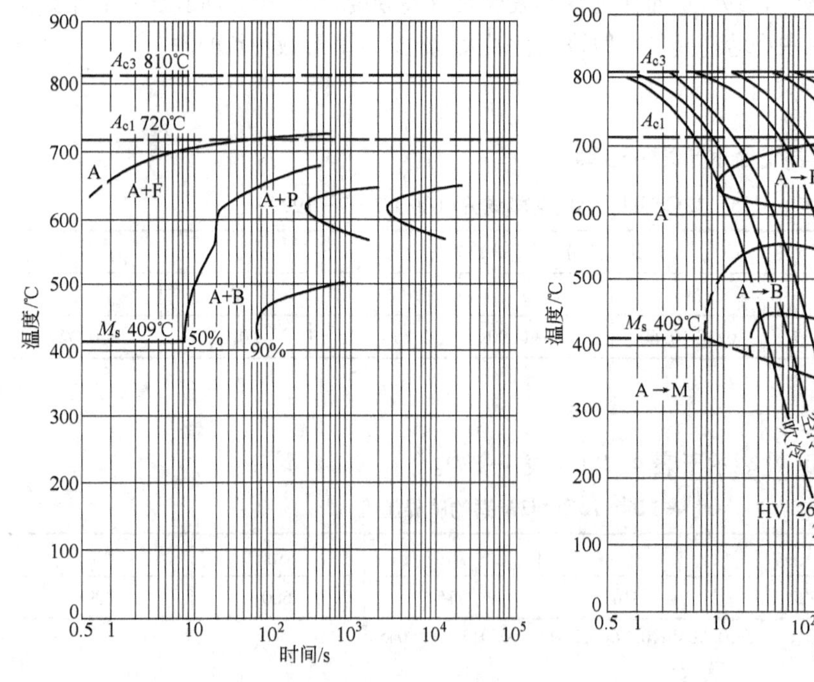

图 4-77 等温转变曲线

(用钢成分(%):0.13C,0.34Si,0.50Mn,0.76Cr,2.92Ni,0.013P,0.004S;奥氏体化温度 860℃)

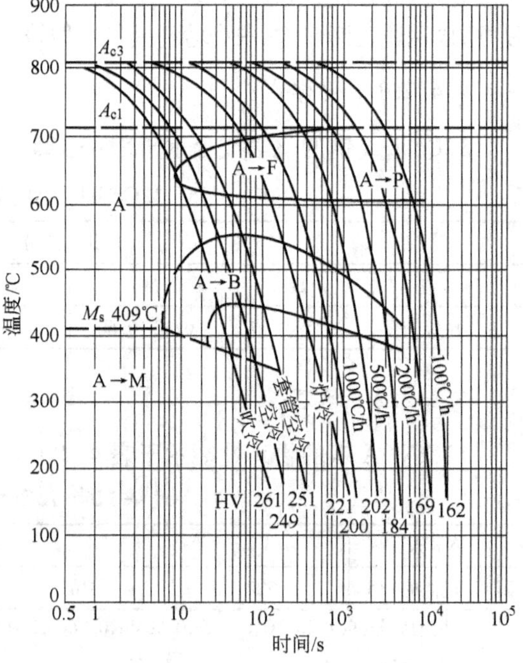

图 4-78 奥氏体连续冷却转变曲线

表 4-131 12CrNi3A 钢的热处理

项 目	退 火	正 火	高温回火	淬 火	回 火	渗 碳	淬火Ⅰ
温度/℃ 冷却介质 硬度(HB)	670~680 炉 冷 ≤229	880~940 空 气	670~680 空 气 ≤229	860 油	按需要 油	900~920 罐 冷	860 油
项 目	淬火Ⅱ	回 火	渗 碳	淬 火	回 火	氰 化	回 火
温度/℃ 冷却介质 硬度(HB)	760~810 油	150~200 空 气 HRC 心部 26~40 表面≥58	900~920 罐 冷	810~830 油	150~200 空 气 HRC 心部 26~40 表面≥58	840~860 直接油淬	150~180 空 气 表面≥58HRC

表 4-132 12CrNi3A 钢的室温力学性能

热处理毛坯直径/mm	热处理制度	σ_b	σ_s	δ_5	ψ	a_K/J·cm^{-2}	备 注
		MPa		%			
15	860℃,780℃两次油淬;200℃回火,水冷或空冷	≥950	≥700	≥11	≥50	≥90	①
15	860℃,780℃ 30min 油淬;200℃ 180min 回火,水冷	1010~1510 1270	860~1380 1150	11~20 14	52~68 61	92~197 158	50 炉钢
15	860℃,780℃ 10min(盐炉)油淬;200℃回火 180min,水冷	1080~1450 1245	820~1210 985	11~16 14.1	54~68 61.9	147~187 168	16 炉电渣重熔钢
16	830℃,800℃两次油淬 180℃回火空冷	1205~1225	805~850	13.0~15.5	63.0~61.5	168~190	①
16	860℃,800℃两次油淬 180℃回火空冷	1235~1210	890~875	14.5~14.0	61.5~63.5	188~169	①
16	890℃,800℃两次油淬 180℃回火空冷	1190~1220	820~895	17.0~16.0	65.5~62.0	185~183	①

注:分子为数据范围,分母为平均值。

① 用钢成分(%):0.14C,0.22Si,0.40Mn,0.69Cr,3.06Ni,0.025P,0.006S;淬火前经 900℃正火,660℃回火。空冷预处理。

表 4-133 12CrNi3A 钢不同温度回火后的力学性能

热处理毛坯直径/mm	热处理制度		σ_b	σ_s	δ_5	ψ	a_K/J·cm^{-2}	备注
			MPa		%			
15	900℃正火,660℃回火空冷	800℃油淬,200℃回火空冷	1400	1290	12.0	60.0	105	①
15	900℃正火,660℃回火空冷	800℃油淬,300℃回火空冷	1290	1150	12.5	67.0	80	①
15	900℃正火,660℃回火空冷	800℃油淬,400℃回火空冷	1220	1090	13.5	68.0	90	①
15	900℃正火,660℃回火空冷	800℃油淬,500℃回火空冷	1030	940	18.0	70.0	120	①
15	900℃正火,660℃回火空冷	800℃油淬,600℃回火空冷	750	660	23.5	74.0	170	①

续表 4-133

热处理毛坯直径/mm	热处理制度		σ_b	σ_s	δ_5	ψ	a_K/J·cm^{-2}	备注
			MPa		%			
16	900℃正火，660℃回火空冷	860℃,780℃油淬，180℃回火空冷	1150 1215	785 840	15.0 15.0	64.0 63.0	159 178	②
		860℃,780℃油淬，200℃回火空冷	1195 1220	835 885	15.0 15.0	65.5 65.5	197 177	②
		860℃,780℃油淬，230℃回火空冷	1195 1225	830 890	14.0 15.0	61.5 66.0	185 195	②
		860℃,780℃油淬，260℃回火空冷	1210 1235	875 905	16.0 14.0	66.0 65.5	175 178	②

① 用钢成分(%):0.17C,0.19Si,0.35Mn,1.26Cr,3.25Ni,0.016P,0.016S;
② 用钢成分(%):0.14C,0.22Si,0.40Mn,0.69Cr,3.06Ni,0.025P,0.006S。

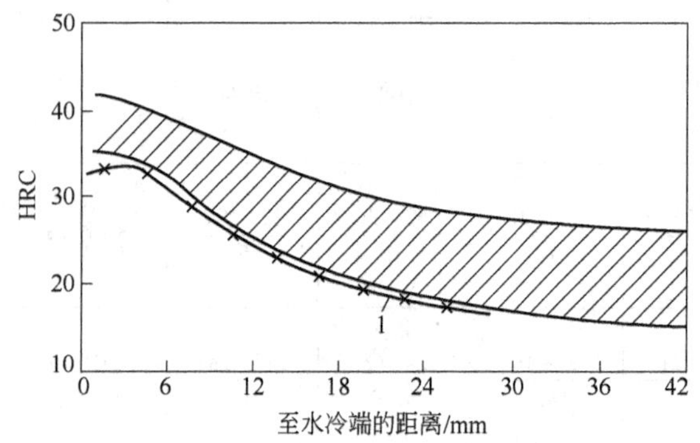

图 4-79 淬透性带和淬透性曲线
(淬透性带——用钢成分范围(%):0.15~0.17C,0.20~0.30Si,0.30~0.60Mn,0.70~0.90Cr,3.0~3.2Ni;900℃加热端淬。按12炉钢数据整理。1—用钢成分(%):0.13C,0.35Si,0.46Mn,0.71Cr,2.88Ni,0.012P,0.011S;890℃加热端淬)

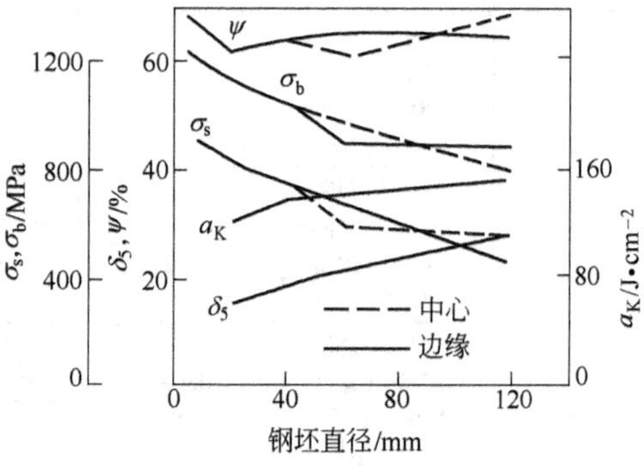

图 4-80 不同截面钢材热处理后的力学性能
(用钢成分(%):0.13C,0.24Si,0.45Mn,0.62Cr,3.34Ni,0.018P,0.007S;780℃油淬,130℃回火)

表 4-134 12CrNi3A 钢的疲劳极限

热处理毛坯直径/mm	热处理制度	σ_b	σ_s	σ_{-1}	σ_{-1K}	τ_{-1}	备注
		MPa					
16	900℃正火,600℃回火空冷;860℃、780℃两次油淬,180℃回火空冷	1215	840	510	260		①
15	940℃伪渗碳7h缓冷,870℃油淬,200℃回火	1130	910	460			②
	820℃油淬,500℃回火	745	622	345		235	③

① 用钢成分(%):0.14C,0.22Si,0.44Mn,0.69Cr,3.06Ni,0.025P,0.006S;
② 用钢成分(%):0.13C,0.35Si,0.46Mn,0.71Cr,2.88Ni,0.012P,0.011S;
③ 用钢成分(%):0.19C,0.27Si,0.40Mn,0.70Cr,3.02Ni。

表 4-135 12CrNi3A 钢伪渗碳后淬火回火的力学性能

含碳量/%	热处理制度		σ_b	σ_s	δ_5	ψ	a_K	硬度	备注
			MPa		%		/J·cm^{-2}	(HRC)	
0.10	900℃伪渗碳6h,缓冷	850℃加热,于180℃等温淬火	1193	1092	15.2	61.0	147	33~34	①
			1173	1100	14.4	64.0	150	33	
			1155	1062	14.0	64.0	155	34.5	
		830~850℃重加热油淬,160℃回火	902	812	16.8	68.9	168	28.5	
			1062	960	14.4	64.0	151	29.2	
			1054	940	14.0	61.0	154	29.5	
0.16	900℃伪渗碳6h,缓冷	850℃加热,于180℃等温淬火	1360	1248	12.8	59.0	124	38.8	②
			1338	1220	12.8	59.0	125	37.0	
			1390	1265	13.2	59.0	98	38.0	
		760℃重加热油淬,160℃回火	1202	1082	14.0	64.0	>180	34	
			1155	1033	13.6	68.9	>180	33	
			1140	1018	14.0	70.8	>180	33	
0.13	940℃伪渗碳7h,缓冷	870℃重加热油淬,200℃回火	1130	910	15	59	150	35	③
		890℃、780℃两次油淬,200℃回火	1000	700	18	60	180	31	

① 用钢成分(%):0.10C,0.35Mn,0.71Cr,2.81Ni,P、S合格;

② 用钢成分(%):0.16C,0.43Mn,0.83Cr,2.87Ni,P、S合格;

③ 用钢成分(%):0.13C,0.35Si,0.46Mn,0.71Cr,2.88Ni,0.012P,0.011S。

表 4-136 12CrNi3A 钢的低温冲击韧性

热处理毛坯直径/mm	热处理制度	下列试验温度(℃)时的 a_K/J·cm^{-2}				备注
		0	-20	-40	-60	
17方	940℃伪渗碳7h,870℃油淬,200℃回火空冷	150	140	124	110	①
16	900℃正火,660℃回火空冷;860℃油淬,180℃回火空冷	187	167	140	120	②
	900℃正火,660℃回火空冷;860℃、780℃两次油淬,180℃回火空冷	171	153	142	126	②

① 用钢成分(%):0.13C,0.35Si,0.46Mn,0.71Cr,2.88Ni,0.012P,0.011S;

② 用钢成分(%):0.14C,0.22Si,0.44Mn,0.69Cr,3.06Ni,0.025P,0.006S。

表 4-137 12CrNi3A 钢的高温性能

预先热处理制度	温度/℃	σ_b	$\sigma_{0.2}$	δ_5	ψ	a_K/J·cm^{-2}
		MPa		%		
880~900℃正火,650℃3h回火	20	560~590	400~450	26	73	240
	100	530	390	25.5	74.5	150~240
	200	525	380	22	72	230
	300	550	380	20	68	250
	400	475	345	20.5	75.5	210
	450	450	350	21	78.5	
	500	355	310	20.5	83.5	150
	600	205	180	26	86	265

续表 4-137

预先热处理制度	温度/℃	σ_b	$\sigma_{0.2}$	δ_5	ψ	a_K/J·cm^{-2}
		MPa		%		
890~900℃油淬，500℃3h回火	20	815	755	17	68.5	160
	200	810	740	14	61	200
	300	820	740	16	65	150
	400	640	600	17	75	120
	500	500	460	18	75	120

4.4.3 20Cr2Ni4A 钢

20Cr2Ni4A 钢属于合金渗碳钢，具有高的淬透性和强度。该钢淬、回火后有良好的综合力学性能。其切削性能良好，可焊性能中等。为了提高模具型腔的耐磨性，在模具成型后，需要进行渗碳处理，然后再进行淬火和低温回火，从而保证模具表面具有高硬度、高耐磨性，而心部具有好的韧性。该钢适宜制造大、中型塑料模具。必须指出，该钢有形成白点和回火脆性的倾向，因此，在冶金生产和热处理过程中应加以注意[7,11]。

4.4.3.1 化学成分

20Cr2Ni4A 钢的化学成分见表 4-138。

表 4-138 20Cr2Ni4A 钢的化学成分（GB 3077—1999）

化学成分（质量分数）/%						
C	Si	Mn	Cr	Ni	P	S
0.17~0.23	0.17~0.37	0.30~0.60	1.25~1.65	3.25~3.65	≤0.025	≤0.025

4.4.3.2 物理性能

20Cr2Ni4A 钢的临界温度见表 4-139。

表 4-139 20Cr2Ni4A 钢的临界温度

临界点	A_{c1}	A_{c3}	A_{r3}	A_{r1}	M_s	备注
温度（近似值）/℃	685	775	630	585	305	①
	705	765	640	580	395	②

① 试验用钢成分（质量分数）：C0.19%，Si0.26%，Mn0.54%，Cr1.51%，Ni3.64%，P0.015%，S0.011%。奥氏体化温度：900℃。

② 试验用钢成分（质量分数）：C0.17%，Si0.31%，Mn0.51%，Cr1.57%，Ni3.45%，Mo0.25%，Cu0.12%，P0.021%，S0.005%。奥氏体化温度：880℃。

4.4.3.3 热加工

20Cr2Ni4A 钢的热加工工艺见表 4-140。

表 4-140 20Cr2Ni4A 钢的热加工工艺

加热温度/℃	开锻温度/℃	终锻温度/℃	冷却
1150~1200	1120~1180	≥850	缓冷，及时退火或回火

4.4.3.4 热处理

20Cr2Ni4A 钢的热处理见表 4-141，与热处理有关的性能见表 4-142～表 4-150，与热处理有关的曲线见图 4-81～图 4-85。

表 4-141 20Cr2Ni4A 钢的热处理

项　目	退　火	退　火	正　火	高温回火	淬　火	回　火	渗　碳	淬火Ⅰ
加热温度/℃	810～870	650～670	860～900	630～650	840～860	500～630	900～950	850～870
冷却方法	炉　冷	炉　冷	空　冷	空　冷	油　冷	油冷或水冷		油　冷
硬度(HB)	≤217	≤229		≤229		按需要		
项　目	高温回火	淬火Ⅱ	回　火	渗　碳	淬　火	回　火	氰　化	回　火
加热温度/℃	600～650	780～820	150～180	900～950	810～830	150～180	820～850	150～180
冷却方法	空　冷	油　冷	空　冷		油　冷	空　冷	油　冷	空　冷
硬度(HB)			≥58HRC（表面），26～40HRC（心部）			≥58HRC（表面），26～40HRC（心部）		≥58HRC（表面）

表 4-142 20Cr2Ni4A 钢的室温力学性能

热处理毛坯直径/mm	热处理制度	σ_b/MPa	σ_s/MPa	δ_5/%	ψ/%	a_K/J·cm^{-2}	硬　度(HRC)	备　注
15	860℃、780℃油淬，200℃回火，水冷或空冷	≥1175	≥1080	≥10	≥45	≥80		
	退火后	660	418	δ_{10}，26	71.3			
	795℃油淬，150℃回　火	1462	1027	9.2	54.1	72	39～40	
	940℃10h 伪渗碳，油冷，600℃回火 6h，2 次；800℃油淬，150℃回火	1417		14.7	44.3	118		
	880℃、780℃40min 油淬，200℃120min 回火，空冷	$\frac{1350\sim1550}{1400}$	$\frac{1110\sim1330}{1250}$	$\frac{10.5\sim15}{12.9}$	$\frac{51.5\sim61.5}{57}$	$\frac{80\sim133}{106}$		44 炉钢

注：分子为数据范围，分母为平均值。

表 4-143 20Cr2Ni4A 钢不同温度淬火后的力学性能

淬火温度/℃	σ_b/MPa	σ_s/MPa	δ_5/%	ψ/%	a_K/J·cm^{-2}
780	1492	1258	13.8	51.4	98
800	1481	1255	13.9	54.3	97
820	1487	1230	13.0	55.0	100
840	1477	1240	13.2	55.0	90
860	1472	1207	12.2	50.8	106

注：1. 淬火时油冷，200℃回火 6h；数据为 3 个试样的平均值。

2. 试验用钢成分(%)：0.17C，0.31Si，0.51Mn，1.57Cr，3.45Ni，0.25Mo，0.12Cu，0.021P，0.005S。

表 4-144 20Cr2Ni4A 钢 ϕ80 mm 棒材热处理后的力学性能

热处理制度	σ_b/MPa	σ_s/MPa	δ_5/%	ψ/%	a_K/J·cm^{-2}	d_{HB}/mm
950℃ 正火，650℃ 回火空冷；800℃ 165 min 油淬，150℃ 3 h 回火，空冷	1290	1082	14.2	56.0	127	3.15
950℃ 正火，650℃ 回火空冷；820～830℃ 165 min 油淬，150℃回火 3 h，空冷	1362	1225	12.1	52.5	92	3.10

表 4-145 20Cr2Ni4A 钢的疲劳极限

热处理制度	σ_{-1}/MPa	σ_{-1n}/MPa
830℃油淬，200℃回火 60 min，空冷	590	270
830℃油淬，250℃回火 60 min，空冷	570	230

注：1. 试验用钢成分(%)：0.17C，0.31Si，0.51Mn，1.57Cr，3.45Ni，0.25Mo，0.12Cu，0.021P，0.005S；
2. 圣克型试样。

表 4-146 20Cr2Ni4A 钢渗碳后的接触疲劳寿命

渗碳层深度/mm	表面硬度(HRC)	接触应力/MPa	接触疲劳寿命 N	破坏率/%
0.9～1.1	60～64	7000	2.82×10^6	50
1.4	60～64	7000	11.77×10^6	50

表 4-147 20Cr2Ni4A 钢的冲击疲劳寿命

碳、氮共渗层深度/mm	表面硬度(HRC)	a_K/J·cm^{-2}	断裂周次	持续时间/min
0.8	57～58	500	10350～27000	23～60

注：ϕ10 mm 无缺口试样，l_0 = 90 mm；试样转数 225 r/min，冲击频率 450 次/min，冲程 39 mm。

表 4-148 20Cr2Ni4A 钢的低温冲击韧性

热处理制度	a_K/J·cm^{-2}					
	室温	0℃	-20℃	-40℃	-60℃	-80℃
830℃油淬，200℃回火空冷	88	104	94	96	84	83
830℃油淬，250℃回火空冷	71	66	77	65	71	53

注：试验用钢成分(%)：0.17C，0.31Si，0.51Mn，1.57Cr，3.45Ni，0.25Mo，0.12Cu，0.021P，0.005S。

表 4-149 20Cr2Ni4A 钢的抗弯强度和冲击韧性

热处理制度	渗层深度/mm	硬度(HRC)		σ_{bb}/MPa	f/mm	a_K/J·cm^{-2}
		表面	心部			
渗碳后 780℃ 油淬，150℃回火	2.3	62	42.5	2666①	3.1	49②
渗碳后 800℃ 油淬，150℃回火	2.3	62	43.0	2764①	3.2	58②
820～830℃碳氮共渗，油淬，150℃回火空冷	约 0.8	55～56	44	2070③		55

① 试样尺寸为 15 mm×15 mm×150 mm，l_0 = 130 mm，无缺口；
② 冲击试样尺寸为 10 mm×10 mm×55 mm，无缺口；渗碳层深度 1.5 mm；
③ 试样尺寸为 15 mm×15 mm×100 mm，l_0 = 80 mm，无缺口。

表 4-150 20Cr2Ni4A 钢的晶粒长大倾向

加热温度/℃	1050	1100	1150	1200	1240	1280
晶粒度/级	5～3	4～3	3	3～2	2	1

注：各温度保温 3 h。

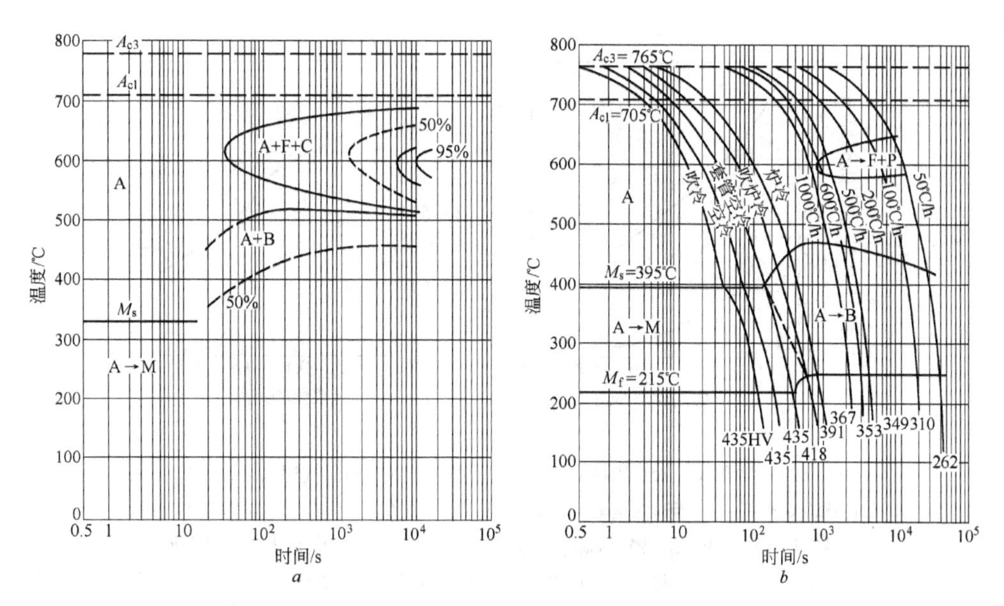

a:试验用钢成分(%):0.20C,0.27Si,0.45Mn,1.50Cr,3.50Ni;奥氏体化温度:900℃;

b:试验用钢成分(%):0.17C,0.31Si,0.51Mn,1.57Cr,3.45Ni,0.25Mo,0.12Cu,0.021P,0.005S;奥氏体化温度:880℃

图4-81 20Cr2Ni4A钢的等温转变曲线和连续冷却转变曲线

a—等温转变曲线;*b*—连续冷却转变曲线

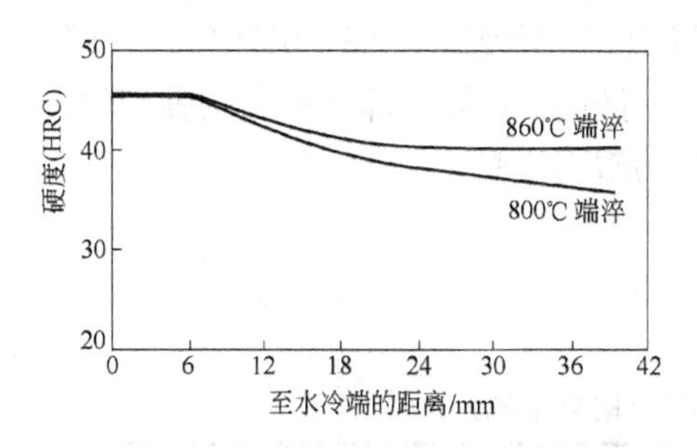

图4-82 20Cr2Ni4A钢的淬透性曲线

(试验用钢成分(%):0.19C,0.26Si,0.54Mn,1.51Cr,3.63Ni,0.015P,0.011S)

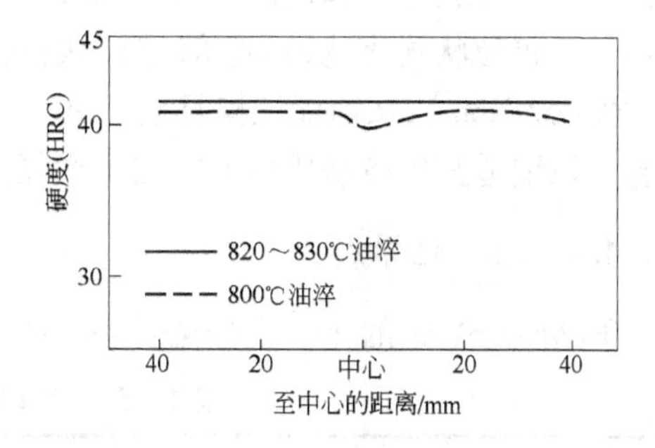

图4-83 20Cr2Ni4A钢ϕ80mm钢棒热处理后的硬度分布

(950℃正火,650℃回火,不同温度淬火保温165min油冷,150℃回火3h空冷,不同炉钢材)

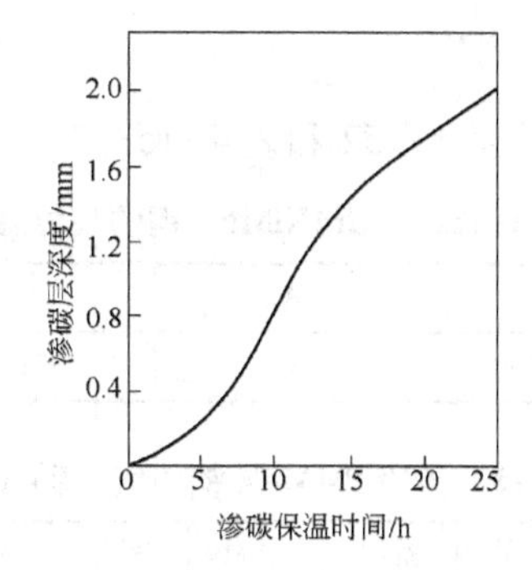

图4-84 20Cr2Ni4A钢的渗碳速度

(T-105型炉;(910±10)℃,苯80~100滴/min渗碳后经650℃3h回火)

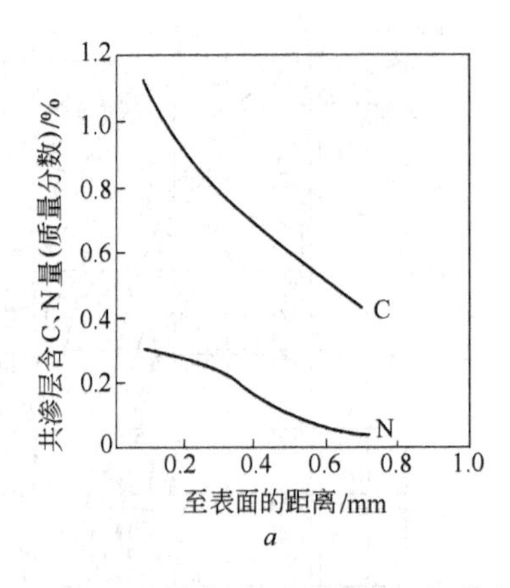

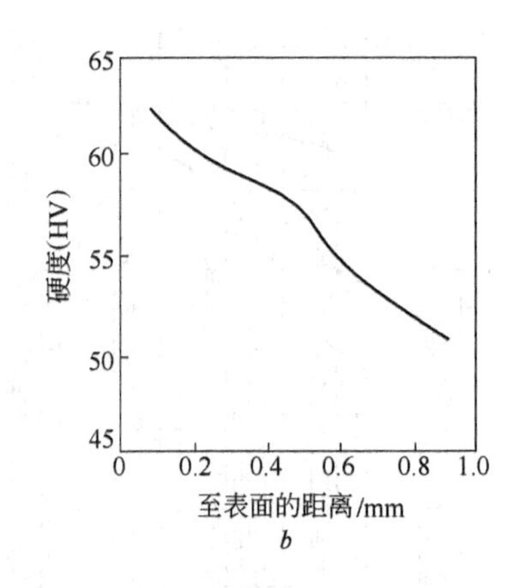

a:810~830℃共渗 16h:85%酒精,15%苯,通入量 70mL/min;氨气通入量 5~10L/min;
b:810~820℃共渗 17h,苯通入量 24~30mL/min,氨气通入量 27L/min,油淬,170℃回火 3h

图 4-85 20Cr2Ni4A 钢碳氮共渗层中含 C、N 量的变化和硬度变化

a—共渗层中 C、N 含量;*b*—共渗层的硬度变化

4.4.4 0Cr4NiMoV 钢

0Cr4NiMoV 钢属渗碳型塑料模具钢,其退火硬度为 100~110HB,具有优异的冷挤压成形性能;经渗碳、淬火和低温回火后,表面可得到回火马氏体及少量残余奥氏体的基体组织并均匀分布粒状碳化物,而心部是粒状贝氏体组织,表面硬度为 58~62HRC,心部硬度为 28HRC(ϕ50mm),从而保证模具表面具有高硬度、高耐磨性,而心部具有高的强韧性的良好配合。该钢适宜用冷挤压成形方法生产复杂型腔的塑料模具[12]。

4.4.4.1 化学成分

0Cr4NiMoV 钢的化学成分见表 4-151。

表 4-151 0Cr4NiMoV 钢的化学成分

化学成分(质量分数)/%								
C	Cr	Ni	Mo	V	Mn	Si	P	S
≤0.08	3.60~4.20	0.30~0.70	0.20~0.60	0.08~0.15	0.20~0.30	≤0.20	≤0.030	≤0.030

4.4.4.2 物理性能

0Cr4NiMoV 钢的物理性能见表 4-152 和表 4-153。

表 4-152 0Cr4NiMoV 钢的临界温度

临界点	A_{c1}	A_{r1}	A_{c3}	A_{r3}	M_s
温度(近似值)/℃	775	682	847	780	450

表 4-153 0Cr4NiMoV 钢的线[膨]胀系数

温度/℃	室温~100	室温~200	室温~300	室温~400	室温~500	室温~600	室温~700	室温~800	室温~900
线[膨]胀系数/$\times10^{-6}$℃$^{-1}$	13.40	13.10	13.02	14.06	14.89	15.65	15.64	15.48	12.23

4.4.4.3 热加工

0Cr4NiMoV 钢的热加工工艺见表 4-154。

表 4-154 0Cr4NiMoV 钢的热加工工艺[13]

项目	装炉温度/℃	加热温度/℃	开锻温度/℃	停锻温度/℃	冷却方式
钢锭	≤800	1160~1200	1100	≥900	空冷
钢坯	≤800	1100~1150	1080	≥800	空冷

4.4.4.4 热处理

0Cr4NiMoV 钢的热处理见表 4-155，与热处理有关的性能见表 4-156~表 4-160，与热处理有关的曲线见图 4-86。

表 4-155 0Cr4NiMoV 钢的热处理

项目	退火	渗碳	淬火	回火
加热温度/℃	870~890	930℃(6~8h)	850~880	200~220
冷却方法	炉冷≤30℃/h	油冷	油冷或水冷	空冷
硬度	100~110HB			58~60HRC

表 4-156 冷却速度、出炉温度对 0Cr4NiMoV 钢退火硬度的影响 (HB)

冷却速度	出炉温度/℃			
	650	600	500	400
60℃/h	105.5	105	100.5	104
25℃/h	100	101.5	99.5	95.5
空冷	148.5			

表 4-157 0Cr4NiMoV 钢渗碳温度、保温时间对渗碳层厚度的影响 (mm)

渗碳温度/℃	保温时间/h						
	1	2	3~5	6	8	11	16
900	0.11	0.39	0.65	0.84	1.11	1.50	2.05
925	0.39	0.81	1.3	1.61	1.95	2.51	渗透
950	0.52	1.04	1.56	1.95	2.45	渗透	渗透

注：固体渗碳，试样尺寸为 10mm×10mm×25mm。

表 4-158 淬火温度对渗碳后 0Cr4NiMoV 钢表面硬度和抗弯强度的影响

淬火温度/℃	800	830	850	870	890	920
硬度(HRC)	59.8	60.3	61.4	60.3	59.9	59.8
抗弯强度 σ_{bb}/MPa	1020	1100	1140	1110	1090	1070

注：试样 925℃固体渗碳 6h，淬火后 200℃回火 2h。

表 4-159 淬火温度对渗碳后 0Cr4NiMoV 钢心部强度的影响

淬火温度/℃	850	880
$\sigma_{0.2c}$/MPa	1001	1015

注：试样在 200℃ 回火 2h。

表 4-160 0CrNi4MoV 钢渗碳淬、回火后渗碳层的硬度分布[12] （HB）

离表面的距离/mm	淬火温度/℃		
	800	850	920
0.05	794.9	817.5	794.9
0.1	759.4	809.9	759.4
0.2	739.2	802.3	739.2
0.3	732.6	780.4	713.5
0.4	697.0	759.4	707.2
0.5	697.3	732.6	699.3
0.6	638.6	695.0	638.6
0.7	607.9	665.9	638.6
0.8	544.4	654.8	607.9
0.9	505.0	607.9	617.9
1.0	444.1	574.4	490.4
1.2	406.6	501.3	459.8
1.4	374.8	444.1	406.6
1.6	324.6	401.4	352.1
1.8	294.3	449.0	332.5
2.0	276.9	330.5	332.5

注：试样 925℃ 固体渗碳 6h，200℃ 回火 2h。

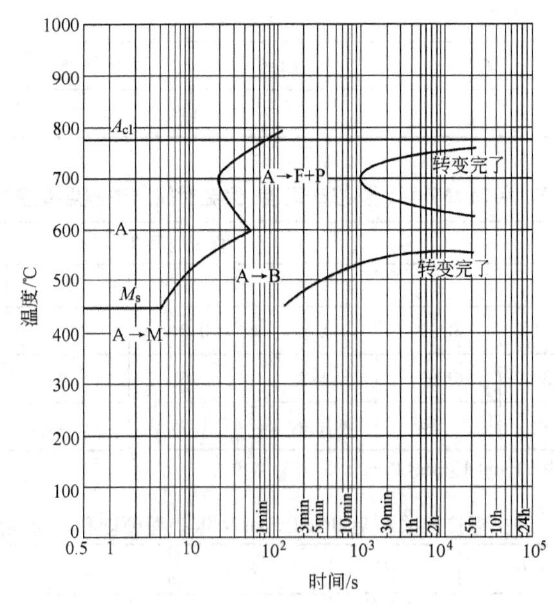

图 4-86 0Cr4NiMoV 钢的奥氏体等温转变曲线[13]

（试验用钢成分(%)：0.04C，3.81Cr，0.48Ni，0.44Mo，0.09V，0.17Mn，0.11Si，0.015P，0.003S；
原始状态退火；奥氏体化：900℃，10min）

4.5 时效硬化型塑料模具钢

4.5.1 06Ni6CrMoVTiAl 钢

06Ni6CrMoVTiAl 钢属低合金马氏体时效钢。该钢种的突出特点是固溶处理(即淬火)后变软,可进行冷加工,加工成形后再进行时效硬化处理,从而减少模具的热处理变形。该钢种的优点是热处理变形小,固溶硬度低,切削加工性能好,表面粗糙度值低;时效后硬度为43~48HRC,综合力学性能好,热处理工艺简便等,适宜制造高精度塑料模具和轻有色金属压铸模具等[14]。

4.5.1.1 化学成分

06Ni6CrMoVTiAl 钢的化学成分示于表 4-161。

表 4-161 06Ni6CrMoVTiAl 钢的化学成分

化学成分(质量分数)/%										
C	Ni	Cr	Mo	V	Ti	Al	Mn	Si	P	S
≤0.06	5.50~6.50	1.30~1.60	0.90~1.20	0.08~0.16	0.90~1.30	0.50~0.90	≤0.50	≤0.50	≤0.030	≤0.030

4.5.1.2 物理性能

06Ni6CrMoVTiAl 钢的物理性能示于表 4-162 和表 4-163。

表 4-162 06Ni6CrMoVTiAl 钢的临界温度

临界点	A_{c1}	A_{c3}	M_s	M_f
温度(近似值)/℃	705	836	512	395

表 4-163 06Ni6CrMoVTiAl 钢的线[膨]胀系数

温度/℃	28~100	28~200	28~300	28~400	28~500
线[膨]胀系数/$\times10^{-6}$℃$^{-1}$	10.8	11.2	11.4	11.6	11.8

4.5.1.3 热加工

06Ni6CrMoVTiAl 钢的热加工工艺示于表 4-164。

表 4-164 06Ni6CrMoVTiAl 钢的热加工工艺

项目	加热温度/℃	开锻温度/℃	终锻温度/℃	冷却方式
钢锭	1120~1170	1070~1120	≥850	砂冷或灰冷
钢坯	1100~1150	1050~1100	≥850	空冷或砂冷

4.5.1.4 热处理

A 固溶处理

06Ni6CrMoVTiAl 钢与固溶处理有关的曲线示于图 4-87~图 4-90,推荐的固溶处理规范示于表 4-165。

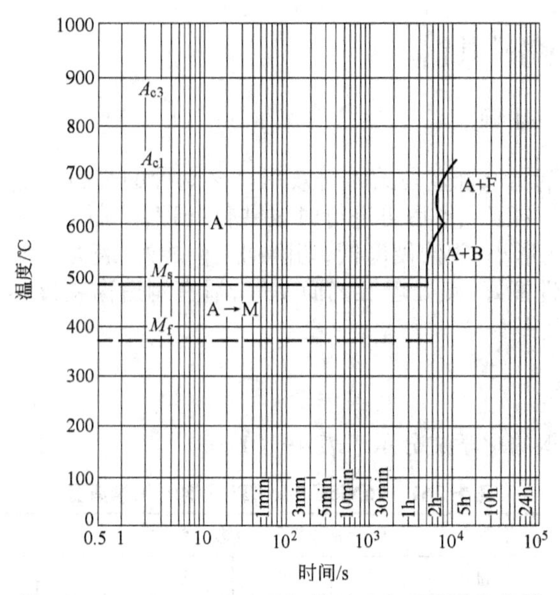

图 4-87 06Ni6CrMoVTiAl 钢的过冷奥氏体转变曲线

（试样成分(%)：0.04C，0.19Mn，1.60Cr，5.80Ni，1.04Mo，0.11V，1.00Ti，0.50Si，0.017P；奥氏体化：940℃，15min；原始状态退火）[15]

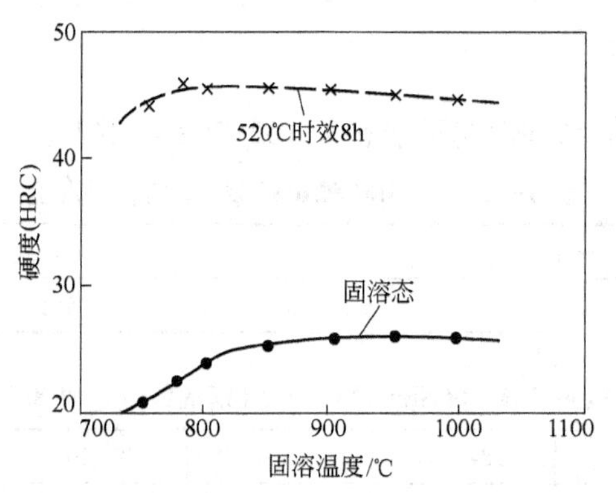

图 4-88 06Ni6CrMoVTiAl 钢固溶温度对钢的硬度的影响

（固溶时间 1h）[14]

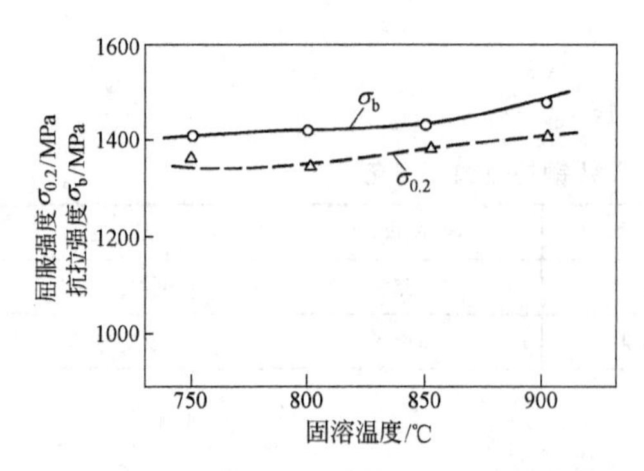

图 4-89 06Ni6CrMoVTiAl 钢固溶温度与钢的抗拉强度、屈服强度的关系[14]

（试样固溶后在 520℃时效 6h）

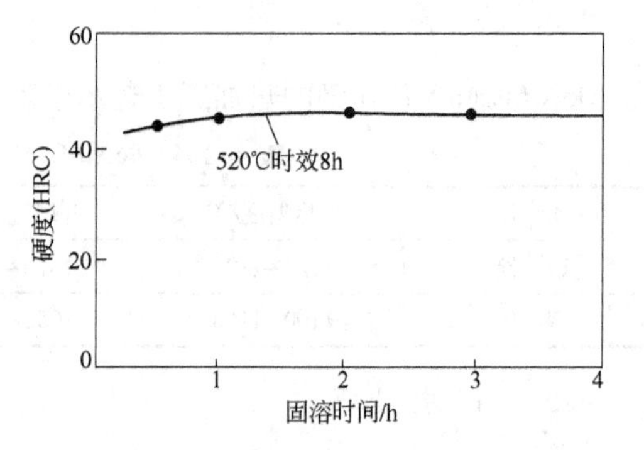

图 4-90 06Ni6CrMoVTiAl 钢在 850℃固溶时间对钢的硬度的影响[14]

表 4-165 06Ni6CrMoVTiAl 钢推荐的固溶处理规范

固溶温度/℃	冷却方式
850~880	油冷或空冷

B 时效

06Ni6CrMoVTiAl 钢推荐的时效硬化处理规范示于表 4-166，与时效有关的曲线示于图 4-91~图 4-94。

表 4-166 06Ni6CrMoVTiAl 钢推荐时效硬化处理规范

时效温度/℃	时效时间/h	冷却方式
500~540	4~8	空 冷

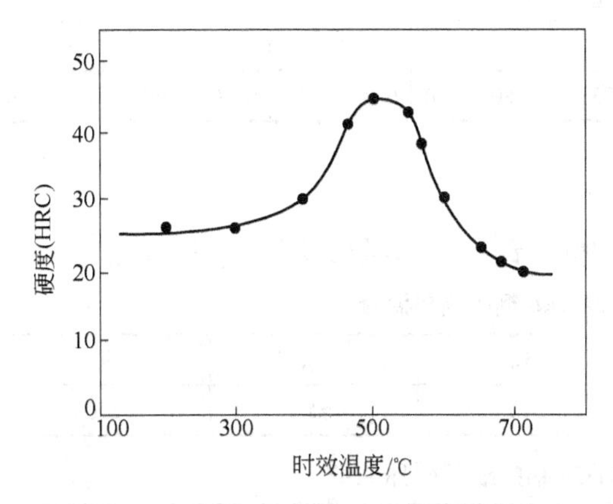

图 4-91 06Ni6CrMoVTiAl 钢时效温度对钢的硬度的影响[14]
（850℃固溶，时效 8h）

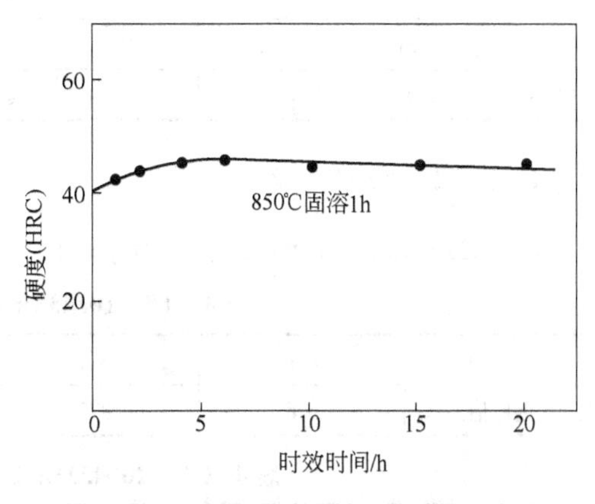

图 4-92 06Ni6CrMoVTiAl 钢 520℃时效时间对钢的硬度的影响[14]

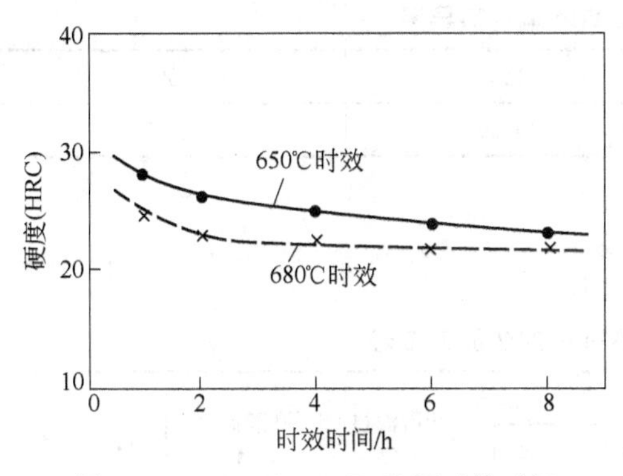

图 4-93 06Ni6CrMoVTiAl 钢时效时间对钢的硬度的影响[14]
（850℃固溶 1h）

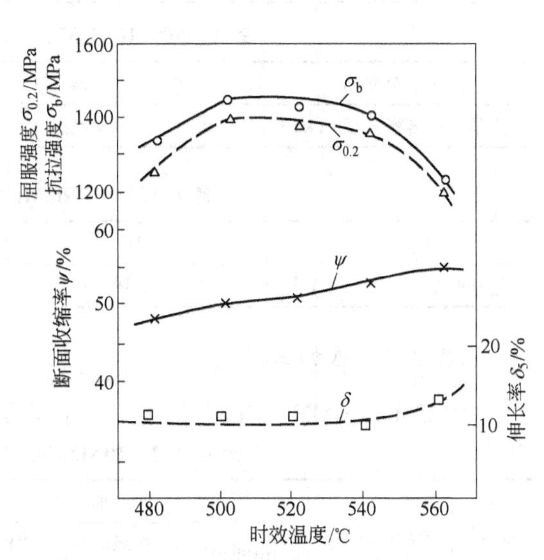

图 4-94 06Ni6CrMoVTiAl 钢时效温度对钢的拉伸性能（$\sigma_{0.2}$，σ_b，ψ，δ）的影响[14]
（试样在 850℃固溶，不同温度时效 6h）

4.5.2 10Ni3Mn2CuAlMo 钢

10Ni3Mn2CuAlMo 属低合金析出硬化钢，一般用电炉冶炼加电渣重熔。该钢热处理后具有良好的综合力学性能，淬透性高，热处理工艺简便，热处理变形小，镜面加工性能好，并有好的氮化性能、电加工性能、焊补性能和花纹图案刻蚀性能等。这种钢适于制造高镜面的塑料模具，高外观质量的家用电器塑料模具[16~18]。

4.5.2.1 化学成分

10Ni3Mn2CuAlMo 钢的化学成分示于表 4-167。

表 4-167 10Ni3Mn2CuAlMo 钢的化学成分

化学成分(质量分数)/%								
C	Si	Mn	P	S	Ni	Cu	Al	Mo
0.06~0.20	≤0.35	1.40~1.70	≤0.030	≤0.030	2.80~3.40	0.80~1.20	0.70~1.05	0.20~0.50

4.5.2.2 物理性能

10Ni3Mn2CuAlMo 钢的物理性能示于表 4-168~表 4-171，其密度为 7.74t/m^3。

表 4-168 10Ni3Mn2CuAlMo 钢的临界温度

临界点	A_{c1}	A_{c3}	A_{r1}	A_{r3}	M_s
温度(近似值)/℃	675	821	382	517	270

表 4-169 10Ni3Mn2CuAlMo 钢的线[膨]胀系数

温度/℃	14~100	14~200	14~300	14~400	14~500	14~600
线[膨]胀系数/×10^{-6}℃$^{-1}$	10.0	11.9	12.6	13.7	13.9	14.3

表 4-170 10Ni3Mn2CuAlMo 钢的质量定压热容

温度/℃	24	150	300
质量定压热容 c_p/J·(kg·K)$^{-1}$	460.5	669.9	711.8

表 4-171 10Ni3Mn2CuAlMo 钢的热导率

温度/℃	24	150	300
热导率 λ/W·(m·K)$^{-1}$	22.19	35.59	36.43

4.5.2.3 热加工

10Ni3Mn2CuAlMo 钢的热加工工艺示于表 4-172。

表 4-172 10Ni3Mn2CuAlMo 钢的热加工工艺

项 目	装炉温度/℃	加 热				开锻温度/℃	终锻温度/℃	冷却方式
		温度/℃	预热时间/h	升温时间/h	保温时间/h			
钢 锭	<800	1140~1180	4.5	3	2.5	1100	≥900	缓 冷
钢 坯	<900	1120~1160		3	1	1080	≥850	空 冷

4.5.2.4 热处理

A 预先热处理

10Ni3Mn2CuAlMo 钢的退火工艺示于图 4-95。

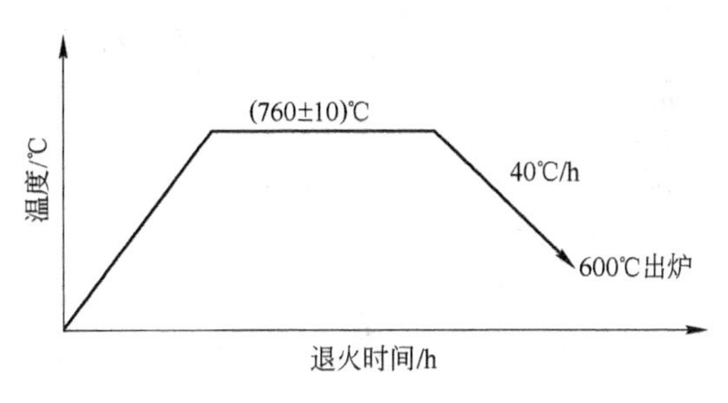

图 4-95 钢材退火工艺

B 固溶处理

10Ni3Mn2CuAlMo 钢固溶温度对硬度的影响示于表 4-173，推荐的固溶处理规范示于表 4-174。与固溶处理有关的曲线示于图 4-96 和图 4-97。

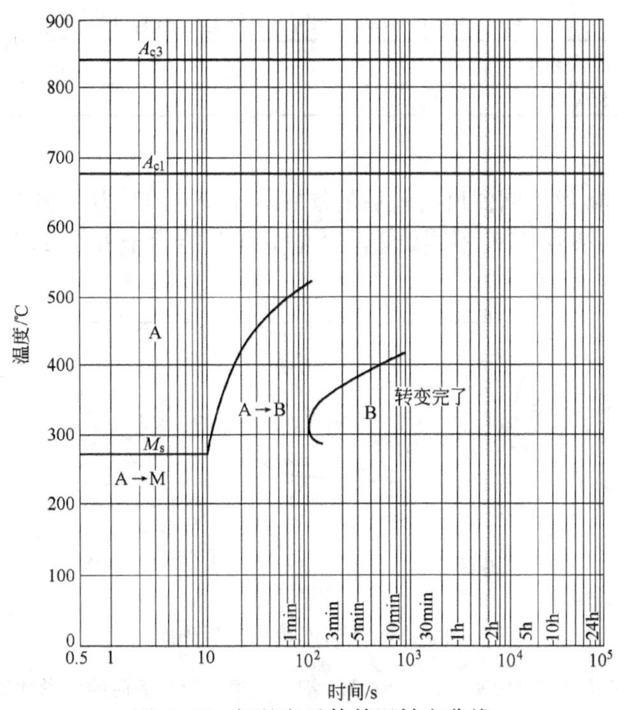

图 4-96 钢的奥氏体等温转变曲线

（原始状态：退火；奥氏体化：900℃15 min；化学成分（%）：0.11C，1.58Mn，0.011P，0.004S，0.22Si，2.83Ni，0.92Cu，0.33Mo，0.91Al）

表 4-173 10Ni3Mn2CuAlMo 钢固溶温度对硬度的影响

固溶温度/℃	780	810	840	870	900	940
硬度(HRC)	30.8	32.4	33.1	32.7	33.1	31.0

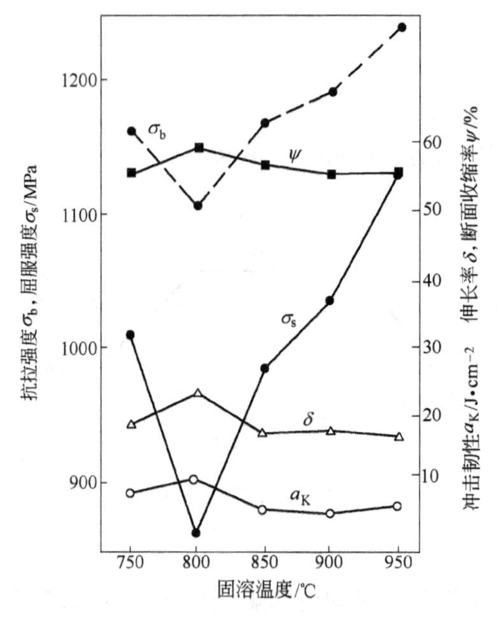

图 4-97 不同固溶温度下的力学性能

表 4-174 10Ni3Mn2CuAlMo 钢推荐的固溶处理规范

固溶温度/℃	冷却方式
850±20	空 冷

C 时效处理

10Ni3Mn2CuAlMo 钢不同温度时效后的硬度示于图 4-98，力学性能示于表 4-175；该钢的高温力学性能示于表 4-176，不同处理状态的力学性能示于表 4-177，推荐的时效硬化处理规范示于表 4-178。

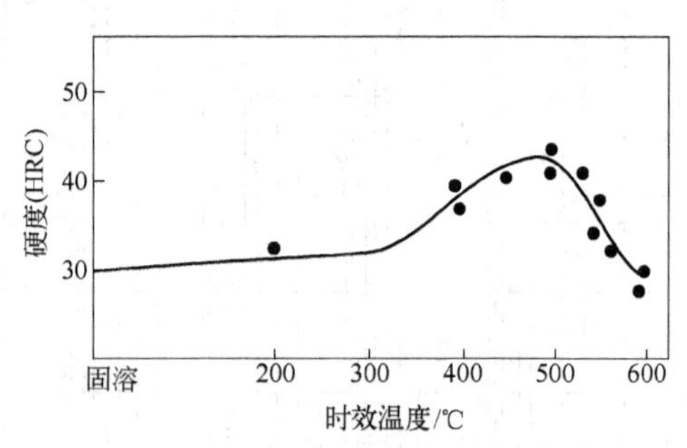

图 4-98 不同温度时效后硬度

表 4-175 10Ni3Mn2CuAlMo 钢不同温度时效钢后的力学性能

温度/℃	σ_s/MPa	σ_b/MPa	δ/%	ψ/%	A_K①/J
400	1044.41	1128.75	16.2	62.9	49.25
450	1193.47	1303.3	14.6	49.7	11.82
510	1256.23	1331.74	14.7	47.8	21.67
550	1103.25	1167.0	15.7	56.6	37.43
600	835.53	943.4	18.4	64.1	94.56

① 冲击韧性试样为 V 形缺口。

表 4-176 10Ni3Mn2CuAlMo 钢的高温力学性能

试验温度/℃	σ_s/MPa	σ_b/MPa	δ/%	ψ/%
300	905.15	1019.9	26.0	56.2
400	812.0	870.83	24.0	74.0
500	619.78	659.0	21.6	78.8

注：试样固溶处理后 500℃时效 2h。

表 4-177 10Ni3Mn2CuAlMo 钢不同处理状态的力学性能

热处理制度	$\sigma_{0.2}$/MPa	σ_b/MPa	δ_5/%	ψ/%	硬度(HRC)
(850±20)℃淬火空冷	839.6	1017.1	15.4	55.1	
淬火空冷后 510℃回火	1026.9	1300.5	13.3	45.0	43~44
(850±20)℃淬火,600℃软化	699.3	796.4	21.0	60.0	25.3
(850±20)℃淬火,600℃软化,510℃回火	991.6	1095.5	17.3	49.8	39

表 4-178 10Ni3Mn2CuAlMo 钢推荐的时效硬化处理规范

时效温度/℃	时效时间/h	冷却方式
510±10	4~8	空 冷

4.5.3 25CrNi3MoAl 钢

25CrNi3MoAl 钢属时效硬化钢。该钢经奥氏体化固溶处理后得到板条状马氏体组织，硬度可达 48~50HRC；然后在 650~680℃范围内回火，由于从马氏体析出碳化物和马氏体组织的多边形化，降低了钢的硬度，这样就可以进行切削加工而制成模具；最后，在 500~540℃温度范围内进行时效处理，由于钢材在时效过程中发生 NiAl 相的脱溶，而得到强化，从而保证模具的使用性能。由于固溶处理工序是在切削加工制成模具之前进行的，从而避免了模具的淬火变形，因此，模具的热处理变形小，综合力学性能好。该钢适宜制造复杂、精密的塑料模具[19]。

4.5.3.1 化学成分

25CrNi3MoAl 钢的化学成分示于表 4-179。

表 4-179 25CrNi3MoAl 钢的化学成分

化学成分(质量分数)/%								
C	Si	Mn	Cr	Ni	Mo	Al	P	S
0.20~0.30	0.20~0.50	0.50~0.80	1.20~1.80	3.0~4.0	0.20~0.40	1.00~1.60	≤0.03	≤0.01

4.5.3.2 物理性能

25CrNi3MoAl 钢的临界温度示于表 4-180，其线[膨]胀系数(20~300℃)为 11.96×10^{-6}/℃；电阻率(室温)为 $25.0\times10^{-6}\ \Omega\cdot m$。

表 4-180 25CrNi3MoAl 钢的临界温度

临界点	A_{c1}	A_{c3}	M_s
温度(近似值)/℃	740	780	290(880 固溶)

4.5.3.3 热加工

25CrNi3MoAl 钢的热加工工艺示于表 4-181。

表 4-181 25CrNi3MoAl 钢的热加工工艺

项 目	入炉温度/℃	加热温度/℃	加热时间/h	开锻温度/℃	终锻温度/℃	冷却方式
钢 锭	≤950	1180~1200	≥4	1080~1100	≥900	堆 冷
钢 坯		1150~1170	≥1.5	1050~1070	≥850	箱 冷

4.5.3.4 热处理

A 预先热处理

25CrNi3MoAl 钢钢锭的退火工艺示于图 4-99。

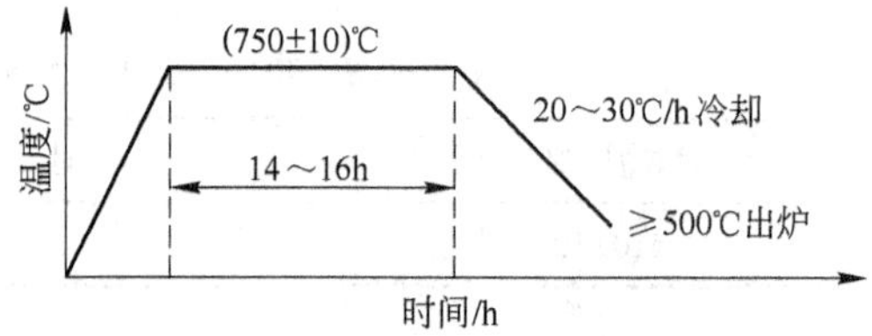

图 4-99 钢锭退火工艺

B 固溶处理

25CrNi3MoAl 钢与固溶处理有关的曲线示于图 4-100~图 4-102，推荐的固溶处理规范示于表 4-182。

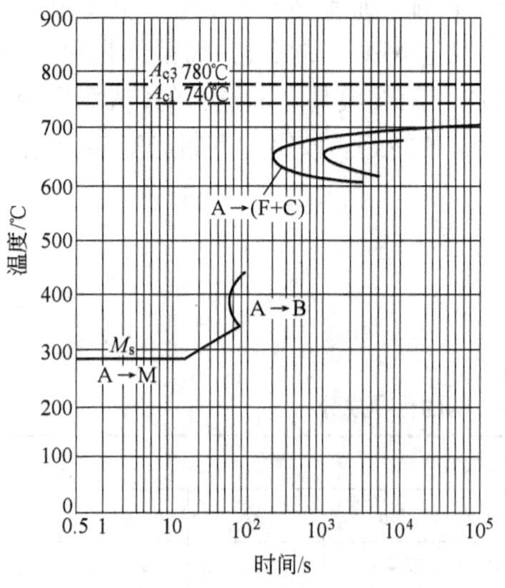

图 4-100 奥氏体等温转变曲线
(试验材料成分(%)：0.27C，0.42Si，1.64Cr，3.40Ni，0.31Mo，1.10Al，0.70Mn，0.009P，0.004S，0.09Cu；原始状态：退火；奥氏体化：880℃，6 min)

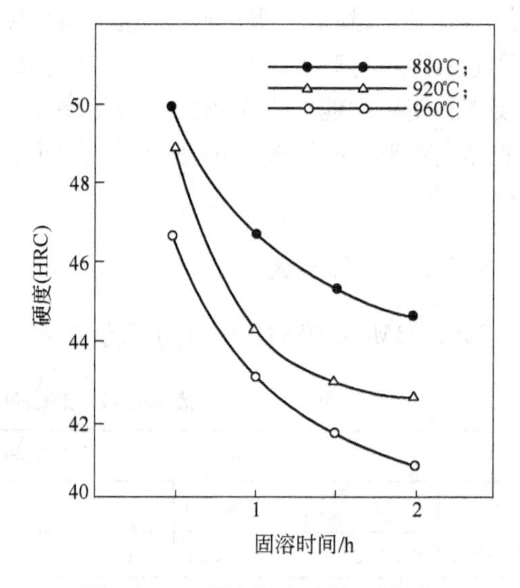

图 4-101 固溶温度、固溶时间与固溶后硬度的关系

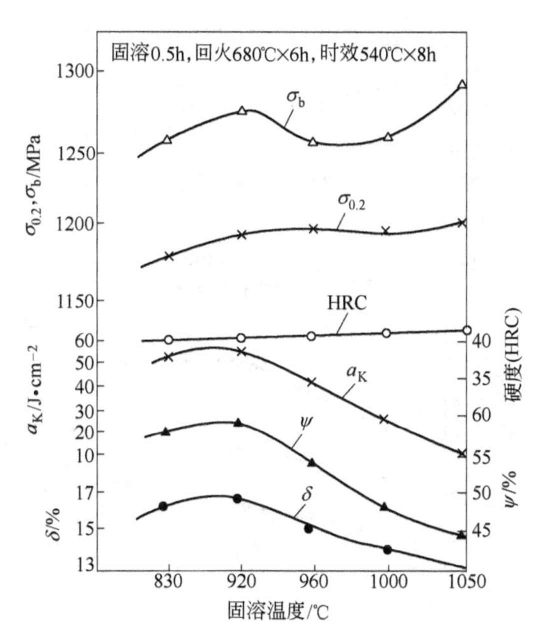

图 4-102 固溶温度与性能的关系

表 4-182 25CrNi3MoAl 钢推荐的固溶处理规范

固溶温度/℃	冷却方式
860~900	油冷或水冷

C 回火

25CrNi3MoAl 钢与回火有关的曲线示于图 4-103~图 4-105,推荐的回火处理规范示于表 4-183。

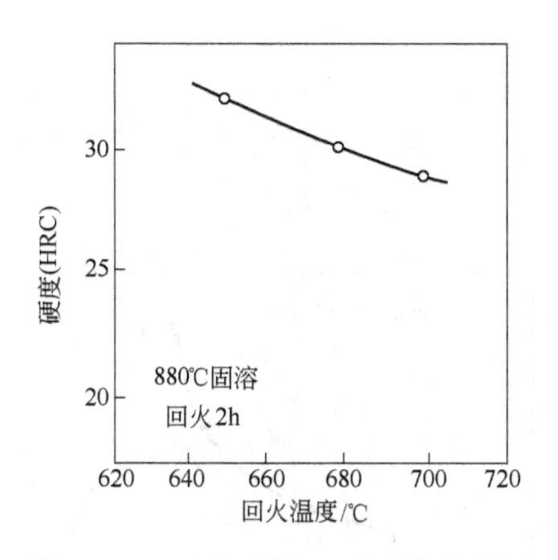

图 4-103 回火温度与回火硬度的关系

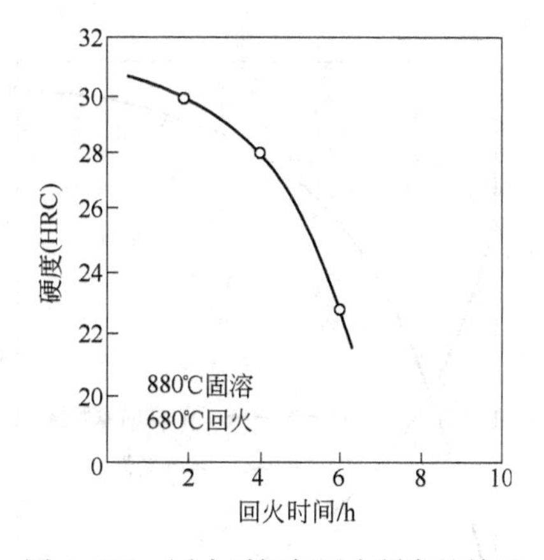

图 4-104 回火时间与回火硬度的关系

表 4-183 25CrNi3MoAl 钢推荐的回火处理规范

回火温度/℃	冷却方式
680~700	水冷或油冷

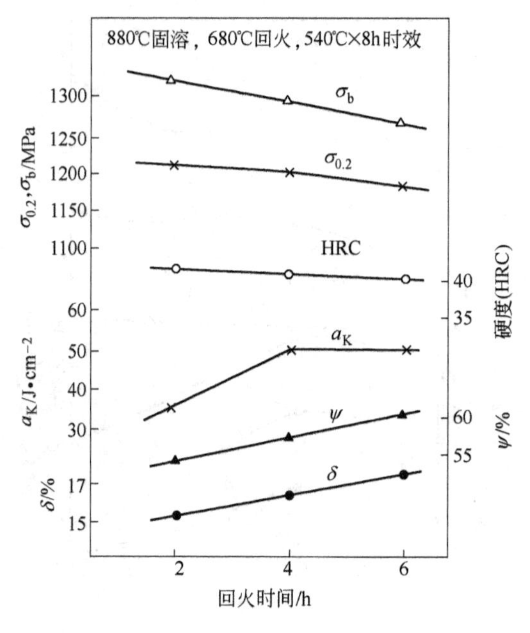

图 4-105 回火时间与最终性能的关系

D 时效

25CrNi3MoAl 钢推荐的时效处理规范示于表 4-184，与时效有关的曲线示于图 4-106~图 4-110。

表 4-184 25CrNi3MoAl 钢推荐的时效处理规范

时效温度/℃	时效时间/h	冷却方式
500~540	6~8	空 冷

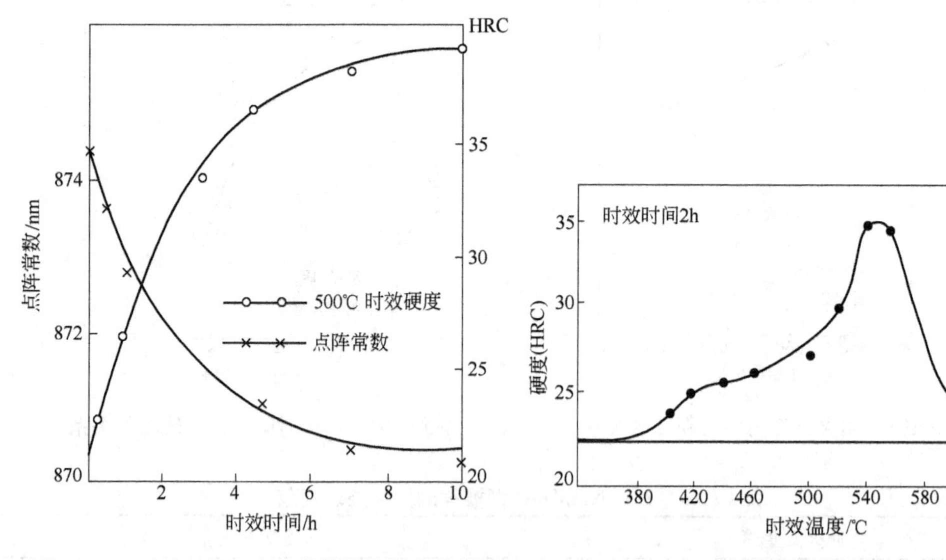

图 4-106 时效时间与点阵常数以及硬度的关系

图 4-107 时效温度与硬度的关系

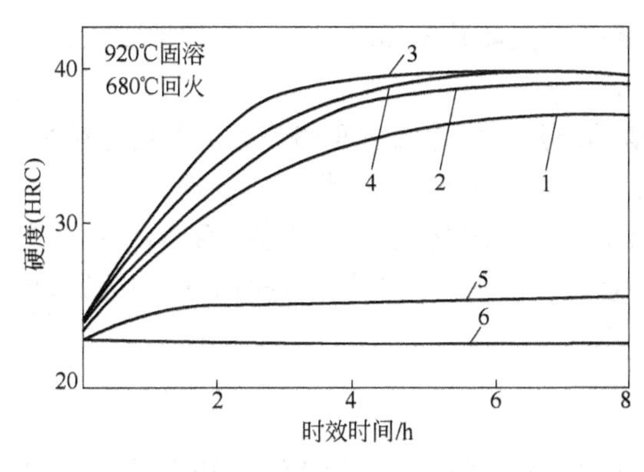

图 4-108 不同时效温度、时间与硬度的关系

1—500℃;2—520℃;3—540℃;4—560℃;
5—600℃;6—650℃

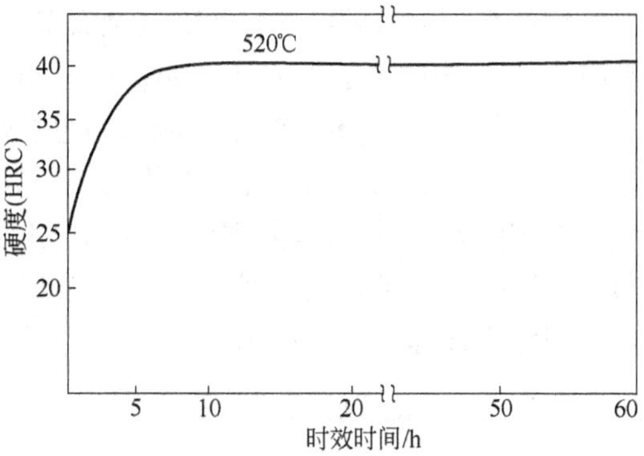

图 4-109 在 520℃时效时间与硬度的关系

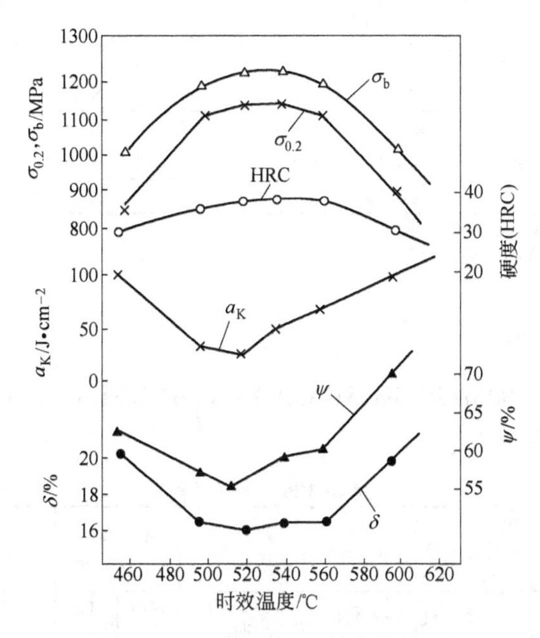

图 4-110 时效温度与性能的关系

4.5.4 00Ni18Co8Mo3TiAl、00Ni18Co8Mo5TiAl、00Ni18Co9Mo5TiAl、00Ni18Co12Mo4Ti2Al 钢

Ni18 型马氏体时效钢是超高强度钢,实际上是一系列含少量 Ti 和 Al 的 Fe、Ni、Co、Mo 的多元合金。C、Si、Mn 和 P、S 被视为残剩元素而限制其含量,特别是 C 和 S 是有害元素,其含量应不大于 0.03%和 0.010%(质量分数)。主要应用于航空航天工业。由于它具有优良的力学性能和工艺性能,现在也应用于塑料模具和压铸模具的重要零件,能获得很好的技术经济效果。但价格昂贵。

这一组钢在国外(美国)被命名为 18Ni(200)、18Ni(250)、18Ni(285)、18Ni(300)、18Ni(350),括号内的数值是以 ksi(每平方英寸的千磅数 Kilopounds per square inch)为单位的屈服强度值,如 18Ni 的屈服强度为 250ksi,约相当于 1720 MPa(176kgf/ mm^2)。国外类型钢号有日本日立金属公司(YSS)的 YAG 系列 4 个钢号(YAG250、YAG300、YAG350、YAG285)。

钢的高强度和硬度来自无碳或微碳 Fe-Ni 板条马氏体基体和时效析出的弥散度大且颗粒极小的金属间化合物，如 Fe_2Mo、NiMo、Ni3Ti 等。

为了保证质量，这一组钢都应采用电炉熔炼后再用真空电弧炉重熔或电渣重熔等精炼。这一组钢的热加工性能和焊接性能均好。焊接应采用气体保护焊。焊后热处理。

在固溶处理后，时效处理前，钢的金相组织是板条状态马氏体，硬度为 350HV 左右，有很好的冷变形加工和被切削加工性。热处理均应在带控制气氛的炉内进行。这一组钢，也可采用渗氮处理进一步强化[20]。

4.5.4.1 化学成分

00Ni18Co8Mo3TiAl、00Ni18Co8Mo5TiAl、00Ni18Co9Mo5TiAl、00Ni18Co12Mo4Ti2Al 钢的化学成分示于表 4-185。

表 4-185 化学成分

钢号①	化学成分（质量分数）/%							
	C	Si	Mn	Ni	Co	Mo	Ti	Al
00Ni18Co8Mo3TiAl	≤0.03	≤0.12	≤0.12	18	8.5	3.3	0.2	0.1
00Ni18Co8Mo5TiAl	≤0.03	≤0.12	≤0.10	18	8.5	5.0	0.4	0.1
00Ni18Co9Mo5TiAl	≤0.03	≤0.12	≤0.10	18	9.0	5.0	0.7	0.1
00Ni18Co12Mo4Ti2Al	≤0.03	≤0.10	≤0.10	18	12.5	4.2②	1.6②	0.1

① 4 个钢号的 P、S 含量均不大于 0.010%。

② 此钢 Mo、Ti 含量也有分别定为 4.8%及 1.40%者。

4.5.4.2 物理性能

00Ni18Co8Mo3TiAl、00Ni18Co8Mo5TiAl、00Ni18Co9Mo5TiAl、00Ni18Co12Mo4Ti2Al 钢的物理性能示于表 4-186。

表 4-186 物理性能

临界温度（近似值）/℃				在下列温度（℃）时的导热系数 λ/W·(m·K)$^{-1}$ [cal/(cm·s·℃)]			线[膨]胀系数 α/℃$^{-1}$	电阻率 ρ /μΩ·cm		时效时尺寸变化	弹性模量 E	切变弹性模量 G
A_{c1}	A_{c3}	M_s	M_f	20	50	100	24~284℃时	固溶状态	时效后	%	GPa(kgf/mm²)	
540~610	740~750	154~210	90~100	19.7 (0.047)	20.1 (0.048)	20.9 (0.050)	10.1 ×10^{-6}	60~70	36~60	-0.06	186 (19000)	71.0 (7240)

注：表列为 00Ni18Co8Mo5TiAl 钢的一些物理性能数据，亦可作为这组钢中其他三个钢种物理性能的参考。

4.5.4.3 热加工

00Ni18Co8Mo3TiAl、00Ni18Co8Mo5TiAl、00Ni18Co9Mo5TiAl、00Ni18Co12Mo4TiAl 钢的热加工工艺示于表 4-187。

表 4-187 热加工工艺

项 目	加热温度/℃	开锻温度/℃	终锻温度/℃	冷却方式
钢 锭	≤1260	≤1230	≥820	高于 750℃时快冷，而后空冷或缓冷
钢 坯	≤1230	≤1200	≥820	

注：1. 这一组钢，特别是当钛、钼含量较高时，枝晶偏析严重。为减轻此种偏析，避免带状组织和严重的性能方向性起见，除铸锭应采取必要措施外，开坯加热温度及保温时间应考虑均匀化的要求。

2. 含钼、钛较高时，钢的高温强度较高，因而须相应地采用较高的开始温度。

4.5.4.4　热处理

00Ni18Co8Mo3TiAl、00Ni18Co8Mo5TiAl、00Ni18Co9Mo5TiAl、00Ni18Co12Mo4Ti2Al 钢的热处理工艺示于表 4-188。

表 4-188　热处理

项　目	固溶处理	时效处理	渗氮[3]
加热温度/℃	815±10	480±20[2]	455±10
保温时间/h	1[1]	3~6	24~48
冷却方式	空冷至室温	空冷至室温	炉　冷

① 保温时间系对尺寸不大于 25 mm 的棒材和板材而言；大于 25 mm 时则应按比例适当延长。
② 对压铸模具可提高时效温度至 530℃。为了保护薄板表面质量，特别是时效处理时应有保护气氛。
③ 如工件需要表面渗氮时，可考虑与时效处理合并同时进行。

如表 4-188 所示，这一组马氏体时效钢的热处理看似简单，实际却不尽然。这一方面是由于时效结果与时效温度和时间有密切的关系，以图 4-111 所示 00Ni18Co8Mo5TiAl 钢固溶处理后在不同温度下和时间内时效后硬度变化为例，可以看出，时效温度偏低（如 370℃），可以获得较高的硬度，但所需要的时间甚长；反之，如时效温度较高，则可在较短时间内达到在该温度时效所可能达到的最高硬度，如 480℃ 或 540℃ 时效结果。从时效时间来考虑，时间不足，不可能获得最好效果，但时间过长，由于析出沉淀颗粒的聚集粗化，同时在原奥氏体晶体上和板条状马氏体晶间也将有较多的逆转变奥氏全颗粒形成，从而使钢的宏观硬度和强度降低。这就是过时效现象。另一方面，时效对钢的成分和生产工艺颇敏感，用同一时效工艺，由于成分和生产工艺的微小差异，对时效结果将产生明显的影响。为了可靠起见，常须对性能要求严格的工件，在制定热处理工艺前，在同一炉（或批）钢材中取小样进行试验，然后根据试验结果确定热处理工艺。

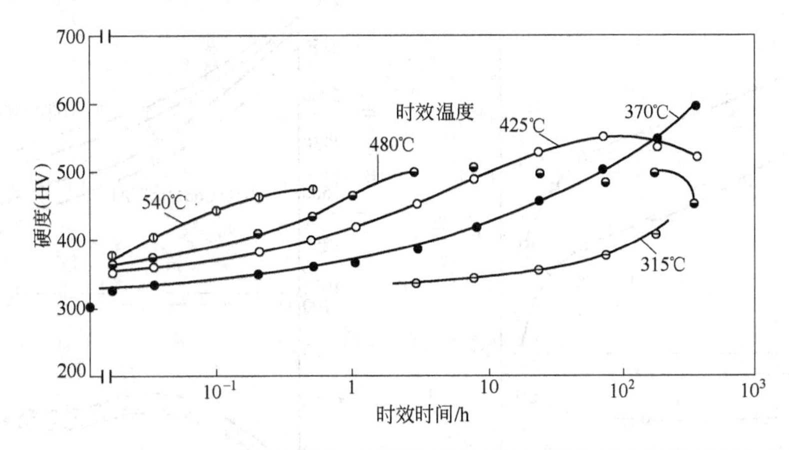

图 4-111　00Ni18Co8Mo5TiAl 马氏体时效钢固溶处理后时效温度及时间对硬度的影响

过时效处理虽使硬度及强度有所降低，但对钢的断裂力学性能，特别是 K_{IC} 及 K_{ISCC} 有利，因此有时为了获得较高的断裂韧度，不得不牺牲些微强度而采用过时效的工艺处理。

00Ni18Co8Mo3TiAl、00Ni18Co8Mo5TiAl、00Ni18Co9Mo5TiAl、00Ni18Co12Mo4Ti2Al 钢的力学性能示于表 4-189，室温转梁弯曲疲劳性能示于图 4-112，高温抗拉性能示于图 4-113，渗氮温度和时间对马氏体时效钢 00Ni18Co9Mo5TiAl 钢硬度的影响示于图 4-114。

表 4-189 室温力学性能

钢 号	热处理	σ_b/MPa	σ_s/MPa	δ/%	ψ/%	K_{IC}/MPa·m$^{1/2}$
00Ni18Co8Mo3TiAl	820℃ 1h 固溶，空冷 480℃ 3h 时效，空冷	1499	1401	10	60	155~198
00Ni18Co8Mo5TiAl		1793	1705	8	55	121
00Ni18Co9Mo5TiAl		2048	1999	7	40	80.6
00Ni18Co12Mo4Ti2Al	820℃ 1h 固溶，空冷 480℃ 3h 时效，空冷	2450	2401	5	25	35.0~49.6

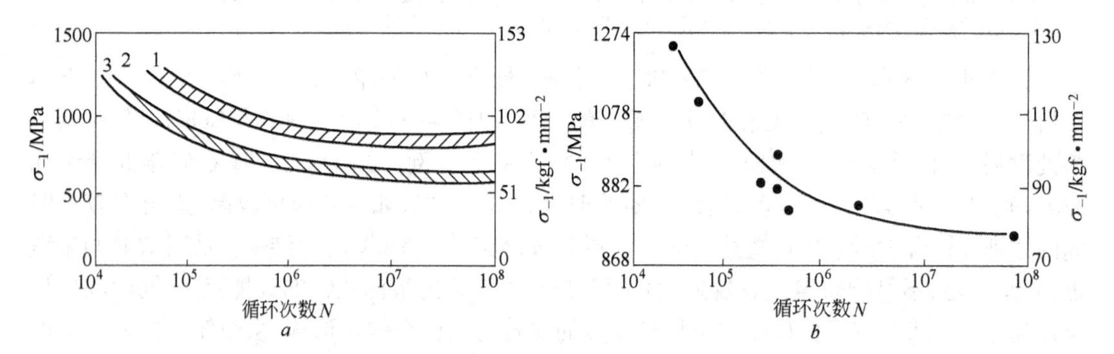

图 4-112 室温转梁弯曲疲劳性能曲线

a—1—00Ni18Co8Mo3TiAl 钢；2—00Ni18Co8Mo5TiAl 钢；3—00Ni18Co9Mo5TiAl 钢；

b—00Ni18Co12Mo4Ti2Al 钢，800℃ 固溶处理，480℃ 10h 时效

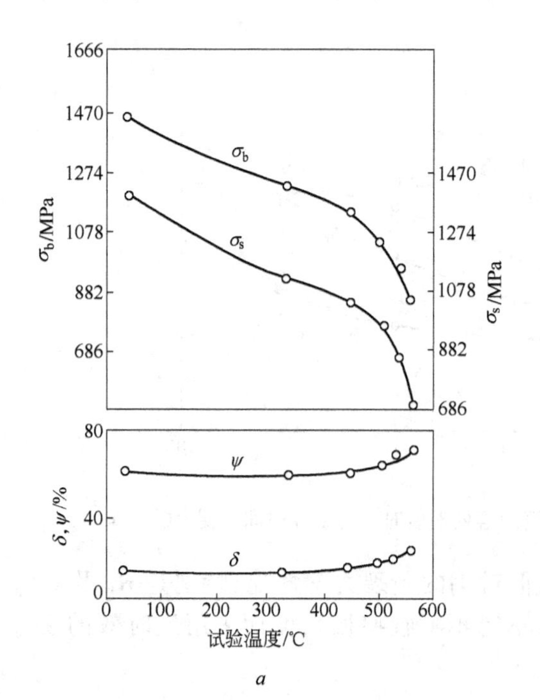

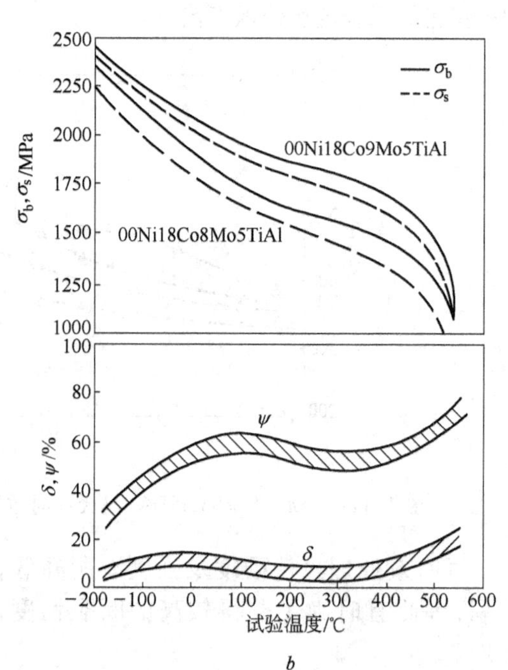

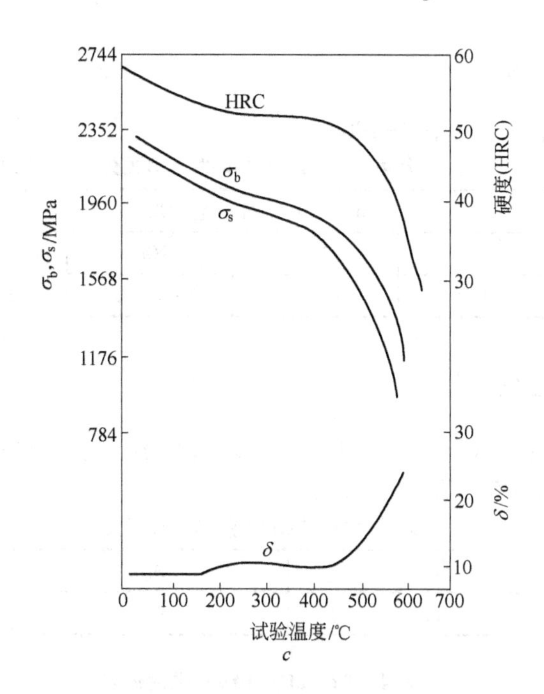

图 4-113 高温抗拉性能

a—00Ni18Co8Mo3TiAl 钢；*b*—00Ni18Co8Mo5TiAl 钢及 00Ni18Co9Mo5TiAl 钢；

c—00Ni18Co12Mo4Ti2Al 钢

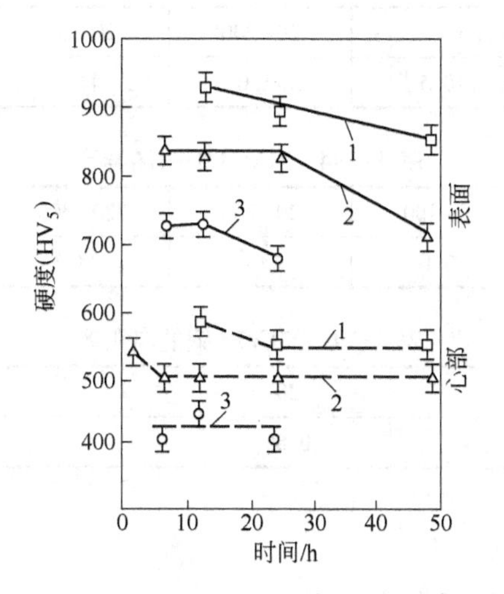

图 4-114 渗氮温度和时间对马氏体时效钢 00Ni18Co9Mo5TiAl 钢硬度的影响

4.6 耐蚀型塑料模具钢

4.6.1 2Cr13 钢

2Cr13 钢属马氏体类型不锈钢，该钢机械加工性能较好，经热处理后具有优良的耐腐蚀性能，较好的强韧性，适宜制造承受高负荷并在腐蚀介质作用下的塑料模具和透明塑料制品模具等[21]。

4.6.1.1 化学成分

2Cr13 钢的化学成分示于表 4-190。

表 4-190 2Cr13 钢的化学成分(GB/T 1220—2007)

化学成分(质量分数)/%					
C	Si	Mn	Cr	S	P
0.16~0.25	≤1.00	≤1.00	12.00~14.00	≤0.030	≤0.040

4.6.1.2 物理性能

2Cr13 钢的物理性能示于表 4-191~表 4-195,其熔点为 1450~1510℃;密度为 7.75t/m^3;质量定压热容 c_p 为 459.8J/(kg·K)。

表 4-191 2Cr13 钢的临界温度

临界点	A_{c1}	A_{c3}	A_{r1}
温度(近似值)/℃	820	950	780

表 4-192 2Cr13 钢的弹性模量

温度/℃	20	400	500	600
弹性模量 E/GPa	210~223	193	184	172

表 4-193 2Cr13 钢的线[膨]胀系数

温度/℃	20~100	20~200	20~300	20~400	20~500
线[膨]胀系数/$\times10^{-6}$℃$^{-1}$	10.5	11.0	11.5	12.0	12.0

表 4-194 2Cr13 钢的热导率

温度/℃	20~100	20~200	20~300	20~400	20~500
热导率 λ/W·(m·K)$^{-1}$	23.0	23.4	24.7	25.5	26.3

表 4-195 2Cr13 钢的电阻率

温度/℃	20	100
电阻率/$\times10^{-6}\Omega$·m	0.55	0.65

4.6.1.3 热加工

2Cr13 钢的热加工工艺示于表 4-196。

表 4-196 2Cr13 钢的热加工工艺

升 温	开锻温度/℃	终锻温度/℃	冷 却
850℃前应缓慢加热,冷装炉温度≤800℃	1160~1200	≥850	砂冷或及时退火

注:由于钢的导热性差,加热温度低于 850℃时应缓慢加热。

4.6.1.4 热处理

2Cr13 钢的热处理示于表 4-197,与热处理有关的曲线示于图 4-115~图 4-119,与热处理有关的性能示于表 4-198 和表 4-199，其持久强度示于表 4-200，其耐腐蚀性能示于表 4-201。

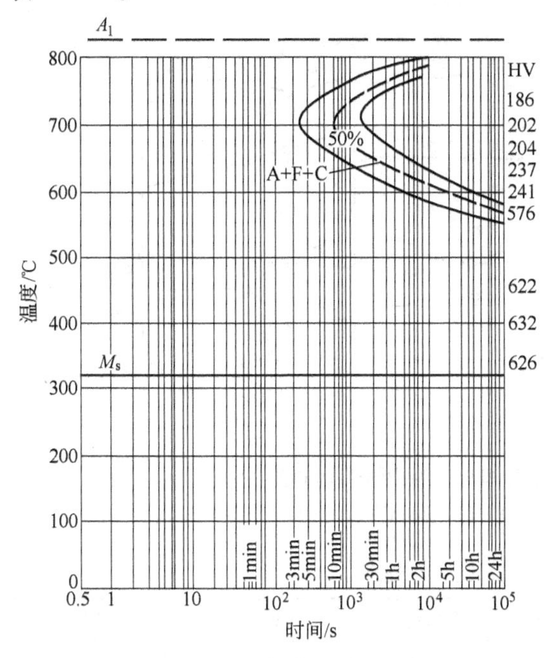

图 4-115 2Cr13 钢的奥氏体等温冷却曲线

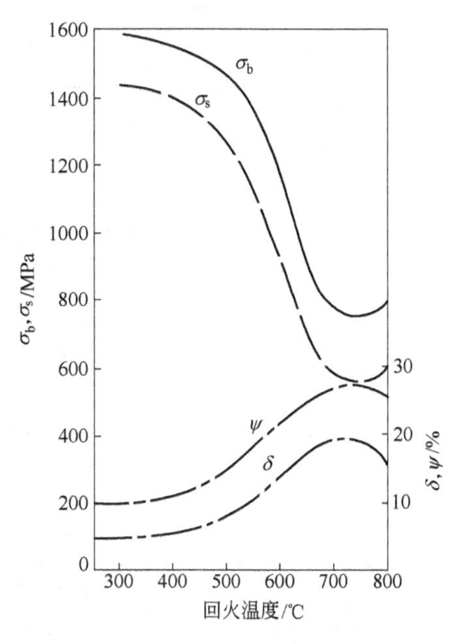

图 4-116 2Cr13 钢的不同回火温度与其力学性能的关系

（自 980～1000℃油中淬火）

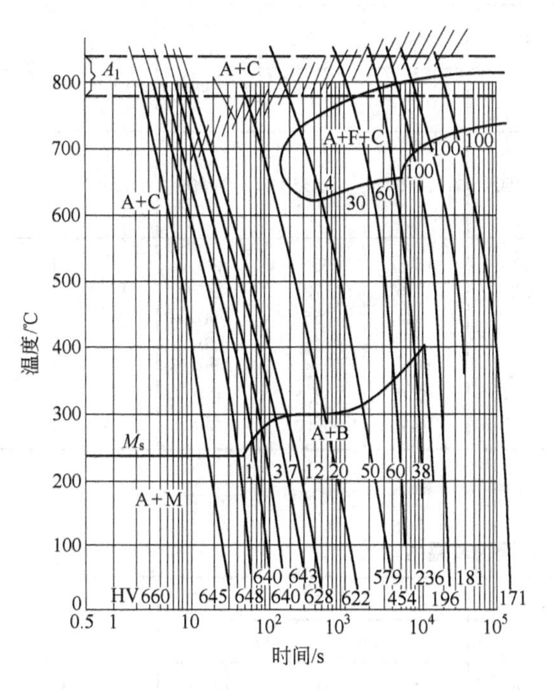

图 4-117 2Cr13 钢的奥氏体连续冷却曲线

（试验钢成分(%)：0.25C，0.37Si，0.29Mn，13.00Cr，0.13Ni，0.25C）

试验温度/℃	450	475	500	550
蠕变极限 $\sigma_{1/100000}$/MPa	128	75	48	38

注：试验用钢：1000～1020℃空冷，720～730℃回火。

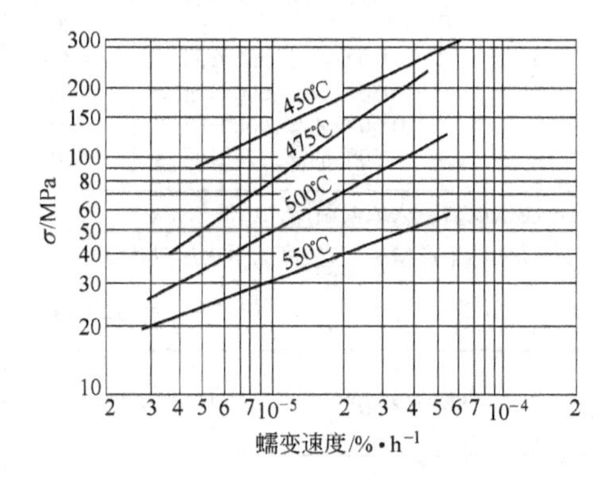

图 4-118 2Cr13 钢的蠕变强度

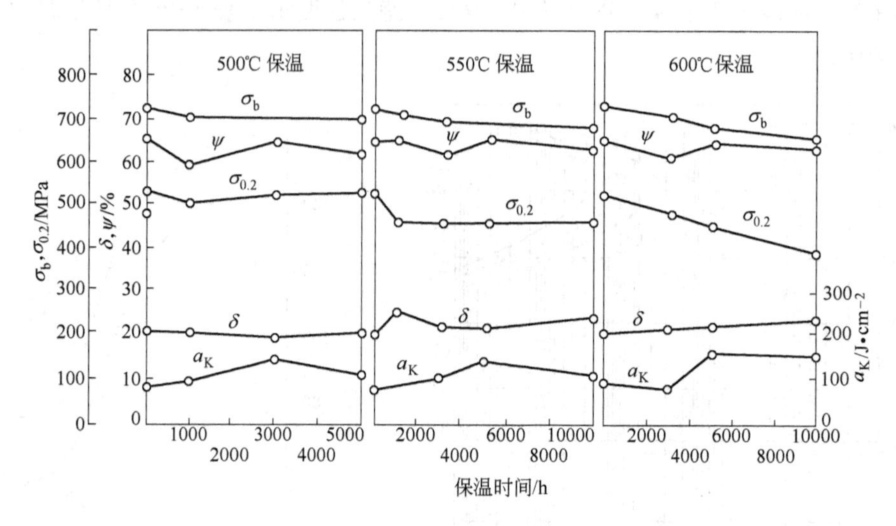

图 4-119 2Cr13 钢保温时间与室温力学性能的关系

（热处理：1000~1020℃空冷，720~750℃回火空冷）

表 4-197 2Cr13 钢的热处理

项 目	软化退火	完全退火	淬 火	回 火
加热温度/℃ 冷却方式	750~800 炉 冷	860~900 炉 冷	1000~1050 油冷或水冷	660~770 油冷、水冷或空冷

表 4-198 2Cr13 钢的室温力学性能

钢材截面尺寸/mm	热处理制度	σ_b	σ_s	δ_5	ψ	a_K/J·cm^{-2}	硬度（HB）	备注
		MPa		%				
≤60	1000~1050℃淬火（油冷、水冷）660~770℃回火，油冷、水冷、空冷	≥660	≥450	≥16	≥55	≥80	≤197	①
≤60	1000~1050℃淬火（油冷、水冷）660~770℃回火 860℃退火 1050℃空淬，500℃回火 1050℃空淬，600℃回火 1050℃油淬，660℃回火 1050℃油淬，770℃回火	660~1155 500 1250 850 860 820	450~975 250 950 650 710 700	16~33.6 22 7 10 19.0 18.0	55~78 65 45 55 63.5 66.5	80~267 90 50 70 130 150	126~197	②

①硬度为退火或高温回火后的数值；

②实际生产检验值，硬度为退火后硬度值。

表 4-199 2Cr13 钢的高温力学性能

热处理制度	试验温度/℃	σ_b	σ_s	δ_5	ψ	a_K/J·cm^{-2}
		MPa		%		
1000~1020℃油淬，720~750℃回火	20 300 400	720 555 530	520 400 405	21.0 18.0 16.5	68.0 66.0 58.5	65~175 120 205

续表 4-199

热处理制度	试验温度/℃	σ_b	σ_s	δ_5	ψ	a_K/J·cm^{-2}
		MPa		%		
1000~1020℃油淬，720~750℃回火	450	495	380	17.5	57.0	240
	470	495	420	22.5	71.0	
	500	440	365	32.5	75.0	250
	550	350	285	36.5	83.5	223

表 4-200 2Cr13 钢的持久强度

试验温度/℃		450	470	500	530
$\sigma_{b/1000}$	MPa	330	260	230	160
$\sigma_{b/10000}$	MPa	296	215	195	105
$\sigma_{b/100000}$	MPa	260	190	160	76

表 4-201 2Cr13 钢的耐腐蚀性能

介质条件			试验延续时间/h	腐蚀深度/mm·a^{-1}
介 质	浓 度	温度/℃		
硝 酸	5	20		<0.1
硝 酸	5	沸腾		3.0~10.0
硝 酸	20	20		<0.1
硝 酸	20	沸腾		1.0~3.0
硝 酸	30	沸腾		<3.0
硝 酸	50	20		<0.1
硝 酸	50	沸腾		<3.0
硝 酸	65	20		<0.1
硝 酸	65	沸腾		3~10
硝 酸	90	20		<0.1
硝 酸	90	沸腾		<10.0
柠檬酸	5	140		<10.0
柠檬酸	10	沸腾		>10.0
乳 酸	密度 1.01~1.04	沸腾	72	>10.0
乳 酸	密度 1.04	20	600	0.27
蚁 酸	10~50	20		<0.1
蚁 酸	10~50	沸腾		>10.0
水杨酸		20		<0.1
硬脂酸		>100		<0.1
焦性五倍子酸	稀-浓的溶液	20		<0.1
二氧化碳和碳酸	干燥的	<100		<0.1
二氧化碳和碳酸	潮湿的	<100		<0.1
纤维素	蒸煮时	—	190	2.59
纤维素	在泄料池中	—	240	0.369
纤维素	同再生酸一起在槽中	—	240	22.85
纤维素	在气相中 SO_2 7% SO_3 0.7%	—	240	8.0
氢氧化钠	20	50		<0.1
氢氧化钠	20	沸腾		<1.0
氢氧化钠	30	100		<1.0

续表 4-201

介质条件			试验延续时间/h	腐蚀深度/mm·a^{-1}
介　质	浓　度	温度/℃		
氢氧化钠	40	100		<1.0
氢氧化钠	50	100		1.0~3.0
氢氧化钠	60	90		<1.0
氢氧化钠	90	300		>10.0
氢氧化钠	熔　体	318		>10.0
硼　酸	50~饱和溶液	100		<0.1
醋　酸	1	90		<0.1
醋　酸	5	20		<1.0
醋　酸	5	沸腾		>10.0
醋　酸	10	20		<1.0
醋　酸	10	沸腾		>10.0
酒石酸	10~50	20		<0.1
酒石酸	10~50	沸腾		<1.0
酒石酸	饱和溶液	沸腾		<10.0
柠檬酸	1	20		<0.1
柠檬酸	1	沸腾		<10.0
氢氧化钾	25	沸腾		<0.1
氢氧化钾	50	20		<0.1
氢氧化钾	50	沸腾		<1.0
氢氧化钾	68	120		<1.0
氢氧化钾	熔　体	300		>10.0
氨	溶液与气体	20~100		<0.1
硝酸铵	约 65	20	1269	0.0011
硝酸铵	约 65	125	110	1.43
氯化铵	饱和溶液	沸腾		<10.0
过氧化氢	20	20		0
碘	干燥的	20		<0.1
碘	溶　液	20		>10.0
碘　仿	蒸　汽	60		<0.1
硝酸钾	25~50	20		<0.1
硝酸钾	25~50	沸腾		<10.0
硫酸钾	10	20	720	0.07
硫酸钾	10	沸腾	96	1.18
硝酸银	10	沸腾		<0.1
硝酸银	熔化的	250		>10.0
过氧化钠	10	20		<10.0
过氧化钠	10	沸腾		>10.0
铝钾明矾	10	20		0.1~1.0
铝钾明矾	10	100		<10.0
重铬酸钾	25	20		<0.1
重铬酸钾	25	沸腾		>10.0
氯酸钾	饱和溶液	100		<0.1

4.6.1.5　其他

2Cr13 钢冷状态时的深拉、冷冲工艺性良好。消除应力的退火可采用 730~780℃回火,空冷。

2Cr13 钢焊后硬化倾向较大,易产生裂纹。用 Cr202、Cr207 等焊条焊接时,焊前需经 250~

350℃预热,焊后应经700~730℃回火;用奥107、奥207等焊条焊接时,可不进行焊后热处理。

4.6.2 4Cr13钢

4Cr13钢属马氏体类型不锈钢,该钢机械加工性能较好,经热处理(淬火及回火)后,具有优良的耐腐蚀性能、抛光性能、较高的强度和耐磨性,适宜制造承受高负荷、高耐磨及在腐蚀介质作用下的塑料模具、透明塑料制品模具等。但可焊性差,使用时必须注意[22,23]。

4.6.2.1 化学成分

4Cr13钢的化学成分示于表4-202。

表4-202 4Cr13钢的化学成分(GB/T 1220—2007)

化学成分(质量分数)/%					
C	Si	Mn	Cr	S	P
0.36~0.45	≤0.60	≤0.80	12.00~14.00	≤0.030	≤0.040

4.6.2.2 物理性能

4Cr13钢的物理性能示于表4-203~表4-207,其密度为7.75 t/m³;质量定压热容(20℃)c_p为459.8J/(kg·K)。

表4-203 4Cr13钢的临界温度

临界点	A_{c1}	A_{c3}
温度(近似值)/℃	820	1100

表4-204 4Cr13钢的线[膨]胀系数

温度/℃	20~100	20~200	20~300	20~400	20~500
线[膨]胀系数/×10⁻⁶℃⁻¹	10.5	11.0	11.0	11.5	12.0

表4-205 4Cr13钢的热导率

温度/℃	20	200	400	600
热导率λ/W·(m·K)⁻¹	27.6	28.8	28.8	28.4

表4-206 4Cr13钢的弹性模量

温度/℃	20	400	500	600
弹性模数E/GPa	210~223.5	197	185	174

表4-207 4Cr13钢的电阻率

温度/℃	20	100
电阻率ρ/×10⁻⁶Ω·m	0.55	0.65

4.6.2.3 热加工

4Cr13钢的热加工工艺示于表4-208。

表 4-208 4Cr13 钢的热加工工艺

升 温	热加工温度/℃	终锻温度/℃	冷却方式
缓慢加热至 800℃,然后快速加热至热加工温度	1160~1200	≥850	灰冷或砂冷,并及时退火

4.6.2.4 热处理

4Cr13 钢的热处理示于表 4-209,与热处理有关的曲线示于图 4-120~图 4-122,与热处理有关的性能列于表 4-210 和表 4-211。该钢抗氧化性好,可在 600~650℃长期使用。

表 4-209 4Cr13 钢的热处理

项 目	退 火	淬 火	回 火
加热温度/℃	750~800	1050~1100	200~300
冷却方式	炉 冷	油 冷	空 冷

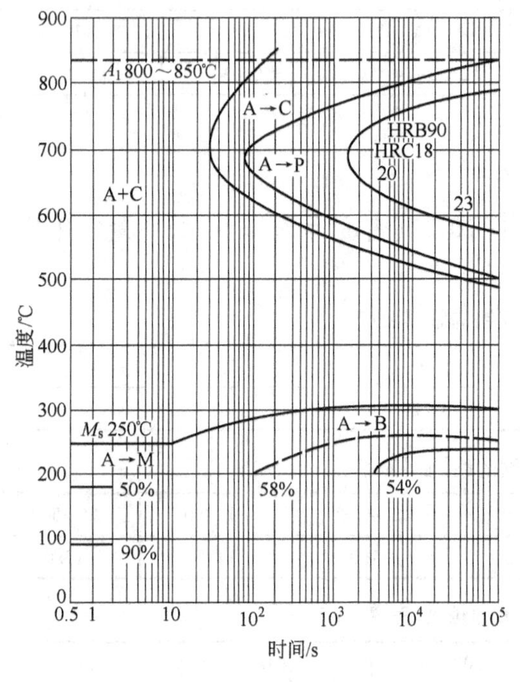

图 4-120 奥氏体等温转变曲线
(用钢成分(%):0.45C,0.32Si,0.40Mn,13.8Cr,0.12Ni;奥氏体化温度 980℃)[22]

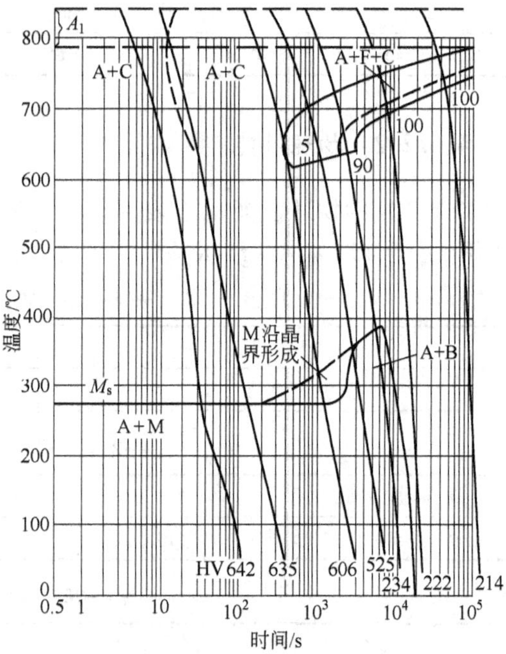

图 4-121 4Cr13 钢的奥氏体连续冷却转变图

表 4-210 4Cr13 钢的室温力学性能

热处理制度	σ_b	σ_s	δ_5	ψ	HRC	退火后硬度(HB)	备 注
	MPa		%				
1050~1100℃油淬,200~300℃回火					≥50	≤229	
1050~1100℃油淬,200~300℃回火					50~67	143~229	①
1050℃空冷,600℃3h 回火	1140	910	12.5	32.0	a_K,1.2		
860℃退火	480~560		20~25				

①实际生产检验值。

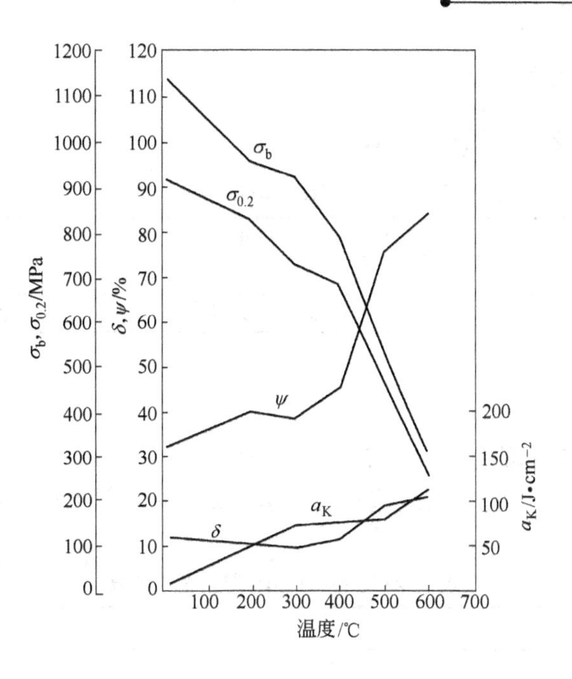

图 4-122 4Cr13 钢在不同温度下的力学性能
(1050℃空冷,650℃ 3h 回火)

表 4-211 4Cr13 钢的高温拉伸性能

热处理制度	试验温度/℃	σ_b	σ_s	δ_5
		MPa		%
1030℃空冷;500℃回火空冷	20 400 450 500	1800~1820 1660~1700 1570~1600 1310~1340	1630~1650 1450~1480 1350~1420 1250~1290	2.5 6 5~6 6.5
1030℃空冷;600℃回火空冷	20 400 450 500	1130~1160 920~960 800~820 710~730	970 790~830 620~650 580~600	9.2~10 8.3~10 10~12 14.5~15

4.6.3 4Cr17Mo 钢

4Cr17Mo 钢是近几年来开发的耐蚀型塑料模具钢品种,属中碳高铬马氏体型不锈钢,它比 Cr13%型马氏体不锈钢具有更好的力学性能和耐蚀性能。该钢一般采用电炉冶炼+炉外精炼或电炉冶炼+炉外精炼+电渣重熔工艺生产,经软化退火后,硬度≤230HB,有较好的切削加工性能;淬火及回火后,具有较高的硬度、耐磨性和很好的耐应力腐蚀性能、超镜面性能;还可以接受渗氮处理,以进一步强化使用性能。该钢适宜制造承受高负荷、高耐磨及在腐蚀介质作用下的塑料模具、成形透明塑料制品模具和高精密塑料模具等[11,20]。

4.6.3.1 化学成分

4Cr17Mo 钢的化学成分见表 4-212。

表 4-212 4Cr17Mo 钢的化学成分

化学成分(质量分数)/%						
C	Si	Mn	Cr	Mo	P	S
0.33~0.43	<1.0	<1.0	15.00~17.50	1.0~1.3	≤0.030	≤0.030

4.6.3.2 物理性能

4Cr17Mo 钢的物理性能见表 4-213~表 4-215，其密度(20℃) $\gamma=7.65t/m^3$，质量定压热容(20℃) $c_p=460$ J/(kg·K)，电阻率(20℃) $\rho=0.65\times10^{-6}$ Ω·m；弹性模量(20℃) $E=$ 212 GPa。

表 4-213 4Cr17Mo 钢的临界温度

临界点	A_{c1s}	A_{c1f}	M_s
温度(近似值)/℃	795	910	180

表 4-214 4Cr17Mo 钢的线[膨]胀系数

温度/℃	20~100	20~200	20~300	20~400
线[膨]胀系数/×10^{-6}℃$^{-1}$	10.5	11.0	11.0	12.0

表 4-215 4Cr17Mo 钢的热导率

温度/℃	20	350	700
热导率 λ/W·(m·K)$^{-1}$	17.2	21.0	24.7

4.6.3.3 热加工

4Cr17Mo 钢的热加工工艺示于表 4-216。

表 4-216 4Cr17Mo 钢的热加工工艺

升 温	加热温度/℃	开始温度/℃	终止温度/℃	冷却方式
缓慢加热至 750℃，然后可以用较快速度加热到热加工温度	1150~1200	1120~1160	≥850	砂冷或灰冷，并及时退火

4.6.3.4 热处理

4Cr17Mo 钢的热处理工艺示于表 4-217。与热处理有关的曲线示于图 4-123~图 4-126。

表 4-217 4Cr17Mo 钢的热处理

项 目	退 火	淬 火	回 火
加热温度/℃	760~800	1020~1050	随需要而定
冷却方式	炉 冷	油冷或 500~550℃盐浴	空 冷
硬 度	≤230HB	48~51HRC	

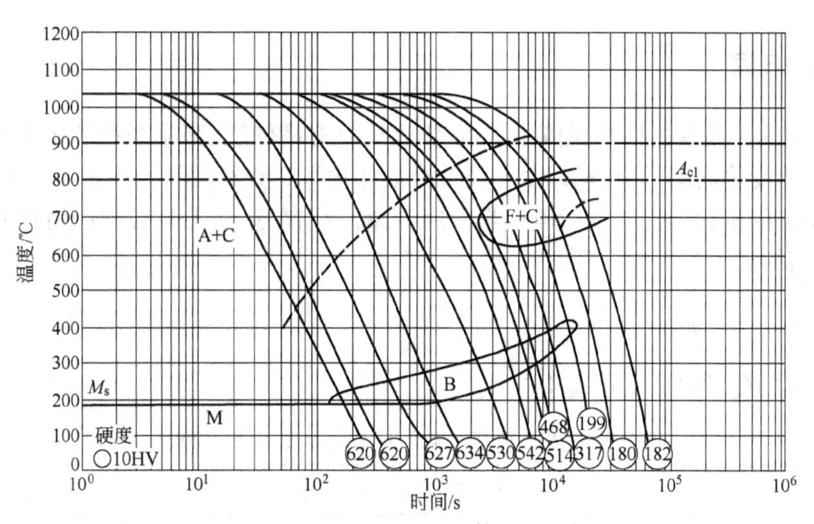

图 4-123 4Cr17Mo 钢的奥氏体连续冷却曲线

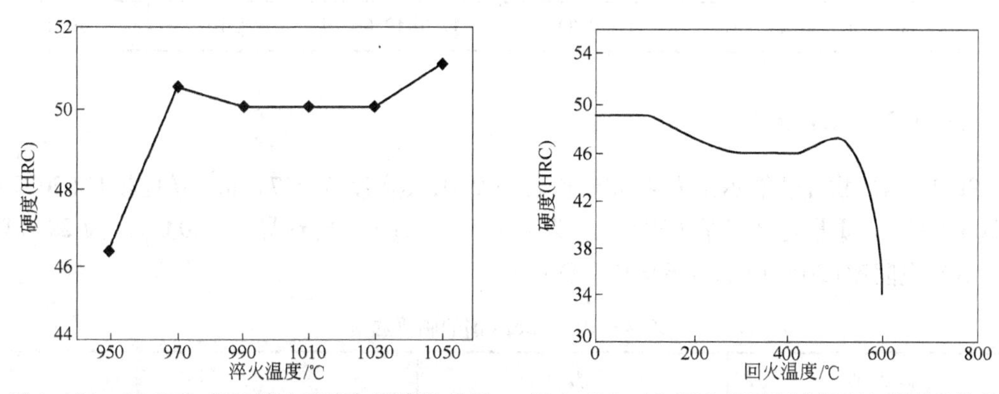

图 4-124 4Cr17Mo 钢的淬火温度与硬度的关系

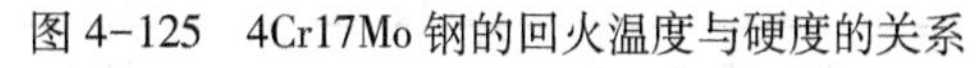
图 4-125 4Cr17Mo 钢的回火温度与硬度的关系

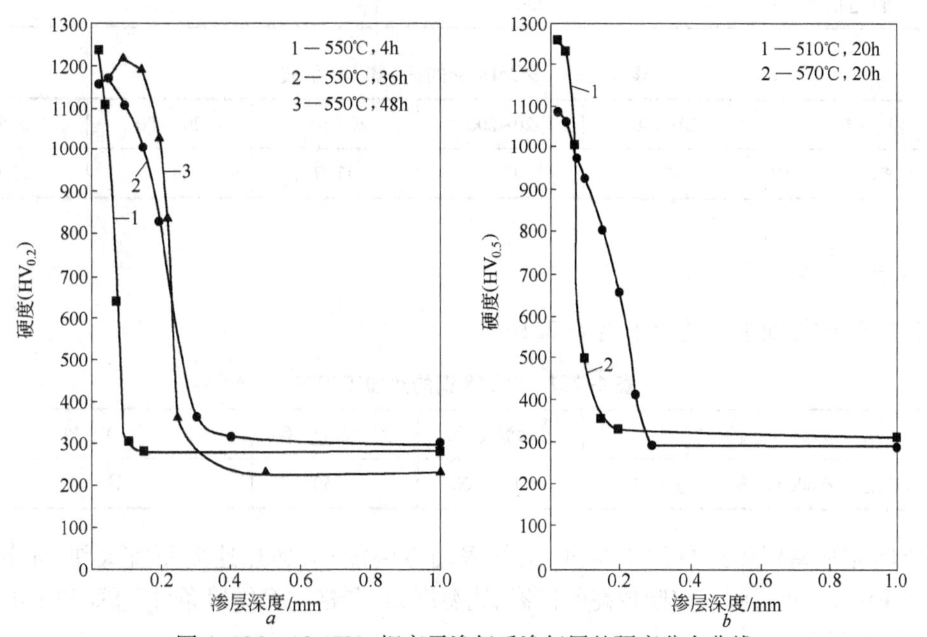

图 4-126 4Cr17Mo 钢离子渗氮后渗氮层的硬度分布曲线

4.6.4 9Cr18 钢

9Cr18 钢属于高碳高铬马氏体不锈钢,淬火后具有高硬度、高耐磨性和耐腐蚀性能。该钢适宜制造承受高耐磨、高负荷以及在腐蚀介质作用下的塑料模具。该钢属于莱氏体钢,容易形成不均匀的碳化物偏析而影响模具使用寿命,所以在热加工时必须严格控制热加工工艺,注意适当的加工比[22]。

4.6.4.1 化学成分

9Cr18 钢的化学成分示于表 4-218。

表 4-218 9Cr18 钢的化学成分(GB/T 1220—2007)

化学成分(质量分数)/%					
C	Si	Mn	Cr	S	P
0.90~1.00	≤0.80	≤0.80	17.0~19.0	≤0.030	≤0.040

4.6.4.2 物理性能

9Cr18 钢的物理性能示于表 4-219 和表 4-220,其密度为 7.7 t/m³;弹性模量(20℃)E 为 203.89 GPa;质量定压热容(20℃)c_p 为 459.8 J/(kg·K);热导率(20℃)λ 为 29.3 W/(m·K);电阻率(20℃)ρ 为 0.60×10^{-6} Ω·m。

表 4-219 9Cr18 钢的临界温度

临界点	A_{c1}	A_{r1}
温度(近似值)/℃	830	810

表 4-220 9Cr18 钢的线[膨]胀系数

温度/℃	20~100	20~200	20~300	20~400	20~500
线[膨]胀系数/$\times10^{-6}$℃$^{-1}$	10.5	11.0	11.0	11.5	12.0

4.6.4.3 热加工

9Cr18 钢的热加工工艺示于表 4-221。

表 4-221 9Cr18 钢的热加工工艺

装炉炉温	开锻温度/℃	终锻温度/℃	冷却
冷装炉温小于 600℃,热装炉温不限	1050~1100	>850	炉冷

9Cr18 钢应特别注意热加工制度,最好采用冷装加热,加热速度不宜太快,尤其是在 700℃以下时。同时,应该控制较高的停锻、轧温度,并严格注意缓冷条件。9Cr18 钢的热处理示于表 4-222。

表 4-222 9Cr18 钢的热处理

项 目	加热温度/℃	冷却条件	硬度(HB)	组 织
淬 火	1050~1075	油	约 580	马氏体+碳化物
回 火	200~300	空 气	—	马氏体+碳化物
软化退火	800~840	炉冷到 500 ℃	—	珠光体

4.6.4.4 热处理

A 室温力学性能

9Cr18 钢的硬度与热处理的关系示于表 4-223、表 4-224;9Cr18 钢的力学性能与热处理的关系示于图 4-127~图 4-129 以及表 4-225、表 4-226。

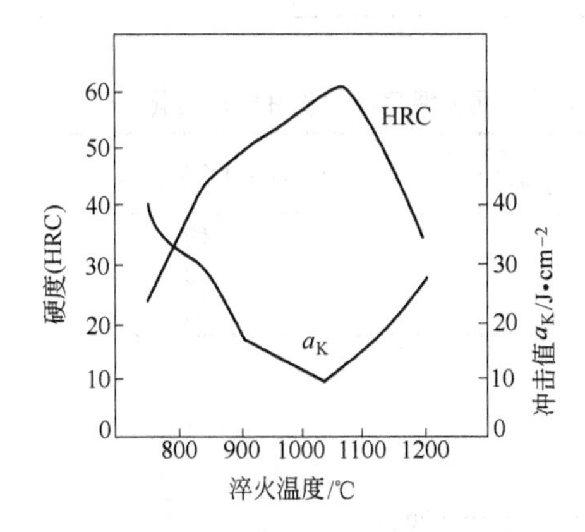

图 4-127 不同淬火温度对 9Cr18 钢力学性能的影响

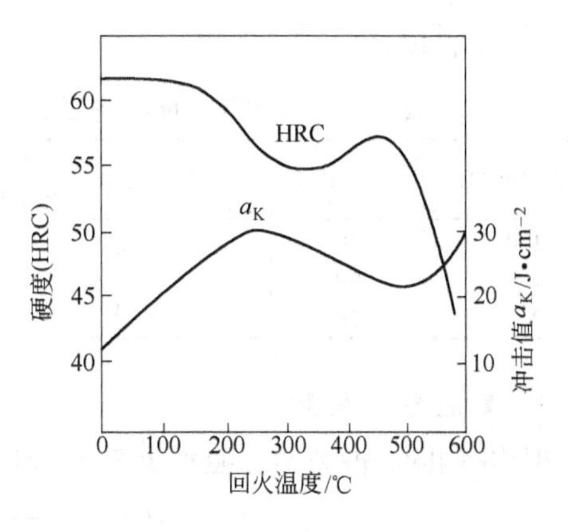

图 4-128 不同的回火温度对含 1%C、17%Cr 钢力学性能的影响

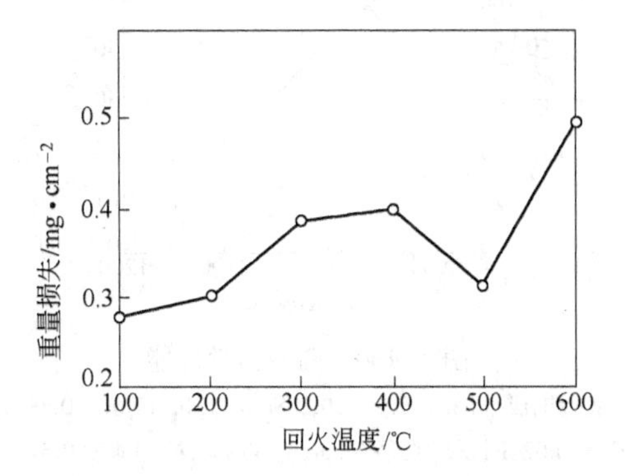

图 4-129 回火温度对 9Cr18 钢抵抗海水腐蚀性能的影响
(试验持续 15 天,先经 1050℃空气淬火)

表 4-223 9Cr18 钢的热处理硬度

热处理制度	硬 度	备 注
1000~1050℃油冷,200~300℃回火,油冷或空冷	≥55HRC	
退火或高温回火	≤255HB	
1000~1050℃油冷,200~300℃回火,油冷或空冷	55~64HRC	①
退火或高温回火	172~185HB	①

①实际生产检验值。

表 4-224 9Cr18 钢从 950℃退火时,冷却速度与硬度的关系

冷却速度/℃·h^{-1}	25	50	75	100	200
硬度(HB)	231~253	233~248	231~251	232~253	232~240

表 4-225 在 950~1200℃下保温 5 min 于油中淬火后 9Cr18 钢的硬度和残留奥氏体数量

淬火温度/℃	硬度(HRC)	残留奥氏体/%(磁性)①
950	52	1.7—1.7—2.4
1000	57	5.2—7—5.2
1050	60	29.2—33.2—34.4
1100	44	93.9—98—96.8
1150	38	99.7—97—96.8
1200	30.5	99—99—99.2

①三个试样的数据。

表 4-226 1050℃、1060℃淬火后的 9Cr18 钢,回火温度与力学性能的变化

回火温度/℃	硬度(HRC)	a_K /J·cm^{-2}	应力为 980 MPa 的弯曲疲劳/百万次	旋转 80000 次后的磨损/mg
100	60	3.1	6.3	60
150	60	3.8	8.4	60
200	59	4.8	4.5	63

B 高温力学性能

9Cr18 钢的高温力学性能示于图 4-130。

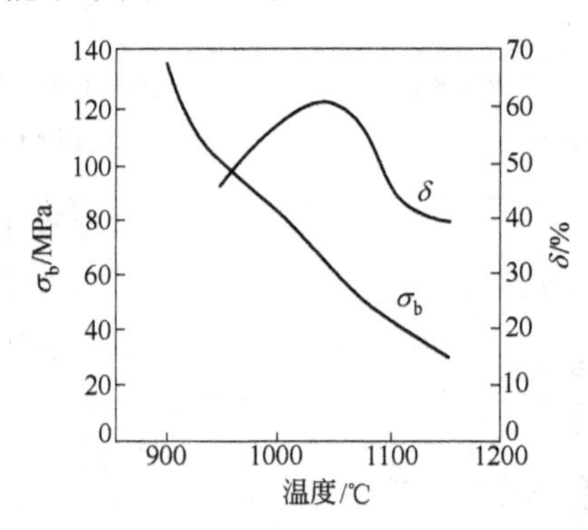

图 4-130 高温力学性能

(试验钢成分(%):0.95C,0.29Si,0.41Mn,17.6Cr,0.48Ni,0.022S,0.024P;试样直径 5 mm,长 50 mm,拉伸速度 0.5 mm/s)

C 冷处理后的性能

9Cr18 钢冷处理后的硬度示于表 4-227,9Cr18 钢的耐腐蚀性能示于表 4-228 和表 4-229。

表 4-227 冷处理对淬火 9Cr18 钢硬度的影响

淬火温度/℃	硬度(HRC)				
	淬火后	冷至-75℃保持 1 h 后	回火温度/℃		
			100	150	200
1000	58		58	57	55
1000	59	59.5	59.5	59	57

续表 4-227

淬火温度/℃	硬度(HRC)				
	淬火后	冷至-75℃保持1h后	回火温度/℃		
			100	150	200
1050	60		60	59	57
1050	60	61.5	61	61	59
1100	60.5		60	59.5	57
1100	60.5	62	62	62	60.5

注:试样为16mm×16mm×16mm,空气中淬火。

表 4-228 9Cr18 钢的耐腐蚀性能

介质条件			试验延续时间/h	腐蚀深度/mm·a^{-1}
介 质	浓 度	温度/℃		
硝 酸	5~20	20		<0.1
硝 酸	5	60~沸腾		<1.0
硝 酸	20	60		<0.1
硝 酸	20	80		<1.0
硝 酸	20	沸 腾		2.0~3.0
硝 酸	40	60~80		<1.0
硝 酸	40	沸 腾		3.0~10.0
硝 酸	50	20		<0.1
硝 酸	50	80		<1.0
硝 酸	60	20		<0.1
硝 酸	60	60~80		<1.0
硝 酸	60	沸 腾		1.0~3.0
硝 酸	90	20		<1.0
硝 酸	90	沸 腾		3.0~10.0
醋 酸	5	20		<1.0
醋 酸	5	50~75		3.0~10.0
醋 酸	5	沸 腾		>10.0
醋 酸	25	50~75		3.0~10.0
醋 酸	25	沸 腾		>10.0
醋 酸	50	20		<0.1
醋 酸	50	50		3.0~10.0
醋 酸	50	75		>10.0
磷 酸	1	20		<0.1
磷 酸	10	20		<3.0
磷 酸	25	20		3.0~10.0
硫 酸	5	20		>10.0
硫 酸	5	50		>10.0
硫 酸	5	80		>10.0
盐 酸	0.5	20		<1.0
盐 酸	0.5	50		<3.0
盐 酸	0.5	沸 腾		>10.0
盐 酸	1	20		<3.0
盐 酸	1	50		3.0~10.0

表 4-229 9Cr18 钢在海水中的耐腐蚀性能

试验持续时间/d	重量损失/mg · cm^{-2}	
	不完全浸入	完全浸入
15	0.28	—
365	0.65	2.24

注:试样 12 mm×12 mm×40 mm,1050℃空气淬火,150℃回火。

4.6.5 9Cr18Mo 钢

9Cr18Mo 是一种高碳高铬马氏体不锈钢,它是在 9Cr18 钢的基础上加 Mo 而发展起来的,因此它具有更高的硬度、高耐磨性、抗回火稳定性和耐腐蚀性能,该钢还具有较好的高温尺寸稳定性,适宜制造在腐蚀环境条件下又要求高负荷、高耐磨的塑料模具。该钢属于莱氏体钢,容易形成不均匀碳化物偏析而影响模具使用寿命,所以在热加工时必须严格控制热加工工艺,并注意适当的加工比[24]。

4.6.5.1 化学成分

9Cr18Mo 钢的化学成分示于表 4-230。

表 4-230 9Cr18Mo 钢的化学成分(GB/T 1220—2007)

化学成分(质量分数)/%						
C	Si	Mn	Cr	Mo	S	P
0.95~1.10	≤0.80	≤0.80	16.00~18.00	0.40~0.70	≤0.030	≤0.040

4.6.5.2 物理性能

9Cr18Mo 钢的物理性能示于表 4-231 和表 4-232,其热导率(20℃)λ 为 29.3 W/(m · K)。

表 4-231 9Cr18Mo 钢的临界温度

临界点	A_{c1}	A_{r1}	M_s
温度(近似值)/℃	815~865	765~665	145

表 4-232 9Cr18Mo 钢的线[膨]胀系数

温度/℃	20~100	20~200	20~300	20~500
线[膨]胀系数/$\times10^{-6}$℃$^{-1}$	10.5	11.0	11.0	12.0

4.6.5.3 热加工

9Cr18Mo 钢的热加工工艺示于表 4-233。

表 4-233 9Cr18Mo 钢的热加工工艺

项 目	加热温度/℃	开锻温度/℃	终锻温度/℃	冷却方式
钢 锭	1130~1150	1080~1095	850~900	砂 冷
钢 坯	1100~1120	1050~1080	850~900	砂 冷

4.6.5.4 热处理

9Cr18Mo 钢的热处理示于表 4-234,与热处理有关的曲线示于图 4-131~图 4-135,与热处理有关的性能示于表 4-235 和表 4-236。

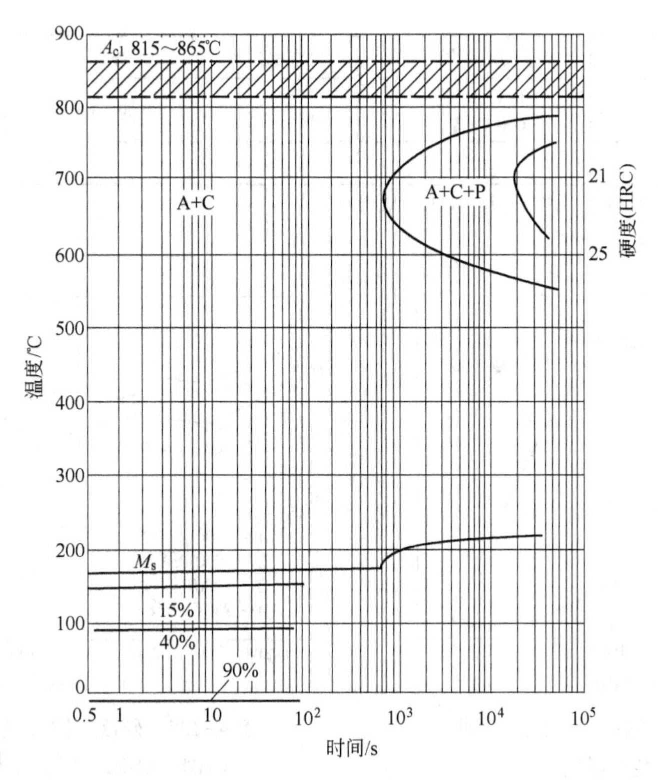

图 4-131　奥氏体等温转变曲线

（用钢成分(%)：0.85～1.10C，Si<1.0，Mn<1.0，17.0～19.0Cr，0.40～0.70Mo，0.10～0.20V，S<0.030，P<0.04；奥氏体化温度：1035℃）

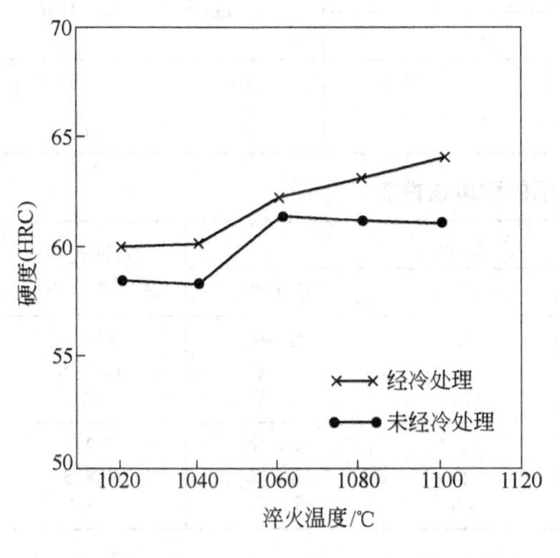

图 4-132　淬火温度和冷处理对硬度的影响

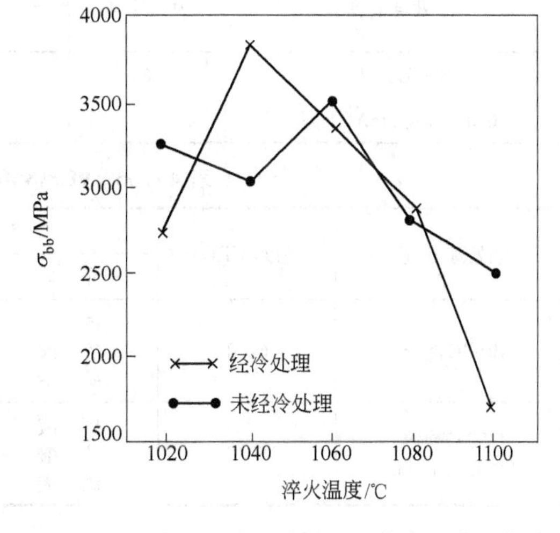

图 4-133　淬火温度和冷处理对抗弯强度的影响

表 4-234　9Cr18Mo 钢的热处理

工序名称	退　火	再结晶退火	淬　火	回　火
加热温度和保温时间	850～870℃，4～6h	730～750℃	1050～1100℃	150～160℃，2～5h

续表 4-234

工序名称	退　火	再结晶退火	淬　火	回　火
冷　却	30℃/h 冷至 600℃,空冷	空　冷	油　冷①	空　冷
硬度(HB)	≤255			≥58HRC

① 为减少残余奥氏体数量,可以于-75~80℃冷处理。

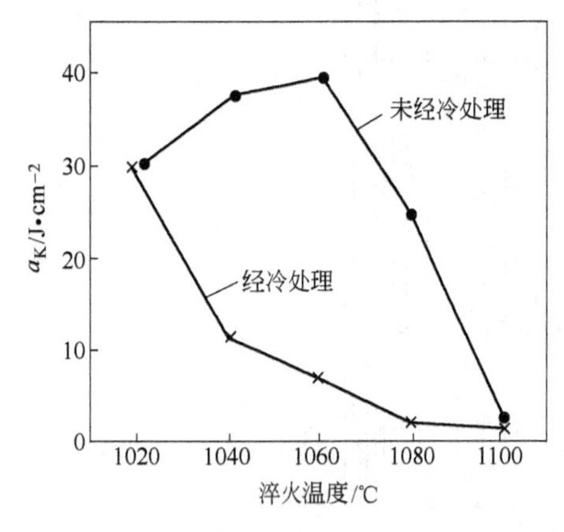

图 4-134　淬火温度和冷处理对冲击韧性的影响

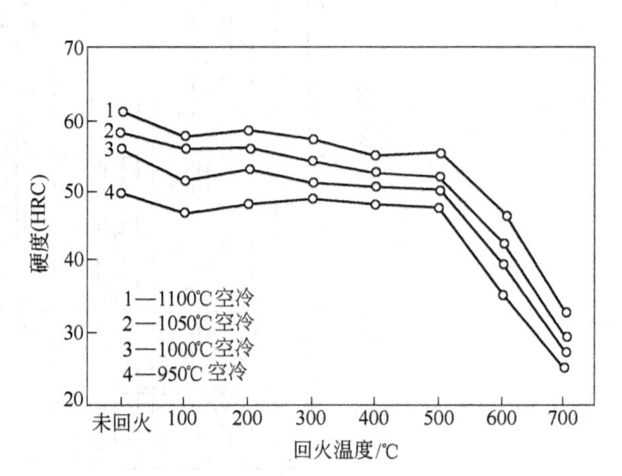

图 4-135　硬度与回火温度的关系
（曲线上温度为回火前淬火温度）

表 4-235　9Cr18Mo 钢的室温力学性能

热处理制度	σ_b/MPa	δ_5	ψ	a_K/J · cm^{-2}	硬度(HRC)
		%			
850℃退火	760	14.0	27.5	16	≤255HB
1060℃淬火,150℃回火				40	61

表 4-236　9Cr18Mo 钢的耐腐蚀性能

热处理制度	硬度(HRC)	介质条件			腐蚀速度 /g · (m^2 · h)$^{-1}$
		介　质	浓度/%	温度/℃	
1050℃油淬	61.0	硫　酸	2	沸　腾	575.6
		硫　酸	5	沸　腾	1003.9
		硝　酸	40	沸　腾	1.15
1050℃油淬 150℃回火 1h	60.0	硫　酸	2	沸　腾	502.0
		硫　酸	5	沸　腾	968.3
		硝　酸	40	沸　腾	1.04

4.6.6　Cr14Mo4V 钢

Cr14Mo4V 钢是一种高碳高铬马氏体不锈钢,经热处理(淬火及回火)后具有高硬度、高耐磨性和良好的耐磨蚀性能,其高温硬度也较高。该钢适宜制造在腐蚀介质作用下又要求高负荷、高耐磨的塑料模具[24]。

4.6.6.1 化学成分

Cr14Mo4V 钢的化学成分示于表 4-237。

表 4-237 化学成分

化学成分(质量分数)/%							
C	Si	Mn	Cr	Mo	V	S	P
1.00~1.15	≤0.60	≤0.60	13.4~15.0	3.75~4.25	0.10~0.20	≤0.030	≤0.030

4.6.6.2 物理性能

Cr14Mo4V 钢的物理性能示于表 4-238 和表 4-239。

表 4-238 Cr14Mo4V 钢的临界温度

临界点	A_{c1}	A_{cm}	A_{r3}	A_{r1}
温度(近似值)/℃	856	915	777	722

表 4-239 Cr14Mo4V 钢的线[膨]胀系数

温度/℃	20~200	20~250	20~300	20~350	20~400
线[膨]胀系数/$\times 10^{-6}$℃$^{-1}$	10.9	11.1	11.3	11.60	11.65

温度/℃	20~450	20~500	20~550	20~600	20~650	20~700
线[膨]胀系数/$\times 10^{-6}$℃$^{-1}$	11.8	11.95	12.05	12.1	12.2	12.3

4.6.6.3 热加工

Cr14Mo4V 钢的热加工工艺示于表 4-240。

表 4-240 Cr14Mo4V 钢的热加工工艺

项目	加热温度/℃	开锻温度/℃	终锻温度/℃	冷却方式
钢锭	1140~1160	1130~1150	≥950	坑冷
钢坯	1120~1140	1110~1130	≥950	坑冷

4.6.6.4 热处理

Cr14Mo4V 钢的热处理示于表 4-241,与热处理有关的曲线示于图 4-136~图 4-138,与热处理有关的性能示于表 4-242 和表 4-243。

表 4-241 Cr14Mo4V 钢的热处理

工序名称	退火	淬火	回火
加热温度和保温时间	880~1000℃ 4~6h	1100~1120℃	500~525℃ 2h,回火 4 次
冷却方式	15~30℃/h 冷至 740℃ 再以 15~30℃/h 冷至 600℃保温 2~5h 出炉空冷	油冷	空冷
硬度(HB)	197~241HB		61~63HRC

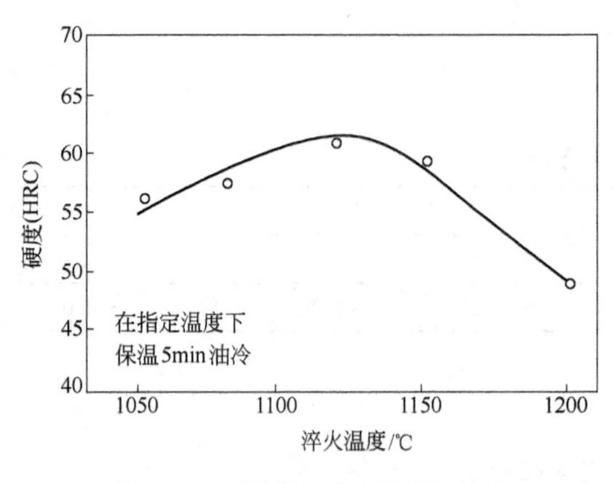

图 4-136 硬度与淬火温度的关系

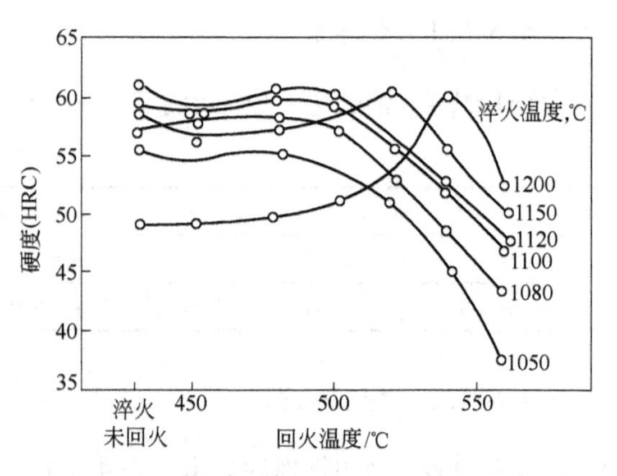

图 4-137 硬度与回火温度的关系

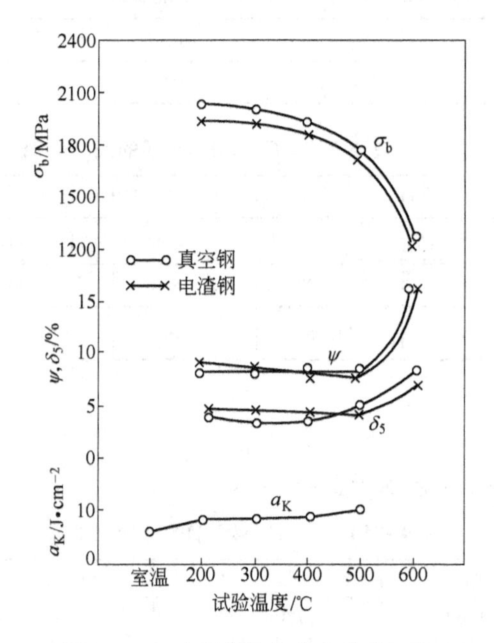

图 4-138 高温拉伸性能和冲击韧性

(1100℃油淬,500℃回火 5 次,每次回火 1h)

表 4-242 Cr14Mo4V 钢的室温力学性能

热处理制度	σ_b/MPa	δ_5	ψ	硬度(HB)
		%		
890℃退火	790	14.2	19.1	240

表 4-243 Cr14Mo4V 钢的高温硬度

温度/℃		室 温	250	300	350	400	450
硬度	HV		748	730	676	651	635
	HRC	61.5	59.5	59	56.5	56	55

4.7 非调质型塑料模具钢

4.7.1 F45V 钢、YF45V 钢

F45V 和 YF45V 钢均属于 685 MPa 级的非调质钢，前者是热锻用的微合金非调质钢，后者为易切削非调质钢。该钢是在 45 优质碳素结构钢成分的基础上添加 0.06%～0.13%V（质量分数）合金元素（YF45V 钢还加入易切削元素 S），采用控轧、控冷工艺热加工成形后，即可获得所需要的力学性能。该钢用于制造汽车发动机曲轴、连杆、半轴以及拖拉机和机床的轴类等，也可以制造塑料模具、模架等。[25,26]

4.7.1.1 化学成分

F45V、YF45V 钢的化学成分见表 4-244。

表 4-244 F45V、YF45V 钢的化学成分

钢 号	化学成分（质量分数）/%					
	C	Si	Mn	P	S	V
F45V	0.42～0.49	0.20～0.40	0.60～1.00	≤0.035	≤0.035	0.06～0.13
YF45V	0.42～0.49	0.20～0.40	0.60～1.00	≤0.040	0.035～0.075	0.06～0.13

4.7.1.2 物理性能

F45V、YF45V 钢的物理性能见表 4-245～表 4-248。

表 4-245 F45V、YF45V 钢的临界温度 （℃）

钢 号 \ 临界点	A_{c1}	A_{c3}	A_{r1}	A_{r3}	M_s
F45V	749	800	680	747	
YF45V	740	797			310

表 4-246 F45V 钢的弹性模量

温度/℃	室 温	100	200	300	400	500	600
E/GPa	216	213	209	203	185	182	171

表 4-247 F45V 钢的线[膨]胀系数

温度/℃	100	200	300	400	500	600	700
$\alpha/\times10^{-6}℃^{-1}$	11.06	11.98	12.30	12.74	13.10	13.46	13.77

表 4-248 F45V 钢的热导率

温度/K	100	200	300	400	500	600	700	800	900
热导率 λ/W·(cm·K)$^{-1}$	55.98	51.36	46.74	42.12	37.50	32.88	28.26	23.64	19.02

4.7.1.3 热加工工艺、组织和性能

热加工工艺对钢的组织和性能的影响见表 4-249～表 4-252，工艺性能参数见图 4-139～图 4-144。

表 4-249 不同锻造加热温度下 YF45V 钢的显微组织参数

加热温度/℃	冷却速度/℃·min^{-1}	奥氏体晶粒度/级	珠光体量(体积分数)/%	铁素体晶粒尺寸/μm	珠光体片间距/nm	渗碳体片厚度/nm	硬度(HRC)
900	50	10	64.21	6.03	192	19.3	16
1000	50	8	85.23	8.36	254	19.2	22
1050	50	6	92.83	4.40	220	15.3	27
1100	50	6	92.08	7.86	394	27.6	26
1200	50	5	94.09	8.36	298	20.4	28

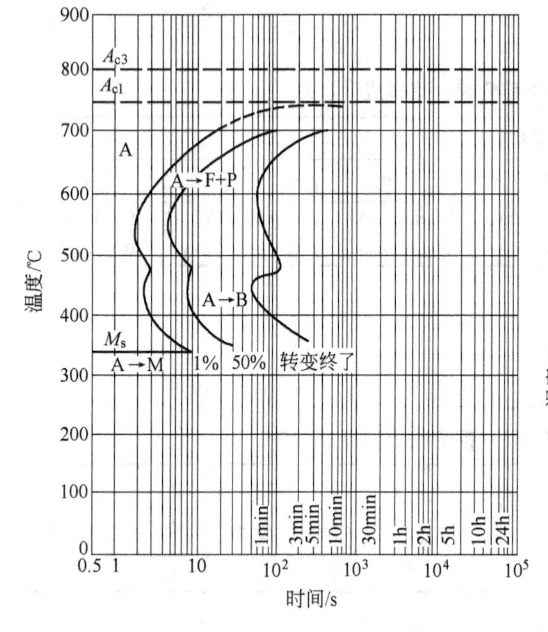

图 4-139 F45V 钢的等温转变曲线

(试验钢成分(%):0.45C,0.27Si,0.60Mn,0.08V,0.07Ni,0.13Cr;原始状态:退火;晶粒度:6~7 级;奥氏体化温度与时间:850℃×15min)

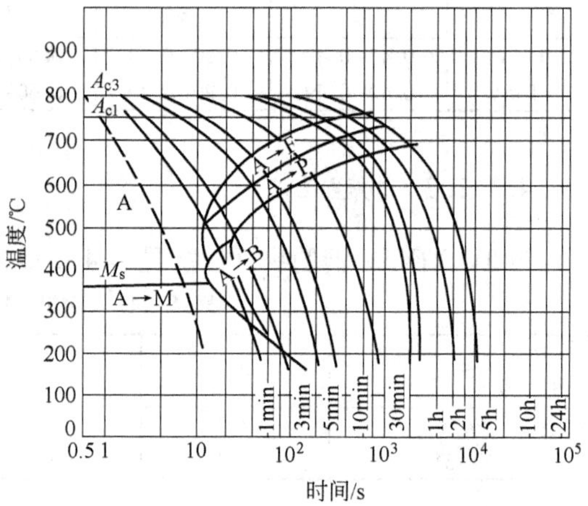

图 4-140 F45V 钢的连续冷却转变曲线

(试验钢成分(%):0.45C,0.27Si,0.60Mn,0.08V,0.07Ni,0.13Cr;原始状态:退火;奥氏体化温度与时间:850℃×20min)

表 4-250 YF45V 钢在不同锻后冷却速度下的显微组织参数

加热温度/℃	冷却速度/℃·min^{-1}	奥氏体晶粒度/级	珠光体量(体积分数)/%	铁素体晶粒尺寸/μm	珠光体片间距/nm	渗碳体片厚度/nm	硬度(HRC)
1200	6	5	78.72	19.83	210	17.2	19
1200	12	5	80.56	14.28	197	15.9	23
1200	24	5	89.79	10.50	192	13.8	28
1200	48	5	92.66	6.33	182	12.7	31
1200	120	5	96.55	4.92	185	12.4	25

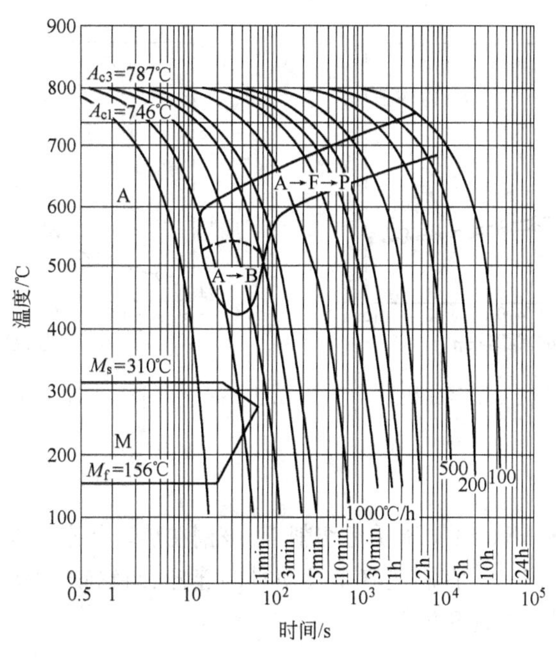

图 4-141 YF45V 钢的连续冷却转变曲线

（试验钢成分（%）：0.46C，0.29Si，0.71Mn，0.030S，0.014P，0.11V；原始状态：热轧；晶粒度：5 级；奥氏体化温度与时间：1150℃×5min）

表 4-251 锻造加热温度、终锻温度对 YF45V 钢力学性能的影响

加热温度/℃	终轧温度/℃	冷却方法	力学性能				
			σ_s/MPa	σ_b/MPa	ψ/%	δ_5/%	a_K/J·cm^{-2}
1200	980	散 冷	565	788.9	45.7	17.2	51.0
	1000		508.6	800.7	46.1	18.0	49.5
1090	960	散 冷	520.4	752.0	47.6	17.8	59.8
	990		514.5	741.9	47.3	19.1	58.3
标 准			≥490	≥686	≥45	≥15	≥49

表 4-252 F45V 热轧钢的低温冲击功

温度/℃	室 温	0	-20	-30	-40	-60
A_K/J	43	40	38	30	19	8

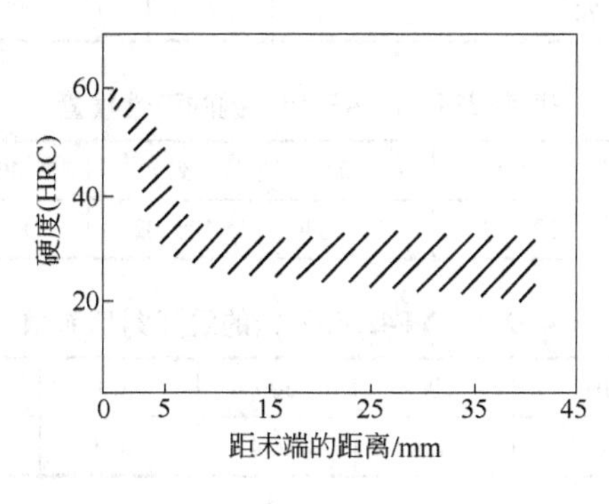

图 4-142 F45V 钢的淬透性带

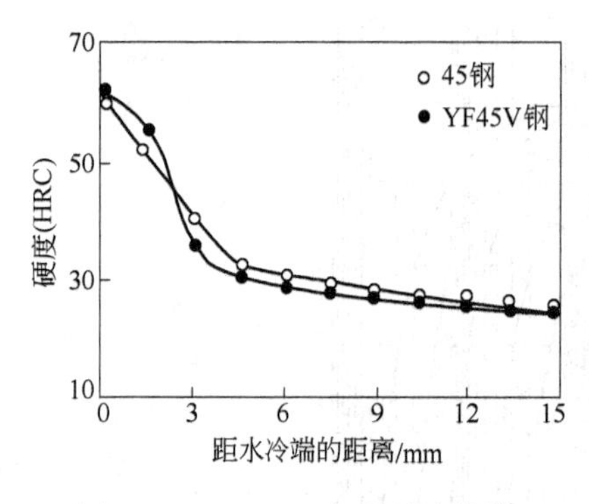

图 4-143 YF45V 钢的端淬曲线

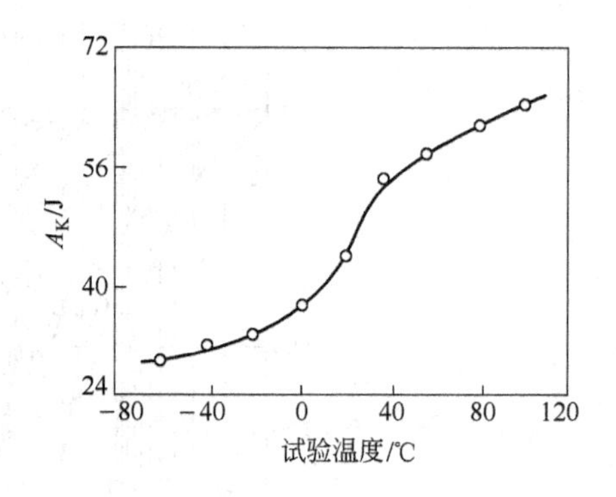

图 4-144 YF45V 钢冲击韧性随试验温度的变化

4.7.2 YF45MnV 钢

YF45MnV 钢属 785MPa 级非调质易切削钢,该钢在热轧状态下具有铁素体-珠光体(以珠光体为主)的显微组织。适宜制造汽车发动机的连杆、凸轮轴、传动轴、机床的丝杠、花键轴等,也可用于制造塑料模具和模架。

4.7.2.1 化学成分

YF45MnV 钢的化学成分见表 4-253。

表 4-253 YF45MnV 钢的化学成分

化学成分(质量分数)/%					
C	Si	Mn	P	S	V
0.42/0.49	0.30/0.60	1.00/1.50	≤0.035	0.035/0.075	0.06/0.13

4.7.2.2 物理性能

YF45MnV 钢的物理性能见表 4-254~表 4-258。

表 4-254 YF45MnV 钢的临界温度

临界点	A_{c1}	A_{c3}	A_{r3}	M_s
温度(近似值)/℃	740	790		260

表 4-255 YF45MnV 钢的弹性模量

温度/℃	室温	100	200	300	400	500	600
弹性模量 E/GPa	210.7	207.76	201.88	195.02	184.24	176.4	167.58

表 4-256 YF45MnV 钢的线[膨]胀系数

温度/℃	100	200	300	400	500	600	700
线[膨]胀系数 $\alpha/\times10^{-6}$℃$^{-1}$	10.2	11.4	12.4	13.3	13.5	14.1	14.4

表 4-257 YF45MnV 钢的热导率

温度/℃	100	200	300	400	500	600	700	800	900
热导率 λ/W·(cm·℃)$^{-1}$	55.98	51.36	46.74	42.12	37.50	32.88	28.26	23.64	19.02

表 4-258 YF45MnV 钢的电阻率

温度/K	469.0	569.2	667.0	761.3	861.7	954.3
电阻率 ρ/×10^{-6}Ω·cm	33.3	42.1	52.0	62.9	76.1	90.3

4.7.2.3 热加工工艺、组织和性能

热加工工艺对 YF45MnV 钢的组织和性能的影响见图 4-145~图 4-149 和表 4-259~表 4-261。

YF45MnV 钢热轧时，加热温度对钢的性能有明显的影响(见图 4-146)，而采用 1180~1220℃加热，完全可以保证 V 化合物充分固溶，为其析出创造了条件。

表 4-259 热轧后不同冷却条件下 YF45MV 钢的力学性能和组织定量分析

规格/mm	冷却方式	σ_s/MPa	σ_b/MPa	δ_5/%	ψ/%	铁素体		奥氏体	
						面积百分比/%	平均厚度/μm	平均直径/μm	晶粒度/级
ϕ38	缓冷	540	814	18.2	37.7	28.56	7.26	68.28	5.0
		518	795	19.4	39.6				
ϕ38	空冷	574	878	16.0	36.7	23.27	6.92	68.57	5.0
		587	873	16.8	38.4				
ϕ38	风冷	614	893	17.4	42.5	24.76	5.37	44.14	6.0
		631	908	17.6	40.8				

表 4-260 放置时间对不同规格 YF45MnV 钢力学性能的影响

规格/mm	放置时间/d	σ_s/MPa	σ_b/MPa	δ_5/%	ψ/%
ϕ10	0	570	865	16.0	33.1
		580	880	16.0	33.4
	5	565	865	18.6	44.1
		585	870	18.0	42.3
	10	555	875	19.4	47.2
		575	895	19.6	45.2
	15	560	865	18.0	45.2
		555	855	17.8	44.3
	21	560	875	19.0	45.0
		560	865	19.2	47.0
ϕ28	0	570	865	16.0	33.1
		580	880	16.0	33.4
	5	565	865	18.2	35.2
		575	870	15.8	35.7
	21	565	865	16.6	35.7
	40	570	875	18.6	42.4
	56	560	870	19.6	46.2
	84	570	875	20.0	45.6

续表 4-260

规格/mm	放置时间/d	σ_s/MPa	σ_b/MPa	δ_5/%	ψ/%
ϕ45	0	570	865	16.0	33.1
		580	880	16.0	33.4
	5	575	845	17.2	34.6
		580	875	17.0	35.9
	21	580	885	16.4	33.4
	40	570	880	18.0	37.6
	56	590	885	16.4	40.3
	84	570	885	20.0	41.6

表 4-261 低温加热脱氢处理工艺对 YF45MnV 钢力学性能的影响

处理工艺	σ_s/MPa	σ_b/MPa	δ_5/%	ψ/%	A_K/J
未经自然放置和加热处理	550	810	16. 2	39. 9	50
	555	820	19. 0	41. 2	63
长时间自然放置	545	800	20. 8	48. 7	46
	555	800	20. 6	48. 8	52
250℃×1h	545	810	19. 2	45. 7	53
	555	805	20. 2	44. 6	55
250℃×2h	555	810	21. 0	48. 5	59
	550	805	20. 8	48. 6	52
250℃×3h	555	810	20. 8	49. 2	47
	560	815	21. 4	49. 2	55
250℃×4h	550	805	21. 2	49. 1	56
	550	805	20. 8	49. 1	57

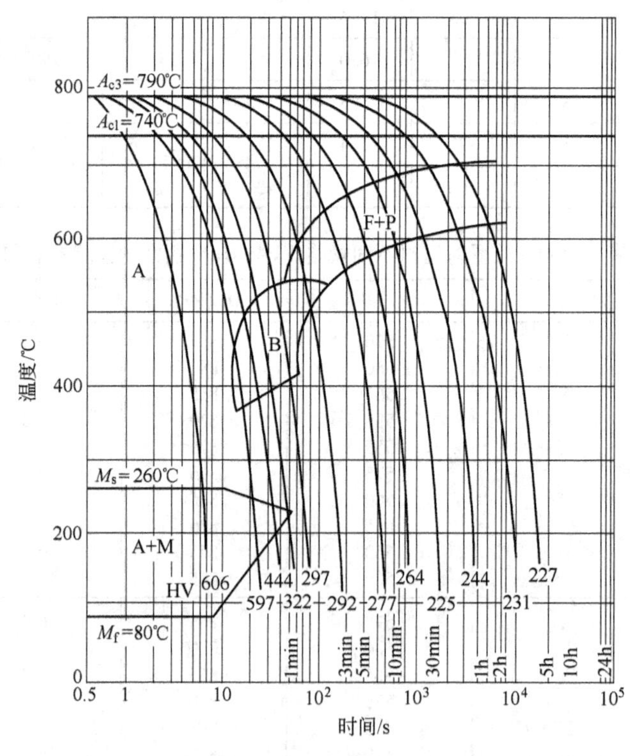

图 4-145 YF45MnV 钢的连续冷却转变曲线

（试验钢成分(%)：0.44C，0.27Si，1.04Mn，0.069S，0.021P，0.11V；原始状态：热轧；晶粒度：6 级；奥氏体化温度与时间：1150℃×5min）

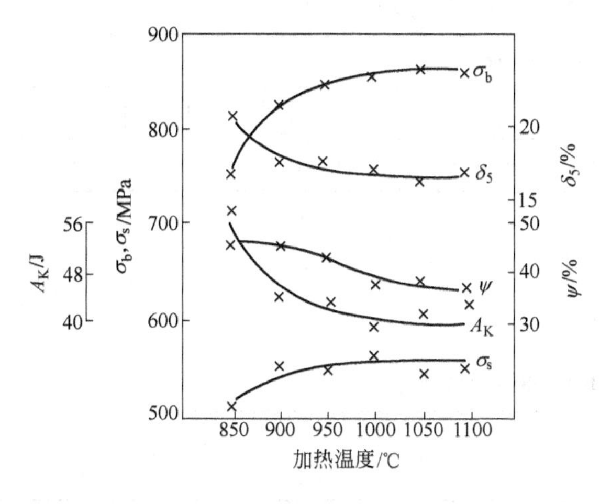

图 4-146 加热温度对 YF45MnV 钢力学性能的影响

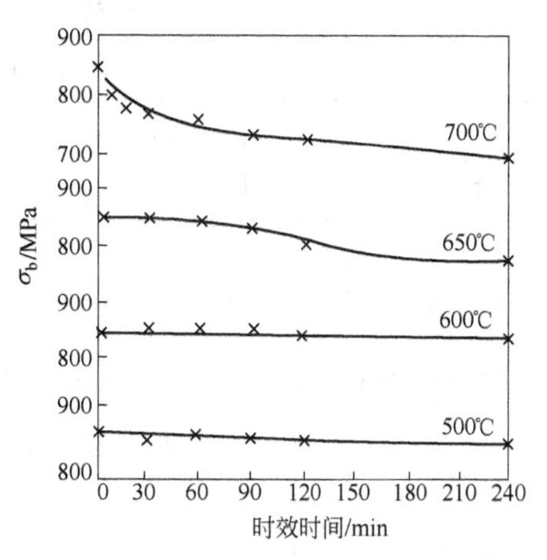

图 4-147 YF45MnV 钢的时效性能

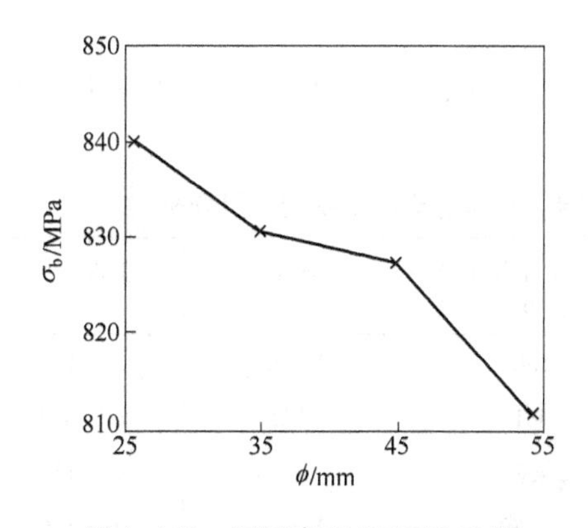

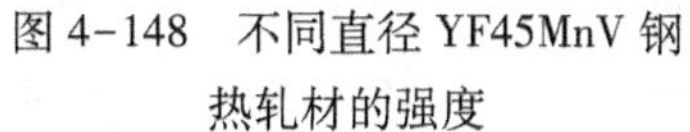

图 4-148 不同直径 YF45MnV 钢热轧材的强度

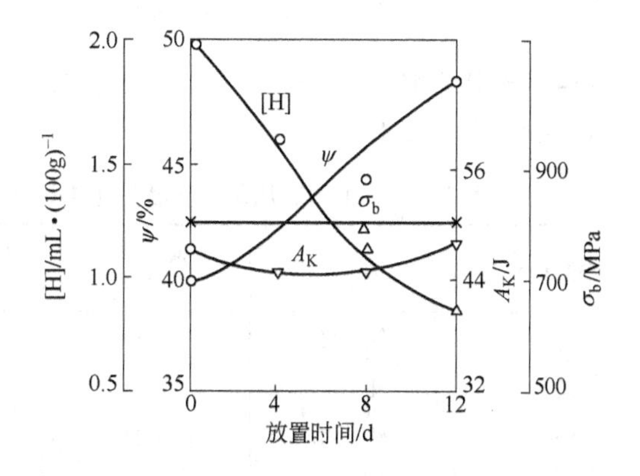

图 4-149 YF45MnV 钢热轧材力学性能和 H 含量随放置时间的变化

非调质钢热轧材过早堆冷(相当于高温时效),将使钢的强度明显下降。从图 4-146 可见,为使 YF45MnV 钢热轧材获得较高的强度,钢材轧后下冷床堆放打捆的温度最好控制在 600℃以下,如果钢材的捆量较小,其温度控制在 650℃以下也可。

4.7.3 GF40MnSiVS 钢

GF40MnSiVS 钢属高强度、高韧性易切削加工非调质钢。该钢同时采用提高 Mn、Si 含量和 V、Ti、N 复合微合金化的韧化措施,在提高钢的强度的同时,也提高了钢的韧性;钢中还加入 S,其含量在 0.040%~0.070%(质量分数)范围内,改善了钢材的切削加工性能。该钢为铁素体-珠光体型微合金非调质钢,适宜制造机床的丝杠、光杠、主轴、花键轴等,也适用于制造塑料模具和模架等。

4.7.3.1 化学成分

GF40MnSiVS 钢的化学成分见表 4-262。

表 4-262 GF40MnSiVS 钢的化学成分

化学成分(质量分数)/%							
C	Si	Mn	P	S	V	Ti	N
0.37/0.42	0.40/0.70	1.00/1.50	≤0.035	0.04/0.07	0.08/0.15	0.01/0.03	0.01/0.02

4.7.3.2 物理性能

GF40MnSiVS 钢的临界温度见表 4-263。

表 4-263 GF40MnSiVS 钢的临界温度

临界点	A_{c1}	A_{c3}	M_s	M_f
温度(近似值)/℃	735	800	345	150

4.7.3.3 热加工工艺、组织和性能

GF40MnSiVS 钢的有关热加工工艺参数及其对组织和性能的影响见图 4-150、图 4-151 和表 4-264~表 4-268。

表 4-264 不同热加工工艺状态下 GF40MnSiVS 钢的显微组织的定量分析

规格/mm	状 态	铁素体(体积分数)/%	铁素体平均尺寸/μm	珠光体片间距/μm	渗碳体片厚/μm
ϕ60	轧 材	8.86	5.08	0.280	0.148
ϕ30	轧 材	12.20	3.11	0.225	0.087
ϕ30	轧 材	11.50	4.11	0.232	0.151
ϕ60	锻后空冷	8.23	4.50	0.323	0.120
ϕ60	锻后风冷	8.57	3.39	0.325	0.174
ϕ60	锻后灰冷	9.93	3.97	0.330	0.129
ϕ60	锻后正火	16.00	3.85	0.298	0.142

表 4-265 非调质 GF40MnSiVS 钢和调质 40Cr 钢的力学性能

钢 种	力学性能					备 注
	σ_s/MPa	σ_b/MPa	δ_5/%	ψ/%	A_K/J	
非调质 GF40MnSiVS 钢	545~615	682.1~905	20~22.5	49.5~56.0	50~79	中心处取样
非调质 GF40MnSiVS 钢	607	897	20	49.6	68	1/2 半径处取样
调质 40Cr 钢	421.4~509.6	682.1~696.8	23.2~27.6	52.1~56.4	43~51	中心处取样
调质 40Cr 钢	515.5~522.3	787.9~803.6	21.4~26.8	54.6~60.4	52~57	1/2 半径处取样

注:试验材料的规格均为 ϕ60mm。

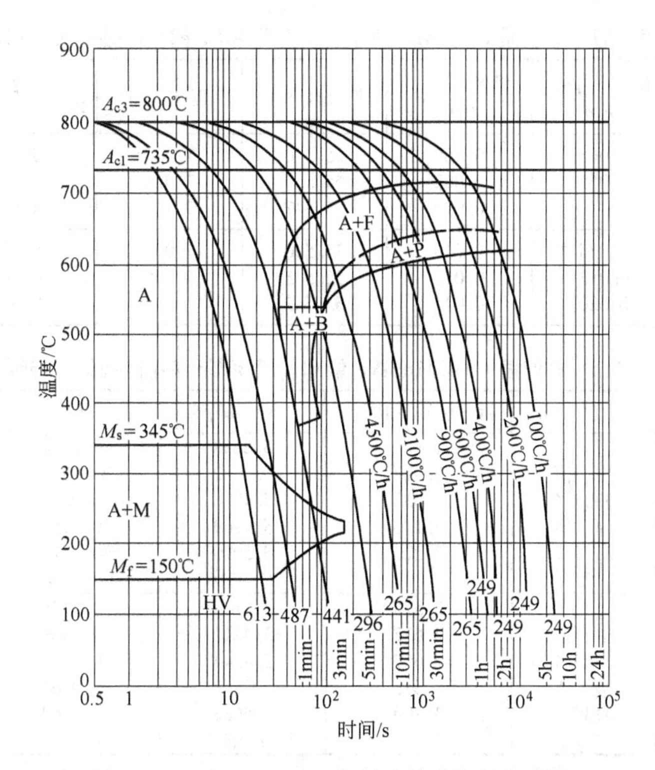

图 4-150 GF40MnSiVS 钢的连续冷却转变曲线

（试验钢成分(%)：0.40C，0.62Si，1.42Mn，0.050S，0.019P，0.09V，0.01Ti，0.017N；

原始状态：退火；奥氏体化温度与时间：1000℃×5min）

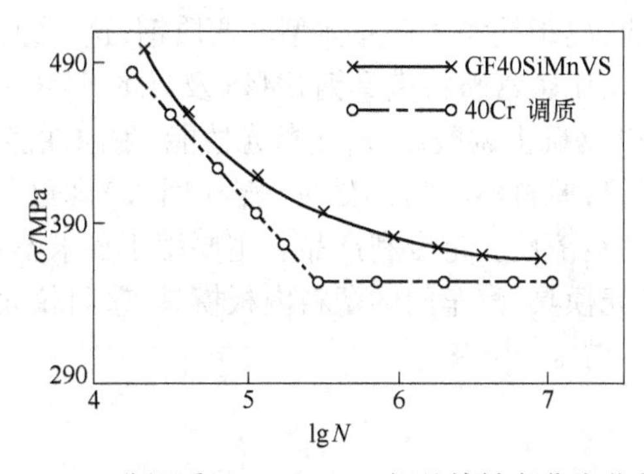

图 4-151 非调质 GF40MnSiVS 钢的旋转弯曲疲劳曲线

表 4-266 非调质 GF40MnSiVS 钢和调质 40Cr 钢花键轴的表面粗糙度 （μm）

切削深度 α_p/mm	进刀量 f/mm·r^{-1}	表面粗糙度			
		非调质 GF40MnSiVS 钢		调质 40Cr 钢	
		Ra/μm	Rz/μm	Ra/μm	Rz/μm
1.0	0.10	1.85	11.00	2.90	21.05
	0.20	4.15	26.45	5.45	34.05
	0.30	5.50	39.45	6.00	39.00
	0.36	6.15	38.35	7.30	48.55
	0.41	7.25	50.40	8.00	52.05
	0.46	7.65	50.70	7.80	50.75

注：切削速度为 10m/min。

表 4-267 非调质 GF40MnSiVS 钢和调质 40Cr 钢花键轴的尺寸精度

钢 种	花键不等分/mm	键侧不平行/mm	键外圆/mm	键宽/mm	外圆表面粗糙度 Ra/μm	键侧表面粗糙度 Ra/μm
调质 40Cr 钢	0.065 0.067 0.047	0.066 0.062 0.070	55.510 55.550 55.547	7.925 7.920 7.915	2.0 1.6 1.6	1.20 1.15 1.18
非调质 GF40MnSiVS	0.025 0.012 0.020	0.044 0.046 0.042	55.540 55.545 55.543	7.900 7.896 7.898	1.25 1.25 1.20	0.80 0.86 0.82

表 4-268 非调质 GF40MnSiVS 钢和调质 40Cr 钢花键轴的疲劳性能

钢 类	扭矩/N·m	循环次数/×10^5 次	$X_i = \lg N_i$	X_i^2	P
非调质 GF40SiMnVS 钢		1.844	5.2658	27.7284	
	中 值	2.912	5.4642	29.8575	20
	3335.4	3.038	5.4826	30.0589	40
	幅 值	3.140	5.4969	30.2159	60
	3139.2	3.220	5.5079	30.3370	80
	Σ		21.9516	120.4693	
调质 40Cr 钢		2.576	5.4109	29.2778	16.67
	中 值	2.637	5.4211	29.3883	33.33
	3335.4	2.657	5.4244	29.4241	50
	幅 值	3.048	5.4842	30.0764	66.67
	3139.2	3.700	5.5682	31.0049	83.33
	Σ		27.3088	149.1715	

注：$P = i/(n+1)$。

4.7.4 B20 钢、B20H 钢、B25 钢

B20 钢、B20H 钢、B25 钢是上海宝山钢铁股份有限公司研制、生产的微合金非调质塑料模具钢，以预硬化状态供应，属于铁素体珠光体型非调质钢；这一组钢被切削加工性能、抛光性能、焊接性能、耐蚀性能均比碳素塑料模具钢 SM45 及日本 S45C～S50C 好，是它们的良好替代材料。B20H 是在 B20 基础上调整成分，使抛光性能、耐蚀性能、渗氮性能比 B20 更好。这组钢均含微量合金元素钒，原材料不需热处理（淬火回火）即已具备使用性能，用户可直接加工成模具，具有较好的经济性。是专利产品。主要用于要求不太高的塑料模具和模架，如制造压制小家电塑料外壳模具，汽车门的塑料内板模具、塑料仪表板模具，塑料果皮箱、塑料椅，塑料桶、盆、盒等模具[20]。

4.7.4.1 化学成分

B20、B20H、B25 钢的化学成分见表 4-269。

表 4-269 B20、B20H、B25 钢的化学成分（根据产品样本）

钢 号	化学成分（质量分数）/%					交货状态硬度（HRC）
	C	Mn	Si	Cr	V	
B20	0.30～0.40	≥1.20	0.20～0.60	≥0.30	≥0.05	20～23
B20H	0.30～0.40	≥1.20	0.20～0.60	≥1.00	≥0.05	24～27
B25	≤0.40	≤2.00	≤0.50	—	≤0.20	210～240HBS

4.7.4.2 加工性能

B20 钢的加工性能示于表 4-270。B20H 钢的加工性能示于表 4-271。

表 4-270 B20 钢的加工性能

钢 种	铣削加工	焊 接	改 锻
	高速钢		
B20	粗铣:切削速 15~30m/min,切削深度 3~4mm	J507 焊条,预热 300~400℃,焊后 300~400℃回火 2~4h	按照 40Cr 工艺,锻后空冷至 300℃后缓冷。不用热处理,仍然保持交货硬度
	精铣:切削速 35~50m/min,切削深度 1~2mm		

表 4-271 B20H 钢的加工性能

钢 种	铣削加工	焊 接	改 锻
	高 速 钢		
B20H	粗铣:切削速 15~30m/min,切削深度 3~4mm	J507 焊条,预热 300~400℃,焊后 300~400℃回火 2~4h	按照 40Cr 工艺,锻后空冷至 300℃后缓冷。不用热处理,仍然保持交货硬度
	精铣:切削速 35~50m/min,切削深度 1~2mm		

4.7.5 B30、B30H 钢

B30、B30H 钢是上海宝山钢铁公司研制、生产的微合金非调质塑料模具钢,属于贝氏体型非调质钢,以预硬化状态供应市场,B30 钢的硬度为 28~32HRC、B30H 钢的硬度为 33~37HRC。对于中、大型截面的钢材,其组织和硬度沿模块截面分布均匀,在重新热加工后,组织和硬度基本不变,型腔加工后无须热处理,有利于加工成形、抛光、修整一次完成,从而缩短生产周期、降低加工成本。该钢有良好的加工性能和焊接性能,有很好的抛光性能、较好的耐蚀性能和渗氮性能。B30H 钢是在 B30 钢基础上进行了改进,组织和硬度比 B30 钢更均匀,是宝钢的专利产品。这一组钢适宜制造大、中型塑料模具、精密、长寿命塑料模具等[20]。

4.7.5.1 化学成分

B30、B30H 钢的化学成分示于表 4-272。

表 4-272 B30、B30H 钢的化学成分(根据产品样本)

钢 号	化学成分(质量分数)/%							
	C	Si	Mn	Cr	Mo	V	Ni	Cu
B30	0.20~0.30	0.20	≥1.50	≥0.50	≥0.20	≥0.05	≥0.05	≥0.10
B30H	0.10~0.20	0.60					≥1.0	≥0.50

4.7.5.2 加工性能

B30 钢的加工性能示于表 4-273。B30H 钢的加工性能示于表 4-274。

表 4-273 B30 钢的加工性能

钢 种	铣削加工		焊 接	渗 氮	改 锻
	高速钢	硬质合金			
B30	粗铣:切削速 12~18m/min,切削深度 3~4mm	粗铣:切削速 70~90m/min,切削深度 3~4mm	J107 焊条,预热 300~400℃,焊后 300~400℃ 回火 2~4h	575℃ 软氮化 2h,表面硬度达 650HV 以上	按照 P20 工艺,锻后空冷至 300℃ 后缓冷。不用热处理,仍然保持交货硬度
	精铣:切削速 20~35m/min,切削深度 1~2mm	精铣:切削速 90~100m/min,切削深度 1~2mm			

表 4-274 B30H 钢的加工性能

钢 种	铣削加工	焊 接	渗 氮	改 锻
	硬质合金			
B30H	粗铣:切削速 60~80m/min,切削深度 3~4mm	J107 焊条,预热 400~500℃,焊后 500~550℃ 回火2~4h	575℃ 软氮化 2h,表面硬度达 650HV 以上	按照 P20 工艺,锻后空冷至 300℃ 后缓冷。不用热处理,仍然保持交货硬度
	精铣:切削速 80~100m/min,切削深度 1~2mm			

参 考 文 献

[1] 冶金工业部钢铁研究院,第一机械工业部机械科学研究院. 合金钢手册,下册[M]. 北京:中国工业出版社,1964,第Ⅲ-39~Ⅲ-47.

[2] 中华人民共和国黑色冶金行业标准,YB/T094—1997,塑料模具用扁钢.

[3] 钢铁研究总院. 热处理工艺对 P20 钢组织和性能影响的研究[J]. 1993.

[4] Roberts G A et al. Tool Steels(4th Edition),ASM,Ohio. 1980:459.

[5] 钢铁研究总院. 热处理工艺对 718 钢组织和力学性能影响的研究[J]. 1993.

[6] 北满特殊钢股份有限公司. 718 钢预硬化处理试验研究[J]. 1993.

[7] 冶金工业部《合金钢钢种手册》编写组,合金钢钢种手册,第一分册,合金结构钢[M]. 北京:冶金工业出版社,1983:155~245.

[8] 孙培祯,等. 钢铁,1992,27(7),48~49.

[9] 华中工学院,大冶钢厂. 易切削高韧性塑料模具钢 5NiSCa 的研制[J]. 1987.

[10] 华中工学院,首钢特殊钢公司. 8Cr2MnWMoVS 易切削精密模具钢的性能、工艺及应用[J]. 1985,9.

[11] 陈再枝,马党参. 塑料模具钢应用手册[M]. 北京:化学工业出版社,2005.

[12] 华中理工大学,大冶钢厂. 冷挤压成型塑料模具钢 0Cr4NiMoV(LJ)的研制[J]. 1991,3.

[13] 大冶钢厂. 冷挤压成型塑料模具钢 0Cr4NiMoV(LJ)试制总结[J]. 1991,3.

[14] 冶金部钢铁研究总院,大冶钢厂. 低合金马氏体时效钢的研究. 1990.

[15] 邱德卿,陈再枝. 提高 06Ni6CrMoVTiAl 钢成材率的研究[J]. 冶钢科技,1995,37(1):19~24.

[16] 大冶钢厂,上海材料研究所. PMS 镜面模具钢冶金生产总结[J]. 1990.

[17] 机电部上海材料研究所. 小型精密塑料模具钢的开发——PMS 镜面钢应用的研究[J]. 1990.

[18] 上海材料研究所. 镜面塑料模具钢生产应用总结[J]. 1990.

[19] 华中工学院,首钢特钢公司. 时效硬化型精密塑料模具钢 25CrNi3MoAl 研制报告[R]. 1985.

[20] 林慧国,火树鹏,马绍弥. 模具材料应用手册,第 2 版[M]. 北京:机械工业出版社,2004:136~201.

［21］冶金工业部《合金钢钢种手册》编写组．合金钢钢种手册，第四分册，耐热钢［M］．1983：83～85.
［22］冶金工业部《合金钢钢种手册》编写组．合金钢钢种手册，第五分册，不锈耐酸钢［M］．北京：冶金工业出版社，1983：33～46.
［23］Sakari Heiskanen. 国际不锈钢会议论文集［M］．北京：中国工业出版社，1965：180～216.
［24］冶金工业部《合金钢钢种手册》编写组．合金钢钢种手册，第二分册，弹簧钢 易切削钢 滚动轴承钢［M］．北京：冶金工业出版社，1983：121～127.
［25］张本生．45V 钢轧制工艺的研究［M］．1995 特殊钢学术年会论文集，68～71.
［26］刘乐凯．785MPa 级非调质钢 YF45MnV 力学性能研究［M］．1995 特殊钢学术年会论文集，72～75.

附　　录

附录 1　主要工业国家及国际标准化组织，标准钢号化学成分表

1.1　国际标准化组织工具钢标准：ISO4957—1999 标准钢号

1.1.1　冷作合金工具钢标准钢号与化学成分（附录表 1-1）

附录表 1-1　冷作合金工具钢标准钢号与化学成分

钢　号	化学成分（质量分数）/%									
	C	Si	Mn	P ≤	S ≤	Cr	Mo	V	W	其他
105V	1.00~1.10	0.10~0.30	0.10~0.40	0.030	0.030	—	—	0.10~0.20	—	—
50WCrV8	0.45~0.55	0.70~1.00	0.15~0.45	0.030	0.030	0.90~1.20	—	0.10~0.20	1.70~2.20	—
60WCrV8	0.55~0.65	0.70~1.00	0.15~0.45	0.030	0.030	0.90~1.20	—	0.10~0.20	1.70~2.20	—
102Cr6	0.95~1.10	0.15~0.35	0.25~0.45	0.030	0.030	1.35~1.65	—	—	—	—
21MnCr5	0.18~0.24	0.15~0.35	1.10~1.40	0.030	0.030	1.00~1.30	—	—	—	—
70MnMoCr8	0.65~0.75	0.10~0.50	1.80~2.50	0.030	0.030	0.90~1.20	0.90~1.40	—	—	—
90MnCrV8	0.85~0.95	0.10~0.40	1.80~2.20	0.030	0.030	0.20~0.50	—	0.05~0.20	—	—
95MnWCr5	0.90~1.00	0.10~0.40	1.05~1.35	0.030	0.030	0.40~0.65	—	0.05~0.20	0.40~0.70	—
X100CrMoV5	0.95~1.05	0.10~0.40	0.40~0.80	0.030	0.030	4.80~5.50	0.90~1.20	0.15~0.35	—	—
X153CrMoV12	1.45~1.60	0.10~0.60	0.20~0.60	0.030	0.030	11.0~13.0	0.70~1.00	0.70~1.00	—	—
X210Cr12	1.90~2.20	0.10~0.60	0.20~0.60	0.030	0.030	11.0~13.0	—	—	—	—
X210CrW12	2.00~2.30	0.10~0.40	0.30~0.60	0.030	0.030	11.0~13.0	—	—	0.60~0.80	—
35CrMo7	0.30~0.40	0.30~0.70	0.60~1.00	0.030	0.030	1.50~2.00	0.35~0.55	—	—	—
40CrMoNiMo8-6-4①	0.35~0.45	0.20~0.40	1.30~1.60	0.030	0.030	1.80~2.10	0.15~0.25	—	—	Ni 0.90~1.20
45NiCrMo16	0.40~0.50	0.10~0.40	0.20~0.50	0.030	0.030	1.20~1.50	0.15~0.35		—	Ni 3.80~4.30
X40Cr14	0.36~0.42	≤1.00	≤1.00	0.030	0.030	12.5~14.5	—	—	—	—
X38CrMo16①	0.33~0.45	≤1.00	≤1.50	0.030	0.030	15.5~17.5	0.80~1.30	—	—	Ni≤1.00

① 通过供需双方协议，钢中硫含量（质量分数）可增至 0.050%~0.100%，而镍元素可省略。

1.1.2 热作合金工具钢标准钢号与化学成分表(附录表 1-2)

附录表 1-2 热作合金工具钢标准钢号与化学成分

钢号	化学成分(质量分数)/%									
	C	Si	Mn	P ≤	S ≤	Cr	Mo	V	W	其他
55NiCrMoV7	0.50~0.60	0.10~0.40	0.60~0.90	0.030	0.030	0.80~1.20	0.35~0.55	0.05~0.15	—	Ni 1.50~1.80
32CrMoV12-28	0.28~0.35	0.10~0.40	0.15~0.45	0.030	0.020	2.70~3.20	2.50~3.00	0.40~0.70	—	—
X37CrMoV5-1	0.33~0.41	0.80~1.20	0.25~0.50	0.030	0.020	4.80~5.50	1.10~1.50	0.30~0.50	—	—
X38CrMoV5-3	0.35~0.40	0.30~0.50	0.30~0.50	0.030	0.020	4.80~5.20	2.70~3.20	0.40~0.60	—	—
X40CrMoV5-1	0.35~0.42	0.80~1.20	0.25~0.50	0.030	0.020	4.80~5.50	1.20~1.50	0.85~1.15	—	—
50CrMoV13-15	0.45~0.55	0.20~0.80	0.50~0.90	0.030	0.020	3.00~3.50	1.30~1.70	0.15~0.35	—	—
X30WCrV9-3	0.25~0.35	0.10~0.40	0.15~0.45	0.030	0.020	2.50~3.20	—	0.30~0.50	8.50~9.50	—
X35CrWMoV5	0.32~0.40	0.80~1.20	0.20~0.50	0.030	0.020	4.75~5.50	1.25~1.60	0.20~0.50	1.10~1.60	—
38CrCoWV18-17-17	0.35~0.45	0.15~0.50	0.20~0.50	0.030	0.020	4.00~4.70	0.30~0.50	1.70~2.10	3.80~4.50	Co 4.00~4.50

1.2 中国合金工具钢标准钢号与化学成分(附录表 1-3)

附录表 1-3 中国合金工具钢标准钢号与化学成分(GB/T 1299—2000)

钢号		化学成分(质量分数)/%									
		C	Si	Mn	P	S	Cr	W	Mo	V	其他
冷作模具钢	Cr12	2.00~2.30	≤0.40	≤0.40	≤0.030	≤0.030	11.50~13.00				
	Cr12Mo1V1	1.40~1.60	≤0.60	≤0.60	≤0.030	≤0.030	11.50~13.00		0.70~1.20	≤1.10	Co≤1.00
	Cr12MoV	1.45~1.70	≤0.40	≤0.40	≤0.030	≤0.030	11.00~12.50		0.40~0.60	0.15~0.30	
	Cr5Mo1V	0.95~1.05	≤0.50	≤1.00	≤0.030	≤0.030	4.75~5.50		0.90~1.40	0.15~0.50	
	9Mn2V	0.85~0.95	≤0.40	1.70~2.00	≤0.030	≤0.030				0.15~0.25	
	CrWMn	0.90~1.05	≤0.40	0.80~1.10	≤0.030	≤0.030	0.90~1.20	1.20~1.60			
	9CrWMn	0.85~0.95	≤0.40	0.80~1.20	≤0.030	≤0.030	0.50~0.80	0.50~0.80			
	Cr4W2MoV	1.12~1.25	0.40~0.70	≤0.40	≤0.030	≤0.030	3.50~4.00	1.90~2.60	0.80~1.20	0.80~1.10	
	6Cr4W3Mo2VNb	0.60~0.70	≤0.40	≤0.40	≤0.030	≤0.030	3.80~4.40	2.50~3.50	1.80~2.50	0.80~1.20	Nb 0.25~0.35
	6W6Mo5Cr4V	0.55~0.65	≤0.40	≤0.60	≤0.030	≤0.030	3.70~4.30	6.00~7.00	4.50~5.50	0.70~1.10	
	7CrMnSiMoV	0.65~0.75	0.85~1.15	0.65~1.05	≤0.030	≤0.030	0.90~1.20		0.20~0.50	0.15~0.30	

续附录表 1-3

钢号		化学成分(质量分数)/%									
		C	Si	Mn	P	S	Cr	W	Mo	V	其他
热作模具钢	5CrMnMo	0.50~0.60	0.25~0.60	1.20~1.60	≤0.030	≤0.030	0.60~0.90		0.15~0.30		
	5CrNiMo	0.50~0.60	≤0.40	0.50~0.80	≤0.030	≤0.030	0.50~0.80		0.15~0.30		Ni 1.40~1.80
	3Cr2W8V	0.30~0.40	≤0.40	≤0.40	≤0.030	≤0.030	2.20~2.70	7.50~9.00		0.20~0.50	
	5Cr4Mo3SiMnVAl	0.47~0.57	0.80~1.10	0.80~1.10	≤0.030	≤0.030	3.80~4.30		2.80~3.40	0.80~1.20	Al 0.30~0.70
	3Cr3Mo3W2V	0.32~0.42	0.60~0.90	≤0.65	≤0.030	≤0.030	2.80~3.30	1.20~1.80	2.50~3.00	0.80~1.20	
	5Cr4W5MoV	0.40~0.50	≤0.40	≤0.40	≤0.030	≤0.030	3.40~4.40	4.50~5.30	1.50~2.10	0.70~1.10	
	8Cr3	0.75~0.85	≤0.40	≤0.40	≤0.030	≤0.030	3.20~3.80				
	4CrMnSiMoV	0.35~0.45	0.80~1.10	0.80~1.10	≤0.030	≤0.030	1.30~1.50		0.40~0.60	0.20~0.40	
	4Cr3Mo3SiV	0.35~0.45	0.80~1.20	0.25~0.70	≤0.030	≤0.030	3.00~3.75		2.00~3.00	0.25~0.75	
	4Cr5MoSiV	0.33~0.43	0.80~1.20	0.20~0.50	≤0.030	≤0.030	4.75~5.50		1.10~1.60	0.30~0.60	
	4Cr5MoSiV1	0.32~0.45	0.80~1.20	0.20~0.50	≤0.030	≤0.030	4.75~5.50		1.10~1.75	0.80~1.20	
	4Cr5W2VSi	0.32~0.42	0.80~1.20	≤0.40	≤0.030	≤0.030	4.50~5.50	1.60~2.40		0.60~1.00	
无磁模具钢	7Mn15Cr2Al3V2WMo	0.65~0.76	≤0.80	14.50~16.50		≤0.030	2.00~2.50	0.50~0.80	0.50~0.80	1.50~2.00	Al2.30~3.30
塑料模具用钢	3Cr2Mo3Cr2MnNiMo	0.28~0.40 0.32~0.40	0.20~0.80 0.20~0.40	0.60~1.00 1.10~1.50	≤0.030 ≤0.030	≤0.030 ≤0.030	1.40~2.00 1.70~2.00		0.30~0.55 0.25~0.40		Ni0.85~1.15
量具刃具用钢	9SiCr	0.85~0.95	1.20~1.60	0.30~0.60	≤0.030	≤0.030	0.95~1.25				
	8MnSi	0.75~0.85	0.30~0.60	0.80~1.10	≤0.030	≤0.030					
	Cr06	1.30~1.45	≤0.40	≤0.40	≤0.030	≤0.030	0.50~0.70				
	Cr2	0.95~1.10	≤0.40	≤0.40	≤0.030	≤0.030	1.30~1.65				
	9Cr2	0.80~0.95	≤0.40	≤0.40	≤0.030	≤0.030	1.30~1.70				
	W	1.05~1.25	≤0.40	≤0.40	≤0.030	≤0.030	0.10~0.30	0.80~1.20			

续附录表 1-3

钢号		化学成分(质量分数)/%									
		C	Si	Mn	P	S	Cr	W	Mo	V	其他
耐冲击工具用钢	4CrW2Si	0.35~0.45	0.80~1.10	≤0.40	≤0.030	≤0.030	1.00~1.30	2.00~2.50			
	5CrW2Si	0.45~0.55	0.50~0.80	≤0.40	≤0.030	≤0.030	1.00~1.30	2.00~2.50			
	6CrW2Si	0.55~0.65	0.50~0.80	≤0.40	≤0.030	≤0.030	1.00~1.30	2.20~2.70			
	6CrMnSi2Mo1V	0.50~0.60	1.75~2.25	0.60~1.00	≤0.030	≤0.030	0.10~0.50		0.20~1.35	0.15~0.35	
	5Cr3Mn1SiMo1V	0.45~0.55	0.20~1.00	0.20~0.90	≤0.030	≤0.030	3.00~3.50		1.30~1.80	≤0.35	

1.3 美国材料及试验协会合金工具钢标准钢号与化学成分(附录表 1-4)

附录表 1-4 美国材料及试验协会合金工具钢标准钢号与化学成分(ASTM A681—1999)

钢号	化学成分(质量分数)/%									
	C	Mn	P	S[①]	Si	Cr	V	W	Mo	其他
H10	0.35~0.45	0.25~0.70	≤0.030	≤0.030	0.80~1.20	3.00~3.75	0.25~0.75		2.00~3.00	
H11	0.33~0.43	0.20~0.50	≤0.030	≤0.030	0.80~1.20	4.75~5.50	0.30~0.60		1.10~1.60	
H12	0.30~0.40	0.20~0.50	≤0.030	≤0.030	0.80~1.20	4.75~5.50	≤0.50	1.00~1.70	1.25~1.75	
H13	0.32~0.45	0.20~0.50	≤0.030	≤0.030	0.80~1.20	4.75~5.50	0.80~1.20		1.10~1.75	
H14	0.35~0.45	0.20~0.50	≤0.030	≤0.030	0.80~1.20	4.75~5.50		4.00~5.25		
H19	0.32~0.45	0.20~0.50	≤0.030	≤0.030	0.20~0.50	4.00~4.75	1.75~2.20	3.75~4.50	0.30~0.55	Co4.00~4.50
H21	0.26~0.36	0.15~0.40	≤0.030	≤0.030	0.15~0.50	3.00~3.75	0.30~0.60	8.50~10.00		
H22	0.30~0.40	0.15~0.40	≤0.030	≤0.030	0.15~0.40	1.75~3.75	0.25~0.50	10.00~11.75		
H23	0.25~0.35	0.15~0.40	≤0.030	≤0.030	0.15~0.60	11.00~12.75	0.75~1.25	11.00~12.75		
H24	0.42~0.53	0.15~0.40	≤0.030	≤0.030	0.15~0.40	2.50~3.50	0.40~0.60	14.00~16.00		
H25	0.22~0.32	0.15~0.40	≤0.030	≤0.030	0.15~0.40	3.75~4.50	0.40~0.60	14.00~16.00		
H26	0.45~0.55[②]	0.15~0.40	≤0.030	≤0.030	0.15~0.40	3.75~4.50	0.75~1.25	17.25~19.00		
H41	0.60~0.75[②]	0.15~0.40	≤0.030	≤0.030	0.20~0.45	3.50~4.00	1.00~1.30	1.40~2.10	8.20~9.20	

续附录表 1-4

钢　号	化学成分(质量分数)/%									
	C	Mn	P	S[①]	Si	Cr	V	W	Mo	其他
H42	0.55~0.70[②]	0.15~0.40	≤0.030	≤0.030	0.20~0.45	3.75~4.50	1.75~2.20	5.50~6.75	4.50~5.50	
H43	0.50~0.65[②]	0.15~0.40	≤0.030	≤0.030	0.20~0.45	3.75~4.50	1.80~2.20		7.75~8.50	
A2	0.95~1.05	≤1.00	≤0.030	≤0.030	≤0.50	4.75~5.50	0.15~0.50		0.90~1.40	
A3	1.20~1.30	0.40~0.60	≤0.030	≤0.030	≤0.50	4.75~5.50	0.80~1.40		0.90~1.40	
A4	0.95~1.05	1.80~2.20	≤0.030	≤0.030	≤0.50	0.95~1.05			0.90~1.40	
A5	0.95~1.05	2.80~3.20	≤0.030	≤0.030	≤0.50	0.90~1.20			0.90~1.40	
A6	0.65~0.75	1.80~2.50	≤0.030	≤0.030	≤0.50	0.90~1.20			0.90~1.40	
A7	2.00~2.85	≤0.80	≤0.030	≤0.030	≤0.50	5.00~5.75	3.90~5.15	0.50~1.50	0.90~1.40	
A8	0.50~0.60	≤0.50	≤0.030	≤0.030	0.75~1.10	4.75~5.50		1.00~1.50	1.15~1.65	
A9	0.45~0.55	≤0.50	≤0.030	≤0.030	0.95~1.15	4.75~5.50	0.80~1.40		1.30~1.80	Ni1.25~1.75
A10	1.25~1.50	1.60~2.10	≤0.030	≤0.030	1.00~1.50				1.25~1.75	Ni1.55~2.05
D2	1.40~1.60	≤0.60	≤0.030	≤0.030	≤0.60	11.00~13.00	≤1.10		0.70~1.20	Co≤1.00
D3	2.00~2.35	≤0.60	≤0.030	≤0.030	≤0.60	11.00~13.50	≤1.00	≤1.00		
D4	2.05~2.40	≤0.60	≤0.030	≤0.030	≤0.60	11.00~13.00	≤1.00		0.70~1.20	
D5	1.40~1.60	≤0.60	≤0.030	≤0.030	≤0.60	11.00~13.00	≤1.00		0.70~1.20	Co 2.50~3.50
D7	2.15~2.50	≤0.60	≤0.030	≤0.030	≤0.60	11.50~13.50	3.80~4.40		0.70~1.20	
O1	0.85~1.00	1.00~1.40	≤0.030	≤0.030	≤0.50	0.40~0.60	≤0.30	0.40~0.60		
O2	0.85~0.95	1.40~1.80	≤0.030	≤0.030	≤0.50	≤0.35	≤0.30		≤0.30	
O6	1.25~1.55	0.30~1.10	≤0.030	≤0.030	0.55~1.50	≤0.30			0.20~0.30	
O7	1.10~1.30	≤1.00	≤0.030	≤0.030	≤0.60	0.35~0.85	≤0.40	1.00~2.00	≤0.30	
S1	0.40~0.55	0.10~0.40	≤0.030	≤0.030	0.15~1.20	1.00~1.80	0.15~0.30	1.50~3.00	≤0.50	
S2	0.40~0.55	0.30~0.50	≤0.030	≤0.030	0.90~1.20		≤0.50		0.30~0.60	
S4	0.50~0.65	0.60~0.95	≤0.030	≤0.030	1.75~2.25	≤0.35	≤0.35			

续附录表 1-4

钢 号	化学成分(质量分数)/%									
	C	Mn	P	S①	Si	Cr	V	W	Mo	其 他
S5	0.50~0.65	0.60~1.00	≤0.030	≤0.030	1.75~2.25	≤0.35	≤0.35		0.20~1.35	
S6	0.40~0.50	1.20~1.50	≤0.030	≤0.030	2.00~2.50	1.20~1.50	0.20~0.40		0.30~0.50	
S7	0.45~0.55	0.20~0.80	≤0.030	≤0.030	0.20~1.00	3.00~3.50	≤0.35		1.30~1.80	
L2	0.45~1.00②	0.10~0.90	≤0.030	≤0.030	≤0.50	0.70~1.20	0.10~0.30		≤0.25	
L3	0.95~1.10	0.25~0.80	≤0.030	≤0.030	≤0.50	1.30~1.70	0.10~0.30			
L6	0.65~0.75	0.25~0.80	≤0.030	≤0.030	≤0.50	0.60~1.20			≤0.50	Ni 1.25~2.00
F1	0.95~1.25	≤0.50	≤0.030	≤0.030	≤0.50			1.00~1.75		
F2	1.20~1.40	≤0.50	≤0.030	≤0.030	≤0.50	0.20~0.40		3.00~4.45		
P2	≤0.10	0.10~0.40	≤0.030	≤0.030	0.10~0.40	0.75~1.25			0.15~0.40	Ni 0.10~0.50
P3	≤0.10	0.20~0.60	≤0.030	≤0.030	≤0.40	0.40~0.25				Ni 1.00~1.25
P4	≤0.12	0.20~0.60	≤0.030	≤0.030	0.10~0.40	4.00~5.25			0.40~1.00	
P5	≤0.10	0.20~0.60	≤0.030	≤0.030	≤0.40	2.00~2.50				Ni≤0.35
P6	0.05~0.15	0.35~0.70	≤0.030	≤0.030	0.10~0.40	1.25~1.75				Ni 3.25~3.75
P20	0.28~0.40	0.60~1.00	≤0.030	≤0.030	0.20~0.80	1.40~2.00			0.30~0.55	
P21	0.18~0.22③	0.20~0.40	≤0.030	≤0.030	0.20~0.40	0.20~0.30	0.15~0.25			Ni 3.90~4.25

注：各钢号的残余元素：Cu+Ni≤0.75%。

① A,D,H 系列为改善可加工性能，硫含量可增至 0.06%~0.15%。

② 增硫的易切削 H13，其锰含量上限可达 1.0%。

③ P21 还含 w(Al) 1.05%~1.25%。

1.4 美国材料及试验协会铸造工具钢标准钢号与化学成分（附录表 1-5）

附录表 1-5 美国材料及试验协会铸造工具钢标准钢号与化学成分（ASTM A597—1999）

钢 号	化学成分(质量分数)/%							
	C	Si	Mn	P≤	S≤	Cr	Mo	V	其 他
CA-2	0.95~1.50	≤1.50	≤0.75	0.03	0.03	4.75~5.50	0.90~1.40	(0.20~0.50)	—
CD-2	1.40~1.60	≤1.50	≤1.00	0.03	0.03	11.00~13.00	0.70~1.20	(0.40~1.00)	(Co 0.70~100)
CD-5	1.35~1.60	≤1.50	≤0.75	0.03	0.03	11.00~13.00	0.70~1.20	0.35~0.55	Co 2.50~3.50 (Ni0.40~0.60)

续附录表 1-5

钢　号	化学成分(质量分数)/%								
	C	Si	Mn	P≤	S≤	Cr	Mo	V	其他
CM-2	0. 78~0. 88	≤1. 00	≤0. 75	0. 03	0. 03	3. 75~4. 50	4. 50~5. 50	1. 25~2. 20	W5. 50~6. 75 Co≤0. 25 Ni≤0. 25
CS-5	0. 50~0. 65	1. 75~2. 25	0. 60~1. 00	0. 03	0. 03	≤0. 35	0. 20~0. 80	≤0. 35	—
CS-7	0. 45~0. 55	0. 60~1. 00	0. 40~0. 80	0. 03	0. 03	3. 00~3. 50	1. 20~1. 60	—	—
CH-12	0. 30~0. 40	≤1. 50	≤0. 75	0. 03	0. 03	4. 75~5. 75	1. 25~1. 75	0. 20~0. 50	W 1. 00~1. 70
CH-13	0. 30~0. 42	≤1. 50	≤0. 75	0. 03	0. 03	4. 75~5. 75	1. 25~1. 75	0. 75~1. 20	—
CO-1	0. 85~1. 00	≤1. 50	1. 00~1. 30	0. 03	0. 03	0. 40~1. 00	—	≤0. 30	W 0. 40~0. 60

注:括号内是根据需要可加入的合金元素含量。

1.5　日本工业标准合金工具钢标准钢号与化学成分(附录表 1-6)

附录表 1-6　日本工业标准合金工具钢标准钢号与化学成分[JIS G4404(2000)]

钢　号①	化学成分(质量分数)/%								
	C	Si	Mn	P≤	S≤	Cr	W	V④	其他②
刀具用钢									
SKS 11	1. 20~1. 30	≤0. 35	≤0. 50	0. 030	0. 030	0. 20~0. 50	3. 00~4. 00	0. 10~0. 30	—
SKS 2	1. 00~1. 10	≤0. 35	≤0. 80	0. 030	0. 030	0. 50~1. 00	1. 00~1. 50	(≤0. 20)	—
SKS 21	1. 00~1. 10	≤0. 35	≤0. 50	0. 030	0. 030	0. 20~0. 50	0. 50~1. 00	0. 10~0. 25	—
SKS 5	0. 75~0. 85	≤0. 35	≤0. 50	0. 030	0. 030	0. 20~0. 50	—	—	Ni0. 70~1. 30
SKS 51	0. 75~0. 85	≤0. 35	≤0. 50	0. 030	0. 030	0. 20~0. 50	—	—	Ni1. 30~2. 00
SKS 7	1. 10~1. 20	≤0. 35	≤0. 50	0. 030	0. 030	0. 20~0. 50	2. 00~2. 50	(≤0. 20)	—
SKS 81	1. 10~1. 30	≤0. 35	≤0. 50	0. 030	0. 030	0. 20~0. 50	—	—	—
SKS 8	1. 30~1. 50	≤0. 35	≤0. 50	0. 030	0. 030	0. 20~0. 50	—	—	—

续附录表 1-6

钢　号[1]	化学成分(质量分数)/%							
	C	Si	Mn	P≤	S≤	Cr	W	V[4]	其 他[2]
耐冲击工具钢									
SKS 4	0.45~0.55	≤0.35	≤0.50	0.030	0.030	0.50~1.00	0.50~1.00	—	—
SKS 41	0.35~0.45	≤0.35	≤0.50	0.030	0.030	1.00~1.50	2.50~3.50	—	—
SKS 43[3] (105V)	1.00~1.10	0.10~0.30	0.10~0.40	0.030	0.030	—[3]	—	0.10~0.20	—
SKS 44[3]	0.80~0.90	≤0.25	≤0.30	0.030	0.030	—[3]	—	0.10~0.25	—
冷作模具钢									
SKS 3	0.90~1.00	≤0.35	0.90~1.20	0.030	0.030	0.50~1.00	0.50~1.00	—	—
SKS 31	0.95~1.05	≤0.35	0.90~1.20	0.030	0.030	0.80~1.20	1.00~1.50	—	—
SKS 93	1.00~1.10	≤0.50	0.80~1.10	0.030	0.030	0.20~0.60	—	—	—
SKS 94	0.90~1.00	≤0.50	0.80~1.10	0.030	0.030	0.20~0.60	—	—	—
SKS 95	0.80~0.90	≤0.50	0.80~1.10	0.030	0.030	0.20~0.60	—	—	—
SKD 1 (X210Cr12)	1.90~2.20	0.10~0.60	0.20~0.60	0.030	0.030	11.0~13.0	—	(≤0.30)	—
SKD 2 (X210CrW12)	2.00~2.30	0.10~0.40	0.30~0.60	0.030	0.030	11.0~13.0	0.60~0.80		—
SKD 10 (X153CrMoV12)	1.45~1.60	0.10~0.60	0.20~0.60	0.030	0.030	11.0~13.0	—	0.70~1.00	Mo 0.70~1.00
SKD 11	1.40~1.60	≤0.40	≤0.60	0.030	0.030	11.0~13.0	—	0.20~0.50	Mo 0.80~1.20
SKD 12 (100CrMoV5)	0.95~1.05	0.10~0.40	0.40~0.80	0.030	0.030	4.80~5.50	—	0.15~0.35	Mo 0.90~1.20
热作模具钢									
SKD 4	0.25~0.35	≤0.40	≤0.60	0.030	0.020	2.00~3.00	5.00~6.00	0.30~0.50	—
SKD 5 (X30WCrV9-3)	0.25~0.35	0.10~0.40	0.15~0.45	0.030	0.020	2.50~3.20	8.50~9.50	0.30~0.50	—
SKD 6	0.32~0.42	0.80~1.20	≤0.50	0.030	0.020	4.50~5.50	—	0.30~0.50	Mo 1.00~1.50
SKD 61 (X40CrMoV5-1)	0.35~0.42	0.80~1.20	0.25~0.50	0.030	0.020	4.80~5.50	—	0.80~1.15	Mo 1.00~1.50
SKD 62 (X35CrWMoV5)	0.32~0.40	0.80~1.20	0.20~0.50	0.030	0.020	4.75~5.50	1.00~1.60	0.20~0.50	Mo 1.00~1.60

续附录表 1-6

钢　号①	化学成分(质量分数)/%								
	C	Si	Mn	P≤	S≤	Cr	W	V④	其他②
SKD 7 (32CrMoV3-3)	0.28~0.35	0.10~0.40	0.15~0.45	0.030	0.020	2.70~3.20	—	0.40~0.70	Mo 2.50~3.00
SKD 8 (X38CrCoWV4-4-4)	0.35~0.45	0.15~0.50	0.20~0.50	0.030	0.020	4.00~4.70	3.80~4.50	1.70~2.10	Mo 0.30~0.50; Co4.00~4.50
SKT 3	0.50~0.60	≤0.35	≤0.60	0.030	0.020	0.90~1.20	—	(≤0.20)	Mo 0.30~0.50
SKT 4 (55NiCrMoV7)	0.50~0.60	0.10~0.40	0.60~0.90	0.030	0.020	0.80~1.20	—	0.05~0.15	Mo 0.35~0.55
SKT 6 (45NiCrMo16)	0.40~0.50	0.10~0.40	0.20~0.50	0.030	0.020	1.20~1.50	—	—	Mo 0.15~0.35

① 括号内为引进的 ISO 4957 的原钢号。

② 各钢号的残余元素含量(质量分数):Ni≤0.25%(SKS 5 和 SKS 51 除外),Cu≤0.25%。

③ SKS 43 和 SKS 44 的 w(Cr)≤0.20%(残余元素)。

④ 根据需要而加入的 V 含量用带括号的数值表示。

1.6 欧洲合金工具钢标准(EN-ISO 4957—1999)

1.6.1 欧洲标准冷作合金工具钢的钢号与化学成分(附录表 1-7)

附录表 1-7　EN-ISO 标准冷作合金工具钢的钢号与化学成分

钢　号	化学成分(质量分数)/%									
	C	Si	Mn	P≤	S≤	Cr	Mo	V	W	其他
105V	1.00~1.10	0.10~0.30	0.10~0.40	0.030	0.030	—	—	0.10~0.20	—	—
50WCrV8	0.45~0.55	0.70~1.00	0.15~0.45	0.030	0.030	0.90~1.20	—	0.10~0.20	1.70~2.20	—
60WCrV8	0.55~0.65	0.70~1.00	0.15~0.45	0.030	0.030	0.90~1.20	—	0.10~0.20	1.70~2.20	—
102Cr6	0.95~1.10	0.15~0.35	0.25~0.45	0.030	0.030	1.35~1.65	—	—	—	—
21MnCr5	0.18~0.24	0.15~0.35	1.10~1.40	0.030	0.030	1.00~1.30	—	—	—	—
70MnMoCr8	0.65~0.75	0.10~0.50	1.80~2.50	0.030	0.030	0.90~1.20	0.90~1.40	—	—	—
90MnCrV8	0.85~0.95	0.10~0.40	1.80~2.20	0.030	0.030	0.20~0.50	—	0.05~0.20	—	—
95MnWCr5	0.90~1.00	0.10~0.40	1.05~1.35	0.030	0.030	0.40~0.65	—	0.05~0.20	0.40~0.70	—
X100CrMoV5	0.95~1.05	0.10~0.40	0.40~0.80	0.030	0.030	4.80~5.50	0.90~1.20	0.15~0.35	—	—
X153CrMoV12	1.45~1.60	0.10~0.60	0.20~0.60	0.030	0.030	11.0~13.0	0.70~1.00	0.70~1.00	—	—

续附录表 1-7

钢号	化学成分(质量分数)/%									
	C	Si	Mn	P≤	S≤	Cr	Mo	V	W	其他
X210Cr12	1.90~2.20	0.10~0.60	0.20~0.60	0.030	0.030	11.0~13.0	—	—	—	—
X210CrW12	2.00~2.30	0.10~0.40	0.30~0.60	0.030	0.030	11.0~13.0	—	—	0.60~0.80	—
35CrMo7②	0.30~0.40	0.30~0.70	0.60~1.00	0.030	0.030	1.50~2.00	0.35~0.55	—	—	—
40CrMoNiMo8-6-4①	0.35~0.45	0.20~0.40	1.30~1.60	0.030	0.030	1.80~2.10	0.15~0.25	—	—	Ni0.90~1.20
45NiCrMo16	0.40~0.50	0.10~0.40	0.20~0.50	0.030	0.030	1.20~1.50	0.15~0.35		—	Ni3.80~4.30
X40Cr14③	0.36~0.42	≤1.00	≤1.00	0.030	0.030	12.5~14.5	—	—	—	—
X38CrMo16①	0.33~0.45	≤1.00	≤1.50	0.030	0.030	15.5~17.5	0.80~1.30	—	—	Ni≤1.00

① 预硬化型塑料模具钢。该钢号通过供需双方协议，钢中硫含量可增至0.050%~0.100%，而镍元素可省略。

② 预硬化型塑料模具钢。

③ 耐腐蚀型塑料模具钢。

1.6.2 欧洲标准热作合金工具钢的钢号与化学成分(附录表1-8)

附录表1-8 EN-ISO标准热作合金工具钢的钢号与化学成分

钢号	化学成分(质量分数)/%									
	C	Si	Mn	P≤	S≤	Cr	Mo	V	W	其他
55NiCrMoV7	0.50~0.60	0.10~0.40	0.60~0.90	0.030	0.030	0.80~1.20	0.35~0.55	0.05~0.15	—	Ni1.50~1.80
32CrMoV12-28	0.28~0.35	0.10~0.40	0.15~0.45	0.030	0.020	2.70~3.20	2.50~3.00	0.40~0.70	—	—
X37CrMoV5-1	0.33~0.41	0.80~1.20	0.25~0.50	0.030	0.020	4.80~5.50	1.10~1.50	0.30~0.50	—	—
X38CrMoV5-3	0.35~0.40	0.30~0.50	0.30~0.50	0.030	0.020	4.80~5.20	2.70~3.20	0.40~0.60	—	—
X40CrMoV5-1	0.35~0.42	0.80~1.20	0.25~0.50	0.030	0.020	4.80~5.50	1.20~1.50	0.85~1.15	—	—
50CrMoV13-15	0.45~0.55	0.20~0.80	0.50~0.90	0.030	0.020	3.00~3.50	1.30~1.70	0.15~0.35	—	—
X30WCrV9-3	0.25~0.35	0.10~0.40	0.15~0.45	0.030	0.020	2.50~3.20	—	0.30~0.50	8.50~9.50	—
X35CrWMoV5	0.32~0.40	0.80~1.20	0.20~0.50	0.030	0.020	4.75~5.50	1.25~1.60	0.20~0.50	1.10~1.60	—
38CrCoWV18-17-17	0.35~0.45	0.15~0.50	0.20~0.50	0.030	0.020	4.00~4.70	0.30~0.50	1.70~2.10	3.80~4.50	Co4.00~4.50

1.7 德国

德国的工具钢标准原采用 DIN 标准[DIN 17350—1980],现采用欧洲标准[EN-ISO 4957—1999],但德国厂家牌号和有关书刊至今常引用各种新老标准钢号。为方便查阅,本节在 DIN 标准的基础上并参考新版德文专业手册对工具钢钢种作全面介绍,基本上包括德国工具钢的新老标准钢号。

1.7.1 德国 DIN 标准冷作合金工具钢的钢号及化学成分(附录表 1-9)

附录表 1-9 德国 DIN 标准冷作合金工具钢的钢号及化学成分

钢号	材料号 W-Nr.	化学成分(质量分数)/%								
		C	Si	Mn	P≤	S≤	Cr	Mo	V	其他
125Cr1/125Cr2	1.2002	1.20~1.30	0.15~0.30	0.25~0.40	0.030	0.030	0.30~0.40	—	—	—
75Cr1	1.2003	0.70~0.80	0.25~0.50	0.60~0.80	0.030	0.030	0.30~0.40	—	—	—
85Cr1	1.2004	0.80~0.90	0.30~0.50	0.50~0.70	0.035	0.035	0.30~0.45	—	—	—
140Cr3/140Cr2	1.2007	1.35~1.50	0.15~0.30	0.25~0.40	0.035	0.035	0.40~0.70	—	—	—
90Cr3	1.2056	0.85~0.95	0.15~0.30	0.20~0.40	0.030	0.030	0.70~0.90	—	—	—
105Cr4	1.2057	1.00~1.10	0.15~0.35	0.20~0.40	0.030	0.030	0.90~1.10	—	—	—
145Cr6	1.2063	1.40~1.60	0.15~0.30	0.50~0.70	0.035	0.035	1.30~1.50	—	(0.10)	—
102Cr6	1.2067	0.95~1.10	0.15~0.35	0.25~0.40	0.030	0.030	1.35~1.65	—	—	—
X210Cr12	1.2080	1.90~2.20	0.10~0.40	0.15~0.45	0.030	0.030	11.00~12.00	—	—	—
X42Cr13	1.2083	0.38~0.45	≤1.00	≤1.00	0.030	0.030	12.00~13.50	—	—	—
X33CrS16	1.2085	0.28~0.38	≤1.00	≤1.00	0.030	0.005~0.10	15.0~17.0	—	—	Ni≤1.00
62SiMnCr4	1.2101	0.58~0.66	0.90~1.20	0.90~1.20	0.030	0.030	0.40~0.70	—	—	—
58SiCr8	1.2103	0.55~0.63	1.70~2.00	0.60~0.90	0.035	0.035	0.35~0.45	—	—	—
90CrSi5	1.2108	0.85~0.95	1.05~1.25	0.60~0.80	0.035	0.035	1.10~1.30	—	—	—
125CrSi5	1.2109	1.20~1.30	1.05~1.25	0.60~0.80	0.035	0.035	1.10~1.30	—	—	—
105MnCr4	1.2127	1.00~1.10	0.15~0.30	1.00~1.20	0.035	0.035	0.70~1.00	—	—	—

续附录表 1-9

钢　号	材料号 W-Nr.	化学成分(质量分数)/%								
		C	Si	Mn	P≤	S≤	Cr	Mo	V	其他
200CrMn8	1.2129	1.90~2.10	0.15~0.30	0.80~1.10	0.035	0.035	1.90~2.20	—	—	—
21MnCr5	1.2162	0.18~0.24	0.15~0.35	1.10~1.40	0.030	0.030	1.00~1.30	—	—	—
X165CrV12	1.2201	1.55~1.75	0.25~0.40	0.20~0.40	0.035	0.035	11.00~12.00	—	0.07~0.12	—
140CrV1	1.2206	1.35~1.45	0.15~0.35	0.25~0.40	0.025	0.025	0.20~0.40	—	0.10~0.15	—
31CrV3	1.2208	0.28~0.35	0.25~0.40	0.40~0.60	0.030	0.030	0.40~0.70	—	0.07~0.12	—
115CrV3	1.2210	1.10~1.25	0.15~0.30	0.20~0.40	0.030	0.030	0.50~0.80	—	0.07~0.12	—
80CrV2	1.2235	0.75~0.85	0.25~0.40	0.30~0.50	0.030	0.030	0.40~0.70	—	0.15~0.25	—
51CrV4/51CrMnV4	1.2241	0.47~0.55	0.15~0.35	0.80~1.10	0.030	0.030	0.90~1.20	—	0.10~0.20	—
59CrV4	1.2242	0.55~0.62	0.15~0.35	0.80~1.10	0.035	0.035	0.90~1.20	—	0.07~0.12	—
61CrSiV5	1.2243	0.57~0.65	0.70~1.00	0.60~0.90	0.035	0.035	1.00~1.30	—	0.07~0.12	—
38CrSiV6	1.2248	0.35~0.42	1.30~1.60	0.30~0.50	0.035	0.035	1.30~1.60	—	0.07~0.12	—
45SiCrV6	1.2249	0.40~0.50	1.30~1.60	0.50~0.70	0.035	0.035	1.30~1.60	—	0.07~0.12	—
100CrMo5	1.2303	0.90~1.10	0.15~0.30	0.20~0.40	0.035	0.035	1.10~1.30	0.20~0.40	—	—
102CrMo6	1.2305	0.98~1.05	0.50~0.65	1.00~1.15	0.020	0.020	1.40~1.60	0.12~0.17	—	—
29CrMoV9	1.2307	0.26~0.34	0.15~0.35	0.40~0.70	0.035	0.035	2.30~2.70	0.15~0.25	0.10~0.20	—
40CrMnMo7	1.2311	0.35~0.45	0.20~0.40	1.30~1.60	0.035	0.035	1.80~2.10	0.15~0.25	—	—
40CrMnMoS8-6	1.2312	0.35~0.45	0.30~0.50	1.40~1.60	0.030	0.05~0.10	1.80~2.00	0.15~0.25	—	—
X36CrMo17	1.2316	0.33~0.43	≤1.00	≤1.00	0.030	0.030	15.0~17.0	1.00~1.30	—	Ni≤1.00
X64CrMo14	1.2319	0.60~0.70	0.30~0.50	0.40~0.60	0.025	0.025	13.5~14.5	0.50~0.70	—	—
86CrMoV7	1.2327	0.83~0.90	0.15~0.35	0.30~0.45	0.030	0.030	1.60~1.90	0.20~0.35	0.05~0.15	—
45CrMoV7	1.2328	0.42~0.47	0.20~0.30	0.85~1.00	0.030	0.030	1.70~1.90	0.25~0.30	约 0.05	—
X6CrMo4/X6CrMo15-5	1.2341	≥0.07	≤0.20	≤0.20	0.030	0.030	3.50~4.00	0.30~0.60	—	—

续附录表 1-9

钢 号	材料号 W-Nr.	化学成分(质量分数)/%								
		C	Si	Mn	P≤	S≤	Cr	Mo	V	其他
27CrMoV6-12	1.2353	0.24~0.30	0.40~0.60	0.30~0.70	0.030	0.030	1.30~1.50	1.10~1.40	0.35~0.45	—
X91CrMoV18	1.2361	0.86~0.96	≤1.00	≤1.00	0.045	0.030	17.0~19.0	0.90~1.30	0.07~0.12	Ni≤0.30 Cu≤0.30
X63CrMoV5-1	1.2362	0.60~0.65	1.00~1.20	0.30~0.50	0.035	0.035	5.00~5.50	1.00~1.30	0.25~0.35	
X100CrMoV5-1	1.2363	0.90~1.05	0.20~0.40	0.40~0.70	0.035	0.035	4.80~5.50	0.90~1.20	0.10~0.30	—
81MoCrV42-16	1.2369	0.71~1.85	≤0.25	≤0.35	—	—	3.75~4.25	4.00~4.50	0.90~1.10	—
X96CrMoV12	1.2376	0.92~1.00	0.20~0.40	0.20~0.40	0.030	0.030	11.0~12.0	0.80~1.00	0.80~1.00	—
X220CrVMo12-2	1.2378	2.15~2.30	0.15~0.30	0.25~0.40	0.035	0.035	12.0~13.0	0.80~1.00	2.00~2.30	—
X155CrVMo12-1	1.2379	1.50~1.60	0.10~0.40	0.15~0.45	0.030	0.030	11.0~12.0	0.60~0.80	0.90~1.10	—
73MoV5-2	1.2381	0.70~0.77	1.00~1.30	0.40~0.60	0.025	0.025	—	0.45~0.65	0.15~0.25	—
120W4	1.2414	1.15~1.25	0.15~0.30	0.20~0.35	0.035	0.035	(0.15~0.25)	—	—	W0.90~1.10
105WCr6	1.2419	1.00~1.10	0.10~0.40	0.80~1.10	0.030	0.030	0.90~1.10	—	—	W1.00~1.30
X210CrW12	1.2436	2.00~2.25	0.10~0.40	0.15~0.45	0.030	0.030	11.0~12.0	—	—	W0.60~0.80
115W8	1.2442	1.10~1.20	0.15~0.30	0.20~0.40	0.035	0.035	0.15~0.25	—	—	W1.80~2.10
X130W5	1.2453	1.25~1.35	0.20~0.30	0.20~0.40	0.035	0.035	≤0.20	—	—	W4.70~5.20
100MnCrW4	1.2510	0.90~1.05	0.15~0.35	1.00~1.20	0.035	0.035	0.50~0.70	—	0.05~0.15	W0.50~0.70
120WV4	1.2516	1.15~1.25	0.15~0.30	0.20~0.35	0.035	0.035	0.15~0.25	—	0.07~0.12	W0.90~1.10
110WCrV5	1.2519	1.05~1.15	0.15~0.30	0.20~0.40	0.030	0.030	1.10~1.30	—	0.15~0.25	W1.20~1.40
45WCrV7	1.2542	0.40~0.50	0.80~1.10	0.20~0.40	0.035	0.035	0.90~1.20	—	0.15~0.20	W1.80~2.10
60WCrV7	1.2550	0.55~0.65	0.50~0.70	0.15~0.45	0.030	0.030	0.90~1.20	—	0.10~0.20	W1.80~2.10
80WCrV8	1.2552	0.75~0.85	0.40~0.60	0.30~0.50	0.035	0.035	1.00~1.20	—	0.25~0.35	W1.80~2.10
142WV13	1.2562	1.35~1.50	0.15~0.30	0.20~0.40	0.035	0.035	0.20~0.50	—	0.20~0.30	W2.80~3.30
X165CrMoV12	1.2601	1.55~1.75	0.25~0.40	0.20~0.40	0.030	0.030	11.0~12.0	0.50~0.70	0.10~0.50	W0.40~0.60
73WCrMoV2-2	1.2604	0.68~0.78	0.20~0.40	0.40~0.60	0.035	0.035	0.40~0.60	0.25~0.40	0.15~0.30	W0.40~0.70

续附录表 1-9

钢　号	材料号 W-Nr.	化学成分(质量分数)/%								
		C	Si	Mn	P≤	S≤	Cr	Mo	V	其 他
X50CrMoW9-1-1	1.2631	0.45~0.55	0.80~1.00	0.40~0.60	0.035	0.035	8.00~9.00	1.10~1.30	—	W1.10~1.30
74NiCr2	1.2703	0.70~0.78	0.10~0.25	0.35~0.45	0.035	0.035	0.20~0.30	—	—	Ni0.50~0.60
X3NiCoMoTi18-9-5	1.2709	≤0.03	≤0.10	≤0.15	0.010	0.010	≤0.25	4.50~5.20	—	Ni17.0~19.0
										Co8.50~10.0
										Ti0.80~1.20
45NiCr6	1.2710	0.40~0.50	0.15~0.35	0.50~0.80	0.035	0.035	1.20~1.50	—	—	Ni1.50~1.80
54NiCrMoV6	1.2711	0.50~0.60	0.15~0.35	0.50~0.80	0.025	0.035	0.60~0.80	0.25~0.35	0.07~0.12	Ni1.50~1.80
55NiCrMoV6	1.2713	0.50~0.60	0.10~0.40	0.65~0.95	0.030	0.030	0.60~0.80	0.25~0.35	0.07~0.12	Ni1.50~1.80
55NiCr10	1.2718	0.50~0.57	0.15~0.30	0.40~0.50	0.035	0.035	0.50~0.70	—	—	Ni2.50~3.00
50NiCr13	1.2721	0.45~0.55	0.15~0.35	0.40~0.60	0.035	0.035	0.90~1.20	—	—	Ni3.00~3.50
15NiCr14	1.2735	0.10~0.17	0.20~0.35	0.30~0.50	0.030	0.030	0.65~0.85	—	—	Ni3.30~3.60
40CrMnNiMo8-6-4	1.2738	0.35~0.45	0.20~0.40	1.30~1.60	0.035	0.035	1.80~2.10	0.15~0.25	—	Ni0.90~1.20
60NiCrMoV12-4	1.2743	0.55~0.60	0.30~0.50	0.50~0.80	0.035	0.035	1.00~1.30	0.30~0.40	0.07~0.12	Ni2.70~3.00
15NiCr18	1.2745	0.10~0.17	0.20~0.30	0.30~0.50	0.030	0.030	0.90~1.20	—	—	Ni4.20~4.70
45NiCrMoV16-6	1.2746	0.41~0.49	0.15~0.35	0.60~0.80	0.025	0.020	1.40~1.60	0.73~0.85	0.45~0.55	Ni3.80~4.20
75CrMoNiW6-7	1.2762	0.70~0.80	0.15~0.30	0.15~0.35	0.035	0.035	1.40~1.60	0.60~0.80	—	Ni0.40~0.60
										W0.20~0.40
X19NiCrMo4	1.2764	0.16~0.22	0.10~0.40	0.15~0.45	0.030	0.030	1.10~1.40	0.15~0.25①	—	Ni3.80~4.30
										W0.30~4.30
X45NiCrMo4	1.2767	0.40~0.50	0.10~0.40	0.15~0.45	0.030	0.030	1.20~1.50	0.15~0.35②	—	Ni3.80~4.30
										W0.40~0.60
70Si7	1.2823	0.65~0.75	1.50~1.80	0.60~0.80	0.030	0.030	—	—	—	—
60MnSiCr4	1.2826	0.58~0.65	0.80~1.00	0.80~1.20	0.030	0.030	0.20~0.40	—	—	—

续附录表 1-9

钢　号	材料号 W-Nr.	化学成分(质量分数)/%								
		C	Si	Mn	P≤	S≤	Cr	Mo	V	其他
100V1	1.2833	0.95~1.05	0.15~0.25	0.15~0.30	0.025	0.025	—	—	0.10~0.15	—
145V33	1.2838	1.40~1.50	0.20~0.35	0.30~0.50	0.030	0.030	—	—	3.00~3.50	—
90MnCrV8	1.2842	0.85~0.95	0.10~0.40	1.90~2.10	0.030	0.030	0.20~0.50	—	0.05~0.15	—
X165CrCoMo12	1.2880	1.55~1.75	0.25~0.40	0.20~0.40	0.035	0.035	11.0~12.0	0.50~0.60	—	Co1.20~1.40
X210CrCoW12	1.2884	2.00~2.25	0.20~0.40	0.20~0.40	0.035	0.035	11.5~12.5	0.03~0.50	—	Co0.80~1.10 W0.60~0.80

1.7.2 德国热作合金工具钢的钢号及化学成分(附录表 1-10)

附录表 1-10　德国热作合金工具钢的钢号及化学成分

钢　号	材料号 W-Nr.	化学成分(质量分数)/%								
		C	Si	Mn	P≤	S≤	Cr	Mo	V	其他
X21Cr13	1.2082	0.17~0.22	0.30~0.50	0.20~0.40	0.035	0.035	12.5~13.5	—	—	—
X42Cr13	1.2083	0.38~0.45	≤1.00	≤1.00	0.030	0.030	12.5~13.5	—	—	—
59CrV4	1.2242	0.55~0.62	0.15~0.35	0.80~1.10	0.035	0.035	0.90~1.20	—	0.07~0.12	—
38CrSiV6	1.2248	0.35~0.42	1.30~1.60	0.30~0.50	0.035	0.035	1.30~1.60	—	0.07~0.12	—
29CrMoV9	1.2307	0.26~0.34	0.15~0.35	0.40~0.70	0.035	0.035	2.30~2.70	0.15~0.25	0.10~0.20	—
65MnCrMo4	1.2309	0.60~0.68	0.30~0.50	1.00~1.20	0.035	0.035	0.60~0.80	0.20~0.30	—	—
40CrMnMo7	1.2311	0.35~0.45	0.20~0.40	1.30~1.60	0.035	0.035	1.80~2.10	0.15~0.25	—	—
21CrMo10	1.2313	0.16~0.23	0.20~0.40	0.20~0.40	0.025	0.025	2.30~2.60	0.30~0.40	—	—
48CrMoV6-7	1.2323	0.40~0.50	0.15~0.35	0.60~0.90	0.030	0.030	1.30~1.60	0.65~0.85	0.25~0.35	—
X35CrMoV5-1-1	1.2324	0.30~0.40	0.70~1.20	0.40~0.60	0.030	0.030	4.50~5.50	1.00~1.20	0.80~1.00	—
X38CrMoV5-1	1.2343	0.36~0.42	0.90~1.20	0.30~0.50	0.030	0.030	4.80~5.80	1.10~1.40	0.25~0.50	—
X40CrMoV5-1	1.2344	0.37~0.42	0.90~1.20	0.30~0.50	0.030	0.030	4.80~5.50	1.20~1.50	0.90~1.10	—

续附录表 1-10

钢　号	材料号 W-Nr.	化学成分(质量分数)/%								
		C	Si	Mn	P≤	S≤	Cr	Mo	V	其他
X50CrMoV5-1	1.2345	0.48~0.53	0.80~1.10	0.20~0.40	0.030	0.030	4.80~5.20	1.25~1.45	0.80~1.00	—
50CrMoV13-14	1.2357	0.45~0.55	0.20~0.50	0.50~0.80	0.030	0.030	3.00~3.60	1.20~1.60	0.05~0.25	—
X48CrMoV8-1-1	1.2360	0.45~0.50	0.70~0.90	0.35~0.45	0.020	0.015	7.30~7.80	1.30~1.50	1.30~1.50	—
X63CrMoV5-1	1.2362	0.60~0.65	1.00~1.20	0.30~0.50	0.035	0.035	5.00~5.50	1.00~1.30	0.25~0.35	
X32CrMoV3-3	1.2365	0.28~0.35	0.10~0.40	0.15~0.45	0.030	0.030	2.70~3.20	2.60~3.00	0.40~0.70	—
X38CrMoV5-3	1.2367	0.35~0.40	0.30~0.50	0.30~0.50	0.035	0.035	4.70~5.20	2.70~3.30	0.40~0.70	—
45WCrV7	1.2542	0.40~0.50	0.80~1.10	0.20~0.40	0.035	0.035	0.90~1.20	—	0.15~0.20	W1.80~2.10
60WCrV7	1.2550	0.55~0.65	0.50~0.70	0.15~0.45	0.030	0.030	0.90~1.20	—	0.10~0.20	W1.80~2.10
30WCrV15-1	1.2564	0.25~0.35	0.80~1.10	0.30~0.50	0.035	0.035	0.90~1.20	—	0.15~0.20	W3.50~4.00
30WCrV17-2	1.2567	0.25~0.35	0.15~0.30	0.20~0.40	0.035	0.035	2.20~2.50	—	0.50~0.70	W4.00~4.50
X30WCrV9-3	1.2581	0.25~0.35	0.15~0.30	0.20~0.40	0.035	0.035	2.50~2.80	—	0.30~0.40	W8.00~9.00
45CrVMoW5-8	1.2603	0.40~0.50	0.50~0.70	0.30~0.50	0.035	0.035	1.30~1.60	0.40~0.60	0.75~0.90	W0.40~0.60
X37CrMoW5-1	1.2606	0.32~0.40	0.90~1.20	0.30~0.60	0.035	0.035	5.00~5.60	1.30~1.60	0.15~0.40	W1.20~1.40
X60WCrMoV9-4	1.2622	0.55~0.65	0.20~0.40	0.20~0.40	0.035	0.035	3.70~4.20	0.80~1.00	0.60~0.80	W8.50~9.50
X30WCrCoV9-3	1.2662	0.27~0.32	0.15~0.30	0.20~0.40	0.035	0.035	2.20~2.50	—	0.20~0.30	W8.00~9.00 Co1.80~2.30
X45CoCrWV5-5-5	1.2678	0.40~0.50	0.30~0.50	0.30~0.50	0.025	0.025	4.00~5.00	0.40~0.60	1.80~2.10	W4.00~5.00
X3NiCoMoTi18-9-5	1.2709	≤0.03	≤0.10	≤0.15	0.010	0.010	≤0.25	0.45~5.20	—	Ni17.0~19.0 Co8.50~10.0 Ti0.80~1.20
45NiCr6	1.2710	0.40~0.50	0.15~0.35	0.50~0.80	0.035	0.035	1.20~1.50	—	—	Ni1.50~1.80
55NiCrMoV6	1.2713	0.50~0.60	0.10~0.40	0.65~0.95	0.030	0.030	0.60~0.80	0.25~0.35	0.07~0.12	Ni1.50~1.80
56NiCrMoV7	1.2714	0.50~0.60	0.10~0.40	0.65~0.95	0.030	0.030	1.00~1.20	0.45~0.55	0.07~0.12	Ni1.50~1.80

续附录表 1-10

钢　号	材料号 W-Nr.	化学成分(质量分数)/%								
		C	Si	Mn	P≤	S≤	Cr	Mo	V	其他
26NiCrMoV5	1.2726	0.22~0.30	0.30~0.50	0.20~0.40	0.030	0.030	0.60~0.90	0.20~0.40	0.15~0.20	Ni1.30~1.60
X50NiCrWV13-13	1.2731	0.45~0.55	1.20~1.50	0.60~0.80	0.035	0.035	12.0~14.0	—	0.30~1.00	Ni12.5~13.5 W1.50~2.80
28MoCrV5	1.2737	0.24~0.32	0.30~0.60	0.20~0.40	0.030	0.030	0.60~0.90	—	0.15~0.20	Ni1.00~1.30
28NiCrMoV10	1.2740	0.24~0.32	0.30~0.50	0.20~0.40	0.030	0.030	0.60~0.90	0.50~0.70	0.25~0.32	Ni2.30~2.60
60NiCrMoV12-4	1.2743	0.55~0.60	0.30~0.50	0.50~0.80	0.035	0.035	1.00~1.30	0.30~0.40	0.07~0.12	Ni2.70~3.00
57NiCrMoV7-7	1.2744	0.50~0.60	0.15~0.35	0.60~0.80	0.035	0.035	0.90~1.20	0.70~0.90	0.07~0.12	Ni1.50~1.80
28NiMo7	1.2747	0.24~0.31	0.15~0.35	0.20~0.40	0.030	0.030	0.30~0.50	1.15~1.25	0.15~0.20	Ni4.20~4.70
35NiCrMo16	1.2766	0.32~0.38	0.15~0.30	0.40~0.60	0.035	0.035	1.20~1.50	0.20~0.40①	—	Ni3.80~4.30
X45NiCrMo4	1.2767	0.40~0.50	0.10~0.40	0.15~0.45	0.030	0.030	1.20~1.50	0.15~0.35①	—	Ni3.80~4.30
X6NiCrTi26-15	1.2779	≤0.08	≤1.00	≤2.00	0.030	0.030	13.5~16.0	1.00~1.50	0.10~0.50	Ni24.0~27.0 Ti1.90~2.30 B0.003~0.010
X16CrNiSi25-20	1.2782	≤0.20	1.80~2.30	≤2.00	0.035	0.035	24.0~26.0	—	—	Ni19.0~21.0
X13NiCrSi36-16	1.2786	≤0.15	1.50~2.00	≤2.00	0.035	0.035	15.0~17.0	—	—	Ni34.0~37.0
X23CrNi17	1.2787	0.10~0.25	≤1.00	≤1.00	0.035	0.035	15.5~18.0	—	—	Ni1.00~2.50
60MnSiCr4	1.2826	0.58~0.65	0.80~1.00	0.80~1.20	0.030	0.030	0.20~0.40	—	—	—
145V33	1.2838	1.40~1.50	0.20~0.35	0.30~0.50	0.030	0.030	—	—	3.00~3.50	—
X32CrMoCoV3-3-3	1.2885	0.28~0.35	0.10~0.40	0.15~0.45	0.030	0.030	2.70~3.20	2.60~3.00	0.40~0.70	Co2.50~3.00
X15CrCoMoV10-10-5	1.2886	0.13~0.18	0.15~0.25	0.15~0.25	—	—	9.50~10.5	4.90~5.20	0.45~0.55	Co9.50~10.5
X20CoCrWMo10-9	1.2888	0.17~0.23	0.15~0.35	0.40~0.60	0.035	0.035	9.00~10.00	1.80~2.20	—	W5.00~6.00 Co9.50~10.50
X45CoCrMoV5-5-3	1.2889	0.40~0.50	0.30~0.50	0.30~0.50	0.025	0.025	4.00~5.00	2.80~3.30	1.80~2.10	Co4.00~5.00
X20CrMo13	1.4120	0.17~0.22	≤1.00	≤1.00	0.045	0.015	12.0~14.0	0.90~1.30	—	Ni≤1.00

① 或用 W0.40~0.60 代替 Mo。

1.8　英国合金工具钢标准钢号与化学成分[BS 4659(1989)](附录表1-11)

附录表1-11　英国合金工具钢的钢号及化学成分

钢　号	化学成分(质量分数)/%								
	C	Si	Mn	Cr	Mo	Ni	V	W	其　他
耐冲击工具钢									
BS1	0. 45~0. 55	0. 70~1. 00	0. 30~0. 70	1. 20~1. 70	—	≤0. 40	0. 10~0. 30	2. 00~2. 50	Cu≤0. 20;Sn≤0. 05
BS2	0. 45~0. 55	0. 90~1. 20	0. 30~0. 50	—	0. 30~0. 60	—	0. 10~0. 30	—	—
BS5	0. 50~0. 60	1. 60~2. 10	0. 60~0. 80	—	0. 30~0. 60	—	0. 10~0. 30	—	—
冷作工具钢									
BO1	0. 85~1. 00	≤0. 40	1. 10~1. 35	0. 40~0. 60	—	≤0. 40	≤0. 25	0. 40~0. 60	Cu≤0. 20;Sn≤0. 05
BO2	0. 85~0. 95	≤0. 40	1. 50~1. 80	—	—	≤0. 40	≤0. 25	—	Cu≤0. 20;Sn≤0. 05
BA2	0. 95~1. 05	≤0. 40	0. 30~0. 70	4. 75~5. 25	0. 90~1. 10	≤0. 40	0. 15~0. 40	—	Cu≤0. 20;Sn≤0. 05
BA6	0. 65~0. 75	≤0. 40	1. 80~2. 10	0. 85~1. 15	1. 20~1. 60	≤0. 40		—	Cu≤0. 20;Sn≤0. 05
BD2	1. 40~1. 60	≤0. 60	≤0. 60	11. 5~12. 5	0. 70~1. 20	≤0. 40	0. 25~1. 00	—	Cu≤0. 20;Sn≤0. 05
BD2A	1. 60~1. 90	≤0. 60	≤0. 60	12. 0~13. 0	0. 70~0. 90	≤0. 40	0. 25~1. 00	—	Cu≤0. 20;Sn≤0. 05
BD3	1. 90~2. 30	≤0. 60	≤0. 60	12. 0~13. 0	—	≤0. 40	≤0. 50	—	Cu≤0. 20;Sn≤0. 05
BF1	1. 15~1. 35	≤0. 40	≤0. 40	0. 25~0. 50	—		≤0. 30	1. 30~1. 60	—
BL1	0. 95~1. 10	≤0. 40	0. 40~0. 70	1. 20~1. 60	—	≤0. 40	—	—	Cu≤0. 20;Sn≤0. 05
BL3	0. 95~1. 05	≤0. 40	≤0. 40	1. 30~1. 50	—	—	0. 10~0. 30	—	—
热作工具钢									
BH10	0. 30~0. 40	0. 75~1. 10	≤0. 40	2. 80~3. 20	2. 65~2. 95	≤0. 40	0. 30~0. 50	—	Cu≤0. 20;Sn≤0. 05
BH10A	0. 30~0. 40	0. 75~1. 10	≤0. 40	2. 80~3. 20	2. 65~2. 95	≤0. 40	0. 30~1. 10	—	Co2. 80~3. 20
BH11	0. 32~0. 42	0. 85~1. 15	≤0. 40	4. 75~5. 25	1. 25~1. 75	≤0. 40	0. 30~0. 50	—	Cu≤0. 20;Sn≤0. 05
BH12	0. 30~0. 40	0. 85~1. 15	≤0. 40	4. 75~5. 25	1. 25~1. 75	≤0. 40	≤0. 50	1. 25~1. 75	Cu≤0. 20;Sn≤0. 05
BH13	0. 32~0. 42	0. 85~1. 15	≤0. 40	4. 75~5. 25	1. 25~1. 75	≤0. 40	0. 90~1. 10	—	Cu≤0. 20;Sn≤0. 05

续附录表 1-11

钢　号	化学成分(质量分数)/%								
	C	Si	Mn	Cr	Mo	Ni	V	W	其　他
BH19	0.35~0.45	≤0.40	≤0.40	4.00~4.50	≤0.45	≤0.40	2.00~2.40	4.00~4.50	Co4.00~4.50
BH21	0.25~0.35	≤0.40	≤0.40	2.25~3.25	≤0.60	≤0.40	≤0.40	8.50~10.0	Cu≤0.20;Sn≤0.05
BH21A	0.20~0.30	≤0.40	≤0.40	2.25~3.25	≤0.60	2.00~2.50	≤0.50	8.50~10.0	Cu≤0.20;Sn≤0.05
BH26	0.50~0.60	≤0.40	≤0.40	3.75~4.50	≤0.60	—	1.00~1.50	17.5~18.5	Co≤0.60
热锻模具钢									
BH224/5	0.49~0.57	≤0.35	0.70~1.00	0.70~1.10	0.25~0.40	1.25~1.80	—	—	Cu≤0.20;Sn≤0.05
塑料模具钢									
BP20	0.28~0.40	0.40~0.60	0.65~0.95	1.50~1.80	0.35~0.55	≤0.40	—	—	Cu≤0.20;Sn≤0.05
BP30	0.26~0.34	≤0.40	0.45~0.70	1.10~1.40	0.20~0.35	3.90~4.30	—	—	Cu≤0.20;Sn≤0.05

1.9　法国合金工具钢标准钢号与化学成分[NF A35—590(1992)]

1.9.1　冷作合金工具钢的钢号及化学成分(附录表 1-12)

附录表 1-12　冷作合金工具钢的钢号及化学成分

钢　号	旧钢号	化学成分(质量分数)/%							
		C	Si	Mn	Cr	Mo	Ni	V	其他
50CrMoV13	50CDV13	0.40~0.60	0.20~0.50	0.55~0.85	3.00~3.50	1.30~1.70	—	0.15~0.35	—
70MnCrMo8	70MCD8	0.60~0.80	0.20~0.50	1.80~2.40	0.90~1.20	0.90~1.40	—	—	—
90MnV8	90MV8	0.80~0.95	0.10~0.40	1.80~2.20	—	—	—	0.05~0.20	—
90MnWCrV5	90MWCV5	0.85~1.00	0.10~0.40	1.05~1.35	0.35~0.65	—	—	0.05~0.20	W0.40~0.70
100V2	100V2	0.95~1.10	0.10~0.30	0.10~0.35	—	—	—	0.10~0.30	—
100Cr2	Y100C2	0.95~1.10	0.15~0.35	0.20~0.40	0.40~0.60	—	—	—	—
100Cr6	Y100C6	0.95~1.10	0.10~0.35	0.20~0.40	1.35~1.60	—	—	—	—
100CrMn6	100CM6	0.90~1.05	0.40~0.70	0.95~1.25	1.35~1.60	—	—	—	—
105WCr5	105WC13	1.00~1.15	0.10~0.40	0.70~1.00	0.80~1.10	—	—	—	W1.00~1.60
130Cr3	130C3	1.20~1.40	0.10~0.40	0.15~0.45	0.60~0.90	—	—	—	—

续附录表 1-12

钢 号	旧钢号	化学成分(质量分数)/%							
		C	Si	Mn	Cr	Mo	Ni	V	其 他
X100CrMoV5	Z100CDV5	0.90~1.05	0.10~0.40	0.50~0.80	4.80~5.50	0.90~1.30	—	0.15~0.35	—
X160CrMoV12	Z160CDV12	1.45~1.70	0.10~0.40	0.15~0.45	11.0~13.0	0.70~1.10	—	0.70~1.00	—
X160CrCoMoV12-3	Z160CKDV12-03	1.50~1.75	0.10~0.40	0.15~0.45	12.0~14.0	0.70~1.10	—	0.15~0.30	Co2.50~3.00
X200Cr12	Z200C12	1.90~2.20	0.10~0.40	0.15~0.45	11.0~13.0	—	—	—	—
X200CrMo12-1	Z200CD12	1.80~2.10	0.10~0.40	0.40~0.70	11.0~13.0	0.50~0.80	—	—	—
X210CrW12-1	Z210CW12-01	2.00~2.30	0.10~0.40	0.15~0.45	11.0~13.0	—	—	—	W0.60~0.80
35NiCr15	Y35NC15	0.32~0.38	0.10~0.40	0.30~0.60	1.40~1.80	—	3.50~4.00	—	—
35CrMnMo7	35CMD7①	0.32~0.38	0.35~0.70	0.80~1.20	1.60~2.00	0.35~0.60	—	—	—
40CrMnMo8	40CMD8	0.35~0.45	0.15~0.40	1.35~1.65	1.75~2.15	0.15~0.30	—	—	—
42CrMo4	Y42CD4	0.39~0.46	0.10~0.40	0.60~0.90	0.85~1.15	0.15~0.30	—	—	—
45SiCrMo6	Y45SCD6	0.42~0.50	1.30~1.70	0.50~0.80	0.50~0.75	0.15~0.30	—	—	—
45WCrV8	45WCV20	0.40~0.50	0.70~1.10	0.15~0.45	0.95~1.25	—	—	0.15~0.30	W1.70~2.20
46Si7	Y46S7	0.43~0.49	1.60~2.00	0.50~0.80	—	—	—	—	—
51Si7	Y51S7	0.48~0.54	1.60~2.00	0.50~0.80	—	—	—	—	—
60Si8	Y60S7	0.52~0.60	1.80~2.20	0.60~0.90	—	—	—	—	—
X20Cr13	Z20C13	0.18~0.23	≤1.00	≤1.00	12.0~14.0	—	—	—	—
X33Cr13	Z33C13	0.28~0.38	≤1.00	≤1.00	12.0~14.0	—	—	—	—
X38CrMo16-1	Z38CD16-01	0.33~0.43	≤1.00	≤1.00	15.0~17.0	1.00~1.50	—	—	—
X40Cr14	Z40C14	0.35~0.45	≤1.00	≤1.00	12.5~14.5	—	≤1.00	—	—
X44Cr14	Z44C14	0.40~0.48	≤1.00	≤1.00	12.5~14.5	—	—	—	—
X54Cr14	Z54C14	0.50~0.58	≤1.00	≤1.00	13.5~15.0	—	—	—	—
X100CrMo17	Z100CD17	0.95~1.10	≤1.00	≤1.00	16.0~18.0	0.40~0.70	—	—	—
X1CrNiMoAl12-9	Z1CNDA12-09	≤0.05	≤0.10	—	11.5~12.5	1.80~2.50	8.00~9.50	—	Al0.60~0.90

续附录表 1-12

钢　号	旧钢号	化学成分(质量分数)/%							
		C	Si	Mn	Cr	Mo	Ni	V	其他
X2NiCoMoTi18-8-5	Z2NKDT18-08-05	≤0.05	≤0.10	≤1.00	—	4.60~5.20	17.0~19.0	—	Ti≤0.35 Co7.00~8.00 Al0.05~0.15 Ti0.30~0.60

注：通常加 S。

1.9.2 热作合金工具钢的钢号与化学成分(附录表 1-13)

附录表 1-13　热作合金工具钢的钢号及化学成分

钢　号	旧钢号	化学成分(质量分数)/%							
		C	Si	Mn	Cr	Mo	Ni	V	其他
35CrMo8	35CD8	0.30~0.40	0.30~0.80	0.50~1.50	1.50~2.20	0.40~0.60	—	—	—
35NiCrMoV8	35NCDV8	0.32~0.38	0.10~0.40	0.30~0.60	1.90~2.30	0.50~0.80	2.00~2.40	0.05~0.15	—
40CrMoV13	40CDV13	0.36~0.43	0.10~0.40	0.40~0.70	2.90~3.50	0.50~0.80	—	0.05~0.15	—
40NiCrMo16	40NCD16	0.35~0.43	0.10~0.40	0.30~0.60	1.60~2.00	0.30~0.50	3.70~4.20	—	—
40NiCrMoV16	40NCDV16	0.35~0.45	0.10~0.40	0.35~0.65	1.70~2.00	0.40~0.60	3.60~4.10	0.05~0.25	—
45CrMoV6	45CDV6	0.41~0.49	0.10~0.40	0.10~0.40	1.35~1.65	0.70~1.00	—	0.15~0.35	—
55CrNiMoV4	55CNDV4	0.50~0.60	0.10~0.40	0.60~1.00	0.85~1.15	0.30~0.50	0.45~0.75	0.05~0.15	—
55NiCrMoV7	55NCDV7	0.50~0.60	0.10~0.40	0.50~0.80	0.70~1.00	0.30~0.50	1.50~2.00	0.05~0.15	—
20MoNi34-13	20DN34-13	0.18~0.23	0.10~0.40	0.50~0.80	—	3.10~3.70	2.90~3.50	—	—
32CrMoV12-28	32CDV12-28	0.28~0.35	0.10~0.40	0.20~0.50	2.60~3.30	2.50~3.00	—	0.40~0.70	—
X35CrWMoV5	Z35CDV5	0.32~0.40	0.80~1.20	0.20~0.50	4.80~5.50	1.20~1.50	—	0.30~0.50	W1.00~1.60
X38CrMoV5	Z38CDV5	0.34~0.42	0.80~1.20	0.20~0.50	4.80~5.50	1.20~1.50	—	0.30~0.50	—
X38CrMoV5-3	Z38CDV5-3	0.34~0.42	0.30~0.50	0.20~0.50	4.80~5.50	2.80~3.20	—	0.30~0.50	—
X40CrMoV5	Z40CDV5	0.36~0.44	0.80~1.20	0.20~0.50	4.80~5.50	1.20~1.50	—	0.85~1.15	—
X30WCrV9	Z30WCV9	0.25~0.32	0.10~0.40	0.15~0.45	2.50~3.30	—	—	0.30~0.50	W8.50~9.50

续附录表 1-13

钢　号	旧钢号	化学成分(质量分数)/%							
		C	Si	Mn	Cr	Mo	Ni	V	其　他
X32WCrV5	Z32WCV5	0.28～0.35	0.10～0.40	0.15～0.45	2.00～3.00	—	—	0.40～0.70	W4.50～5.10
X56CrMoWV4	Z56CDWV4	0.52～0.60	—	—	3.50～4.50	1.80～2.40	—	0.80～1.20	W1.30～1.80
X80MoCrV42-16	Y80DCV42-16	0.77～0.85	0.15～0.65	0.10～0.40	3.75～4.50	3.75～4.50	—	0.90～1.20	—
X15CrNiSi25-20	Z15CNS25-20	≤0.15	1.50～2.50	≤2.00	24.0～26.0	—	19.0～21.0	—	—
X15NiCrSi37-18	Z15NCS37-18	≤0.15	1.50～2.50	≤2.00	16.0～19.0	—	36.0～39.0	—	—
X20Cr13	Z20C13	0.18～0.23	≤1.00	≤1.00	12.0～14.0	—	—	—	—
X21CrNi17	Z21CN17	0.17～0.25	≤1.00	≤1.00	16.0～18.0	—	1.50～2.50	—	—

1.10　俄罗斯 ГОСТ 标准合金工具钢的钢号及化学成分[ГОСТ 5950](附录表 1-14)

附录表 1-14　合金工具钢的钢号及化学成分

钢　号	化学成分(质量分数)/%										
	C	Si	Mn	P ≤	S ≤	Cr	Mo	Ni	V	W	其　他
量具刃具用钢											
8XФ	0.70～0.80	0.10～0.40	0.15～0.45	0.030	0.030	0.40～0.70	≤0.20	≤0.35	0.15～0.30	≤0.20	Cu≤0.30;Ti≤0.03
9XФ	0.80～0.90	0.15～0.35	0.30～0.60	0.030	0.030	0.40～0.70	≤0.20	≤0.35	0.15～0.30	≤0.20	Cu≤0.30;Ti≤0.03
9XФM	0.80～0.90	0.15～0.35	0.30～0.60	0.030	0.030	0.40～0.70	0.15～0.25	≤0.35	0.15～0.30	≤0.20	Cu≤0.30;Ti≤0.03
11XФ	1.05～1.15	0.15～0.35	0.40～0.70	0.030	0.030	0.40～0.70	≤0.20	≤0.35	0.15～0.30	≤0.20	Cu≤0.30;Ti≤0.03
13X	1.25～1.40	0.10～0.40	0.15～0.45	0.030	0.030	0.40～0.70	≤0.20	≤0.35	≤0.15	≤0.20	Cu≤0.30;Ti≤0.03
XB4Ф	1.25～1.45	0.15～0.35	0.15～0.40	0.030	0.030	0.40～0.70	≤0.50	≤0.35	0.15～0.30	0.15～4.30	Cu≤0.30;Ti≤0.03
B2Ф	1.05～1.22	0.10～0.40	0.15～0.45	0.030	0.030	0.20～0.40	≤0.30	≤0.35	0.15～0.30	1.60～2.00	Cu≤0.30;Ti≤0.03
9X1	0.80～0.95	0.25～0.45	0.40～0.45	0.030	0.030	1.40～1.70	≤0.20	≤0.35	≤0.15	≤0.20	Cu≤0.30;Ti≤0.03
X	0.95～1.10	0.10～0.40	0.15～0.40	0.030	0.030	1.30～1.65	≤0.20	≤0.35	≤0.15	≤0.20	Cu≤0.30;Ti≤0.03
12X1	1.15～1.25	0.15～0.35	0.30～0.60	0.030	0.030	1.30～1.65	≤0.20	≤0.35	≤0.15	≤0.20	Cu≤0.30;Ti≤0.03
9XC	0.85～0.95	1.20～1.60	0.30～0.60	0.030	0.030	0.95～1.25	≤0.20	≤0.35	≤0.15	≤0.20	Cu≤0.30;Ti≤0.03

续附录表 1-14

钢　号	化学成分(质量分数)/%										
	C	Si	Mn	P ≤	S ≤	Cr	Mo	Ni	V	W	其　他
9Γ2Φ	0.85~0.95	0.10~0.40	1.70~2.20	0.030	0.030		≤0.20	≤0.35	0.10~0.30	≤0.20	Cu≤0.30; Ti≤0.03
XΓC	0.95~1.05	0.40~0.70	0.85~1.25	0.030	0.030	1.30~1.65	≤0.20	≤0.35	≤0.15	≤0.20	Cu≤0.30; Ti≤0.03
9XBΓ	0.85~0.95	0.15~0.35	0.90~1.20	0.030	0.030	0.50~0.80	≤0.30	≤0.35	≤0.15	0.50~0.80	Cu≤0.30; Ti≤0.03
XBΓ	0.90~1.05	0.10~0.40	0.80~1.10	0.030	0.030	0.90~1.20	≤0.30	≤0.35	≤0.15	1.20~1.60	Cu≤0.30; Ti≤0.03
XBCΓΦ	0.95~1.05	0.65~1.00	0.60~0.90	0.030	0.030	0.60~1.10	≤0.30	≤0.35	0.05~0.15	0.50~0.80	Cu≤0.30; Ti≤0.03
9X5BΦ	0.85~1.00	0.15~0.40	0.15~0.40	0.030	0.030	4.50~5.50	≤0.30	≤0.35	0.15~0.30	0.80~1.20	Cu≤0.30; Ti≤0.03
8X6HΦT	0.80~0.90	0.15~0.35	0.15~0.40	0.030	0.030	5.00~6.00	≤0.20	0.90~1.30	0.30~0.50	≤0.20	Cu≤0.30; Ti0.05~0.15
8X4B2MΦC2	0.80~0.90	1.70~2.00	0.20~0.50	0.030	0.030	4.55~5.10	0.80~1.10	≤0.35	1.10~1.40	1.80~2.30	Cu≤0.30; Ti≤0.03
11X4B2MΦ3C2	1.05~1.15	1.40~1.80	0.20~0.50	0.030	0.030	3.50~4.20	0.30~0.50	≤0.40	2.30~2.80	2.00~2.70	Cu≤0.30; Ti≤0.03
冷作模具钢											
X6BΦ	1.05~1.15	0.15~0.35	0.15~0.40	0.030	0.030	5.50~6.50	≤0.30	≤0.35	0.50~0.80	1.10~1.50	Cu≤0.30; Ti≤0.03
X12	2.00~2.20	0.10~0.40	0.15~0.45	0.030	0.030	11.5~13.0	≤0.20	≤0.35	≤0.15	≤0.20	Cu≤0.30; Ti≤0.03
X12BMΦ	2.00~2.20	0.10~0.40	0.15~0.45	0.030	0.030	11.0~12.5	0.60~0.90	≤0.35	0.15~0.30	0.50~0.80	Cu≤0.30; Ti≤0.03
X12MΦ	1.45~1.65	0.10~0.40	0.15~0.45	0.030	0.030	11.0~12.5	0.40~0.60	≤0.35	0.15~0.30	≤0.20	Cu≤0.30; Ti≤0.03
X12Φ	1.25~1.45	0.15~0.35	0.15~0.40	0.030	0.030	11.0~12.5	≤0.20	≤0.35	0.70~0.90	≤0.20	Cu≤0.30; Ti≤0.03
7XΓ2BMΦ	0.68~0.76	0.20~0.40	1.80~2.30	0.030	0.030	1.50~1.80	0.50~0.80	≤0.35	0.10~0.25	0.50~0.90	Cu≤0.30; Ti≤0.03
热作模具钢											
7X3	0.65~0.75	0.15~0.35	0.15~0.40	0.030	0.030	3.20~3.80	≤0.20	≤0.35	≤0.15	≤0.20	Cu≤0.30; Ti≤0.03
8X3	0.75~0.85	0.15~0.35	0.15~0.40	0.030	0.030	3.20~3.80	≤0.20	≤0.35	≤0.15	≤0.20	Cu≤0.30; Ti≤0.03
5XHM	0.50~0.60	0.10~0.40	0.50~0.80	0.030	0.030	0.50~0.80	0.15~0.30	1.40~1.80	≤0.15	≤0.20	Cu≤0.30; Ti≤0.03
5XHB	0.50~0.60	0.15~0.35	0.50~0.80	0.030	0.030	0.50~0.80	≤0.30	1.40~1.80	≤0.15	0.40~0.70	Cu≤0.30; Ti≤0.03
5XHBC	0.50~0.60	0.60~0.90	0.30~0.60	0.030	0.030	1.30~1.60	≤0.30	0.80~1.20	≤0.15	0.40~0.70	Cu≤0.30; Ti≤0.03

续附录表 1-14

钢　号	化学成分(质量分数)/%										
	C	Si	Mn	P ≤	S ≤	Cr	Mo	Ni	V	W	其　他
5XΓM	0.50~0.60	0.25~0.60	1.20~1.60	0.030	0.030	0.60~0.90	0.15~0.30	≤0.35	≤0.15	≤0.20	Cu≤0.30; Ti≤0.03
4XMΦC	0.37~0.45	0.50~0.80	0.50~0.80	0.030	0.030	1.50~1.80	0.90~1.20	≤0.35	0.30~0.50	≤0.20	Cu≤0.30; Ti≤0.03
5X2MHΦ	0.46~0.53	0.10~0.40	0.40~0.70	0.030	0.030	1.50~2.00	0.80~1.10	1.20~1.60	0.30~0.50	≤0.20	Cu≤0.30; Ti≤0.03
3X2MHΦ	0.27~0.33	0.15~0.40	0.30~0.60	0.030	0.030	2.00~2.50	0.40~0.60	1.20~1.60	0.25~0.40	≤0.20	Cu≤0.30; Ti≤0.03
3X2B8Φ	0.30~0.40	0.15~0.40	0.15~0.40	0.030	0.030	2.20~2.70	≤0.50	≤0.35	0.20~0.50	7.50~8.50	Cu≤0.30; Ti≤0.03
4X2B5MΦ	0.30~0.40	0.15~0.35	0.15~0.40	0.030	0.030	2.20~3.00	0.60~0.90	≤0.35	0.60~0.90	4.50~5.50	Cu≤0.30; Ti≤0.03
4X2B2MΦC	0.42~0.50	0.30~0.60	0.30~0.60	0.030	0.030	2.00~3.50	0.80~1.10	≤0.35	0.60~0.90	1.80~2.40	Cu≤0.30; Ti≤0.03
5X3B3MΦC	0.45~0.52	0.50~0.80	0.20~0.50	0.030	0.030	2.50~3.20	0.80~1.10	≤0.35	1.50~1.80	3.00~3.60	Cu≤0.30; Ti≤0.03; Nb 0.05~0.15
4XMHΦC	0.35~0.42	0.70~1.00	0.15~0.40	0.030	0.030	1.25~1.55	0.65~0.85	1.20~1.60	0.35~0.50	≤0.20	Cu≤0.30; Ti≤0.03 Zr 0.03~0.09;
4X5B2ΦC	0.35~0.45	0.80~1.20	0.15~0.40	0.030	0.030	4.50~5.50	≤0.30	≤0.35	0.60~0.90	1.60~2.20	B 0.002~0.004 Cu≤0.30; Ti≤0.03
4X5MΦC	0.32~0.40	0.90~1.20	0.20~0.50	0.030	0.030	4.50~5.50	1.20~1.50	≤0.35	0.30~0.50	≤0.20	Cu≤0.30; Ti≤0.03
4X5MΦ1C	0.37~0.44	0.90~1.20	0.20~0.50	0.030	0.030	4.50~5.50	1.20~1.50	≤0.35	0.80~1.10	≤0.20	Cu≤0.30; Ti≤0.03
6X3MΦC	0.55~0.62	0.35~0.65	0.20~0.60	0.030	0.030	2.60~3.30	0.20~0.50	≤0.35	0.30~0.60	≤0.20	Cu≤0.30; Ti≤0.03
6X4M2ΦC	0.57~0.65	0.70~1.00	0.15~0.40	0.030	0.030	3.80~4.40	2.00~2.40	≤0.35	0.40~0.60	≤0.20	Cu≤0.30; Ti≤0.03
4X3BMΦ	0.40~0.48	0.60~0.90	0.30~0.60	0.030	0.030	2.80~3.50	0.40~0.60	≤0.35	0.60~0.90	0.60~1.00	Cu≤0.30; Ti≤0.03
4X4BMΦC	0.37~0.44	0.60~1.00	0.20~0.50	0.030	0.030	3.20~4.00	1.20~1.50	≤0.35	0.60~0.90	0.80~1.20	Cu≤0.30; Ti≤0.03
3X3M3Φ	0.27~0.34	0.10~0.40	0.20~0.50	0.030	0.030	2.80~3.50	2.50~3.00	≤0.35	0.40~0.60	≤0.20	Cu≤0.30; Ti≤0.03
6X6B3MΦC	0.50~0.60	0.60~0.90	0.15~0.40	0.030	0.030	5.50~6.50	0.60~0.90	≤0.35	0.50~0.80	2.50~3.20	Cu≤0.30; Ti≤0.03
耐冲击工具用钢											
4XC	0.35~0.45	1.20~1.60	0.15~0.40	0.030	0.030	1.30~1.60	≤0.20	≤0.35	≤0.15	≤0.20	Cu≤0.30; Ti≤0.03

续附录表 1-14

钢号	化学成分(质量分数)/%										
	C	Si	Mn	P ≤	S ≤	Cr	Mo	Ni	V	W	其他
6XC	0.60~0.70	0.60~1.00	0.15~0.40	0.030	0.030	1.00~1.30	≤0.20	≤0.35	≤0.15	≤0.20	Cu≤0.30; Ti≤0.03
4XB2C	0.35~0.45	0.60~0.90	0.15~0.40	0.030	0.030	1.00~1.30	≤0.30	≤0.35	≤0.15	2.00~2.50	Cu≤0.30; Ti≤0.03
5XB2CФ	0.45~0.55	0.80~1.10	0.15~0.45	0.030	0.030	0.90~1.20	≤0.30	≤0.35	0.15~0.30	1.80~2.30	Cu≤0.30; Ti≤0.03
6XB2C	0.55~0.65	0.50~0.80	0.15~0.45	0.030	0.030	1.00~1.30	≤0.30	≤0.35	≤0.15	2.20~2.70	Cu≤0.30; Ti≤0.03
6XBГ	0.55~0.70	0.15~0.35	0.90~1.20	0.030	0.030	0.50~0.80	≤0.30	≤0.35	≤0.15	0.50~0.80	Cu≤0.30; Ti≤0.03

附录2　我国合金工具钢标准钢号与国外和国际标准化组织相近标准钢号对照表

国　别	中　国	国际标准化组织	美　国	日　本	苏　联	德　国	法　国	英　国
标准号	GB/T1299—2000	ISO4957—1999	ASTM A681—1999	JISG4404—2000	ГОСТ5950	DIN17350	NFA35－590 1992	BS4659 1989
	9CrSi				9XC	90CrSi5		
	8MnSi							
	Cr06				13X			
	Cr2	100Cr2	L3		X	100Cr6	Y100C6	BL3
	9Cr2				9X1			
	W		07					
	4CrW2Si	45WCrV2	约 S1		4XB2C	45WCrV7	55WC12	BS1
	5CrW2Si	50WCrV2	约 S1		5XB2C	45WCrV7	55WC20	BS1
	6CrW2Si	60WCrV2	约 S1		6XB2C	60WCrV7		BS1
	6CrMnSi2Mo1V		S5					
	5Cr3Mn1SiMo1V		S7					
	Cr12	X210Cr12	D3	SKD1	X12	X210Cr12	Z700C12	BD3
	Cr12Mo1V1	160CrMoV12	D2	SKD11		X155CrVMo121	Z160CDV12	BD2
	Cr12MoV			SKD11	X12MΦ	X165CrMoV12		
	Cr5Mo1V	100CrMoV5	A2	SKD12	9X5BΦ	X100CrMoV51	Z100CDV5	BA2
	9Mn2V	90MnV2	O2			90MnCrV8	90MV8	BO2
	CrWMn	95MnCrW1		SKS31	XBГ	105WCr6	105WC13	
	9CrWMn		O1	SKS3	9XBГ	100MnCrW4	90MWCV5	BO1
	Cr4W2MoV							
	6Cr4W3Mo2VNb							
	6W6Mo5Cr4V		H42					
	5CrMnMo				5XГM			
	5CrNiMo	55NiCrMoV2	(L6)	5KT4	5XHM	55NiCrMoV6	55NCDV7	
	3Cr2W8V	30WCrV9	H21	SKD5	3X2B8Φ		Z30WCV9	BH21
	5Cr4Mo3SiMnVAl							
	3Cr3Mo3W2V							
	5Cr4W5Mo2V							
	8Cr3				8X3			
	4CrMnSiMoV							
	4Cr3Mo3SiV	30CrMoV3	H10	SKD7	3X3M3Φ	X32CrMoV33	Z32DCV28	BH10
	4Cr5MoSiV	35CrMoV5	H11	SKD6	4X5MΦC	X38CrMoV51	Z38CDV5	BH11
	4Cr5MoSiV1	40CrMoV5	H13	SKD61	4X5MΦ1C	X40CrMoV51	Z40CDV5	BH13
	4Cr5W2VSi				4X5B2ΦC			
	7Mn15Cr2Al3V2WMo							
	3Cr2Mo	35CrMo2	P20			40CrMnMo7		
	3Cr2MnNiMo					40CrMnNiMo8－6－4		

附录3 我国研制和仿制的模具钢钢号、代号及主要化学成分

钢组	序号	钢 号	化学成分(质量分数)/%									代 号	备 注
			C	Si	Mn	Cr	Mo	W	V	Al	其 他		
冷作模具钢	1	Cr4W2MoV	1.12 ~ 1.25	0.40 ~ 0.70	≤0.40	3.50 ~ 4.00	0.80 ~ 1.20	1.90 ~ 2.60	0.80 ~ 1.10			120	
	2	6Cr4W3Mo2VNb	0.60 ~ 0.70	≤0.40	≤0.40	3.80 ~ 4.40	1.80 ~ 2.50	2.50 ~ 3.50	0.80 ~ 1.20		Nb0.20 ~ 0.35	65Nb	
	3	6W6Mo5Cr4V	0.55 ~ 0.65	≤0.40	≤0.40	3.70 ~ 4.30	4.50 ~ 5.50	6.00 ~ 7.00	0.70 ~ 1.10			6W6	
	4	Cr5MoV	0.95 ~ 1.05	0.10 ~ 0.50	0.40 ~ 1.00	4.75 ~ 5.50	0.90 ~ 1.40		0.15 ~ 0.50			A2	美国 ASTM, AISI/SAE 标准钢号
	5	Cr12Mo1V1	1.40 ~ 1.60	0.10 ~ 0.60	0.20 ~ 0.60	11.0 ~ 13.0	0.70 ~ 1.20		0.50 ~ 1.10			D2	美国 ASTM, AISI/SAE 标准钢号
	6	W6Mo5Cr4V2	0.78 ~ 0.88	0.20 ~ 0.45	0.15 ~ 0.40	3.75 ~ 4.50	4.50 ~ 5.50	5.50 ~ 6.75	1.75 ~ 2.20			M2	美国 ASTM, AISI/SAE 标准钢号
	7	MnCrWV	0.85 ~ 1.00	0.10 ~ 0.50	1.00 ~ 1.40	0.40 ~ 0.60		0.40 ~ 0.60	≤0.30			O1	美国 ASTM, AISI/SAE 标准钢号
	8	7CrSiMnMoV	0.65 ~ 0.75	0.85 ~ 1.15	0.65 ~ 1.05	0.90 ~ 1.20	0.20 ~ 0.50		0.15 ~ 0.30			CH-1	
	9	7Cr7Mo2VSi	0.70 ~ 0.80	0.70 ~ 1.20	≤0.50	6.50 ~ 7.50	2.00 ~ 2.50		1.70 ~ 2.20			LD	
	10	7Cr7Mo3VSi	0.70 ~ 0.80	0.70 ~ 1.20	≤0.50	6.50 ~ 7.50	2.00 ~ 3.00		1.70 ~ 2.20			LD-1	
	11	Cr2Mn2SiWMoV	0.95 ~ 1.05	0.60 ~ 0.90	1.80 ~ 2.30	2.30 ~ 2.60	0.50 ~ 0.80	0.70 ~ 1.10	0.10 ~ 0.25				
	12	6CrNiSiMnMoV	0.64 ~ 0.74	0.50 ~ 0.90	0.70 ~ 1.00	1.00 ~ 1.30	0.30 ~ 0.60				Ni0.70 ~ 1.00	GD	
	13	7Mn15Cr2Al3V2WMo	0.65 ~ 0.75	≤0.80	14.50 ~ 16.50	2.00 ~ 2.50	0.50 ~ 0.80	0.50 ~ 0.80	1.50 ~ 2.00	2.30 ~ 3.30			
	14	7CrMn2Mo	0.65 ~ 0.75	0.20 ~ 0.50	1.80 ~ 2.50	0.90 ~ 1.20	0.90 ~ 1.40					A6	美国 ASTM, AISI/SAE 标准钢号

续附录 3

钢组	序号	钢号	化学成分(质量分数)/%									代号	备注
			C	Si	Mn	Cr	Mo	W	V	Al	其他		
冷作模具钢	15	Cr8Mo2SiV	0.95 ~ 1.05	0.80 ~ 1.10	0.20 ~ 0.50	7.50 ~ 8.50	1.80 ~ 2.10		0.15 ~ 0.35			DC53	日本大同特钢钢号
	16	6CrMnSi2MoV	0.50 ~ 0.60	1.75 ~ 2.25	0.60 ~ 1.00	0.10 ~ 0.50	0.20 ~ 1.35		0.15 ~ 0.35			S5	美国 ASTM,AISI/SAE 标准钢号
	17	5Cr3Mn1SiMo1V	0.45 ~ 0.55	0.20 ~ 1.00	0.20 ~ 0.80	3.00 ~ 3.50	1.30 ~ 1.80		≤0.35			S7	美国 ASTM,AISI/SAE 标准钢号
热作模具钢	18	5Cr4Mo3SiMnVAl	0.47 ~ 0.57	0.80 ~ 1.10	0.80 ~ 1.10	3.80 ~ 4.30	2.80 ~ 3.40		0.80 ~ 1.20	0.30 ~ 0.70		012Al	
	19	6Cr4Mo3Ni2WV	0.55 ~ 0.64	≤0.40	≤0.40	3.80 ~ 4.40	2.80 ~ 3.30	0.90 ~ 1.30	0.90 ~ 1.30		Ni1.80 ~ 2.20	CG2	
	20	3Cr3Mo3W2V	0.32 ~ 0.42	0.60 ~ 0.90	≤0.65	2.80 ~ 3.30	2.50 ~ 3.00	1.20 ~ 1.80	0.80 ~ 1.20			HM－1	
	21	4Cr3Mo2WVMn	0.35 ~ 0.44	0.20 ~ 0.40	0.90 ~ 1.20	2.40 ~ 2.80	1.80 ~ 2.20	1.00 ~ 1.30	1.00 ~ 1.30			TM	
	22	4Cr5MoSiV	0.33 ~ 0.43	0.80 ~ 1.20	0.20 ~ 0.50	4.75 ~ 5.50	1.10 ~ 1.60		0.30 ~ 0.60			H11	美国 ASTM,AISI/SAE 标准钢号
	23	4Cr3Mo3SiV	0.35 ~ 0.45	0.80 ~ 1.20	0.25 ~ 0.70	3.00 ~ 3.75	2.00 ~ 3.00		0.25 ~ 0.75			H10	美国 ASTM,AISI/SAE 标准钢号
	24	4Cr5MoSiV1	0.32 ~ 0.45	0.80 ~ 1.20	0.20 ~ 0.50	4.75 ~ 5.50	1.10 ~ 1.75		0.80 ~ 1.20			H13	美国 ASTM,AISI/SAE 标准钢号
	25	3Cr3W9V	0.26 ~ 0.36	0.15 ~ 0.50	0.15 ~ 0.40	3.00 ~ 3.75	—	8.50 ~ 10.00	0.30 ~ 0.60			H21	美国 ASTM,AISI/SAE 标准钢号
	26	4Cr3Mo2V	0.38	0.30	0.75	2.60	2.25		0.90			QRO	瑞典 ASSAS 钢号
	27	5Cr4W5Mo2V	0.40 ~ 0.50	≤0.40	≤0.40	3.40 ~ 4.40	1.50 ~ 2.10	4.50 ~ 5.30	0.70 ~ 1.10			RM2	
	28	4CrMnSiMoV	0.35 ~ 0.45	0.80 ~ 1.10	0.80 ~ 1.10	1.30 ~ 1.50	0.40 ~ 0.60		0.20 ~ 0.40				
	29	5Cr2NiMoVSi	0.46 ~ 0.53	0.60 ~ 0.90	0.40 ~ 0.60	1.54 ~ 2.00	0.08 ~ 1.20		0.30 ~ 0.50		Ni0.8 ~ 1.20		
	30	4Cr2NiMoV	0.41	0.35	0.40	2.10	0.55		0.21		Ni:1.20		

续附录 3

钢组	序号	钢号	化学成分(质量分数)/%									代号	备注
			C	Si	Mn	Cr	Mo	W	V	Al	其他		
热作模具钢	31	4Cr3Mo3SiV	0.35 ~ 0.45	0.80 ~ 1.20	0.25 ~ 0.70	3.00 ~ 3.75	2.00 ~ 3.00		0.25 ~ 0.75			H10	美国 ASTM，AISI/SAE 标准钢号
	32	3Cr3Mo3VCo	0.32	0.30	0.35	2.9	2.8		0.65		Co:0.65		
	33	4Cr5Mo2V	0.38	0.20	0.30	5.2	2.0		0.8				
	34	4Cr5Mo3V	0.38	0.40	0.45	5.0	3.0		0.55			ISO 标准钢号 X38CrMoV5 - 3	
	35	4Cr5Mo2VCo	0.38	0.20	0.50	5.2	2.0		0.8		Co:0.5		日本大同特钢钢号
	36	4CrNi4Mo	0.45	0.20	0.35	1.3	0.2				Ni:4.0	X45NiCrMo4	德国 DIN 标准钢号
塑料模具钢	37	3Cr2Mo	0.28 ~ 0.40	0.20 ~ 0.80	0.60 ~ 1.00	1.40 ~ 2.00	0.30 ~ 0.55					P20	美国 ASTM，AISI/SAE 标准钢号
	38	5CrNiMnMoVSCa	0.50 ~ 0.60		0.80 ~ 1.20	0.80 ~ 1.20	0.30 ~ 0.60		0.15 ~ 0.30		Ni0.80 ~ 1.20 S0.06 ~ 0.15 Ca0.002 ~ 0.008	5NiSCa	
	39	06Ni6CaMoVTiAl	≤0.06	≤0.60	≤0.50	1.30 ~ 1.60	0.90 ~ 1.20		0.08 ~ 0.16	0.50 ~ 0.90	Ni5.50 ~ 6.50 Ti0.90 ~ 1.30		
	40	10Ni3Mn2CuAlMo	0.06 ~ 0.20	≤0.35	1.40 ~ 1.70		0.20 ~ 0.50			0.70 ~ 1.20	Ni2.80 ~ 3.40 Cu0.80 ~ 1.20	PMS	
	41	25CrNi3MoAl	0.20 ~ 0.30	0.20 ~ 0.50	0.50 ~ 0.80	1.20 ~ 1.80	0.20 ~ 0.40			1.00 ~ 1.60	Ni3.00 ~ 4.00		
	42	8Cr2MnWMoVS	0.75 ~ 0.85	≤0.40	1.30 ~ 1.70	2.30 ~ 2.60	0.50 ~ 0.80	0.70 ~ 1.10	0.10 ~ 0.25		Si0.08 ~ 0.15	8Cr2S	
	43	3Cr2MnNiMo	0.32 ~ 0.40	0.20 ~ 0.40	1.10 ~ 1.50	1.70 ~ 2.00	0.25 ~ 0.40				Ni0.85 ~ 1.15	718	瑞典 ASSAB 钢号

续附录3

钢组	序号	钢　号	化学成分(质量分数)/%									代 号	备　注
			C	Si	Mn	Cr	Mo	W	V	Al	其 他		
塑料模具钢	44	SM45	0.42 ~ 0.48	0.17 ~ 0.37	0.50 ~ 0.80							S45C	日本 JIS 标准钢号
	45	SM50	0.47 ~ 0.53	0.17 ~ 0.37	0.50 ~ 0.80							S50C	日本 JIS 标准钢号
	46	SM55	0.52 ~ 0.58	0.17 ~ 0.37	0.50 ~ 0.80							S55C	日本 JIS 标准钢号
	47	0Cr4NiMoV	≤0.08	≤0.20	0.20 ~ 0.30	3.60 ~ 4.20	0.20 ~ 0.60		0.08 ~ 0.15		Ni:0.30 ~ 0.70		
	48	4Cr17Mo	0.33 ~ 0.43	<1.0	<1.0	15.00 ~ 17.50	1.0 ~ 1.3						
	49	4Cr13NiVSi	0.40	1.00	0.50	13.00			0.30		Ni:0.25		
	50	3Cr17NiMoV	0.40	0.40	0.70	16.00	1.00		0.20		Ni:0.70		

附录 4 硬度的换算和对照表

4.1 各种硬度及强度换算表

附录表 4-1 洛氏硬度 HRC 与其他硬度及强度换算表

洛氏硬度		布氏硬度 10～3000HB	维氏硬度 HV	表面洛氏硬度			强度(近似值) σ_b/MPa
HRC	HRA			15－N	30－N	45－N	
65.0	83.6		798	92.5	81.4	71.4	
64.5	83.4		785	92.3	81.1	71.0	
64.0	83.1		774	92.1	80.7	70.5	
63.5	82.9		763	92.0	80.3	70.0	
63.0	82.6		751	91.8	80.0	69.6	
62.5	82.3		741	91.6	79.6	69.1	
62.0	82.1		730	91.4	79.2	68.6	
61.5	81.8		719	91.3	78.8	68.1	
61.0	81.5		708	91.1	78.4	67.6	
60.5	81.3		697	90.9	78.0	67.1	
60.0	81.0		687	90.7	77.6	66.5	2675
59.5	80.7		676	90.4	77.2	66.0	2615
59.0	80.5		666	90.2	76.8	65.4	2555
58.5	80.2		655	90.0	76.4	64.9	2495
58.0	80.0		645	89.8	76.0	64.3	2435
57.5	79.7		635	89.5	75.5	63.7	2370
57.0	79.5		625	89.3	75.1	63.2	2315
56.5	79.2		615	89.0	74.7	62.6	2265

续附录表 4-1

洛氏硬度		布氏硬度 10～3000HB	维氏硬度 HV	表面洛氏硬度			强度(近似值) σ_b/MPa
HRC	HRA			15－N	30－N	45－N	
56.0	78.9		605	88.8	74.2	62.0	2210
55.5	78.6		596	88.6	73.8	61.4	2160
55.0	78.4	538	587	88.3	73.4	60.9	2115
54.5	78.1	532	578	88.1	72.9	60.3	2075
54.0	77.9	526	569	87.8	72.5	59.7	2030
53.5	77.6	520	560	87.6	72.0	59.1	1985
53.0	77.4	515	551	87.3	71.5	58.5	1945
52.5	77.1	509	543	87.1	71.1	57.9	1905
52.0	76.9	503	535	86.8	70.6	57.4	1875
51.5	76.6	497	527	86.6	70.2	56.8	1840
51.0	76.3	492	520	86.3	69.7	56.2	1805
50.5	76.1	486	512	86.0	69.3	55.6	1775
50.0	75.8	480	504	85.8	68.8	55.0	1745
49.5	75.5	474	496	85.5	68.3	54.4	1715
49.0	75.3	469	489	85.2	67.9	53.8	1685
48.5	75.0	463	482	85.0	67.4	53.2	1660
48.0	74.8	457	475	84.7	66.9	52.6	1635
47.5	74.5	451	468	84.4	66.4	52.0	1605
47.0	74.2	445	461	84.2	66.0	51.4	1580
46.5	74.0	439	454	83.8	65.5	50.8	1555
46.0	73.7	433	448	83.6	65.0	50.2	1530
45.5	73.5	428	442	83.3	64.6	49.6	1505

续附录表 4-1

洛氏硬度		布氏硬度 10~3000HB	维氏硬度 HV	表面洛氏硬度			强度(近似值) σ_b/MPa
HRC	HRA			15-N	30-N	45-N	
45.0	73.2	422	435	83.0	64.1	49.0	1480
44.5	72.9	417	429	82.7	63.6	48.4	1460
44.0	72.7	411	423	82.4	63.2	47.8	1440
43.5	72.4	406	417	82.1	62.7	47.1	1415
43.0	72.2	400	411	81.8	62.2	46.6	1390
42.5	71.9	395	405	81.5	61.8	45.9	1370
42.0	71.7	390	400	81.2	61.3	45.3	1350
41.5	71.4	384	394	80.9	60.8	44.7	1330
41.0	71.1	379	389	80.6	60.4	44.1	1310
40.5	70.9	374	384	80.3	59.9	43.5	1295
40.0	70.6	369	378	80.1	59.5	42.9	1275
39.5	70.4	364	373	79.8	59.0	42.3	1255
39.0	70.1	359	368	79.5	58.5	41.7	1235
38.5	(69.8)	354	363	79.2	58.1	41.1	1220
38.0	(69.6)	349	358	78.9	57.6	40.5	1200
37.5	(69.3)	344	353	78.6	57.1	39.9	1185
37.0	(69.0)	340	348	78.3	56.7	39.3	1170
36.5	(68.8)	335	343	78.0	56.2	38.7	1155
36.0	(68.5)	331	339	77.7	55.7	38.1	1140
35.5	(68.3)	327	334	77.4	55.2	37.6	1130
35.0	(68.0)	322	329	77.1	54.8	36.9	1115
34.5	(67.7)	318	325	76.8	54.3	36.3	1100

续附录表 4-1

洛氏硬度		布氏硬度 10~3000HB	维氏硬度 HV	表面洛氏硬度			强度(近似值) σ_b/MPa
HRC	HRA			15-N	30-N	45-N	
34.0	(67.5)	314	321	76.5	53.8	35.7	1085
33.5	(67.2)	310	316	76.3	53.4	35.2	1070
33.0	(67.0)	306	312	76.0	52.9	34.6	1060
32.5	(66.7)	302	308	75.7	52.5	34.0	1045
32.0	(66.4)	298	304	75.4	52.0	33.3	1030
31.5	(66.2)	294	300	75.1	51.6	32.7	1020
31.0	(65.9)	291	296	74.8	51.1	32.2	1005
30.5	(65.7)	287	292	74.5	50.6	31.6	995
30.0	(65.4)	284	289	74.2	50.2	31.0	985
29.5	(65.1)	280	285	73.9	49.7	30.4	970
29.0	(64.9)	277	281	73.6	49.3	29.8	960
28.5	(64.6)	273	277	73.3	48.8	29.2	950
28.0	(64.4)	270	274	73.0	48.3	28.6	935
27.5	(64.1)	266	270	72.7	47.9	28.0	925
27.0	(63.8)	263	267	72.5	47.4	27.4	915
26.5	(63.6)	260	263	72.2	46.9	26.8	905
26.0	(63.3)	257	260	71.9	46.5	26.2	895
25.5	(63.1)	254	257	71.6	46.0	25.6	885
25.0	(62.8)	251	254	71.3	45.5	25.0	875
24.5	(62.5)	248	251	71.0	45.1	24.5	855
24.0	(62.3)	246	247	70.7	44.6	23.9	845
23.5	(62.0)	243	244	70.4	44.2	23.3	835

续附录表 4-1

洛氏硬度		布氏硬度 10～3000HB	维氏硬度 HV	表面洛氏硬度			强度(近似值) σ_b/MPa
HRC	HRA			15-N	30-N	45-N	
23.0	(61.7)	240	241	70.2	43.8	22.7	825
22.5	(61.5)	237	238	69.9	43.3	22.1	815
22.0	(61.2)	235	235	69.6	42.9	21.5	805
21.5	(61.0)	233	232	69.3	42.4	20.9	795
21.0	(60.7)	230	229	69.0	41.9	20.4	790
20.5	(60.4)	228	226	68.7	41.5	19.8	775
20.0	(60.2)	225	224	68.5	41.0	19.2	770
(19.5)	(59.9)	223	221	68.2	40.6	18.6	760
(19.0)	(59.7)	221	218	67.9	40.1	18.0	755
(18.5)	(59.4)	219	215	67.6	39.6	17.5	745
(18.0)	(59.1)	216	213	67.3	39.2	16.9	740
(17.5)	(58.9)	214	210	67.1	38.7	16.3	735
(17.0)	(58.6)	212	208	66.8	38.3	15.7	725
(16.5)	(58.4)	210	205	66.5	37.8	15.1	715
(16.0)	(58.1)	208	203	66.3	37.4	14.5	710
(15.5)	(57.9)	206	200	66.0	36.9	14.0	700
(15.0)	(57.6)	204	198	65.7	36.5	13.4	690
(14.5)	(57.3)	202	196				685
(14.0)	(57.1)	200	193				675
(13.5)	(56.8)	198	191				665
(13.0)	(56.5)	196	189				660
(12.5)	(56.3)	194	187				650

续附录表 4-1

洛氏硬度		布氏硬度 10～3000HB	维氏硬度 HV	表面洛氏硬度			强度(近似值) σ_b/MPa
HRC	HRA			15－N	30－N	45－N	
(12.0)	(56.0)	192	184				645
(11.5)	(55.7)	190	182				635
(11.0)	(55.5)	188	180				625
(10.5)	(55.2)	186	178				620
(10.0)	(55.0)	185	176				615
(9.5)	(54.7)	183	174				610
(9.0)	(54.5)	181	172				600
(8.5)	(54.2)	179	170				595
(8.0)	(53.9)	177	168				590

附录表 4-2　洛氏硬度 HRB 与其他硬度及强度换算表(试行)

洛氏硬度		布氏硬度 10～1000HB	维氏硬度 HV	表面洛氏硬度			强度(近似值) σ_b/MPa
HRB	HRA			15－T	30－T	45－T	
100.0	(61.3)	(225)	237	92.3	82.6	72.1	805
99.5	(61.0)	(221)	233	92.1	82.3	71.5	795
99.0	(60.7)	(216)	230	92.0	81.9	71.0	785
98.5	(60.3)	(212)	226	91.8	81.6	70.5	775
98.0	(60.0)	(207)	222	91.6	81.3	70.0	765
97.5	(59.7)	(203)	219	91.5	80.9	69.5	755
97.0	(59.3)	(199)	216	91.3	80.6	69.0	745
96.5	(59.0)	(196)	212	91.2	80.3	68.5	735
96.0	(58.7)	(193)	209	91.0	79.9	67.9	725
95.5	(58.4)	(190)	206	90.9	79.6	67.4	715

续附录表 4-2

洛氏硬度		布氏硬度 10~1000HB	维氏硬度 HV	表面洛氏硬度			强度(近似值) σ_b/MPa
HRB	HRA			15-T	30-T	45-T	
95.0	(58.1)	(187)	203	90.7	79.3	66.9	710
94.5	(57.7)	(184)	201	90.6	78.9	66.4	700
94.0	(57.4)	(181)	198	90.4	78.6	65.8	690
93.5	(57.1)	(179)	196	90.3	78.3	65.3	685
93.0	(56.8)	(176)	193	90.1	77.9	64.8	675
92.5	(56.5)	(174)	191	89.9	77.6	64.3	665
92.0	(56.1)	(172)	188	89.8	77.3	63.8	660
91.5	(55.8)	(170)	186	89.6	76.9	63.2	650
91.0	(55.5)	(168)	184	89.5	76.6	62.7	645
90.5	(55.2)	(166)	182	89.3	76.3	62.2	635
90.0	(54.9)	(164)	179	89.2	75.9	61.7	630
89.5	(54.6)	(162)	177	89.0	75.6	61.2	625
89.0	(54.2)	(160)	176	88.9	75.3	60.6	615
88.5	(53.9)	(158)	174	88.7	74.9	60.1	610
88.0	(53.6)	(157)	172	88.6	74.6	59.6	600
87.5	(53.3)	(155)	170	88.4	74.2	59.1	595
87.0	(53.0)	(154)	168	88.2	73.9	58.6	590
86.5	(52.7)	(152)	166	88.1	73.6	58.0	585
86.0	(52.4)	(151)	165	87.9	73.3	57.5	575
85.5	(52.1)	(149)	163	87.8	72.9	57.0	570
85.0	(51.8)	(148)	161	87.6	72.6	56.5	565
84.5	(51.5)	(146)	160	87.5	72.3	56.0	555

续附录表4-2

洛氏硬度		布氏硬度 10～1000HB	维氏硬度 HV	表面洛氏硬度			强度(近似值) σ_b/MPa
HRB	HRA			15-T	30-T	45-T	
84.0	(51.2)	(145)	158	87.3	71.9	55.5	550
83.5	(50.9)	(143)	157	87.1	71.6	54.9	545
83.0	(50.6)	(142)	155	87.0	71.3	54.4	540
82.5	(50.3)	(141)	154	86.8	70.9	53.9	535
82.0	(50.0)	(140)	152	86.7	70.6	53.4	530
81.5	(49.7)	138	151	86.5	70.2	52.9	525
81.0	(49.4)	137	149	86.4	69.9	52.4	520
80.5	(49.2)	136	148	86.2	69.6	51.8	515
80.0	(48.9)	135	147	86.1	69.3	51.3	510
79.5	(48.6)	134	145	85.9	68.9	50.8	505
79.0	(48.3)	132	144	85.7	68.6	50.3	500
78.5	(48.0)	131	143	85.6	68.3	49.8	495
78.0	(47.8)	130	141	85.4	67.9	49.3	490
77.5	(47.5)	129	140	85.3	67.6	48.7	485
77.0	(47.2)	128	139	85.1	67.3	48.2	480
76.5	(46.9)	127	138	84.9	66.9	47.7	480
76.0	(46.7)	126	137	84.8	66.6	47.2	475
75.5	(46.4)	125	135	84.6	66.3	46.6	470
75.0	(46.1)	124	134	84.5	65.9	46.1	465
74.5	(45.9)	123	133	84.3	65.6	45.6	460
74.0	(45.6)	122	132	84.2	65.3	45.1	460
73.5	(45.3)	121	131	84.0	64.9	44.6	455

续附录表 4-2

洛氏硬度		布氏硬度 10～1000HB	维氏硬度 HV	表面洛氏硬度			强度(近似值) σ_b/MPa
HRB	HRA			15－T	30－T	45－T	
73.0	(45.1)	120	130	83.8	64.6	44.0	450
72.5	(44.8)	119	129	83.7	64.3	43.5	445
72.0	(44.5)	118	128	83.5	63.9	43.0	445
71.5	(44.3)	118	127	83.4	63.6	42.5	440
71.0	(44.0)	117	126	83.2	63.2	42.0	435
70.5	(43.8)	116	124	83.1	62.9	41.4	435
70.0	(43.5)	115	123	82.9	62.6	40.9	430
69.5	(43.3)	114	122	82.8	62.2	40.4	425
69.0	(43.0)	113	121	82.6	61.9	39.9	425
68.5	(42.8)	112	120	82.4	61.6	39.4	420
68.0	(42.5)	111	120	82.3	61.2	38.8	420
67.5	(42.3)	111	119	82.1	60.9	38.3	415
67.0	(42.0)	110	118	82.0	60.6	37.8	410
66.5	(41.8)	109	117	81.8	60.3	37.3	410
66.0	(41.5)	108	116	81.7	59.9	36.8	405
65.5	(41.3)	107	115	81.5	59.6	36.3	405
65.0	(41.1)	107	114	81.3	59.3	35.8	400
64.5	(40.8)	106	113	81.2	58.9	35.2	400
64.0	(40.6)	105	112	81.0	58.6	34.7	400
63.5	(40.3)	104	111	80.9	58.2	34.2	395
63.0	(40.1)	104	110	80.7	57.9	33.7	395
62.5	(39.9)	103	109	80.6	57.6	33.2	390

续附录表 4-2

洛氏硬度		布氏硬度 10～1000HB	维氏硬度 HV	表面洛氏硬度			强度(近似值) σ_b/MPa
HRB	HRA			15－T	30－T	45－T	
62.0	(39.6)	102	108	80.4	57.2	32.6	390
61.5	(39.4)	101	108	80.3	56.9	32.1	385
61.0	(39.2)	100	107	80.1	56.6	31.6	385
60.5	(38.9)	100	106	79.9	56.2	31.1	385
60.0	(38.7)	99	105	79.8	55.9	30.6	380

注：1. 上述两表系由中国计量科学研究院提供,表中所列的硬度值是根据我国新硬度基准实际测定的。在编入本手册时,经过一些整理和简化。
2. 括弧内数值仅供参考,在实际测试时不宜使用。
3. 各种硬度值及强度值之间并无理论上的关系,所列数值系根据试验数据统计所得的近似换算值,特别是强度值。

4.2 国外洛氏－维氏－肖氏硬度换算表

附录表 4-3 国外洛氏－维氏－肖氏硬度换算表

洛氏硬度 HRC	维氏硬度 HV	肖氏硬度 HS	洛氏硬度 HRC	维氏硬度 HV	肖氏硬度 HS
68	940	97	53	560	71
67	900	95	52	544	69
66	865	92	51	528	68
65	832	91	50	513	67
64	800	88	49	498	66
63	772	87	48	484	64
62	746	85	47	471	63
61	720	83	46	458	62
60	697	81	45	446	60
59	674	80	44	434	58
58	653	78	43	423	57
57	633	76	42	412	56
56	613	75	41	402	55
55	595	74	40	392	54
54	577	72	39	382	52

续附录表 4-3

洛氏硬度 HRC	维氏硬度 HV	肖氏硬度 HS	洛氏硬度 HRC	维氏硬度 HV	肖氏硬度 HS
38	372	51	28	286	41
37	363	50	27	279	40
36	354	49	26	272	38
35	345	48	25	266	38
34	336	47	24	260	37
33	327	46	23	254	36
32	318	44	22	248	35
31	310	43	21	243	35
30	302	42	20	238	34
29	294	41			

注:本换算表摘自 ASTM 标准 E140,表中所列硬度基准和我国采用的略有差别,使用时应加考虑。

4.3 压痕直径与布氏硬度对照表

附录表 4-4 压痕直径与布氏硬度对照表

压痕直径/mm (d_{10},$2d_5$ 或 $4d_{2.5}$)	布氏硬度 HB 在下列载荷 P(kg)下			压痕直径/mm (d_{10},$2d_5$ 或 $4d_{2.5}$)	布氏硬度 HB 在下列载荷 P(kg)下			压痕直径/mm (d_{10},$2d_5$ 或 $4d_{2.5}$)	布氏硬度 HB 在下列载荷 P(kg)下		
	$30D^2$	$10D^2$	$2.5D^2$		$30D^2$	$10D^2$	$2.5D^2$		$30D^2$	$10D^2$	$2.5D^2$
2.00	(945)	(316)		2.65	534	178		3.12	383	128	31.9
2.05	(899)	(300)		2.70	514	171		3.14	378	126	31.5
2.10	(856)	(286)		2.75	495	165		3.16	373	124	31.1
2.15	(817)	(272)		2.80	477	159		3.18	368	123	30.7
2.20	(780)	(260)		2.85	461	154		3.20	363	121	30.3
2.25	(745)	(248)		2.90	444	148		3.22	359	120	29.9
2.30	(712)	(238)		2.95	429	143		3.24	354	118	29.5
2.35	(682)	(228)		3.00	415	138	34.6	3.26	350	117	29.2
2.40	(653)	(218)		3.02	409	136	34.1	3.28	345	115	28.8
2.45	(627)	(208)		3.04	404	134	33.7	3.30	341	114	28.4
2.50	601	200		3.06	398	133	33.2	3.32	337	112	28.1
2.55	578	193		3.08	393	131	32.7	3.34	333	111	27.7
2.60	555	185		3.10	388	129	32.3	3.36	329	110	27.4

续附录表 4-4

压痕直径/mm (d_{10},$2d_5$ 或 $4d_{2.5}$)	布氏硬度 HB 在下列载荷 P(kg)下			压痕直径/mm (d_{10},$2d_5$ 或 $4d_{2.5}$)	布氏硬度 HB 在下列载荷 P(kg)下			压痕直径/mm (d_{10},$2d_5$ 或 $4d_{2.5}$)	布氏硬度 HB 在下列载荷 P(kg)下		
	$30D^2$	$10D^2$	$2.5D^2$		$30D^2$	$10D^2$	$2.5D^2$		$30D^2$	$10D^2$	$2.5D^2$
3.38	325	108	27.1	3.96	234	77.9	19.5	4.54	175	58.4	14.6
3.40	321	107	26.7	3.98	231	77.1	19.3	4.56	174	57.9	14.5
3.42	317	106	26.4	4.00	229	76.3	19.1	4.58	172	57.3	14.3
3.44	313	104	26.1	4.02	226	75.5	18.9	4.60	170	56.8	14.2
3.46	309	103	25.8	4.04	224	74.7	18.7	4.62	169	56.3	14.1
3.48	306	102	25.5	4.06	222	73.9	18.5	4.64	167	55.8	13.9
3.50	302	101	25.2	4.08	219	73.2	18.3	4.66	166	55.3	13.8
3.52	298	99.5	24.9	4.10	217	72.4	18.1	4.68	164	54.8	13.7
3.54	295	98.3	24.6	4.12	215	71.7	17.9	4.70	163	54.3	13.6
3.56	292	97.2	24.3	4.14	213	71.0	17.7	4.72	161	53.8	13.4
3.58	288	96.1	24.0	4.16	211	70.2	17.6	4.74	160	53.3	13.3
3.60	285	95.0	23.7	4.18	209	69.5	17.4	4.76	158	52.8	13.2
3.62	282	93.9	23.5	4.20	207	68.8	17.2	4.78	157	52.3	13.1
3.64	278	92.8	23.2	4.22	204	68.2	17.0	4.80	156	51.9	13.0
3.66	275	91.8	22.9	4.24	202	67.5	16.9	4.82	154	51.4	12.9
3.68	272	90.7	22.7	4.26	200	66.8	16.7	4.84	153	51.0	12.8
3.70	269	89.7	22.4	4.30	197	65.5	16.4	4.86	152	50.5	12.6
3.72	266	88.7	22.2	4.32	195	64.9	16.2	4.88	150	50.1	12.5
3.74	263	87.7	21.9	4.34	193	64.2	16.1	4.90	149	49.6	12.4
3.76	260	86.8	21.7	4.36	191	63.6	15.9	4.92	148	49.2	12.3
3.78	257	85.8	21.5	4.38	189	63.0	15.8	4.94	146	48.8	12.2
3.80	255	84.9	21.2	4.38	189	63.0	15.8	4.96	145	48.4	12.1
3.82	252	84.0	21.0	4.40	187	62.4	15.6	4.98	144	47.9	12.0
3.84	249	83.0	20.8	4.42	185	61.8	15.5	5.00	143	47.5	11.9
3.86	246	82.1	20.5	4.44	184	61.2	15.3	5.05	140	46.5	11.6
3.88	244	81.3	20.3	4.46	182	60.6	15.2	5.10	137	45.5	11.4
3.90	241	80.4	20.1	4.48	180	60.1	15.0	5.15	134	44.6	11.2
3.92	239	79.6	19.9	4.50	179	59.5	14.9	5.20	131	43.7	10.9
3.94	236	78.7	19.7	4.52	177	59.0	14.7	5.25	128	42.8	10.7

续附录表 4-4

压痕直径/mm (d_{10}, $2d_5$ 或 $4d_{2.5}$)	布氏硬度 HB 在下列载荷 P(kg)下			压痕直径/mm (d_{10}, $2d_5$ 或 $4d_{2.5}$)	布氏硬度 HB 在下列载荷 P(kg)下			压痕直径/mm (d_{10}, $2d_5$ 或 $4d_{2.5}$)	布氏硬度 HB 在下列载荷 P(kg)下		
	$30D^2$	$10D^2$	$2.5D^2$		$30D^2$	$10D^2$	$2.5D^2$		$30D^2$	$10D^2$	$2.5D^2$
5.30	126	41.9	10.5	5.70	107	35.7	8.9	6.10	(92.0)		
5.35	123	41.0	10.3	5.75	105	35.0	8.8	6.15	(90.3)		
5.40	121	40.2	10.1	5.80	103	34.3	8.6	6.20	(88.7)		
5.45	118	39.4	9.9	5.85	101	33.7	8.4	6.25	(87.1)		
5.50	116	38.6	9.7	5.90	99.2	33.1	8.3	6.30	(85.5)		
5.55	114	37.9	9.5	5.95	97.3	32.4	8.1	6.35	(84.0)		
5.60	111	37.1	9.3	6.00	95.5	31.8	8.0	6.40	(82.5)		
5.65	109	36.4	9.1	6.05	(93.7)			6.45	(81.0)		

注：1. 表中压痕直径为 ϕ10 mm 钢球试验数值，如用 ϕ5 mm 或 ϕ2.5 mm 钢球试验时，则所得压痕直径应分别增加 2 倍或 4 倍。例如用 ϕ5 mm 钢球在 750 kg 载荷作用下所得压痕直径为 1.65 mm，则在查表时应采用 3.30 mm（即 $1.65 \times 2 = 3.30$），而其相应硬度值为 341。

2. 根据 GB/T231.1—2002 规定，压痕直径的大小应在 $0.25D < d < 0.6D$ 范围内，故表中对此范围以外的硬度值均加括号“（　）”，仅供参考。

3. 表中未列出压痕直径的 HB，可根据其上下两数值用内插法计算求得。

4.4　压痕对角线与维氏硬度对照表

附录表 4-5　压痕对角线与维氏硬度对照表

压痕对角线/mm	维氏硬度 HV 在下列载荷 P(kg)下			压痕对角线/mm	维氏硬度 HV 在下列载荷 P(kg)下			压痕对角线/mm	维氏硬度 HV 在下列载荷 P(kg)下		
	30	10	5		30	10	5		30	10	5
0.100			927	0.165		681	341	0.230	1051	351	175
0.105			841	0.170		642	321	0.235	1007	336	168
0.110			766	0.175		606	303	0.240	966	322	161
0.115			701	0.180		572	286	0.245	927	309	155
0.120		1288	644	0.185		542	271	0.250	890	297	148
0.125		1189	593	0.190		514	257	0.255	856	285	143
0.130		1097	549	0.195		488	244	0.260	823	274	137
0.135		1030	509	0.200		464	232	0.265	792	264	132
0.140		946	473	0.205		442	221	0.270	763	254	127
0.145		882	441	0.210		421	210	0.275	736	245	123
0.150		824	412	0.215		401	201	0.280	710	236	118
0.155		772	386	0.220	1149	383	192	0.285	685	228	114
0.160		724	362	0.225	1113	366	183	0.290	661	221	110

续附录表 4-5

压痕对角线/mm	维氏硬度 HV 在下列载荷 P(kg)下			压痕对角线/mm	维氏硬度 HV 在下列载荷 P(kg)下			压痕对角线/mm	维氏硬度 HV 在下列载荷 P(kg)下		
	30	10	5		30	10	5		30	10	5
0.295	639	213	107	0.440	287	95.8	47.9	0.670	124	41.3	20.7
0.300	618	206	103	0.445	281	93.6	46.8	0.680	120	40.1	20.1
0.305	598	199	99.7	0.450	275	91.6	45.8	0.690	117	39.0	19.5
0.310	579	193	96.5	0.455	269	89.6	44.8	0.700	114	37.8	18.9
0.315	561	187	93.4	0.460	263	87.6	43.8	0.710	110	36.8	18.4
0.320	543	181	90.6	0.465	257	85.8	42.9	0.720	107	35.8	17.9
0.325	527	176	87.8	0.470	252	84.0	42.0	0.730	104	34.8	17.4
0.330	511	170	85.2	0.475	247	82.2	41.1	0.740	102	33.9	16.9
0.335	496	165	82.6	0.480	242	80.5	40.2	0.750	98.9	33.0	16.5
0.340	481	160	80.2	0.485	237	78.8	39.4	0.760	96.3	32.1	16.1
0.345	467	156	77.9	0.490	232	77.2	38.6	0.770	93.8	31.3	15.6
0.350	454	151	75.7	0.495	227	75.7	37.8	0.780	91.4	30.5	15.2
0.355	441	147	73.6	0.500	223	74.2	37.1	0.790	89.1	29.7	14.9
0.360	429	143	71.6	0.510	214	71.3	35.6	0.800	86.9	29.0	14.5
0.365	418	139	69.6	0.520	206	68.6	34.3	0.810	84.8	28.3	14.1
0.370	406	136	67.7	0.530	198	66.0	33.0	0.820	82.7	27.6	13.8
0.375	396	132	66.0	0.540	191	63.6	31.8	0.830	80.8	26.9	13.5
0.380	385	128	64.2	0.550	184	61.3	30.7	0.840	78.8	26.3	13.1
0.385	375	125	62.6	0.560	177	59.1	29.6	0.850	77.0	25.7	12.8
0.390	366	122	61.0	0.570	171	57.1	28.5	0.860	75.2	25.1	12.5
0.395	357	119	59.4	0.580	165	55.1	27.6	0.870	73.5	24.5	12.3
0.400	348	116	58.0	0.590	160	53.3	26.6	0.880	71.8	24.0	12.0
0.405	339	113	56.5	0.600	155	51.5	25.8	0.890	70.2	23.4	11.7
0.410	331	110	55.2	0.610	150	49.8	24.9	0.900	68.7	22.9	11.5
0.415	323	108	53.9	0.620	145	48.2	24.1	0.910	67.2	22.4	11.2
0.420	315	105	52.6	0.630	140	46.7	23.4	0.920	65.7	21.9	11.0
0.425	308	103	51.3	0.640	136	45.3	22.6	0.930	64.3	21.4	10.7
0.430	301	100	50.2	0.650	132	43.9	22.0	0.940	63.0	21.0	10.5
0.435	294	98.0	49.0	0.660	128	42.6	21.3	0.950	61.6	20.5	10.3

续附录表 4-5

压痕对角线/mm	维氏硬度 HV 在下列载荷 P(kg)下			压痕对角线/mm	维氏硬度 HV 在下列载荷 P(kg)下			压痕对角线/mm	维氏硬度 HV 在下列载荷 P(kg)下		
	30	10	5		30	10	5		30	10	5
0.960	60.4	20.1	10.1	1.20	38.6	12.9		1.60	21.7		
0.970	59.1	19.7	9.9	1.25	35.6	11.9		1.65	20.4		
0.980	57.9	19.3	9.7	1.30	32.9	11.0		1.70	19.3		
0.990	56.8	18.9	9.5	1.35	30.5	10.2		1.75	18.2		
1.00	55.6	18.5	9.3	1.40	28.4	9.5		1.80	17.2		
1.05	50.5	16.8	8.4	1.45	26.5	8.8		1.85	16.3		
1.10	46.0	15.3		1.50	24.7	8.2		1.90	15.4		
1.15	42.1	14.0		1.55	23.2			1.95	14.6		

注：1. 此表是根据下列公式计算出来的：

$$HV = 1.8544\frac{P}{d^2}$$

式中 P——载荷，kg；d——压痕对角线，mm。

2. 由于 $HV \propto P$，故表中未列出压痕对角线的 HV 值，可根据其上下两数值用内插法计算求得。
3. 根据冶标 GB/T4340.1—2009 规定，采用的载荷分 5，10，20，30，50，100 kg 六级。上表中仅列有其中常用的三级；如采用其他载荷时，可乘以相应载荷的倍数求出 HV 值。例如，采用载荷 20 kg 时，可根据表中载荷 10 kg 时的 HV_{10} 值乘以 2 倍，即得 HV_{20} 值。

附录5 温度换算(华氏⇌摄氏)表

-459.4～0			0～100						100～1000					
℃	换算值	℉	℃	换算值	℉	℃	换算值	℉	℃	换算值	℉	℃	换算值	℉
-273	-459.4		-17.8	0	32	10.0	50	122.0	38	100	212	260	500	932
-268	-450		-17.2	1	33.8	10.6	51	123.8	43	110	230	266	510	950
-262	-440		-16.7	2	35.6	11.1	52	125.6	49	120	248	271	520	968
-257	-430		-16.1	3	37.4	11.7	53	127.4	54	130	266	277	530	986
-251	-420		-15.6	4	39.2	12.2	54	129.2	60	140	284	282	540	1004
-246	-410		-15.0	5	41.0	12.8	55	131.0	66	150	302	288	550	1022
-240	-400		-14.4	6	42.8	13.3	56	132.8	71	160	320	293	560	1040
-234	-390		-13.9	7	44.6	13.9	57	134.6	77	170	338	299	570	1058
-229	-380		-13.3	8	46.4	14.4	58	136.4	82	180	356	304	580	1076
-223	-370		-12.8	9	48.2	15.0	59	138.2	88	190	374	310	590	1094
-218	-360		-12.2	10	50.0	15.6	60	140.0	93	200	392	316	600	1112
-212	-350		-11.7	11	51.8	16.1	61	141.8	99	210	410	321	610	1130
-207	-340		-11.1	12	53.6	16.7	62	143.6	100	212	414	327	620	1148
-201	-330		-10.6	13	55.4	17.2	63	145.4	104	220	428	332	630	1166
-196	-320		-10.0	14	57.2	17.8	64	147.2	110	230	446	338	640	1184
-190	-310		-9.4	15	59.0	18.3	65	149.0	116	240	464	343	650	1202
-184	-300		-8.9	16	60.8	18.9	66	150.8	121	250	482	349	660	1220
-179	-290		-8.3	17	62.6	19.4	67	152.6	127	260	500	354	670	1238
-173	-280		-7.8	18	64.4	20.0	68	154.4	132	270	518	360	680	1256
-169	-273	-459.4	-7.2	19	66.2	20.6	69	156.2	138	280	536	366	690	1274

续附录 5

−459.4 ~ 0			0 ~ 100						100 ~ 1000					
℃	换算值	℉	℃	换算值	℉	℃	换算值	℉	℃	换算值	℉	℃	换算值	℉
−168	−270	−454	−6.7	20	68.0	21.1	70	158.0	143	290	554	371	700	1292
−162	−260	−436	−6.1	21	69.8	21.7	71	159.8	149	300	572	377	710	1310
−157	−250	−418	−5.6	22	71.6	22.2	72	161.6	154	310	590	382	720	1328
−151	−240	−400	−5.0	23	73.4	22.8	73	163.4	160	320	608	388	730	1346
−146	−230	−382	−4.4	24	75.2	23.3	74	165.2	166	330	626	393	740	1364
−140	−220	−364	−3.9	25	77.0	23.9	75	167.0	171	340	644	399	750	1482
−134	−210	−346	−3.3	26	78.8	24.4	76	168.8	177	350	662	404	760	1400
−129	−200	−328	−2.8	27	80.6	25.0	77	170.6	182	360	680	410	770	1418
−123	−190	−310	−2.2	28	82.4	25.6	78	172.4	188	370	698	416	780	1436
−118	−180	−292	−1.7	29	84.2	26.1	79	174.2	193	380	716	421	790	1454
−112	−170	−274	−1.1	30	86.0	26.7	80	176.0	199	390	734	427	800	1472
−107	−160	−256	−0.6	31	87.8	27.2	81	177.8	204	400	752	432	810	1490
−101	−150	−238	0.0	32	89.6	27.8	82	179.6	210	410	770	438	820	1508
−96	−140	−220	0.6	33	91.4	28.3	83	181.4	216	420	788	443	830	1526
−90	−130	−202	1.1	34	93.2	28.9	84	183.2	221	430	806	449	840	1544
−84	−120	−184	1.7	35	95.0	29.4	85	185.0	227	440	824	454	850	1562
−79	−110	−166	2.2	36	96.8	30.0	86	186.8	232	450	842	460	860	1580
−73	−100	−148	2.8	37	98.6	30.6	87	188.6	238	460	860	466	870	1598
−68	−90	−130	3.3	38	100.4	31.1	88	190.4	243	470	878	471	880	1616
−62	−80	−112	3.9	39	102.2	31.7	89	192.2	249	480	896	477	890	1634
−57	−70	−94	4.4	40	104.0	32.2	90	194.0	254	490	914	482	900	1652
−51	−60	−76	5.0	41	105.8	32.8	91	195.8				488	910	1670

续附录5

-459.4~0			0~100						100~1000					
℃	换算值	℉	℃	换算值	℉	℃	换算值	℉	℃	换算值	℉	℃	换算值	℉
-46	-50	-58	5.6	42	107.6	33.3	92	197.6				493	920	1688
-40	-40	-40	6.1	43	109.4	33.9	93	199.4				499	930	1706
-34	-30	-22	6.7	44	111.2	34.4	94	201.2				504	940	1724
-29	-20	-4	7.2	45	113.0	35.0	95	203.0				510	950	1742
-23	-10	14	7.8	46	114.8	35.6	96	204.8				516	960	1760
-17.8	0	32	8.3	47	116.6	36.1	97	206.6				521	970	1778
			8.9	48	118.4	36.7	98	208.4				527	980	1796
			9.4	49	120.2	37.2	99	210.2				532	990	1814
						37.8	100	212.0				538	1000	1832

（摄氏⇌华氏）

1000~2000						2000~3000					
℃	换算值	℉	℃	换算值	℉	℃	换算值	℉	℃	换算值	℉
538	1000	1832	816	1500	2732	1093	2000	3632	1371	2500	4532
543	1010	1850	821	1510	2750	1099	2010	3650	1377	2510	4550
549	1020	1868	827	1520	2768	1104	2020	3668	1382	2520	4568
554	1030	1886	832	1530	2786	1110	2030	3686	1388	2530	4586
560	1040	1904	838	1540	2804	1116	2040	3704	1393	2540	4604
566	1050	1922	843	1550	2822	1121	2050	3722	1399	2550	4622
571	1060	1940	849	1560	2840	1127	2060	3740	1404	2560	4640
577	1070	1958	854	1570	2858	1132	2070	3758	1410	2570	4658
582	1080	1976	860	1580	2876	1138	2080	3776	1416	2580	4676
588	1090	1994	866	1590	2894	1143	2090	3794	1421	2590	4694

续附录 5

1000 ~ 2000						2000 ~ 3000					
℃	换算值	℉	℃	换算值	℉	℃	换算值	℉	℃	换算值	℉
593	1100	2012	871	1600	2912	1149	2100	3812	1427	2600	4712
599	1110	2030	877	1610	2930	1154	2110	3830	1432	2610	4730
604	1120	2048	882	1620	2948	1160	2120	3848	1438	2620	4748
610	1130	2066	888	1630	2966	1166	2130	3866	1443	2630	4766
616	1140	2084	893	1640	2984	1171	2140	3884	1449	2640	4784
621	1150	2102	899	1650	3002	1177	2150	3902	1454	2650	4802
627	1160	2120	904	1660	3020	1182	2160	3920	1460	2660	4820
632	1170	2138	910	1670	3038	1188	2170	3938	1466	2670	4838
638	1180	2156	916	1680	3056	1193	2180	3956	1471	2680	4856
643	1190	2174	921	1690	3074	1199	2190	3974	1477	2690	4874
649	1200	2192	927	1700	3092	1204	2200	3992	1482	2700	4892
654	1210	2210	932	1710	3110	1210	2210	4010	1488	2710	4910
660	1220	2228	938	1720	3128	1216	2220	4028	1493	2720	4928
666	1230	2246	943	1730	3146	1221	2230	4046	1499	2730	4946
671	1240	2264	949	1740	3164	1227	2240	4064	1504	2740	4964
677	1250	2282	954	1750	3182	1232	2250	4082	1510	2750	4982
682	1260	2300	960	1760	3200	1238	2260	4100	1516	2760	5000
688	1270	2318	966	1770	3218	1243	2270	4118	1521	2770	5018
693	1280	2336	971	1780	3236	1249	2280	4136	1527	2780	5036
699	1290	2354	977	1790	3254	1254	2290	4154	1532	2790	5054
704	1300	2372	982	1800	3272	1260	2300	4172	1538	2800	5072
710	1310	2390	988	1810	3290	1266	2310	4190	1543	2810	5090

续附录 5

1000 ~ 2000						2000 ~ 3000					
℃	换算值	℉	℃	换算值	℉	℃	换算值	℉	℃	换算值	℉
716	1320	2408	993	1820	3308	1271	2320	4208	1549	2820	5108
721	1330	2426	999	1830	3326	1277	2330	4226	1554	2830	5126
727	1340	2444	1004	1840	3344	1282	2340	4244	1560	2840	5144
732	1350	2462	1010	1850	3362	1288	2350	4262	1566	2850	5162
738	1360	2480	1016	1860	3380	1293	2360	4280	1571	2860	5180
743	1370	2498	1021	1870	3398	1299	2370	4298	1577	2870	5198
749	1380	2516	1027	1880	3416	1304	2380	4316	1582	2880	5216
754	1390	2534	1032	1890	3464	1310	2390	4334	1588	2890	5234
760	1400	2552	1038	1900	3452	1316	2400	4352	1593	2900	5252
766	1410	2570	1043	1910	3470	1321	2410	4370	1599	2910	5270
771	1420	2588	1049	1920	3488	1327	2420	4388	1604	2920	5288
777	1430	2606	1054	1930	3506	1332	2430	4406	1610	2930	5306
782	1440	2624	1060	1940	3524	1338	2440	4424	1616	2940	5324
788	1450	2642	1066	1950	3542	1343	2450	4442	1621	2950	5342
793	1460	2660	1071	1960	3560	1349	2460	4460	1627	2960	5360
799	1470	2678	1077	1970	3578	1354	2470	4478	1632	2970	5378
804	1480	2696	1082	1980	3596	1360	2480	4496	1638	2980	5396
810	1490	2714	1088	1990	3614	1366	2490	4514	1643	2990	5414
			1093	2000	3632				1649	3000	5432

附录6　度量衡和物理单位换算表

类　别	名　称	符　号	换算关系
长　度	米	m	
	分　米	dm	1 dm = 0. 1 m
	厘　米	cm	1 cm = 0. 01 m
	毫　米	mm	1 mm = 0. 001 m
	微　米	μm	1 μm = 10^{-6} m
	纳　米	nm	1 nm = 10^{-9} m
	埃	Å	1Å = 10^{-10} m
	吋[英]	in	1 in = 2. 54 cm
	呎[英]	ft	1 ft = 12in = 30. 48 cm
	码[英]	yd	1 yd = 3 ft = 91. 44 cm
	杆[英]	rd	1 rd = 5. 5 yd = 502. 9 cm
面积和体积	平方米	m^2	
	立方米	m^3	
	升	L 或 l	1 L = 1000 cm^3
	毫　升	ml	1 ml = 1 cm^3
	方吋[英]	in^2	1 in^2 = 6. 4516 cm^2
	方呎[英]	ft^2	1 ft^2 = 144 in^2 = 929. 03 cm^2
	方码[英]	yd^2	1 yd^2 = 8361 cm^2
	立方吋[英]	in^3	1 in^3 = 16. 387 cm^3
	立方呎[英]	ft^3	1 ft^3 = 28317 cm^3 = 28. 32 L(升)
容积	及耳[英]	gi[英]	1 gi[英] = 0. 142 L(升)
	品脱[英]	pt[英]	1 pt[英] = 4 gi = 0. 568 L(升)
	夸脱[英]	qt[英]	1 qt[英] = 2 pt = 1. 136 L(升)
	加仑[英]	gal[英]	1 gal[英] = 4 qt = 4. 544 L(升)
	及耳[美]	gi[美]	1 gi[美] = 0. 118 L(升)
	品脱[美]	pt[美]	1 pt[美] = 4 gi = 0. 472 L(升)
	夸脱[美]	qt[美]	1 qt[美] = 2 pt = 0. 944 L(升)
	加仑[美]	gal[美]	1 gal[美] = 4 qt = 3. 776 L(升)

续附录 6

类　别	名　称	符　号	换算关系
质量或重量	吨	t	1 t = 1000 kg
	千　克	kg	1 kg = 1000 g
	克	g	
	打　兰	dr	1 dr = 1. 771 g
	盎　司	OZ	1OZ = 16 dr = 28. 349 g
	磅	lb	1 lb = 16OZ = 453. 584 g
	长吨[英]	t[英]	1 t[英] = 2240 1b = 1016. 03 kg
	短吨[美]	t[美]	1 t[美] = 2000 1b = 907. 17 kg
力与压力、压强、应力	牛(顿)	N	1 kgf = 9. 80665N
	达　因	dyn	1 dyn = 10^{-5} N
	帕(斯卡)	Pa	
	托	Torr	1 Torr = 133. 322 Pa
	标准大气压	atm	1 atm = 101. 325 kPa
	工程大气压	at	1 at = 98. 0665 kPa
	毫米水柱	mmH_2O	1 mmH_2O = 9. 80665 Pa
	毫米汞柱	mmHg	1 mmHg = 133. 322 Pa
	公斤力每平方米	kgf/m^2	1 kgf/m^2 = 9. 80665 Pa
功、能、热	焦　耳	J	
	尔　格	erg	1 erg = 10^{-7} J
	卡	cal	1 cal = 4. 1868J
	大卡	kcal	1 kcal = 4. 1868kWh
	度	千瓦时	1 度 = 1kWh = 3. 6MJ
	马力[公制]	HP[公制]	1HP[公制] = 0. 73545kW = 75kg · m/s
	马力[英制]	HP[英制]	1HP[英制] = 0. 74565kW = 76kg · m/s
	呎-磅/秒	Ft-lb/s	1 ft-lb/s = 1. 356W(瓦) = 0. 1383kg · m/s

冶金工业出版社部分图书推荐

书名	作者	定价(元)
“绿色钢铁”和环境管理	那宝魁　编著	36.00
板带冷轧机板形控制与机型选择	徐乐江　编著	59.00
带钢连续热镀锌(第3版)	李九岭　著	86.00
非高炉炼铁工艺与理论(第2版)	方　觉　等著	39.00
钢的微观组织图像精选	钢铁研究总院结构材料研究所　等编	60.00
钢铁冶金的环保与节能(第2版)	李光强　朱诚意　编著	56.00
钢铁冶金概论	薛正良　主编	30.00
钢铁冶金学(第2版)	王筱留　主编	29.00
钢铁冶金原理(第3版)	黄希祜　编	40.00
钢铁冶金原燃料及辅助材料	储满生　主编	59.00
高炉衬蚀损显微剖析	高振昕　等著	99.00
高炉炼铁设计原理	郝素菊　等编著	28.00
高炉喷煤技术	金艳娟　主编	19.00
高强钢的焊接	李亚江　等著	49.00
高速钢轧辊知识问答	符寒光　编著	32.00
建筑用钢	刘鹤年　主编	115.00
冷热轧板带轧机的模型与控制	孙一康　编著	59.00
连续铸钢生产	冯　捷　等主编	45.00
连铸及连轧工艺过程中的传热分析	孙蓟泉　等编著	36.00
连铸坯质量控制	蔡开科　著	69.00
热连轧带钢生产	张景进　主编	35.00
双相钢——物理和力学冶金(第2版)	马鸣图　吴宝榕　著	79.00
水平连铸与同水平铸造	向凌霄　编著	76.00
特种金属材料及其加工技术	李静媛　赵艳君　任学平　编著	36.00
现代连续铸钢实用手册	干　勇　主编	248.00
现代冶金学	朱苗勇　主编	36.00
冶金工业节能与余热利用技术指南	王绍文　杨景玲　贾　勃　主编	58.00
轧钢机械设备	刘宝珩　主编	28.00
轧钢生产基础知识问答(第2版)	刘　文　王兴珍　编著	29.80
轧制测试技术	宋美娟　主编	28.00
轧制工艺润滑原理、技术与应用(第2版)	孙建林　著	49.00
轧制过程自动化(第3版)	丁修堃　主编	59.00